“十二五”国家重点图书

高浓度有机工业废水处理技术

任南琪　丁　杰　陈兆波　编著

化学工业出版社

·北京·

本书是作者在高浓度有机工业废水处理技术相关研究和应用基础上编著而成，在系统介绍高浓度有机工业废水物化、生化处理技术的基础上，力图将理论与实践、基本原理与应用有机结合，论述了高浓度有机工业废水处理组合技术及应用、废水资源化及能源化技术及其应用、高浓度有机工业废水处理数值模拟与优化调控等，并结合多年的研究成果和工程实践经验，提出了一些新的理论与技术。

本书适合环境工程、市政工程等领域的科研人员和工程技术人员阅读，也可供高等学校相关专业的师生参考。

图书在版编目（CIP）数据

高浓度有机工业废水处理技术/任南琪，丁杰，陈兆波编著. —北京：化学工业出版社，2012.9（2025.3重印）

ISBN 978-7-122-13070-9

Ⅰ. 高…　Ⅱ. ①任…②丁…③陈…　Ⅲ. 高浓度废水：有机废水-工业废水处理　Ⅳ. X703

中国版本图书馆CIP数据核字（2011）第265770号

责任编辑：刘兴春　　文字编辑：汲永臻
责任校对：陈　静　　装帧设计：关　飞

出版发行：化学工业出版社（北京市东城区青年湖南街13号　邮政编码100011）
印　　装：北京科印技术咨询服务有限公司数码印刷分部
787mm×1092mm　1/16　印张23½　字数608千字　2025年3月北京第1版第9次印刷

购书咨询：010-64518888　　售后服务：010-64518899
网　　址：http://www.cip.com.cn
凡购买本书，如有缺损质量问题，本社销售中心负责调换。

定　　价：98.00元

前　　言

高浓度有机工业废水的处理问题一直是环境科学与工程领域备受关注的话题，针对高浓度有机工业废水水质特征，结合废水生物处理理论采取高效的处理技术至关重要。研究者已经做了大量的研究、开发和工程实践，出现了更多的新技术和新工艺以及相关研究的新思路和新方法。

本书为作者和课题组多年来在有机工业废水处理技术方面研究成果的整理和提炼，并结合国内外相关领域的优秀成果，提出了很多新观点和新理论，尤其在高浓度有机工业废水处理数值模拟与优化调控等方面。既是对传统高浓度有机工业废水处理技术的有益补充，又是指导高浓度有机工业废水处理可操作性与可控制性提高的有效途径，可以有效地提升高浓度有机工业废水处理的水平与能力。

本书共分 9 章，第 1 章主要介绍高浓度有机工业废水来源与特性，工业废水调查及水质特征与危害，第 2 章论述了高浓度有机工业废水物化处理技术，第 3、4 章介绍了针对高浓度有机工业废水处理常用的及近年来发展起来的好氧、厌氧生物处理技术，第 5 章介绍了高浓度有机工业废水的污泥处理技术，第 6 章介绍了高浓度有机工业废水处理组合技术及其工程应用实例，第 7 章介绍了高浓度有机工业废水资源、能源化技术及应用，第 8 章介绍了工业废水处理数学模型及应用，污水处理过程模拟与仿真，第 9 章介绍了工业废水处理反应器流场数值模拟与优化。

本书的编著，力图做到理论与实践、基本原理与应用的有机结合，突出高浓度有机工业废水处理工程的实用性，选取一些成功运行的高浓度工业废水处理的工程实例进行介绍，注重指导工程设计及技术研发，适合从事水污染治理的科研人员和工程技术人员阅读，也可供高等学校相关专业的师生参考。

本书前 7 章由哈尔滨工业大学任南琪、丁杰、刘冰峰、尤世界编著，具体分工是任南琪、丁杰第 4～6 章，刘冰峰第 1～3 章，丁杰、尤世界第 7 章；第 8 章由哈尔滨工程大学陈兆波编著，第 9 章由中科院生态环境研究中心王旭编著。

在本书完成之际，作者诚挚地感谢李建政、王爱杰、周雪飞、施悦、邢德峰、郭婉茜等的研究工作，还要感谢许多学生对有关资料的收集和整理。

限于编著者水平和时间，书中难免有疏漏和不足之处，请有关专家和广大读者批评指正。

编著者

2012 年 3 月

前　言

目　录

第7章 高浓度有机工业废水资源、能源化技术及应用 / 198

第8章 工业废水处理数学模型及仿真 / 248

第9章 工业废水处理反应器流场数值模拟与优化 / 322

第1章

高浓度有机工业废水来源与特性

1.1 有机工业废水的来源与分类

1.1.1 工业废水的污染状况

各工业行业生产过程中排出的废水，统称工业废水，其中包括生产工艺排水、机械设备冷却水、烟气洗涤水、设备和场地清洗水等。工业废水的成分复杂、性质各异，它们所含有的有机需氧物质、化学毒物、无机固体悬浮物、重金属离子、酸、碱、热、病原体、植物营养物等均可对环境造成污染。

水环境的有机污染是一个全球性的问题，其严重程度、性质和危害是随着工业的发展而不断发展和变化的。20 世纪以来，化学工业的发展使人工合成的有机物种类与数量与日俱增。据资料介绍，1880 年，人们知道的有机物有 1.2 万种，1910 年达 40 万种，1978 年剧增至 500 万种，目前已知的有机物种类约为 700 多万种，并仍以每年数以千计的速度在增加。

食品、制药、皮革、造纸、纺织、印染、农药等工业废水是有机工业废水的主要来源。以食品工业为例，2009 年全国酒精产量达 585 万吨以上，以每生产 1t 酒精约排放 12～15m^3 废水计，年排放废水总量达 7.0 亿立方米以上，COD 浓度高达 50000～70000mg/L，年排放 COD 约 44 万吨，BOD 约 23 万吨[1]。2010 年年产味精达 256 万吨，以每生产 1t 味精产生 15～20m^3 高浓度有机废水计，COD 浓度为 30000～70000mg/L，BOD 浓度为 20000～42000mg/L，年排放高浓度有机废水总量约为 4480 万吨，年排放 COD 130 万～304 万吨，BOD 87 万～174 万吨[2]。

2009 年，全国化学需氧量排放总量 1277.5 万吨，比上年下降 3.27%；二氧化硫排放总量 2214.4 万吨，比上年下降 4.60%，继续保持了双下降的良好态势。与 2005 年相比，化学需氧量和二氧化硫排放总量分别下降 9.66%和 13.14%，二氧化硫减排进度已超过“十一五”减排目标要求[1]。

2010 年，全国废水排放总量为 617.3 亿吨，比上年增加了 4.8%，化学需氧量排放量为 1238.1 万吨，比上年下降 3.1%；氨氮排放量为 120.3 万吨，比上年下降 1.9%[2]。全国废水和主要污染物排放量年际变化见表 1.1。

表 1.1 全国废水和主要污染物排放量年际变化[2]

年度	废水排放量/亿吨			化学需氧量排放量/万吨			氨氮排放量/万吨		
	合计	工业	生活	合计	工业	生活	合计	工业	生活
2006	536.8	240.2	296.6	1428.2	541.5	886.7	141.3	42.5	98.8
2007	556.8	246.6	310.2	1381.8	511.1	870.8	132.3	34.1	98.3
2008	572.0	241.9	330.1	1320.7	457.6	863.1	127.0	29.7	97.3
2009	589.2	234.4	354.8	1277.5	439.7	837.8	122.6	27.3	95.3
2010	617.3	237.5	379.8	1238.1	434.8	803.3	120.3	27.3	93.0

2009 年全国共监测了 3486 家废水国控企业，平均排放达标率为 78%。其中，全年监测全部达标的企业占监测企业总数的 64%，部分测次超标的占 24%，全部超标的占 12%；对

废水国控企业监测中，化学需氧量全年排放超标有74家，76个排放口。

工业废水是造成环境污染的主要污染源，尤其是有机工业废水，不仅数量大、分布面广，而且由于大量有机物及有毒物质的存在，给环境带来了严重的污染和危害。

由于行业的不同，有机废水中污染物的成分、形态、性质和浓度相差很大。有机废水中往往含有大量的悬浮物、胶体态和溶解态的有机物质及其他杂质，许多有机废水（如医院废水和屠宰废水）还带有致病微生物。

1.1.2 有机工业废水的分类

有机工业废水是指石油化学工业、染料化学工业、食品加工工业、发酵工业、纺织工业和制革工业等各工业部门生产过程排放的含有一定浓度的有机污染物的工业废水。对于有机工业废水，目前尚无严格的统一分类方法，通常是根据废水中的有机污染物浓度、有机污染物的生物降解性能和污染物组分，或根据工业部门、行业来进行分类。主要有下述三种分类方法。

1.1.2.1 按废水中有机污染物浓度分类

按废水中有机物（BOD_5、COD）浓度，可分为低浓度有机工业废水和高浓度有机工业废水两种。

(1) 低浓度有机工业废水

通常将BOD_5浓度为几百毫克每升的有机工业废水称为低浓度有机工业废水。如制浆造纸工业的中段废水的BOD_5约为200～600mg/L、COD约为400～2000mg/L，印染废水的BOD_5约为150～300mg/L、COD约为500～2000mg/L，食品加工工业中肉类加工废水的BOD_5约为300～800mg/L、COD约为600～1700mg/L，属低浓度有机工业废水。

(2) 高浓度有机工业废水

高浓度有机工业废水是指BOD_5几千至几万毫克每升及以上的工业废水。如粮食酒精废水的BOD_5约为15000～40000mg/L、COD约为30000～60000mg/L，味精废水的BOD_5约为23000～40000mg/L、COD约为35000～65000mg/L，属高浓度有机工业废水。这类废水主要来源于发酵工业、有机化学工业如味精废水、酶制剂工业废水、糖蜜酒精废水、粮食酒精废水、柠檬酸废水、制药废水、甲醇生产废水和脂肪酸废水等。

这种分类方法主要是用于生物处理工艺的比选。当废水所含有机物容易被微生物降解，可以不经特殊的预处理直接选用好氧生物法或厌氧生物处理时，常用这种方法分类。前者一般考虑采用好氧生物处理，后者多用厌氧生物处理。

1.1.2.2 按废水中有机污染物的生物降解性能和污染物组分分类

(1) 易降解有机工业废水

这类废水中所含的有机污染物，是一些长期存在于自然界中的天然有机物，对微生物没有毒性，如碳水化合物、脂肪和蛋白质等，他们在自然界或废水生物处理构筑物中易于在较短时间内被微生物分解与利用，转化为二氧化碳、水和氨氮等无机物和合成新细胞。易降解有机废水可以采用普通的生物处理工艺（好氧法或厌氧法）进行处理。啤酒废水、水产加工废水、粮食酒精废水和肉类加工废水等属于易生物降解有机工业废水。

(2) 可降解有机工业废水

① 某些废水含有易生物降解有机污染物，可采用生物法处理，但还含有某些对微生物无毒性，难被好氧微生物降解的有机物（或降解速率很慢），如木质素、纤维素、聚乙烯醇等。这类废水采用好氧生物法处理，BOD_5去除率很高，但COD去除率不高，出水COD往

往不能达标。因此，采用好氧生物法处理时，需经过物化法（如混凝沉淀、混凝气浮）、生物法（如厌氧水解酸化）进行预处理，或经过后处理（如混凝沉淀、混凝气浮、活性炭吸附）才能使COD达标。制浆造纸工业中段废水（含木质素、纤维素）、印染废水（含聚乙烯醇、染料）属可生物降解有机工业废水。

② 某些废水中的有机物对微生物有毒性作用，但可被微生物降解，因此，经适当预处理或对微生物进行驯化后可采用生物法处理。如甲醛废水、苯酚废水和硝基化合物废水属可生物降解有机工业废水。

(3) 难降解有机工业废水

这类废水中的有机污染物，主要是有机合成化学工业生产过程排放的产品或中间产物，如氯代芳香族化合物（如五氯酚）、有机磷农药（如甲基对硫磷）、有机氯农药（如六六六）、喹啉、吡啶、对氯联苯、偶氮染料等均属于人工合成的难生物降解有机物。由于这些有机物分子上的基团和结构复杂多样，使其难以被自然界固有的微生物分解转化，它们进入自然界后长期（几个月甚至几年）不被微生物降解转化，在生物处理构筑物中经历很长时间（几天）也不易被降解，因此，难在传统的生物处理工艺中被去除。通常，需经预处理（如资源回收、化学氧化、化学水解、生物水解酸化）后才能进行生物处理，或需采用特殊的生物技术（如固定化技术、基因工程技术）来处理。有机磷农药废水、染料工业废水等属难生物降解有机工业废水。

(4) 含有毒有害污染物的有机工业废水

根据废水中有毒有害污染物的性质，这类废水又可分为三种。

① 废水中有机污染物本身有毒有害、难生物降解。有机磷农药生产废水中的甲胺磷、甲基对硫磷、马拉硫磷、对硫磷和有机氯农药废水中的六六六、氯丹等都属于毒性大、难生物降解有机污染物。这类废水属前述难降解有机工业废水。

② 废水中有机污染物本身有毒有害，但可被微生物降解。例如，甲醇生产以及用甲醇为溶剂或原料的化学工业中常见排放甲醇废水，废水中的甲醇的毒性较大，但其生物降解性能好，易于被天然微生物利用作为碳源和能源。这类废水经适当预处理后即可采用生物法处理。

③ 有机物本身无毒性、易降解，但含其他无机的有毒有害污染物。如糖蜜酒精废水主要含糖类、蛋白质、氨基酸等有机物质，易于被微生物降解，但废水的pH值很低（4～5左右），还含有高浓度的硫酸盐（几千至几万毫克每升）和有机氮（几百至几千毫克每升）。发酵工业中的味精废水、柠檬酸废水、赖氨酸废水、酵母废水，制药工业中的土霉素废水、麦迪霉素废水、庆大霉素废水、酶制剂废水以及脂肪酸废水等都属于这类废水。这些废水属高浓度易降解有机废水（BOD_5浓度在几万毫克每升以上），但由于废水中还含高浓度硫酸盐（几千至几万毫克每升），使其不能直接采用厌氧法进行处理。

这种分类方法常用于生物处理前的预处理技术和废水处理工艺的研究和比选。例如，对于易生物降解有机废水通常不需要有预处理措施，而对难降解有机废水或含有毒有害污染物的有机废水，需根据污染物的性质选择或研究预处理技术。

1.1.2.3 按工业生产的行业或产品分类

这种分类方法也常使用，如焦化废水、制药工业废水、石油化工废水和粮食加工废水等是按行业分类，此外，由于每个行业的产品种类很多，生产各产品所产生的废水性质各不相同，有时还以产品名称来区分同一行业中的各种废水，如土霉素废水、麦迪霉素废水、味精废水和柠檬酸废水。这种分类方法主要用于对各工业部门、各行业的工业废水污染防治进行研究和管理。

1.2 工业废水调查[3]

工业废水调查涉及制定一个利用水和产生废水全过程中物流平衡的设计过程，调查的结果使水的平衡和再利用成为可能，并最终能揭示废水处理中的流量和强度的变化。针对特定操作过程以及整个工厂操作程序的废水特征变化进行监测。

通常需要设计人员到现场收集必要的信息，一般可归纳为以下内容。

① 通过对工厂的工程师的咨询和各种操作程序的调研，绘制出污水管道图，并应标出可能的样品站和预测流量的大致数量级。最好查明工厂在所有操作条件（正常及高负荷）下的水平衡状况；记下所有用水工序，并编制每个工序的水平衡明细表。

② 从各排水工序和总排水口取水样进行水质分析，制订测样和分析时间表。一般来说，流量加权的连续混合样是最理想的，但实际情况往往因条件不具备或者取样人员不能总是在现场而难以做到。取样周期和频率要按照研究对象的性质来确定。一些连续过程的样品以小时为单位测得，并取 8h、12h 甚至 24h 的混合样。如果水样显示较大的波动性，可能需要取 1h 或 2h 的混合样来分析。在分批排放时应编排分批取样过程。

③ 制订物流平衡图。在调研后，根据收集数据及分析样品的结果，可获得废水排放源的物流平衡图。关键问题是如何使个别源的累加值接近测量的总污染物量，以评价调研结果的正确性。

④ 建立废水特征统计变化表，确定排放标准。某些废水特征的变化情况对废水处理厂的设计具有重要意义，根据已获得的数据可画出概率图，表明其出现的频率。特别要明确哪些工段是主要污染源；有无可能将需要处理的废水和不需处理就可排放的废水进行分流；能否通过改进工艺和设备减少废水量和浓度；能否使某工段的废水不经处理就可用于其他工段；有无回收有用物质的可能性。

流量测定方法通常取决于被测对象的物理位置。当废水通过污水管时，通常可以测得水的流速和深度，并通过连续性方程计算流量。流量等于过水断面面积乘以流速，而部分充满圆形管的过水断面面积可通过水的深度求得，但此法仅适用于部分充满截面为常数的污水管。水的平均流速可用两个人孔间浮标法测定的表面流速的 0.8 倍来计算。流量还可以用流量计来直接测定，其值相对误差较小。对于沟渠，可通过测定明渠中深度和流速按照上述方法估算出流量。在利用水泵连续抽水的情况下，流量可通过泵速和时间算得。还有些情况下，日废水量是通过记录工厂水的日消耗量来估算的。

对样品的分析控制取决于两个方面，即样品的特征和分析的最终目的。对某些水力停留时间较短的生物处理设计，确定 BOD 负荷变化需要取 8h 或更短时间的混合样。而对停留时间为数天的完全混合条件下的曝气塘，则 24h 的混合样就足以满足要求。在需要确定生物处理营养需求而进行氮、磷等成分测定时，由于生物处理系统具有一定的缓冲能力，因此取 24h 混合样进行测定即可满足要求。而对于存在毒性排放物的情况，由于少量毒物会完全破坏生物处理过程，因此如果已知毒物的存在，连续监测样品是必要的。显然，此类物质的存在，在废水处理设计中需分开考虑。废水处理过程需要对取样方案进行类似考虑。

工业废水调查所得的数据往往易变，因此通常采用统计分析。例如，按出现废水的某个特性数值的时间可能性不超过 10%、50%、90%三种情况来计算，BOD 的 50%概率接近等于中值。在这个方法中，可变数据的线性相关性显示如图 1.1 所示。

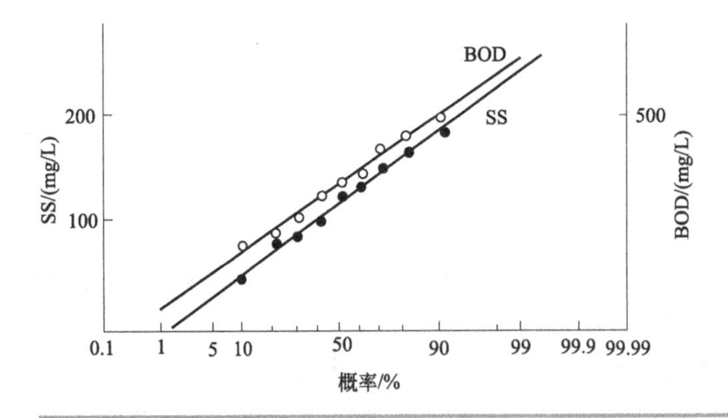

图 1.1
未处理废水 BOD 与 SS 出现概率

按递增的方式分别整理 SS 和 BOD 的值。设 n 为测量 BOD 或 SS 的总次数，m 为递增数值顺序号（1～n），横坐标 $m/(n+1)$ 相当于出现的百分数。在概率纸上，以实际值对出现概率作图如图 1.1 所示，用目视的办法，画出最接近这些点的平滑变化趋势曲线（必要时可通过标准统计程序算得）。任何值（如流量、BOD 或 SS）出现的概率可通过作得的概率图求得，同时也可通过标准计算机程序求得。

此外，还要考虑到工业废水调查结果外推到将来生产上的应用，弄清废水流量和负荷与生产时间表的关系。由于产生的废水不直接地随生产量的增加或减少而变化，因此外推时并不总是遵循线性关系。例如，图 1.2 表示某一罐头工厂操作的实际情况，在 6 个程序操作中其废水流量的变化取决于操作中的清洗和清洗设备。

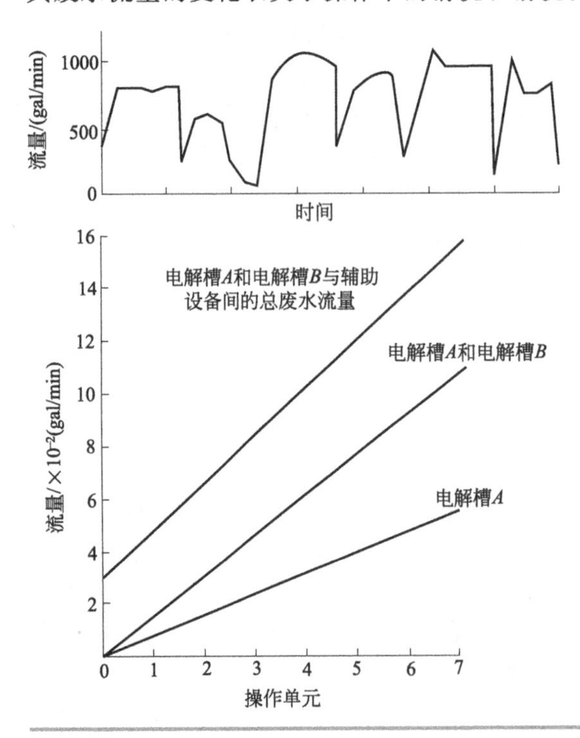

图 1.2　不同废水厂中流量随操作单元的变化

（注：gal/min=3.78×10^{-3} m^3/min）

1.2.1　废水特性

工业废水中有机质含量需特别考虑。废水的有机质含量一般通过 BOD、COD、TOC

（总有机碳）或 TOD（总需氧量）来评估。评估结果时应特别注意以下几点。

① COD 测试可测量除某些芳香烃（如在反应中不完全被氧化的苯）以外的总有机碳。COD 测试是一个氧化还原过程。这样，一些还原物质如硫化物、亚硫酸盐和亚铁离子将被氧化，并记作 COD，而 NH_3-N 在 COD 的测试中不被氧化。

② BOD_5 测试可测量生物易降解有机碳和在一定条件下废水中存在的可氧化氮。这实际上通常是抑制了氮的硝化作用，仅有碳的氧化物，以 $CBOD_5$ 的形式记录。

③ TOC 测试可测量所有可被氧化为 CO_2 的总有机碳。如果在废水中存在无机碳（CO_2、HCO_3^- 等），必须在分析前除去，或在计算时校正。

④ TOD 测试可测量有机碳和不氧化的氮或硫。

由于废水的特性直接影响到生物处理系统的设计以及运行，下面介绍一些研究者对于各指标参数的讨论。

1.2.1.1 废水 COD 指标

由于高浓度废水通常采用厌氧技术处理，这里讨论主要针对厌氧处理过程来说。

(1) 可生物降解 COD

组成废水的有机物可能是容易降解的、难降解的或不可能降解的。其中，容易降解的有机物可以被各类厌氧污泥（驯化的或没有驯化的）迅速降解；难降解的有机物则不能被未驯化的污泥所降解，但可以通过驯化污泥后在一定程度上降解，而污泥对有机物驯化所需时间的长短反映了使驯化前细菌产生诱导酶以降解这些复杂有机物所需的时间或增殖能利用这类有机物的特殊细菌所需的时间。

厌氧条件下能都被厌氧菌消耗的 COD 称作“可生物降解的 COD”，也可以说是在厌氧过程中能够作为底物被细菌加以利用的 COD，记作 COD_{BD}。其在全部 COD 中所占的百分比称作废水的“生物可降解性”，即

$$COD_{BD}(\%)=\frac{COD_{BD}}{COD}\times 100\% \tag{1.1}$$

(2) 可酸化 COD

从厌氧处理技术原理可知（详见第 4 章），厌氧过程分成两个阶段，即产酸阶段和产甲烷阶段。在第一阶段中起作用的主要是水解和/或发酵细菌，第二阶段中起作用的则主要是产甲烷细菌。COD_{BD}实际上是指可被发酵细菌（即水解菌与酸化菌）利用的底物，在未酸化废水中，并非全部 COD_{BD}可被甲烷菌利用。首先被发酵菌转化为细胞物质、氢气和大量挥发性脂肪酸（VFA），其中转化为细胞物质的 COD 不能被甲烷菌利用，其余部分才是甲烷菌利用的底物 COD，称为“可酸化 COD”，记作 COD_{acid}，其在废水总 COD 中的百分比为

$$COD_{acid}(\%)=\frac{COD_{CH_4}+COD_{VFA}}{COD}\times 100\% \tag{1.2}$$

式中，COD_{CH_4} 为转化为甲烷的 COD；COD_{VFA} 为尚未转化为甲烷而以 VFA 存在的 COD。图 1.3 为未酸化底物的 COD_{BD}、COD_{acid}和 COD_{CH_4} 的关系，在糖液中 COD_{acid}一般等于 COD_{BD}的 80%，而最大的 COD_{CH_4} 约为 COD_{BD} 的 78%。图 1.4 为已酸化的废水中 COD_{BD}、COD_{acid}和 COD_{CH_4} 的关系示意。其中 COD_{acid} 等于全部 COD_{BD}，也是全部的 COD；COD_{CH_4} 最大值可等于 COD_{BD}的 97%。可以看到，废水中的 COD_{acid}约等于 COD_{CH_4}，所以可以认为一种废水中 COD 的甲烷转化率大体上等于 COD 的酸化率。

(3) 生物抗性 COD

废水 COD 中含有不能生物发酵的有机化合物称为“生物抗性 COD”，记作 COD_{res}。包

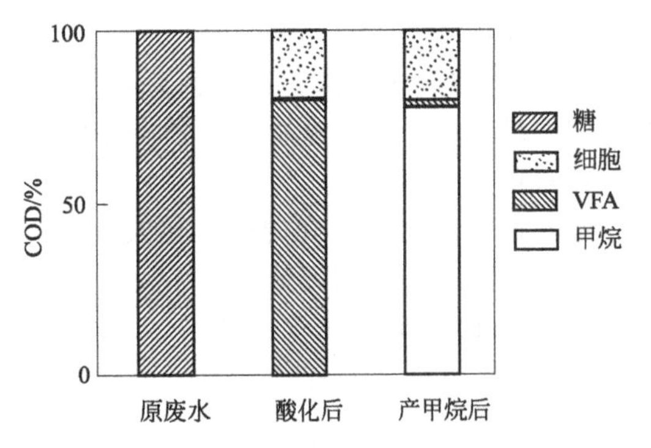

图 1.3 未酸化废水中可降解 COD 分类示意

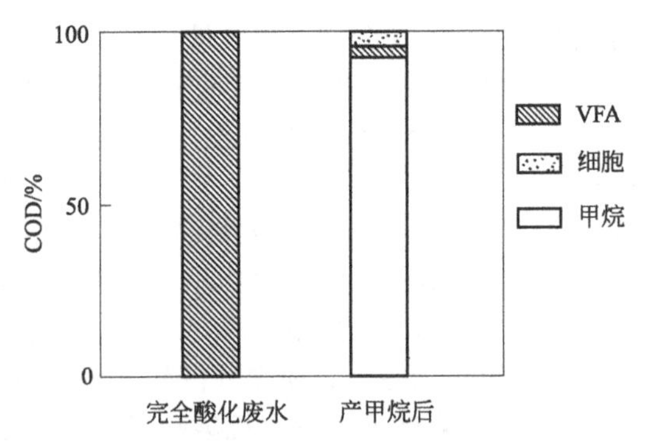

图 1.4 完全酸化废水中 COD 分类示意

括那些在测试过程中污泥来不及驯化因而未能降解的有机物以及不可能降解的“惰性有机物”。

(4) 可水解 COD

废水 COD 中的某些有机化合物是不溶解的，此外由溶解性的 COD_{BD} 所产生的细胞也不溶解，因此对厌氧处理来说 COD 的溶解性是一个重要参数。

某些废水含有聚合物底物，这些底物在被发酵前必须被水解为单体或二聚体。能被水解的聚合物 COD 成为“可水解 COD”，而在厌氧过程的某一阶段以非聚合物形式存在的（包括由聚合物水解而来的）COD 称为“已水解 COD”，记作 COD_{hydr}。

一些情况下，聚合物以不溶性的悬浮物或胶体形式存在，不溶性的聚合物可以经由水解被转化为溶解性的化合物，这一过程称为“液化”。若聚合物均为不溶解的，则液化等于水解，不溶解 COD 在厌氧过程中的水解百分率为

$$COD_{hydr}(\%)=\frac{COD_{sol}+COD_{cells}+COD_{CH_4}}{COD_{insol}}\times 100\% \tag{1.3}$$

式中，COD_{sol} 为由 COD_{insol} 转化而来的溶解性 COD（包括 VFA）；COD_{cells} 为转化为细胞的 COD_{insol}；COD_{CH_4} 为转化为甲烷的 COD_{insol}；COD_{insol} 为不溶解性 COD。

1.2.1.2 废水 BOD 指标

为解释在工业废水中求得的 BOD_5，必须考虑一些重要的因素。如图 1.5 所示，BOD 测试得到的需氧量是以下各量的总和。

① 废水中有机物用于合成新的微生物细胞所需要的氧量。

② 微生物细胞的内源呼吸需氧量，由图 1.5 看出：时段 1 的氧利用率是时段 2 的 10～20 倍。在多数情况下底物很易分解，时段 1 需 14～36h 完成。

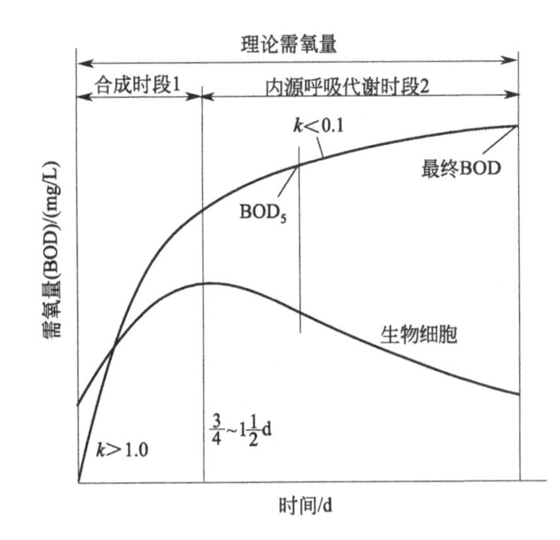

图 1.5 在 BOD 瓶中发生的反应

废水中含有可氧化的物质如糖类，可作为底物被迅速利用，第一天有很高的需氧量，在其后连续培养的几天内需氧速率减慢，超过 5 天后，这些数据用一级反应曲线拟合。由于曲线一开始斜率很高，故 k 值很大。相

反，充分氧化过的流出废水将含有很少量的有效底物。多数情况下，培养 5 天后只有内源呼吸存在。内源呼吸氧利用率仅为底物存在时的几分之一，导致 k 值相应地较低。Schroepfer 通过比较经适当处理的污水与含有大量底物的原废水的 k_{10} 值变化率证明了这一点。对于原废水的平均速率是每天 0.17，而处理过的废水其平均速率是每天 0.10。必须看到：在这些情况下，对于 5 天的 BOD 的直接比较是不适当的。典型的速率常数列在表 1.2 中。

表 1.2　在 20℃ 时，BOD 速率常数平均值

底　　物	k_{10}/d^{-1}	底　　物	k_{10}/d^{-1}
未处理废水	0.15～0.28	深度生物处理出水	0.06～0.10
高速滤池和厌氧接触池出水	0.12～0.22	低污染河流	0.04～0.08

许多工业废水很难氧化，处理这些废水往往需要适应这些特种废水的菌种，如水中不存在此类细菌，则 BOD 就有滞后期。此时，会得到错误的 5 天 BOD 值。Stack 的实验结果显示：合成有机化学试剂 5 天 BOD 值的变化明显地取决于所用菌种的驯化程度。一些典型的 BOD 曲线如图 1.6 所示。图中曲线 A 是 BOD 曲线，曲线 B 是对污水驯化较慢的代表性曲线，曲线 C 和曲线 D 是未加驯化菌种或有毒物废水曲线的特征。

有机物的微生物驯化列于表 1.3 中。

表 1.3　结构特征对生物驯化的影响

1	含羧基、酯基和羟基的无毒脂肪族化合物易于驯化(小于 4 天即可驯化)
2	含羰基和双键的有毒化合物驯化时间为 7～10 天，且对未驯化的乙酸菌有毒
3	氨基功能团驯化困难并且分解慢
4	双羧基基团比起单羧基基团，其菌种驯化时间长
5	功能团的位置影响使驯化周期滞后
	正丁醇　4 天
	仲丁醇　14 天
	叔丁醇　不被驯化

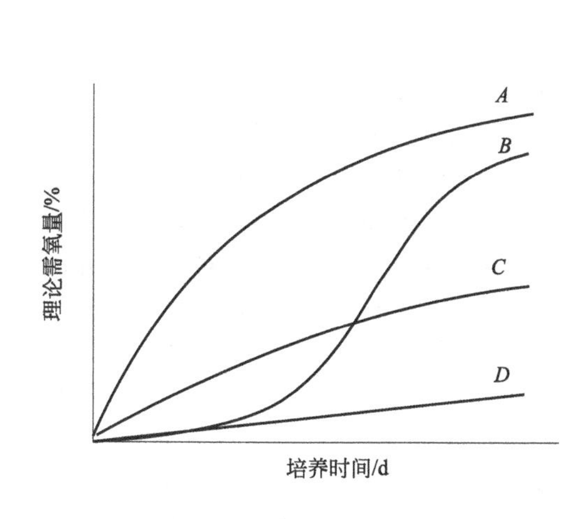

图 1.6　BOD 曲线特性

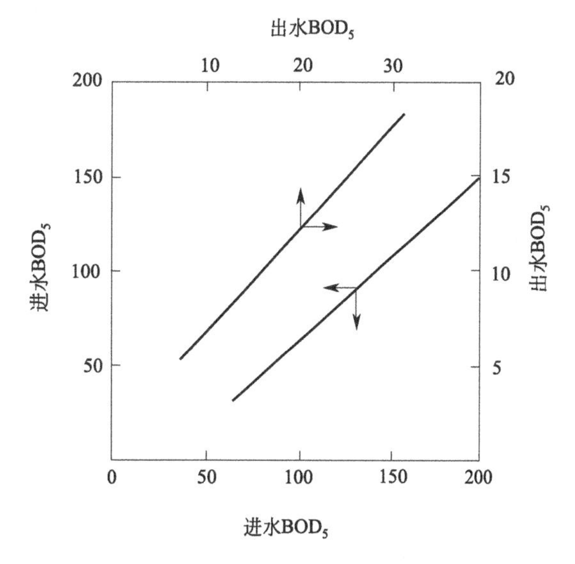

图 1.7　纸浆造纸厂废水的 1 天和 5 天 BOD 之间的相关特性

在纸浆造纸工业中测定了1天和5天的BOD，其结果如图1.7所示。对未处理的废水，5天BOD的70%在1天中反应完毕，而对处理过的废水仅有50%反应。通常可以认为1天的BOD反映了存在于样品中的可溶性有机物含量。在很多情况下，1天BOD为废水处理厂提供了一个好的控制试验条件。

虽然BOD测定方法的改进（如由Busch提出的短培养时间试验）可消除由一级假定引起的一些错误和由于底物浓度造成的k_{10}变化，但这些方法在工业上并未得到广泛的应用。这是因为对于工业废水的BOD解释还必须考虑以下因素：①对废水驯化的菌种和所有的滞后效应必须消除；②在长培养时间BOD试验中，对未处理废水和处理过废水都给出k_{10}值。对于酸性废水在培养前所有样品必须中和。

废水中的毒性通常通过BOD测定中的稀释效应即可发现，即随稀释度的增加计算所得BOD也随着增加。如果存在此情况，必须确定能得出准确BOD_5值的最小稀释倍数。

1.2.1.3 工业废水COD、BOD和TOC的关系

在建立BOD和COD或TOC之间的相关关系时，通常需要过滤样品（可溶性有机物），以避免在各自的测定中，有挥发性悬浮颗粒物干扰。

BOD是指可氧化有机物在20℃培养5天以上达到稳定时需要的氧量。通常BOD反应是一级反应

$$\frac{dL}{dt}=-kL \tag{1.4}$$

积分后得

$$L=L_0e^{-kt} \tag{1.5}$$

因L是未知的，它反映任一时间残余的需氧量，方程式(1.4)又可用公式表达

$$y=L_0(1-e^{-kt}) \tag{1.6}$$

而y为时间t时的BOD量

$$y=L_0-L \tag{1.7}$$

或

$$y=L_0(1-10^{-kt}) \tag{1.8}$$

根据定义，L_0是可生物氧化有机物稳定化后的总需氧量；如果k是已知，BOD_5是L_0的固定百分数。

COD测试测定的是可在酸性条件下被重铬酸钾氧化的废水中有机物的总量。当采用硫酸银作催化剂时，大多数有机化合物的回收率可超过92%。然而，一些芳烃化合物如甲苯仅部分氧化。实际上，由于COD反映的几乎全部有机化合物中很多是部分生物降解甚至完全不降解的，因此只有在对易生物降解有机物（如糖类）的情况下，COD才与BOD成正比。例如对于一个产生易降解物质废水的制药厂，其废水的COD与BOD相关性如图1.8所示。表1.4和表1.5列出了各种工业废水的BOD和COD的特性。

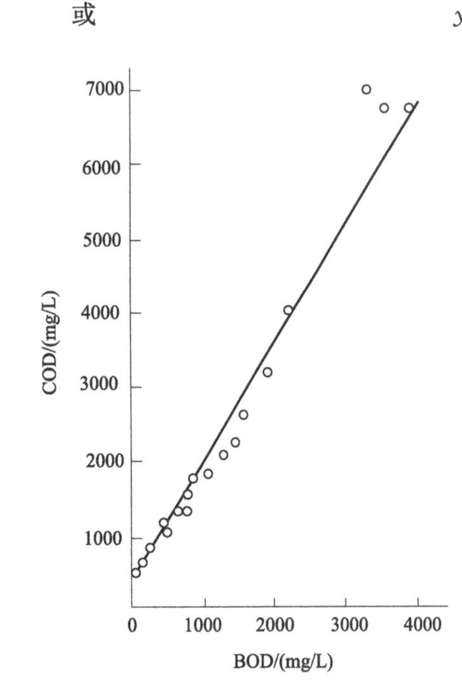

图1.8 制药厂废水BOD与COD间的相关性

由于未处理废水和处理过的出水5天的BOD值的总耗氧量显示不同的比例，因此常用BOD与COD的比值（BOD/COD）来比较处理过的出水与未处理废水。在BOD试验中，当废水中有机悬浮颗粒物慢慢地生物降解时，BOD与COD间不存在相关性。因

表 1.4 工业废水的需氧量和有机碳组分

废 水	BOD_5/(mg/L)	COD/(mg/L)	TOC/(mg/L)	BOD/COD	COD/TOC
化学试剂厂①	—	4260	640	—	6.65
化学试剂厂①	—	2410	370	—	6.60
化学试剂厂①	—	2690	420	—	6.40
化学试剂厂	—	576	122	—	4.72
化学试剂厂	24000	41300	9500	2.53	4.35
化学炼油厂	—	580	160	—	3.62
石油化学厂	—	3340	900	—	3.32
化学试剂厂	850	1900	580	1.47	3.28
化学试剂厂	700	1400	450	1.56	3.12
化学试剂厂	8000	17500	5800	1.38	3.02
化学试剂厂	60700	78000	26000	2.34	3.00
化学试剂厂	62000	143000	48140	1.28	2.96
化学试剂厂	—	165000	5800	—	2.84
化学试剂厂	9700	15000	5500	1.76	2.72
尼龙聚合厂	—	23400	8800	—	2.70
石油化学厂	—	—	—	—	2.70
尼龙聚合厂	—	112600	44000	—	2.50
烯烃合成厂	—	321	133	—	2.40
丁二炔合成厂	—	359	156	—	2.30
化学试剂厂	—	350000	160000	—	2.19
合成橡胶厂	—	192	110	—	1.75

① 高浓度硫化物和硫代硫酸盐。

表 1.5 工业废水的 COD、BOD 和 SMP 的相关特性

废 水	流入域		流出域		SMP_{nd}① /(mg/L)	$(COD_{nd})_e$② /(mg/L)	BOD_5/COD_{deg}③
	BOD /(mg/L)	COD /(mg/L)	BOD /(mg/L)	COD /(mg/L)			
制药厂	3290	5780	23	561	261	561	0.60
化学试剂厂	725	1487	6	257	62	248	0.56
赛璐珞厂	1250	3455	58	1015	122	926	0.47
制革厂	1160	4360	54	561	190	478	0.28
烷基胺厂	893	1289	12	47	62	29	0.69
烷基苯磺酸盐厂	1070	4560	68	510	202	405	0.25
人造丝厂	478	904	36	215	35	160	0.61
聚酯纤维厂	208	559	4	71	24	65	0.40
蛋白质制造厂	3178	5355	5	245	256	237	0.59
烟草厂	2420	4270	139	546	186	332	0.59
丙烯氧化物合成厂	532	1124	49	289	42	214	0.56
纸厂	380	686	7	75	31	64	0.58
蔬菜油加工厂	2474	6302	76	332	298	215	0.55
植物制革厂	2396	11663	92	1578	504	1436	0.22
硬纸板厂	3725	5827	58	643	259	554	0.67
含盐有机化学厂	3171	8597	82	3311	264	3185	0.56
炼焦厂	1618	2291	52	434	93	354	0.79
液态煤厂	2070	3160	12	378	139	360	0.70
纺织印染厂	393	951	20	261	35	230	0.53
车皮纸厂	308	1153	7	575	29	564	0.50

① SMP 为可溶性微生物产物，即 0.05 倍的进水可降解 COD $[0.05(COD_{deg})_I]$。

② $(COD_{nd})_e = SCOD_e - [(BOD_5)_e/0.65]$。

③ $(COD_d)_i = COD_i - (COD_{nd})_e + SMP_{nd}$。

此，应该采用已过滤或可溶性的样品来做试验。造纸厂废水中的纸浆和纤维废水就是其中的一个例子。在含有难降解物如 ABS 的复杂废污水中，BOD 和 COD 之间也没有相关性。为此，处理过的出水几乎不含 BOD，而仅含有 COD。

总有机碳（TOC）的测定方法较简单，因而已经成为通用和普遍的分析方法。

当考虑工厂的常规控制或研究程序时，由于需要较长的培养时间，一般不做 BOD 试验。因此，画出 BOD 和 COD 或与 TOC 之间的相关图是非常有用的。

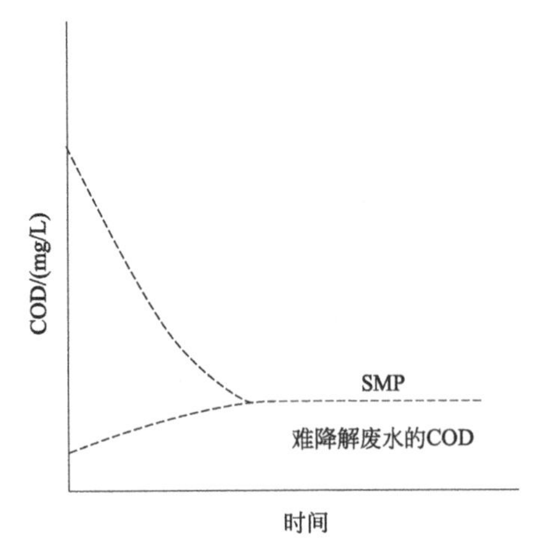

图 1.9　生物氧化期间 COD 的相关性

对含有某一特定有机化合物的废水来说，THOD（the theoretical oxygen demand，理论耗氧量）可通过氧化有机物变成最终产物所需的氧来计算获得。例如对于葡萄糖

$$C_6H_{12}O_6+6O_2 \longrightarrow 6CO_2+6H_2O$$

$$THOD=\frac{6M_{O_2}}{M_{C_6H_{12}O_6}}=1.07\ \frac{COD(mg)}{有机物(mg)} \quad (1.9)$$

对于大多数有机化合物（除含芳烃和氮化合物以外），其 COD 值等于 THOD 值。对于易降解的废水，例如奶制品厂的废水，其 COD 值等于 $BOD_{最终}/0.92$。当废水同时含有不易分解的有机物时，那么总 COD 与 $BOD_{最终}/0.92$ 之间的差表明存在不易分解的有机物含量。

研究发现，在生物处理过程中，难降解物质会逐步累积，这些物质包括废水中的有机物、生物氧化的副产物和内源代谢的产物，可称为 SMP（soluble microbial products，可溶性微生物产物）。如图 1.9 所示，通过生物处理出水的 COD 值将受废水中难降解有机物的影响而增高。

当鉴别化合物时，可通过碳-氧平衡建立 TOC 与 COD 的相关关系

$$C_6H_{12}O_6+6O_2 \longrightarrow 6CO_2+6H_2O$$

$$\frac{COD}{TOC}=\frac{6M_{O_2}}{6M_C}=2.66\ \frac{COD(mg)}{有机碳(mg)} \quad (1.10)$$

根据有机物种类不同，COD/TOC 比值的变化很大，从不能被重铬酸钾氧化的有机物到甲烷，COD/TOC 的比值可由 0 变化到 5.33。由于生物氧化期间的有机质含量变化，COD/TOC 的比值也变化。相同的变化同样适用于 BOD/TOC 的比值。各种有机物的 BOD 与 COD 的值如表 1.6 所列。由于只有可降解的有机物可在活性污泥处理中被除去，出水的 COD 应由进水的难分解有机物［$(SCOD_{nd})$］和剩余可降解有机物（以可溶性 BOD 为特征的）以及在处理过程中产生的可溶性微生物产物（SMP）三部分组成。SMP 是不易生物降解的（也可标作 SMP_{nd}），因此，它表现为可溶性 COD（或 TOC）但不表现为 BOD。实验数据表明，SMP_{nd} 占流入废水可降解 COD 的 2%～10%。准确百分比值取决于废水的类型和生物操作过程的固体停留时间（SRT）。工业废水中，COD、BOD 和 SMP 的相关性见表 1.5。表中假定 SMP_{nd} 占进水中可降解有机物产生的 SCOD 的影响为 5%。

出水的总 COD（$TCOD_e$）是可降解 COD 与不可降解 COD（即 $SCOD_d+SCOD_{nd}$）之和，再加上由于废水悬浮固体（TSS_e）引起的所谓“颗粒物”COD 的总和。如果废水固体原来是活性污泥的絮状夹带物，那么 COD 可以用 1.4 倍的 TSS_e 来估算，并以式(1.11) 表达

$$TCOD_e=(SCOD_{nd})_e+(SCOD_d)_e+1.44TSS_e \quad (1.11)$$

$$(SCOD_{nd})_e=SMP_{nd}+(SCOD_{nd})_i \quad (1.12)$$

■ 表 1.6 根据某些有机物的理论需氧量评价 COD 和 BOD

化学基团	THOD /(mg/mg)	测量的 COD /(mg/mg)	(COD/THOD) /%	测量的 BOD_5 /(mg/mg)	(BOD_5/THOD) /%
脂肪族					
甲醇	1.50	1.05	70	1.12	75
乙醇	2.08	2.11	100	1.58	76
乙二醇	1.26	1.21	96	0.39	29
异丙醇	2.39	2.12	89	0.16	7
顺丁烯二酸	0.83	0.80	96	0.64	77
丙酮	2.20	2.07	94	0.81	37
甲乙酮	2.44	2.20	90	1.81	74
乙酸乙酯	1.82	1.54	85	1.24	68
草酸	0.18	0.18	100	0.16	89
平均值			91		56
芳香族					
甲苯	3.13	1.41	45	0.86	28
苯甲酸	2.42	1.98	80	1.62	67
苯甲酸	1.96	1.95	100	1.45	74
氢醌	1.89	1.83	100	1.00	53
邻甲酚	2.52	2.38	95	1.76	70
平均值			84		58
含氮有机物					
乙醇胺	2.49	1.27	51	0.38	34
丙烯腈	3.17	1.39	44	约 0	0
苯胺	3.18	2.34	74	1.42	44
平均值			58		26

$$(SCOD_{nd})_i = SCOD_i - (SCOD_d)_i \tag{1.13}$$

$$(TCOD)_e = SCOD_i - (SCOD_d)_i + SMP_{nd} + (SCOD_d)_e + 1.4TSS_e \tag{1.14}$$

进水或出水的可降解的 SCOD 可从 BOD_5 与最终 BOD（$BOD_{最终}$）之比算得（标作 f_i 或 f_e），假定 $BOD_{最终}=0.92$ SCOD，进水（i）或出水（e）的可降解的 SCOD 可用下式计算

$$(SCOD_c)_{i/e} = \frac{(BOD_5)_{i/e}}{f_{i/e} \times 0.92} \tag{1.15}$$

废水的 TCOD 可结合方程(1.11)～方程(1.14) 算得

$$(TCOD)_e = SCOD_i - \left[\frac{(BOD_5)_i}{f_i \times 0.92}\right] + SMP_{nd} + \left[\frac{(BOD_5)_e}{f_e \times 0.92}\right] + 1.4TSS_e \tag{1.16}$$

BOD、COD 和 TOC 的测试是对有机总量的粗略估计，它并不涉及处理废水的各种生物技术。为区别可生物分解和不可生物分解需要对废水的有机成分进行分类，如图 1.10 所示。区别可分解和不可分解的 BOD 对于选择合适的处理流程以控制淤泥的质量是至关重要的。

1.2.2 测量废水的毒性

测量废水毒性的标准技术是生物鉴定法，这种方法是评价底物对生命有机体的影响的。生物鉴定法测试的两种最常用方法是慢性和急性试验。慢性生物试验评价长期效应，它指对有机生命体的繁殖、生长或正常行为的影响；而急性试验评价短期效应，包括死亡率。

急性试验首先对一个已选择的试验生命体，例如虾，暴露在已知浓度样品中一段特定时间（经常采用 48h 或 96h，偶然也有 24h）进行试验。样品的急毒性通常以使 50%生命体致死的样品浓度来表达，记作 LC_{50}。慢性生物试验将一个已选择的试验生命体暴露在已知浓度样品中，经历较急性试验更长的时间周期（通常采用 7 昼夜）做试验。样品的毒性通常用 IC_{25} 表示，此值表示对试验特种的慢性行为（如生长的质量或繁殖能力）抑制程度达 25%的

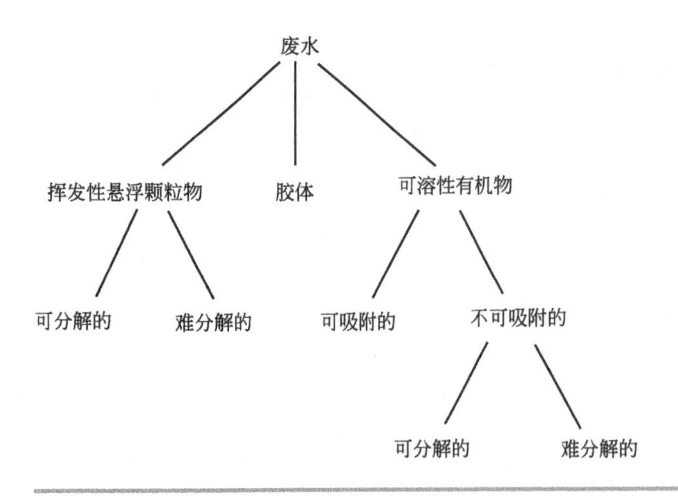

图 1.10
某废水有机组成的分类

样品浓度。NOEC 表示未观察到毒性效应的浓度。

LC_{50}和 IC_{25}的值分别由死亡率和质量-时间或繁殖力-时间的关系数据统计分析而得。LC_{50}值或 IC_{25}值愈低说明废水毒性愈高。生物试验数据以特定化合物浓度（如 mg/L）表示；或在全废水（即总废水）的情况下，以稀释的百分数的倒数来表示，对于全废水毒性25%，相当于 100/25 或 4 的毒性单位。在较合理测量所得的结果中其值愈大表示毒性愈大。以毒性单位表示的数据可应用于任何生物体的急性或慢性试验，它是一种简单的数学表达。

多种有机生命体可用以测量毒性。生命体和生命阶段（如成年或青少年）的选择取决于废水的盐量、稳定性、目标污染物质的性质以及对不同种废水的相对灵敏度。对于同一种化合物，不同的生命体显示了不同的毒性限值（见表 1.7），并且由于生物因素的影响，不同测试特种对于单一化合物的毒性有相当大的变动值。

表 1.7　某些化合物的急毒性（96h LC_{50}）

项　　目	鲤鱼	玛格纳水蚤	虹鳟
有机物			
苯/(mg/L)	42	35	38
1,4-二氯苯/(mg/L)	3.72	3.46	2.89
2,4-二硝基苯酚/(mg/L)	5.81	5.35	4.56
氯化甲烷/(mg/L)	326	249	325
苯酚/(mg/L)	39	33	35
2,4,6-三氯苯酚/(mg/L)	5.91	5.45	4.62
金属			
Cr/(μg/L)	38	0.29	0.04
Cu/(μg/L)	3.29	0.43	1.02
Ni/(μg/L)	440	54	—

此外，对同一工厂，随工厂废水的变动会引起废水毒性的极大变化。多次试验结果的变化是由于各种因素引起的，例如生命体的种类、试验条件、重复的次数（即平行样）和生命体的应用及进行试验的实验室（当几个实验室同时进行时，可观察到较大变化的结果）。

毒性试验结果的精密度随样品实际毒性的降低而呈现显著地降低。例如，用阿根廷港口的生物体 *Mysidopsis bohia* 做一系列生物试验，对于 10%（10 个毒性单位）的 LC_{50}，其95%的置信度是在 7%～15%之间；而对于 50%（2 个毒性单位）的 LC_{50}，则是在 33%～73%。这种偏差是由于试验的统计性而引起的。高的 LC_{50}值，具有低的死亡率，如果生命体试验只有几个，就能得到宽范围的 LC_{50}值。相反，具有较高死亡率的结果较准确，因为有较高百分率生命体是受到了样品的影响，这样就给出统计上较准确的实际毒性估计。任何试验只是给出的实际毒理的估计，应该同时记录方法的精密度。

由于生物试验结果有较大偏差，需验证大量确定的数据，这样才能正确评价毒性的程度。对于任何结论不能只根据单个实验数据得到，需要进行长期的分批试验、半工业规模中间试验或生产规模试验以确保处理方法的有效性。

美国加利福尼亚喀兹巴的一家微生物公司用Microtox把冷冻干燥的海水荧光微生物体 *Vibrio fischeri* 在恒温、高盐、低营养的基质中培养，测量了决定废水对荧光微生物体影响的光输出。Microtox对许多生活排放水和相对简单的工业废水的测量相当成功。图1.11表明了用炭处理的化学试剂厂出水的两种鉴别方法间的相关性。

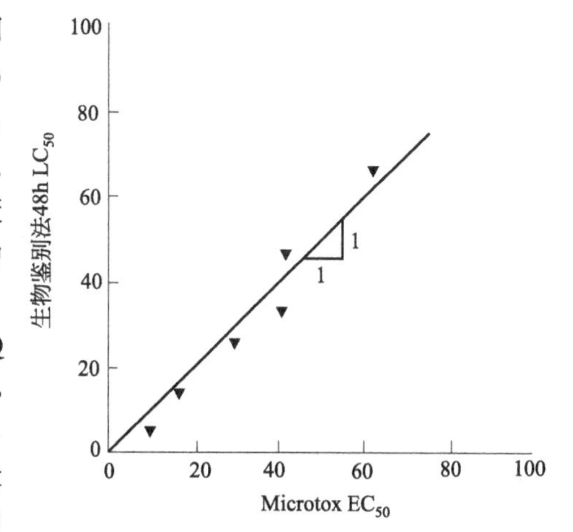

图 1.11　炭处理废水的生物鉴别

（生物鉴别法与Microtox法的比较）

美国新泽西州佛兰明顿的水溶液测试站用IQ法采用试验室培养箱中的鸡蛋中培育出的寿命小于24h的水蚤类菌种（*Daphnia magna*，*Daphnia pulex*），将试验菌种在一组稀释样品中暴露1h，然后，用荧光强度的比较测定废水对菌种消化底物能力的影响。图1.12表明制药工厂废水的这一相关性。

Ceriofast应用一种自己培养的菌种 *Ceriodaphnia dubia*，进行24h或48h试验。首先将该菌种暴露于稀释样品中40min，之后将试验和对照的生物体分别用含无毒荧光剂的酵母粉培养20min。通过对生物体内部荧光的存在量与试验生物体荧光的存在量的比较，确定废水对菌种捕食能力的影响。

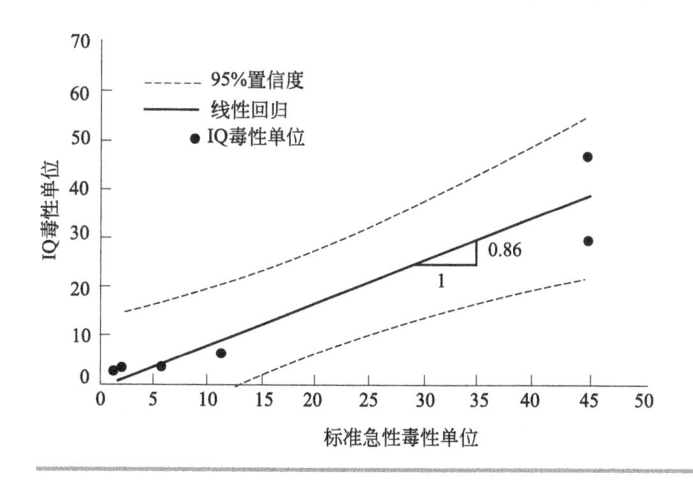

图 1.12

制药厂废水的IQ毒性单位与标准急性毒性单位的相关

1.2.2.1　废水分离的毒性鉴定

废水分离的毒性鉴定研究是要确定普遍地或是特殊地引起废水毒性的原因。实际的废水样品来自化学或物理的分离过程，或者此废水样是能引起某种毒理效应的合成样品，废水分离毒性鉴定的目标是测定不存在其他化合物，但存在其他可鉴定的或非毒性的背景化合物时推测可疑成分的毒性。

一般地说，对样品毒性试验的过程涉及对样品的处理以消除与其毒性相联系的化学基团。对处理过的样品与未处理的样品毒性试验的结果做比较，其结果的不同表明：被去除的组分（或组分族）正好是与其毒性相对应的物质。

目标组分及其分离的方法千差万别，已有的标准和可靠的技术可直接采用，没有的则需进一步开发，对于一些特殊的废水还需要特别制定另一些方法。

在开始分离前，往往需要制订计划，并注明所用设备需要的条件。图 1.13 综合了分离废水时应用的各种技术。不是所有的分离技术都应用于每一步分离中，处理方法应根据实际情况而定。

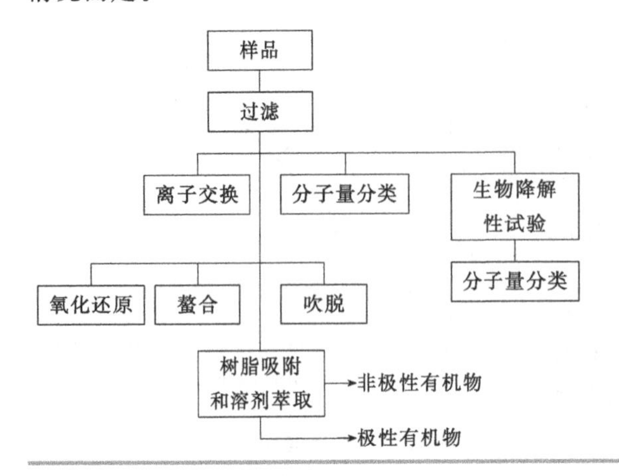

图 1.13
应用于分离废水样品的各种技术

第一步是研究过程的工艺流程图以及收集排放化学成分和工厂产品的长期数据。这些分析可能提供毒性来源的线索。有些情况，某种化合物的浓度超过了报告中毒性的水平，但它在实际废水中不是有害的，因为生物体不能吸收。例如，许多重金属在软水中即使低水平也是有毒的，而在硬水中却是无毒的。如果由过程分析中得不出任何结论，可查阅相关文献以获得类似废水中已知存在的有毒化合物的毒性信息。

下一步实际上是分离排放样品。在所有的情况下都需要做空白分析（即控制样品），以确认毒性不是由分离过程或测试过程引入的。以下的操作可以考虑几种因素。

① 过滤　一般地说，首先要进行样品过滤分离，以确定毒性是来源于样品中溶解组分还是非溶解组分。

② 离子交换　无机毒性研究中可以应用阳离子和阴离子交换树脂除去有毒的无机化合物或离子。

③ 分子量分类法　评价流入废水的分子量分布和每个分子量范围物质的毒性，通常能缩小可疑污染物所在的分子量范围。

④ 生物降解实验　在实验室条件下废水样品的生物处理可能会引起有机物中可降解部分的完全氧化，生物鉴定分析能定量出不易降解的毒物以及由于生物处理而产生的还原性物质的毒性。

⑤ 氧化剂还原　由水处理过程（例如为了消毒而用的氯和氯胺）而产生的剩余氧化剂可毒化很多生命体。在各种浓度下的这些氧化剂可用像硫代硫酸钠这类试剂简单还原，从而反映出剩余氧化剂的毒性。

⑥ 金属配合作用　几乎所有金属阳离子（除汞以外）的毒性都可通过使用 EDTA（乙二胺四乙酸）对样品的配合作用，并估算毒性变化的方法来确定。

⑦ 空气吹脱　用 pH 为酸性、中性、碱性的静态空气吹脱法基本上可去除所有挥发性有机物。当 pH 为碱性时，去除氨最好。因此，如果挥发性有机物和氨同时被怀疑为毒物时，可采用替代的氨去除技术，例如分子筛交换技术。

⑧ 树脂吸附和溶剂萃取　有时可以用树脂吸附或溶剂萃取鉴定非极性有机物是否为毒物。当一个样品吸附在长链有机树脂上时，用溶剂（例如甲醇）将有机物从树脂上反萃取出来，然后通过生物鉴定法测定样品的毒性。

1.2.2.2　源分析和分类

在一个典型的废水收集系统中，经工厂产生的不同源的多种废水逐渐汇合，最终形成一股单独排放或处理工厂的进水。为了准确地鉴定此过程中毒物的来源，必须进行源的分析和分类。此过程先从流入处理工厂的废水着手，接下来沿上游到废水的各个排放点直到鉴定出主要毒物源为止。

对每个废水源评估的目的是确定该股废水能否被末端处理设施（通常采用生物处理系统）脱毒，确定不同源对出水毒性的相关贡献，进一步寻找减少或消除其毒性的方法。

收集和分析大量废水源的信息需要编制程序，其程序的方框图如图 1.13 所示。根据以下要求对处理前的废水源作初次分类：a. 生物鉴定毒性，其主要化学成分以 mg/L 表示；b. 流量，以总废水的体积分数表示；c. 主要化学成分的浓度，例如有机物以总有机碳（TOC）表示；d. 生物可降解性。

相对难生物降解的废水，在排放时容易引起毒理效应，需要进行物理或化学处理。相反，另外一些易生物降解，但存在高浓度的因生物降解而产生的残留物，需另加试验以评价通过生物处理后是否仍留下大量有毒物质。

废水流出液生物降解越容易，引起毒理效应的概率也就越低。废水毒性的实际影响可以通过供给连续流生物反应器全部（或大部分）混合废水，然后测定反应器出水的毒性来测定。

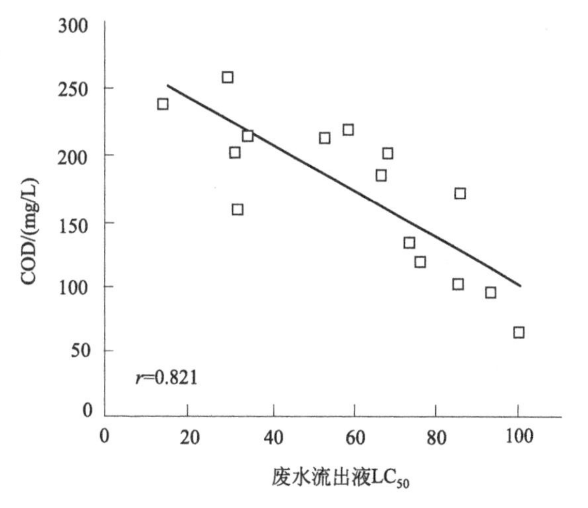

图 1.14　废水处理厂的废水流出液生物毒性与 COD 的相关图

测定在废水流之间是否发生了反应也很必要。为此，将各个废水流出液的毒性与混合废水作为进水流入生物反应器后的出水毒性相比较。如果混合后的毒性（以毒性单位表示）是准确地相加，说明没有协同或拮抗效应发生。如果混合后测得的值低于计算值（例如混合样品没有毒性），这说明流出液间发生了拮抗。如果相反，则说明发生了协同。

在许多情况下，由于无法找到废水毒性的成因，必须作出总废水的 COD 与其毒性的相关关系图。如图 1.14 所示为一个石油精炼厂废水二者的相关性。

1.3　高浓度废有机工业的水质特征及环境危害

1.3.1　概述

有机工业废水按其浓度可分为高浓度有机工业废水和低浓度有机工业废水。高浓度有机工业废水主要具有以下特点。

① 有机物浓度高　COD一般在2000mg/L以上，有的高达几万乃至几十万毫克每升。

② 成分复杂　含有毒性物质，废水中有机物以芳香族化合物和杂环化合物居多，还多含有硫化物、氮化物、重金属和有毒有机物。

③ 色度高，有异味　有些废水散发出刺鼻恶臭，给周围环境造成不良影响。

④ 具有强酸强碱性　工业产生的超高浓度有机废水中，酸、碱类众多，往往具有强酸性或强碱性。

高浓度有机工业废水具有较大的环境危害，包括：危害人体健康，降低农作物产量和质量，影响渔业生产的产量和质量，制约工业的发展，加速生态环境的退化和破坏，造成经济损失等。以下按废水来源、水质特征和环境危害分别论述制药废水、印染废水、制革废水、电镀废水和造纸废水的水质特征和环境危害。

1.3.2 制药废水

1.3.2.1 制药废水来源

制药工业按其生产工艺过程可分为生物制药和化学制药两种。生物制药又可按生物工程学科范围分为发酵工程制药、细胞工程制药、酶工程制药和基因工程制药4类。化学制药是采用化学方法使用有机物质或无机物质发生化学反应生成其他物质的合成制药方法。

发酵类生物制药生产过程排放的废水可以分为4类：a. 主生产过程排水，包括废滤液、废母液、其他母液、溶剂回收残液等，该废水浓度高、酸碱性和温度变化大、药物残留是此类废水最显著的特点，对全部废水中的COD贡献比例大，处理难度大；b. 辅助过程排水，包括工艺冷却水、动力设备冷却水、循环冷却水系统排污、水环真空设备排水等，此类废水污染物浓度低，但水量大，季节性强，企业间差异大，此类废水也是近年来企业节水的目标；c. 冲洗水，包括容器设备冲洗水、过滤设备冲洗水、树脂柱（罐）冲洗水、地面冲洗水等，其中过滤设备冲洗水污染物浓度也很高，主要是悬浮物，如果控制不当，也会成为重要污染源；树脂柱（罐）冲洗水水量也比较大，初期冲洗水污染物浓度高，并且酸碱性变化大，也是一类重要废水；d. 生活污水，不是主要废水。

化学制药包括纯化学合成制药和半合成制药。由于合成制药的化学反应过程千差万别，因此排水点不好统一概括，可以笼统地分为4类：a. 母液类，包括各种结晶母液、转相母液、吸附残液等；b. 冲洗废水，包括过滤机、反应容器、催化剂载体、树脂、吸附剂等设备及材料的洗涤水；c. 回收残液，包括溶剂回收残液、前提回收残液、副产品回收残液等；d. 辅助过程排水及生活污水。与发酵生物制药相比，化学制药废水的产生量要小，并且污染物明确，种类也相对较少。

另外，还有一类采用物理或化学的方法从植物中提取或直接形成药物的制药生产方式，包括植物提取类制药、生物制品、制剂生产等。

植物提取类制药废水污染因品种不同差异很大，废水主要有溶剂回收废水、饮片洗涤水和蒸煮浓缩过程的蒸汽冷凝水，污染物有植物碎屑、纤维、糖类、有机溶剂、产品等，COD浓度从数百毫克每升至数千毫克每升不等。部分植物提取制药过程与从菌体中提取产品的发酵类生物制药过程近似，此类过程的污水排放情况也与发酵类生物制药类似。

生物制品生产废水中往往混有较多的动物皮毛、组织和器官碎屑，废水中脂肪、蛋白质含量较高，有的还含有氮环类及噁唑环类有机物质。根据不同药物和工艺，含有不同作为培养基或提取药剂的残余有机物，废水的可生化性一般尚可。近年来，生物制品中基因技术产品比例不断增加，基因制药产生的废水和污染物很少，但一般需对其进行比较彻底的“灭活”。

制剂生产废水主要是原料和生产器具洗涤水和设备、地面冲洗水，污染程度不高，这类生产企业的废水排放标准相对严格，也需要进行适当的处理。

1.3.2.2 制药废水的水质特征

发酵类制药废水特点可以归纳为以下几点：a. 排水点多，高、低浓度废水单独排放，有利于清污分流；b. 高浓度废水间歇排放，酸碱性和温度变化大，需要较大的收集和调节装置；c. 污染物浓度高，如废滤液、废母液等高浓度废液的 COD 浓度一般在 10000mg/L 以上；d. 低碳氮比，废发酵液中的 BOD/N 一般在 1～4 之间，与废水处理微生物的营养要求好氧 20：1，厌氧（40～60）：1 相差甚远，严重影响微生物的生长与代谢，不利于提高废水生物处理的负荷和效率[4]；e. 含氮量高，主要以有机氮和氨态氮的形式存在；f. 硫酸盐浓度高，硫酸是提炼和精制过程中重要的 pH 值调节剂，大量使用的硫酸铵和硫酸，造成很多发酵制药废水中硫酸盐浓度高，给废水厌氧处理带来困难；g. 废水中含有微生物难以降解，甚至对微生物有抑制作用的物质；h. 发酵生物制药废水一般色度较高。

化学制药特点可总结为：a. 浓度高，废水中残余的反应物、生成物、溶剂、催化剂等浓度高，COD 浓度值可高达几十万毫克每升；b. 含盐量高，无机盐往往是合成反应的副产物，残留到母液中；c. pH 值变化大，导致酸水或碱水排放，中和反应的酸碱消耗量大；d. 废水中成分单一，营养源不足，培养微生物困难；e. 一些原料或产物具有生物毒性，或难被生物降解，如酚类化合物、苯胺类化合物、重金属、苯系物、卤代烃溶剂等。

1.3.2.3 制药废水的环境危害

考虑到制药废水可能残留某些药物成分等有毒害物质，排放到水体中会对生态环境造成不良影响，我国各类制药工业水污染物排放标准中均选择了急性毒性的废水控制指标，以期有效控制有毒有害污染物对环境的影响。

发酵或提取过程中投加的有机或无机盐类，这些物质达到一定浓度会对微生物产生抑制作用。资料表明，废水中青霉素、链霉素、四环素、氯霉素浓度低于 100μg/L 时，不会影响好氧生物处理，而且可被生物降解，但当它们的浓度大于 10mg/L 时会抑制好氧活性污泥，降低处理效果。也有研究表明青霉素、链霉素低于 500mg/L 时不抑制好氧活性污泥的呼吸，青霉素、链霉素、卡那霉素浓度低于 5000mg/L 时，对厌氧发酵没有影响。各种抑制物容许浓度与所用微生物的驯化情况和具体试验条件有关[4]。

1.3.3 印染废水

1.3.3.1 印染废水来源

在印染行业中所采用的原辅料、化学试剂及技术都有颇大的差别，但基本工序是十分相似的。典型的印染过程一共有八个步骤：退浆、精练、漂白、丝光、染色、整理、干燥及成品。印染废水的两大污染源是退浆及染色（印花）工序，它们在整个印染工艺流程所产生的废水中占有非常高的比重。

1.3.3.2 印染废水的水质特征

退浆废水中的主要污染物为淀粉、PVA 及一些助剂。根据实测资料，天然浆料的退浆废水 COD 为 10～20g/L，BOD 为 5～10g/L，属易生化的高浓度有机废水，pH 值一般在 9 左右。对于合成染料（PVA）的退浆废水 COD 介于 10～40g/L 之间，BOD 则在 500～1000mg/L 之间，pH 值一般在 6 左右，属难生化的高浓度有机废水。染色（印花）废水 COD 在 3～20g/L 之间，BOD 介于 300～1000mg/L 之间，pH 值在 9.5 左右，色度在 50～80 色辉单位（Lovibondunit）。染色废水呈现高色度、高浓度难降解的特性。因此，消减两股废水的有机污染负荷，对末端排放废水水质的改善起关键作用。其次，漂洗水在整个生产工序中占有相当高的比重。减少各工序的用水量，提高洗水效率，是控制和减少废水排放的有效手段。

各类印染废水由于产品的不同，水质也有较大差别。表 1.8 和表 1.9 列举了棉及混纺织物印染废水和针织织物印染废水水质情况[5]。

表 1.8　棉及混纺织物印染废水水质

厂名	纯棉染色、印花全能厂(染色布 24%、印花布 47%、漂白布 29%)	染色、印花全能厂(棉 50%、化纤 50%)	漂染厂(纯棉为主少量涤棉)	漂染厂(化纤 40%、棉 60%)
染料	活性染料 80%、其余士林染料、分散染料及少量印地科素	活性染料 50%、纳夫妥 30%、其余分散染料及少量还原染料	还原染料 80%、分散染料 10%、纳夫妥 10%	还原性染料 40%、分散染料 25%、纳夫妥 25%、少量活性染料和直接染料
助剂	硫酸、纯碱、烧碱、淀粉浆料为主	硫酸、盐酸、保险粉、双氧水烧碱、洗涤剂、PVA、CMC 等	硫酸、烧碱、次氯酸钠、淀粉浆料、洗涤剂等	硫酸、盐酸、洗涤剂、PVA、CMC、保险粉
pH 值	9～10	8.5～10	11～13	9～11
色度/倍	300～500	400～500	150～250	125～250
BOD_5/(mg/L)	200～300	200～250	150～250	200～250
COD/(mg/L)	500～900	700～1200	300～600	500～700
SS/(mg/L)	200～300	—	—	100～300
硫化物/(mg/L)	0.9～4	0.6～2.5	—	—

表 1.9　针织织物印染废水水质

项　目	纯棉为主的衣衫生产	涤棉为主的衣衫生产	棉为主少量腈纶真丝生产	弹力袜生产
pH 值	9.0～10.5	7.5～10.5	9.0～11.0	6.0～7.5
COD/(mg/L)	500～850	400～1100	400～850	300～500
BOD_5/(mg/L)	200～350	170～430	120～300	100～200
色度/倍	100～500	100～500	100～400	100～200

1.3.3.3　印染废水对环境的危害

印染废水中污染物大多是难降解的染料、助剂和有毒有害的重金属、甲醛、卤化物等。根据危害程度可把纺织印染废水中主要污染物分为 5 级：1 级最轻微，包括一般无机污染物，相对无害，如酸、碱、盐、氧化剂；2 级为中等至高 BOD，但易生物降解类污染物，包括淀粉浆料、植物油、脂肪、蜡质、可被生物降解表面活性剂（线型烷基阴离子型）、低分子有机酸（甲酸、乙酸）、还原剂（硫化物、亚硫酸盐）；3 级包括染料和聚合物，难以生物降解，有染料和荧光增白剂、绝大多数纤维及聚合物杂质、聚丙烯酸酯浆料、合成高聚物整理剂；4 级为中等 BOD，难以生物降解类污染物，包括羊毛脂、聚乙烯醇浆料、淀粉醚和脂、无机油、难生物降解的表明活性剂、阴离子型和非离子型表面活性剂；5 级最严重，很小 BOD，但不能用传统生化法处理，包括甲醛、*N*-羟甲基反应物、阳离子缓染剂和柔软剂、有机金属、络合物、重金属盐（铬、铜、汞、镉、锑）。印染废水除第一类外其他四类污染源物质都存在程度不同的危害，尤其是危害较大的重金属、卤化物、甲醛和酚类化合物。

1.3.4　制革废水

1.3.4.1　制革工业废水来源

皮革加工过程中，大量的蛋白质、脂肪转移到废水、废渣中；在加工过程中采用的大量化工原料，如酸、碱、盐、硫化钠、石灰、铬鞣剂、加脂剂、染料等，其中有相当一部分进入废水之中。制革废水主要来自于鞣前准备、鞣制和其他湿加工工段。这些加工过程产生的废液多是间歇排出，其排出的废水是制革工业污染的最主要来源。

1.3.4.2 制革废水的水质特征

制革废水是一种有机物浓度高、悬浮物浓度高、色度高的废水，此外制革废水中还含有大量难以被生物降解的物质，如单宁、木质素以及有毒有机化合物如硫化物、总铬（三价和六价）及酸碱等。制革废水水质情况见表1.10[6]。

表1.10 制革工业废水水质情况

pH值	色度/倍	COD_{Cr}/(mg/L)	SS/(mg/L)	Cr^{3+}/(mg/L)	S^{2-}/(mg/L)	Cl^{-}/(mg/L)	BOD_5/(mg/L)
8～12	600～3500	3000～4000	2000～4000	60～100	50～100	2000～3000	1500～2000

制革废水的水质特征表现如下。

① 水质波动大 根据制革的原皮品种和工艺不同，废水排放量和水质均不相同。制革生产工序排水通常是间歇式，而且排水时间通常集中在白天，水量总变化系数达到2左右；不同工序排水的水质差异极大，水质的变化系数可达10左右。

② 可生化性较好 制革综合废水可生化性较好，BOD_5/COD比值通常在0.40～0.45。但是，含有较高浓度的Cl^-和SO_4^{2-}，因此，选择生物处理技术必须充分考虑高盐度和高硫酸盐对生化反应过程的影响。

③ 悬浮物浓度高，易腐败，产生污泥量大 污泥体积占到废水量的5%以上。制革污泥的处理及处置是制革废水处理的难点之一。

④ 废水含S^{2-}和总铬等无机有毒化合物 根据资料，废水中Cr^{3+}含量达到17mg/L时，即对微生物带来抑制作用；进入生物处理S^{2-}的最高允许浓度是20mg/L（氧化沟工艺为40～50mg/L）。硫化物进入生物处理还会影响活性污泥的沉降性能，使固液分离效果下降，从而影响出水水质。

1.3.4.3 制革废水的危害

由于制革废水中COD和BOD浓度高、色度较大、呈偏碱性，悬浮物高达2000～4000mg/L，若不经处理直接排放会引起水源污染，消耗水体中的溶解氧，影响水质，危及水生生物的生存。此外废水中的硫化物在处理过程中会释放出H_2S气体，对水体和人的危害性极大。废水中铬离子主要以Cr^{3+}形态存在，Cr(Ⅲ)虽然比Cr(Ⅵ)对人体的直接危害小，但它能在环境或动、植物体内积蓄，而对人体健康产生长远影响。

1.3.5 电镀废水

1.3.5.1 电镀废水的来源

电镀废水主要包括电镀漂洗废水、钝化废水、镀件酸洗废水、刷洗地坪和极板的废水以及由于操作或管理不善引起的“跑、冒、滴、漏”产生的废水，另外还有废水处理过程中自用水的排放以及化验室的排水等。

1.3.5.2 电镀废水的水质特征[7]

电镀废水中污染物质较为复杂，但废水中主要的污染物质均为各种金属离子，常见的有铬、铜、镍、铅、铝、金、银、镉、铁等；其次是酸类和碱类物质，如硫酸、盐酸、硝酸、磷酸和氢氧化钠、碳酸钠等；有些电镀液还使用了颜料等其他物质，这些物质大部分是有机物。另外，在镀件基材的预处理过程中漂洗下来的油脂、油污、氧化铁皮、尘土等杂质也被带入了电镀废水中，使电镀废水的成分复杂。近年来由于电镀工艺的不断改进和各企业都有自己习惯的镀液配方，因此应按企业实际情况及电镀工艺所提出的技术条件和参数进行电镀废水成分的分析和计算。

1.3.5.3 电镀废水的环境危害

电镀废水污染环境主要有两个途径，一个是量少浓度高的电镀废液的排放，另一个是浓度相对较低的电镀废水的排放。由于电镀厂点分散而面广，与其他工业相比，虽然废水量相对较少，但污染扩散面积却相对较大，故它所造成的污染不易控制。

其所造成的污染大致为：化学毒物的污染，有机需氧物质的污染，无机固体悬浮物的污染以及酸、碱、热等的污染和有色、泡沫、油类等污染。但主要的污染是重金属离子（包括铬、镉、铅、汞、镍、铜、锌等）、酸、碱和部分有机物的污染。

1.3.6 造纸废水

1.3.6.1 造纸废水的来源

在造纸过程中，废水的来源主要有备料工段废水、蒸煮工段废水、制浆中段废水、漂白废水、抄造过程产生的白水以及废纸回用过程产生的废水等，且各工段所产生废水的水质特征各不相同。

1.3.6.2 造纸废水的水质特征[8]

原木备料车间剥皮工段废水中含有一定量的木材抽出物成分，它们以溶解胶体物质的形式存在，是废水重要的毒性来源。

蒸煮工段黑液是制浆过程中污染物浓度最高、色度最深的废水，呈棕黑色。它几乎集中了制浆造纸过程中90%的污染物，其中含有大量木质素和半纤维素等降解产物、色素、戊糖类、残碱及其他溶出物。每生产1t纸浆约排黑液10t（10°Bé），其中pH值为11～13，BOD为34500～42500mg/L，COD为106000～157000mg/L，SS为23500～27800mg/L。红液是酸法制浆产生的废水，呈褐红色。红液中杂质约占15%，其中钙、镁盐及残留的亚硫酸盐约占20%，木素硫酸盐、糖类及其他少量的醇、酮等有机物约占80%。

造纸中段废水中含有大量的有机氯化木素及胶体有机污染物。

漂白废水中COD、BOD负荷较大且含有毒性较强的物质（如三氯甲烷、氯代酚类化合物、二噁英和呋喃等）和多种生物诱变物质。

造纸白水中所含物质包括DCS（包括溶解物DS和胶体物CS）和悬浮物。有机物包括木材降解产物、添加剂的各种聚合物等；无机物包括各种金属阳离子和阴离子，如作为填料或涂料加入的$CaCO_3$、滑石粉、白土等和作为施胶或助留、助滤剂加入的硫酸铝。

废纸造纸废水中含有的悬浮物主要有油墨、纤维、调料及助剂等。废水中SS、COD、BOD等污染指标较高，BOD/COD一般为3∶1，且废水颜色比较深。同时，在脱墨废水中含有有毒的氯化物质，废水中N、P相对不足，且含有重金属离子，若采用化学浆的废纸，其脱墨废水中还含有二噁烷等有毒物质。

1.3.6.3 造纸废水的环境危害

COD、BOD含量非常高，如果不经处理直接排入水体时，迅速消耗水中的溶解氧，致使水体缺氧，导致鱼虾等水生动物窒息甚至死亡。鱼食用水中的氯化有机物会在体内积累。人长期通过饮水、食鱼，这类物质也同样在体内慢慢积累，诱发病变，对人体健康造成危害。同时，废水中含有的大量有毒和致畸、致突变物质严重危害水体的生态环境及人类的健康。如纸浆漂白工艺中产生大量的三氯甲烷具有强烈的毒性和致癌作用，二噁英和呋喃是具有强烈致癌、致突变、致畸形和多发性脑神经病变的毒性物质。医学和病理学的研究表明，这种氯化有机物对皮肤、消化和免疫系统具有显著的危害作用，并且会导致细胞组织突变的发生。

1.4 工厂废水的控制和再利用[3]

1.4.1 废水的减量化

在进行废水的末端处理前，或为使出水达到新的排放标准而对现有处理设备进行改造前，应着手制定废水减量化的方案。废水的减少和回用方法因厂而异。一般地说，废水减量技术可归纳为四种主要类别：资源管理和操作改进、设备改造、生产过程改变、再循环和再利用。这样，这些技术不仅可应用于各种工业和制造过程，还可应用于危险和非危险的废水处理。

表 1.11 为由美国环境保护局 EPA 制定的废物减量化方案。为了实施此方案，需要对表 1.12 所述内容进行审查。

表 1.11 废物减量化途径和技术

资源管理和操作改进	改变生产程序
检查和跟踪所有原材料	无害的原材料代替有害的原材料
购买毒性小或无毒的生产原料	分离废物进行回收
实施雇员培训和管理反馈	消除泄漏和溢出源
改进材料的收集、储存和管理	把危险的和无危险的废物分开
更新设备	重新设计和改进最终产品，使之无害
安装无废或少废设备	优化反应和原材料利用
改进设备以提高回收率或进行再循环	再循环和再利用
重新设计设备或生产线以产生较少废物	安装闭路循环系统
改进设备的操作效率	在线再循环实现回用
保持严格的预防性维修程序	离线再循环实现回用
	交换废物

表 1.12 源的管理和控制

阶段Ⅰ—预评估	评价和细化物料平衡
检查重点和准备	阶段Ⅲ—综合
鉴定单元操作和程序	确定选择方案
制定程序流程图	论证可行性
阶段Ⅱ—物料平衡	几种解决主要问题方案
确定原材料的进料量	进一步确认选择方案
记录水的利用	评估选择方案
评估现有的实践和步骤	技术
确定过程的输出量	环境
说明排放方向	经费
排入大气	准备行动计划
排入废水	废物缩减计划
离线处置	生产效率计划
收集输入和输出信息	培训
建立初步物料平衡	

可通过以下几条途径减少污染。

① 再循环　在纸板工业，造纸机器流出的废水被全部放入一个大储缸中以去除纸浆和纤维，此后再循环到造纸过程的各流程。

② 分离　在皂化和洗涤剂工厂，分离出的清水可直接排放，而分离出的高浓度或有毒的废水需做另外处理。

③ 处置　在许多的情况下，高浓度废物可在半干的状态下去除。在番茄酱生产中，烹饪和产品加工后的残渣通常冲入下水道。如果通过适当放置去除半干状态的残渣，就可明显减少总排放的 BOD 和悬浮固体。酿酒厂二级储藏单元的桶底积存了含 BOD 和悬浮固体的污泥。以污泥的形式去除而不是冲刷进入下水道，将大大地减少处理厂的有机和固体负荷。

④ 减量　在很多工业部门中，这样做很普遍。例如酿酒厂和牛奶厂，为了清洗干净而用橡皮管不断地冲刷。自动关水设备的应用能减少废水的体积。电镀工业中，将收集器放在电镀槽和漂洗缸之间，以减少金属表面的残液进入下水道。

⑤ 替代　在操作过程中，加入较低污染效应的化学添加剂作替代品。例如在纺织工业中，用表面活性剂替代脂肪酸盐。

有关污染控制的费用-效益分析总结在表 1.13 中。

表 1.13　污染控制的费用-效益分析总结

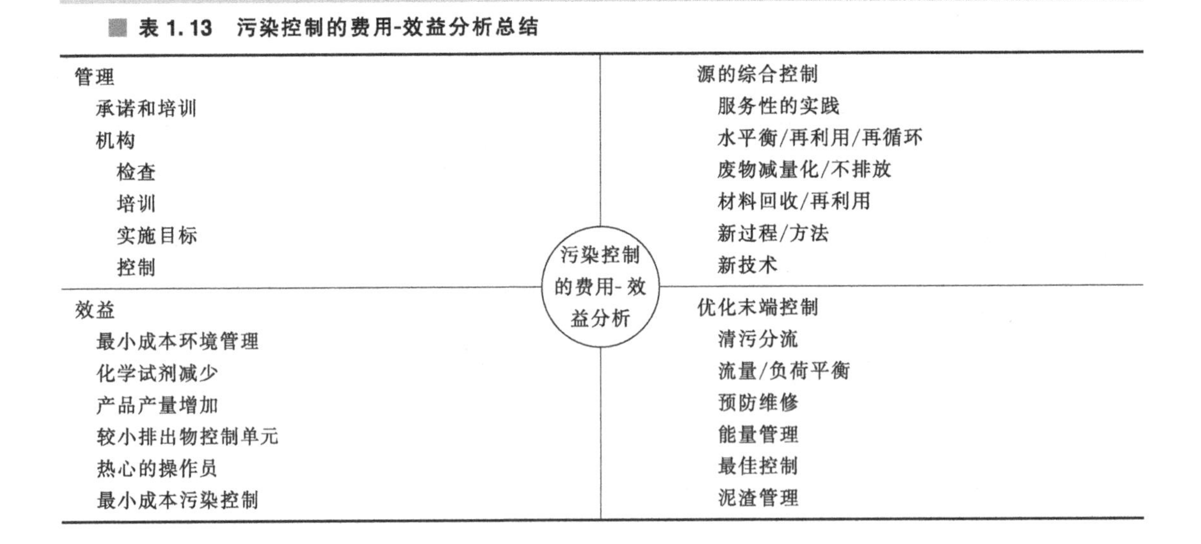

管理
承诺和培训
机构
检查
培训
实施目标
控制
源的综合控制
服务性的实践
水平衡/再利用/再循环
废物减量化/不排放
材料回收/再利用
新过程/方法
新技术
污染控制的费用-效益分析
效益
最小成本环境管理
化学试剂减少
产品产量增加
较小排出物控制单元
热心的操作员
最小成本污染控制
优化末端控制
清污分流
流量/负荷平衡
预防维修
能量管理
最佳控制
泥渣管理

1.4.2 废水的再利用

从水回用的角度考虑，许多工业系统实施完全闭路循环。尽管这在理论上可行，但由于产品质量控制的要求，水的再利用有个上限。例如，某造纸厂实施闭路循环，导致溶解性有机物的不断积累，这增加了淤泥控制费用，增加了造纸和停工检修时间，在某些条件下还会引起库存纸变色。显然，最大再利用率应该有个上限以确保不会发生上述问题。

实施副产品回收后，水的需要量仍然很大。在造纸厂中，用于打浆机的水可不需要对悬浮固体做去除处理。但用于纸机的喷淋水则需要除去水中的固体，以避免喷嘴堵塞。用于番茄等物品的冲洗水不需要纯化，但通常需要氯化消毒，以确保产品不被微生物污染。通常副产品的回收与水的再利用是同时进行的，所有造纸厂回收纤维的设备都可用处理后的水。在电镀厂，通过离子交换处理冲洗水生产可再利用的铬酸。在镀镍厂，水平衡和材料回收情况见图 1.15。许多工业部门有类似的例子。

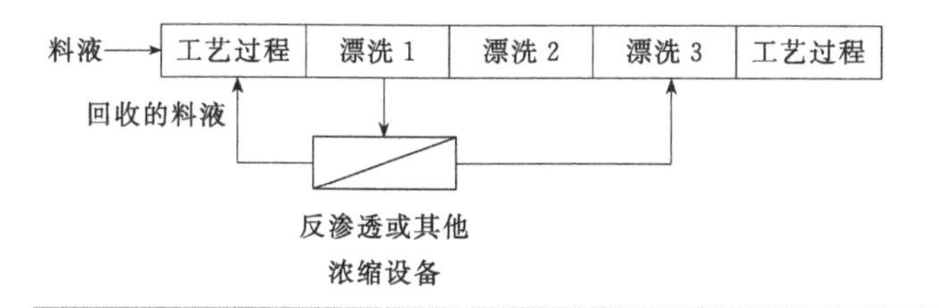

图 1.15
电镀镍厂的水平衡与原料回用

下面是几个工业水再利用的实例。图 1.16 是在纸板厂两类水再利用的简单路程。当应用盘状过滤器时，混浊的滤液可用作打浆的补充水，而干净的滤液可作喷头水和其他各方面之用；过剩的水则继续排向阴沟。气浮设备可用同样的操作。涂白黏土操作产生的废水通常直接排放到下水道中。

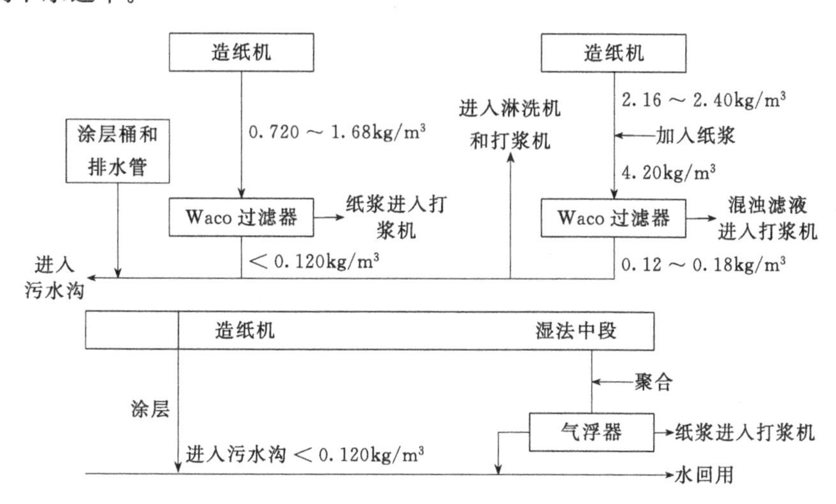

图 1.16 某纸板厂纤维的回收

制药厂废水的再利用是通过利用储存的由净化配方罐过来的一级漂洗废水的下一批产品来实现的。这样就有效地缩减了废水的体积和浓度。

皮革厂鞣皮母液中硫化脱毛液的再利用和补充已经减少了该种工业废水的体积和浓度。某谷物加工厂水回用的数据列在表 1.14 中。

表 1.14 某谷物加工厂中废水流量单元和减少流量的可能变化

单 元	流线	流量/(L/min)	水回用	可能变化	评估新流量/(L/min)
旋转把手	1	82.0	松动并除去沙石	筛选和洗涤剂再利用	82.0
切割机	2	102	输送谷粒到浮动洗地机	筛选和再循环	0.0
排水管	3	39.3	浮动洗涤机分离输送废物	应用小流量或以固体除去	19.7
洗涤管	4	68.0	再洗谷物(不必须)	除去	30.2
漂白机	5	17.0	由补充废水获得溢流	不变化	17.0
冷却管	6	92.6	在漂白后冷却谷物	应用较小流量	37.8
储备槽	7	63.9	由补充水获得溢流	筛选和再利用旋转洗涤机	0.0
振动筛	8	7.94	输送管道分离废物	以固体形式除去或再利用	0.0
总计		472.9			186.7

某一炼油厂所产生的废碱液是含有高浓度硫化物、硫醇和苯酚盐的碱性废水。对腐蚀剂

的分离处理可明显地减少废水处理成本，某些情况下还可以由此获得有销路的产品。

通常，废水流出液通过工艺改进能除去或缩减。这其中一个突出的例子是在电镀线上采用储罐漂洗和喷射漂洗。这种方法可显著缩减废水的流量和浓度。在纺织工业中，胶质剂的替代品可在处理中产生较低的污染。

对于各类工业还有许多其他例子。在制订废水处理计划前，应能够做出水的再利用和产品回收率的关键评估。

在处理工艺设计制订前，还应考虑不相容废水排出液的分流问题。然而，在一些老的工厂里，清污分流在经济上是不可行的或在一些情况下甚至是不可能的。当各种废水流出液混合时，分流就成为必要的措施。例如，在一个电镀厂里，酸性金属的漂洗液和氰化物流出液混合会产生有毒的 HCN。

废水流的一部分分担悬浮固体的大部分，这种现象并不罕见。只有这部分流量才需进行固化去除处理。

参 考 文 献

[1] 2009 年中国环境状况公报. 中国环境保护部，2010.
[2] 2010 年中国环境状况公报. 中国环境保护部，2011.
[3] W. 韦斯利·艾肯费尔德著. 陈忠明，李赛君等译. 工业水污染控制. 北京：化学工业出版社. 2004.
[4] 胡晓东编著. 制药废水处理技术及工程实例. 北京：化学工业出版社，2008.
[5] 张林生主编. 印染废水处理技术及典型工程. 北京：化学工业出版社，2005.
[6] 吴浩汀编著. 制革工业废水处理技术及工程实例. 第 2 版. 北京：化学工业出版社，2010.
[7] 贾金平，谢少艾，陈虹锦编著. 电镀废水处理技术及工程实例. 第 2 版. 北京：化学工业出版社，2009.
[8] 万金泉，马邕文编著. 造纸工业废水处理技术及工程实例. 北京：化学工业出版社，2008.

第 2 章

高浓度有机工业废水物化处理技术

高浓度有机工业废水物化法处理技术通常用于生物处理之前的预处理或之后的深度处理工艺中。近年来，还发展了针对高浓度难降解废水的高级氧化技术等。对于高浓度废水，采用物化预处理手段往往十分有效。既可以降低有机物的浓度，又可以改善其生物降解性，为后续生物处理创造条件。常规的物化处理工艺难以有效去除污染物时，需要用到高级氧化技术，它可以快速、无选择性、彻底氧化各种有机与无机污染物。

2.1 常规物化处理技术

2.1.1 调节

与城市污水相比，工业废水的水质和水量波动是比较大的，特别是有些工业废水是批式排水或生产方式是间歇的，会随着季节或时间而变化，因此一般工业废水的处理装置都设有调节池。调节池是调节水质和水量的构筑物，在选取和设计时主要考虑的因素就是水质和水量，其作用是均质和均量，一般可以考虑兼具沉淀和中和功能。由于一般工业废水的水质、水量变化较大，需要调节池使废水的水质、水量趋于恒定，满足后处理设施稳定连续工作的要求。调节池设计停留时间为 6～12h。但是在调节池中设有沉淀池的情况下，进行调节水量的计算时需要扣除沉淀区的体积。

2.1.1.1 水量调节[1]

污水处理中水量调节有两种调节池，一种为线内调节池，另一种为线外调节池。

(1) 线内调节池

线内调节池进水一般用重力流，出水用泵提升，如图 2.1 所示。

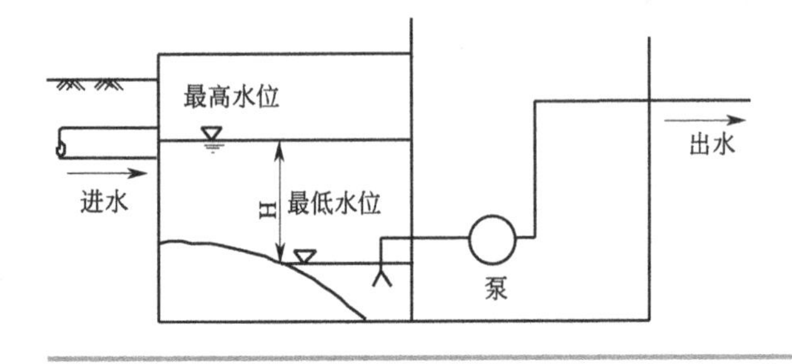

图 2.1 线内调节池

(2) 线外调节池

线外调节池设在旁路上，如图 2.2 所示。

当废水流量过高时，多余废水用泵打入调节池；当废水流量低于设计流量时，再从调节池回流至集水井，并送去后续处理。

线外调节池与线内调节池相比，不受进水管高度限制，但被调节的水量需要两次提升，消耗动力大。

2.1.1.2 水质调节

水质调节的任务是将不同时间或不同来源的废水进行混合，使流出的水质比较均匀。水质调节的基本方法有两种。

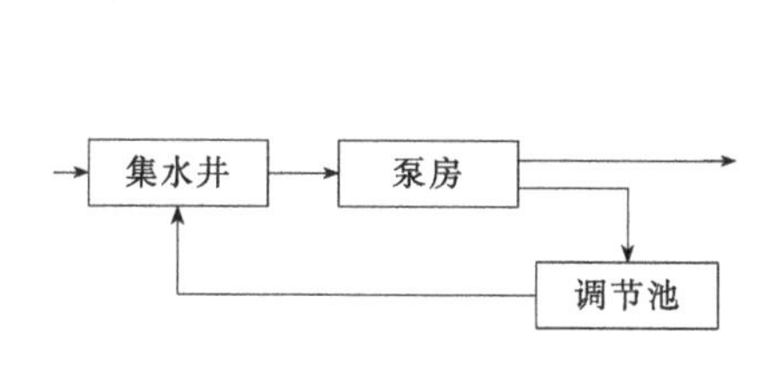

图 2.2　线外调节池

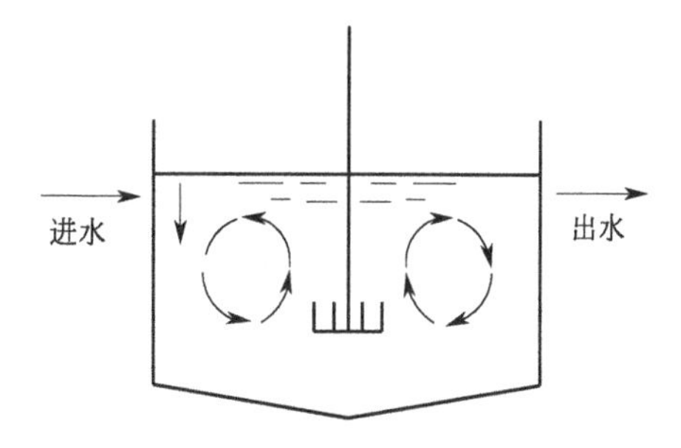

图 2.3　外加动力水质调节池

(1) 外加动力调节

外加动力就是采用外加叶轮搅拌、鼓风空气搅拌及水泵循环等设备对水质进行强制调节，它的设备比较简单，运行效果好，但运行费用高。如图 2.3 所示为一种外加动力水质调节池。

(2) 差流方式调节

水质调节采用差流方式进行强制调节，使不同时间和不同浓度的污水进行水质自身水力混合，这种方式基本上没有运行费用，但设备较复杂。差流方式的调节池类型很多，常用的有对角线调节池，如图 2.4 所示。

这种型式的调节池的特点是出水槽沿对角线方向设置。废水由左右两侧进入池内后，经过一定时间的混合才流到出水槽，使出水槽中的混合废水在不同的时间内流出，就是说不同时间、不同浓度的废水进入调节池后，就能达到自动调节均衡水质的目的。

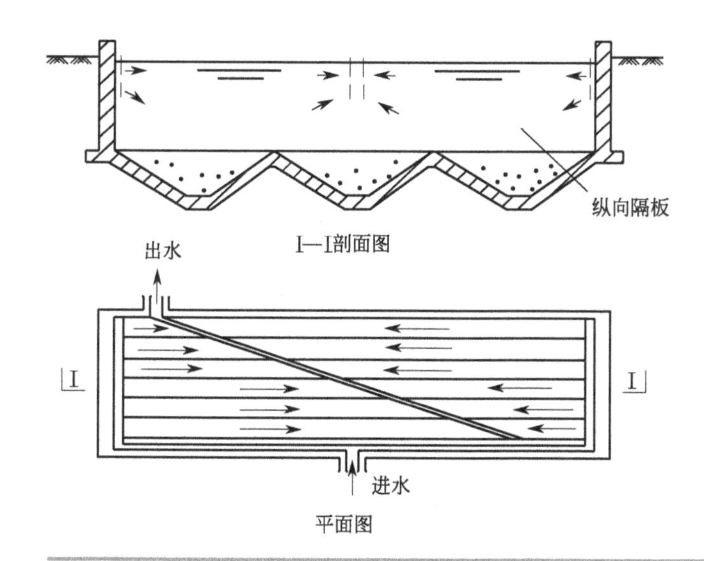

图 2.4　对角线调节池

为了防止废水在调节池内短路，可以在池内设置若干纵向隔板。废水中的悬浮物会在池内沉淀，因此应考虑设置沉渣斗，通过排渣管定期将污泥排出池外。如果调节池的容积很大，需要设置的沉渣斗过多，可考虑将调节池做成平底，用压缩空气搅拌，以防止沉淀。

如果调节池采用堰顶溢流出水，则这种形式的调节池只能调节水质的变化，而不能调节水量和水位波动。如果后续处理构筑物要求处理水量比较均匀和严格，则需要使调节池内的水位能够上下自由波动，以便贮存盈余水量，补充水量短缺。

折流调节池是在池内设置许多折流隔墙，污水在池内来回折流，得到充分混合、均衡。折流调节池配水槽设在调节池上，通过许多孔流入，投配到调节池的前后各个位置内，调节池的起端流量一般控制在进水流量的1/3～1/4，剩余的流量可通过其他各投配口等量地投入池内。

外加动力的水质调节池和折流调节池，一般只能调节水质而不能调节水量，调节水量的调节池需要另外设计。

2.1.1.3 调节池容积的确定

调节池的容积可根据污水浓度和流量变化的规律进行计算。污水经过一定的调节时间后的平均浓度按式(2.1) 计算：

$$c=\frac{c_1q_1t_1+c_2q_2t_2+\cdots+c_nq_nt_n}{qt} \tag{2.1}$$

式中，c 为 t 小时内的污水平均浓度，mg/L；q 为 t 小时内的污水平均流量，m^3/h；c_1，c_2，…，c_n 为污水在各时段 t_1，t_2，…，t_n 内的平均浓度，mg/L；q_1，q_2，…，q_n 为污水在各时段 t_1，t_2，…，t_n 内的平均流量，m^3/h；t_1，t_2，…，t_n 为各时段（小时），总和等于 t。

所需调节池的容积按式(2.2) 计算：

$$V=qt=q_1t_1+q_2t_2+\cdots+q_nt_n \tag{2.2}$$

采用图 2.4 形式的调节池的容积按式(2.3) 计算：

$$V=\frac{qt}{2\alpha} \tag{2.3}$$

式中，α 为考虑到污水在池内的不均匀流量的容积利用系数，取 0.7。

2.1.2 混凝

混凝是废水物化处理中最常用到的方法。它是通过向废水中投加混凝剂，使细小悬浮颗粒和胶体微粒聚集成较大颗粒而沉淀，得以与水分离，使废水得到净化。混凝除了能够促进浑水澄清外，还能降低水的色度和去除附着于胶粒和致浊杂质上的细菌和病毒，去除各种难降解有机物、某些重金属毒物和放射性物质，改善污泥的脱水性能。

各种废水都是以水为分散介质的分散体系，根据分散相粒度不同，废水可分为三类：分散相粒度 0.1～1nm 的称为真溶液；分散相粒度 1～100nm 的称为胶体溶液；分散相粒度大于 100nm 的称为悬浮溶液。悬浮溶液可采用沉淀或过滤处理，胶体溶液可采用混凝处理。

2.1.2.1 基本原理

(1) 胶体的结构与特性

如图 2.5 所示为胶体结构示意，它是由胶核、吸附层及扩散层三部分组成。

胶核是胶体粒子的核心，它由数百乃至数千个分散固体物质分子组成。在胶核表面吸附了一层带同号电荷的离子，称为电位离子层；胶核因电位离子而带有电荷，为维持胶体离子的电中性，胶核表面的电位离子层通过静电作用，从溶液中吸引了电量与电位离子层总电量相等而电性相反的离子，形成反离子层。这样，胶核固相的电位离子层与液相中的反离子层就构成了胶体粒子的双电层结构。其中电位离子层构成了双电层的内层，其所带电荷称为胶体粒子的表面电荷，其电性和电荷量决定了双电层总电位的符号和大小。反离子层构成了双电层的外层，按其与胶核的紧密程度，反离子层又分为吸附层和扩散层。被吸引的反离子中有一部分被胶核牢固吸引并随胶核一起运动，这部分反离子称为束缚反离子，组成吸附层，另一部分反离子距胶核稍远，胶核对其吸引力较小，不随胶核一起运动，称为自由反离子，组成扩散层。胶核、电位离子层和吸附层共同组成运动单元，称胶体颗粒，简称胶粒。把扩散层包括在内合起来总称为胶团。

污水中的细小悬浮颗粒和胶体颗粒不易沉降，总保持着分散和稳定状态。一般认为胶粒所带电量越大，胶粒的稳定性越好。而胶粒带电是由于胶核表面所吸附的电位离子比吸附层里的反离子多，当胶粒与液体作相对运动时，吸附层和扩散层之间便产生电位差所致。该电位差称为界面动电位，又称 ζ 电位。如图 2.5 所示，ζ 电位越高，胶粒带电量越大，胶粒间产生的静电斥力也越大；同时，扩散层中反离子越多，水化作用也越大，水化膜也越厚，胶粒也就越稳定而不易沉降。

因此，要使胶体颗粒沉降，就需破坏胶体的稳定性。促使胶体颗粒相互接触，成为较大的颗粒，关键在于减少胶粒的带电量，这可以通过压缩扩散层厚度，降低 ζ 电位来达到。

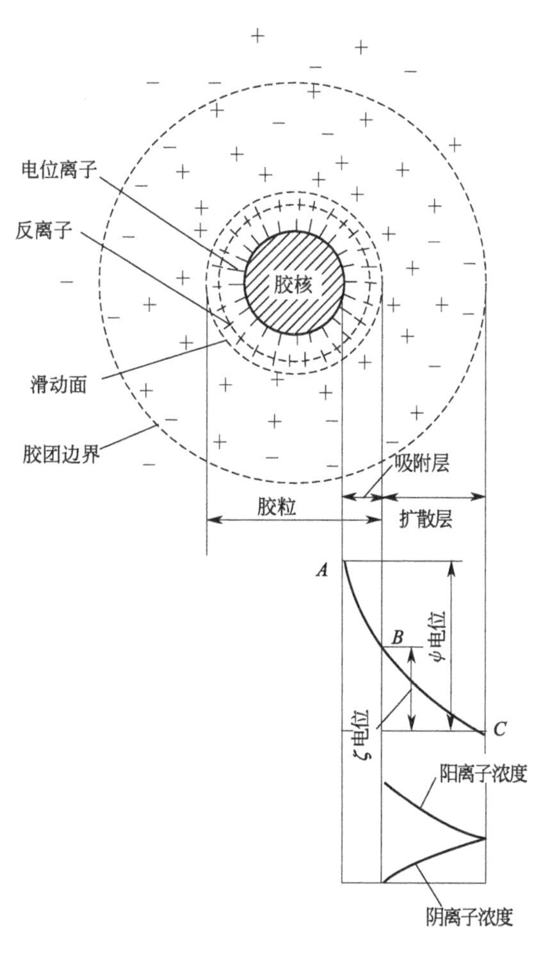

图 2.5 胶体粒子结构及其电位分布

（2）混凝机理

污水中投入某些混凝剂后，胶体因 ζ 电位降低或消除而脱稳。脱稳的颗粒便相互聚集为较大颗粒而下沉，此过程称为凝聚，此类混凝剂称为凝聚剂。但有些混凝剂可使未经脱稳的胶体也形成大的絮状物而下沉，这种现象称为絮凝，此类混凝剂称为絮凝剂。不同的混凝剂能使胶体以不同的方式脱稳、凝聚或絮凝。向污水中投加药剂，进行水和药剂的混合，从而使水中的胶体物质产生凝聚和絮凝，这一综合过程称为混凝过程。

混凝的机理至今仍未完全清楚，因为它涉及的因素很多，如水中杂质的成分和浓度、水温、水的 pH 值、碱度及混凝剂的性质和混凝条件等。一般认为以下四种机理在污水处理过程中往往可能是同时或交叉发挥作用，也可能只是在一定情况下以某种机理为主。低分子电解质混凝剂，以双电层作用产生凝聚为主；高分子聚合物则以吸附架桥产生絮凝为主。

① 双电层压缩机理　向溶液中投加电解质，使溶液中离子浓度增高，则扩散层的厚度将减小。当两个胶粒互相接近时，由于扩散层厚度减小，ζ 电位降低，因此它们互相排斥的力就减小了，胶粒得以迅速凝聚。

② 吸附电中和机理　当向溶液中投加电解质作混凝剂，混凝剂水解后在水中形成胶体颗粒，其所带电荷与水中原有胶粒所带电荷相反，异性电荷之间有强烈的吸附作用，由于这种吸附作用中和了电位离子所带电荷，减少了静电斥力，降低了 ζ 电位，使胶体脱稳并发生凝聚。但若混凝剂投加过多，混凝效果反而下降。因为胶粒吸附了过多的反离子，使原来的电荷变性，排斥力变大，从而发生了再稳现象。

③ 吸附架桥原理　吸附架桥作用主要是指高分子聚合物与胶粒和细微悬浮物等吸附、桥联的过程。高分子絮凝剂具有线性结构，含有某些化学活性基团，能与胶粒表面产生特殊反应而互相吸附，在相距较远的两胶粒间进行吸附架桥，使胶粒逐渐变大，从而形成较大的絮凝体。

④ 沉淀物网捕机理　当金属盐或金属氧化物和氢氧化物作混凝剂，投加量大得足以迅速形成金属氧化物或金属碳酸盐沉淀物时，水中的胶粒可被这些沉淀物在形成时所网捕。当沉淀物带正电荷时，沉淀速率可因溶液中存在阴离子而加快，此外，水中胶粒本身可作为这些金属氢氧化物沉淀物形成的核心，所以混凝剂最佳投加量与被除去物质的浓度成反比，即胶粒越多，金属混凝剂投加量越少。

2.1.2.2　混凝药剂

混凝药剂品种很多，按其化学成分可分为无机混凝剂和有机混凝剂两大类，列于表 2.1。

表 2.1　混凝剂分类表

分类			混凝剂
无机类	低分子	无机盐类	硫酸铝、硫酸亚铁、硫酸铁、铝酸钠、氯化亚铁、氯化铁、氯化锌、四氯化钛
无机类	低分子	碱类	碳酸钠、氢氧化钠、石灰
无机类	低分子	金属电解产物	氢氧化铝、氢氧化铁
无机类	高分子	阴离子型	聚合氯化铝、聚合硫酸铝、聚合硫酸铁
无机类	高分子	阳离子型	活性硅酸
有机类	表面活性剂	阴离子型	月桂酸钠、硬脂酸钠、油酸钠、十二烷基苯磺酸钠、松香酸钠
有机类	表面活性剂	阳离子型	十二烷胺醋酸、十八烷胺醋酸、松香胺醋酸、烷基三甲基氯化铵
有机类	低聚合度高分子	阴离子型	藻朊酸钠、羧甲基纤维素钠盐
有机类	低聚合度高分子	阳离子型	水溶性苯胺树脂盐酸盐、聚乙烯亚胺
有机类	低聚合度高分子	非离子型	淀粉、水溶性脲醛树脂
有机类	低聚合度高分子	两性型	动物胶、蛋白质
有机类	高聚合度高分子	阴离子型	聚丙烯酸钠、水解聚丙烯酰胺、磺化聚丙烯酰胺
有机类	高聚合度高分子	阳离子型	聚乙烯吡啶盐、乙烯吡啶共聚物
有机类	高聚合度高分子	非离子型	聚丙烯酰胺、聚氯乙烯

目前广泛使用的无机混凝剂是铝盐混凝剂和铁盐混凝剂。其中聚合氯化铝（PAC，即碱式氯化铝）由于相对分子质量大，吸附能力强，具有优良的凝聚能力，形成的矾花（即絮凝体）较大，凝聚沉淀性能优于其他混凝剂。是目前国内外使用较广泛的无机高分子混凝剂。

聚合硫酸铁也是具有一定碱度的无机高分子物质，其混凝作用机理与聚合氯化铝颇为相似。具有对水质的适应范围广及水解时消耗水中碱度少等一系列优点，因而在污水处理中应用越来越广泛。

有机混凝剂分为天然有机混凝剂与人工合成有机高分子混凝剂。天然有机混凝剂是人类使用较早的混凝剂，其用量远多于人工合成有机高分子混凝剂，其原因在于天然高分子混凝剂电荷密度较小，相对分子质量较小，且易发生生物降解而失去絮凝活性。人工合成有机高分子混凝剂的应用是近 30 年开始的，在废水处理中的应用却越来越广泛。

有机高分子絮凝剂可分为阴离子型、阳离子型和非离子型三类。其中以非离子型絮凝剂聚丙烯酰胺（PAM）应用最为普遍。具有凝聚速率快，用量少，絮凝体粗大强韧等优点。常与铁盐、铝盐合用，从而得到满意的处理效果。

当单用某种混凝剂不能取得良好效果时，还需投加助凝剂。助凝剂是指与混凝剂一起使用，以促进水的混凝进程的辅助药剂。助凝剂可用于调节或改善混凝条件，也用于改善絮凝体的结构，有时，有机类混凝剂与其他无机类混凝剂合用，混凝的效果更佳，经济上也更节约。某些天然的高分子物质，如淀粉、纤维素、蛋白质以及胶和藻类等，本身就具有混凝或助凝的作用。

助凝剂本身可以起混凝作用，也可以不起混凝作用。助凝剂按功能可分为 3 类。

① pH 调整剂　在原水 pH 值符合工艺要求，或在投加混凝剂后 pH 值发生较大变化时，就需要投加 pH 值调整剂。常用的 pH 值调整剂有石灰、硫酸、氢氧化钠等。

② 絮体结构改良剂　当生成的絮体小，松散且易碎时，可投加絮体结构改良剂以改善絮体的结构，增加其粒径、密度和强度，如活性硅酸、聚丙烯酰胺、各种黏土和粉煤灰等。

③ 氧化剂　当污水中有机物含量高时易起泡沫，使絮凝体不易沉降。此时可投加氯、次氯酸钠、臭氧等氧化剂来破坏有机物，以提高混凝效果。

2.1.2.3 影响混凝效果的因素

在污水的混凝沉淀处理过程中，影响混凝效果的因素比较多。其中重要的有以下几个方面。

① 废水水质的影响　废水的浊度、pH 值、水温、水中杂质等均会影响混凝剂的用量以及混凝效果。

② 混凝剂的影响　混凝剂的种类、投加量和投加顺序都对混凝效果产生影响。对任何污水的混凝处理，都存在最佳混凝剂和最佳投药量的问题。

③ 水力条件　混凝过程中的水力条件对絮凝体的形成影响极大。整个混凝过程可以分为两个阶段：混合和反应。水力条件的配合对这两个阶段非常重要。

混合阶段的要求是使药剂迅速均匀地扩散到全部水中以创造良好的水解和聚合条件，使胶体脱稳并借助颗粒的布朗运动和紊动水流进行凝聚。混合的作用主要是使药剂在水中均匀分散，混合反应可以在很短的时间内完成，而且不宜进行过分剧烈的搅拌。

反应阶段的要求是使混凝剂的微粒通过絮凝形成大的具有良好沉淀性能的絮凝体。反应阶段的搅拌强度或水流速率应随着絮凝体的结大而逐渐降低，以免结大的絮凝体被打碎。

2.1.2.4 混凝过程及设备

混凝处理工艺流程包括混凝剂的配制与投加、混合、反应及沉淀分离几个过程。其流程示意如图 2.6 所示。

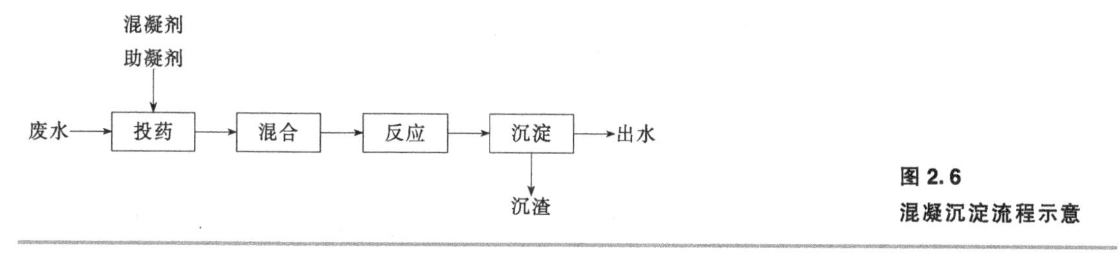

图 2.6 混凝沉淀流程示意

(1) 投药

投药方法分为干投法和湿投法。干投法就是将固体混凝剂破碎成粉末后定量地投入待处理水中。此法对混凝剂的粒度要求较严，投量控制较难，对机械设备的要求较高，劳动条件也较差，目前国内使用较少。湿投法是将混凝剂和助凝剂先溶解配成一定浓度的溶液，然后按处理水量大小定量投加。此法应用较多。

混凝剂溶液投入原水时必须有计量设备，并能随时调节投加量。计量设备可以用浮杯计量设备、孔口计量设备、转子流量计、电磁流量计等。药剂投入原水中的方式，可采用泵前重力投加，也可以用水射器投加或直接用计量泵投加。

(2) 混合

混合是指当药剂投入污水后发生水解并产生异电荷胶体与水中胶体和悬浮物接触形成细小絮凝体（俗称矾花）的过程。混合的作用是将药剂迅速均匀地扩散到污水中，达到充分混合，以确保混凝剂的水解与聚合，使胶体颗粒脱稳，并互相聚集成细小的矾花。混合阶段需要剧烈短促的搅拌，混合时间要短，在10～30s内完成，一般不得超过2min。混合有两种基本形式：一种是借水泵的吸水管或压力管混合，另一种是在混合设备内进行混合。

在专用混合设备中进行混合，有机械和水力两种方法。采用机械搅拌的有机械搅拌混合槽、水泵混合槽等；利用水力混合的有管道式、穿孔板式、涡流式混合槽等。

(3) 反应

混合完成后，水中已产生细小絮体，但还未达到能自然沉降的粒度，反应阶段的作用是小絮体继续形成大的、具有良好沉淀性能的絮凝体，以使其在后续的沉淀池内下沉。反应设备有一定的停留时间和适当的搅拌速率，使小絮体能相互碰撞，并防止生成大的絮体沉淀。但搅拌强度过大，则会使生成的絮体破碎，且絮体越大越易破碎，因此在反应设备中，沿着水流方向搅拌强度应越来越小，通常反应时间需20～30min。反应池的型式也有机械搅拌和水力搅拌两类。水力搅拌反应池在我国应用广泛，类型也较多，主要有隔板反应池、涡流式反应池等。隔板反应池又分为平流式、竖流式和回转式三种。

平流式隔板反应池的结构如图2.7所示，池内设木质或水泥隔板，水流沿廊道回转流动，可形成很好的絮凝体。其优点是反应效果好，构造简单，施工方便，但池容大，水头损失大。竖流式隔板反应池的原理与平流式隔板反应池相同。

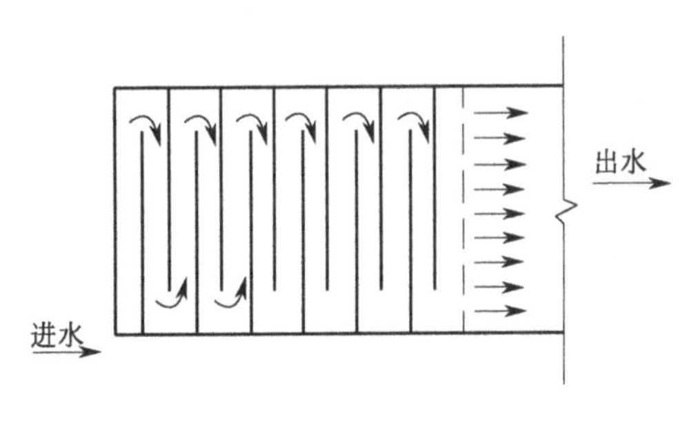

图2.7 平流式隔板反应池

回转式隔板反应池是平流式隔板反应池的一种改进型式，常与平流式沉淀池合建，如图2.8所示。其优点是反应效果好，水头损失小。

涡流式反应池结构如图2.9所示，下半部为圆锥形，水从锥底部流入，形成涡流扩散后缓慢上升，随锥体面积变大，反应液流速由大变小，流速变化的结果有利于絮凝体形成。涡流式反应池的优点是反应时间短，容积小，好布置。

机械搅拌式反应池。其结构如图2.10所示，反应池用隔板分为2～4格，每格装一搅拌叶轮，叶轮有水平和垂直两种。

(4) 澄清池

澄清池是能够同时实现混凝剂与原水的混合、反应、澄清合成一体的设备，具有占地面积小，处理效果好，生产效率高，节省药剂用量等优点。它利用的是接触絮凝原理，即强化混凝过程：在池中让已经生成的絮凝体悬浮在水中成为悬浮泥渣层（接触絮凝区），当投加混凝剂的水通过它时，废水中新生成的微絮粒迅速吸附在悬浮泥渣上，从而达到良好的去除效果。澄清池关键部分是接触絮凝区。保持泥渣处于悬浮、浓度均匀稳定的工作条件是所有

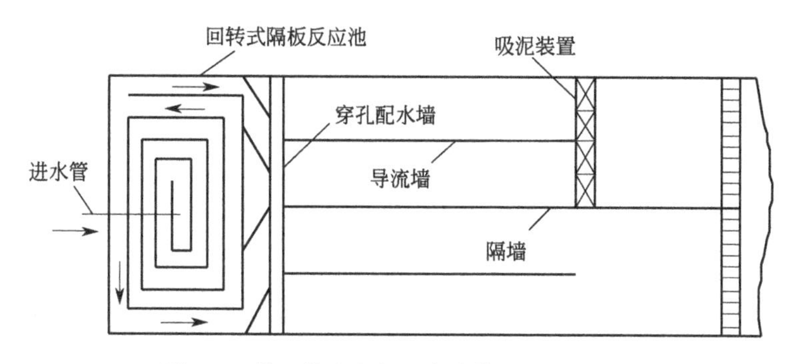

图 2.8 带回转式隔板反应池的平流式沉淀池

澄清池共同特点。澄清池的构造形式从基本原理上可分为两大类：一类是悬浮泥渣型，有悬浮澄清池、脉冲澄清池；另一类是泥渣循环型，有机械加速澄清池和水力循环加速澄清池。目前常用的是机械加速澄清池。

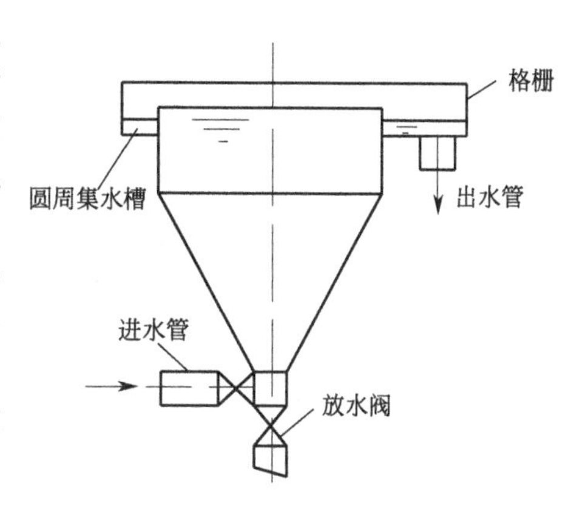

图 2.9 涡流式反应池

机械加速澄清池多为圆形钢筋混凝土结构，小型的也有钢板结构。主要构造包括第一反应室、第二反应室、导流室和泥渣浓缩室，如图 2.11 所示。此外还有进水系统、加药系统、排泥系统、机械搅拌提升系统，大的加速澄清池还有刮泥装置。其中第二反应室、第一反应室与分离室之间的容积比为 1∶3∶7。

经过加药的污水进入三角形分配槽，并从底边的调节缝流入第一反应室。水中的空气从三角槽顶部伸出水面的放空管排走。进入第一反应室的水，经过搅拌提升至第二反应室，在此进一步进行混凝反应，聚结成更大颗粒，然后从四周进入导流室而流向分离室。由于进入分离室时，断面突然扩大，因此流速骤降，泥渣下沉，清水以 1.0～1.4mm/s 的上升速率向上经集水槽流出，沉下的泥渣从回流缝进入第一反应室，再与从三角槽出来的原水相互混合。在分离室内，部分泥渣进入泥渣浓缩斗，定期予以排除。池底也有排泥阀，以调整泥渣的含量。提升循环回流的水量是处理水量的 3～5 倍。经一定循环之后，泥渣量会不断增加，需要进行排放，以控制一定的沉降比。在第二反应室和导流室内装有导流板，目的是为了改善水力条件，既有利于混合反应，又利于泥渣与水的分离。在处理高浊度的水和池子直径较大时，有的在池底设有刮泥机装置，以便于把池底的沉泥刮至池子中央，从排放管排放，因此排泥很方便。

在机械加速澄清池中，泥渣循环流动，悬浮层中泥渣浓度较高，颗粒之间相互接触的机会很大。因此投药少，效率高，运行稳定。其处理效果除与池体各部分尺寸是否合理有关外，主要取决于以下两点。

① 搅拌速度　为使泥渣和水中小絮体充分混合，并防止搅拌不均匀引起部分泥渣沉积，要求加快搅拌速度。但速度若太快，会打碎已形成絮体，影响处理效果。因此，搅拌速度应根据污泥浓度决定：污泥浓度低，搅拌速度小；污泥浓度高，就要增大搅拌速度。

② 泥渣回流量及浓度　一般回流量大，反应效果好，但回流量太大，会导致流速过大，从而影响分离室的稳定，因此一般控制回流量为水量的 3～5 倍。泥渣浓度越高，越容易截留废水中悬浮颗粒；但泥渣浓度越高，澄清水分离越困难，以至于会使部分泥渣被带出，影

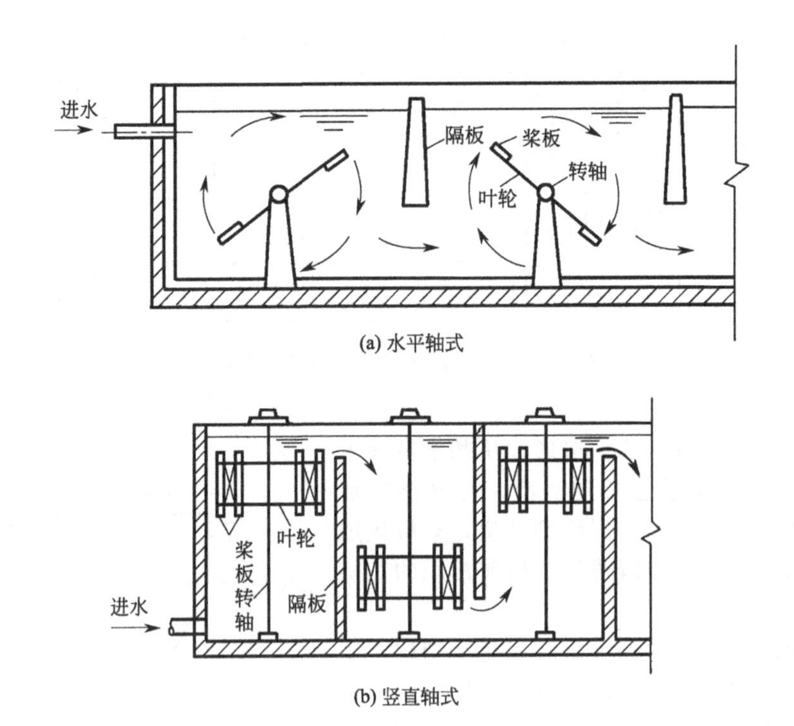

图 2.10　机械搅拌反应池

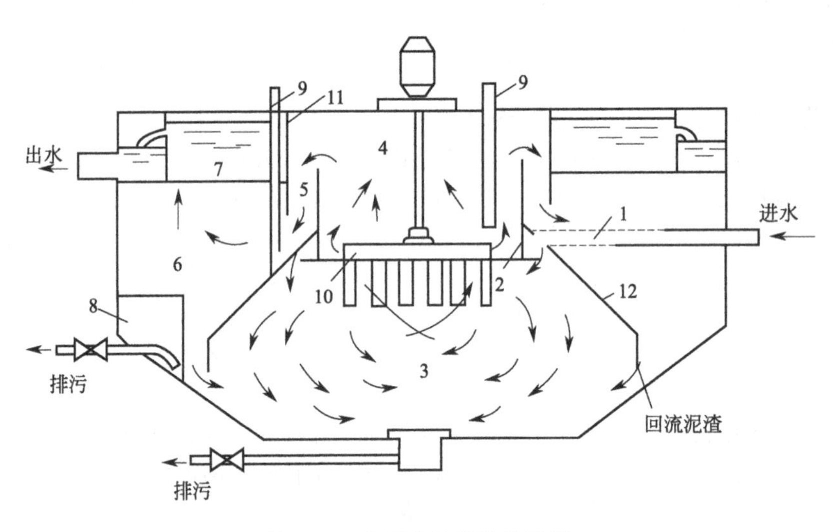

图 2.11　机械加速澄清池示意

1—进水管；2—进水槽；3—第一反应室；4—第二反应室；5—导流室；6—分离室；7—集水槽；8—泥渣浓缩室；9—加药管；10—机械搅拌器；11—导流板；12—伞形板

响出水水质。因此，在不影响分离室工作的前提下，尽量提高泥渣浓度。

2.1.3 沉淀

2.1.3.1 物理沉淀法

污水的物理沉淀是依靠污水中悬浮物的密度与水不同来分离污水中固体悬浮物的方法。

当悬浮物的密度大于水的密度时，在重力作用下，悬浮物下沉形成沉淀物。这种沉淀处理方法简便易行，效果良好，是有机废水处理中广泛应用的分离方法。有时，为了提高分离效果，废水预处理时先经过混凝，使水中较小的颗粒凝聚并进一步形成絮凝状沉淀物，再依靠其本身重力作用，由水中沉降分离出来。在高浓度有机废水处理过程中，常用的沉淀池包括平流式沉淀池、竖流式沉淀池、辐流式沉淀池、斜板斜管式沉淀池。

(1) 平流沉淀池

平流沉淀池通常为矩形水池，水流平面流过水池，构造简单，管理方便，可筑于地面，也可筑于地下，不仅适用于大型水处理厂，也适用于处理水量小的厂。它可作自然沉淀用，也可作混凝沉淀用。图 2.12 为常见的一种平流沉淀池。

平流沉淀池的长宽比应大于 4∶1，长深比应大于 10∶1（池深一般为 2m 左右）。用于自然沉淀时，池内水流的水平流速一般为 3mm/s 以下；用于混凝沉淀时，水平流速一般应为 5～20mm/s。水在沉淀池内的停留时间，应根据原水水质和对沉淀后的水质要求，通过实验测定。根据经验资料，通常采用 1～2h。当处理低温、低浊度水或高浊度水时，要适当延长沉淀时间。平流池混凝沉淀时，出水浊度一般小于 20mg/L。

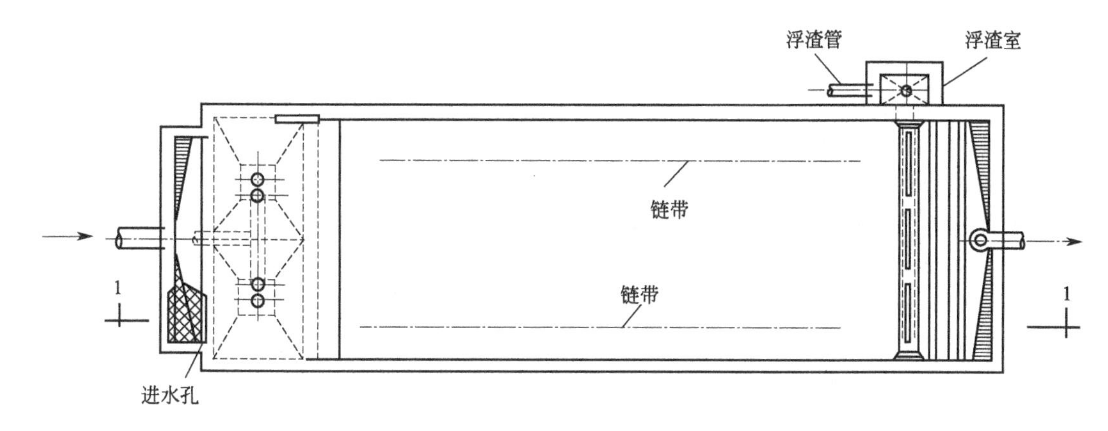

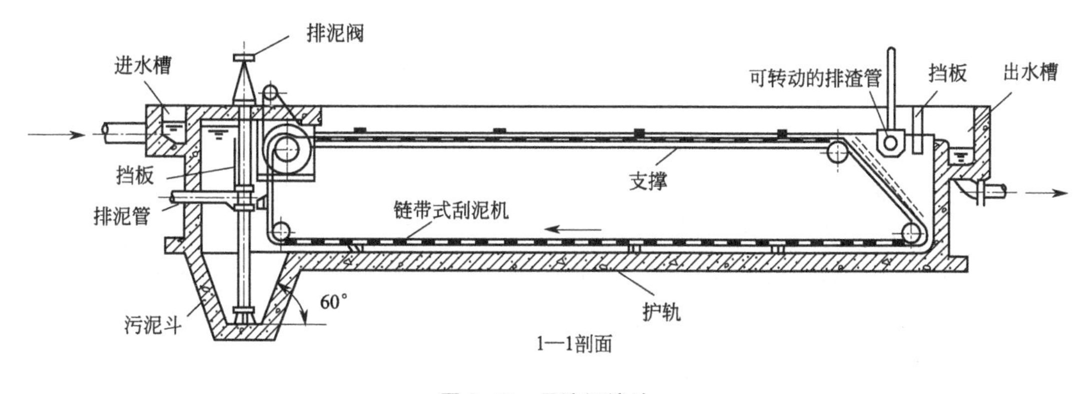

图 2.12 平流沉淀池

(2) 辐射沉淀池

辐射沉淀池一般为圆形池子，其直径通常不大于 100m。它可作自然沉淀池用，也可作混凝沉淀池用。其结构如图 2.13 所示。水流由中心管自底部进入辐射式沉淀池中心，然后均匀地沿着池子半径向四周辐射流动，水中絮状沉淀物逐渐分离下沉。清水从池子周边环形水槽排出。沉淀物则由刮泥机刮到池中心，由排泥管排走。

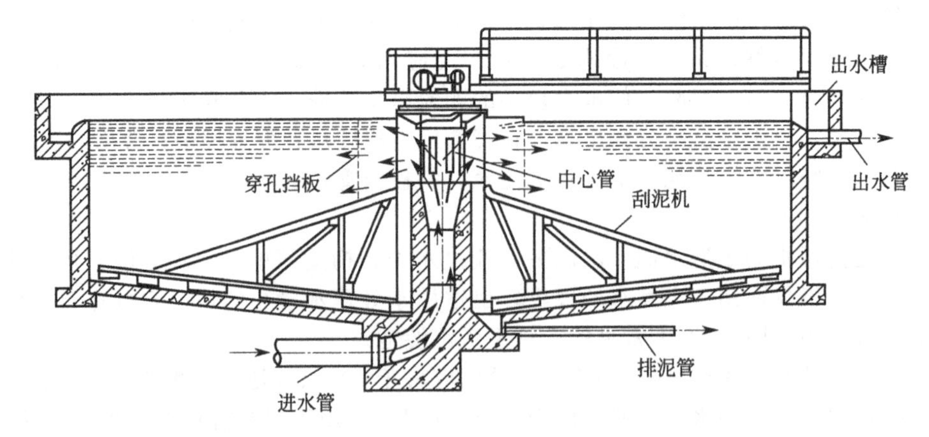

图 2.13 辐射沉淀池

辐射沉淀池沉淀排泥效果好，适用于处理高浊度原水；但刮泥机维护管理较复杂，施工较困难，投资也较大。

(3) 竖流沉淀池

竖流沉淀池水流方向与颗粒沉淀方向相反，其截留速率与水流上升速率相等。当颗粒发生自由沉淀时，其沉淀效果比在平流沉淀池中低得多。当颗粒具有絮凝性时，则上升的小颗粒和下沉的大颗粒之间相互接触、碰撞而絮凝，使粒径增大，沉速加快。另一方面，沉速等于水流上升速率的颗粒将在池中形成一悬浮层，对上升的小颗粒起拦截和过滤作用，因而沉淀效率将比平流沉淀池更高。

竖流沉淀池多为圆形、方形或多角形。直径一般在 8m 以下。如图 2.14 所示，上部为沉淀区，下部为锥状污泥区，二者之间有缓冲层。废水从进水槽进入池中心管，并从中心管的下部流出，经过反射板的阻拦向四周均匀分布，沿沉淀区的整个断面上升，处理后的废水

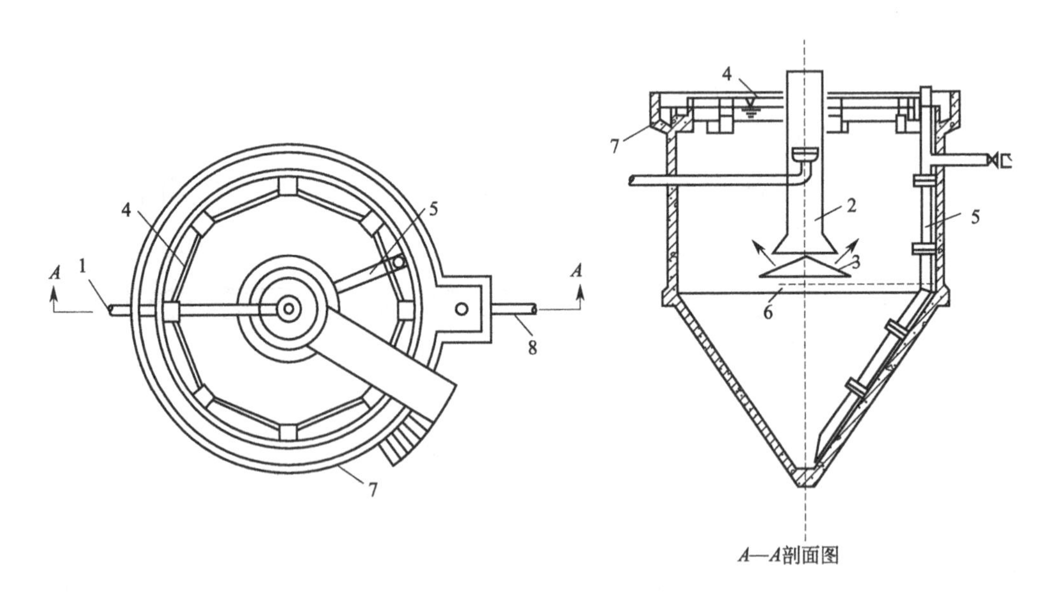

图 2.14 竖流沉淀池

1—进水槽；2—中心管；3—反射板；4—挡板；5—排泥管；6—缓冲层；7—集水槽；8—出水管

由四周集水槽收集。集水槽大多采用平顶堰或三角形锯齿堰。污泥可借静水压力由排泥管排出。

(4) 斜板斜管沉淀池

斜板(管)沉淀池是根据浅池沉淀理论设计出的一种新型沉淀池，如图 2.15 所示。在沉降区设置许多密集的斜管或斜板，使水中悬浮杂质在斜板或斜管中进行沉淀，水沿着斜板或斜管上升流动，分离处的泥渣在重力作用下沿着斜板(管)向下滑至池底，再集中排除。这种池子可以提高沉淀效率 50%～60%，在同一面积上可提高处理能力 3～5 倍。

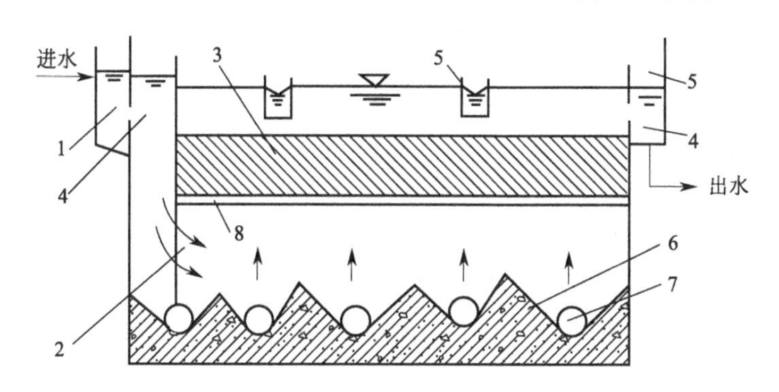

图 2.15 斜板(管)沉淀池

1—进水槽；2—穿孔花墙；3—斜板(管)；4—集水区；5—出水槽；6—集泥斗；7—排泥管；8—支架

2.1.3.2 化学沉淀法[2]

化学沉淀法指向废水中投加某些化学药剂(沉淀剂)，使之与废水中溶解态的污染物直接发生化学反应，生成难溶于水的盐类沉淀下来，从而去除水中污染物或降低污染物含量的一种处理方法。化学沉淀法常用于处理废水中的重金属离子(如汞、银、铅、锌、镍、铬、铁、铜等)、碱土金属(如钙和镁)及某些非金属(如砷、氟、硫、氰、硼)，也可以去除某些有机污染物。

(1) 氢氧化物沉淀法

采用氢氧化钠作沉淀剂使工业废水中的许多金属离子生成氢氧化物沉淀而得以去除的方法称作氢氧化物沉淀法。除了碱金属和部分碱土金属外，其他金属的氢氧化物大都是难溶的(表 2.2)。沉淀剂为各种碱性药剂，常用的有石灰、碳酸钠、苛性钠、石灰石、白云石等。

表 2.2 某些金属氢氧化物沉淀析出的 pH 值范围

金属离子	Fe^{3+}	Al^{3+}	Cr^{3+}	Cu^{2+}	Zn^{2+}	Sn^{2+}	Ni^{2+}	Pb^{2+}	Cd^{2+}	Fe^{2+}	Mn^{2+}
沉淀的最佳 pH 值	6～12	5.5～8	8～9	>8	9～10	5～8	>9.5	9～9.5	>10.5	5～12	10～14
加碱溶解的 pH 值		>8.5	>9		>10.5			>9.5		>12.5	

氢氧化物的沉淀与 pH 值有很大关系。如以 $M(OH)_n$ 表示金属氧化物，则有

$$M(OH)_n(s)=M^{n+}+nOH^- \quad K_{sp}=L_{M(OH)_n}=[M^{n+}][OH^-]^n \tag{2.4}$$

同时发生水解：

$$H_2O=H^++OH^- \quad K_w=[H^+][OH^-]=1\times10^{-14}(25℃) \tag{2.5}$$

将式(2.5) 代入式(2.4)，得

$$\lg[M^{n+}]=\lg K_{sp}+npK_w-npH \tag{2.6}$$

由此式可以看出：a. 金属离子浓度 M^{n+} 相同时，溶度积 K_{sp} 愈小，则开始析出氢氧化物沉淀的 pH 值愈低；b. 同一金属离子，浓度愈大，开始析出沉淀的 pH 值愈低。根据各种金属氢氧化物的 K_{sp} 值，由式(2.6) 可以计算出某 pH 值时溶液中金属离子的饱和浓度。以 pH 值为横坐标，以 $-\lg[M^{n+}]$ 为纵坐标，即可绘出溶解度对数图。根据溶解度对数图，可以方便地确定金属离子沉淀的条件。

金属氢氧化物的生成条件和存在状态与溶液的 pH 值有直接关系。由于废水性质复杂，干扰因素多，上述理论计算结果可能与实际有出入，最好通过实验来控制 pH 值。

采用氢氧化物沉淀法处理重金属废水最常用的沉淀剂是石灰。石灰沉淀法的优点是：去除污染物范围广（不仅可沉淀去除重金属，而且可沉淀出去砷、氟、磷等），药剂来源广，价格低，操作简便，处理可靠且不产生二次污染。

图 2.16 为某有色金属冶炼厂采用石灰沉淀法处理酸性含锌废水的流程。处理废水量约 800m³/h，废水中主要污染物为 Zn^{2+} 和 H_2SO_4，并含有少量 Cu^{2+}、Cd^{2+}、Pb^{2+}、AsO_3^{3-} 等。处理效果见表 2.3[2]。处理后的出水外排，而干渣返回冶炼炉重新利用。该工艺采用废水配制石灰乳，并使沉淀池的底泥浆部分回流，这有助于改善泥渣的沉降性能和过滤性能。

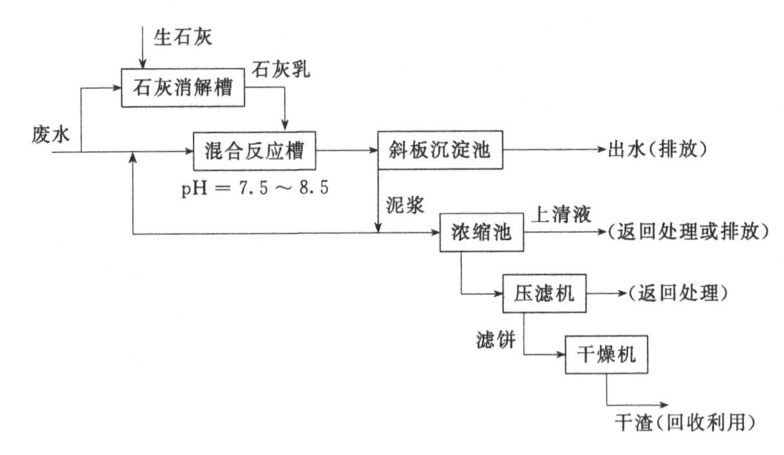

图 2.16 石灰沉淀法处理含锌废水工艺流程

表 2.3 石灰沉淀法处理效果

项目	pH 值	锌	铅	铜	镉	砷
原废水	2.0～6.7	60.64～89.47	3.87～7.78	0.81～3.10	0.78～1.39	0.26～1.15
处理后出水	10～11	0.95～3.73	0.39～0.74	0.12～0.27	0.03～0.06	0.021～0.059

(2) 硫化物沉淀法

大多数过渡金属的硫化物都难溶于水，因此工业废水中的许多重金属离子可以形成硫化物沉淀而得以去除。

硫化物沉淀法常用的沉淀剂有 H_2S、Na_2S、NaHS、$(NH_4)_2S$ 等。根据沉淀转化原理，难溶硫化物 MnS、FeS 等亦可作为处理药剂。

S^{2-} 与 OH^- 一样，也能够与许多金属离子形成络阴离子，从而使金属硫化物的溶解度增大，不利于重金属的沉淀去除，因此必须控制沉淀剂 S^{2-} 的浓度，不要过量太多。其他配位体如 X^-（卤离子）、CN^-、SCN^- 等也能与重金属离子形成各种可溶性络合物，从而干扰金属的去除，应通过预处理除去。

提高沉淀剂（S^{2-}）浓度有利于硫化汞沉淀的析出；但是，过量硫离子不仅会造成水体贫氧，增加水体的COD，还能与硫化汞沉淀生成可溶性络阴离子［HgS_2］$^{2-}$，降低汞的去除率，而且由于生成的HgS的颗粒很小，直径只有7μm，沉降困难，因此，在反应过程中，要补投$FeSO_4$溶液，以除去过量硫离子，生成FeS的共沉淀载体促使其沉淀。同时，补投的一部分Fe^{2+}在水中可生成$Fe(OH)_2$和$Fe(OH)_3$沉淀，对HgS悬浮微粒起凝聚共沉淀作用。为了加快硫化汞悬浮微粒的沉降，有时加入焦炭末或粉状活性炭吸附硫化汞微粒，促使其沉降。

(3) 碳酸盐沉淀法

碱土金属（Ca、Mg等）和重金属（Mn、Fe、Co、Ni、Cu、Zn、Ag、Cd、Pb、Hg、Bi等）的碳酸盐都难溶于水，所以可用碳酸盐沉淀法将这些金属离子从废水中去除。

对于不同的处理对象，碳酸盐沉淀法有三种不同的应用方式。

① 投加难溶碳酸盐（如碳酸钙），利用沉淀转化原理，使废水中重金属离子（如Pb^{2+}、Cd^{2+}、Zn^{2+}、Ni^{2+}等离子）生成难溶度更小的碳酸盐而沉淀析出。

② 投加可溶性碳酸盐（如碳酸钙），使水中重金属离子生成难溶碳酸盐而析出。

处理含锌废水： $ZnSO_4 + Na_2CO_3 \longrightarrow ZnCO_3 \downarrow + Na_2SO_4$

处理含铜废水： $2Cu^{2+} + CO_3^{2-} + 2OH^- \longrightarrow Cu_2(OH)_2CO_3 \downarrow$

处理含铅废水： $Pb^{2+} + CO_3^{2-} \longrightarrow PbCO_3 \downarrow$

③ 投加石灰，与造成水中碳酸盐硬度的$Ca(HCO_3)_2$和$Mg(HCO_3)_2$生成难溶的碳酸钙和氢氧化镁而沉淀析出。

(4) 卤化物沉淀法

① 氯化物沉淀法　氯化物的溶解度都很大，唯一例外的是氯化银（$K_{sp}=1\times10^{-10}$）。利用这一特点，可以处理回收废水中的银。

含银废水主要来源于镀银和照相工艺。氰化银镀槽中的含银质量浓度高达13000～45000mg/L。处理时，一般先用电解法回收废水中的银，将银质量浓度降至100～500mg/L，然后再用氯化物沉淀法，将银质量浓度降至1mg/L左右。当废水中含有多种金属离子时，调pH至碱性，同时投加氯化物，则其他金属形成氢氧化物沉淀，唯独银离子形成氯化银沉淀，两者共沉淀。用酸洗沉渣，将金属氢氧化物沉淀溶出，仅剩下氯化银沉淀。这样可以分离和回收银，而废水中的银离子质量浓度可降至0.1mg/L。

镀银废水中含有氰，它会和银离子形成［$Ag(CN)_2$］$^-$络离子，对处理不利，一般先采用氯化法氧化氰，释放出的氯离子又可以与银离子生成沉淀。根据试验资料，银和氰质量相等时，投氯质量为3.5mg/mg（氰）。氧化10min以后，调pH值至6.5，使氰完全氧化。继续投氯化铁，以石灰调pH值至8，沉淀分离后清除上清液，可使银离子由最初0.7～40mg/L降至0～8.2mg/L，氰由159～642mg/L降至15～17mg/L。

② 氟化物沉淀法　当废水中含有比较单纯的氟离子时，则可投加石灰，调pH值至10～12，使之生成CaF_2沉淀，可使废水的含氟质量浓度降至10～20mg/L。

若废水中还含有其他金属离子（如Mg^{2+}、Fe^{2+}、Al^{3+}等），则加入石灰后，除了形成CaF_2沉淀外，还会形成金属氢氧化物沉淀。由于后者的吸附共沉淀作用，可使含氟质量浓度降至8mg/L以下。若加石灰至pH=11～12，再加硫酸铝，使pH=6～8，则形成氢氧化铝可使含氟质量浓度降至5mg/L以下，如果加石灰的同时加入磷酸盐（如过磷酸钙、磷酸氢二钠），则磷酸根、钙离子能与水中的氟离子形成难溶的磷灰石沉淀。

$$3H_2PO_4^- + 5Ca^{2+} + 6OH^- + F^- \longrightarrow Ca_5(PO_4)_3F \downarrow + 6H_2O$$

当石灰投量为理论投加的1.3倍，过磷酸钙投量为理论量的2～2.5倍时，可使废水氟质量浓度降至2mg/L左右。

（5）磷酸盐沉淀法

对于可溶性磷酸盐的废水可以通过投加铁盐或铝盐以生成不溶的磷酸盐沉淀除去。当加入铁盐除去磷酸盐时，会伴随如下过程发生：a. 铁的磷酸盐沉淀；b. 在部分胶体状的氧化铁或氢氧化物表面上磷酸盐被吸附；c. 发生多核氢氧化铁（Ⅲ）悬浮体的凝聚作用，生成不溶于水的金属聚合物。

2.1.4 气浮

气浮是一种有效的固液、液液分离方法，是高浓度有机废水处理中不可缺少的处理方法。它是利用高度分散的微细气泡作为载体去黏附废水中的污染物，利用其密度小于水的特性，使其上浮到水面，最终达到去除目的，也称气泡浮上法。气浮法处理工艺必须满足下述基本条件：a. 必须向水中提供足够量的细微气泡；b. 必须使污水中的污染物质能形成悬浮状态；c. 必须使气泡与悬浮的物质产生黏附作用。有了这三个基本条件，才能完成气浮处理。

气浮法常用于污水中颗粒相对密度接近或小于1的细小颗粒的分离。在水处理中，气浮法广泛应用于：a. 分离水中的细小悬浮物、藻类及微絮体；b. 回收工业废水中的有用物质，如造纸厂废水中的纸浆纤维及填料等；c. 代替二次沉淀池，分离和浓缩剩余活性污泥，特别适用于那些易于产生污泥膨胀的生化处理过程；d. 分离回收含油废水中的悬浮油和乳化油；e. 分离回收以分子或离子状态存在的目的物，如表面活性物质和金属离子等。

按生产细微气泡的方法，气浮法可分为散气气浮、电解气浮和溶气气浮。

2.1.4.1 散气气浮

散气气浮是利用机械剪切力，将混合于水中的空气粉碎成细微气泡以进行气浮的方法。按粉碎方法的不同，散气气浮又分为射流气浮、扩散曝气气浮和剪切气浮三种。

射流气浮是利用射流器喉管（图2.17）中高速水流形成的负压或真空，造成大量空气被吸入，并产生强烈的混合，空气被粉碎成细微气泡。进入扩散段后，压强增大，压缩气泡，增大了空气在水中的溶解度，随后进入气浮池。

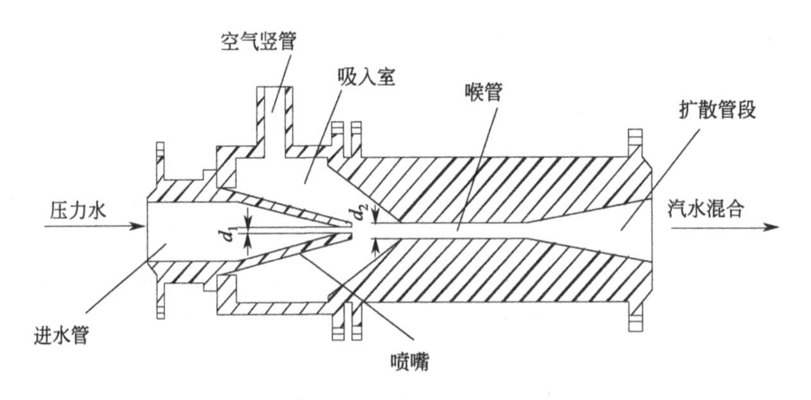

图2.17 射流器的构造

扩散曝气气浮是利用扩散板（或微孔扩散装置）的微孔将压缩空气分散成细小气泡的一种方法，见图2.18。扩散曝气气浮的优点是简单易行，但也存在空气扩散装置的微孔易堵塞、气泡较大、气浮效果不高的缺点。

剪切气浮是将空气通过空气管引入高速旋转叶轮附近，依靠叶轮高速旋转在固定盖板下形成的负压，把空气吸入废水中，空气与循环水流被叶轮充分搅拌和切割成为细小的气泡。在浮力作用下，气泡上浮，形成的泡沫不断被缓慢旋转的刮板刮出槽外，如图2.19所示。剪切气泡气浮法适用于处理水量不大、污染物浓度较高的废水，用于除油时，除油效率在80%左右。

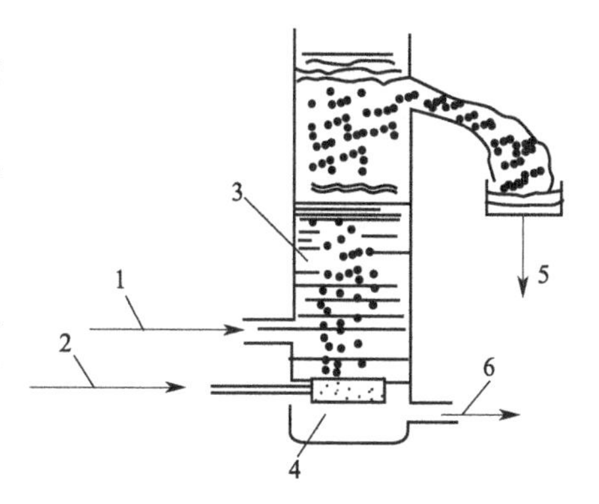

图 2.18 扩散曝气气浮法示意

1—入流废水；2—空气；3—分离区；4—微孔扩散设备；5—浮渣；6—出流

2.1.4.2 电解气浮

电解气浮是在直流电的作用下，用不溶性阳极和阴极直接电解废水，在正负极间产生氢和氧的微小气泡，而将废水中的细小颗粒黏附，并上升带至水面以固液分离的一种方法，见图2.20。

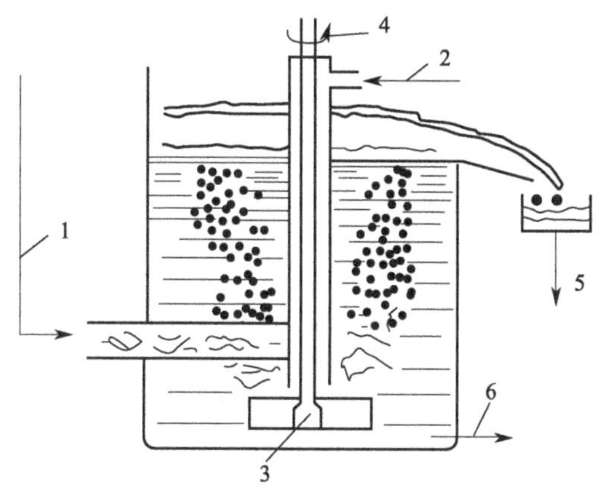

图 2.19 剪切气浮法示意

1—进水；2—进气管；3—叶轮；4—转轴；5—浮渣；6—出水

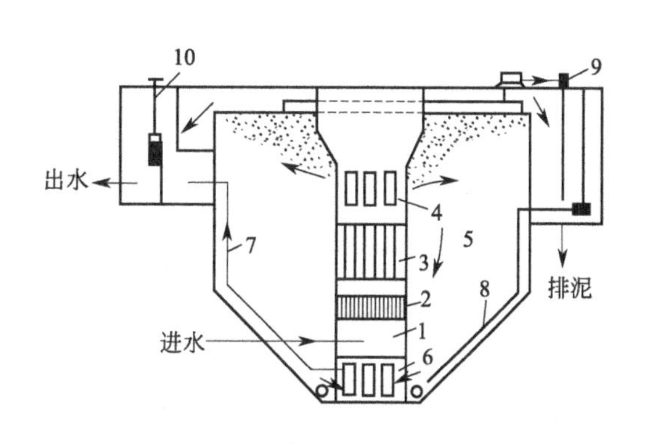

图 2.20 电解气浮法装置

1—入流室；2—整流栅；3—电极组；4—出流孔；5—分离室；6—集水孔；7—出水孔；8—沉淀排泥管；9—刮渣机；10—水位调节器

电解气浮产生的气泡微小，能够有效地利用电解液中的氧化还原效应，以及由此产生微小气泡的上浮作用处理废水。这种方法不仅能够将废水中的细微悬浮颗粒和乳化油与气泡黏附而浮出，还有氧化、脱色和杀菌作用，而且对水中一些金属离子和某些溶解有机物也有同样净化效果。电解气浮法具有去除污染物范围广、泥渣量少、工艺简单、设备小等优点，但是能耗较大。

2.1.4.3 溶气气浮

溶气气浮是一种使空气在一定压力作用下溶解于水并达到过饱和状态，后经减压，使溶解于水中的空气以微细气泡形式从水中逸出，从而形成溶气气浮的一种方法。溶气气浮形成的气泡细小，初始粒度在80μm左右，因而溶气气浮的净化效果较好。

溶气气浮法是目前水处理中最常见的一种，有加压溶气气浮和真空气浮两种类型。前者是空气在加压条件下溶入水中，在常压下析出；后者是空气在常压或加压条件下溶于水中，在负压条件下析出。

(1) 真空气浮法

图 2.21 为真空气浮法设备的示意，污水经流量调节器后先进入曝气室，由机械曝气设备预曝气，使污水中的溶气量接近于常压下的饱和值。未溶空气在脱气井脱除，然后污水被提升到分离区。由于浮上分离池压力低于常压，因此预先溶于水中的空气就以非常细小的气泡溢出来，污水中的悬浮颗粒与水中逸出的细小气泡相黏附，并上浮至浮渣层。旋转的刮渣板把浮渣刮至集渣槽，然后进入出渣室。在浮上分离池的底部装有刮泥板，用以排除沉到池底的污泥。处理后的出水经环形槽收集后排出。

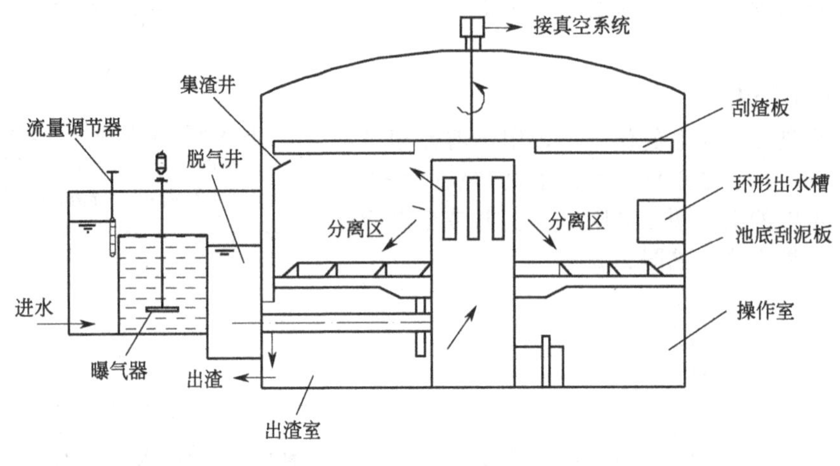

图 2.21 真空气浮法设备示意

真空气浮法的缺点是其空气的溶解在常压下进行，溶解度很低，气泡释放量有限。此外，为形成真空，处理设备需密闭，运行和维修较困难。

(2) 加压溶气气浮法

加压溶气气浮法是目前最常用的气浮法，根据加压溶气水的来源不同又可分为全溶气气浮、部分溶气气浮和回流加压溶气气浮三种基本流程。

全溶气气浮装置如图 2.22 所示。该流程是将全部入流废水进行加压溶气，再经减压释放装置进入气浮池进行固液分离的一种流程。

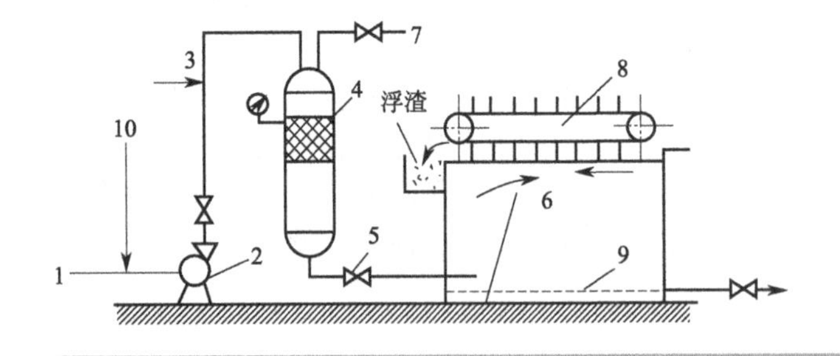

图 2.22 全溶气方式加压气浮法示意

1—废水；2—加压水泵；3—空气；4—压力溶气罐；5—减压阀；6—气浮池；7—泄气阀；8—刮渣机；9—出水；10—化学药剂

部分溶气气浮装置如图 2.23 所示。该法是将部分入流废水进行加压溶气，其余部分废水与加压溶气废水一起直接进入气浮池，利用部分加压溶气水的减压释放微小气泡对全部废水进行固液分离。该法缩小了溶气罐的容积，节省了加压的能耗，但系统提供的溶气量亦相对较少，因此欲提供相同的溶气量，则必须加大溶气压力。

回流加压溶气气浮装置如图 2.24 所示，该流程将部分处理后的清洁水回流加压溶气，

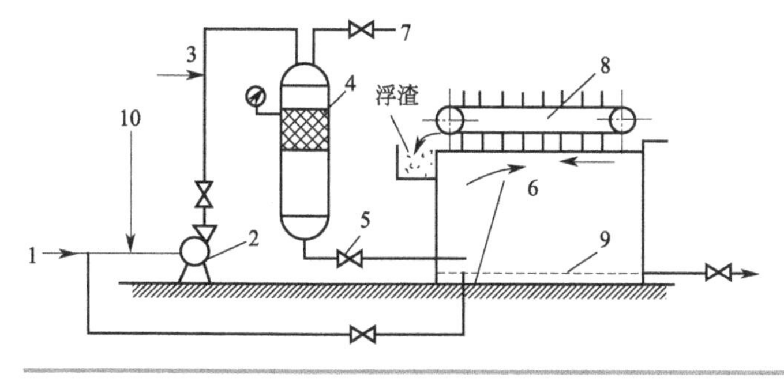

图 2.23　部分溶气方式加压气浮法示意

1—废水；2—加压水泵；3—空气；4—压力溶气罐；5—减压阀；6—气浮池；7—泄气阀；8—刮渣机；9—出水；10—化学药剂

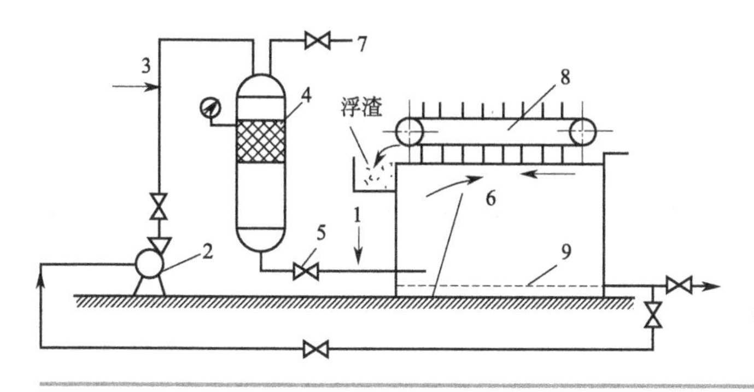

图 2.24　回流加压溶气气浮法示意

1—废水；2—加压水泵；3—空气；4—压力溶气罐；5—减压阀；6—气浮池；7—泄气阀；8—刮渣机；9—出水

该处理的废水则全部进入气浮池。由于该流程加压溶气水为处理后的清洁水，对加压溶气和减压释气过程均有利，因此回流加压溶气气浮成为目前最常见的气浮处理工艺。

气浮池按进水方式分为平流式和竖流式两种，应用较多的是平流式。

① 平流式气浮池　如图 2.25 所示，通过反应池的废水从气浮池底部进入接触区，废水颗粒物在接触区与微气泡充分结合后沿导流板进入气浮分离区，渣水分离。浮在水面的浮渣用刮渣机刮入渣槽，处理后的水从池底集水管排出。

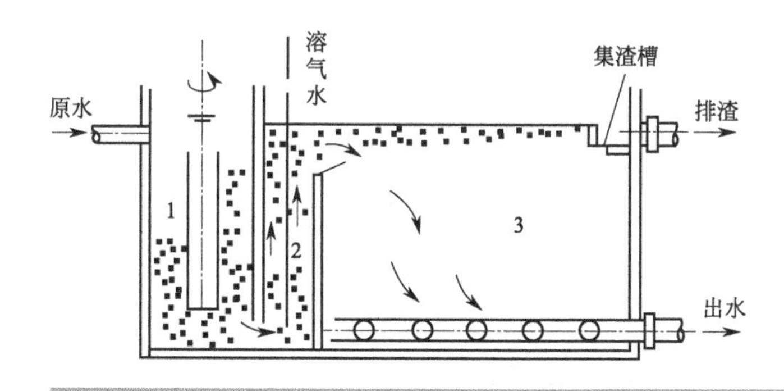

图 2.25　平流式气浮池示意

1—反应室；2—接触室；3—分离室

平流式气浮池的优点是池身浅、造价低、结构简单、运行方便。缺点是分离部分的容积利用率不高。气浮池底部可同时设置污泥斗，以排除颗粒相对密度较大、没有与气泡黏附上浮的沉淀污泥。

② 竖流式气浮池　如图 2.26 所示，其基本工艺参数与平流式气浮池相同。其优点是接触室在池中央水流向四周扩散，水力条件好。缺点是气浮池与反应池较难衔接，容积利用率低。经验表明，当处理水量大于 150～200m^3/h，废水中的悬浮固体浓度较高时，宜采用竖流式气浮池。

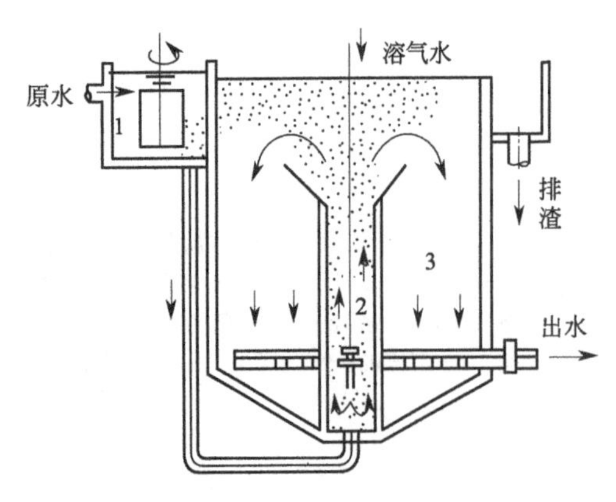

图 2.26 竖流式气浮池示意

1—反应室；2—接触室；3—分离室

2.1.5 除油

含油废水的来源很多，石油工业的采油、炼油、油运输及石油化学工业产生的含油废水、油轮洗涤水、机械加工业的冷却润滑液、钢铁轧钢水、食品工业和农药工业等的废水中都含有大量的油。当废水中含有大量油以后，会给废水处理带来很大的困难，而且油本身也是一种污染物，有一定毒性。因此，对含油废水和大面积水面油层的处理是十分重要的。

含油废水处理一般有自然浮上法或重力法、气浮法及其他深度处理方法。借助于水的浮力，使水中不溶态污染物浮出水面，然后用机械加以刮除的水处理方法统称为浮上法。根据分散相物质的亲水性强弱和密度大小，以及由此而产生的不同处理机理，浮上法可分为自然浮上法、气泡浮上法和药剂浮选法三类。

含油废水中的油类除了重焦油相对密度可达 1.1 以外，其余的相对密度都小于 1。重油相对密度大，宜通过沉淀方法去除。浮油粒径一般大于 100μm，易于浮在水面形成油膜或油层；分散油粒径一般 10～100μm，在水中不稳定，静止一段时间后会转化成浮油。因此，这两种废油通常用隔油池去除。常用隔油池有平流式和斜板式两种。

2.1.5.1 平流式隔油池

图 2.27 为典型的平流式隔油池，它与平流式沉淀池在构造上基本相同。为了能及时排油及排除底泥，在大型隔油池中还应设置刮油刮泥机。收集在排泥斗中的污泥由设在池底的排泥管借助静水压力排走。池底构造与沉淀池基本相同。平流式隔油池表面一般应设置盖板便于冬季保持浮渣的温度，从而保证它的流动性，并可防火与防雨。在寒冷地区还应在集油管及油层内设置加温设施。

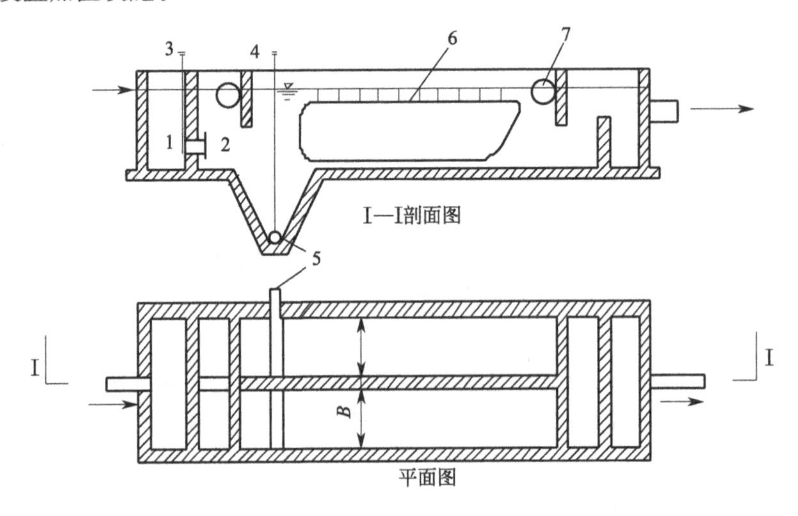

图 2.27 平流式隔油池示意

1—布水间；2—进水孔；3—进水阀；4—排泥阀；5—排泥管；6—刮油刮泥机；7—集油管

平流式隔油池的特点是构造简单、便于运行管理、油水分离效果稳定。有资料表明，平流式隔油池可去除的最小油滴直径为100～150μm，相应的上升速率不高于0.9mm/s。

2.1.5.2 斜板式隔油池

斜板式隔油池由进水区、出水区、集油区和油水分离装置组成（图 2.28）。斜板隔油池进水、出水和集油与平流式隔油池基本相同。其油水分离通常采用波纹板斜板，废水沿板面向下流动，从出水堰排出，水中油滴沿板的下表面向上流动，经集油管收集排出。

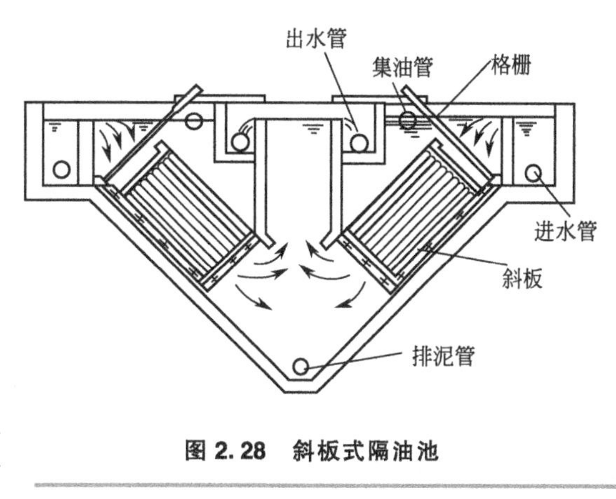

图 2.28 斜板式隔油池

斜板式隔油池可分离油滴的最小粒径为80μm，相应的上升速率不高于0.2mm/s。仅仅依靠油滴与水的密度差产生上浮而进行油水分离，油的去除效率一般为70%～80%左右，隔油池的出水仍含有一定数量的乳化油和附着在悬浮固体上的油分，一般较难降到排放标准以下。

2.1.6 过滤

过滤是去除悬浮物，特别是去除浓度比较低的悬浊液中微小颗粒的一种有效方法。过滤时，含悬浮物的污水流过具有一定孔隙率的过滤介质，水中的悬浮物被截留在介质表面或内部而除去。过滤工艺主要包括深层过滤、表面过滤和膜过滤三类。在深层过滤中［图 2.29(a)］，水充满滤料的空隙，悬浮物被滤料表面所吸附，或在空隙中被截留；在表面过滤和膜过滤中［图 2.29(b)］，水通过滤膜，同时悬浮物质被滤膜（滤层表面）阻隔而与水分离。

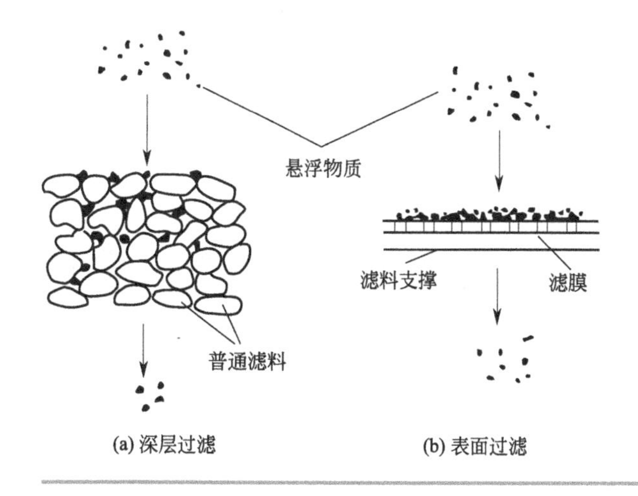

图 2.29 深层过滤和表面过滤

深层过滤是饮用水处理的一个基本单元工艺，现已广泛应用于废水的深度处理中，主要去除水中的悬浮固体（包括颗粒状 BOD），使水更澄清。深层过滤的功效，不仅在于进一步降低水的浊度，而且水中有机物、细菌乃至病毒等随水的浊度降低而部分去除。至于残留于过滤后水中的细菌、病毒等，失去浑浊物的保护或依附，在消毒过程中也容易被杀灭，这就为过滤后消毒创造了良好条件。深层过滤同时也可以作为膜过滤的预处理步骤。

近20年来发展的许多过滤技术，现在已广泛应用于废水处理中。根据滤池层厚（浅层、常规及深层滤床）、使用滤料（单一、双层及多层滤料）、滤料是否分层以及操作方式（上向流式和下向流式）等不同，滤池有很多不同的分类。对于单一、双层交替式滤池，可以根据驱动力的不同进一步分成重力式滤池和压力式滤池。废水处理中最常用的滤池包括普通快滤池、压力滤池等。近年来合成滤料滤池也用于废水处理中。

2.1.6.1 普通快滤池

普通快滤池是常用的过滤设备。图2.30为普通快滤池的示意。一般采用钢筋混凝土结构。过滤时，废水自进水管经集水渠、排水渠进入滤池，自上而下穿过滤料层、垫料层，由配水系统收集，并经出水管排出。经过一段时间过滤，滤料层截留的悬浮物数量增加，滤层孔隙率减小，使孔隙水流速增大，其结果一方面造成过滤阻力增大，另一方面水流对孔隙中截留的杂质冲刷力增大，使出水水质变差。当水头损失超过允许值，或者出水的悬浮物浓度超过规定值，过滤即应终止，进行滤池反冲洗。反冲洗水由冲洗水管经配水系统进入滤池，由下而上穿过垫层、滤料层，最后由排水槽经集水渠排出。反冲洗完毕，又进入下一个过滤周期。

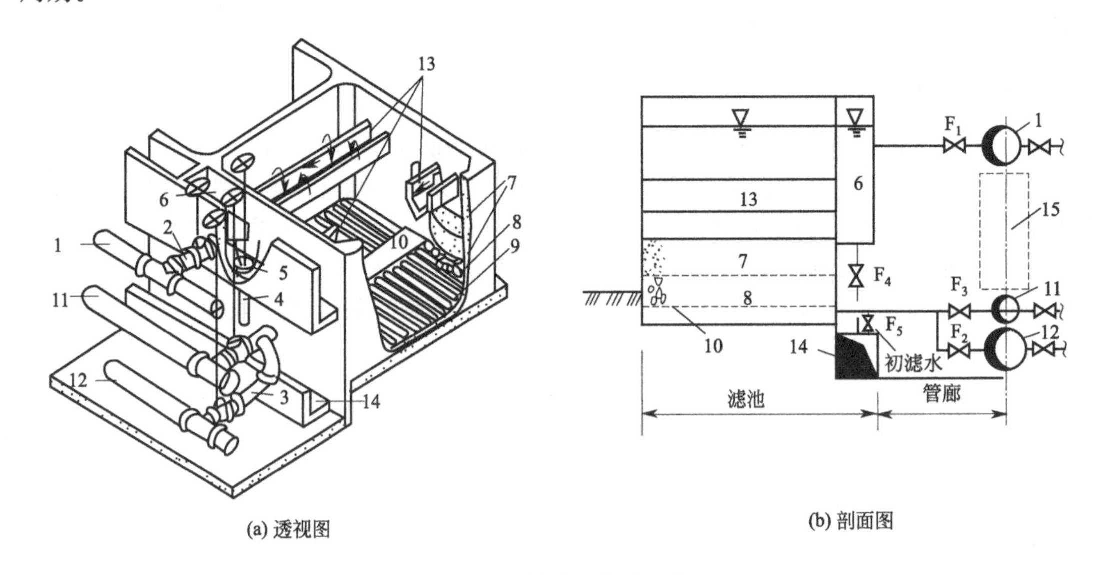

图2.30 快滤池构造示意

1—进水干管；2—进水支管；3—清水管；4—排水管；5—排水阀；6—集水渠；7—滤料层；8—承托层；9—配水支管；10—配水干管；11—冲洗水管；12—清水总管；13—排水槽；14—废水渠；15—走道空间

2.1.6.2 压力滤器

前面所讨论过的重力式滤池主要用于处理大型污水处理厂的二级出水处理，此外还有压力滤池，一般用于小型污水处理厂。与重力式滤池不同的是，压力滤池是封闭的有压容器，进水用泵直接打入，滤后水常借压力直接送到用水装置或后面的处理设备中。压力滤池的内部构造与普通快滤池相似，滤层厚度通常大于重力式滤池，允许水头损失一般可达5～6m。分为竖式和卧式两种。竖式压力滤池有现成的产品，如图2.31所示，直径一般不超过3m。

2.1.6.3 合成滤料滤池[2]

合成滤料滤池是最初在日本发展的一种工艺，目前已应用于废水处理。高效多孔合成滤

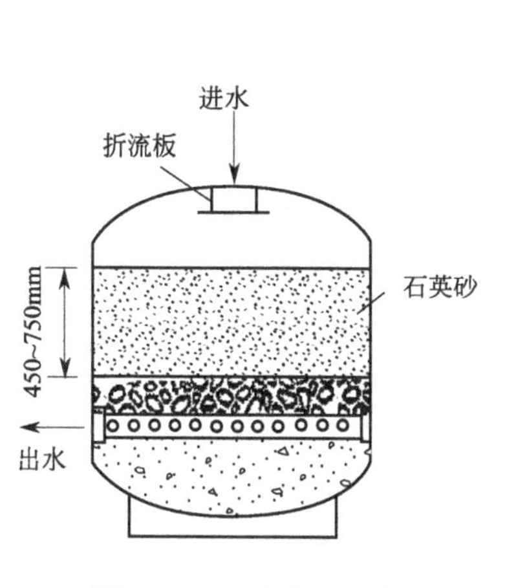

图 2.31　压力滤池示意

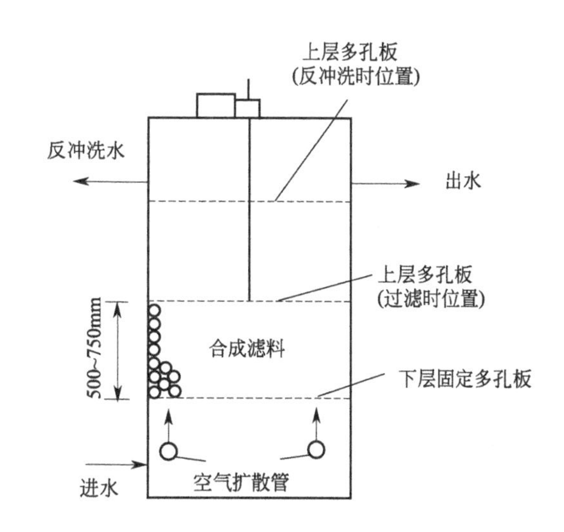

图 2.32　合成滤料滤池示意

料由聚氨酯制成，直径约 30mm。实验室中，其球形滤料堆积的孔隙率为 88%～90%，滤料在滤床中的孔隙率约为 94%。合成滤料滤池有两个特点（图 2.32）：压缩滤料可以改变滤床的孔隙率；滤层的深度可以通过上下两块多孔板的位置变化而变化。研究表明，在高孔隙率下，滤速可达 400～1200L/(m^2 · min)。在过滤模型中，二级出水从滤池的底部进入，经过滤料层向上流动，从滤池的顶部排出。反冲洗时，将上层多孔板的位置调高，反冲洗水进入滤池，固定多孔板的左、右两侧依次通入空气，使得滤料运动翻滚。由于滤层空隙中水流的剪切力和滤料颗粒碰撞摩擦，滤料颗粒得到冲洗。反冲洗过程完成后继续进行过滤操作，将滤池出水阀门打开，并将调高的多孔板降回到原来过滤的位置。

2.1.6.4　膜过滤工艺[2]

膜过滤是利用特殊的薄膜对液体中的成分进行选择性过滤的技术。膜过滤分离技术主要包括微滤（MF)、超滤（UF)、纳滤（NF)、反渗透（RO)、扩散渗析及电渗析（ED)。

通常来讲，根据需要去除的杂质或颗粒直径的大小，可以选择对应的膜技术。电渗析能去除水中粒径为 0.0001μm 的颗粒，但水中离子需带电，因此电渗析局限于去除带电杂质，而对于病菌和大多数有机物则效果差。微滤和超滤去除颗粒粒径较大，但运行所需压力低，膜的成本低。它对水中病菌提供了一个静止的阻挡层，因此病菌残留下来的机会少。纳滤和反渗透的作用原理是由扩散和筛分控制，经吸附水层作用可去除离子型无机物，它们分离粒径直径小，而且对病菌、有机物和无机物均有效。如果重点要求去除水中的盐和金属离子，就应选用反渗透和纳滤；如果重点要求分离去除水中的细菌，选用微滤更为合适。

在废水处理中常见的膜技术应用见表 2.4。膜技术用于去除废水中特殊成分的应用见表 2.5。

表 2.4　膜技术在废水处理中的应用

膜技术	应用	说　明
微滤和超滤	好氧生物处理	膜用于分离活性污泥工艺中的泥水混合物，膜分离单元可以浸入生物反应器的内部或在生物反应器的外部，此过程称为膜生物反应器(MBR)
	厌氧生物处理	膜用于分离完全厌氧混合反应器中的泥水混合物
	膜的好氧生物处理	板框式、管式及中空式膜用于向外面黏附的生物量传递纯氧，此过程称为膜的好氧生物处理(MABR)

续表

膜技术	应用	说　明
微滤和超滤	萃取膜生物处理	通过膜从废水中的无机组分(如酸、碱和盐)中萃取可降解性有机分子,用于后续的生物处理,此过程称为萃取膜生物反应器(EMBR)
	消毒的预处理	去除二级出水或深层滤池中的残余悬浮固体,进行更有效的氯或紫外消毒,满足回用要求
	纳滤和反渗透的预处理	对后续工艺进行预处理,去除残余的胶体和悬浮固体
纳滤	废水回用	在饮用水回用(如地下水回灌)中,处理预过滤的出水(微滤)
	废水软化	为特殊回用,降低引起硬度的多价离子浓度
反渗透	废水回用	在饮用水回用(如地表水回灌)中,处理预过滤的出水(微滤)
	锅炉用水	两级反渗透用于处理高压锅炉用水

表 2.5　膜技术去除废水中特殊成分的应用

成　分	微滤	超滤	纳滤	反渗透	建　议
可生物降解性有机物		√	√	√	
硬度			√	√	
重金属			√	√	
硝酸盐			√	√	
优先有机污染物		√	√	√	
合成有机污染物			√	√	
TDS			√	√	
TSS	√	√			在纳滤和反渗透的预处理中 TSS 被除去
细菌	√	√	√	√	膜法消毒时不用 MF 和 UF 做 NF、RO 的预处理
原生动物孢囊	√	√	√	√	
病毒			√	√	用于膜法消毒

2.2 其他物化处理技术

2.2.1 中和

中和法是利用碱性药剂或酸性药剂将废水从酸性或碱性调节到中性附近的一类处理方法。酸性废水中常见的酸性物质有硫酸、硝酸、盐酸、氢氟酸、磷酸等无机酸及乙酸、甲酸、柠檬酸等有机酸，并常溶有金属盐。碱性废水中常见的碱性物质有苛性钠、碳酸钠、硫化钠及胺类等。

工业废水中所含酸碱量往往差异很大，如果酸、碱浓度在3%以上，则应考虑综合回收或利用；酸、碱浓度在3%以下时，因回收利用的经济意义不大，才考虑中和处理。在废水中和处理时，首先应考虑以废治废，例如用不同出口排出的酸性废水和碱性废水相互中和；或者用废渣（电石渣、碳酸钙碱渣等）中和酸性废水。只有在没有以废治废条件时，才考虑用药剂中和。

2.2.1.1 酸性废水的中和处理

酸性废水的处理主要有酸性废水与碱性废水相互中和、药剂中和及过滤中和三种方法。

(1) 药剂中和法

药剂中和法能处理任何浓度、性质的酸性废水，对水质和水量波动适应性强，中和药剂利用率高。

酸性废水一般来源于化工、冶金、纤维、炼油、金属酸洗、电镀等工业的生产过程。中和处理剂常用石灰、苛性钠、碳酸钠、石灰石、电石渣等。药剂的选用，不仅要考虑它本身的溶解性、反应速率、成本、二次污染、使用方便等因素，还要考虑中和产物的形状、数量及处理费用等因素。苏打、苛性钠具有成分均匀、杂质少，易于投加、存贮和运输，在水中溶解度高，反应速率快等优点，但价格昂贵，工程中一般不大量采用。石灰来源广泛，价格便宜，在工程中使用较多，但也存在较多问题，如杂质多，沉渣量大且不易脱水。当投加石灰进行中和处理时，$Ca(OH)_2$ 还有凝聚作用，因此对杂质多、浓度高的酸性废水尤其适宜。

投药中和法的工艺流程主要包括：废水的预处理；中和药剂的制备与投加、混合与反应；中和产物的分离；泥渣的处理与利用。废水的预处理包括悬浮杂质的澄清，水质及水量的均和。前者可以减少投药量，后者可以创造稳定的处理条件。

投加石灰有干法和湿法两种方式。干投时，为了保证均匀投加，可用具有电磁振荡装置的石灰投配器将石灰粉直接投入废水中。干投法设备简单，药剂的制备与投配容易，但反应缓慢，中和药剂耗用量大（约为理论用量的1.4～1.5倍）。目前多采用湿投法，即将生石灰在消解槽内消解为浓度40%～50%的乳液，排入石灰乳储槽，并配成浓度为5%～10%的工作液，然后投加。

投药中和法可采用间歇处理方式，也可采用连续处理方式。通常水量少时（如每小时几立方米到十几立方米）采用间歇处理。水量大时，采用连续式处理。此时，欲获得稳定可靠的中和效果，应采用多级式pH自动控制系统。中和过程中形成的各种泥渣（石膏、铁矾等）应及时分离，以防止堵塞管道。分离设备可采用沉淀池或浮上池。分离出来的沉淀尚需进一步浓缩、脱水。酸性废水的中和处理通常采用图2.33所示流程。

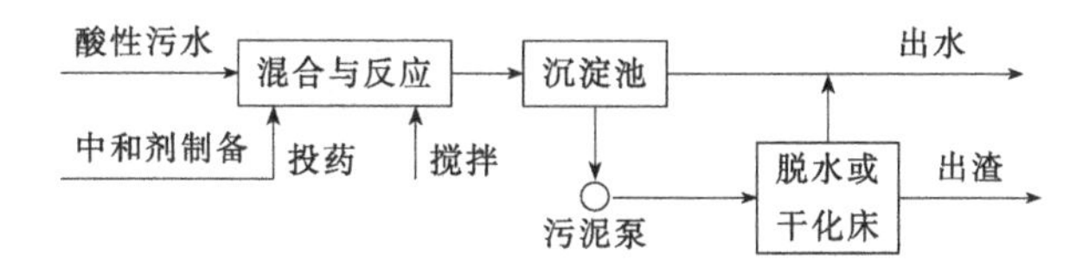

图2.33 酸性污水投药中和流程

碱性中和剂的用量见表2.6[3]。

表2.6 碱性中和剂的理论单位消耗量

酸	中和1g酸所需的碱性物质/g				
	CaO	$Ca(OH)_2$	$CaCO_3$	$CaCO_3 \cdot MgCO_3$	$MgCO_3$
H_2SO_4	0.571	0.755	1.020	0.940	0.860
HCl	0.770	1.010	1.370	1.290	1.150
HNO_3	0.445	0.590	0.795	0.732	0.668

(2) 过滤中和法

过滤中和法是指选用粗粒状碱性滤料形成的滤床处理酸性废水，当酸性废水流经滤床的碱性滤料时，酸性废水即被中和。这种方法仅用于酸性废水的中和处理，适用于含酸浓度不大于2～3mg/L，并易生成易溶盐的各种酸性废水的中和处理，当废水中含有大量的悬浮物、油脂、重金属盐和其他毒物时，不宜采用过滤中和法。

碱性滤料主要有石灰石、大理石、白云石等。前两者主要成分是$CaCO_3$，后一种的主要成分是$CaCO_3 \cdot MgCO_3$。滤料的选择与中和产物的溶解度有密切的关系。滤料的中和反应发生在颗粒表面，如果中和产物的溶解度较小，就会在滤料颗粒表面形成不溶性的硬壳，阻止中和反应的继续进行。各种酸在中和后形成的盐具有不同的溶解度，其顺序为：$Ca(NO_3)_2 > CaCl_2 > MgSO_4 \geqslant CaSO_4 > CaCO_3 > MgCO_3$。因此，中和处理硝酸、盐酸时，滤料选用石灰石、大理石或白云石都行；中和处理碳酸时，含钙或镁的中和剂都不行，不宜采用过滤中和法；中和硫酸时，最好选用含镁的中和滤料（白云石）。但是，白云石的来源少，成本高，反应速率慢，所以很多地方采用石灰石或大理石，但必须控制硫酸浓度，使中和产物（$CaSO_4$）的生成量不超过其溶解度。根据硫酸钙的溶解度可以算出，以石灰石为滤料时，硫酸允许浓度为1～1.2g/L。如硫酸浓度过高，可用中和后的出水回流，稀释原水，或改用白云石滤料。

采用碳酸盐做中和滤料，均有CO_2气体产生，附着在滤料表面，形成气体薄膜，阻碍反应的进行。酸的浓度越大，气体越多，阻碍作用也越严重。采用升流过滤方式和较大的过滤速率，有利于消除气体的阻碍作用。另外，过滤中和产物CO_2溶于水使出水pH值约为5，经曝气吹脱CO_2，则pH值可上升到6左右。脱气方式可用穿孔管曝气吹脱、多级跌落自然脱气、板条填料淋水脱气等。此外，废水中的铁盐、泥沙及惰性物质的含量也不能过高，否则会导致滤池堵塞，因此这些物质浓度高时应有必要的预处理。

中和滤池分三类：普通中和滤池、升流式膨胀中和滤池和过滤中和滚筒。

普通中和滤池如图2.34所示，该滤池操作简单，运行费用低，劳动条件相对较好，但不宜处理浓度高的酸性废水。普通中和滤池为固定床，按水流方向分平流式和竖流式两种，目前多采用竖流式。竖流式又分升流式和降流式两种，在实际工程中都有应用。

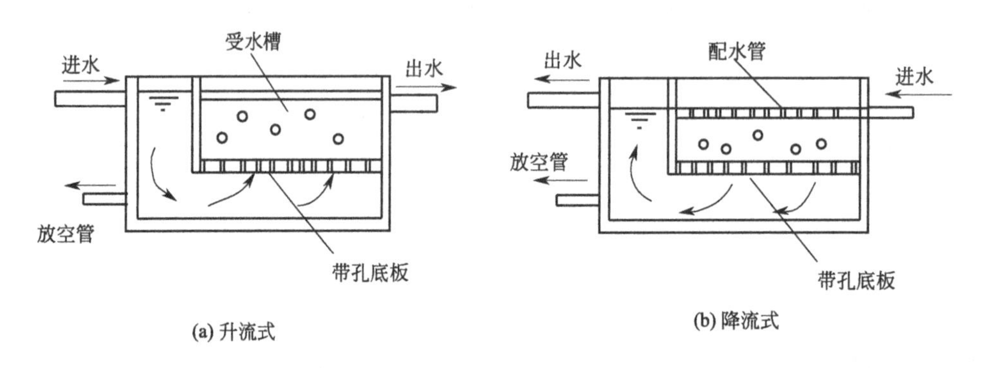

图2.34　普通过滤中和滤池

升流式膨胀中和滤池如图2.35所示，该滤池操作简单，出水pH稳定，沉渣量相对较少，但废水酸度不宜过高，需定期倒床，劳动强度大。废水自下而上流动，使滤料处于膨胀状态。由于粒径小，增大了反应面积，缩短中和时间；流速大可以使滤料悬浮起来，通过互相碰撞，使表面形成的硬壳剥落下来，从而可以适当增大进水中酸的允许含量；升流运动使剥落的硬壳容易随水流出，CO_2气体易排出，不致造成滤床堵塞。采用升流式膨胀中和滤池处理含硫酸废水，硫酸允许浓度可以提高到2.2～2.3g/L。

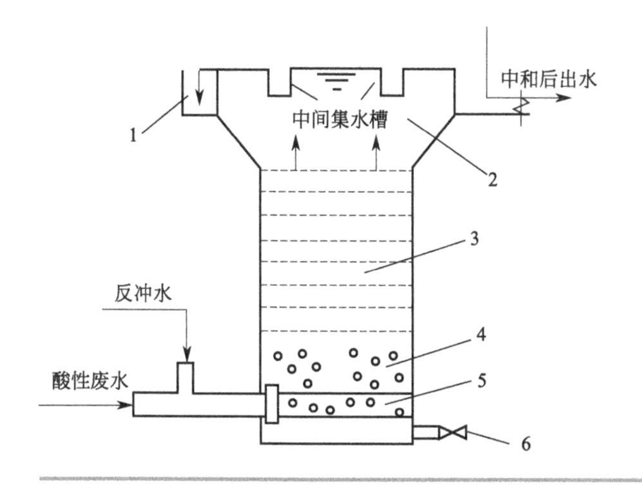

图 2.35　恒流速升流式膨胀中和滤池

1—环形集水槽；2—清水渠；3—石灰石滤料；4—卵石垫层；5—大阻力配水系统；6—放空管

如果改变升流式滤池的结构，采用变截面中和滤池，克服了恒速膨胀滤池下部膨胀不起来，上部带出小颗粒滤料的缺点。这种改良式的升流滤池叫变速升流式膨胀中和滤池，见图2.36。采用此种滤池处理含硫酸废水，可使硫酸允许浓度提高到2.58倍。

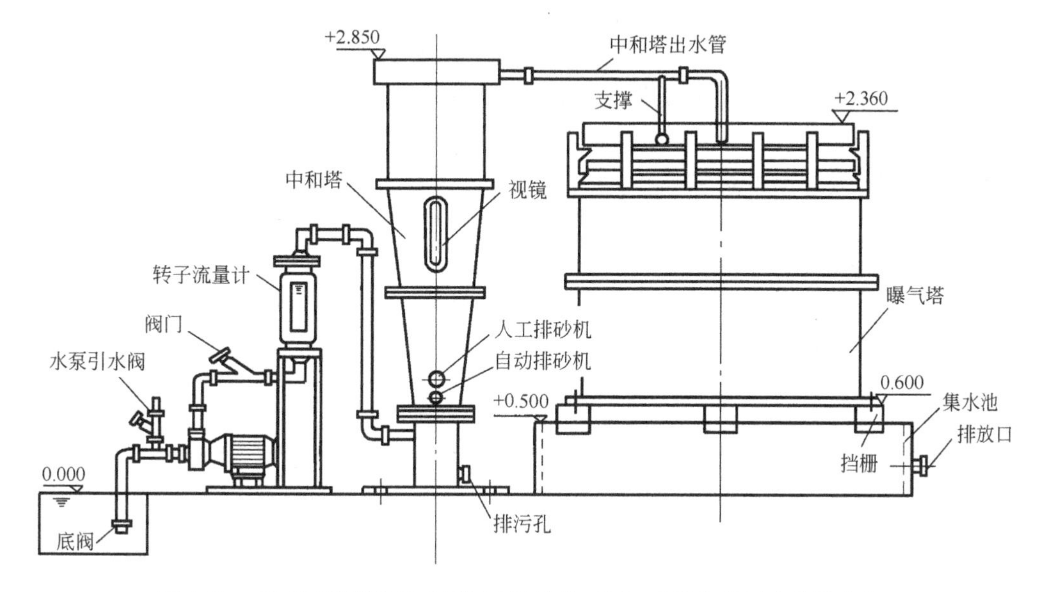

图 2.36　采用变流速升流式膨胀中和滤池（塔）处理酸性污水装置流程

过滤中和滚筒为卧式如图2.37所示，废水由滚筒一端流入，由另一端流出。滤料装于滚筒中随滚筒一起转动，滤料在滚筒中的激烈摩擦碰撞，及时剥离由中和产物形成的覆盖层，使滤料表面积更新更快，可处理较高浓度的酸性废水（硫酸浓度可达3～3.5g/L）。

这种装置的最大优点是进水的硫酸浓度可以超过允许浓度，而滤料粒径却不必破碎的很小，缺点是负荷率低［约为$36m^3/(m^2 \cdot h)$］、构造复杂，动力费用较高，运行时噪声较大，同时对设备材料的耐腐蚀性要求高，故较少使用。

2.2.1.2　碱性废水的中和处理

碱性废水来源于造纸、皮革、化工、印染等工业的生产过程，碱性废水的中和一般要用酸性物质，通常采用的方法有利用废酸进行中和或利用烟道气进行中和以及药剂中和法。

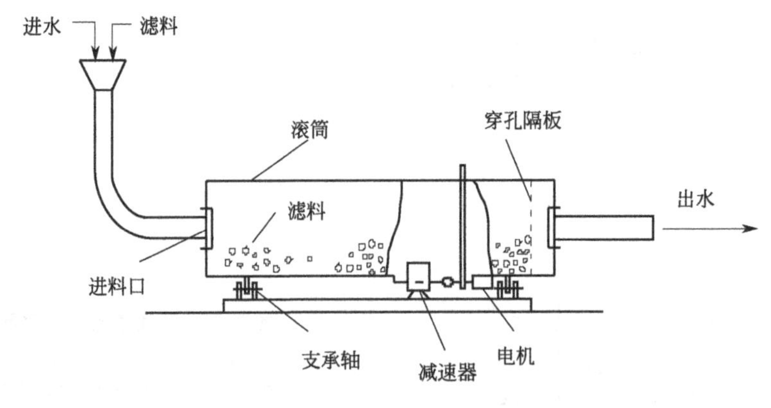

图 2.37 滚筒式中和滤池

烟道气中含有一定量的 CO_2、SO_2、H_2S 等酸性气体，可作为碱性污水的中和剂，烟道气和碱性污水的中和处理一般在喷淋塔内进行，其中和产物 Na_2CO_3、Na_2SO_4、Na_2S 均为弱酸强碱盐，具有一定碱性，因此酸性物质必须超量供应。用烟道气中和碱性废水时，碱性污水从喷淋塔的塔顶布水器均匀喷出，烟道气则从塔底鼓入，两者在填料层中进行逆流接触，碱性污水与烟道气中酸性气体完成中和过程，废水与烟道气都得到了净化。用烟道气中和碱性废水的优点是可以把废水处理和烟道气除尘结合起来，以污治污，投资省，运行费用低。缺点是处理后的废水中，硫化物、色度和耗氧量均有显著增加。

另外，可以用药剂中和法处理碱性废水，常用的酸性中和剂有硫酸、盐酸及压缩二氧化碳。采用无机酸中和碱性废水的工艺和设备与投药中和酸性废水基本相同。用 CO_2 气体中和碱性废水时，为使气液充分接触反应，常采用逆流接触的反应塔（CO_2 气体从塔底吹入，以微小气泡上升，废水从塔顶喷淋而下）。其优点在于 pH 值不会低于 6 左右，因此不需要 pH 控制装置。表 2.7 为常用的酸性中和剂中和碱性废水理论单位消耗量[3]。

表 2.7 酸性中和剂的理论单位消耗量

碱类	中和 1g 碱所需的酸性物质量/g				
	98% H_2SO_4	36% HCl	65% HNO_3	CO_2	SO_2
NaOH	1.24	2.53	2.42	0.55	0.80
KOH	0.90	1.80	1.74	0.39	0.57
$Ca(OH)_2$	1.34	2.74	2.62	0.59	0.86
NH_3	2.93	5.90	5.70	1.29	1.88

2.2.2 空气氧化

空气氧化是将空气通入污水中，利用空气中的氧来氧化污水中可被氧化的有害物质。空气氧化用得较多的是工业废水脱硫。石油化工厂、皮革厂、制药厂等都排出大量含硫废水。废水中的硫化物一般都是以钠盐或铵盐形式存在于污水中，当废水中含硫量不是很大，无回收价值时，可采用空气氧化技术脱硫。向废水中注入空气和蒸汽，硫化物转化为无毒的硫代硫酸盐或硫酸盐。空气氧化脱硫在密闭的塔器如空塔、板式塔、填料塔中进行，图 2.38 为某炼油厂的空气氧化法处理含硫废水氧化装置。含硫废水经过隔油沉渣后与压缩空气及水蒸

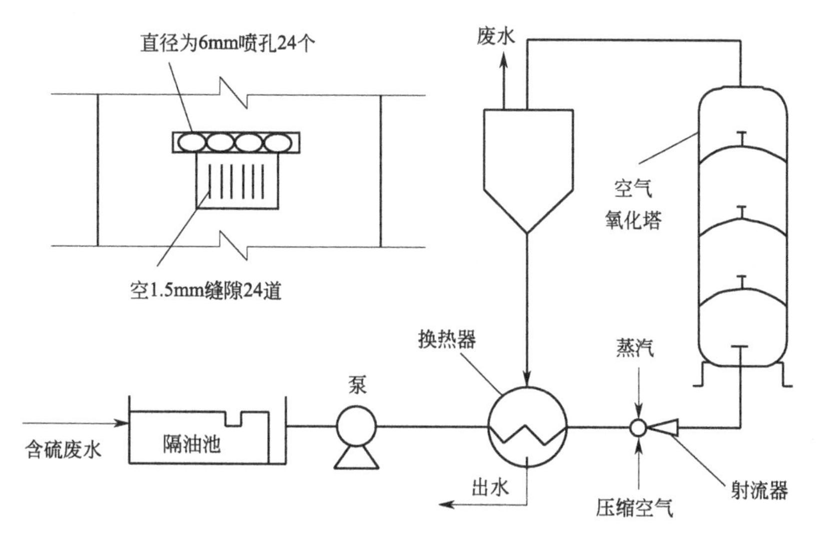

图 2.38 空气氧化法处理含硫废水氧化装置

气混合，升温至 80～90℃，进入氧化塔，污水在塔内平均停留时间 1.5～2.5h。

另外，焚烧也是利用空气中的氧来氧化污水的一种方法，是在高温下用空气氧化处理污水的一种比较有效的方法。有机污水不能用其他方法有效处理时，常采用焚烧的方法。

焚烧就是使污水呈雾状喷入 800℃高温燃烧炉中，使水雾完全汽化，让污水中的有机物在炉内氧化、分解成完全燃烧产物 CO_2、H_2O，而污水中的矿物质、无机盐则生成固体或熔融的粒子，可以收集。焚烧的实质是对污水进行高温空气氧化。

污水焚烧处理使用的设备室焚烧炉，一般分立式和卧式两种。焚烧的缺点是燃料消耗大，如污水中可燃物浓度较高，则燃烧可自动进行，燃料消耗量较少，只需消耗少量燃料来预热焚烧室和点火。如污水中的可燃物浓度较低，燃料消耗较大。对于低热值污水可以用蒸发、蒸馏等方法进行预处理后再行焚烧，也可借助于催化剂进行有效的焚烧处理。

2.2.3 吹脱法

水和污水中含有溶解气体，例如用石灰石中和硫酸污水时会产生大量 CO_2；水在软化除盐过程中，经过氢离子交换器后，产生大量 CO_2；某些工业废水中含有 H_2S、HCN、CS_2 及挥发性有机酸等。这些物质可能会对系统产生腐蚀，或者本身有害，或者对后续处理不利，因此必须除去，可以采用吹脱法处理。

吹脱法的基本原理是气液相平衡及传质速率理论。当空气通入水中，空气可以与溶解性气体产生吹脱作用及化学氧化作用。氧化反应的程度取决于溶解气体的性质、浓度、温度、pH 值等因素，需要试验来确定。在工程上一般采用的吹脱设备有吹脱池和吹脱塔（内装填料或筛板）等。某维尼纶厂的酸性废水经过石灰石滤料中和后，废水中产生大量的游离 CO_2，pH 值为 4.2～4.5，不能满足生物处理的要求，需经吹脱处理除去水中游离的 CO_2，如图 2.39 所示。

采用塔式装置吹脱效率较高，有利于回收有用气体，防止二次污染。在塔内设置栅板或瓷环填料或筛板，以促进气液两相的混合，增加传质面积。填料塔的主要特征是在塔内装置一定高度的填料层，污水由塔顶往下喷淋，空气由鼓风机从塔底送入，在塔内逆流接触，进行吹脱与氧化。污水吹脱后从塔底经水封管排出。自塔顶排出的气体可进行回收或进一步处

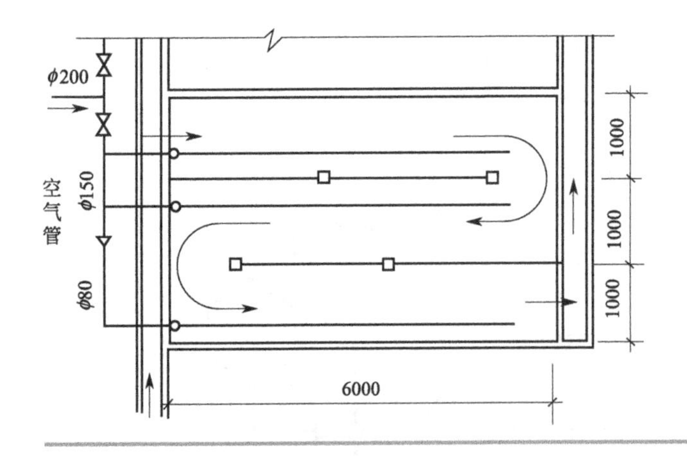

图 2.39
某维尼纶厂吹脱池（单位：mm）

理，工艺流程如图 2.40 所示。填料塔缺点是塔体大，传质效率不如筛板塔高，当污水中悬浮物高时易发生堵塞现象。

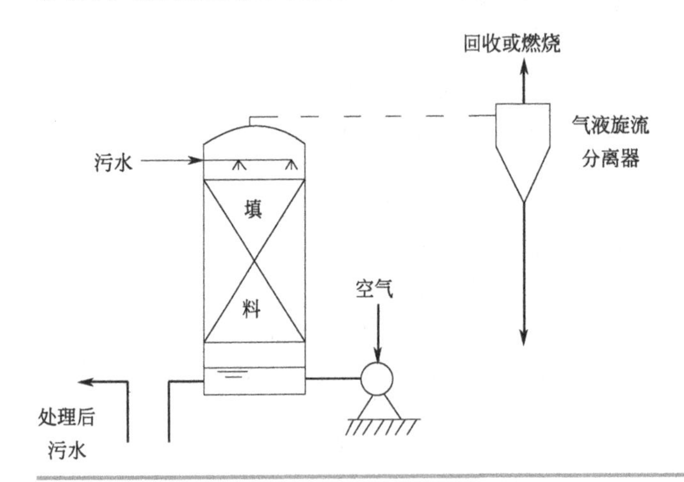

图 2.40
填料吹脱塔流程示意

从污水中吹脱出来的气体，可用吸收或吸附的方法进行回收。例如用 NaOH 溶液吸收 HCN，生成 NaCN；吸收 H_2S，生成 Na_2S，然后将饱和溶液蒸发结晶；用活性炭吸附 H_2S 后用亚氨基硫化物的溶液浸洗，进行解吸，反复浸洗几次后，往活性炭中通入水蒸气清洗，饱和溶液经蒸发后可回收硫。在吹脱过程中，影响吹脱的因素有很多，主要有以下几种。

① 温度　在一定压力下，温度升高气体在水中的溶解度降低，对吹脱有利。如氰化钠在水中水解成氰化氢。水解速率在 40℃以上时能迅速提高，产生的 HCN 的吹脱速率迅速升高。

② 气液比　空气量过少，气液两相接触不够；空气量过多，不仅不经济，还会造成液泛，即污水被气流带走，破坏正常操作。为了使传质效率较高，工程上常采用液泛极限气液比的 80％设计。

③ pH 值　在不同的 pH 值条件下，气体的存在状态不同。因为只有游离的 H_2S、HCN 才能被吹脱，所以对含有 S^{2-}、CN^- 的污水应在偏酸的条件下进行吹脱。

④ 油类物质　污水中油类物质会阻碍气体向大气中扩散，而且会阻碍填料，影响吹脱进行，应在预处理中除去。

⑤ 表面活性剂　当污水中含有表面活性物质时，在吹脱过程中，会产生大量泡沫，当采用吹脱池时，会给操作运转和环境卫生带来不良影响，同时也影响吹脱效率。因此，在吹

脱前应采取措施去除表面活性剂。

2.2.4 吸附

吸附法是利用多孔性的固体物质，使废水中的一种或多种物质被吸附在固体表面而去除的方法。吸附法主要用以去除水中的微量污染物，应用范围包括脱色，除臭味，去除重金属、各种溶解性有机物、放射性元素等。

2.2.4.1 吸附机理与分类

溶质从水中移向固体颗粒表面，发生吸附，这一过程是水、溶质和固体颗粒三者相互作用的结果。引起吸附的主要原因有：溶质对水的疏水特性；溶质对固体颗粒的高度亲和力。溶质的溶解程度是确定第一种原因的重要因素，溶质的溶解度越大，则向表面运动的可能性越小；相反，溶质的憎水性越大，向吸附界面移动的可能性越大。吸附作用的第二种原因主要是溶质与吸附剂之间的范德华引力或化学键或静电引力所引起，与此相对应，可将吸附分为三种基本类型。

① 物理吸附　指吸附质与吸附剂之间由于分子间力（范德华力）而产生的吸附。其特点是没有选择性，吸附质并不固定在吸附剂表面的特定位置上，而多少能在界面范围内自由移动，因而其吸附的牢固程度不如化学吸附。物理吸附主要发生在低温状态下，过程放热较小，一般在 41.9kJ/mol 以内，可以形成单分子或多分子吸附层。

② 化学吸附　是由于化学键力的化学作用引起的吸附。化学吸附一般在较高温度下进行，吸附热较大，相当于化学反应热，一般为 83.7～418.7kJ/mol。一种吸附剂只能对某种或几种吸附质发生化学吸附，因此化学吸附具有选择性。由于化学吸附是靠吸附剂和吸附质之间的化学键力进行的，所以吸附只能形成单分子吸附层。

③ 交换吸附　指吸附质的离子由于静电引力作用聚集在吸附剂表面的带电点上，并置换出原先固定在这些带电点上的其他离子。通常离子交换属此范围。

在实际的吸附过程中，上述几类吸附往往同时存在，难于明确区分。

2.2.4.2 影响吸附的主要因素

(1) 吸附剂的性质

吸附剂的比表面积、细孔分布、表面化学性质以及吸附剂粒度大小等都是影响吸附的重要因素。

(2) 吸附质的性质

① 溶解度　吸附质在水中的溶解度对吸附有较大影响。一般吸附质溶解度较低，越容易被吸附。

② 表面张力　把某一物质溶于液体中时，若能使溶液的表面张力明显降低，那么，这种物质称为表面活性物质。特劳贝定律表明，当同族饱和脂肪酸或醇类物质溶于水时，水溶液的表面活性是随着添加物质的碳原子数的增加而按几何级数增加。而根据吉布斯吸附理论，越是能降低溶液表面张力的物质就越容易被吸附。所以，存在下列关系式：

吸附量：甲醇＜乙醇＜丙醇＜…

甲酸＜乙酸＜丙酸＜…

③ 分子结构　芳香族化合物一般比脂肪族化合物容易被吸附，不饱和键有机物较饱和键的易吸附。直链化合物比侧链化合物容易被吸附。表 2.8 是取代基团对活性炭吸附能力的影响。

④ 极性　极性吸附剂易吸附极性的吸附质，非极性吸附剂易吸附非极性的吸附质。例如，活性炭是一种非极性吸附剂，能从溶液中选择性吸附非极性或极性很低的吸附质，对水中非极性物质的吸附能力大于极性物质。反之，硅胶和活性氧化铝为极性吸附剂又称亲水性

吸附剂，他们可以从溶液中选择性吸附极性分子，包括水分子。

表 2.8 取代基团对吸附能力的影响

取代基团	影响的本质
羟基	一般降低吸附能力，降低的程度取决于母体分子的构造
氨基	与羟基影响类似，但更大些。许多氨基酸吸附都很不显著
羰基	影响随母体分子的不同有很大差别
双键	其影响如羰基
磺基	通常降低吸附能力
硝基	通常增加吸附能力

⑤ 分子大小　吸附质分子大小与吸附剂孔径大小成一定比例时有利于吸附。一般分子量越大，吸附性越强（同族）。但分子量大时，细孔内的扩散速率会减慢。可采用生物分解、氧化或其他方式，使分子量降低到某种程度之后，再进行吸附处理，效果会更好。

⑥ 浓度　在一定范围内，吸附质随着浓度增高，吸附容量增大。

(3) pH 值

吸附质从水中吸附有机物的效果一般随着溶液 pH 值的增加而降低，pH 值高于 9 时不易吸附。

(4) 温度

温度对溶液中吸附质吸附的影响不显著，但物理吸附过程是放热过程，温度升高会降低物理吸附的吸附量。

(5) 共存物质

通常，污水中含有多组分的污染物，当吸附剂吸附时，它们之间可以共吸附，也可以相互干扰。一般情况下，多组分吸附时，每种组分的吸附容量比单组分吸附时的吸附容量低。但混合物总的吸附容量却是大于任一单个物质的吸附容量。有机物的吸附不会受天然水所含无机离子共存的影响，但有些金属离子如汞、铬酸、铁等在活性炭的表面将发生氧化还原反应，生成物沉淀在颗粒内，妨碍了有机物向颗粒内的扩散。

(6) 吸附操作条件

活性炭在液相吸附时，液膜扩散速率对吸附有影响，所以选择适当形式的吸附装置和通水速率等是比较重要的。此外，接触时间也有一定的影响。接触时间越长，吸附剂与吸附质之间的吸附更能接近平衡，充分利用吸附剂的吸附能力。

2.2.4.3 吸附剂及其再生

(1) 吸附剂

吸附剂的种类很多，可分为无机的和有机的，合成的和天然的。吸附剂可以根据需要加以改性修饰，使之对污水中不同有机污染物具有更高的选择性，以满足各种处理工艺的要求。吸附剂选择一般要满足以下几个要求：a. 吸附量大，再生容易；b. 有一定机械强度，具有耐腐蚀、耐磨、耐压性能；c. 密度较大，沉降性能良好；d. 价格低廉，来源充足。

常见吸附剂有活性炭、沸石、硅藻土、活性氧化铝、矿渣、炉渣、大孔吸附树脂和腐殖酸类吸附剂。腐殖酸类吸附剂即天然的富含腐殖酸的风化煤、泥煤、褐煤等，它所含的活性基团具有阳离子吸附性能。

活性炭是国内外水处理应用最多的一种吸附剂。它可以用任何含碳原材料制造。活性炭按形状可以分为粉状活性炭和粒状活性炭。活性炭具有非极性表面，为疏水性和亲有机物的吸附剂。它具有性能稳定、抗腐蚀、吸附容量大和解吸容易等优点，经多次循环操作，仍可保持原有的吸附性能。活性炭比表面积一般高达 500～1700m^2/g。对同一种物质，活性炭的吸附容量有时会出现较大差异，这种差异主要与活性炭的细孔结构和细孔分布有关。此外，在炭化及活化过程中，氢和氧的化学键结合，使活性炭的表面上有各种有机官能团，从而促使活性炭与吸附质分子发生化学作用，形成活性炭的选择性吸附。

沸石是呈架状结构的多孔性含水铝硅酸盐晶体的总称。能够吸附和截留不同形状和大小的分子，因此沸石又叫分子筛。沸石的基本结构包括三个部分：一是铝硅酸盐格架；二是格架中的孔道、空穴和阳离子；三是存在于沸石晶体空洞和孔道内外表面的沸石水。沸石水的存在有着重要意义。当沸石受热时，沸石水脱附逸出而使晶格中的通道和空穴空旷，从而产生沸石筛效应，而对沸石晶格几乎没有影响。

(2) 吸附剂的再生

吸附饱和的吸附剂，经再生后可以重复使用。所谓再生，是指在吸附剂本身结构不发生或极少发生变化的情况下，采用物理的、化学的或生物的方法将吸附质从吸附剂空隙中去除，恢复吸附剂的吸附功能，以实现其重复利用。例如，活性炭可以采用回转炉、耙齿形多段炉或流动炉等在 700～1000℃的高温下进行干式加热再生；也可采用酸、碱或有机溶剂等化学药品进行洗脱再生（溶剂再生法）；此外，还可以利用微生物作用进行生物再生等。在这些方法中，尤其是干式加热法几乎对所有有机物的分解都是有效的，所以它是目前活性炭应用最广泛的再生方法。

对于沸石，常用药剂再生。沸石药剂再生主要采用盐（氯化钠）或中强、弱碱（氢氧化钙），其中氯化钠作再生剂最为普遍。

2.2.4.4 吸附工艺和设备

吸附工艺选择和装置设计时，必须考虑以下内容：吸附剂类型、吸附方式、废水的预处理、吸附剂的后处理问题（如吸附剂再生或更新等）。吸附方式有静态和动态两种。

(1) 静态吸附

静态吸附就是在废水不流动的条件下进行的吸附操作。静态吸附操作的工艺过程是将一定量的吸附剂投加到反应池内的废水中，用机械搅拌使之与废水接触。达到平衡后，再用沉淀或过滤的方法将吸附剂与被吸附的溶液分离。由于一次静态吸附的出水难以达到出水水质的标准，往往需要多次静态吸附操作，故水处理较少采用。

静态吸附常用的处理设备为搅拌池（槽），主要用于小型废水处理站和试验研究。由于操作为间歇运行，故废水处理时需要两个或两个以上吸附池交替运行。

(2) 动态吸附

动态吸附是在废水流动条件下进行的吸附操作。常见的吸附装置有固定床、移动床和流化床吸附装置。

固定床吸附是吸附中最常用的方式，其构造与给水处理中使用的快速砂滤池大致相同。它是将吸附剂装填在固定的吸附装置内，使含有吸附质的废水流经吸附剂，进行吸附，从而实现废水水质净化的方法。再生可以和吸附在同一装置内交替进行，也可以将失效的吸附剂卸出进行处理。

固定床按照水流方向又可分为升流式和降流式两种。降流式固定床出水水质较好，如图 2.41 所示。但经过吸附层的水头损失较大，特别是含悬浮物较高的废水。需定期进行反冲洗。对于升流式固定床，可适当提高水流速率，使吸附剂稍有膨胀，降低层内水头损失增长速度，延长运行时间，但流速的增加会造成吸附剂的流失。

固定床根据处理水量、水质和处理要求，可将吸附床分为单床式、多床串联式和多床并

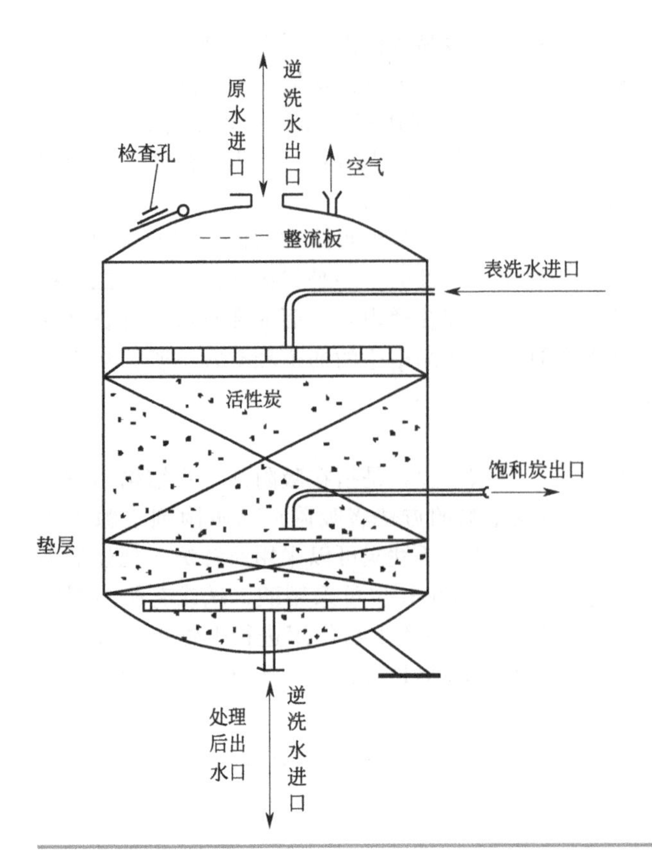

图 2.41
降流式固定床型吸附塔构造示意

联式三种，见图 2.42。当处理水量大时，可采用并联方式；为了提高处理效果，可采用串联方式；当处理水量较少时，可采用单床式。

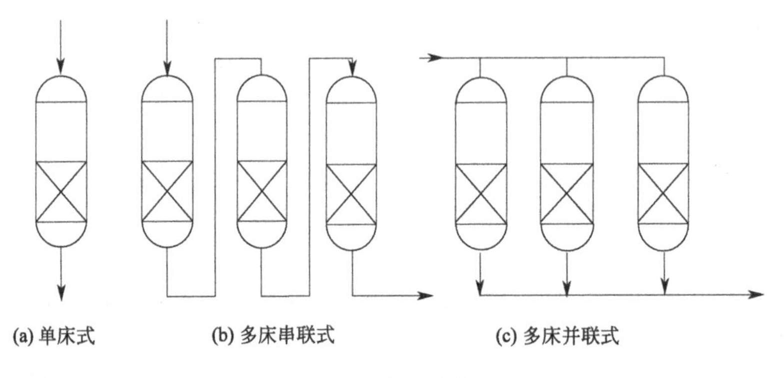

图 2.42　固定床吸附操作示意

移动床吸附是原水从吸附塔底部进入，与吸附剂逆流接触，处理后的出水从塔顶流出，吸附剂从塔顶加入，吸附饱和的吸附剂间歇从塔底排出。由于被截留的悬浮物可随吸附饱和的饱和剂一同从底部排出，所以不需要反冲洗。但这种操作方式要求塔内吸附剂上下层不能相互混合，对操作运行管理要求较高。目前较大规模废水吸附处理多采用此工艺。

移动床操作工艺参数与固定床基本相同，其线速度可达 10～30m/h。

当缺乏设计资料时，需进行动态吸附试验，以便为工程设计确定参数提供支持，以帮助确定吸附装置的组织形式、串联级数、使用周期、床层高度、接触时间等。

2.2.5 离子交换

离子交换法是一种借助于离子交换剂上的离子和污水中的离子进行交换反应而除去水中有害离子的方法。在工业废水处理中，主要用于回收和除去污水中的金、银、铜、镉、铬、锌等重金属离子，也用于放射性废水和有机废水的处理。

2.2.5.1 离子交换剂的分类

离子交换剂按母体材质不同可以分为无机和有机两大类。无机离子交换剂有天然沸石和人工合成沸石，是一类硅质的阳离子交换剂。沸石即可作阳离子交换剂，也可作吸附剂，成本较低，但不能在酸性条件下使用。有机离子交换剂有磺化煤和各种离子交换树脂。磺化煤是烟煤或褐煤经发烟硫酸磺化处理后制成的阳离子交换剂，成本适中，但交换容量低，机械强度差，化学稳定性差，目前在水处理中广泛使用的是离子交换树脂。

离子交换树脂是一类具有离子交换特性的有机高分子聚合电解质，是一种疏松的具有多孔结构的固体球形颗粒，由树脂母体（骨架）和活性基团两部分组成。树脂母体为有机化合物和交联剂组成的高分子共聚物，交联剂的作用是使树脂母体形成主体网状结构。活性基团由起交换作用的离子和与树脂母体连接的固定离子组成，例如，树脂 $R—COO^- H^+$，其中 R 为树脂母体，$—COO^- H^+$ 为活性基团，$—COO^-$ 为固定离子，H^+ 为可交换离子。

离子交换树脂按树脂的类型和孔结构的不同可分为凝胶型树脂、大孔型树脂、多孔凝胶型树脂、巨孔型（MR 型）树脂和高巨孔型（超 MB 型）树脂等。

离子交换树脂按活性基团的不同可分为：含有酸性基团的阳离子交换树脂，含有碱性基团的阴离子交换树脂，含有氨羧基团等的螯合树脂，含有氧化还原基团的氧化还原树脂及两性树脂等。其中，阴、阳离子交换树脂按照活性基团电离的强弱程度，又分为强酸性树脂、弱酸性树脂、强碱性树脂和弱碱性树脂。

2.2.5.2 离子交换树脂的性能指标

离子交换树脂的性能对污水处理效率、再生周期及再生剂的消耗量有很大影响，了解离子交换树脂的性能对于合理选用离子交换树脂是很重要的。

(1) 选择性

离子交换树脂对某种离子优先吸附的性能称为选择性，它是决定离子交换法处理效果的一个重要因素。在常温和低浓度溶液中，各种树脂对不同离子的选择性大致有如下规律。

在常温、低浓度条件下，阳离子交换树脂对各种离子的选择性顺序：

$Fe^{3+} > Cr^{3+} > Al^{3+} > Ca^{2+} > Cu^{2+} > Mg^{2+} > K^+ = NH_4^+ > Na^+ > H^+ > Li^+$

阴离子树脂对各种离子的交换性顺序为：

$CrO_7^- > SO_4^{2-} > CrO_4^{2-} > NO_3^- > AsO_4^- > PO_4^{3-} > MoO_4^{2-} > Ac^- > I^- > Br^- > Cl^- > F^- > HCO_3^-$

需要指出的是，由于实验条件不同，各研究者得出的选择性顺序不完全相同。

在常温低浓度时，位于顺序前列的离子可取代位于顺序后面的离子；在高温条件下，位于后面的离子可以取代位于顺序前列的离子，这是树脂再生的依据之一。

(2) 交换容量

定量表示树脂的交换能力。单位是 mol/kg 交换剂。交换容量又可分为全交换容量和工作交换容量。前者是指一定量的交换剂所有的活性基团或可交换离子的总数量，后者指交换剂在给定工作条件下的实际交换能力。

(3) 溶胀性

各种离子交换树脂都含有极性很强的交换基团，因此亲水性很强。树脂的这种结构使它具有溶胀和收缩的性能，树脂溶胀或收缩的程度以溶胀度来表示。树脂的交联度越小，活性基团越多，越易离解，其溶胀率越大。水中电解质浓度越高，由于渗透压增大，其溶胀率越小。一般情况下强酸性阳离子交换树脂由钠型转变为氢型，强碱性阴离子交换树脂由氯型转变为氢氧型时，其体积溶胀率均为5%左右。

(4) 物理与化学稳定性

树脂的物理稳定性是指树脂受到机械作用时的磨损程度，还包括温度变化时对树脂影响的程度。树脂的化学稳定性包括承受酸碱度变化的能力、抵抗氧化还原的能力等，树脂稳定性是选择和使用树脂时必须注意的因素之一。

(5) 粒度和密度

树脂粒度对水流分布、床层压力有很大影响。密度是设计计算交换柱、确定反冲洗强度以及混合床再生前分层分离状况等的重要指标，也是影响树脂分层的主要因素。因此，在选择和使用离子交换树脂时必须要考虑这些性能。

2.2.5.3 离子交换树脂的选择

离子交换法主要用于除去水中可溶性盐类。选择树脂时应综合考虑原水水质、处理要求、工艺条件及投资和运行费用等因素。当分离无机阳离子或有机碱性物质时，宜选用阳离子交换树脂；当分离无机阴离子或有机酸时，宜选用阴离子交换树脂。对氨基酸等两性物质的分离，即可用阳离子交换树脂，也可用阴离子交换树脂。对某些贵金属和有毒金属离子（如 Hg^{2+}）可选用螯合树脂交换回收。对有机物（如酚）宜用低交联度的大孔树脂处理。绝大多数脱盐系统都采用强型树脂。

污水处理时，对交换势大的离子，宜选用弱性树脂。此时弱性树脂的交换能力强，再生容易，运行费用较少。当污水中含有多种离子时，可利用交换选择性进行多级回收，如不需回收时，可用阳-阴树脂混合床处理。

2.2.5.4 离子交换工艺与设备

离子交换装置，按照进行方式的不同，可分为固定床和连续床两大类。固定床有单层床、双层床和混合床三种类型；连续床有移动床和流动床两种。在废水处理中，单层固定床离子交换装置是最常用、最基本的一种形式。

固定床离子交换器在工作时，床层固定不变，水流由上而下流动。根据料层的组成，又分为单层床、双层床和混合床三种。单层床中只装一种树脂，可以单独使用，也可以串联使用。双层床是在同一个柱内装两种同性不同型的树脂，由于密度不同而分为两层。混合床是把阴、阳两种树脂混合装成一床使用。固定床交换柱的上部和下部设有配水和集水装置，中部装填1.0～1.5m厚的交换树脂。这种交换器的优点是设备紧凑、操作简单、出水水质好；但是，再生费用较大、生产效率不够高，目前仍然是应用比较广泛的一种设备。移动床交换设备包括交换柱和再生柱两个主要部分，工作时，定期从交换柱排出部分失效树脂，送到再生柱再生，同时补充等量的新鲜树脂参与工作。它是一种半连续式的交换设备，整个交换树脂在间断移动中完成交换和再生。

移动床和流动床与固定床相比，具有交换速度快、生产能力大和效率高的优点。但是由于设备复杂、操作麻烦、对水质水量变化的适应性差，以及树脂磨损大等缺点，限制了使用范围。

2.3 高级氧化技术

随着医药、化工、染料等行业的发展，人工合成有机物种类与数量与日俱增，高浓度难降解废水越来越多，成分越来越复杂，废水中所含的污染物主要是难降解的有机物（芳烃类等），BOD/COD很低，有时在0.1以下，难以生物降解，另外污染物毒性大，许多物质如苯胺、硝基苯、多环芳烃等都被列入环境污染黑名单。因此高浓度难降解有机废水的处理，是废水处理的难点和热点，通常难以用常规工艺处理，需要用到废水高级氧化预处理工艺。

凡反应涉及羟基自由基（·OH，hydroxyl free radical）的氧化过程，就属于高级氧化过程（advanced oxidation process，AOP），又称高级氧化技术（advanced oxidation technology）。高级氧化技术是近20年来环境领域新发展的一组技术，主要采用以羟基自由基为核心的强氧化剂，快速、无选择性、彻底氧化环境中的各种有机与无机污染物。

2.3.1 湿式氧化法

湿式氧化（wet air oxidation，WAO法）是在高温、高压下，利用空气或氧气（或其他氧化剂，如O_3、H_2O_2、Fenton试剂等）氧化水中溶解态或悬浮态的有机物或还原态的无机物的一种处理方法。该法采用温度在150～374℃（374℃为水的临界温度，超过此温度水不再以液相状态存在），通常采用温度为200～320℃，压力为1.5～20MPa。高温可以提高O_2在液相中的溶解性能，高压的目的是抑制水的蒸发以维持液相，而液相的水可以作为催化剂，使氧化反应在较低温度下进行。

湿式氧化法具有使用范围广，处理效率高，二次污染少，氧化速度快，装置小，可回收能量和有用物料等优点，最初由美国的Zimmerman研究提出，20世纪70年代以来，湿式氧化技术发展很快，应用范围扩大，装置数目和规模增大，并开始了催化湿式氧化的研究与应用，主要用于含氰废水、含酚废水、活性炭再生、造纸黑液以及难降解有机物质和城市污泥及城市垃圾渗出液处理。

湿式氧化法的局限性在于：a. 该法要求在高温、高压条件下进行，系统的设备费用高，条件要求高，一次投资大；b. 仅适用于小流量的高浓度有机污水，或作为某种高浓度有机废水的预处理，否则很不经济；c. 对某些有机物如多氯联苯、小分子羧酸的去除难以完全氧化。

为降低湿式空气氧化的反应温度和压力，同时提高处理效果，出现了使用高效、稳定的催化剂的催化湿式氧化法和加入更强的氧化剂（过氧化物）的湿式过氧化物氧化法，为彻底去除一些难以去除的有机物，利用超临界水的特性，将废液加温升至水的临界温度以上以加速反应过程，称为超临界湿式氧化法。

湿式氧化工艺流程如图2.43所示。废水通过贮存罐由高压泵打入热交换器，与反应后的高温氧化液体换热，使温度上升到接近于反应温度后进入反应器。反应所需的氧由压缩机打入反应器。在反应器内，废水中的有机物与氧发生放热反应，在较高温度下将废水中的有机物氧化成CO_2和H_2O，或低级有机酸等中间产物。反应后气液混合物经分离器分离，液相经热交换器预热进料，回收热能。高温高压的尾气首先通过再沸器（如废热锅炉）产生蒸汽或经热交换器预热锅炉进水，其冷凝水由第二分离器分离后通过循环泵再打入反应器，分离后的高压尾气送入透平机产生机械能或电能。这一典型的工业化湿式氧化系统不但处理了

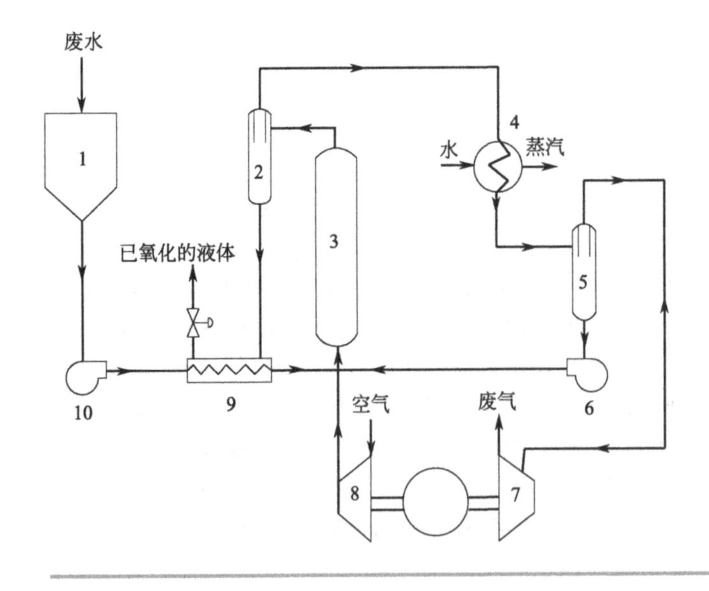

图 2.43 WAO 系统工艺流程

1—贮存罐；2,5—分离器；3—反应器；4—再沸器；6—循环泵；7—透平机；8—空压机；9—热交换器；10—高压泵

废水，而且对能量逐级利用，减少了有效能量的损失，维持并补充湿式氧化系统本身所需的能量。

湿式氧化工艺的主体设备是反应器，除了要求其耐压、防腐、保温盒安全可靠外，同时要求反应器内气液接触充分，并有较高的反应速率，通常采用不锈钢鼓泡池。反应器的尺寸及材质主要取决于污水性质、流量、反应温度、压力及时间。

湿式氧化法的影响因素有以下几个。

① 反应温度　对常规的湿式氧化处理系统，操作温度在 150～374℃范围内，有机物氧化反应的速率随温度的升高而升高。许多研究表明，反应温度是湿式氧化处理效果的决定性影响因素。反应温度低，即使延长反应时间，有机物的去除率也不会显著提高，但过高的温度是不经济的。因此，操作的最佳温度是 200～320℃。

② 反应压力　湿式氧化系统应保证在液相中进行，总压力不低于该温度下的饱和蒸汽压。同时，氧分压也应保持在一定范围内，以保证液相中的高溶解氧浓度。因此，随着反应温度的提高，必须相应地提高反应压力。表 2.9 列出了湿式氧化装置的反应温度与压力的经验关系[4]。

表 2.9　湿式氧化装置内反应温度与压力的经验关系

反应温度/℃	230	250	280	300	320
反应压力/MPa	4.5～6.0	7.0～8.5	10.5～12.5	14.0～16.0	20.0～21.0

③ 反应时间　反应时间的长短，决定着湿式氧化器的容积。实验与工程实践证明，在湿式氧化处理装置中，达到一定的处理效果所需的时间随着反应温度的提高而缩短。根据污染物被氧化的难易程度及处理效果的要求，可以确定最佳反应温度和反应时间，通常湿式氧化装置的停留时间约为 0.1～2.0h。

④ pH 值　废水的 pH 值是影响湿式氧化处理效果的显著因素，通常较低的 pH 值条件下，氧化还原反应才能有效地进行。

⑤ 燃烧热值与所需空气量　在湿式氧化系统中，一般依靠有机物被氧化所释放的氧化

热维持反应温度。根据废液所需去除 COD 值，可计算出所需空气量。考虑到氧的利用率等因素，所供应的空气量应比理论值高出 5%～20%。

⑥ 废水性质　有机物氧化与其电荷特性等有关。研究表明，脂肪族和卤代脂肪族化合物、氰化物、芳烃、芳香族和含非卤代基团的卤代芳香族化合物等氧化；不含非卤代基团的卤代芳香族化合物（如氯苯和多氯联苯等）难氧化。氧在有机物中所占比例越少，其氧化性越强；碳在有机物中所占比例越大，其氧化越容易。

2.3.2 催化湿式氧化法

催化湿式氧化技术是目前高浓度难降解有机工业废水处理最有效的方法之一，日本及其他发达国家，把该技术视为第二代工业废水处理高新技术，专门用于解决第一代常规技术（如生物处理、物化处理等）难以解决的新技术。

催化湿式氧化法在各种有毒有害和难降解的高浓度废水处理中非常有效，具有较高的经济价值，它是在传统的湿式氧化处理工艺中加入适宜的催化剂以降低反应所需的温度和压力，提高氧化分解能力，缩短时间，防止设备腐蚀和降低成本。由于氧化催化剂有选择性，有机化合物的种类和结构不同，因此要对催化剂进行筛选和评价。

2.3.2.1 催化湿式氧化法常用的催化剂

目前应用于湿式氧化法的氧化剂主要包括过渡金属及其氧化物，复合氧化物和盐类。已有多种过渡金属氧化物被认为具有湿式氧化催化活性，其中贵金属系列（如以 Pt、Pd 为活性成分）的催化剂的活性高、寿命长，适应性强，但价格昂贵，应用受到限制。所以在研究中一般比较重视非贵金属催化剂，其中过渡金属如 Cu、Fe、Ni、Co、Mn 等在不同的反应中都具有较好的催化性能。表 2.10 列出了一些催化湿式氧化法常用的催化剂[5]。

表 2.10 催化湿式氧化法常用的催化剂

类　别	催　化　剂
均相催化剂金属盐	$PdCl_2$，$RuCl_3$，$IrCl_4$，K_2PtO_4，$NaAuCl_4$，NH_4ReO_4，$AgNO_3$，$Na_2Cr_2O_7$，$CuSO_4$，$CoCl_2$，$NiSO_4$，$FeSO_4$，$MnSO_4$，$ZnSO_4$，$SnCl_2$，Na_2CO_3，$Cu(OH)_2$，$FeCl_2$，$MnCl_2$，$Cu(BF_4)_2$，$Mn(AC)_2$
非均相催化剂氧化物	WO_3，V_2O_5，MoO_3，ZrO_4，TaO_2，Nb_2O_5，HfO_2，OsO_4，CuO，Cu_2O，Co_2O_3，NiO，Mn_2O_3，CeO_2，Co_3O_4，SnO_2，Fe_2O_3
非均相催化剂复合氧化物	$CuO\text{-}Al_2O_3$，$MnO_2\text{-}Al_2O_3$，$CuO\text{-}SiO_2$，$CuO\text{-}ZnO\text{-}Al_2O_3$，$RuO_2\text{-}CeO_2$，$RuO_2\text{-}Al_2O_3$，$RuO_2\text{-}ZrO_2$，$RuO_2\text{-}TiO_2$，Mn2O3-$CeO_2$，$Rh_2O_3\text{-}CeO_2$，$PtO\text{-}CeO_2$，$IrO_2\text{-}CeO_2$，$PdO\text{-}TiO_2$，$Co_3O_4\text{-}BiO(OH)$，$Co_3O_4\text{-}CeO_2$，$Co_3O_4\text{-}BiO(OH)\text{-}CeO_2$，$Co_3O_4\text{-}BiO(OH)\text{-}Lu_2O_3$，$CuO\text{-}ZnO$，$SnO_2\text{-}Sb_2O_4$，$SnO_2\text{-}MoO_3$，$Fe_2O_3\text{-}Sb_2O_4$，$SnO_2\text{-}Fe_2O_3$，$Fe_2O_3\text{-}Cr_2O_3$，$Fe_2O_3\text{-}P_2O_5$，Cu-Mn-Fe 氧化物，Cu-Mn 氧化物，Cu-Mn-Zn 氧化物，Co-Mn 氧化物，Co-Cu 氧化物，Cu-Mn-Co 氧化物

2.3.2.2 催化湿式氧化法在高浓度有机废水处理中的应用

（1）焦化废水处理

日本大阪瓦斯公司采用非均相湿式氧化技术处理焦化废水，其中实验装置为 6t/d 规模，催化剂以 TiO_2 或 ZrO_2 为载体，在其上附载百分之几 Fe、Co、Ni、Ru、Rh、Pd、Lr、Pt、Cu、Au 中的一种或几种活性组分制得催化剂，为避免堵塞，应使用蜂窝状。该装置连续运行 11000h 的结果表明，催化剂无失效现象。表 2.11～表 2.13 列出其运行参数与处理效果，现已扩大试验规模为 60t/d。根据强化的催化剂性能测试，该催化剂可连续处理同类焦化废水或性质相同的焦化废水，可连续运行 5 年再生一次。

■ 表 2.11 应用催化湿式氧化法处理焦化废水

处理条件	温度/℃	压力/MPa	液量/(L/h)	空气量/(m^3/h)	液空流速/(L/h)	催化剂类型
	250	7.0	200	144	2.5	贵金属

■ 表 2.12 进出水浓度与处理效率

单位：mg/L

项目	pH 值	NH_3-N	COD	TOD	酚	TN	CN	SS	气味
原水	10.5	3080	5870	17500	1700	3750	15	60	氨、酚味
出水	6.4	3	10	未检出	未检出	160	未检出	未检出	无

■ 表 2.13 尾气成分与浓度

成分	N_2/%	O_2/%	CO_2/%	NO_x/(mg/m)	SO_x/(mg/m)	NH_3/(mg/m)	气味
	83.1	9.9	7.0	未检出	未检出	未检出	无

一般的焦化废水处理流程为：脱酚→脱氨→活性污泥→絮凝沉淀→硝化反硝化脱氮→砂滤→活性炭过滤。流程长，占地多，操作复杂。若用催化湿式氧化，则可一段完成。

(2) 处理化工废水

日本触媒化学工业株式会社采用非均相催化湿式氧化技术处理化工废水取得了成功。其催化剂的制备方法为：首先用共沉淀、焙烧等步骤得到 Ti-Zr、Ti-Si、Ti-Zn 等的复合氧化物的粉末，掺加淀粉等黏合剂捏成蜂窝状载体，孔径为 2～20mm，孔隙率 50%～80%。然后用浸渍法在其上附载百分之几的 Mn、Fe、Co、Ni、Ru、Rh、Pd、Lr、Pt、Cu、Au、Ir 或其水不溶性化合物制成催化剂，对 COD 为 40g/L、总氮为 2.5g/L、SS 为 10g/L 的废水，在 240℃、4.9MPa 压力，水空间流速 1L/h 的条件下，COD、总氮、氨氮的去除率分别为 99.9%、99.2%、99.9%。

应用该催化剂的中试装置于 1989 年建成，排水处理量为 50m^3/d，主要设备包括：隔膜式除热型反应器，气液分离器，热媒循环系统，蒸汽发生器，压力与流量等调节阀，自动控制系统。废水为含有低级脂肪酸、醛类的化工废水，COD 为 25000mg/L，TOC 为 11000mg/L，在 250℃、7.0MPa、O_2/COD=1.05、液体空间流速 2L/h 的条件下，处理效率可达 99.9%以上，能满足直接排放的要求，效果稳定，运行良好。应用本工艺，可回收 COD 氧化所放热量的 40%。

(3) 处理染料中间体废液

清华大学以染料中间体 H 酸废液模拟配水为实验用水，反应温度 200℃、氧分压为 2.5MPa，废液 pH=12，采用 4 种催化剂进行催化湿式氧化法处理，实验结果见表 2.14[4]。

■ 表 2.14 4 种催化剂处理结果比较

催化剂	处理效率/%			出水中 Cu^{2+} 量/(mg/L)			
	30min	60min	120min	最大值	30min	60min	120min
Cu-Zn	88.8	91.6	94.0	91.4	45.2	23.3	15.2
Cu-Fe	83.0	89.0	92.5	67.5	54.0	38.8	18.3
Cu-Zn-Fe	82.0	87.0	93.8	59.3	39.7	27.3	10.8
Cu-Zn-Ce	85.0	89.6	91.9	39.2	31.9	12.6	7.9

从实验数据可以看出，上面几种较优催化剂的性能存在一定差别，其中Cu-Zn的催化效果在所考察的时间段内最好，但是它的铜离子的溶出量也最高；Cu-Zn-Ce催化剂铜的溶出量最低，催化效果也较好。因此，以Cu、Zn为活性组分，Ce为电子助剂的催化剂将是该类实验的优选催化剂。

与常规的湿式氧化法相比，在相同条件下，催化湿式氧化法的处理效果显著高于前者，达到相同的处理效果，湿式氧化法需要120min，而催化湿式氧化法仅需要20min，反应速率提高了5倍。催化湿式氧化与湿式氧化工艺作为含高浓度有机废水的预处理方法，是一种高效率、低能耗、封闭型无二次污染的优良方法，尤其对于超高浓度和有毒有害的有机废水，是一种有效的处理方法。

2.3.3 超临界水氧化技术

超临界水氧化（supercritical water oxidation，SCWO）技术，是20世纪80年代中期由美国学者Modell提出的一种能够彻底破坏有机物结构的新型氧化技术。超临界水氧化技术是一种先进的污水处理方法，它是以水为介质，利用在超临界条件（温度＞374℃，压力＞22.1MPa）下水即呈现出超临界状态，物理性能发生激烈变化，有机物和气体完全溶解，消除了传质阻力，当氧加入到有机污染物中，在上述条件下，经过30～60s的短时间快速反应，生成CO_2和水。其流程如图2.44所示。

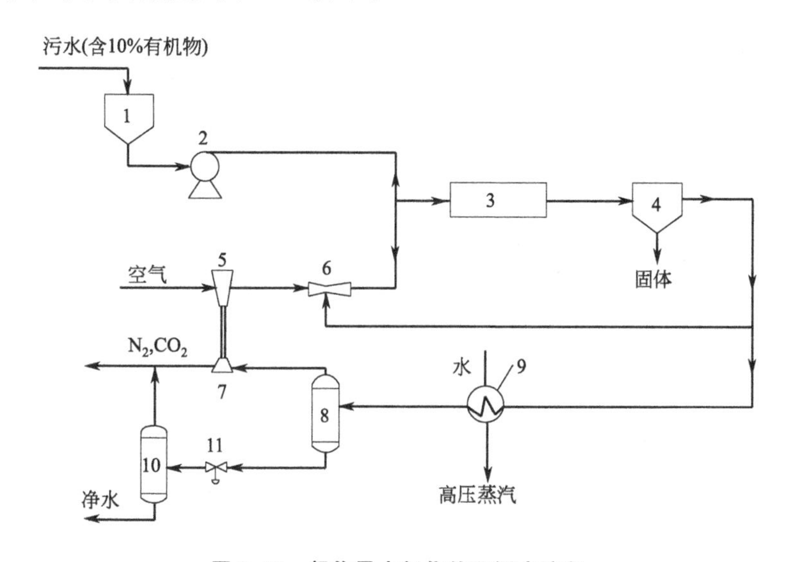

图2.44 超临界水氧化处理污水流程

1—污水槽；2—污水泵；3—氧化反应器；4—固体分离器；5—空气压缩机；6—循环用喷射泵；7—膨胀透平机；8—高压气液分离器；9—蒸汽发生器；10—低压气液分离器；11—减压阀

首先，用污水泵将污水压入反应器，在此与一般循环反应物直接混合而加热，提高温度。其次，用压缩机将空气增压，通过循环用喷射器把上述的循环反应物一并带入反应器。有害有机物与氧在超临界水中迅速反应，使有机物迅速氧化，释放出来的热量足以将反应器内的所有物料加热至超临界状态，在均相条件下，使有机物和氧进行反应。离开反应器的物料进入旋风分离器，在此将反应中产生的无机盐等固体物料从流体相中沉淀析出。离开旋风分离器的物料一分为二，一部分循环进入反应器，另一部分作为高温高压流体先通过蒸汽发生器，产生高压蒸汽，再通过高压气液分离器，在此N_2与大部分CO_2以气体物料离开分离器，进入透平机，为空气压缩机提供动力。液体物料（主要是水和溶解在水中的CO_2）经排出阀减压，进入低压气液分离器，分出的气体（主要是CO_2）进行排放，液体则为洁净水，作补充水进入水槽。

SCWO对于处理那些有毒、难降解的有机废物具有独特的效果，同焚烧、湿式催化氧化相比，超临界水氧化具有污染物完全氧化、二次污染小、设备与运行费用相对较低等优势。因此在处理用常规方法难以处理的有机污染物以及在某些场合取代传统的焚烧法等方面具有良好的应用前景。目前，工业排放废水以印染废水、医疗废水、肉联厂废水、焦化废水、含油废水 、造纸废水为主，这些废水中，都含有大量有机物，十分适合用超临界氧化法来处理。

2.3.4 臭氧氧化法

臭氧是一种强氧化剂，氧化能力在天然元素中仅次于氟，居第二位。臭氧氧化在消除异味，脱臭和脱色，降低COD、BOD等方面都有显著效果。臭氧氧化处理污水有很多优点，臭氧的氧化能力强，使一些比较复杂的氧化反应能够进行，反应速率快。因此臭氧氧化反应时间短，设备尺寸小，设备费用低，而且剩余的臭氧很容易分解为氧，既不产生二次污染又能增加水中的溶解氧。由于具备这些特点，所以用臭氧净化和消毒工业废水已得到了广泛的重视和应用。

2.3.4.1 臭氧的制备

制备臭氧的方法很多，有化学法、电解法、紫外线法、无声放电法等。水处理中常用的是无声放电法。无声放电法产生臭氧的原理及装置如图2.45所示。

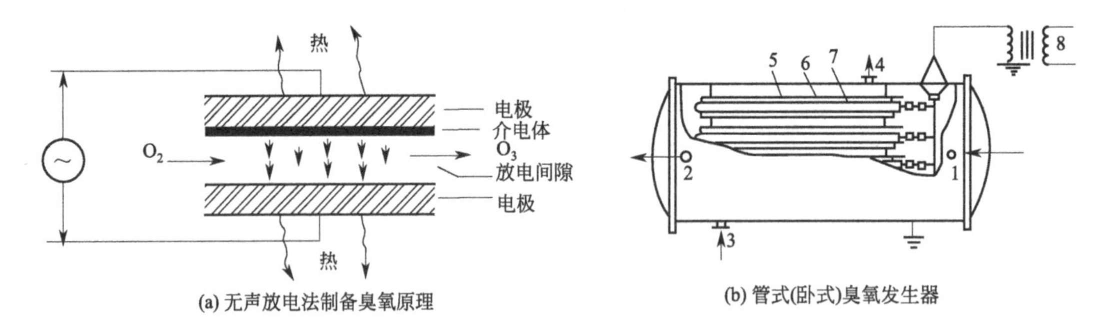

(a) 无声放电法制备臭氧原理　　(b) 管式(卧式)臭氧发生器

图2.45　臭氧的制备原理及装置

1—空气或氧气进口；2—臭氧化气出口；3—冷却水进口；4—冷却水出口；
5—不锈钢管；6—放电间隙；7—玻璃管；8—变压器

在一对高压交流电极之间（间隙1～3mm）形成放电电场，由于介电体的阻碍，只有极小的电流通过电场，即在介电体表面的凸点上发生局部放电，因不能形成电弧，故称为无声放电。当氧气或空气通过此间隙时，在高速电子流的轰击下，一部分氧分子转变为臭氧，同时臭氧又会分解为氧气，且分解速率随臭氧浓度增大和温度提高而加快。在一定浓度和温度下，生成和分解达到动态平衡。从经济上考虑，一般以空气为原料时控制臭氧浓度不超过1%～2%，以氧气为原料时则不高于1.7%～4%，这种含臭氧的空气称为臭氧化气。

用无声放电法制备臭氧的理论比电耗为0.95kW・h/kgO_3，而实际电耗大得多。单位电耗的产臭氧率，实际值仅为理论值的10%左右，其余能量均变为热量，使电极温度升高。为了保证臭氧发生器正常工作和抑制臭氧热分解，必须对电极进行冷却，常用水作冷却剂。

2.3.4.2 臭氧氧化法在工业废水处理中的应用

臭氧在工业废水中应用已有很久历史，主要用于炼油废水酚类化合物的去除，电镀含氰废水的氧化，含染料废水的脱色、洗涤剂的氧化以及废水中合成表面活性物质的处理等。臭氧用于含酚废水处理可使苯环被打断而生成易于生物降解的物质；臭氧能够快速氧化游离氰和一些络合氰化物，如采用臭氧加紫外线照射可将含铁氰络合物 4000mg/L 的废水处理到 0.3mg/L；臭氧对不溶性染料脱色效果很好，对不溶性染料（悬浮体染料），如硫化染料，脱色效果较差。臭氧对不饱和键有很强的氧化能力，染料分子在臭氧的作用下，双键断裂，发色基团被破坏，生成相对分子量较小的有机酸和醛等，达到脱色目的。臭氧氧化合成表面活性物质，在初始浓度 15～100mg/L 时，前 10min 臭氧耗量为 1～1.5 倍表面活性物质的去除量（去除率 65%～85%），但如果废水混有其他难氧化有机物，则去除表面活性物质需要臭氧量将增大到 5 倍。

将混凝或活性污泥法与臭氧化联合，可以有效去除色度和难降解的有机物。实验表明，臭氧氧化法对提高有机物生物降解性有很好的效果。紫外线照射可以激活 O_3 分子和污染物分子，加快反应速率，增强氧化能力，降低臭氧消耗量。目前臭氧氧化法存在的缺点是电耗大，成本高。

2.3.4.3 臭氧-过氧化氢组合工艺

臭氧氧化法成本较高，而且受臭氧生产能力限制。双氧水价格比臭氧低，且来源广泛，而且双氧水诱发臭氧发生羟基自由基的速率远比 OH· 快。

实验研究表明，影响 H_2O_2-O_3 组合工艺的主要因素为废水的 pH 值、投加的氧化剂总量和 H_2O_2、O_3 的比例。

① 臭氧-过氧化氢组合工艺处理废水，在中性条件下反应速率最高。

② H_2O_2/O_3 的质量比对处理工艺有较大影响，废水 COD 的去除率随 H_2O_2/O_3 的增加而增加，通常实验条件下，以染料中间体 H 酸废母液为例，当 $H_2O_2/O_3=0.1$～0.3 时，处理效果最好。当 H_2O_2/O_3 不小于 0.4 时，处理效率变慢。

③ 总有效臭氧投加量对处理效果的影响是明显的。以 H 酸废水的处理为例，采用 H_2O_2/O_3 联合氧化法完全分解其中的有机物，需要很高的氧化剂投加量，但为改善废水的生化性，改善生物降解性能，只需投加约为完全氧化所需量的 1/4，废水具有可生化性。

臭氧氧化技术在近年来得到了较多研究和发展，出现了新的臭氧氧化形式。除了前述几种外，还有 O_3-固体催化剂；O_3-H_2O_2/UV、O_3/UV。其中 O_3-固体催化剂是一种新型的臭氧氧化技术，如活性炭、金属盐及其氧化物等为催化剂，加强臭氧氧化反应。

2.3.5 氯氧化法

污水氯氧化广泛应用于污水处理中，如医院污水处理、无机物与有机物氧化、污水脱色脱臭等。在氧化过程中，pH 值的影响与在消毒过程中有所不同，加氯量需由实验确定。

① 含氰废水处理　含氰污水氧化反应分两个阶段进行：第一阶段，$CN^- \rightarrow CNO^-$，在 pH=10～11 时，此反应只需 5min，通常控制在 10～15min。当用 Cl_2 作氧化剂时，要不断加碱，以维持适当的碱度；若采用 NaOCl，由于水解呈碱性，只要反应开始调整好 pH 值，以后可不再加碱。虽然 CNO^- 的毒性只有 CN^- 的 1/1000 左右，但从保证水体安全出发，应进行第二阶段处理。第二阶段，将 CNO^- 氧化为 NH_3（酸性条件）或 N_2（pH 值 8～8.5），反应可在 1h 内完成。处理设备主要是反应池及沉淀池。反应池常采用压缩空气搅拌或用水泵循环搅拌。小水量时，可采用间歇操作，设两池，交替反应与沉淀。

② 含酚污水的处理　采用氯氧化除酚，理论投氯量与酚量之比为 6∶1 时，即可将酚完全破坏，但由于污水中存在其他化合物也与氯作用，实际投氯量必须过量数倍，一般要超出 10 倍左右。如果投氯量不够，酚氧化不充分，而且生成有强烈臭味的氯酚。当氯化过程在碱性条件下进行时，也会产生氯酚。

③ 污水脱色　氯有较好的脱色效果，可用于印染污水脱色。脱色效果与 pH 值以及投氯方式有关。在碱性条件下效果最好。若辅加紫外线照射，可大大提高氯氧化效果，从而降低氯用量。

④ 加氯设备　氯气是一种有毒的刺激性气体。当空气中氯气浓度达到 40～60mg/L 时，呼吸 0.5～1h 即有危险。因此氯的运输、贮存及使用应特别谨慎小心，确保安全。氯气一般加压成液氯用钢瓶装运。加氯设备的安装位置应尽量靠近加氯点，加氯设备应结构坚固，防冻保温，通风良好，并备有检修及抢救设备。采用 ZJ 型转子加氯机的处理工艺如图 2.46 所示。

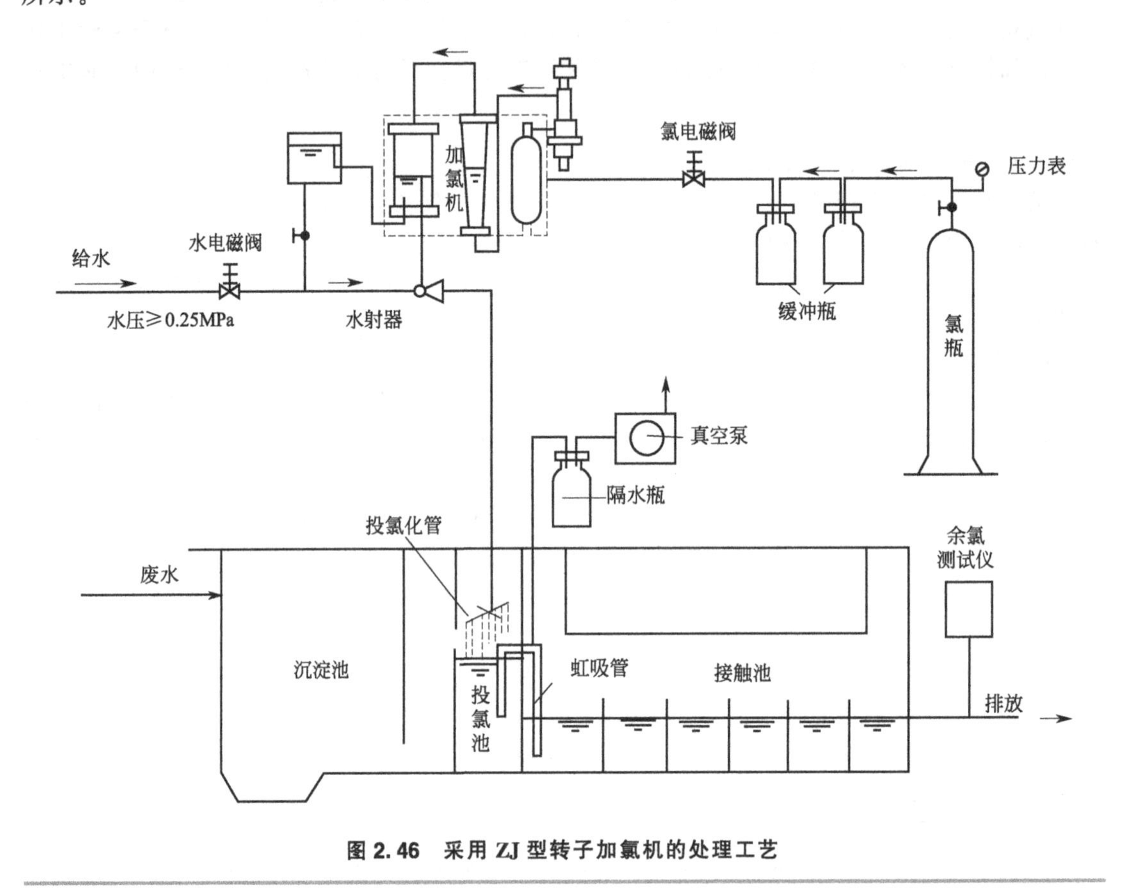

图 2.46　采用 ZJ 型转子加氯机的处理工艺

随着污水不断流入，投氯池水位不断升高。当水位上升到预定高度时，真空泵开始工作，抽去虹吸管中的空气，也可用水力抽气，再排放。当投氯池水位降到预定位置，空气进入虹吸管，真空泵停，虹吸作用破坏，此时水电磁阀和氯电磁阀自动开启，加氯机开始工作。当加氯到预定时间时，时间继电器自动指示，先后关闭氯、水电磁阀。如此往复工作，可以实现污水流量成比例加氯。每次加氯量可以由加氯机调节，也可通过时间继电器改变电磁阀的开启时间来调节。加氯量是否适当，可由处理效果和余氯量来评定。

对漂白粉等固体药剂要先制成溶液（浓度 1%～2%）再投加，投加方法与混凝剂的相同。

2.3.6 二氧化氯催化氧化技术

二氧化氯催化氧化技术是在常温常压下使用的新型高效催化氧化技术，就是在表面催化剂存在的条件下，利用强氧化剂二氧化氯在常温常压下催化氧化废水中的有机污染物，或直接氧化有机污染物，或将大分子有机污染物氧化成小分子有机污染物，提高废水的可生化性，较好地去除有机污染物。在降解COD的过程中，打断有机物分子中的双键发色团，如偶氮基、硝基、硫化羟基、碳亚氨基等，达到脱色的目的，同时有效地提高BOD/COD值，使之易于生化降解。这样，二氧化氯催化氧化反应在高浓度、高毒性、高含盐量废水中充当常规物化预处理和生化预处理之间的桥梁。高效表面催化剂（多种稀有金属类）以活性炭为载体，多重浸渍并经高温处理。

在酸性较强的情况下，二氧化氯会分解并生产氯酸，放出氧，从而氧化、降解废水中的带色基团与其他的有机污染物。而在弱酸性条件下，二氧化氯不易分解污染物而是直接和废水中污染物发生作用并破坏有机物的结构。因此，pH值能影响处理效果。

二氧化氯分解迅速，会生成多种强氧化剂如$HClO_3$、HClO、Cl_2、H_2O_2等，并能产生多种氧化能力极强的活性基团，这些自由基能激发有机物分子中活泼氢，通过脱氢反应和生成不稳定的羟基取代中间体，直至完全分解为无机物。二氧化氯易于氧化分解废水中酚、氯酚、硫醇、仲胺、叔胺等难降解的有机物和氰化物、硫化物等。

二氧化氯作催化剂的催化氧化过程对含有苯环的废水有相当好的降解作用，COD的去除率也较高，但在有机物降解过程中，有一些中间产物产生，主要有：草酸、顺丁烯二酸、对苯酚和对苯醌等，这就造成了COD的去除率相对较低，但是大大提高了BOD/COD值，废水可生化性大大提高，实现了高浓度有机废水预处理的目的。

一般而言，利用二氧化氯催化氧化技术的工艺流程为：废水→前预处理→催化氧化→配水→生化。如嘉兴市某厂医药中间体和染料废水处理过程。废水水质：pH＝2～3，COD＝15000～20000mg/L，色度＝6000倍，挥发酚＝14.9mg/L，水量$4m^3/h$，可生化性差。

处理工艺：先经二氧化氯催化氧化法处理后，提高废水可生化性和减低废水色度，再生化处理，工艺流程如图2.47所示。处理结果：pH＝6～8，COD≤180mg/L，色度≤50倍，挥发酚≤0.1mg/L，COD去除率≥98.8%，色度去除率≥99.2%，挥发酚去除率≥92.6%。

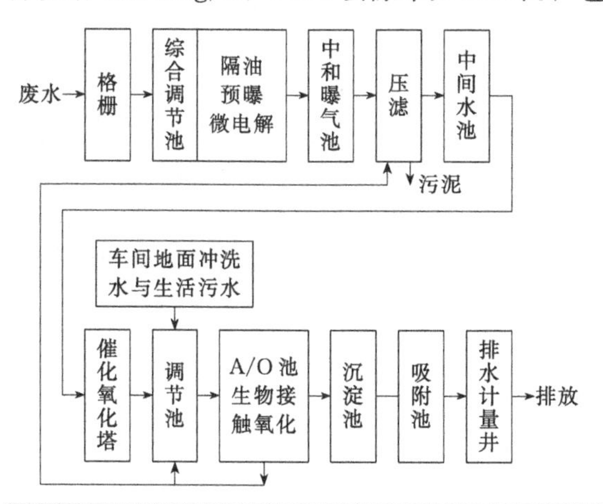

图2.47
嘉兴某厂医药中间体、染料废水处理工艺流程

2.3.7 光化学氧化法

光氧化的实质是利用光照强化氧化剂的氧化作用。例如氯氧化剂投入水中后产生次氯酸，在无光照条件下它游离成次氯酸根，但在紫外光照射条件下，次氯酸分解产生初生态氧[O]，这种初生态的氧极不稳定，具有极强烈的氧化能力。实践证明，有光照的氯气氧化能力比无光照高10倍以上，且处理过程一般不产生沉淀，不仅可处理有机物，也可处理能氧化的无机物。

光氧化法采用的氧化剂有氯、次氯酸盐、过氧化氢、空气和臭氧等。光源多用紫外光，针对不同的污染物可选用不同波长的紫外灯管，以便更充分地发挥光氧化的作用。

(1) 光化学氧化原理

所谓光化学反应，就是在光的作用下进行化学反应，该反应中分子吸收光能，被激发到高能态，然后和电子激发态分子进行化学反应。光化学反应的活化能来源于光子的能量。光降解通常是有机物在光作用下，逐步氧化成无机物，最终生成 CO_2、H_2O 及其他离子，如 NO_3^-、PO_4^{3-}、卤素灯。有机物光降解可分为直接光降解和间接光降解，间接光降解对生物降解有机物更为重要。

光化学反应，一般是通过产生羟基自由基（·OH）来对有机污染物进行降解去除的，这是由于羟基自由基比一些常用的强氧化剂具有更高的氧化电极电位，具有很高的电负性或亲电性。光化学降解多采用臭氧和过氧化氢等作为氧化剂，在紫外光的照射下使污染物氧化降解。

(2) 光化学氧化系统

① UV/O_3 系统　该系统是将臭氧与紫外光辐射相结合的一种高级氧化过程。这一方法不是利用臭氧直接与有机物反应，而是利用臭氧在紫外光的照射下分解产生的活泼的次生氧化剂来氧化有机物。臭氧能氧化废水中的很多有机物，但是臭氧与有机物的反应是有选择性的，而且不能将有机物彻底分解为 CO_2 和 H_2O，臭氧氧化后的产物往往是羟酸类有机物，可提高有机物的可生化性。

UV/O_3 系统降解效率比单独使用 O_3 或 UV 要高得多。单独的 O_3 对废水中的有机物降解，主要是通过有机物的直接氧化进行的，或者通过 O_3 间接进行氧化及随后产生的·OH 对有机物的降解。通过加紫外光辐射可以促进·OH 的生成，可达到使有机物完全降解的目的。

② UV/H_2O_2 系统　过氧化氢用于去除工业废水的 COD 及 BOD 已有多年。虽然使用化学氧化处理废水中 COD 和 BOD 的成本比普通的物理和生物方法高，但这种方法具有其他处理方法不可替代的作用，比如有毒有害或不可生物降解废水的预消化、高浓度有机废水的预处理等。

一般认为 UV/H_2O_2 系统的反应机理是：1 分子的 H_2O_2 首先在紫外光的照射下产生 2 分子的羟基自由基（·OH），而羟基自由基（·OH）是一种极强的氧化剂。该反应速率与 pH 值有关，酸性越强，反应速率越快，生成的羟基自由基对有机物氧化与降解能力就越强。

此外，用 H_2O_2 比 O_3 更为经济方便，由于 O_3 是一种微溶且不稳定的气体，需要现场制备和储存，这需增加设备，给操作带来不便。而 H_2O_2 在水中可全溶，不需特制设备和储存。

2.4 物化处理新技术

2.4.1 多效蒸发

2.4.1.1 工艺原理

在生产中，蒸发大量的水分必然需要消耗大量的加热蒸汽，在四效蒸发中将前一效的二次蒸汽作为后一效的加热蒸汽，这样仅第一效需要消耗生蒸汽，四效蒸发时要求后一效的操作压强和溶液的沸点均较前一效的低，因此引入前一效的二次蒸汽可作为加热介质，即后一效的加热室成为前一效二次蒸汽的冷凝器，这就是四效蒸发的操作原理，它可以是提高生蒸汽的利用率，具体情况可参见表 2.15[6]。

表 2.15　蒸发 1kg 所需的加热蒸汽量

效数	一效	二效	三效	四效	五效
(D/W)/min	1.10	0.57	0.40	0.30	0.27

注：D—加热蒸汽消耗量，kg；W—蒸发量，kg。

四效蒸发的流程如图 2.48 所示。

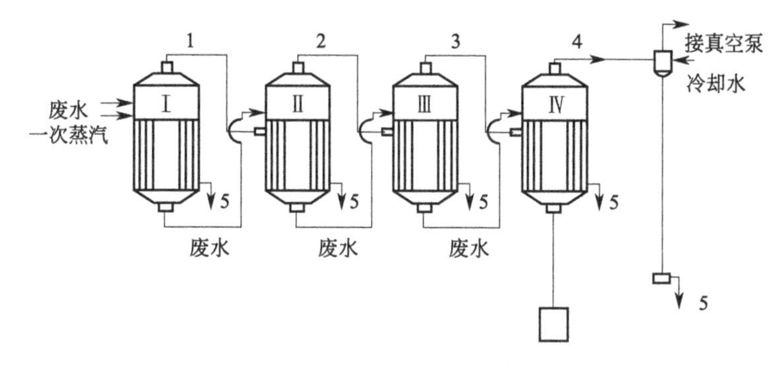

图 2.48　四效顺流式降膜蒸发器

1～4—分别为一效、二效、三效、四效二次蒸汽；5—冷凝水

2.4.1.2　工艺分类

依据二次蒸汽和溶液的流向，四效蒸发的流程可分为以下几种。

(1) 顺流式（并流式）

溶液和二次蒸汽同向依次通过各效。由于前效压力高于后效，料液可借压差流动。但末效溶液浓度高而温度低，溶液黏度大，因此传热效率低。它主要用于来料温度较高，并且蒸发浓缩后的物料仍然便于输送的情况下，如图 2.49 所示。

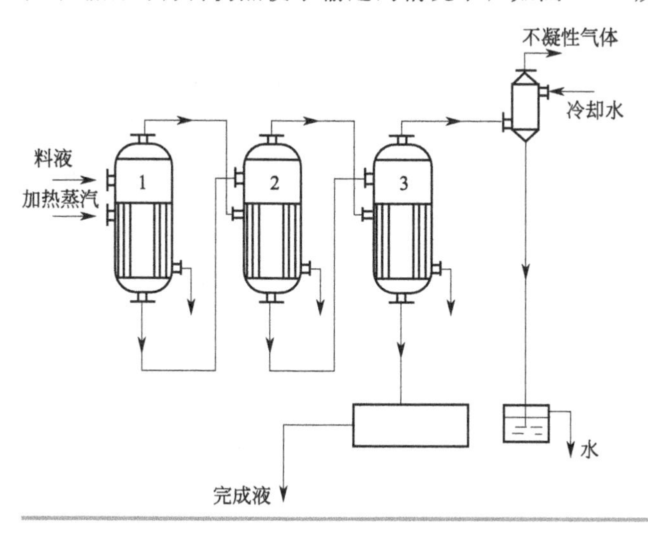

图 2.49
顺流式多效蒸发系统示意

作为多效蒸发第一效温度均较高，来料温度低，必须经过预热。再经第一效加热，水才能变成蒸汽被第二效利用，来料温度低，预热要消耗较多能源。

优点：a. 由于前效的压强较后效高，料液可借此压强差自动地流向后一效而无需泵送；b. 溶液由前一效流入后一效处于过热状态会放出溶液的过热量形成蒸发，可产生更多的二次蒸汽，因此第三效的蒸发量最大。

缺点：后效溶液浓度较前效大，而沸点又较低，故黏度相对较大，使后效的传热系数较前效为小，在后两效中尤为严重。

(2) 逆流式

被蒸发的物料与蒸汽的流动方向相反，即加热蒸汽从第一效通入，二次蒸汽顺序至末效，而被蒸发的物料从末效进入，依次用泵送入前一效，最终的浓缩液，从第一效排出。逆流法主要用于来料温度较低，要求出料温度较高的情况下。来料无需预热或少许预热即可蒸发，当然可以节约蒸汽用量，但物料需要泵来输送，用电量要增加一些（见图 2.50）。

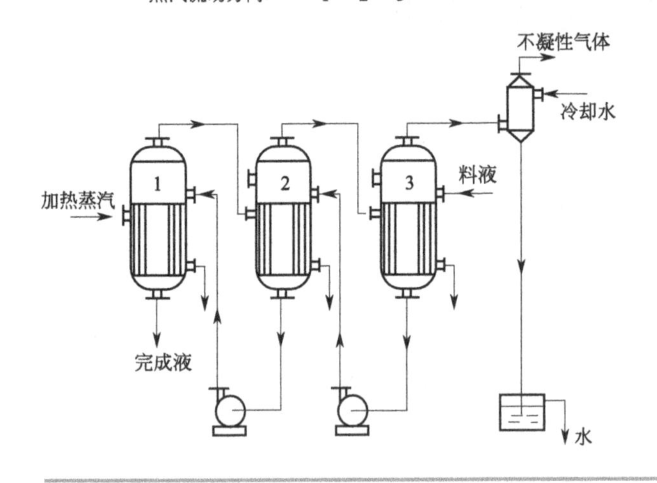

图 2.50 逆流式多效蒸发系统示意

优点：随着溶液浓度的逐渐提高，溶液的温度也不断提高。故各效溶液浓度比较接近，传热系数也大致相同。

缺点：a. 由于前效压强较后效高，料液从后效往前效要用泵输送；b. 能量消耗较大，适用于黏度随温度和浓度变化比较大的溶液，但不适用于热敏性物料的蒸发。

(3) 平流式

是把原料液向每效加入，而浓缩液自每效放出的方式进行操作，溶液在各效的浓度均相同，而加热蒸汽的流向仍由第一效顺序至末效（见图 2.51）。二次蒸汽多次利用，对易结晶的物料较合适（因为结晶体不便在效与效之间输送）。被蒸发的物料与蒸汽的流动方向有的效间相同，有

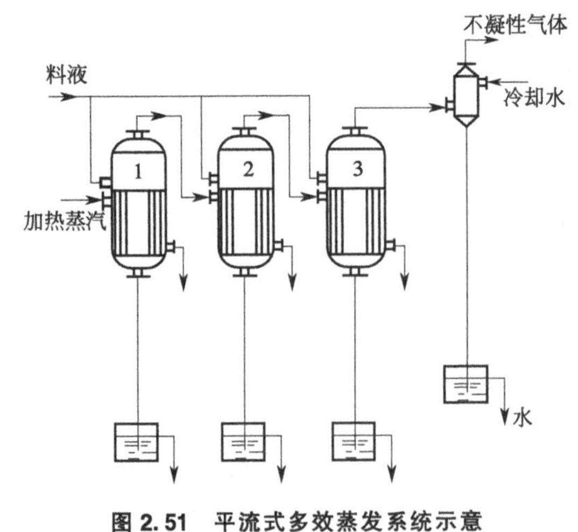

图 2.51 平流式多效蒸发系统示意

的效间相反[7]。

(4) 混流式

蒸汽流程由第 1 效至第 2 效……第 N 效，料液流程一般为第 M 效……第 N 效至第 1 效（见图 2.52）。从第 N 效出来的半浓料液经过预热器预热到一定温度，用泵送入第 1 效，借助压差进入第 2 效，依次类推，从第 $M-1$ 效出来的料液达到最终浓度。

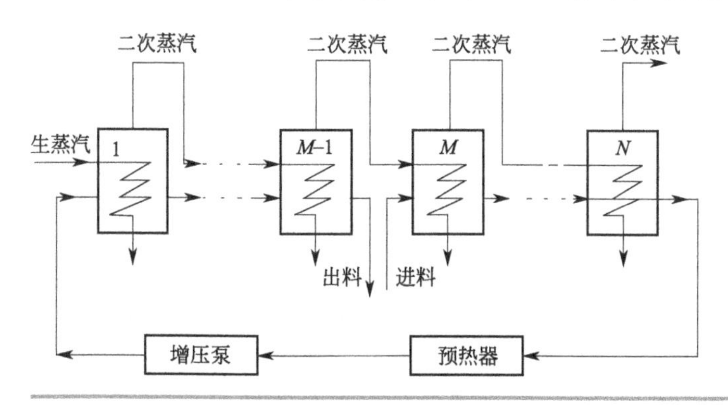

图 2.52 混流式多效蒸发系统示意

2.4.1.3 工艺应用

袁永军等[8]通过采用四效蒸发处理小麦淀粉、谷朊粉生产高浓度有机废水，回收废水中的有机物作为饲料，不仅能够使废水达标排放，而且能够提高生产线的总体经济效益，在废水治理中实现“变废为宝”。丁润发[9]论述了利用含铜废液生产硫酸铜工艺中含氨废水的处理方法，采用三效热泵蒸发工艺的运用，对工艺系统的设备及材料的选择进行了论述，建议含氯化铵废水可以采用三效蒸发技术并可取得经济效益。马静等[10]通过实例介绍了采用“四效蒸发”方法资源化处理玉米淀粉行业产生的高浓度非酊废水的可行性，实际的运行结果表明：该方法用于淀粉高浓度非酊废水的资源化处理切实可行，既回收了废水中的有用资源，又能使淀粉废水的 COD 浓度降低 75%以上，降低了对此类污水处理的难度，取得显著的环境效益与经济效益。

古文炳等[11]对味精生产高浓度废水采用生产饲料酵母—四效蒸发—双效浓缩工艺预处理后，其中的硫酸铵和氨基酸回收用作肥料，蒸发冷凝液与其他中低浓度废水混合后经初沉→二级 A/O→二沉处理，在进水 COD≤2000mg/L、NH_3-N≤500mg/L 情况下，出水 COD＜100mg/L、NH_3-N≤30mg/L，达到了预期处理效果。续京等[12]通过对宁夏南部山区马铃薯淀粉生产废水处理的重要性和必要性分析，提出采用四效蒸发技术。以对接项目参数为依据，进行了循环流程的工艺设计和四效蒸发参数的迭代试算。结果表明设计工艺参数合理，经济性较好。

2005 年 12 月底，山东东大化工有限公司废水回用一期工程投产，标志着中国在多效蒸发这一领域取得突破。该工程全称是环氧丙烷皂化废水利用多效蒸发回收氯化钙回用蒸馏水工程。工作原理的基本描述是通过多效蒸发，将废水中氯化钙浓度浓缩到 65%～70%，加工为成品出售；过程中产生的冷凝水返回生产车间使用。期间经历各种复杂的加热、反应过程。该工程由东大和广州中环万代环境工程有限公司共同投资、设计和建设。双方科技人员共同努力，完成了小试、中试，通过了国家、省、市环保专家的论证，并申请了国家专利及 13 个发达国家的知识产权保护。工程总投资 1.2 亿元。目前完成的是投资 3000 万元的一期工程，可年产氯化钙 30t，冷凝水回收 66t，三年内便收回了投资。

2.4.2 铁碳微电解法

2.4.2.1 工艺原理

铁碳微电解工艺的电解材料一般采用铸铁屑和活性炭或者焦炭，当材料浸没在废水中时，发生内部和外部两方面的电解反应。一方面铸铁中含有微量的碳化铁，碳化铁和纯铁存在明显的氧化还原电势差，这样在铸铁屑内部就形成了许多细微的原电池，纯铁作为原电池的阳极，碳化铁作为原电池的阴极；此外，铸铁屑和其周围的炭粉又形成了较大的原电池，因此利用微电解进行废水处理的过程实际上是内部和外部双重电解的过程，或者称之为存在微观和宏观的原电池反应[13]。

电极反应生成的产物（如新生态的 H^+）具有很高的活性，能够跟废水中多种组分发生氧化还原反应，许多难生物降解和有毒的物质都能够被有效地降解；同时，金属铁能够和废水中金属活动顺序排在铁之后的重金属离子发生置换反应[14]。其次，经铁碳微电解处理后的废水中含有大量的 Fe^{2+}，将废水调至中性经曝气之后则生成絮凝性极强的 $Fe(OH)_3$，能够有效吸附废水中的悬浮物及重金属离子如 Cr^{3+}，其吸附性能远远高于一般的 $Fe(OH)_3$ 絮凝剂[15,16]。铁碳微电解就是通过以上各种作用达到去除水中污染物的目的。

2.4.2.2 工艺应用

(1) 在印染废水处理中的应用

近年来由于印染技术的不断进步和有机合成染料新产品的不断出现，使得印染废水具有pH值低、色泽深、毒性大、生物可降解性差等特点[17]。铁碳微电解用于印染废水的处理体现出了其他工艺不可比拟的优势。梁耀开等[18]采用如图2.53所示的装置分别对色度300倍，COD为602mg/L，pH值为9.76和色度700倍，COD为1223mg/L，pH值为5.76的两种印染废水进行处理，结果发现，当铁炭体积比为1∶1，pH值为3.0左右，反应时间20～30min时，对色度的去除率能够达到95%以上，同时COD的去除率也能达到60%～70%。

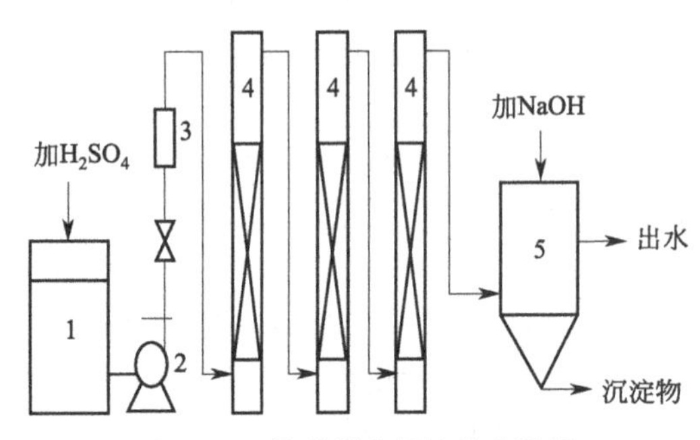

图2.53 铁碳微电解法试验装置

1—调节池；2—泵；3—转子流量计；4—反应柱；5—沉淀池

罗旌生等[19]用铁碳微电解法处理印染废水，结果表明，pH值为1，接触时间20～30min，色度去除率能达到90%以上，COD去除率也能达到60%左右。

对于COD很高或者出水要求较高的印染废水，单纯用铁碳微电解工艺处理并不能达到要求，常使之与其他的生物处理工艺相结合，作为生物处理的预处理。吴小宁等[20]对原水COD为11000mg/L，pH值为6，色度为8000倍的印染废水采用铁碳微电解法进行预处理，当铁粉粒径为18目，焦炭粒径为2～4mm，铁粉和焦炭比为1∶1，水力停留时间为60～90min时，脱色率达到了90%以上，BOD/COD值从原来的0.23提高到0.59，大大提高了后续生物处理的COD去除率。

(2) 在造纸废水处理中的应用

任拥政等[13]针对用白腐菌-厌氧-好氧生物法处理造纸黑液的出水色度过高，而COD也不能达标的现象，利用铁碳微电解反应柱对出水进行脱色与去除COD的研究，发现在常温下，铁炭质量比2∶1，初始pH值在4.5～5.5之间，反应时间30～40min，最终色度与COD的去除率分别达到94.2%与68.9%，出水达到了行业排放标准。

乔瑞平等[21]采用强化的铁碳微电解对制浆造纸二级出水进行深度处理，在铁碳微电解反应体系中加入适量的 H_2O_2，使电解产生的 Fe^{2+} 与 H_2O_2 形成 Fenton 试剂，与铁碳微电解协同作用，强化微电解反应后用 $Ca(OH)_2$ 调节出水的 pH 至中性，并与电解液中的 Fe^{2+} 和 Fe^{3+} 生成 $Fe(OH)_2$ 和 $Fe(OH)_3$ 絮体，进一步网捕水中的 COD_{Cr} 并去除了水中的 Fe^{2+} 和 Fe^{3+} 以及 SO_4^{2-} 等离子，使溶液的色度进一步得到改善。研究结果表明，当溶液初始 pH 值为 3.0、活性炭投加量 8.0g/L、铸铁屑 40.0g/L、H_2O_2 7.17mmol/L 以及反应时间 60min，$Ca(OH)_2$ 投入量为 8.0g/L 时，总 COD_{Cr} 和色度去除率分别达到 75%和 95%，达到了国家造纸工业水污染物排放一级标准（GB 3544—2001）。

(3) 在焦化废水处理中的应用

陈芳艳[22]利用铁碳微电解和 Fenton 试剂联合氧化法对焦化废水进行预处理的试验研究，通过单因素实验法确定了最佳工艺条件，在铁炭比为 4，用量分别为 300mg/L 和 75mg/L，H_2O_2 的用量为 1 000mg/L，pH 值为 3，反应时间为 20min 时，COD、NH_3-N、CN^- 和色度的去除率分别为 61.2%、74%、56.2%和 74.3%。B/C 由 0.189 提高到 0.387，大大降低了后续生物处理的有机负荷并提高了生物处理的效率。

(4) 在炸药废水处理中的应用

张晓慧[23]等对西北某军工厂炸药废水用铁碳微电解法进行了处理实验。采用的微电解反应器柱高 82cm，内径 7cm，内装有一定体积比的铁屑和焦炭，铸铁屑在使用前用热碱液浸泡除油。实验结果显示，在 pH 值为 2～3，铁炭比为 1∶1，停留时间为 90min 时，炸药废水的 COD 和 NH_3-N 的去除率分别为 86%和 70%，且 B/C 提高到 0.37，经过生物处理废水中的污染物得到了进一步的去除。

(5) 在制药废水处理中的应用

研究者对含有硝基苯[24]、氯硝柳胺[25]、草甘磷[26]、抗生素[27,28]的制药废水利用铁碳微电解法进行处理，结果表明，铁碳微电解法对各种成分的制药废水 COD、色度都有较好的去除效果，同时 B/C 有所提高。

参 考 文 献

[1] 唐受印，汪大翚等编. 废水处理工程. 北京：化学工业出版社，1998.

[2] 任南琪，赵庆良主编. 水污染控制原理与技术. 北京：清华大学出版社，2007.

[3] 张自杰主编. 废水处理理论与设计. 北京：中国建筑工业出版社，2003.

[4] 钱易，汤鸿霄，文湘华等著. 水体颗粒物和难降解有机物的特性与控制技术原理（下卷）难降解有机物. 北京：中国环境科学出版社，2000.

[5] 唐受印. 湿式氧化法处理高浓度有机废水. 浙江杭州：浙江大学博士论文，1996.

[6] 天津大学化工原理教研室编. 化工原理（上册）. 天津：天津科学技术出版社，1983.

[7] Rao RA and Rizvi SSH. Engineering properties of foods. MarcelDekker，Inc，1994.

[8] 袁永军，程丽华，张树艳. 四效蒸发处理小麦淀粉/谷朊粉生产高浓度有机废水. 青岛建筑工程学院学报，2003，23（4)：79～81.

[9] 丁润发. 三效热泵蒸发工艺在含氨废水处理中的应用及经济分析. 广东化工. 2006，33（157)：86～87.

[10] 马静，吴守江，张荣庆，刘燕，陈侠. 淀粉行业高浓度菲酊废水的资源化处理. 天津化工，2006，20（3)：55～56.

[11] 古文炳，陈俊刚，梅荣武. 高浓度含氮味精废水综合治理技术. 工业水处理，2009，29（2)：83～86.

[12] 续京，李宏燕. 宁夏南部山区马铃薯淀粉生产废水循环利用的工艺设计. 安徽农业科学，2010，38（2)：861～862，873.

[13] 任拥政，章北平，张晓昱，等. 铁碳微电解对造纸黑液的脱色处理. 水处理技术，2006，32（4)：68～70.

[14] 汤贵兰，蓝伟光，张烨，等. 焦炭和废铁屑微电解预处理垃圾渗滤液的研究. 环境污染治理技术与设备，2006，7（11)：121～123.

[15] 蒋蓉，孙振亚，吴吉权．氢氧化铁在水处理及环境修复中的应用研究．武汉理工大学学报，2007，29（8）：70～74.
[16] 王敏欣，朱书全，李发生，等．微电解法用于模拟废水脱色的研究．黑龙江科技学院学报，2001，11（1）：6～10.
[17] 李家珍主编．染料、染色工业废水处理．北京：化学工业出版社，1997.
[18] 梁耀开，王汉道，秦文淑．铁碳微电解法处理印染废水的试验研究．广东轻工职业技术学院学报，2003，2（3）：19～21.
[19] 罗旌生，曾抗美，左晶莹，等．铁碳微电解法处理染料生产废水．水处理技术，2005，31（11）：67～70.
[20] 吴小宁，姚秉华，龚浩珍．铁碳内电解前置处理染料废水的试验．西安文理学院学报（自然科学版），2006，9（1）：38～40.
[21] 乔瑞平，孙承林，永辉，等．铁碳微电解法深度处理制浆造纸废水的研究．安全与环境学报，2007，7（1）：57～59.
[22] 陈芳艳，钟宇，何军，等．铁屑/焦炭/H_2O_2 法预处理焦化废水的试验研究．环境科学与技术，2007，30（8）：90～92.
[23] 张晓慧，李德生，姚志文．曝气铁碳微电解法预处理 TNT 废水的实验研究．安全与环境工程，2007，14（3）：50～53.
[24] 李欣，祁佩时．铁炭 Fenton/SBR 法处理硝基苯制药废水．中国给水排水，2006，22（19）：12～15.
[25] 石建军，李治国，严家平．强化微电解法预处理氯硝柳胺生产废水的研究．安徽建筑工业学院学报（自然科学版），2006，14（3）：78～80.
[26] 夏静芬，程灵勤．铁碳微电解法处理草甘磷农药废水的研究．浙江万里学院学报，2007，20（5）：18～21.
[27] 史敬伟，杨晓东．铁碳微电解法预处理制药废水的研究．辽宁化工，2006，35（4）：211～213.
[28] Ay Filiz，Kargi Fikret. Advanced oxidation of amoxicillin by Fenton's reagent treatment. Journal of Hazardous Materials，2010，179（1-3）：622～627.

第3章

高浓度有机工业废水好氧生物处理技术

3.1 好氧生物处理技术的发展

3.1.1 好氧生物处理原理

在有氧条件下，有机物在好氧微生物的作用下氧化分解，有机物浓度降低，微生物量增加。污水中的有机物，首先被吸附在活性污泥和生物膜表面，并与微生物细胞表面接触，在透膜酶的作用下，透过细胞壁进入微生物细胞体内，小分子的有机物能够直接透过细胞壁进入微生物体内，而如淀粉、蛋白质等大分子有机物，则必须在细胞外酶——水解酶的作用下，被水解为小分子后再被微生物摄入细胞体内。微生物以吸收到细胞内的物质作为营养源加以代谢，代谢按两种途径进行：一为合成代谢，部分有机物被微生物所利用，合成新的细胞物质；另一为分解代谢，部分有机物被分解形成 CO_2 和 H_2O 等稳定物质，并产生能量，用于合成代谢。同时，微生物的细胞物质也进行自身的氧化分解，即内源代谢或内源呼吸。微生物降解污水中有机物过程如图 3.1 所示。在有机物充足的条件下，合成反应占优势，内源代谢不明显。有机物浓度较低或已耗尽时，微生物的内源呼吸作用则成为向微生物提供能量、维持其生命活动的主要方式。

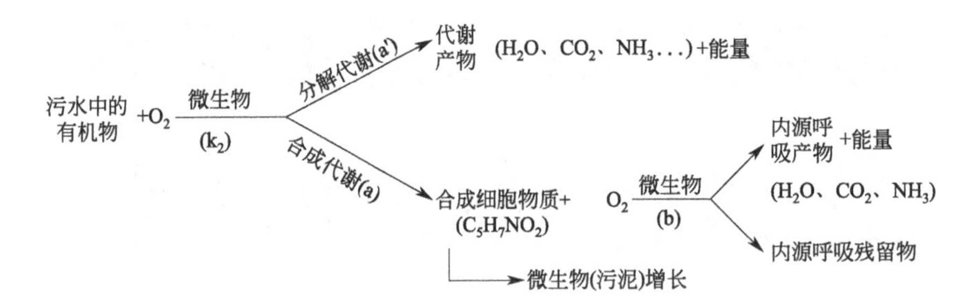

图 3.1 微生物降解污水中有机物过程的代谢示意

在有机物的好氧分解过程中，有机物的降解、微生物的增殖及溶解氧的消耗这三个过程是同步进行的，也是控制好氧生物处理成功与否的关键过程。在不同的生物处理工艺中，有机物的分解速率，微生物的生存方式、增殖规律，溶解氧的提供方式与分布规律均有差异，而关于好氧生物处理过程的研究及改良也是针对这三个关键过程开展的。

3.1.1.1 有机物的降解

(1) 有机物的降解途径

有机物好氧生物降解的一般途径如图 3.2 所示。大分子有机物首先在微生物产生的各类胞外酶的作用下分解为小分子有机物。这些小分子有机物被好氧微生物继续氧化分解，通过不同途径进入三羧酸循环，最终被分解为二氧化碳、水、硝酸盐和硫酸盐等简单的无机物。

难降解有机物的降解历程相对要复杂得多。一般而言，难降解有机物结构稳定或对微生物活动有抑制作用，适生的微生物种类很少。不同类型难降解有机物的降解历程也不尽相同，已有一些相关的研究成果。许多难降解有机物的降解与质粒有关。质粒是菌体内的环状DNA分子，是染色体之外的遗传物质。降解质粒编码生物降解过程中的一些关键酶类，抗药性质粒能使宿主细胞抗多种维生素和有毒化学品。

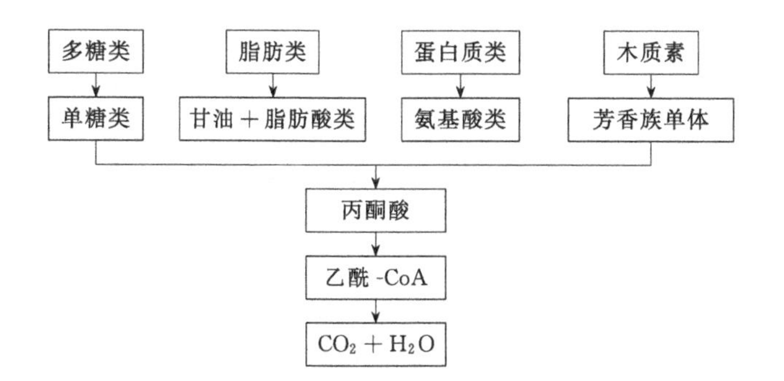

图 3.2

有机物好氧生物降解的一般途径

（2）有机物降解动力学

关于有机化合物降解动力学已开展了许多研究工作。根据微生物降解对象、微生物生长方式（反应器形式）、环境条件等的变化，动力学过程会有一定差异，动力学方程的形式、参数取值等也有差异。最常见的两种模型是指数模型（式 3.1）与双曲线模型（式 3.2）。

$$-\frac{\mathrm{d}c}{\mathrm{d}t}=Kc^n \tag{3.1}$$

式中，c 为污染物浓度，mg/L；t 为反应时间，h；K 为降解速率常数，1/h；n 为反应级数，$n \geqslant 0$。

指数方程适用于均匀溶液中的化学反应。根据反应历程的不同，K、n 取值不同。该方程可以在相当大的范围内拟合污染物生物降解的数据。

当 $n=1$ 时，生物降解速率表示为

$$-\frac{\mathrm{d}c}{\mathrm{d}t}=\frac{K_1 c}{K_2+c} \tag{3.2}$$

式中，K_1 为随浓度增加的最大反应速率，1/h；K_2 为假平衡常数，mg/L。

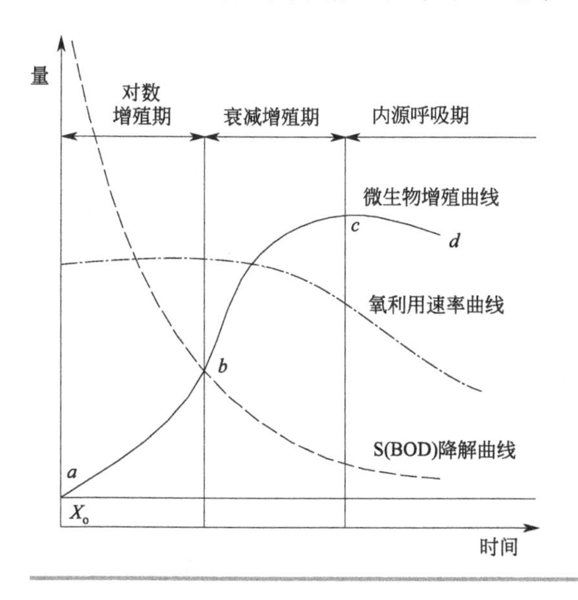

图 3.3

活性污泥微生物增殖曲线及其和有机底物降解、氧利用速率的关系（间歇培养、底物一次性投加）

双曲线方程适用于非均相的化学反应。在数学表达形式上与表示酶动力学的米-门（Michaeles-Menten）方程相似。

3.1.1.2 微生物的增殖

污染物处理过程中应用的微生物常常是多种微生物的混合群体，其增殖规律是混合微生物群体的平均表现。将活性污泥微生物在污水中接种，并在温度适宜、溶解氧充足的条件下进行培养，按时取样计量，即可得出微生物数量与培养时间之间具有一定规律性的增殖曲线（图 3.3）。随着时间的延长，基质浓度逐渐降低，微生物的增殖经历适应期、对数增殖期、衰减期及内源呼吸期。

在温度适宜、溶解氧充足，而且不存在抑制物质的条件下，活性污泥微生物的增殖速率主要取决于营养物或有机底物量（F）与微生物量（M）的比值（F/M）。它也是有机底物降解速率、氧利用速率和活性污泥的凝聚、吸附性能的重要影响因素。

当微生物接种到新的基质中时，常常会出现一个适应阶段。适应阶段的长短取决于接种微生物的生长状况、基质的性质及环境条件等。当基质是难降解有机物时，适应期相应会延长。对数增殖期 F/M 值很高，微生物处于营养过剩状态。在此期间，微生物以最大速率代谢基质并进行自身增殖，增殖速率与基质浓度无关，与微生物自身浓度成一级反应。微生物细胞数量按指数增殖

$$N=N_0 2^n \tag{3.3}$$

式中，N，N_0 分别为最终及起始微生物量，个；n 为世代数，代。

随着有机物浓度的下降，新细胞的不断合成，F/M 值下降，营养物质不再过剩，直至成为微生物生长的限制因素，微生物进入衰减期。在此期间微生物的生长与残余有机物的浓度有关，成一级反应。随着有机物浓度的进一步降低，微生物进入内源呼吸阶段，残存营养物质已不足以维持细胞生长的需要，微生物开始大量代谢自身的细胞物质，微生物总量不断减少，并走向衰亡。

3.1.1.3 溶解氧的提供

溶解氧是影响好氧生物处理过程的重要因素。充足的溶解氧供应有利于好氧生物降解过程的顺利进行。溶解氧的需求量与微生物的代谢过程密切相关。在不同的好氧生物处理过程和工艺中，溶解氧的提供方式也不同。如在废水好氧生物处理过程中，溶解氧可以通过鼓风曝气、表面曝气、自然通风等方式提供。

3.1.2 好氧生物处理工艺的发展

好氧生物处理工艺可分为两种主要类型：悬浮生长工艺与附着生长（或生物膜）工艺。悬浮生长工艺是使废水中有机物或其他组分转化为气体和细胞组织的微生物在液相中处于悬浮状态生长的生物处理工艺；附着生长工艺使废水中有机物或其他组分转化为气体和细胞组织的微生物附着于某些惰性介质，例如碎石、炉渣及专门设计的陶瓷或塑料材料上生长的生物处理工艺，也称为固定生物膜法。

最常用的悬浮生长工艺是活性污泥法。活性污泥法于 1914 年由 Ardern 和 Lockett 在英国曼彻斯特建成试验厂首创以来，已有将近 90 年的历史，近几十年来，对活性污泥法的生物反应和净化机理进行了深入研究探讨，使得活性污泥法在生物学、反应动力学的理论方面有了较大的发展，出现了多种能够适应各种条件的工艺流程[1]。活性污泥法广泛用来处理工业废水，如食品工业废水、轻工业废水、纺织工业废水、造纸工业废水、石油工业废水、化学工业废水等。我国一些大型企业，配套建成了一批工业废水处理厂，如上海金山石化总厂、吉林化学公司等都建成大型活性污泥法污水处理厂。目前，活性污泥法是生活污水、城市污水以及有机性工业废水处理中最常用的工艺。基于生物反应、净化机理、活性污泥生物学、反应动力学、生物反应器等方面的研究，已开发应用的多种活性污泥法及其各种演变工

艺。目前高浓度废水处理中常用的处理工艺主要有AB法、SBR法及氧化沟法等（详见3.2部分相关内容）。

废水的生物膜处理法从19世纪中叶开始，经过百年多的发展、改进、创新、开发，迄今已拥有多种处理工艺技术，有效而广泛地用于生活污水、城市污水以及各种有机性工业废水的处理。生物膜法工艺有生物滤池、生物转盘、生物接触氧化、生物流化床，还有近20年开发的曝气生物滤池新工艺。每一种生物膜法处理工艺又有多种变型工艺，详见3.3部分相关内容。作为与活性污泥法并列的废水生物处理技术，生物膜法仍在继续发展，不断开发出新工艺。

3.2 好氧悬浮生长处理工艺

3.2.1 AB法

AB工艺是吸附-生物降解法的简称。是德国亚琛工业大学Bohnke教授于20世纪70年代中期开创，目的是解决传统的二级生物处理系统存在的去除难降解有机物和脱氮除磷效率低及投资运行费用高等问题，在对两段活性污泥法和高负荷活性污泥法进行大量研究的基础上，开发的新型污水生物处理工艺。80年代开始用于生产实践。

3.2.1.1 工艺特征

AB法属于两段活性污泥范畴，其基本流程见图3.4。A段之前一般无初沉池，以便充分利用活性污泥的吸附作用。A段由吸附池和中间沉淀池组成，B段则由曝气池及二次沉淀池组成。A段与B段各自拥有独立的污泥回流系统，两段完全分开，每段能够培育出各自独特的，适于本段水质特征的微生物种群。从而使生物处理的功能发挥得更加充分，处理效果更好、效率更高。

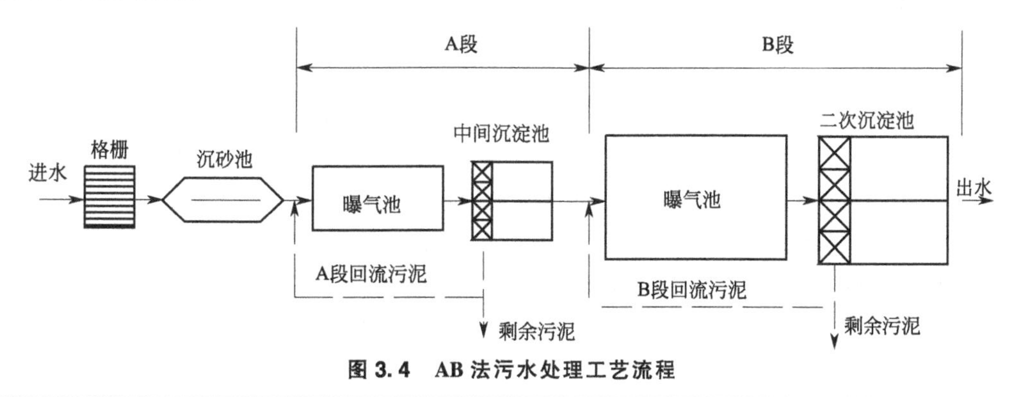

图3.4 AB法污水处理工艺流程

A段以极高负荷运行，对不同进水水质，A段可选择以好氧或缺氧方式运行。有时，A段曝气池可与曝气沉砂池合建。B段则以低负荷运行，活性污泥的沉淀性能好，出水水质较好。

3.2.1.2 工艺应用

AB法对高浓度有机废水处理存在一些优势，主要体现在A段，因为A段去除污染物机理主要是生物絮凝和生物吸附作用，生物降解不是主导作用，对处理复杂的变化较大的废水水质，有较大的适应能力。用于处理复杂的工业废水也可以作为预处理的一种方法。

王惠勇等[2]对AB法处理屠宰污水及中水回用进行了研究，研究结果表明，在采用改进的AB法处理屠宰污水时，由集水槽连续出水，替代了SBR滗水器滗水，改进的AB法具有耐受较大有机污染负荷能力，进水COD_{Cr}可高达2500mg/L，出水水质稳定达到《肉类加工工业水污染排放标准》(GB 13457—92) 一级标准，出水可以全部中水回用。

3.2.2 完全混合式活性污泥法

完全混合活性污泥法的主要特征是应用完全混合式曝气池（见图3.5)。污水与回流污泥进入曝气池后，立即与池内混合液充分混合，池内混合液水质与处理水相同。

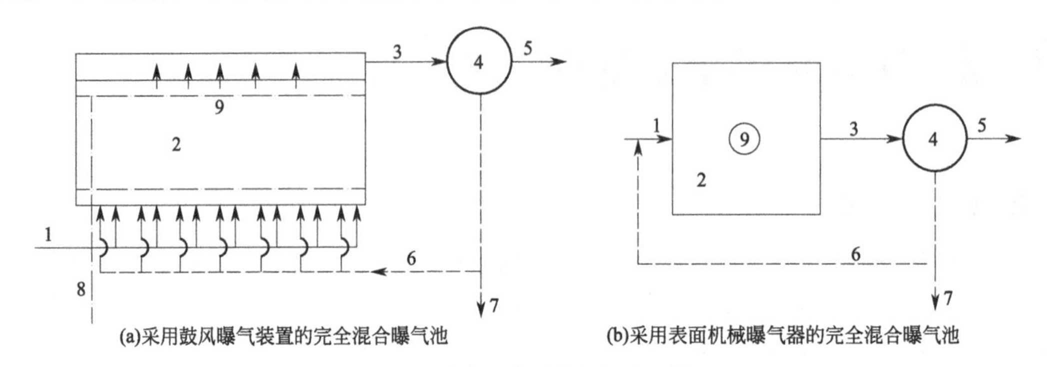

(a)采用鼓风曝气装置的完全混合曝气池
(b)采用表面机械曝气器的完全混合曝气池

图3.5 完全混合活性污泥法系统

1—预处理后的污水；2—完全混合曝气池；3—混合液；4—二次沉淀池；5—处理水；6—回流污泥系统；7—剩余污泥；8—供气系统；9—曝气系统与空气扩散装置

3.2.2.1 工艺特征

与推流式普通活性污泥法比较，完全混合活性污泥法存在以下特点：

① 污水在曝气池内分布均匀，各部位的水质相同，微生物群体的组成和数量几乎一致，各部位有机物降解工况相同，因此，通过对F/M值的调整，可将整个曝气池的工况控制在良好的状态。在处理效果相同情况下，其BOD-SS负荷和BOD容积负荷都比普通活性污泥法高。另外，由于池内各点需氧量均匀，比普通活性污泥法节能。

② 具有调节、稀释和中和能力，耐冲击负荷能力强。对推流式普通活性污泥法最佳pH值范围为6.5～8.5，超过此范围时，废水进入曝气池之前需进行中和处理。但对完全混合法来说是否需进行中和处理，应根据所处理废水的水质确定。

③ 适用于较难降解有机废水的处理，不适于易降解有机废水的处理。如采用该工艺处理易降解废水可在完全混合曝气池前设生物选择器以抑制丝状菌生长，防止污泥膨胀。

完全混合活性污泥法系统存在的主要问题是：在曝气池混合液内，各部位的有机物浓度相同，活性污泥微生物质与量相同，微生物对有机物降解的推动力低，由于这个原因活性污泥易于产生污泥膨胀。此外，在相同F/M的情况下，其处理水底物浓度大于采用推流式曝气池的活性污泥法系统。对有机污染物的去除率不及操作状态好的推流式反应器。

3.2.2.2 工艺应用

进入曝气池的污水很快即被池内已存在的混合液所稀释和均化，原污水在水质、水量方面的变化对活性污泥产生的影响将降到极小的程度，因此，这种工艺对冲击负荷有较强的适应能力，适用于处理工业废水，特别是浓度较高的有机废水。对于微生物毒性物质，如酚、石油芳香族化合物、氯酚、苯甲酸等，在合适的浓度范围也可以有优良的去除效果。

3.2.3 SBR 法

间歇式活性污泥法（sequencing batch reactor），简称 SBR 工艺，又称序批式（间歇）活性污泥法处理系统。它是近年来在国内外被引起广泛重视的一种污水生物处理技术。

3.2.3.1 工艺特征

间歇式活性污泥法处理系统最主要特征是采用集有机物降解与混合液沉淀于一体的反应器——间歇曝气池。与连续流式活性污泥法系统相比，无需设污泥回流设备，不设二次沉淀池，曝气池容积也小于连续式。此外，间歇式活性污泥法系统还具有如下各项优点：a. 工艺流程简单，基建与运行费用低；b. 生化反应推动力大，速率快、效率高，出水水质好；c. SVI 值较低，沉淀效果好，不易产生污泥膨胀现象，是防止污泥膨胀的最好工艺；d. 通过对运行方式的调节，在单一的曝气池内能够进行脱氮和除磷反应；e. 耐冲击负荷能力较强，提高处理能力；f. 应用电动阀、液位计、自动计时器及可编程序控制器等自控仪表，能使该工艺过程实现全部自动化的操作与管理。

3.2.3.2 工艺类型

SBR 工艺在设计和运行中，根据不同的水质条件，使用场合和出水要求，有了许多新的变化和发展，产生了许多新的变形。现介绍其中几种主要工艺。

(1) ICEAS 工艺

ICEAS（intermittent cyclic extended aeration system）工艺的全称为间歇循环延时曝气活性污泥工艺。此工艺是澳大利亚新南威尔士大学与美国 ABJ 公司合作开发的。1987 年，澳大利亚昆士兰大学联合美国、南非等地的专家对该工艺进行了改进，使之具有脱氮除磷的良好效果，并使废水达到三级处理的要求。该工艺目前已成为电脑控制系统非常先进的废水生物脱氮除磷工艺。

ICEAS 的最大特点是：在反应器的进水端增加了一个预反应区，运行方式为连续进水（沉淀期和排水期仍保持进水），间歇排水，如图 3.6 所示。

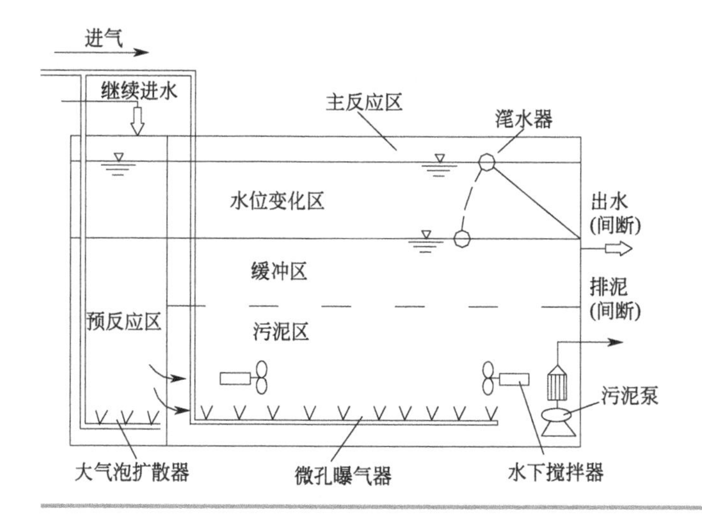

图 3.6
ICEAS 反应器的基本构造

ICEAS 的优点：a. 当主反应区处于停曝搅拌状态进行反硝化时，连续进水的污水可提供反硝化所需的碳源，从而提高了脱氮效率；b. 由于连续进水，配水稳定，简化了操作程序；c. 现在的 SBR 处理系统可较容易的改造成这种运行方式。

ICEAS 的主要缺点：由于进水贯穿于整个运行周期的各个阶段，在沉淀期时，进水在主反应区底部造成水力紊动而影响泥水分离效果，因而进水量受到了一定限制。

(2) CASS（或 CAST，CASP）工艺

CASS（cyclic activated sludge system）或 CAST（cyclic activated sludge technology）或 CASP（cyclic activated sludge process）工艺是循环式活性污泥法的简称。该工艺的前身为 ICEAS 工艺，由 Goronszy 教授开发，并分别在美国和加拿大获得专利。CASS 整个工艺为间歇式反应器，在此反应器中进行交替的曝气—不曝气过程的不断重复，将生物反应过程及泥水分离过程结合在一个池子中完成。

每个 CASS 反应器至少由两个区域组成，即生物选择区和主反应区，但也可在主反应区前设置一兼氧区。生物选择器是按照活性污泥种群组成动力学的规律而设置的，创造合适的微生物生长条件并选择出絮凝性细菌。在生物选择区内，通过主反应区污泥的回流并与进水混合，不仅充分利用了活性污泥的快速吸附作用而加速对溶解性底物的去除，而且对难降解有机物起到良好的水解作用，同时可使污泥中的磷在厌氧条件下得到有效的释放。生物选择器还可有效地抑制丝状菌的大量繁殖，克服污泥膨胀，提高系统的稳定性。选择器可定容运行，亦可变容运行，多池系统中的进水配水池也可用作选择器。

CASS 工艺的主要特点：a. 反应器前端设生物选择器，并将主反应区的污泥回流至生物选择器，增强了系统运行的稳定性；b. 可变容积的运行提高了系统对水量水质变化的适应性和操作的灵活性；c. CASS 工艺在沉淀阶段无进水，保证了沉淀过程在静止的环境中进行，并使排水的稳定性得到保障；d. 采用多池串联运行，使污水在反应器的流动呈现出整体推流而在不同区域内完全混合的复杂流态，保证了稳定的处理效果；e. 通过对曝气时间的控制，使反应器以厌氧—缺氧—好氧—缺氧—厌氧的序批方式运行，使其具有优良的脱氮除磷效果，降低了运行费用，提高了容积利用率。

(3) UNITANK 工艺

比利时 SEGHERS 公司提出的 UNITANK 系统是 SBR 法的又一种变形和发展，它集合了 SBR 和传统活性污泥法的优点，一体化设计，它的运行工况与三沟式氧化沟相似，为连续进水、连续出水的处理工艺。随着工艺的发展，UNITANK 系统有单级和多级之分。单级 UNITANK 工艺主要有两种运行方式，即单级好氧处理系统与脱氮除磷处理系统，如图 3.7 和图 3.8 所示。

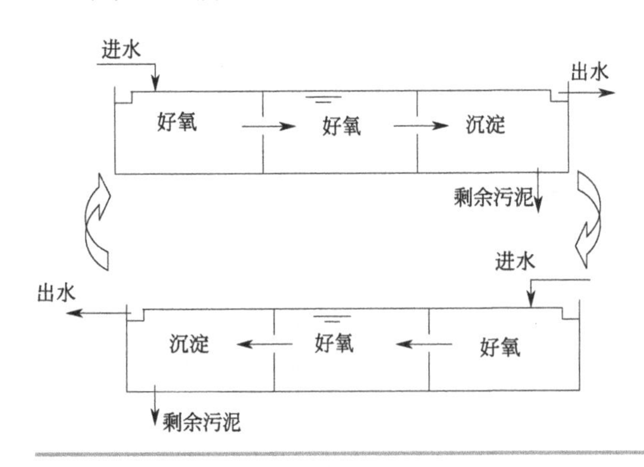

图 3.7
好氧 UNITANK 的运行过程

UNITANK 的工艺特点：a. 构筑物结构紧凑，一体化；b. 系统没有单独的二沉池及污泥收集和回流系统；c. 系统在恒水位下运行，结合了 SBR 法和传统活性污泥法连续进水工

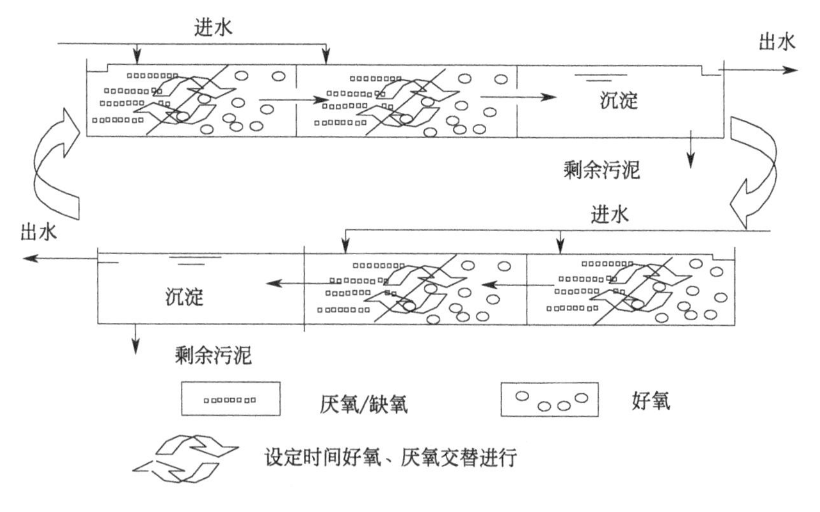

图 3.8 脱氮除磷 UNITANK 的运行过程

艺的特点，水力负荷稳定；恒水位下运行，可使用表面曝气机械，还省去价格昂贵的滗水器，出水堰的构造更加简单；d. 交替改变进水点，可以相应改善系统各段的污泥负荷，进而改善污泥的沉降性能。

李暑荣[3]研究了 UNITANK 工艺在制革废水处理中的实际应用。研究表明，在 COD_{Cr} 为 3000～4000mg/L，BOD 为 1000～2000mg/L，SS 为 2000～4000mg/L 的运行条件下，污水处理站的平均出水水质 COD 均低于 95mg/L，BOD 也均在 20mg/L 以下，色度也保持在 40 倍左右，达到了国家《污水综合排放标准》(GB 8978—1996) 的一级排放标准。

(4) MSBR 工艺

改良式序列间歇反应器（modified sequencing batch reactor，简称 MSBR），是 C. Q. Yang 等根据 SBR 技术特点，结合传统活性污泥法技术，研究开发的一种更为理想的污水处理系统。MSBR 无需设置初沉池、二沉池，且在恒水位下连续运行。采用单池多格方式，无需间断流量，还省去了多池工艺所需的更多的连接管、泵和阀门。典型的 MSBR 流程如图 3.9 所示。

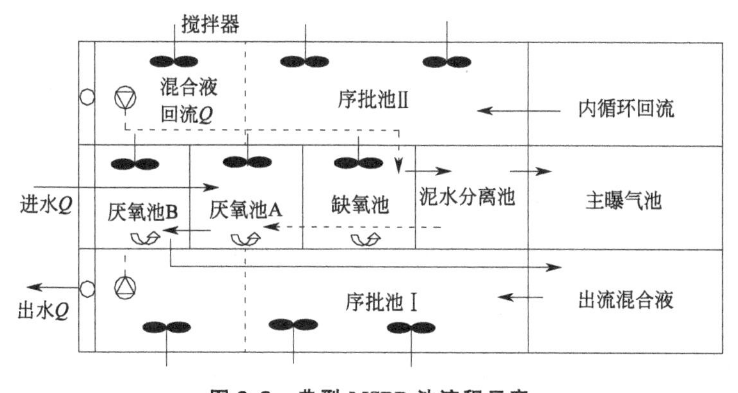

图 3.9 典型 MSBR 池流程示意

MSBR 的工艺特点：a. MSBR 系统能进行不同配置的设计和运行，以达到不同的处理目的；b. MSBR 增加了低水头、低能耗的回流设施，既有污泥回流又有混合液回流，从而极大地改善了系统中各个单元内 MLSS 的均匀性，特别是增加了连续运行单元的 MLSS 浓度；c. 在 MSBR 系统 SBR 池中间设置底部挡板，避免了水力射流的影响，并且改善了水力状态，使得 SBR 池前端的水流状态是由下而上，而非通常的平流状态，这使系统混合液可利用高浓度沉淀底泥作为截流层，截流过滤污水中悬浮颗粒并同时完成底泥内碳源反硝化作用，在过滤截留过程中能保证较高的沉淀污泥浓度，使得剩余污泥排放浓度高，排放流量小；d. SBR 系统采用空气堰控制出水，可有效控制出水悬浮物。

罗颜荣等[4]进行了水解酸化-MSBR 工艺处理制药废水的研究，研究表明，采用水解酸化-MSBR 工艺，废水出水的 COD 去除率达到 289mg/L，BOD 去除率达到 196mg/L，NH_3-N 去除率达到 897mg/L，完全可以满足 CJ18-86 水质排放标准。

3.2.4 氧化沟法

氧化沟又称循环曝气池，是于 20 世纪 50 年代由荷兰的巴斯维尔（Pasveer）所开发的一种污水生物处理技术，属活性污泥法的一种变法，图 3.10 为以氧化沟为生物处理单元的污水处理流程。

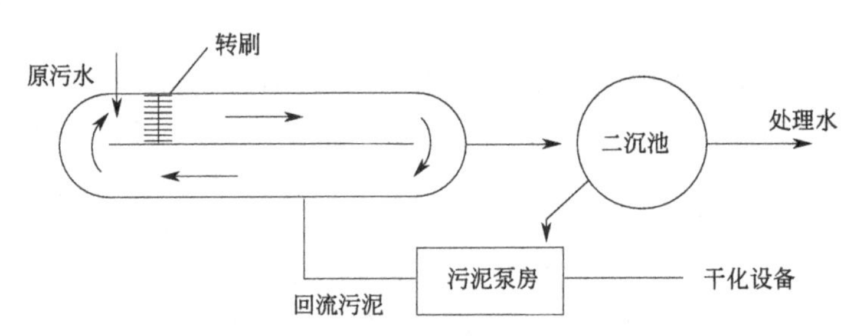

图 3.10 以氧化沟为生物处理单元的污水处理流程

3.2.4.1 工艺特征

与传统活性污泥法曝气池相比，氧化沟具有下列各项特征。

① 构造方面　氧化沟的构造形式多样化、运行灵活。氧化沟一般呈环形沟渠状，平面多为椭圆形、圆形或马蹄形，总长可达几十米，甚至百米以上。

氧化沟可以是单沟或多沟系统。多沟系统可以是一组同心的互相连通的沟渠，也可是互相平行、尺寸相同的一组沟渠。单池的进水装置比较简单，只要伸入一根进水管即可，如双池以上平行工作时，则应设配水井。出水一般采用溢流堰式，通过调节出水溢流堰的高度可以改变氧化沟的水深，进而改变曝气装置的淹没深度，使其充氧量适应运行的需要，并可对水的流速起一定的调节作用。

② 水流混合方面　在流态上，氧化沟介于完全混合与推流之间。污水在沟内的平均流速为 0.4m/s，可以认为在氧化沟内混合液的水质是几乎一致的，从这个意义来说，氧化沟内的流态是完全混合式的。但是又具有某些推流式的特征，如在曝气装置的下游，溶解氧浓度从高向低变动，甚至可能出现缺氧段。氧化沟的这种独特的水流状态，有利于活性污泥的生物凝聚作用，而且可以将其区分为富氧区、缺氧区，用以进行硝化和反硝化，取得脱氮的效果。

③ 工艺方面　氧化沟工艺流程简单，构筑物少，运行管理方便。可考虑不设初沉池，也可考虑不单设二次沉淀池，使氧化沟与二次沉淀池合建，可省去污泥回流装置。BOD 负荷低，同活性污泥法的延时曝气系统类似，对水温、水质、水量的变动有较强的适应性；污泥龄（生物固体平均停留时间）一般可达 15～30d，为传统活性污泥系统的 3～6 倍。可以存活、繁殖世代时间长、增殖速度慢的微生物，如硝化菌，在氧化沟内可能产生硝化反应。

一般的氧化沟能使污水中的氨氮达到95%～99%的硝化程度，如设计、运行得当，氧化沟能够具有反硝化脱氮的效果。因此，氧化沟处理效果稳定、出水水质好。

由于活性污泥在系统中的停留时间很长，排出的剩余污泥已得到高度稳定，因此只需进行浓缩和脱水处理，从而省去了污泥消化池。

3.2.4.2 工艺的主要类型

当前国内、外常用的氧化沟有下列几种。

(1) 卡罗塞（Carrousel）氧化沟

20世纪60年代末由荷兰DHV公司所开发，其主要目的是寻求一种渠道更深、效率更高和力学性能更好的系统设备，来改善和弥补当时流行的转刷式氧化沟的技术弱点。卡罗塞氧化沟系统是由多沟串联氧化沟及二次沉淀池、污泥回流系统所组成，见图3.11和图3.12。

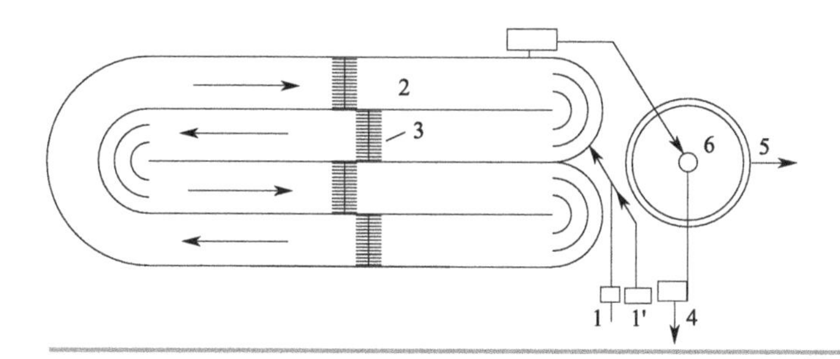

图3.11 卡罗塞氧化沟（一）

1—污水泵站；1′—回流污泥泵站；2—氧化沟；3—转刷曝气器；4—剩余污泥排放；5—处理水排放；6—二次沉淀池

卡罗塞氧化沟系统在国外各地应用广泛。规模大小不等，从200m³/d到650000m³/d，BOD去除率达95%～99%，脱氮效果可达90%以上，除磷率在50%左右。

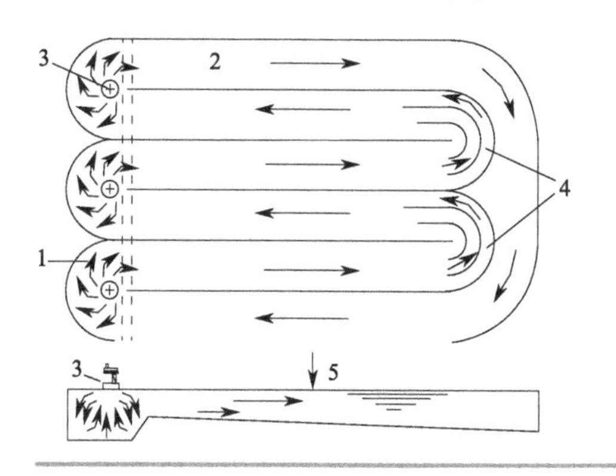

图3.12 卡罗塞氧化沟（二）

1—进水；2—氧化沟；3—表面机械曝气器；4—导向隔墙；5—处理水

我国应用卡罗塞氧化沟系统处理对象有城市污水也有有机性工业废水，现将其中主要应用厂家列举于表3.1中。

表3.1 我国采用卡罗塞氧化沟厂家及其各项特性

厂(站)名	处理对象	规　模	形式与功能特性
昆明市兰花沟污水处理厂	城市污水	55000(m³/d)	6廊道用于脱氮除磷
桂林市东区污水处理厂	城市污水	40000(m³/d)	4廊道
上海市龙华肉联废水处理厂	肉联废水	1200(m³/d)	4廊道
山西针织厂废水处理站	纺织废水	5000(m³/d)	
西安杨森制药厂废水处理站	制药废水	1000(m³/d)	

(2) 交替工作氧化沟系统

交替工作氧化沟系统由丹麦 Kruger 公司所开发，有二沟和三沟两种交替工作氧化沟系统。二沟氧化沟由容积相同的两池组成，串联运行，交替作为曝气池和沉淀池，无需设污泥回流系统。该系统处理水质优良，污泥也比较稳定。缺点是曝气转刷的利用率低。三池交替工作氧化沟，应用较广。两侧的两池交替地作为曝气池和沉淀池。中间池则一直为曝气池，原污水交替地进入两侧的两池，处理水则相应地从作为沉淀池的中间池流出。三池交替氧化沟不但能够去除 BOD，还能完成脱氮和除磷的目的。这种系统无需污泥回流系统。

(3) 奥贝尔（Orbal）型氧化沟系统

奥贝尔氧化沟是由多个呈椭圆形或圆形同心沟渠组成的氧化沟系统，见图 3.13。这种氧化沟系统多采用三层沟渠，最外层沟渠的容积最大，约为总容积的 60%～70%，第二层沟渠为 20%～30%，第三层沟渠则仅占 10%左右。

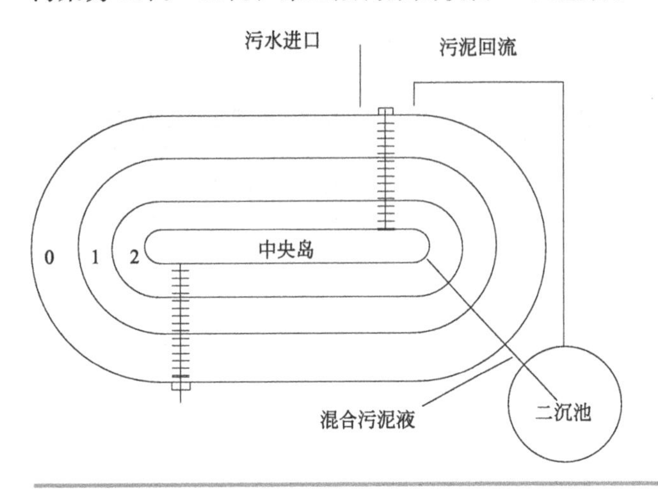

图 3.13
奥贝尔氧化沟

奥贝尔（Orbal）型氧化沟系统的特点：a. 曝气设备均采用曝气转盘。由于曝气盘上有大量的楔形突出物，增加了推进混合和充氧效率，水深可达 3.5～4.5m。b. 圆形或椭圆形的平面形状，比渠道较长的氧化沟更能利用水流惯性，可节省推动水流的能耗。c. 多渠串联的形式可减少水流短流现象。

由于奥贝尔氧化沟属于多反应器系统，在一定程度上有利于难降解有机物的去除，抗冲击负荷能力强，处理工业废水较其他类型氧化沟有更好的适应性。

李国炜[5]研究了奥贝尔氧化沟工艺在电子工业园区污水处理厂中的应用，研究表明，采用奥贝尔氧化沟处理重庆市西永微电子工业园区污水，平均日处理量为 3 万米^3/天，BOD 和 COD_{Cr}的平均去除率分别为 89%和 88%，达到《工业废水综合排放标准》，且工艺运行稳定，运行费用较低。

3.3 好氧附着生长处理工艺

附着生长工艺中的微生物附着生长在填料或载体上，形成膜状的活性污泥——生物膜。由于微生物固着生长于固体表面上，故生物膜中的生物种类相当丰富，形成由各种微生物所构成的一个较稳定的生态系统。特别是生物膜上可以生长一些代谢能力强但易导致污泥膨胀的丝状微生物（如放线菌、霉菌等），由于被固着，因此不会发生悬浮污泥法一样的污泥膨胀现象。

3.3.1 生物滤池

生物滤池是生物膜反应器的最初形式，已有百余年的发展史。生物滤池是以土壤自净作用原理为依据，是在废水灌溉的基础上发展起来的。1900 年后这种净化废水的方法得到公认，命名为生物过滤法，构筑物被称为生物滤池，并迅速地在欧洲和北美得到广泛应用。

3.3.1.1 工艺原理

在生物滤池中，污水通过布水器均匀地分布在滤池表面，在重力作用下，以滴状喷洒下落，一部分被吸附于滤料表面，成为呈薄膜状的附着水层，另一部分则以薄膜的形式渗流过滤料，成为流动水层，最后到达排水系统，流出池外。污水流过滤床时，滤料截留了污水中的悬浮物，同时把污水中的胶体和溶解性物质吸附在自己的表面，其中的有机物被微生物利用以生长繁殖，这些微生物又进一步吸附了污水中呈悬浮、胶体和溶解状态的物质，逐渐形成了生物膜。生物膜成熟后，栖息在生物膜上的微生物即摄取污水中的有机物作为营养，对污水中的有机物进行吸附氧化作用，因而污水在通过生物滤池时能得到净化。

生物滤池中污水的净化过程是很复杂的，它包括污水中复杂的传质过程、氧的扩散和吸收、有机物的分解和微生物的新陈代谢等各种过程。在这些过程的综合作用下，污水中有机物的含量大大减少，水质得到了净化。

3.3.1.2 工艺形式

由于填料的革新、工艺运行的改善，生物滤池由低负荷向高负荷发展，现有的主要类型为普通低负荷生物滤池与高负荷生物滤池、塔式生物滤池以及曝气生物滤池等。

(1) 普通生物滤池

普通生物滤池，又名滴滤池，是生物滤池早期出现的类型，即第一代的生物滤池。一般适用于处理每日污水量不高于 1000m^3 的小城镇污水或有机性工业废水。普通生物滤池由池体、滤料、布水装置和排水系统四部分所组成（参见图 3.14）。

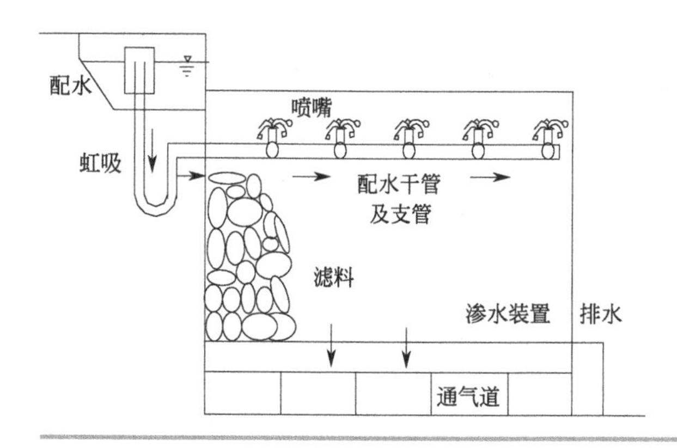

图 3.14
普通生物滤池的组成

其主要优点是：a. 处理效果好，BOD_5 的去除率高达 90%～95%，出水 BOD_5 可下降到 25mg/L 以下；b. 出水水质稳定，硝酸盐含量在 10mg/L 左右；c. 出水所带出的固体物数量少且不连续，无机化程度高，具有较好的沉淀性能；d. 二沉池污泥呈黑色，氧化良好；e. 运行稳定、易于管理、节省能源。

主要缺点是：占地面积大、不适于处理量大的污水；滤料易于堵塞，当预处理不够充分、或生物膜季节性大规模脱落时，都可能使滤料堵塞；滤池表面生物膜积累过多，易于产生滤池蝇，恶化环境卫生。

(2) 高负荷生物滤池

高负荷生物滤池是生物滤池的第二代工艺，它是在解决、改善普通生物滤池在净化功能和运行中存在的实际弊端的基础上而开创的。高负荷生物滤池大幅度地提高了滤池的负荷率，其BOD容积负荷率高于普通生物滤池6～8倍，水力负荷率则高达10倍。

高负荷生物滤池实现高滤率是通过限制进水BOD_5值和在运行上采取处理水回流等技术措施而达到的。进入高负荷生物滤池的BOD_5值必须低于200mg/L，否则用处理水回流加以稀释。

(3) 塔式生物滤池

塔式生物滤池，简称滤塔，属第三代生物滤池。图3.15所示为塔式生物滤池的构造示意图。塔式生物滤池内部通风情况非常良好，污水从上向下滴落，水流紊动强烈，污水、空气、滤料上的生物膜三者接触充分，充氧效果良好，污染物质传质速率快，这些现象都非常有助于有机污染物质的降解，是塔式生物滤池的独特优势。这一优势使塔式生物滤池具有以下各项主要工艺特征，并且得到较为广泛的应用。

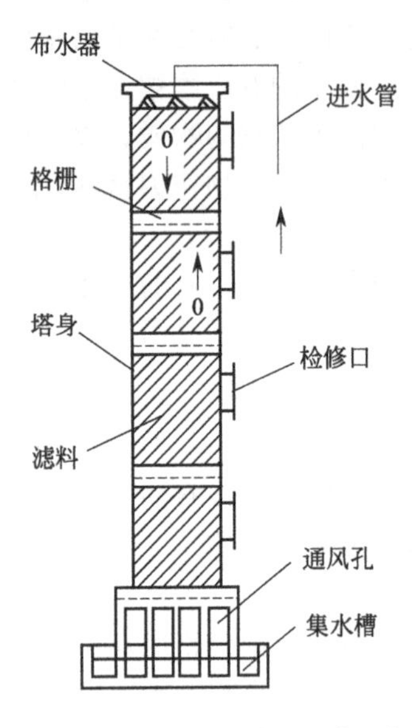

图3.15 塔式生物滤池构造示意

① 高负荷率　塔式生物滤池的水力负荷率可达80～200$m^3/(m^2 \cdot d)$，为一般高负荷生物滤池的2～10倍，BOD容积负荷率达1000～2000$gBOD_5/(m^3 \cdot d)$，较高负荷生物滤池高2～3倍。高额的有机物负荷率使生物膜生长迅速，高额的水力负荷率又使生物膜受到强烈的水力冲刷，从而使生物膜不断脱落、更新。因此塔式生物滤池内的生物膜能够经常保持较好的活性。但是，生物膜生长过速，易于产生滤料的堵塞现象。对此，将进水的BOD_5值控制在500mg/L以下，否则需采取处理水回流稀释措施。

② 滤层内部的分层　塔滤滤层内部存在着明显的分层现象，在各层生长繁育着种属各异，但适应流至该层污水特征的微生物群集，这种情况有助于微生物的增殖、代谢等生理活动，更有助于有机污染物的降解、去除。由于具有这种分层现象的特征，塔滤能够承受较高的有机污染物的冲击负荷，对此，塔滤常用于作为高浓度工业废水二级生物处理的第一级工艺，较大幅度地去除有机污染物，以保证第二级处理技术保持良好的净化效果。

(4) 曝气生物滤池

曝气生物滤池（简称BAF），是20世纪80年代末和90年代初在欧美兴起的一种污水生物处理技术，起初用作三级处理，后发展成直接用于二级处理。该工艺处理负荷高，广泛应用于生活污水、生活杂排水和食品加工、酿造和造纸等工业废水处理中，目前世界上已有100多座污水处理厂应用了这种技术。随着研究的深入，曝气生物滤池从单一的工艺逐渐发展成系列综合工艺。有去除SS、COD、BOD以及硝化、脱氮、除磷、去除AOX（有害物质）的作用。图3.16所示为曝气生物滤池构造的示意。

一般来说，曝气生物滤池具有以下特征：用粒状填料作为生物载体，如陶粒、焦炭、石英砂、活性炭等；区别于一般生物滤池及生物滤塔，在去除BOD、氨氮时需进行曝气；高水力负荷、高容积负荷、水力停留时间短及高的生物膜活性；具有生物氧化降解和截留SS的双重功能，生物处理单元之后不需要再设二次沉淀池；需定期进行反冲洗，清洗滤池中截

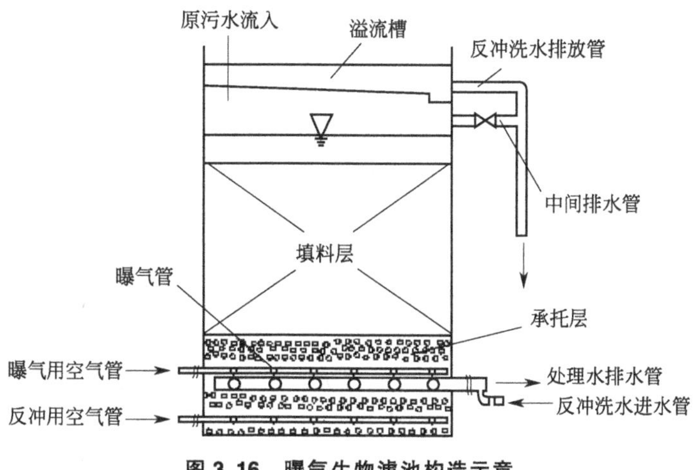

图 3.16　曝气生物滤池构造示意

留的 SS，同时更新生物膜。

3.3.2　生物转盘

生物转盘是利用在圆盘表面上生长的生物膜处理废水的装置。它是在生物滤池的基础上发展起来的一种新型的废水生物处理技术，具有活性污泥法和生物滤池法的共同特点，因此利用生物转盘处理废水有一定的优越性。生物转盘初期用于生活污水处理，后推广到城市污水处理和有机性工业废水的处理。

3.3.2.1　工艺原理

生物转盘以较低的线速度在接触反应槽内转动。接触反应槽内充满污水，转盘交替地与空气和污水相接触。经过一段时间后，在转盘上附着一层栖息着大量微生物的生物膜。微生物的种属组成逐渐稳定，污水中的有机污染物为生物膜所吸附降解。转盘转动离开水面与空气接触，生物膜上的固着水层从空气中吸收氧，并将其传递到生物膜和污水中，使槽内污水中的溶解氧含量达到一定的浓度。在转盘上附着的生物膜与污水以及空气之间，除有机物（BOD、COD）与 O_2 的传递外，还进行着其他物质，如 CO_2、NH_3 等的传递（参见图 3.17）。在处理过程中，盘片上的生物膜不断地生长、增

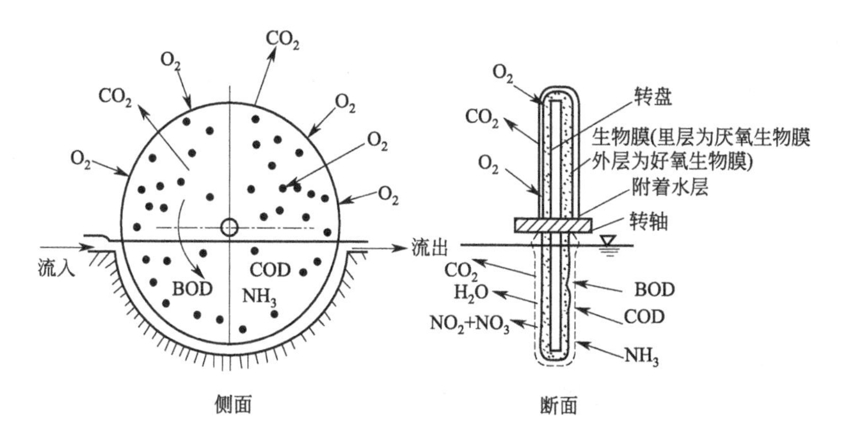

图 3.17　生物转盘净化反应过程与物质传递过程

厚；过剩的生物膜靠盘片在废水中旋转时产生的剪切力剥落下来，剥落的破碎生物膜在二次沉淀池内被截留。

3.3.2.2 工艺特性

生物转盘与生物滤池和活性污泥法相比，具有很多特有的优越性：转盘中生物膜生长的表面积很大，不会发生像生物滤池中滤料堵塞的现象，或活性污泥法中污泥膨胀的现象，因此容许的进水有机物浓度很高，适宜处理高浓度有机废水；转盘常处于厌氧（水中)-好氧(空气中）交替出现的状态下，因而往往出现反硝化作用，可达到生物脱氮的目的；废水与生物膜接触时间比生物滤池长，抗冲击负荷的能力比活性污泥法和生物滤池法高，即使长时间的超负荷或停止运转一段时间后，恢复转盘的正常工作较快；运转费用低于活性污泥法。但是转盘的直径还受一定限制，当处理水量很大，由于氧化槽有效水深较浅，占地面积较大，因此仅适用于中小型水量的废水处理工程。

3.3.3 生物接触氧化法

近年来，生物接触氧化处理技术在国内外都得到了广泛的研究与应用。我国从 20 世纪 70 年代开始引进该技术，并也得到了广泛的应用，除生活污水和城市污水外，还应用于石油化工、农药、印染、纺织、苎麻脱胶、轻工造纸、食品加工和发酵酿造等工业废水处理，都取得了良好的处理效果。

3.3.3.1 工艺特征

生物接触氧化法是一种介于活性污泥法与生物滤池两者之间的生物处理技术。也可以说是具有活性污泥法特点的生物膜法，兼具两者的优点，因此，深受污水处理工程领域人们的重视。生物接触氧化处理技术，在工艺、功能以及运行等方面具有下列主要特征：

① 使用多种形式的填料，有利于氧的转移，溶解氧充沛，适于微生物存活增殖。除细菌和多种种属原生动物和后生动物外，还能够生长氧化能力较强的球衣菌属的丝状菌，且无污泥膨胀之虑。

② 填料表面全为生物膜所布满，形成了生物膜的主体结构，由于丝状菌的大量滋生，有可能形成一个呈立体结构的密集的生物网，污水在其中通过起到类似“过滤”的作用，能够有效地提高净化效果。

③ 生物膜表面不断地接受曝气吹脱，有利于保持生物膜的活性，抑制厌氧膜的增殖，也宜于提高氧的利用率，能够保持较高浓度的活性生物量。因此，生物接触氧化处理技术能够接受较高的有机负荷率，处理效率较高，有利于缩小池容，减少占地面积。

④ 冲击负荷有较强的适应能力，在间歇运行条件下，仍能够保持良好的处理效果，对排水不均匀的企业，更具有实际意义。

⑤ 操作简单、运行方便、易于维护管理，无需污泥回流，不产生污泥膨胀现象，也不产生滤池蝇。

⑥ 污泥生成量少，污泥颗粒较大，易于沉淀。

生物接触氧化处理技术具有多种净化功能，除有效地去除有机污染物外，如运行得当还能够用以脱氮，因此，可以作为三级处理技术。

生物接触氧化处理技术的主要缺点是：如设计或运行不当，填料可能堵塞，此外，布水、曝气不易均匀，可能在局部部位出现死角。

3.3.3.2 工艺形式

目前，接触氧化池在形式上，按曝气装置的位置，分为分流式与直流式，见图 3.18；

按水流循环方式，又分为内循环与外循环式。国外多采用分流式，分流式接触曝气池根据曝气装置的位置又可分为中心曝气型与单侧曝气型两种。

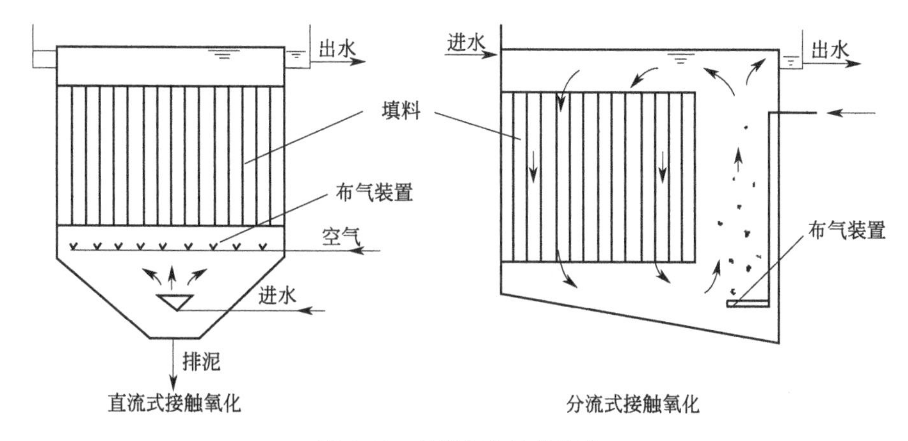

图 3.18　接触氧化池的构造

国内，一般多采用直流式的接触氧化池。这种形式接触氧化池的特点是直接在填料底部曝气，在填料上产生上向流，生物膜受到气流的冲击、搅动，加速脱落、更新，使生物膜经常保持较高的活性，而且能够避免堵塞现象的产生。此外，上升气流不断地与填料撞击，使气泡破碎，直径减小，增加了气泡与污水的接触面积，提高了氧的转移率。

图 3.19 所示为我国采用的外循环式直流生物接触氧化池，在填料底部设密集的穿孔管曝气，在填料体内、外形成循环，均化负荷，效果良好。

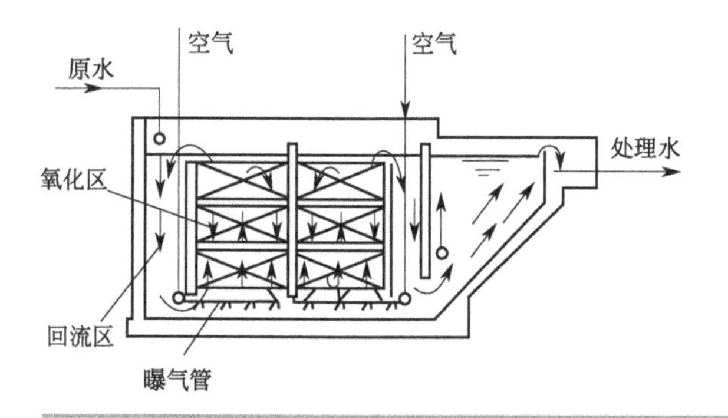

图 3.19
外循环式直流生物接触氧化池

3.3.3.3　工艺技术应用

(1) 处理印染废水

在我国纺织行业集中的城市和地区，比较普遍地采用生物接触氧化处理技术，处理印染废水和纺织废水。例如某丝绸印花厂的废水处理站，以生物接触氧化技术为主体处理设备。其前设调节预曝气池，其后设混凝沉淀装置，投加碱式氯化铝和聚丙烯酰胺，系统完整。该系统从 1982 年投产以来，运行一直稳定，处理效果良好。处理水 BOD 值始终保持在 30mg/L 以下，去除率达 95%，COD 值在 150mg/L 以下，去除率达 80%～90%。色度去除率达 90%以上[6]。

(2) 石油化工废水

据有关资料报道，我国的一些单位对处理难度较大的石油化工废水，试行用生物接触氧化技术进行处理，也取得了比较良好的效果。图 3.20 是某石油化工涤纶厂采用缺氧-好氧（生物接触氧化）系统进行处理的工艺流程。该厂接触氧化池按推流式运行，在降低污泥量方面起到一定的作用[7]。

石油化工废水所含成分极其复杂，COD 值高达 2200mg/L，BOD 值 1500mg/L。该系统运行情况良好，BOD 容积负荷率高达 2.2kg/(m^3·d)，去除率一般都在 80%以上。

生物接触氧化处理工艺，在我国还用于处理含酚废水、啤酒废水、黏胶纤维废水、腈纶废水及乳品加工废水等，都取得了良好的效果。

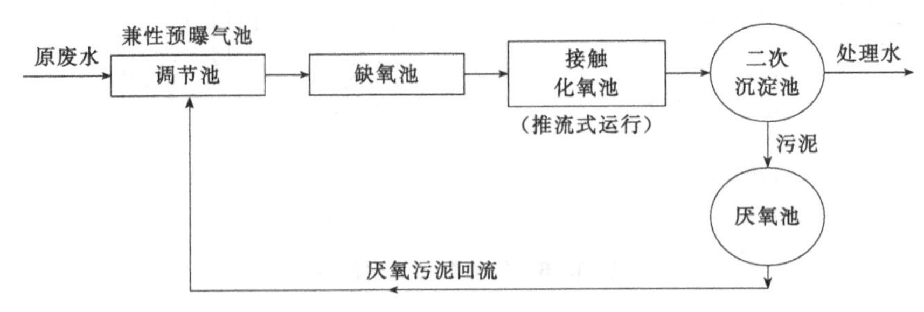

图 3.20 某石油化工涤纶厂废水处理工艺流程

3.3.4 生物流化床

所谓生物流化床，就是以砂、活性炭、焦炭一类的较小的惰性颗粒为载体充填在床内，因载体表面被覆着生物膜而使其质变轻，污水以一定流速从下向上流动，使载体处于流化状态。它利用流态化的概念进行传质或传热操作，是一种强化生物处理、提高微生物降解有机物能力的高效工艺。

3.3.4.1 工艺特征

在原理上，生物流化床是通过载体表面的生物膜发挥去除作用，但从反应器形式上看，它又有别于生物转盘、生物滤池等其他生物膜法。在生物流化床中，生物膜随载体颗粒在水中呈悬浮态，加之反应器中同时存在有或多或少的游离生物膜和菌胶团，因此它同时具备有悬浮生长法（活性污泥法）的一些特征。从本质上讲，生物流化床是一类既有固定生长法特征又有悬浮生长法特征的反应器，这使得它在微生物浓度、传质条件、生化反应速率等方面有一些优点。

① 生物量大，容积负荷高　由于生物流化床是采用小粒径固体颗粒作为载体，为微生物附栖生长提供巨大的表面积，使反应器内微生物浓度可达 40～50g/L，BOD 容积负荷可达 3～6kg/(m^3·d) 甚至更高。

② 微生物活性高　由于生物颗粒在床内不断相互碰撞和摩擦，其生物膜的厚度较薄，一般在 0.2μm 以下，且较均匀。据研究，对于同类废水，在相同处理条件下，其生物膜的呼吸率约为活性污泥的两倍，可见其反应速率快，微生物的活性较强。这也是生物流化床负荷较高的原因之一。

③ 传质效果好　流态化的操作方式为反应器创造了良好的传质条件，气-固-液界面不断更新，氧与基质的传递速率均明显提高，有利于微生物对污染物的吸附和降解，加快生化反应速率。对于像食品、酿造这类可生化性较好的工业废水，生化反应的速率较快，生物流化床在传质上的优势更能明显体现。

④ 具有较强的抵抗冲击负荷的能力，不存在污泥膨胀问题。

⑤ 较高的生物量和良好的传质条件使生物流化床可以在维持相同的处理效果的同时，减小反应器容积及占地面积小，节省投资。

尽管生物流化床具有上述的诸多优点，而且近三十年来其应用范围和规模都日益扩展，但是其普及程度始终远不及活性污泥法、生物接触氧化法，也不及生物滤池。最主要的一点就是流态化本身的特点，使之对设计和运转管理技术的要求较高。因此在大多数有必要应用生物流化床的场合，除非设计者拥有相当的研究和设计经验，否则风险较大。这也是限制生物流化床普及的主要原因。

在投资和运转费用方面，根据国外的比较，生物流化床的投资及占地面积分别仅相当于传统活性污泥曝气池的 70%和 50%，但运转费用却相对较高，这主要缘于载体流化的动力消耗。为节省能量，有人倾向于使用低密度的载体，但低密度的载体使过程控制更加困难，载体极易流失，而且降低了传质性能。

3.3.4.2 工艺形式

生物流化床按使载体流化的动力来源可分为液流动力流化床、气流动力流化床和机械搅动流化床 3 种类型。此外，生物流化床还按其本身处于好氧或厌氧状态，而分为好氧流化床和厌氧流化床。

(1) 液流动力流化床

液流动力流化床，也称之为二相流化床，基本的工艺流程如图 3.21 所示，在流化床内只有污水（液相）与载体（固相）相接触。而在单独的充氧设备内对污水进行充氧。

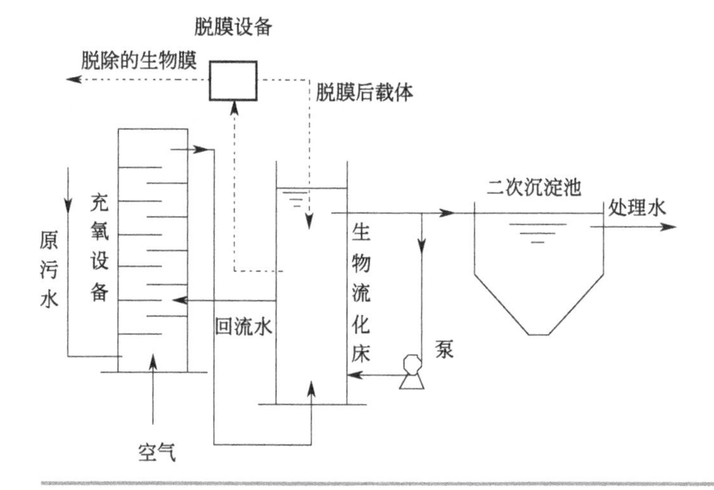

图 3.21
液流动力流化床（二相流化床）

该工艺以纯氧或空气为氧源，原污水与部分回流水在专设的充氧设备中与氧或空气相接触，经过充氧后的污水与回流水的混合液从底部通过布水装置进入生物流化床，缓慢而又均匀地沿床体横断面上升，一方面推动载体使其处于流化状态，另一方面又广泛、连续地与载体上的生物膜相接触。处理后的污水从上部流出床外，进入二次沉淀池，分离脱落的生物膜，处理水得到澄清。载体上的老化生物膜应及时脱除，为此，在流程中另设脱膜装置，脱膜装置间歇工作，脱除老化生物膜的载体再次返回流化床，脱除下来的生物膜作为剩余污泥排出系统外。

生物流化床内的载体，全为生物膜所包覆，生物高度密集，耗氧速率很高，往往对污水的一次充氧不足以保证对氧的需要，此外，单纯依靠原污水的流量不足以使载体流化，因此要使部分处理水循环回流。

(2) 气流动力流化床

亦称三相生物流化床，即污水（液）、载体（固）及空气（气）三相同步进入床体。本工艺的流化床是由三部分组成的（见图 3.22）。在床体中心设输送混合管，其外侧为载体下降区，其上部则为载体分离区。

空气由输送混合管的底部进入，在管内形成废气、液、固混合体，空气起到空气扬水器的作用，混合液上升，气、液、固三相间产生强烈的混合与搅拌作用，载体之间也产生强烈的摩擦作用，外层生物膜脱落，输送混合管起到了脱膜作用。

该工艺一般不采用处理水回流措施，但当原污水浓度较高时，可考虑处理水回流，稀释污水。工艺存在的主要问题是，脱落在处理水中的生物膜，颗粒细小，用单纯沉淀法难于全部去除，如在其后用混凝沉淀法或气浮法进行固液分离，则能够取得优质的处理水。

(3) 机械搅拌流化床

又称悬浮粒子生物膜处理工艺，如图 3.23 所示。池内分为反应室与固液分离室两部分，池中央接近于底部安装有叶片搅动器，由安装在池面上的电动机驱动转动以带动载体，使其呈流化悬浮状态。充填的载体是粒径为 0.1～0.4mm 的砂、焦炭或活性炭。采用一般的空气扩散装置充氧。工艺具有降解速率高、生物膜与污水接触的效率较高、MLVSS 值比较固定无需通过运行加以调整等特征。

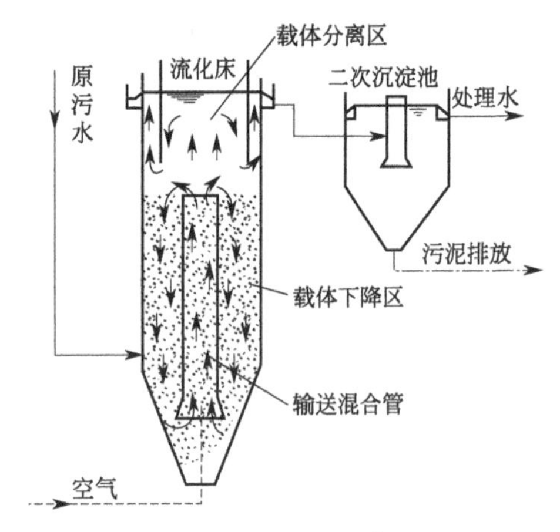

图 3.22 气流动力流化床（三相流化床）

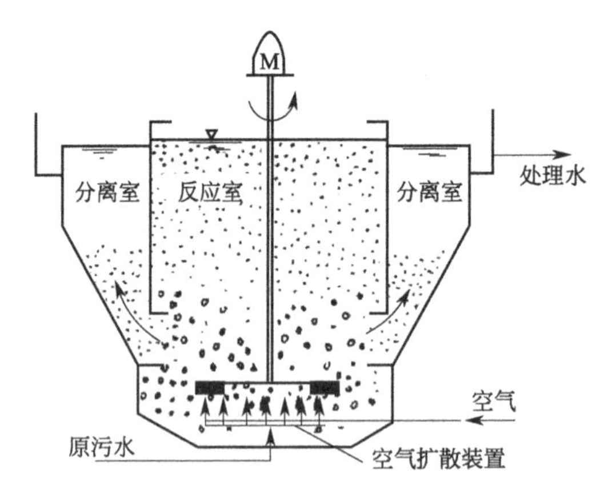

图 3.23 机械搅拌流化床处理工艺

3.3.4.3 工艺应用

生物流化床特别适于处理高浓度有机废水，流化床内生物污泥量最大可达到 30～40g/L，因此，吸附、氧化降解有机物能力特别强，要求有很高的溶解氧浓度。但由于其动力消耗较大，处理的水量少，大型废水处理厂较难适用。

国内已建成了不少中小型的生物流化床装置并投入生产，其中除了处理生活污水以外，也包括对印染、炼油、抗生素、皮革等一些废水的处理。

吴海珍等[8]采用自行研制的新型好氧生物流化床处理经水解后的百事可乐饮料废水，COD 和 BOD_5 的平均去除率分别达到 91.6%和 95.2%；清华大学用内循环三相生物流化床工艺对其处理丙烯腈、石油化工、抗生素制药废水进行中试研究，废水 COD 去除率为 65%～75%，容积负荷平均为 10kgCOD/(m^3 · d)，生物膜厚达 175μm，进水酚 1.5～48.7mg/L，出水平均为 0.06mg/L，说明流化床能有效地去除酚。

3.4 其他好氧生物处理工艺

3.4.1 复合式生物膜工艺

复合式生物膜反应器是近些年来发展较快、引起研究者极大兴趣的复合处理工艺，这些反应器将各单一操作的优点复合在一起，使反应器的净化功能极大提高。有代表性且进行深入研究或应用的复合式生物膜反应器主要有复合式活性污泥-生物膜反应器、序批式生物膜反应器。

3.4.1.1 活性污泥-生物膜反应器

所谓的复合式活性污泥-生物膜反应器是在活性污泥曝气池中投加载体作为微生物附着生长载体，悬浮生长的活性污泥和附着生长的生物膜共同承担着去除污水中有机物的任务。

流入曝气池污水中的有机物氧化分解速率主要取决于溶解氧的水平、营养物质是否充分和活性污泥微生物的浓度，在满足前两个要求的前提下，微生物的浓度越高，有机物的氧化速率越大。

为增加曝气池中微生物的浓度，从理论上可以增大回流污泥量提高曝气池中微生物的浓度，但亦不能无限制地增大而使曝气池中 MLVSS 的浓度超过 4000mg/L，否则将造成污泥与处理水在二次沉淀池中分离的困难。如在曝气池中加入粉末活性炭、无烟煤、多孔泡沫塑料等为微生物提供附着生长的载体，在悬浮的 MLSS 基础上，可固定的污泥浓度 MLSS 达 2000～19000mg/L，大大提高曝气池中的生物量。生物膜的厚度在很大程度上取决于反应器的曝气强度或由曝气而引起的水力剪切力。

3.4.1.2 序批式生物膜反应器

基于序批式活性污泥法的工艺过程及有关特征，再加上生物膜反应器所固有的优点，一种新型复合式生物膜反应器应运而生，并引起研究者们的兴趣。序批式生物膜反应器是在序批式活性污泥反应器中引入生物膜，就操作来讲，序批式生物膜反应器同序批式活性污泥法一样，一般依序进行如下五个工序过程，即进水、反应（曝气）、沉淀、排放和闲置。

可用于该工艺的生物膜载体有软纤维填料、聚乙烯填料和活性炭等。在净化功能方面，该工艺可用于脱氮除磷和去除难降解有机物，并具有更强的抗冲击负荷能力等。

3.4.2 生物膜/悬浮生长联合处理工艺

将生物膜与悬浮生长两类工艺联合，可以克服各自的弱点，使处理工艺具备生物膜法抗冲击负荷强、污泥沉降性能良好且易于维护与管理的优点，也有悬浮生长工艺出水水质好、硝化效果好的特点。

生物膜工艺与悬浮生长工艺联合的方式主要有两大类：其一是生物膜与活性污泥在同一构筑物内共同存在的组合即复合式生物膜反应器；其二为生物膜系统与悬浮生长系统按串联方式组合，其中生物膜反应器类型主要包括塔式生物滤池、普通生物滤池、生物转盘，悬浮生长反应器主要包括活性污泥曝气池（或小型接触渠）和稳定塘。对联合处理工艺有多种不同的命名，如两级工艺、串联序列、联合工艺、双重工艺、投料曝气等。

目前联合处理工艺在美国等国家已经得到广泛应用，尤其是应用于生物膜法和活性污泥法老污水处理厂的更新改造，以克服生物膜法或活性污泥法单一工艺的不足。

其中有代表性的生物膜/悬浮生长联合处理工艺有普通生物滤池/固体接触（TF/SC）工艺、生物滤池/活性污泥（BF/AS）工艺、普通生物滤池/活性污泥（TF/AS）工艺等。

3.4.2.1 普通生物滤池/固体接触（TF/SC）工艺

普通生物滤池/固体接触（TF/SC）工艺一般包括一个中低有机负荷的生物膜反应器，后续以一个小型接触池，如图 3.24 所示。

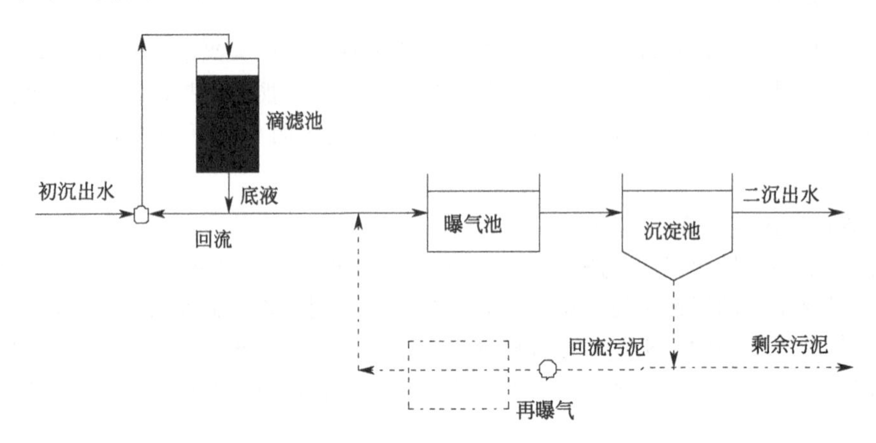

图 3.24 普通生物滤池/固体接触工艺与粗滤池/活性污泥工艺示意

接触池的容积一般为仅采用活性污泥法时所需容积的 10%～15%。将两者结合起来后，生物膜反应器（即普通生物滤池）的尺寸要比仅采用普通生物滤池时减少 10%～30%。

TF/SC 工艺的优点是活性污泥部分能耗相当低，这是因为普通生物滤池去除了大部分溶解性 BOD。另一个优点是采用这种方法很容易实现已有石质滤池的更新改造，通过增加活性污泥回流（作为生物絮凝剂）改善滤池出水的水质。

3.4.2.2 生物滤池/活性污泥（BF/AS）工艺

生物滤池/活性污泥（BF/AS）工艺如图 3.25 所示。在生物膜反应器上增加污泥回流之后有助于减少丝状菌引起的污泥膨胀，尤其是处理食品加工废水的情况。尽管该方法可以提高污泥的沉降性能，但目前还没有观测到污泥回流能够提高生物滤池的氧传输能力。

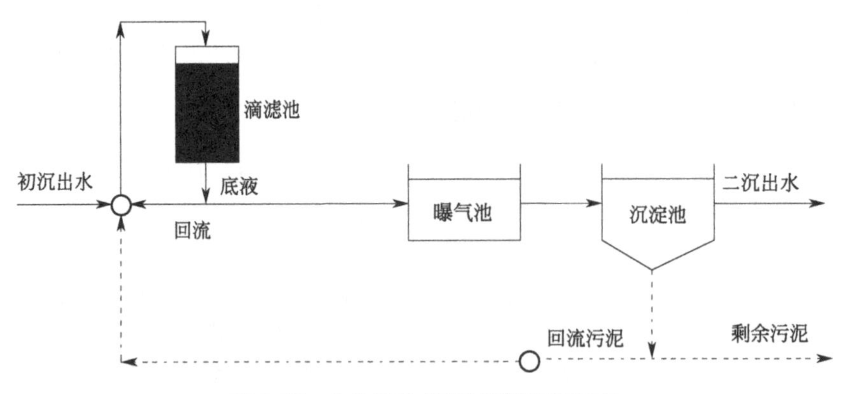

图 3.25 生物滤池/活性污泥工艺示意

有试验研究表明，经过曝气的污泥回流可降低普通生物滤池臭味，这是因为污泥与进水混合后，细菌群体可以代谢进水中存在的硫化物，从而不会以臭味物质形式释放出来。

3.4.2.3 普通生物滤池/活性污泥（TF/AS）工艺

普通生物滤池/活性污泥（TF/AS）工艺具有一个独有的特性，在生物膜反应器和悬浮生长反应器之间设有一个中间沉淀池。在生物膜反应器底液进入悬浮生长反应器之前，在中间沉淀池去除脱落的生物膜污泥，如图 3.26 所示。

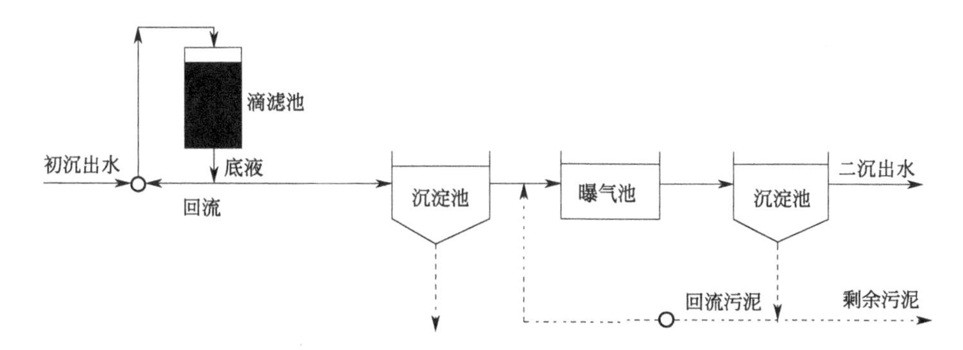

图 3.26 普通生物滤池/活性污泥工艺示意

采用 TF/AS 工艺的一个主要好处是去除含碳 BOD 所产生的污泥可以在第二处理段之前得以分离。当工艺过程需要去除氨氮，第二段工艺单元主要由硝化菌起作用时，常推荐这种工艺。采用该工艺的另一优点是中间沉淀池可以减少生物膜反应器脱落污泥对悬浮生长段的影响。

3.4.3 膜生物反应器

膜生物反应器作为一种新的废水生物处理技术，在废水资源化及中水回用方面具有广阔的应用前景，受到国内外普遍关注。膜生物反应器是由膜分离技术与污水处理工程中的生物反应器相结合组成的反应器系统，英文称 membrane biological reactor，简称 MBR。它综合了膜分离技术与生物处理技术的优点，以超滤膜、微滤膜组件代替传统生物处理系统的二沉池以实现泥水分离，被超滤膜、微滤膜截留下来的活性污泥混合液中的微生物絮体和相对较大分子质量的有机物又重新回流至生物反应器内，使生物反应器内获得高浓度的生物量，延长了微生物的平均停留时间，提高了微生物对有机物的氧化速率。膜生物反应器的出水水质很好，尤其对悬浮固体的去除率更高，甚至可达到深度处理出水水质的要求。

3.4.3.1 工艺特征

MBR 工艺作为一种新兴的高效水处理技术，与常规工艺相比，具有以下特点：

① 污染物去除效率高，不仅能高效地进行固液分离，而且能有效去除病原微生物。

② 生物反应器内微生物浓度高，MLSS 为常规处理工艺的 3～10 倍。

③ 高浓度活性污泥法的吸附与长时间的接触，使分解缓慢的大分子有机物的停留时间变长，使其降解率提高，污泥产生量少，出水水质稳定。

④ 由于过滤分离机理，不怕污泥膨胀，依靠膜的过滤截留作用出水，不影响出水水质。

⑤ 在废水处理史上首次实现 SRT 和 HRT 的彻底分离，使运行控制更加灵活和稳定。MBR 工艺的固体停留时间很长，允许世代周期长的微生物充分生长，对某些难降解有机物的生物降解十分有利。

⑥ 剩余污泥量少，污泥处理和处置费用低。由于 SRT 长，生物反应器起到了污泥消化池的作用，节省了污泥处理的投资和费用。

⑦ 硝化能力大大提高。NH_3 氧化的自养型硝化细菌世代期长，生长速度慢，易于流失。在 MBR 工艺中，由于膜的截留作用和 SRT 的延长，创造了有利于硝化细菌的生长环境。同时由于 MBR 中污泥浓度高，MLSS 可达 20000mg/L，污泥絮凝颗粒存在从外到内的 DO 梯度，相应形成好氧、缺氧和厌氧区，可实现反硝化和生物除磷。

⑧ 化学药剂投加量少或不投加化学药剂。

⑨ MBR 结构紧凑，易于实现一体化自动控制。

⑩ 膜件化的设计能够使工艺操作具有较大的灵活性和适应性。

但膜生物反应器也存在一些不足：膜的制造成本较高；在运行过程中，膜容易受到污染，产水量降低，给操作管理带来不便，这是目前研究者致力改进的主要问题。

3.4.3.2 膜生物反应器的分类

根据使用的膜种类和膜在系统中所起作用不同，一般可以分为三大类，即固液分离膜生物反应器、曝气膜生物反应器和萃取膜生物反应器。

(1) 固液分离膜生物反应器

固液分离膜生物反应器是目前研究最为广泛的一类膜生物反应器，广泛应用于各种工业废水、生活污水及垃圾渗滤液。根据膜分离技术与生物反应器的组合方式以及膜组件的设置位置，固液分离膜生物反应器可分为一体式膜生物反应器和分置式膜生物反应器。

① 一体式膜生物反应器　一体式膜生物反应器工艺流程如图 3.27 所示，是将膜组件放置在生物反应器内部，曝气器放置与膜组件的正下方。空气搅动在膜表面产生紊流，在这种剪切力的作用下，胶体颗粒被迫离开膜表面，减缓膜的堵塞。膜出水靠抽吸泵抽吸出水。由于这种形式的膜生物反应器省去了混合液循环系统，并且靠抽吸出水，能耗相对较低，结构较分置式膜生物反应器更为紧凑，占地少，近年来在水处理领域受到了特别关注。但是其膜通量相对较低，容易发生膜污染，不易清洗和更换膜组件。

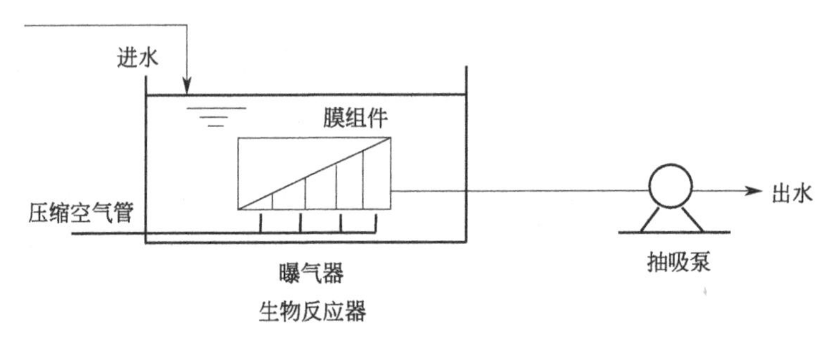

图 3.27　一体式膜生物反应器工艺流程

② 分置式膜生物反应器　分置式膜生物反应器是指膜组件与生物反应器分开设置，在反应器中设有循环管路，靠加压泵加压出水，加压泵从生物反应器抽水，压入膜组件中，膜的滤过水排出系统，浓缩液回流至生物反应器（见图 3.28）。

分置式膜生物反应器的特点是：运行稳定可靠，膜易于清洗、更换及增设，膜通量较大。但是在一般条件下，为了减少污染物在膜表面的沉积，延长膜的清洗周期，需要用循环泵提供较高的膜面错流流速，致使水流循环量增大，动力费用增高，并且泵的高速旋转产生的剪切力会使某些微生物菌体失活。

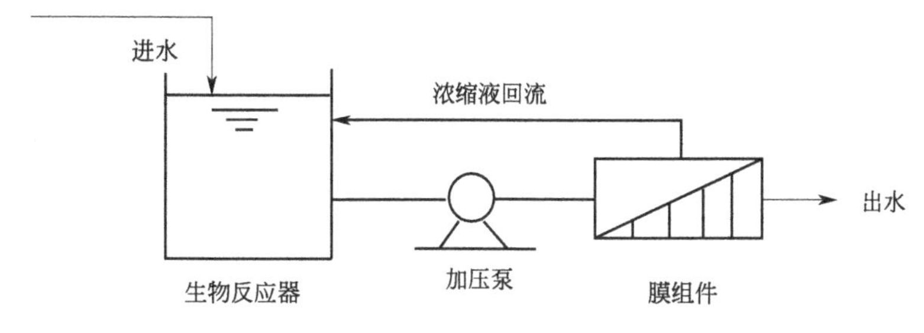

图 3.28　分置式膜生物反应器工艺流程

（2）曝气膜生物反应器

在曝气膜生物反应器（membrane aeration bioreactor，MABR）中，采用透气性膜作为曝气扩散器，产生无泡曝气，用以提高供氧效率。同时膜可以作为生物反应器内微生物附着生长的载体。通过膜两侧氧的直接供给和营养物的扩散，达到有效降解有机物的目的，如图 3.29 所示。

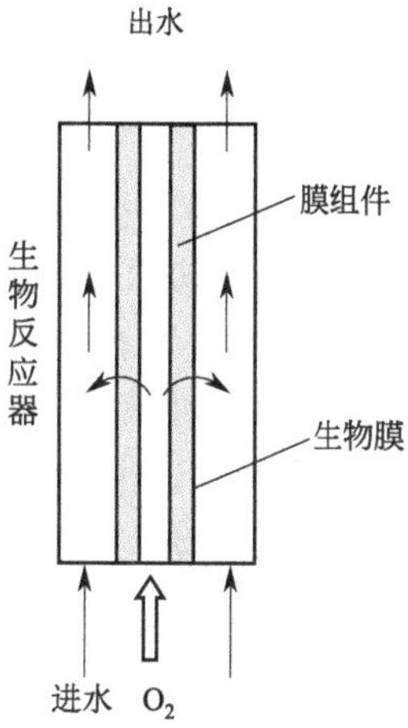

在该系统中，由于氧的无泡传递，供氧不能对混合液产生混合效果。通常混合液的混合通过循环泵、搅拌等来实现。这种曝气器可用于含挥发性有毒有机物或发泡剂的工业废水处理系统，膜曝气系统尤其适用于曝气池活性污泥浓度很高、需氧量很大的系统。

Cranfield 大学水科学院的研究证明，在高效硝化过程中氧的利用率可达到 100%。高浓度啤酒废水（2500mg/L COD）的中试设备处理试验证明，在完全混合和推流式的运行中能耗较低，初步试验达到的标准曝气动力效率为 $75kgO_2/(kW \cdot h)$，而活性污泥法用空气和纯氧曝气的普通曝气动力效率仅为 $0.6 \sim 5.5kgO_2/(kW \cdot h)$。膜曝气生物反应器在如此高的动力效率下，有机物的去除负荷率达到了 $27kgCOD/(m^3 \cdot d)$，去除率达 81%[9]。

图 3.29
曝气膜生物反应器

MABR 的构型有一体式和分置式两种，多数研究中采用一体化的 MABR。其运行方式有连续和间歇两种，通常仅有生物膜附着于膜上的 MABR 工艺以连续式运行，而附加支撑介质的工艺以间歇式运行。Kolb 等[10]于 1995 年描述了间歇式 MABR 与活性炭床联用处理废水中的 VOCs，其有机物和 2-氯酚的去除率分别为 $15.5kg/(m^3 \cdot d)$ 和 $20kg/(m^3 \cdot d)$。通过吸附 VOCs 的活性炭上的微生物降解，活性炭床能够确保每个循环开始时废水中的 VOCs 浓度降至微生物生存阀值以下。

MABR 工艺已用于处理各种废水，然而多数研究表明该工艺尤其适用于处理需氧量高的废水、可生物降解性的 VOCs 单池生物膜系统及同时硝化或降解有机碳的废水。MABR 工艺的特点是：氧的利用率高，有机物去除负荷率高，占地少，但是基建费用高，操作复杂，目前尚未有实际规模的应用实例。

（3）萃取膜生物反应器

1994 年，英国学者 Livingston 研究开发了萃取膜生物反应器（extractive membrane bioreactor，EMBR）。EMBR 利用膜将工业废水中的有毒污染物萃取后对其进行单独的生物处理，如图 3.30 所示。在该系统中，废水与活性污泥被膜隔开，废水在膜腔内流动，与微生物不直接接触。通过硅树脂或其他疏水性膜选择性地将工业废水中的有毒污染物萃取并传递到好氧生物相中，在生物反应器内被微生物吸附降解。由于膜的疏水性，废水中的水及其

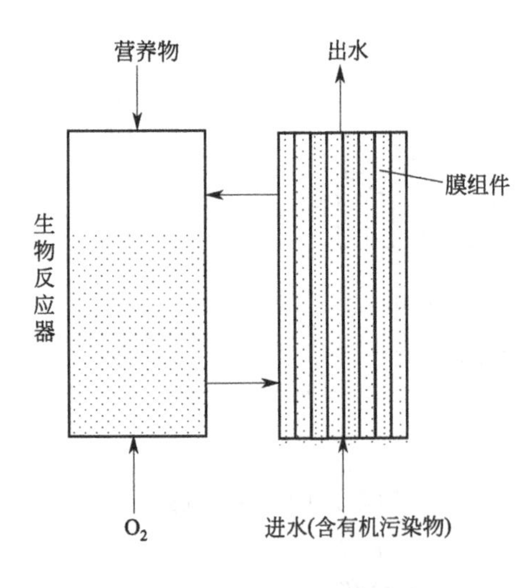

图 3.30 萃取膜生物反应器

他无机物不能透过膜向活性污泥中扩散。反应器的混合液与废水之间通过浓度梯度的作用，污染物不断从废水透过膜进入生物反应器。为促进生物反应器内有机物的降解，有时需要向生物反应器添加一些无机营养成分。

萃取膜生物反应器适用于萃取和处理废水中的优先污染物，特别适用于以下情况：废水酸碱度高、盐浓度高或含有毒生物难降解有机物，不宜使废水与微生物直接接触处理；废水含有挥发性物质，采用传统的生物处理工艺易随曝气气流挥发。

英国 Andrew Livingston 及其研究组在帝国理工学院已成功应用这种 EMBR 从具有高盐度和 pH 的极端有害工业废水中萃取和降解有毒的挥发性有机污染物，如氯乙烯、氯苯、氯胺和甲苯。英国的一些工厂包括 Hillstone ICI 及 Urethone 进行了 EMBR 中试设备的运行试验[11]。

随着膜/废水界面上生物膜的生长，有人在 EMBR 中采用超滤膜从废水中分离缺乏生物性营养物的液态有毒化合物，废水中的污染物质通过生物膜沿反方向扩散到营养物溶液中(含磷酸盐缓冲液和矿物盐)，然后再通过膜，如 3-氯苯进水浓度为 470mg/L 时，去除负荷率为 0.24kg/(m^2 · d)，去除率为 99.5%。另外，Diels 等[12]于 1993 年用 EMBR 工艺来提高 Cd 和 Zn 的生物吸收及用于以后的再生和浓缩，膜为聚砜和 ZnO_2 的复合材料。

3.4.3.3 膜污染及其影响因素

膜污染是膜生物反应器运行过程中不可避免的，一旦系统投入运行，将发生不同程度的膜污染。影响膜生物反应器中膜污染的主要因素有：膜固有性质、生物反应器内混合液性质和膜组件的操作条件等。国内关于膜污染的机理已有较多论著，本书不再做详细介绍。

3.4.3.4 膜生物反应器应用

工业化的 MBR 工艺于 20 世纪 70 年代末首先出现于北美，80 年代初出现在日本，90 年代欧洲开始引入好氧 MBR 工艺。

由于膜生物反应器具有的独特优点，其在污水处理中得到了越来越广泛的应用，各大公司都致力于开发研制占地面积小、处理效率高的膜生物反应器。目前已经大量生产、得到工业规模应用的膜生物反应器主要有 Kubota、Zenon、Orelis、USF、Membratek、Wehrle Werk 公司生产的六种产品。这些产品各具特色，分布适用于不同的污水处理。表 3.2 列出了世界主要膜公司商品化 MBR 的特性。

表 3.2 商品化 MBR 的特性

公司	国家	生物反应器	膜	MBR 构型	通量/[L/(m^2 · h)]
Kubota	日本	好氧	平板式	淹没式	25
Zenon	加拿大	好氧	中空纤维式	淹没式	30
Orelis	法国	好氧	平板式	分置式	100
USF	美国	好氧	管式	淹没式	40
Membratek	南非	厌氧	管式	分置式	40
Wehrle Werk	德国	好氧	管式	淹没式	100

不同的MBR工艺都需要一定的过膜压力（TMP）以满足不同方式渗透的需要，Kubota MBR是利用膜单元中的静水压力，即在正常的操作条件下，浸入一定深度处。ZenonGem MBR工艺和Kubota工艺在高负荷情况下，静水压和真空压共同作用于膜的渗透水一侧，而Orelis和Wehrle Werk工艺则控制浸入分置膜的压力。在好氧膜生物反应器的工程实际应用中，工程实例最多、处理规模最大和最成功的当属加拿大Zenon公司开发的Zee Weed淹没式膜生物反应器。

参考文献

[1] 高廷耀，顾国维，周琪主编. 水污染控制工程. 北京：高等教育出版社，1999.

[2] 王惠勇，刘胜发，王少华. AB法处理屠宰污水及中水回用. 环境与可持续发展 2007，5：33～35.

[3] 李暑荣. UNITANK工艺在制革废水处理中的实际应用. 中国水运，2010，10（5）：118～119.

[4] 罗颜荣，郑加利. 水解酸化-MSBR工艺处理制药废水的研究. 西南给排水，2007，29（6）：27～31.

[5] 李国炜. 氧化沟工艺在电子工业园区污水处理厂中的应用. 给水排水，2011，37（1）：22～26.

[6] 蒋展鹏主编. 环境工程学. 北京：高等教育出版社，2005.

[7] 张忠祥，钱易主编. 废水生物处理新技术. 北京：清华大学出版社，2004.

[8] 吴海珍，曹臣，吴超飞，任源，吴锦华，韦朝海. 水解/好氧双流化床工艺处理百事可乐生产废水. 中国给水排水，2010，26（22）：64～68.

[9] 任南琪，赵庆良主编. 水污染控制原理与技术. 北京：清华大学出版社，2007.

[10] Kolb F R，Wilderer P A. Activated Carbon Membrane Biofilm Reactor for the Degradation of Volatile Organic Pollutants. Water Science and Technology. 1995，31（1）：205～213.

[11] 王宝贞，王琳主编. 水污染治理新技术——新工艺、新概念、新理论. 北京：科学出版社，2004.

[12] Diels L，Van Roy S，Mergeay M，Doyen W，Taghavi S. and Leysen R. Immobilization of bacteria in composite membranes and development of tubular membrane reactors for heavy metal recuperation. Proc. 3rd Intnl. Conf. Effective Membrane Processes. 1993，3：275～293.

第 4 章

高浓度有机工业废水厌氧生物处理技术

4.1 厌氧生物处理技术的发展

厌氧生物法是一种既节能又产能的废水处理工艺。随着工业飞速发展和人口不断增加，能源、资源和环境问题日趋严重，人们认识到采用厌氧生物处理工艺处理有机废水和有机废物的重要性。经过各国学者的不断研究和所取得的进展，厌氧生物法不仅可处理高浓度有机废水，而且能处理中低浓度的有机废水，是符合可持续发展原则的治理废水途径。

4.1.1 厌氧生物处理理论发展

4.1.1.1 厌氧消化的阶段性

厌氧消化过程是一个连续的微生物学过程，根据所含微生物的种属及其反应特征的不同，可分为几个主要阶段，每个阶段的微生物种群不完全相同，有其各自的明显特征。厌氧消化的过程先后提出了两阶段、三阶段和四阶段理论。下面分别简单加以介绍。

(1) 两阶段理论

厌氧消化最早提出的是两阶段理论，这一理论认为厌氧消化包括酸性发酵和产甲烷两个阶段。

酸性发酵阶段是指微生物在分解有机物过程中产生大量的有机酸，主要是挥发性脂肪酸（VFA）和醇，使发酵环境中 pH 值下降，呈现酸性。

产甲烷阶段则是指微生物分解第一阶段产生的有机酸和醇，通过无氧呼吸产生 CH_4、CO_2、H_2S 等，使发酵环境中 pH 值上升，此时，水中的 pH 值可提高到 7～8。参与这一阶段的细菌为严格厌氧菌，主要是产甲烷细菌。因为产甲烷细菌代谢速率很慢，故这一阶段需要较长的时间。

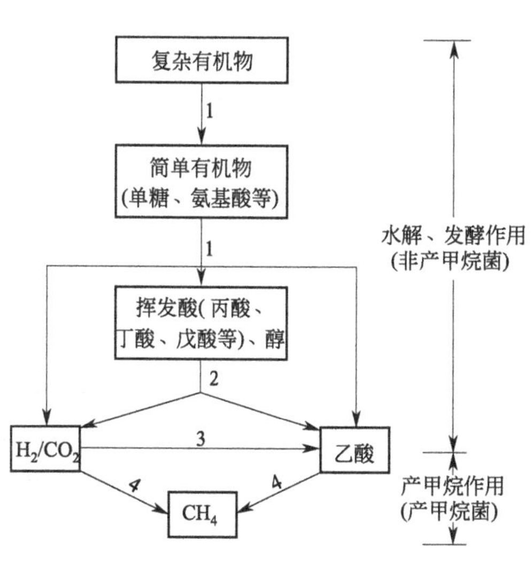

图 4.1 有机物厌氧降解步骤

1—发酵细菌；2—产氢产乙酸菌；3—同型产乙酸菌；4—产甲烷菌

(2) 三阶段理论

在后来的研究中发现在酸性发酵阶段中有较为明显的产氢和产乙酸现象，故将这个阶段独立出来，分为三阶段，即：水解酸化、产氢产乙酸和产甲烷。

(3) 四阶段理论

布莱恩特（Bryant）于 1979 年提出了四阶段理论（图 4.1），这一理论提出了一个独立的同型产乙酸阶段，目前应用较多。

第一阶段：水解酸化阶段。这一阶段是水解和发酵菌群将复杂有机物如纤维素、淀粉等水解为单糖后，再酵解为丙酮酸；将蛋白质水解为氨基酸，脱氨基成有机酸和氨；脂类水解为各种低级脂肪酸和醇，例如乙酸、丙酸、丁酸、长链脂肪酸、乙醇、二氧化碳、氢、氨和硫化氢等。

第二阶段：产氢产乙酸阶段。这一阶段是产氢和产乙酸细菌把第一阶段的产物进一步分解为乙酸和氢气。这一阶段的微生物群落为产氢、产乙酸细菌，这群细菌只有少数被分离出来。此外，还有将第一阶段发酵的三碳以上的有机酸、长链脂肪酸、芳香族酸及醇等分解为乙酸和氢气的细菌和硫酸还原菌。

第三阶段：同型产乙酸阶段。这是同型产乙酸细菌将 H_2 和 CO_2 转化为乙酸的过程。这一阶段在厌氧消化中的作用目前仍在研究中。

第四阶段：产甲烷阶段。这一阶段的微生物是两组生理特性不同的专性厌氧的产甲烷菌群。一组是将 O_2 和 CO_2 合成 CH_4 或 CO 和 H_2 合成 CH_4；另一组是将乙酸脱羧生成 CH_4 和 CO_2。或利用甲酸、甲醇、及甲基胺裂解为 CH_4。

4.1.1.2 微生物学基础

厌氧消化过程是由一系列发酵反应组成的，这些反应是由几大类群不同种类的细菌组成的微生物群落共同完成的。这些细菌可以分为四个类群，即水解和发酵细菌、产氢产乙酸细菌、同型产乙酸细菌、产甲烷细菌。另外还有硫酸盐还原菌等其他微生物。

(1) 发酵细菌群

这一菌群有专性厌氧的梭菌属（*Clostridium*）、拟杆菌属（*Bacteriodes*）、丁酸弧菌属（*Butyrivivrio*）、真细菌（*Eubacterium*）、双歧杆菌属（*Bifidobacterium*）、革兰阴性杆菌，兼性厌氧的有链球菌和肠道菌。

以工业废水或废弃物为发酵原料时，可能含有酚、氰、苯甲酸、长链脂肪酸和重金属离子等，这些物质对产甲烷细菌有毒害作用。但产酸发酵菌群中有许多种类能裂解苯环，有些菌还能以氰化物作为碳源和能源，这些作用不仅解除了它们对产甲烷细菌的毒害，而且同时给产甲烷细菌提供了底物。此外，产酸发酵菌群的代谢产物硫化氢，可以和一些重金属离子作用，生成不溶性的金属硫化物沉淀，从而解除了一些重金属的毒害作用。

(2) 产氢产乙酸菌群

产氢产乙酸细菌（简记 HPA）可将第一阶段产生的 VFA 和醇转化为乙酸、H_2/CO_2。这类细菌大多为发酵细菌，亦有专性产氢产乙酸菌（obligate H_2-producing acetogens，简记 OHPA），包括脱硫弧菌（*Desulfovibio desulfuricans*）、普通脱硫弧菌（*Dvulgaris*）、梭菌属（*Clostridium* sp.）等。

产氢产乙酸过程均受氢分压调控，产丙酸、丁酸、乙醇分别在氢分压为 0.01kPa、0.5kPa 和 30kPa 以下时产氢产乙酸过程才能自发进行，否则为耗能过程，代谢过程受阻，导致发酵代谢产物（如丙酸）的积累，造成酸化，使整个厌氧处理失败。

(3) 同型产乙酸菌群

同型产乙酸菌（home-acetogens，简记为 HOMA）可将 CO_2 或 CO_3^{2-} 通过还原过程转化为乙酸。同型产乙酸菌可以利用 H_2/CO_2，因而可保持系统中较低的氢分压，有利于厌氧发酵过程的正常进行。这一菌群有伍迪乙酸杆菌（*Acetobacterium woodii*）、威林格乙酸杆菌（*A. wieringae*）、乙酸梭菌（*C. aceticum*）、甲酸乙酸化梭菌（*C. formicocaceticum*）、乌氏梭菌（*C. magnum*）等。

(4) 产甲烷菌群

产甲烷细菌（methanogen）这一名词是 1974 年由 Bryant 提出的，目的是为了避免这类细菌与另一类好氧性甲烷氧化细菌（aerobic methano-oxidizing bacteria）相混淆。产甲烷细菌利用有机物或无机物作为底物，在厌氧条件下转化形成甲烷。而甲烷氧化细菌则以甲烷为碳源和能源，将甲烷氧化分解成 CO_2 和 H_2O。

产甲烷细菌是一个很特殊的生物类群，属古细菌。这类细菌具有特殊的产能代谢功能，可利用 H_2 还原 CO_2 合成 CH_4，亦可利用一碳有机化合物和乙酸为底物。在沼气发酵中，产甲烷细菌是沼气发酵微生物的核心，其他发酵细菌为产甲烷细菌提供底物。产甲烷细菌也是自然界碳素物质循环中，厌氧生物链的最后一组成员，在自然界碳素循环的动态平衡中具有重要作用。

(5) 硫酸盐还原菌

硫酸盐还原菌的作用是将 SO_4^{2-} 还原为 H_2S。在无氧条件下，主要有两类硫酸盐还原菌以 SO_4^{2-} 为最终电子受体，无芽孢的脱硫弧菌属（*Desulphovibrio*）和形成芽孢的脱硫肠状菌属（*Desulphotomaculum*）均为专性厌氧，化能异养型。大多数硫酸盐还原菌不能利用葡萄糖作为能源，而是利用乳酸和丙酮酸等其他细菌的发酵产物。乳酸和丙酮酸等作为供氢（电子）体，经无 NAD^+ 参与的电子传递体系将 SO_4^{2-} 还原为 H_2S。

像脱硫弧菌（*Desulfovibrio desulfuricans*）等硫酸还原菌在缺乏硫酸盐，有产甲烷菌存在时，能将乙醇和乳酸转化为乙酸、氢气和二氧化碳，与产甲烷菌之间存在协同联合作用。

4.1.1.3 生物化学基础

厌氧系统中降解有机物的主要四类细菌在反应器运行过程中，表现出转化底物的不同规律性。

(1) 发酵细菌的产酸发酵作用

水解发酵细菌可将各类复杂有机物在分解、发酵前首先进行水解。其功能和代谢过程主要为以下方面：a. 水解发酵细菌将有机聚合物（如多糖类、脂肪、蛋白质等）水解成有机单体（单糖、有机酸、氨基酸等）；b. 发酵细菌将有机单体转化为 H_2、CO_2、乙醇、乙酸、丙酸、丁酸等。

(2) 产氢产乙酸菌的产氢产乙酸过程

产氢产乙酸细菌能将产酸发酵第一阶段产生的丙酸、丁酸、戊酸、乳酸和醇类等，进一步转化为乙酸，同时释放分子氢，产氢产乙酸反应主要在产甲烷相中进行。产乙酸过程的一些反应可见表 4.1。

表 4.1 产氢产乙酸菌的生化反应

底物	反应式	$\Delta G^{\ominus}$①/(kJ/mol)
乙醇	$CH_3CH_2OH+H_2O \longrightarrow CH_3COOH+2H_2\uparrow$	+19.2
丙酸	$CH_3CH_2COOH+2H_2O \longrightarrow CH_3COOH+3H_2\uparrow+CO_2\uparrow$	+76.1
丁酸	$CH_3CH_2CH_2COOH+2H_2O \longrightarrow 2CH_3COOH+2H_2\uparrow$	+48.1
戊酸	$CH_3CH_2CH_2CH_2COOH+2H_2O \longrightarrow CH_3CH_2COOH+CH_3COOH+2H_2\uparrow$	+69.81
乳酸	$2CH_3CHOHCOOH \longrightarrow CH_3COOH+CH_3CH_2COOH+CO_2\uparrow+H_2\uparrow$	−4.2

① 反应的标准吉布斯自由能。pH=7，25℃，1.013×10^5Pa。

由表 4.1 可看出，在标准条件下除乳酸外，乙醇、丙酸、丁酸和戊酸的 $\Delta G^{\ominus}$ 均为正值，所以都不会被产氢产乙酸菌降解。但氢气浓度的降低可将上述反应导向产物方向。在运转良好的产甲烷相反应器中，氢的分压一般不高于 10Pa，平均值约为 0.1Pa。当作为反应产物的氢的分压（p_{H_2}）如此之低时，则上表中反应的实际自由能 ΔG 成为负值，各种酸和乙醇被产氢产乙酸菌群利用得以降解。但由于各反应所需自由能不同，进行反应的难易程度也就不一样。

图 4.2 为产酸相三大发酵类型的主要产物乙醇、丁酸和丙酸转化为乙酸时氢分压 p_{H_2} 与 ΔG 的关系（氢分压的单位为大气压）。可见当氢分压小于 0.15 时，乙醇即能自动进行产氢

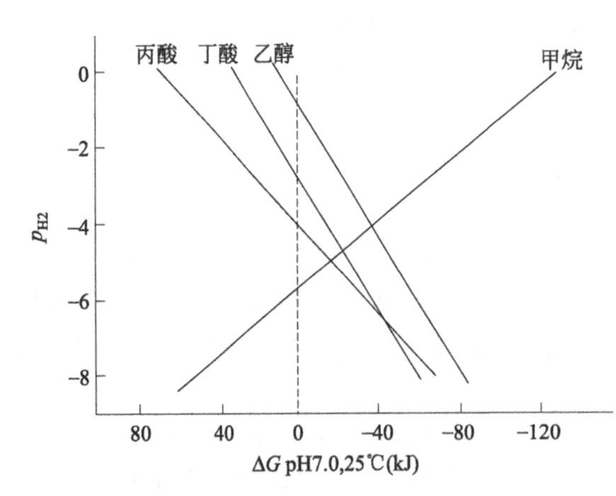

图 4.2 氢分压 p_{H_2} 对乙酸形成及甲烷形成时自由能的影响

乙醇、丁酸和丙酸反应物的浓度各为 1mmol/L，HCO_3^- 的浓度为 50mmol/L，甲烷的分压（p_{CH_4}）为 0.5 大气压

产乙酸反应，丁酸必须在氢分压小于 2×10^{-3}下才能进行，而丙酸则要求更低的氢分压（9×10^{-5}）。在厌氧消化系统中，降低氢分压的工作必须依靠甲烷细菌来完成。

图 4.2 也表明了在由氢和二氧化碳形成甲烷时自由能的变化。可见，通过甲烷细菌利用分子态氢以降低氢分压，对产氢产乙酸细菌的生化反应起着重要的调控作用。产氢产乙酸菌群可能是严格厌氧菌或是兼性厌氧菌，目前被分离并鉴定的氧化乙醇、丁酸、丙酸的主要有以下几个菌种。

① S′菌株　S′菌株可将乙醇转化为乙酸和分子氢，其反应如下：

$$CH_3CH_2OH+H_2O \rightleftharpoons CH_3COOH+2H_2$$
$$\Delta G^{\ominus}=+19.2\text{kJ/反应}$$

② 沃尔夫互营单胞菌（*Syntrophomonas wolfei*）　该菌能氧化 4～8 个碳的直链脂肪酸和异庚酸。该菌通过 β-氧化分解丁酸为乙酸和氢，再由与其共生的甲烷细菌将其转化为甲烷。反应如下：

$$CH_3CH_2CH_2COOH+2H_2O \longrightarrow 2CH_3COOH+2H_2$$
$$\Delta G^{\ominus}=+48.1\text{kJ/反应}$$

③ 沃林互营杆菌（*Syntrophobacter wolinii*）　该菌是一种不能运动、不形成芽孢的中温专性厌氧细菌。在氧化分解丙酸盐时能形成乙酸盐、H_2 和 CO_2：

$$CH_3CH_2COOH+2H_2O \longrightarrow CH_3COOH+3H_2+CO_2$$
$$\Delta G^{\ominus}=+76.1\text{kJ/反应}$$

以上三种细菌的代谢产物（乙酸和氢）进一步被甲烷细菌转化为甲烷：

$$CH_3COOH \longrightarrow CH_4+CO_2 \qquad \Delta G^{\ominus}=-31\text{kJ/mol}$$
$$4H_2+CO_2 \longrightarrow CH_4+2H_2O \qquad \Delta G^{\ominus}=-135.6\text{kJ/mol}$$

在以上互营系统中，一旦甲烷细菌因受环境条件的影响而放慢对分子态氢的利用速率，其结果必须放慢产氢产乙酸细菌对丙酸的利用，接着依次是丁酸和乙醇。这也说明了厌氧消化系统一旦发生故障时，为什么经常出现丙酸积累的原因所在。

(3) 同型产乙酸菌的产乙酸作用

同型产乙酸菌能将糖类转化为乙酸，就此而言，它实际上是发酵细菌；但与此同时，它又能将 H_2 和 CO_2 转化为乙酸，这是它区别于其他发酵细菌的重要标志，也是成为独立的一种细菌类群的基本原因。据测定，这类细菌在下水污泥中的数量为 10^5～10^6 个/mL。常见的同型产乙酸菌多为中温性的。

$$2CO_2+4H_2 \rightleftharpoons CH_3COO^-+2H_2O+H^+$$
$$\Delta G^{\ominus}=-15.9\text{kJ/molCO}_2$$

产酸相反应器中同型产乙酸菌能够生存的条件，毫无疑问与生境中存在可利用的 H_2 有关。当产酸相中产生的 H_2 不能及时得以释放，往往给同型产乙酸菌创造了生存的条件，从生态平衡角度来看，同型产乙酸菌的存在也为产氢细菌的生存创造了有利条件。此外，同型产乙酸菌利用氢的过程是一个产能过程，这也刺激了如图 4.3 所示的同型产乙酸菌的合成代谢。从热力学角度来看，作为把产氢和同型产乙酸过程集为一身的细菌，同型产乙酸过程也不失为一个产能的佳径。

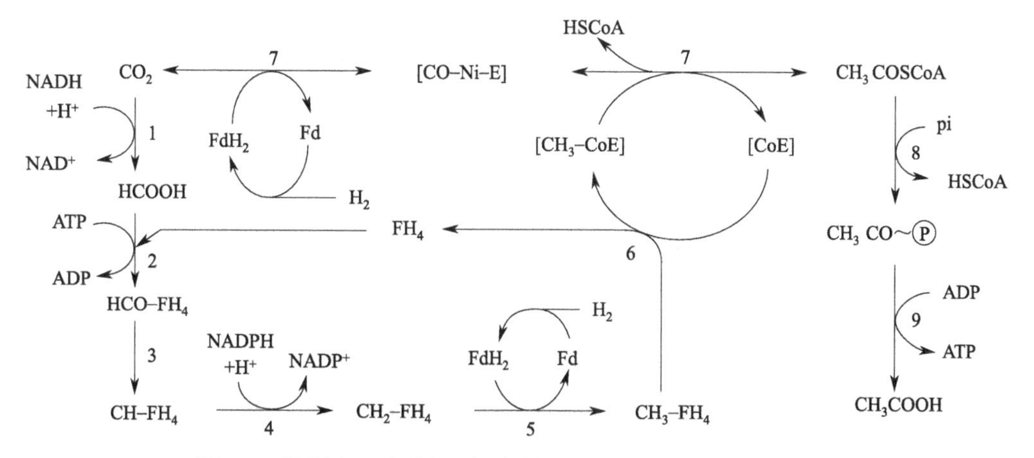

图 4.3 同型产乙酸过程（细胞内）利用 H_2/CO_2 合成乙酸途径

1—甲酸脱氢酶；2—甲酰四氢叶酸合成酶；3—次甲基甲氢叶酸环水解酶；4—亚甲基四氢叶酸脱氢酶；5—亚甲基甲氢叶酸还氧酶；6—甲基转移酶；7—一氧化碳脱氢酶；8—磷酸转乙酰基酶；9—乙酸激酶；FH_4—四氢叶酸；Fd—铁氧还蛋白；Co—辅酶甲基类咕啉；Ni-E—含镍未知辅酶

(4) 产甲烷菌的产甲烷作用

产甲烷菌是两相厌氧生物处理系统中参与有机物厌氧消化过程的最后一类也是最重要的一类菌群。产甲烷细菌最突出的生理学特征，也许是它们末端的分解代谢特性。尽管不同类型产甲烷菌在系统发育上有很大的差异性，然而作为一个类群，它们只能够利用如表 4.2 所列的几种简单的能源和碳源化合物，即 H_2/CO_2、甲酸、甲醇、甲胺和乙酸。

表 4.2 不同产甲烷菌的基质、代谢产物及自由能

反　应	产　物	$\Delta G^{\ominus}$④ /(kJ/molCH_4)	细　菌
$4H_2+HCO_3^-+H^+$	CH_4+3H_2O	−135	大多数产甲烷细菌
$4HCO_2^-+H^++H_2O$	$CH_4+3HCO_3^-$	−145	许多氢营养型产甲烷细菌
$4CO+5H_2O$	$CH_4+3HCO_3^-+3H^+$	−196	甲烷杆菌 甲烷八叠球菌
$2CH_3CH_2OH+HCO_3^-$①	$2CH_3COO^-+H^++CH_4+H_2O$	−116	一些氢营养型产甲烷细菌
$CH_3COO^-+H_2O$	$CH_4+HCO_3^-$	−31	甲烷八叠球菌和甲烷丝菌
$4CH_3OH$	$3CH_4+HCO_3^-+H_2O+H^+$	−105	甲烷八叠球菌 其他甲基营养型产甲烷细菌
$4(CH_3)_3\text{-}NH^++9H_2O$②	$9CH_4+3HCO_3^-+4NH_4^++3H^+$	−76	甲烷八叠球菌 其他甲基营养型产甲烷细菌
$2(CH_3)_2\text{-}S+3H_2O$③	$3CH_4+HCO_3^-+2H_2S+H^+$	−49	一些甲基营养型产甲烷细菌
CH_3OH+H_2	CH_4+H_2O	−113	斯氏甲烷球形菌 甲基营养型产甲烷细菌

① 利用包括异丙醇的其他短链醇。
② 利用包括二甲胺和甲胺的甲基化胺。
③ 也利用甲硫醇。
④ $\Delta G^{\ominus}$值引自 Thauer 等资料。

产甲烷相中产生甲烷的过程如下。

① 由酸和醇的甲基形成甲烷

$$^{*}CH_3COOH \longrightarrow {}^{*}CH_4 + CO_2$$

$$4\ {}^{*}CH_3OH \longrightarrow 3\ {}^{*}CH_4 + CO_2 + 2H_2O$$

这一反应过程是由 Stadtman 和 Barker 及 Pine 和 Vishnise 分别于 1951 年和 1957 年用 ^{14}C示踪原子试验证明的。

② 用 H_2 使 CO_2 还原形成甲烷

$$CO_2 + 4H_2 \longrightarrow CH_4 + 2H_2O$$

4.1.2 厌氧生物处理工艺发展

4.1.2.1 厌氧反应器的发展

在厌氧生物处理技术长期的发展过程中，由于科技的发展程度以及厌氧技术本身存在的局限性，如厌氧处理出水 COD 浓度高于好氧处理，需要后处理才能达到较高的排放标准；厌氧微生物对有毒物质较为敏感；厌氧反应器初次启动较为缓慢等，厌氧生物处理技术的发展较好氧生物处理技术起步晚而且发展较为缓慢，但是以下几方面突出的优点却得到各国的认可及重视：a. 厌氧法处理污水可直接处理高浓度有机废水，耗能少，运行费用低；b. 污泥产率低；c. 对营养物的需求量小；d. 可回收沼气，具有较好的经济效益；e. 具有较强抗冲击负荷能力及稳定性；f. 厌氧系统规模灵活，设备简单，易于制作，无需昂贵的设备等。

厌氧生物处理技术最初的研究是从处理人类粪便开始，已有 120 多年的历史。1881 年，法国科学家 Mouras 发明了处理污水的自动净化器（Automatic Scasenger），这是人工厌氧处理废水的开始。随后，在 1890 年，第一个厌氧滤池建成；在 1895 年 Donald 建成了第一个厌氧化粪池；1906 年 Imhoff 池（又称隐化池或双层沉淀池）设计成功。1910～1950 年间，传统的消化池（conventional digestor），又称普通消化池的二级消化池以及安装有加热设备和集气装置的密封式消化池进一步发展，出现了厌氧澄清器（anaerobic claridigestor）、厌氧接触法（anaerobic contact process）等工艺，这些反应器被称为第一代厌氧反应器。由于厌氧微生物生长缓慢、世代时间长，需要反应器有足够长的停留时间，才能满足厌氧微生物的生长条件。第一代厌氧反应器无法将污泥停留时间和水力停留时间分开，大大增加了反应器的容积和占地面积，提高了建设费用。

20 世纪 70 年代以来，随着能源问题的突出，大量关于高效节能的废水处理新工艺的研究与开发工作大大推动了厌氧处理技术的发展。厌氧生物处理技术因为其高效的污染物处理能力和可回收沼气能源而备受关注。

1967 年 J. C. Young 和 P. L. McCarty 开发了厌氧滤池（anaerobic filter），并获得了广泛的应用。1974 年 Wageningen 农业大学的 G. Lettinga 等成功开发了升流式厌氧污泥层（upflow anaerobic sludge blanket，简称 UASB）反应器，这就是对废水厌氧生物处理具有划时代意义的 UASB 反应器。在随后的几年里，厌氧膨胀床（anaerobic expended bed）、厌氧流化床（anaerobic fiudized bed）、厌氧生物转盘（anaerobic rotating biological reactor）和厌氧折流板反应器（anaerobic baffled reactor）相继出现。这些工艺的共同特点就是可以将固体停留时间和水力停留时间相分离，使得反应器内固体停留时间可以长达上百天，而处理高浓度污水的水力停留时间则从过去的几十天缩短为几天，甚至几小时。提高了厌氧处理系统的高效性，称之为第二代厌氧反应器。

20 世纪 80 年代里，一批新的高效厌氧处理工艺不断从上述工艺中派生出来，如复合厌氧反应器（upflow anaerobic bed-filter，简称 UBF）、USR（upflow solid reactor）、EGSB

(expended granular sludge bed) 和内循环厌氧反应器 (internal circulation，简称 IC) 等。称之为第三代厌氧反应器。这些新颖厌氧处理工艺的开发，打破了过去认为厌氧处理工艺处理效能低，需要较高温度、较高废水浓度和较长停留时间的传统观念，可适应不同的温度和不同的浓度，广泛地用于处理高浓度和低浓度废水的实际生产中。

4.1.2.2 两相厌氧生物处理工艺

要维持传统的单相厌氧反应器的正常、高效的运行，就必须在一个反应器内维持发酵和产酸细菌和产甲烷细菌这两类特性迥异的细菌之间的平衡，即要保证由前者所产生的有机酸等产物能够及时有效地被后者所利用并最终转化为甲烷和二氧化碳等无机终产物，否则，就会造成反应器内有机酸的积累，严重时就会导致反应器内 pH 值的下降，进一步对产甲烷细菌的活性和代谢能力产生不利影响，甚至会导致严重的抑制作用，导致厌氧反应器出现“酸化现象”[1]。

由于产甲烷细菌对环境条件的要求远高于发酵和产酸细菌，而且产甲烷细菌的生长速率又远低于发酵和产酸细菌，因此在运行传统的单相厌氧反应器时，一般首先按照产甲烷细菌的要求来选择运行条件，而且还会采取一些措施来尽量维持两者之间的平衡。因此可以说，在传统的单相厌氧反应器的运行中，在一定程度上牺牲了第一阶段细菌的部分功能，以保证产甲烷细菌能处在最佳的环境条件下。如在国外绝大多数的厌氧反应器都会采取加热和保温的措施，以保证反应器内的温度处在产甲烷细菌的最佳温度范围内，即 35～37℃ (中温运行的反应器) 或者是 55～65℃ (高温运行的反应器)；为了确保反应器内的 pH 值是被控制在产甲烷细菌的最适范围内 (6.8～7.2)，一般的厌氧反应器都设置了在线 pH 值控制装置将反应器内的 pH 值控制在所设定的范围之内。

设计者也会选择其他方式来尽可能地保证反应器的正常运行，一般主要有两个措施：

① 降低设计负荷，这样可以保证反应器在相对较低的负荷下稳定运行，两大类细菌之间的平衡也相对较为容易保持，但是这样一来却增大了反应器的容积和基建投资；

② 增加进水中的投碱量，使反应器内维持较高的碱度，保证反应器内的 pH 值维持在产甲烷细菌所要求的范围内，但是这样增加了反应器的运行费用。

两相厌氧生物处理工艺在一定程度上克服了单相反应器的上述缺陷，在工艺上有了很大的变革。两相厌氧生物处理技术的研究，早期主要集中在应用动力学控制法实现相分离方面，所采用的试验装置多为完全混合反应器。试验结果表明，控制水力停留时间或有机负荷能够成功地实现相分离。20 世纪 80 年代，视产甲烷阶段为系统的限速步骤而从微生物学、动力学等角度开展研究，寻求系统高效处理的条件。从国内外的两相厌氧系统研究所采用的工艺形式看，主要有两种：一种是两相均采用 UASB 反应器；一种是称作 Anodek 工艺，其特点是产酸相为接触式反应器 (即完全式反应器后设沉淀池，同时进行污泥回流)，产甲烷相则采用 UASB 反应器。国内常采用前一方式，国外常采用后者。关于何种废水适合于采用两相厌氧生物处理工艺，观点不一。Massey 和 Pohland[2] 认为适用于可溶性底物较多的废水；Kisaalita 等[3] 认为对于易于酸化的有机废水 (如含乳清和乳糖等) 采用两相处理工艺更易于控制运行的稳定性；而 Hobson[4] 则认为如果发酵的第一步是聚合物的水解，则两相工艺是不可行的，因为转化需要延长停留时间。总之，普遍认为两相厌氧生物处理工艺适合于处理易酸化的可溶性有机废水。任南琪教授[5] 根据研究提出，复杂的有机污染物 (包括剩余活性污染) 的发酵确需较长的时间，限速步骤往往为产酸阶段，但采用相分离技术，创造有利于发酵细菌的生态环境，无疑会提高系统的处理能力，相对缩短水力停留时间，使之优于单相厌氧生物处理工艺。

在废水两相厌氧生物处理系统中，产酸相反应器能否为后续的产甲烷相提供适宜和稳定的底物，对产甲烷相的物质代谢速率乃至整个厌氧系统的高效稳定运行至关重要。有关研究表明，水力停留时间（HRT）、有机物浓度、污泥龄、有机负荷、pH、温度、氧化还原电位（ORP）等生态因子对产酸相的末端发酵产物组成都有明显的影响。任南琪等[5]通过长期的连续流试验运行发现，产酸相末端发酵产物的分布，完全决定于上述各种生态因子综合作用下出现的一些优势种群的个体代谢特点，即当产酸相环境最适合某一种群的生长繁殖时，这一种群就会很快在与其他种群的竞争中取胜并成为优势种群，此时优势种群所进行的生理代谢总体表现为以某种挥发性脂肪酸（如丙酸、丁酸、乙酸）和醇类（如乙醇）为主的发酵类型群。一般可将产酸相的菌群代谢途径根据稳定期的末端产物组成分为三种类型，即丁酸型发酵、乙醇型发酵和丙酸型发酵。

研究认为，产酸相形成何种发酵类型主要受限制性生态因子 pH 值、ORP 和温度等多个因素的制约，任南琪和刘艳玲等[6]发现，在温度恒定、不调进水 pH 值的情况下，发酵类型与反应器启动伊始接种污泥的微生物种类和污泥浓度、启动时的污泥负荷、容积负荷大小以及负荷的提高方式等紧密相关。从生理生态学观点分析，环境中生态因子的改变都会对生境中的微生物产生影响，这将导致微生物体内的生理代谢反应发生变化以适应生境中生态因子的改变，其结果表现为代谢产物组成乃至发酵类型的改变。从上述各发酵类型的典型产物的组成及不同发酵类型的形成过程分析，不同发酵类型的典型产物形成并稳定决定于不同生态因子下形成的优势种群的总体代谢特征。当生态因子发生某种改变时，即使是发酵类型没有发生根本性的改变，这些发酵优势种群亦将因机体内生理代谢的调节过程而引起各种末端发酵产物的转化率发生改变。近几年来，研究工作集中在末端发酵产物的分析和控制，利用微生物学、传质动力学、生理学、生态学等手段，人为调控产酸相的发酵类型，提供给产甲烷相最适的底物，从而提高系统的整体处理水平。

就本质而言，两相厌氧生物处理系统仍是一个人工创建的微生物生态系统，使两大类微生物分别在各自最佳条件下发挥其最大的代谢能力，从而使整个工艺达到更好的处理效果，扩大厌氧处理工艺的处理能力和提高工艺的运行稳定性。随着现代高效厌氧消化技术的兴起和发展，两相厌氧消化工艺受到人们越来越多的重视，得到了多方面的研究和应用。

4.2 悬浮生长厌氧处理工艺及反应器

厌氧活性污泥以絮体或颗粒状悬浮于反应器液体中生长，称为悬浮生长厌氧反应器。第一代厌氧反应器中传统消化池、高速消化池、厌氧接触法等即属于此类反应器，第二代和第三代反应器中 UASB、EGSB、IC 和 USR 等也属于悬浮生长厌氧反应器。本节主要介绍目前广泛应用于处理高浓度废水的工艺的第二代和第三代厌氧反应器。

4.2.1 升流式厌氧污泥床反应器

4.2.1.1 工艺构造和基本原理

UASB 反应器是荷兰学者 Lettinga 等在 20 世纪 70 年代初开发的。目前广泛地应用于工业有机废水的处理，成为高效厌氧处理废水设备之一。

如图 4.4 所示。UASB 反应器可分为三个主要区域：底部布水系统，反应区以及顶部的气-液-固三相分离区。UASB 反应器不配备回流污泥装置，本身配有气-液-固三相分离装置，从而有效地滞留污泥，在运行过程中能形成具有良好沉降性能的颗粒状污泥，反应器内可以维持很高的生物量，平均浓度可达80gSS/L。同时，反应器的SRT很大，HRT很小，使得反应器有很高的容积负荷率和处理效率，运行稳定性良好。

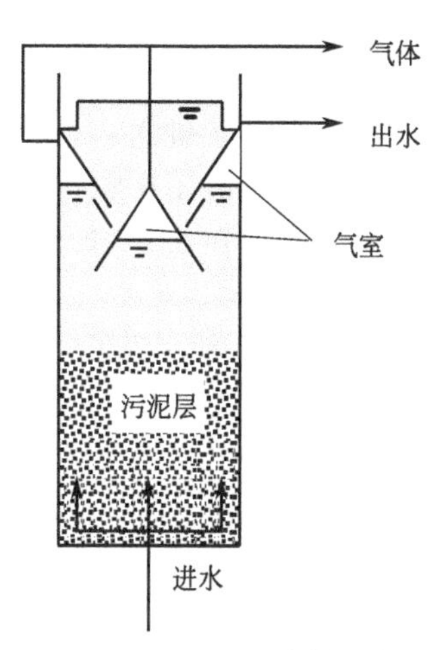

图 4.4 UASB反应器示意

UASB的下部是浓度很高并具有良好沉降性能和絮凝性能的颗粒污泥层，形成污泥床。污水从反应器下部通过布水系统被尽可能均匀地引入反应器底部，污水向上通过污泥床。厌氧反应发生在废水与污泥颗粒的接触过程。污泥中的微生物分解废水中的有机物，把有机物转化为沼气，沼气以细小气泡形式不断放出，并在上升过程中不断融合，逐渐形成较大气泡。在反应器本身所产沼气的搅动下，污泥床上部的污泥处于浮动状态，因而不需要外加搅拌系统，就能达到污水与污泥良好地混合。一般浮动高度可达2m左右，该层污泥浓度较低，称为污泥悬浮层。

4.2.1.2 工艺运行特性

Lettinga等认为，在处理完全溶解性废水时，污泥颗粒化的UASB反应器的高度可采用10m或更高，其好处是反应器占地面积小，配水系统造价低，配水比较均匀。对于部分溶解性废水，反应器高度不能太高。对于浓度较低废水如生活污水，反应器可取3～5m。对于COD浓度超过3000mg/L的废水，反应器高可采用5～7m。

UASB反应器的运行效果主要取决于反应器内形成的颗粒污泥，颗粒污泥形成需要时间较长，难度较大。污泥颗粒化的机理目前尚不十分清楚，至今尚未有一种较为完善的理论来阐明厌氧颗粒污泥形成的机理，快速形成颗粒污泥的条件一直是研究的主要焦点。以下为形成颗粒污泥的主要条件。

① 废水性质　根据文献报道，处理甜菜制糖废水、土豆加工废水、酒精废水、甲醇废水、屠宰废水、啤酒废水及柠檬酸废水等，均可培养出颗粒污泥。一般处理糖类废水易于形成颗粒污泥，脂类废水和蛋白质废水以及有毒难降解废水则较难培养出颗粒污泥，或不能培养出颗粒污泥。要求废水的C∶N∶P约为200∶5∶1，否则要适当进行调节。投加补充适量的铁、钴、镍等微量元素有利于提高污泥产甲烷活性，因为这些元素是产甲烷辅酶重要的组成部分，可加速污泥颗粒化过程。投加Ca^{2+} 25～100mg/L，有利于带负电荷细菌相互粘接从而有利于污泥颗粒化。

② 污泥负荷率　影响污泥颗粒化进程最主要的控制条件是可降解有机物污泥负荷率。当污泥负荷率达0.3kgCOD/(kgVSS·d)以上便能开始形成颗粒污泥。当污泥负荷率达到0.6kgCOD/(kgVSS·d)时，颗粒化速率加快，所以当颗粒污泥出现后，应迅速将污泥COD负荷率提高到0.6kgCOD/(kgVSS·d)左右水平，利于颗粒化进行。

③ 水力负荷率和产气负荷率升流条件　升流条件是UASB反应器形成颗粒污泥的必要条件，代表升流条件的物理量是水流的上升流速和沼气的上升流速，即水力负荷率和产气负荷率。Hulshoff Pol[7]等把两者作用的综合称为系统的选择压（selection pressure）。选择压对污泥床产生沿高度（水流）方向的搅拌作用和水力筛选作用。定向搅拌作用产生的剪切力使微小的颗粒产生不规则的旋转运动，有利于丝状微生物的相互缠绕，为颗粒的形成创造一个外部条件。水力筛选作用能将微小的颗粒污泥与絮体污泥分开，污泥床底聚集比较大的颗粒污泥，密度较小的絮体污泥进入悬浮层区，或被淘汰出反应器。废水从底部进入，使得颗粒污泥首先获

得足够的食料而快速增长，有利于污泥颗粒化的实现。Lettinga一直强调水力筛选作用。

④ 碱度 碱度对于厌氧污泥颗粒化有重要影响。刘安波[8]在研究以啤酒废水为基质培养颗粒污泥的关键之一是维持进水碱度大于1000mg/L（以$CaCO_3$计）。刘双江[9]认为构成碱的化学组分并不影响污泥的颗粒化，维持一定碱度的作用在于它的缓冲作用，确保反应器的pH值维持在6.5～7.5范围。他以葡萄糖为基质，形成颗粒污泥的最低碱度为750mg/L（以$CaCO_3$计）。

⑤ 接种污泥 为了使反应器内快速实现污泥颗粒化，投加一定量的接种物是必要的。一般要求接种污泥具有一定的产甲烷活性。资料表明，厌氧消化污泥（包括城市污水处理厂污泥消化池污泥、沉淀池消化污泥、化粪池污泥等）是较好的接种污泥。其他凡存在厌氧菌的污泥，如河底污泥、沼气池污泥、厌氧塘底泥等，也可作为接种污泥。接种污泥仅仅是作为"种子"，而颗粒污泥的产生是建立在新繁殖厌氧菌的基础上，即使采用颗粒污泥作为种泥，在处理不同性质的废水时，颗粒污泥的微生物组成和构造也要发生变化。只有当颗粒污泥接种到处理同类废水的反应器时，颗粒污泥才能立即发挥作用。有资料显示，处理同类废水时，当接种量为反应器容积的1/4～1/5时，反应器经过两周左右的运行就能达到设计负荷。

⑥ 环境条件 要严格厌氧，温度控制在35～40℃或50～55℃之间，pH值保持在7～7.2之间。在控制以上条件的情况下，高温55℃运行100d，中温30℃运行160d，低温20℃运行200d，颗粒化污泥才能培养完成。一般来说，温度越高，实现污泥颗粒化所需时间越短，但温度过高或过低都不利于培养颗粒污泥。

颗粒化污泥培养成熟的标志为：颗粒污泥大量形成，反应器呈现两个污泥浓度分布均匀的反应区，即污泥床和污泥悬浮层，其间有比较明显的界限；颗粒污泥沉降性能良好，颗粒呈球状、杆状或不十分规则的黑色颗粒体；球状颗粒污泥直径多为0.1～3mm，个别大的有5mm；颗粒污泥密度1～1.05g/L；颗粒污泥在光学显微镜下观察，呈多孔结构，内部有相当大比例的自由空间，为气体和底物的传质提供通道；颗粒污泥表面有一层透明胶状物，其上附有甲烷八叠球菌，而且占优势，中间层有甲烷丝状菌，另外还有球菌和杆菌。成熟的颗粒污泥，产甲烷细菌应占40%～50%。反应器在颗粒污泥培养成熟后就可稳定运行，UASB反应器一般不适合于处理高浓度悬浮固体废水，进水的TSS应控制在500mg/L以下。

4.2.1.3 工艺研究和应用现状

UASB反应器是废水厌氧生物处理工艺中比较先进的一种，它能滞留高浓度活性很强的颗粒污泥（平均浓度达30～40g/L），使处理负荷大幅度提高，可达7～15kgCOD/(m^3·d)。同时，又不需要污泥沉淀分离、脱气、回流污泥等辅助设备，能耗较低，因而得到广泛应用。目前，世界上已有众多的UASB反应器投入运行，其运行特性见表4.3[10]。

表4.3 国内外部分UASB反应器运行特性

废水名称		进水COD/(mg/L)	温度/℃	反应器容积/m^3	负荷/[kgCOD/(m^3·d)]	HRT/h	COD去除率/%
国外	啤酒	1000～1500	20～24	1400	4.5～7.0	5.6	75～80
	酒精	4000～5000	32～35	700	11.5～14.5	8.2	92
	玉米淀粉	10000	40	800	15	18.3	99.1
	造纸	3000	30～40	1000	10.5	8～10	75
	纸浆	1000	26～30	2200	4.4～5.0	55.5	70～72
	制药	25000	30～35	800	11.8	48	93
	甜菜制糖	4000～5200	30～34	200	14～16	6～8	87～95

续表

废水名称		进水 COD /(mg/L)	温度 /℃	反应器容积 /m^3	负荷 /[kgCOD/(m^3 · d)]	HRT /h	COD 去除率 /%
国内	啤酒	2000	25	6.55	4.3		80
	酒精	19000～28000	38～41	24	22.3		90.8
	屠宰	1000～1900	<25	20	4.5		70～80
	棉纺漂染	5000～11000	35～37	13	3.5～5		57

许多学者进行了关于 UASB 的设计和工程实践的研究，出版了多部相关的专业书籍，可作为进一步工程应用的参考。

4.2.2 内循环（IC）反应器

4.2.2.1 工艺构造和基本原理

实践证明，为了防止升流速率太大使悬浮固体大量流失，UASB 反应器在处理中低浓度（1.5～2.0gCOD/L）废水时，反应器的进水容积负荷率一般限制在 5～8kgCOD/(m^3 · d)，以免由于产气负荷率太高而增加紊流造成悬浮固体的流失。为了克服这些限制，荷兰 Paques BV 公司开发了一种内循环（internal circulation，IC）反应器，IC 反应器在处理中低浓度废水时，反应器的进水容积负荷率可提高至 20～24kgCOD/(m^3 · d)，处理高浓度有机废水时，进水容积负荷率可提高到 35～50kgCOD/(m^3 · d)。

IC 反应器的基本构造如图 4.5 所示，其特点是具有很大的高径比，一般可达 4～8，反应器的高度可达 16～25m。在外形上看，IC 反应器实际上是个厌氧生化反应塔，是由两个上下重叠的 UASB 反应器串联组成的。由下面第一个 UASB 反应器产生的沼气作为提升的内动力，使升流管与回流管的混合液产生密度差，实现下部混合液的内循环，使废水获得强化预处理。上面的第二个 UASB 反应器对废水继续进行后处理，使出水达到预期的处理要求。

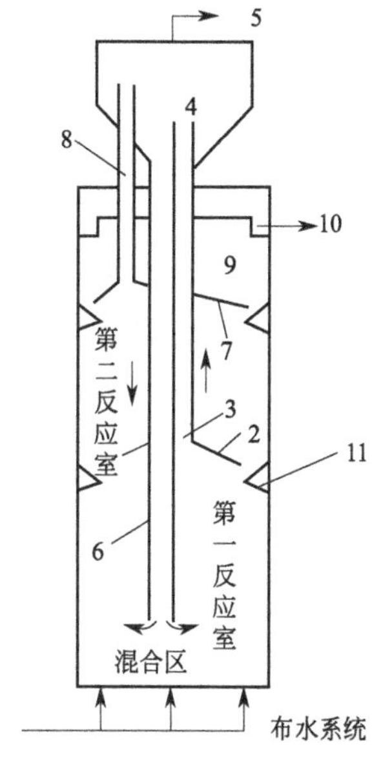

图 4.5 IC 反应器的基本构造示意

1—进水；2—一级三相分离器；3—沼气提升管；4—气液分离器；5—沼气排出管；6—回流管；7—二级三相分离器；8—集气管；9—沉淀区；10—出水管；11—气封

4.2.2.2 工艺特点

一般来说，与 UASB 反应器相比，在获得相同处理效率的条件下，IC 反应器具有更高的进水容积负荷率和污泥负荷率，IC 反应器的平均升流速率可达处理同类废水 UASB 反应器的 20 倍左右。在处理低浓度废水时，HRT 可缩短至 2.0～2.5h，使反应器的容积更加小型化。处理同类废水时，IC 反应器的高度为 UASB 反应器的3～4 倍，进水容积负荷率为 UASB 的 4 倍左右，污泥负荷率为 UASB 的 3～9 倍。

目前已经建成了许多生产性 UASB 装置，所以 IC 反应器启动时可采用 UASB 反应器的颗粒污泥作为接种污泥。UASB 反应器颗粒污泥演变为 IC 反应器的颗粒污泥，一般要经过一到两个月才能实现。IC 反应器用 UASB 反应器颗粒污泥接种后，由于 IC 反应器的剪切力较大，接种的大颗粒被剪切为小颗粒，反应器生物量并没有随时间减少。如果没有颗粒污泥接种而采用絮体污泥接种，则启动初期只能采用低负荷运行，待自行培养出颗粒污泥后，再逐步提高负荷，这样启动时间会大大延长。目前荷兰 Paques BV 公司的 IC 反应器均采用 UASB 反应器的颗粒污泥接种。如果采用处理相同废水的 IC 反应器污泥接种则更为理想，可缩短启动时间。

IC 反应器具有很多优点。

① 具有很高的容积负荷率　由于 IC 反应器存在内循环，第一反应区有很高的升流速率，传质效果良好，污泥活性很高，处理高浓度有机废水，如土豆加工废水，当 COD 为 10000～15000mg/L 时，进水容积负荷率可达 30～40kgCOD/(m^3・d)。处理低浓度有机废水，如啤酒废水，当 COD 为 2000～3000mg/L 时，进水容积负荷率可达 20～50kgCOD/(m^3・d)，HRT 仅 2～3h，COD 去除率可达 80%左右。

② 节省基建投资和占地面积　IC 反应器的有效体积仅为 UASB 反应器的 1/4～1/3，所以可显著降低反应器的基建投资，非常适用于占地面积紧张的厂矿企业。

③ 靠沼气提升实现内循环，不必外加动力　厌氧流化床和膨胀颗粒污泥床的流化是通过出水回流由泵加压实现强制循环的，因此必须消耗动力。而 IC 反应器以自身产生的沼气通过绝热膨胀做功为动力，实现混合液的循环，不必另设泵进行强制内循环，从而节省能耗。

④ 抗冲击负荷能力强　处理低浓度废水（如啤酒废水）时，循环流量可达进水流量的 2～3 倍，处理高浓度废水（如土豆加工废水）时，循环流量可达进水流量的 10～20 倍。因为循环流量与进水在第一反应室充分混合，使原污水中的有害物质得到充分稀释，降低了有害程度，并可防止局部酸化，提高了反应器的耐冲击负荷的能力。

⑤ 具有缓冲 pH 能力　内循环流量相当于第一级厌氧的出水回流量，可利用 COD 转化的碱度，对 pH 起缓冲作用，使反应器的 pH 保持稳定。处理缺乏碱度的废水时，可减少进水的投碱量。

⑥ 出水稳定性好　IC 反应器相当于两个 UASB 反应器串联运行，第一反应室有很高的有机容积负荷率，相当于起“粗”处理作用，第二反应室具有较低的有机负荷率，相当于起“精”处理作用，一般情况下，两级厌氧处理比单级厌氧处理的稳定性好，出水也稳定。

4.2.2.3　工艺研究和应用现状

IC 工艺在国外的应用以欧洲较为普遍，运行经验也较国内成熟许多，不但已在啤酒生产、造纸、土豆加工等生产领域的废水上有成功应用，而且正在扩展其应用范围，规模也日益加大。1985 年，荷兰 PAQUES 公司建立了第一个 IC 中试反应器；1989 年，第一座处理啤酒废水的生产性规模的 IC 厌氧工艺投入运行，其反应器高 22m，容积 970m^3，进水容积负荷率达到 20.4kg/(m^3・d)。荷兰 SENSUS 公司也建造了 1100m^3 的 IC 厌氧工艺处理菊粉生产废水，而据估算，若采用 UASB 处理同样废水，反应器容积将达 2200m^3，投资及占地将大大增加。

国内沈阳、上海率先采用了 IC 厌氧工艺处理啤酒废水。表 4.4 总结了国内外部分 IC 反应器应用于处理不同废水的运行情况[11]。可见，IC 厌氧工艺在处理效率上的高效性和大的高径比，大大节省了占地面积和投资，有着很大的推广应用价值和潜力。

表 4.4　IC 反应器应用于处理不同废水的运行情况

企业名称	进水 COD /(mg/L)	负荷 /[kgCOD/(m^3・d)]	反应器高度 /m	反应器容积 /m^3	HRT /h	COD 去除率 /%
荷兰某土豆加工厂	6000～8000	48	15	100	5.6	85
荷兰 Roosendaal 菊苣加工厂	7900	31	22	1100	8.2	>80
法国 Sical 纸厂	650～2650	5～26	16	100	18.3	60～75

续表

企业名称	进水 COD /(mg/L)	负荷 /[kgCOD/(m³·d)]	反应器高度 /m	反应器容积 /m³	HRT /h	COD 去除率 /%
德国 Wepa 纸厂	1510～2920	9～20	20	385	8～10	58～74
德国 Europa Carton Ⅲ厂	1250～3515	9～24	24	465	55.5	90～95
中国江苏某柠檬酸厂	7000～12000	15	22	1560	48	81
中国浙江某酿酒厂	4500	—	12	35	6～8	>80
中国福建南纸股份有限公司	1850	—	—	—		87
中国沈阳华润雪花啤酒有限公司	4300	25～30	16	70	4.2	>80

4.2.3 膨胀颗粒污泥床（EGSB）反应器

4.2.3.1 工艺构造和基本原理

当采用 UASB 反应器处理低浓度有机废水时，由于进水 COD 浓度较低，产气量较低，而进水点的分布不可能很密，致使反应器的选择压较小，搅拌强度较小，污泥不能很好趋于悬浮状态，泥水接触不良，污泥床区往往存在较大死区。为了解决这个问题，Lettinga 等提出了提高反应器液体升流速率的办法，使颗粒污泥趋于膨胀状态，从而提高了废水与污泥之间接触的机会，加强了传质效果。EGSB 反应器是通过采用出水回流获得较高的表面液体升流速率，这种反应器的典型特征是具有较大的高径比，较大的高径比也是提高升流速率所需要的，EGSB 反应器液体的升流速率可达 5～10m/h，这比 UASB 反应器的升流速率（一般在 1.0m/h）高得多。

EGSB 反应器的构造与 UASB 反应器有相似之处，分为进水配水系统、反应区、三相分离区和出水渠系统。与 UASB 反应器不同之处在于，EGSB 反应器设有专门的出水回流系统，其构造如图 4.6 所示。

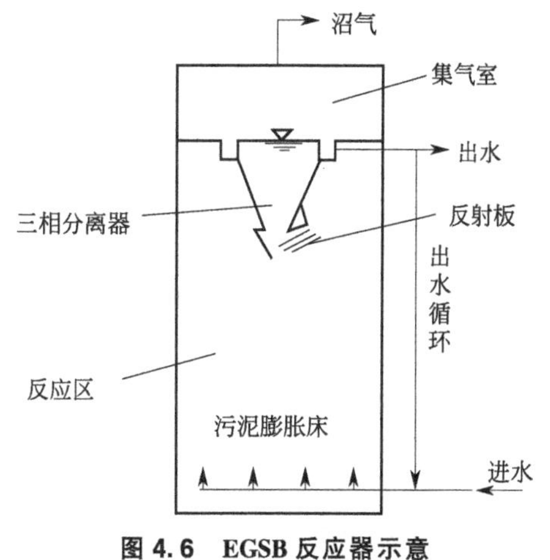

图 4.6 EGSB 反应器示意

4.2.3.2 工艺特点

EGSB 反应器作为一种改进型的 UASB 反应器，虽然在结构形式、污泥形态等方面与 UASB 非常相似，但其工作运行方式与 UASB 显然不同，高的液体表面上升流速使颗粒污泥床层处于膨胀状态，不仅使进水能与颗粒污泥充分接触，提高了传质效率，而且有利于基质和代谢产物在颗粒污泥内外的扩散、传送，保证了反应器在较高的容积负荷条件下正常运行。

EGSB 反应器的主要特点体现在以下几个方面。

① 结构方面　包括：a. 高径比大，占地面积大大缩小；b. 均匀布水，污泥床处于膨胀状态，不易产生沟流和死角；c. 三相分离器工作状态和条件稳定。

② 操作方面　包括：a. 反应器启动时间短，COD 有机负荷率可以高达 40kg/(m³·d)，污泥不易流失；b. 液体表面上升流通常为 2.5～6.0m/h，最高可达 10m/h，液固混合状态好；c. 反应器设有出水回流系统，更适合于处理含有悬浮性固体和有毒物质的废水；d. 由于上升流速大，有利于污泥与废水间充分混合、接触，因而在低温、处理低浓度有机废水有明显的优势；e. 以颗粒污泥接种，颗粒污泥活性高，沉降性能好，粒径较大，

强度较好。

③ 适宜范围 包括：a. 适合处理中低浓度有机废水；b. 对难降解有机物、大分子脂肪酸类化合物、低温、低基质浓度、高含盐量、高悬浮性固体的废水有相当好的适应性。

4.2.3.3 工艺研究和应用现状

(1) 工艺研究

S. Rebac 等[12]研究了反应器顶部和底部膨胀颗粒污泥的大小，认为污泥床内不同高度的颗粒大小分布与重力分离有关。EGSB 反应器的升流速率加强重力分离作用。相对地说，顶部的颗粒分布中小颗粒较多，而底部颗粒分布中大颗粒较多。他认为，从比基质降解速率和产甲烷活性而言，颗粒尺寸小的顶部污泥对乙酸盐和挥发性脂肪酸（VFA）混合物的降解活性要分别高 11%～40%和 20%～45%。显然，小颗粒中的产甲烷菌和产乙酸菌百分数远高于反应器底部的大颗粒。底部大颗粒污泥活性较低，这可能是由于存在着基质扩散的限制。

在处理低浓度有机废水时，废水中存在溶解氧，有人认为这会对厌氧菌造成危害。Lettinga 等[13]进行了脱氧和不脱氧两种低浓度有机废水的对比试验，结果表明，废水中带入 EGSB 反应器的微量溶解氧不会对厌氧菌产生危害。两种废水出水的氧化还原电位没有显著差别，均保持在－400mV 左右。

国内左剑恶等[14]进行了 EGSB 的小试研究，采用处理酒精废水的 UASB 反应器颗粒污泥接种，用 EGSB 反应器处理葡萄糖自配水，反应器高 1.8m，三相分离器容积 5.6L，总容积 12.6L，进水 COD 浓度 8000～9000mg/L，水温维持在 31～35℃，升流速率维持在 2.65～2.85m/h，回流比 6.3～13。进水的容积负荷率可达40kgCOD/(m^3 · d) 以上，COD 的去除率大于 95%以上，出水 COD 小于 500mg/L。颗粒污泥的最大比产甲烷活性为 332mLCH_4/(gVS · d)。

(2) 工艺应用

EGSB 反应器不仅适用于处理低浓度废水，也可处理高浓度有机废水。但在处理高浓度废水时，为了维持足够的液体升流速率，使污泥床有足够大的膨胀率，必须加大出水的循环流量，其回流比大小与进水浓度有关。一般进水 COD 浓度越大，所需回流比越大。

EGSB 反应器通过出水回流，使其具有抗冲击负荷的能力，使进水中的毒物浓度被稀释至对微生物不产生毒害作用，所以 EGSB 反应器可处理含有有毒物质的高浓度有机废水。出水回流可充分利用厌氧降解过程致碱物质（如有机氮和硫酸盐等）产生的碱度提高进水的碱度和 pH 值，保持反应器内 pH 值的稳定，减少了调整 pH 值的投碱量，有助于降低运行费用。

20 世纪 90 年代以来荷兰 Biothane System 公司推出了一系列工业规模的厌氧膨胀颗粒污泥床（商品名：Biobed EGSB）反应器，应用领域已涉及啤酒、食品、化工等行业。著名的荷兰喜力（Heineken）啤酒公司、丹麦嘉士伯（Carsberg）啤酒公司和中国深圳金威（Kingway）啤酒公司等都已是 EGSB 反应器的用户，截止到 2000 年 6 月世界范围内已经正常投入运行的 EGSB 反应器共计 76 座。实际运行结果表明，EGSB 反应器的处理能力可达到 UASB 反应器的 2～5 倍。从目前的世界厌氧反应器的工程实际来看，EGSB 厌氧反应器可以称得上是世界上处理效能最高的厌氧反应器。表 4.5 是几个典型的 EGSB 处理不同类型废水运行情况的例子[15]。

表 4.5 EGSB 处理不同类型废水的运行情况

序号	反应器容积/m^3	处理对象	温度	COD 负荷/[g/(L·d)]	水力负荷/[m^3/(m·h)]	应用国家
1	4×290	制药废水	中温	30	7.5	荷兰
2	2×95	发酵废水	中温	44	10.5	法国
3	95	发酵废水	中温	40	8.0	德国
4	275	化工废水	中温	10.2	6.3	荷兰
5	780	啤酒废水	中温	19.2	5.5	荷兰
6	1750	淀粉废水	中温	15.5	2.8	美国

4.2.4 序批间歇式厌氧反应器（ASBR）[16]

4.2.4.1 工艺构造和基本原理

序批间歇式厌氧生物反应器工艺是 20 世纪 90 年代由美国 Iowa 州立大学的Dague 等将 SBR 工艺用于厌氧生物处理过程中，开发的一种间歇供水、间歇排放、悬浮生长的处理系统——序批间歇式厌氧反应器（ASBR）。ASBR 同其他工艺一样，能够延长污泥在反应器内的停留时间（SRT），增加污泥浓度，提高厌氧反应器的负荷和处理效率。同时，大大缩短了废水在反应器内的水力停留时间（HRT），从而减小了反应器容积，有利于厌氧技术用于生产规模的废水处理，增强了厌氧系统的稳定性和对不良因素的适应性。

ASBR 工艺是一种以序批间歇运行操作为主要特征的废水厌氧生物处理工艺。它由一个或几个 ASBR 反应器组成。运行时，从废水分批进入反应器中，经与厌氧污泥进行混合接触、生化反应和沉淀，到净化后的上清液排出，完成一个运行周期。ASBR 工艺的一个完整运行周期依次分为四个阶段，即进水期、反应期、沉降期和排水期，如图 4.7 所示，进水阶段，废水进入反应器，用生物气、液体再循环或机械进行搅拌混匀，进水到刻度线为止。反应阶段，废水中的有机物被微生物进行代谢反应并转化为生物气而得以去除，厌氧反应以间歇搅拌的混匀方式进行。沉淀阶段，停止搅拌混匀，使生物体在静止的条件下沉降，使之固液分离，形成低悬浮固体含量的上清液，此时反应器变成澄清池。排水阶段，液固分离完成后，上清液排出，进行下一个循环。

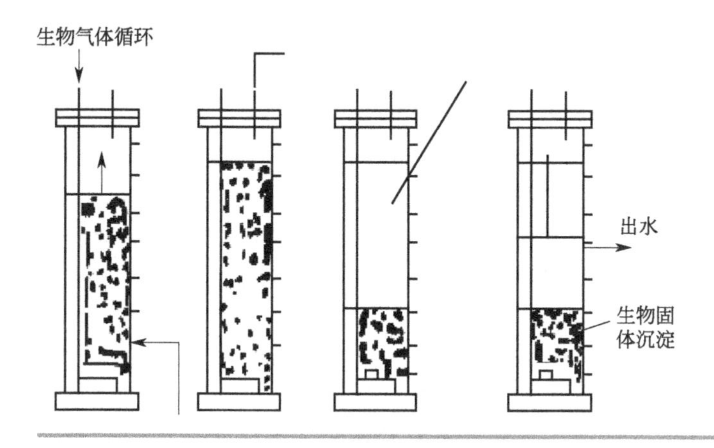

图 4.7 ASBR 工艺操作流程

4.2.4.2 工艺运行特性

ASBR 运行同 SBR 一样是周期性顺序操作，每个周期经历进水、反应、沉淀、出水 4

个阶段，不必设置空转期。

进水阶段使反应器内基质浓度骤然增高。由 Monod 动力学方程可知，在此条件下，微生物获得了进入代谢活动的巨大推动力，基质转化速率高，进水水量由预期的水力停留时间、有机负荷、期待的污泥沉降性能来确定。

反应阶段是有机质转化成生物气的最重要的阶段，这一阶段所需要的时间由基质的性质、要求的出水水质、微生物的浓度以及污水温度等多种因素决定。反应过程中可进行搅拌。

沉淀阶段停止搅拌以使泥水分离。反应器自身为澄清池，澄清需要的时间随着污泥的沉降性能不同而变化，一般需要 10～30min，污泥的沉降性取决于反应阶段终止时基质浓度与微生物量之比，即 F/M。

出水阶段是在有效的泥水分离之后进行的，出水阶段所需要的时间是由进水量与出水流速来控制的。出水阶段结束，则下一个周期的进水阶段立即开始。

ASBR 的运行特征是周期性序列间歇运行。反应器内 F/M 是变化的，其变化过程在时间上是一个推流过程。

污泥絮凝是 ASBR 工艺的重要特征。Dague 等早在 1996 年的试验中就发现在间歇运行过程中，厌氧生物污泥会发生絮凝，同时还发现 F/M 值是影响厌氧生物污泥絮凝的重要因素，即在低 F/M 值的情况下，污泥絮凝效果好，沉降速率快，出水中 SS 浓度很低。一般降低 F/M 值可能有两种措施：一是降低基质浓度；二是提高反应器内微生物量。一个连续进水的完全混合式反应器，在稳定状态下运行，微生物周围的基质浓度总是保持在一个恒定的值，也就是说 F/M 值是一个常数。在 ASBR 的运行中，基质浓度梯度大，进水阶段结束时，基质浓度可以比进水系统中任何时候的基质浓度都低，因此，在 ASBR 的运行条件下，生物污泥容易发生絮凝，以致颗粒化。

污泥颗粒化也是 ASBR 工艺的一个重要特征。颗粒化是指絮凝生物体逐渐转化成活性高、沉淀性能好的生物污泥颗粒的过程。Dague 的试验表明，在出水阶段向液面施加一定的压力可以促进颗粒化的进程。出水阶段一些沉淀性能差及离散状的微生物体会随出水流失，截留在反应器内的是比较密实的微生物絮体。经过一段时间的反复操作之后，反应器内的微生物主体是颗粒状污泥。

根据以上 ASBR 的工艺特征，可总结如下。

① 固液分离效果好，出水澄清　厌氧生物絮凝同好氧活性污泥法的模式类似，是由细菌对基质的有限浓度引起的，其中 F/M 起重要作用。在间歇操作的 ASBR 反应器中进水工序结束时，达到最高的 F/M 值，随着反应的进行，F/M 逐渐降低，反应工序结束排水时，F/M 值最低，产气量最小，易于固液分离。同时，ASBR 反应器沉淀时，没有进出水流的干扰，可以避免短流、异重流的出现，故出水水质好，优于其他厌氧连续流工艺。

② 运行操作灵活，处理效果稳定　该反应器在运行操作过程中，可根据废水水量和水质的变化，通过调整一个运行周期中各个工序的运行时间及 HRT、SRT 来满足出水水质的要求，运行操作灵活、处理效果稳定。

③ 工艺简单，占地面积少，建设费用低　ASBR 反应器集混合、反应、沉淀功能于一体，同 UASB 工艺相比，不需要复杂的气固分离系统和进水配水系统。

④ 耐冲击负荷，适应性强　ASBR 反应器在反应器本身的混合状态属于典型的完全混合式，相比推流式而言，反应器内有较高的 MLSS 浓度，F/M 值降低，反应器推动力大，耐冲击负荷，处理有毒或高浓度废水的能力强。

⑤ 温度影响小，适应范围广。

⑥ 污泥沉降性能好，活性高。

4.2.4.3 工艺研究和应用现状

ASBR 反应器能够在 5～65℃范围内有效运行，尤其是能够在低温或常温（5～25℃）下处理较低浓度（COD<1000mg/L）废水。处理 COD 为 600mg/L、BOD_5 为 285mg/L 的废水，温度范围在 20～25℃时，在所有的 HRT 下，SCOD 和 BOD_5 的去除率都大于 90%；在 15℃下，HRT=12～18h 时，SCOD 和 BOD_5 的去除率都大于 80%；5℃时，HRT=6d 下，SCOD 和 BOD_5 的去除率分别达 62%和 75%。美国已建立起 ASBR 反应器中试装置用来处理养猪废水，该系统能在 5～25℃范围内稳定与运行。目前还开发出高温（55℃）-中温（35℃）两段式 ASBR 反应器来处理含高悬浮固体的养牛场废水，并同中温-中温两段式 ASBR 反应器进行了比较。研究表明，在 HRT=3d 或 HRT=6d 时，挥发性悬浮物负荷率为 2g/(L·d)、3g/(L·d)、4g/(L·d) 下，两段 ASBR 反应器均能稳定运行，但高温-中温两段系统在总悬浮物、挥发性悬浮物、产气量及病原体去除方面优于中温-中温两段系统。在 VSS 负荷率为 2g/(L·d)、3g/(L·d)、4g/(L·d)，HRT 分别为 6d 和 3d 时，VSS 的去除率前者比后者高 8.0%～12.8%和 9.0%～14.6%。高温-中温两段式反应器二段的体积比对处理效果有影响，高温段与中温段反应器的体积比 1∶4 系统的处理效果优于1∶2 系统，从节省能源和降低处理费用方面考虑，高温段的体积越小越好，提高 ASBR 反应器的操作温度可大大减小 HRT，增大处理能力，在 65℃下操作，更有利于病原体的去除。

ASBR 工艺用于稀释后的低浓度屠宰废水和浓缩的高浓度乳品废水。屠宰废水的运行条件是：初始进水有机负荷 0.6gCOD/(L·d)，HRT 为 3.5～4.5d，进水 SS 为 5.6g/L，接着容积负荷每周增加 20%，经过 3.2 个月的运行后达到最大负荷率 6.1gCOD/(L·d)，HRT 为 0.625d，反应器内的 pH 值为 7～7.6，碱度总是维持在 1.5g$CaCO_3$/L，SS 高达 9.5g/L。实验结果表明，在启动阶段，反应器负荷率稳定在 4.5gCOD/(L·d)，总 COD 的去除率达 86%，溶解性 COD 去除率达 91%。乳品废水的运行条件为：接种后，有机负荷为 1.5gCOD/(L·d) 维持 15d，此后负荷率每周增加 20%。经过 2 个月的运行后最大负荷率达 6.25g/(L·d)，水力停留时间从初始的 12.8d 降到 3.2d 反应过程中，pH 值始终维持在 7～7.5 之间，碱度值始终高于 3g$CaCO_3$/L。实验结果表明，总 COD 去除率在 90%～97% 范围内，溶解性 COD 在 96%～99%范围内，出水 SS 浓度始终低于 1g/L。

废水中高浓度的 NH_3-N 和 NO_3^--N 能够影响 ASBR 反应器的正常运行。养猪场废水采用 ASBR 反应器进行处理，反应器容积为 85L。研究表明，在 22℃下，HRT 为 6d，有机负荷为 4gCOD/(L·d)，NH_3-N 浓度≤1500mg/L 时，对正常运行不造成影响。但当浓度 NH_3-N≥2000mg/L 时，系统运行效果明显下降。而在 NO_3^--N 浓度为 16～320mg/L 范围内正常运行，则不会因脱氮作用与甲烷化作用发生竞争而影响甲烷产量。

目前利用 ASBR 工艺处理城市垃圾渗滤液的研究比较多。土耳其 Harmandali 市的一个 1000t/d 垃圾填埋场，平均垃圾渗滤液量为 150m^3/d。废水中含有高浓度的有机物（TOC 为 5000mg/L），进水 COD 浓度在 3800～15900mg/L 范围内波动。ASBR 在未进行 pH 调节或任何预处理时能以较短的 HRT 处理高有机负荷的垃圾填埋场的渗滤液，COD 的去除率在 64%～85%，相比其他工艺，ASBR 工艺更能适应水量和水质的变化，适于新垃圾填埋场渗滤液的处理。

我国对于 ASBR 工艺的研究刚刚处于起步阶段，东南大学在国内率先开展对ASBR 反应器的研究。采用葡萄糖配制废水，考察充水时间和负荷率对出水水质的影响分析，测定结果见表 4.6。

表 4.6 ASBR 处理废水的部分研究结果

废水类型	有效容积/L	进水 COD/(mg/L)	运行温度/℃	水力停留时间/d	容积负荷/[kgCOD/(m·d)]	COD 去除率/%
人工配制葡萄糖配水	4	9000	中温	2.2	3.82	99
城市垃圾渗滤液	1	3800～14500	35±2	10～1.5	0.4～9.4	85～72
屠宰废水	41	11500～701	30	2	4.93	95

应用 ASBR 法能够处理谷物加工厂、蛋奶加工厂、垃圾填埋场、屠宰场等产生的废水，对流量、水质波动较大的废水及一些特殊废水，如苯酚废水等都能取得很好的处理效果。

4.2.5 移动式厌氧污泥床反应器（AMBR）[16]

4.2.5.1 工艺构造和基本原理

如图 4.8、图 4.9 所示，AMBR 反应器为一多隔室结构的矩形反应器，反应器至少设置三个隔室，其中中间隔室用于在改变流向前短时间进水以防止水流短流。反应器的两侧隔室均设有进水口和出水口，按设定的时间开启不同的进水口，整个反应器的运行由程序化定时器控制。

AMBR 反应器有两种不同的构造形式。图 4.8 为改进前反应器示意，这种反应器中间格室底部为一个圆形开孔（圆孔尺寸可以调整），这些圆孔可以促进生物体与底物的充分接触，保证生物体的迁移。在高有机负荷时，由于第一格室的生物气产量高，增强了反应器内的紊流程度，结果生物体迁移速率增加，此时可以通过增大圆孔尺寸来降低微生物固体的迁移速率。这种结构的反应器的设计水力停留时间（HRT）通常较高。图 4.9 为改进后的 AMBR 反应器示意，与图 4.8 所示反应器的不同之处在于，改进后相邻隔室中间设置一系列垂直安装的导流板来替代圆孔（导流板间距可调），使处理水在反应器内沿导流板做上下流动。借助于反应过程中产生的气体和间歇的轻微搅拌可使微生物固体在导流板形成的各个隔室内做上下运动，而整个反应器内的水流则做水平流动。这种结构上的改变，确保在水力停留时间（HRT）较短时降低污泥迁移速率以保证絮状污泥随出水冲出系统。反应器中水流为非上向方式，出水下进行循环，为促进颗粒污泥与水的充分混合，三个隔室中均设置污泥搅拌设施。另外，AMBR 反应器的上部空间并未分隔，在隔室的上部设有集气系统。系统出水口前设置挡板，以防止污泥流失。

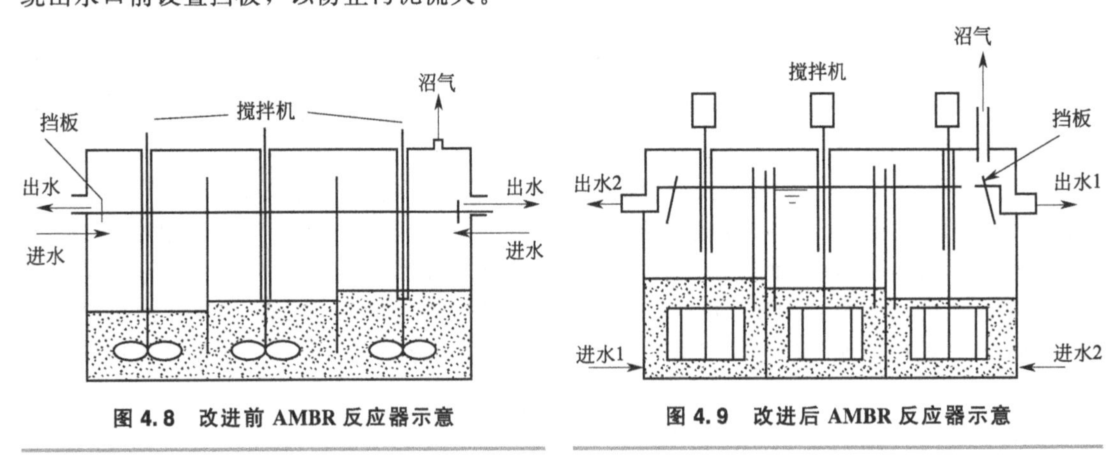

图 4.8 改进前 AMBR 反应器示意

图 4.9 改进后 AMBR 反应器示意

在 AMBR 反应器的运行过程中，废水以一定的流速水平进入反应器一端，依次经过第一隔室、中间隔室、最后隔室，从反应器另一端流出。AMBR反应器属于多隔室串联反应器，虽然整个反应器内的水流属于推流形式，但每个隔室由于机械混合、产气的搅拌作用而表现为完全混合的水流形态。因此，最后一隔室可以充当内部澄清池，起到泥水分离作用，又可以防止生物体随出水流失。反应器结构的特殊性使得在反应器各个隔室中形成性能稳定、种群分布良好的微生物群落，可适应于流经不同隔室的水流和水质情况，不同成分和性质的有机物被不同隔室中的不同类型微生物种群降解。为防止最后隔室生物体的过量积累，采取定期改变流向的措施，这样将最后一隔室变成第一隔室，起初的第一隔室又作为内部澄清池。在流向改变前进水先快速注入反应器的中间隔室，作为缓冲区，以免产生水流的短流。水流流向的定期改变促进絮状污泥在反应器内不断迁移，一方面增强了隔室中微生物与底物之间的混合接触，另一方面有利于沉淀性能良好的颗粒污泥的形成，可以将具有高活性、沉淀性能好的颗粒污泥截留在反应器内，并不断生长。

4.2.5.2 工艺运行特性

(1) 良好的水力条件

AMBR反应器特殊的结构和运行方式，使隔室中VFA的浓度和pH值沿反应器长度方向具有一定梯度值，导致第一隔室中微生物处于对数增长期，底物利用率最高，产生的生物气量最多，而最后隔室中微生物处于内源呼吸期，底物利用率最低，产生的生物气量最低，提高了颗粒污泥的沉降性能，因此最后隔室可以作为内部澄清池。从严格的动力学角度来看，这种整体上的推流流态，局部上的完全混合流态，对有机物的降解速率和处理效果要明显高于单个CSTR反应器，而且在一定的处理能力下所需的反应器容积比单个CSTR低得多。

① 水力运行周期的确定　AMBR工艺的水力运行周期（从进水到进水流向改变）可通过估算水力负荷或COD负荷率得到。采用水力负荷控制运行周期时，第一隔室中的生物量就成为控制周期长短的主要因素，而在高COD负荷率时，pH值和VFA的浓度就成为控制因素，因为VFA主要产生于第一室，随着VFA的积累会导致pH值的降低。因此，对于AMBR工艺来说，仅通过容易测定的污泥量和pH值就可以确定AMBR的运行周期，从而获得系统最佳的运行条件。

② 污泥迁移率的确定　AMBR工艺可以通过改变流向的频率来限制系统中的污泥量的迁移，尤其在高水力负荷或高COD负荷时。因为高COD负荷时，第一隔室中产生的甲烷增加了反应器中液体的扰动程度，加大了污泥迁移速率，这可以通过增加两个隔室底部孔径的尺寸或调节挡板的间距来降低生物量的迁移率，同时底部开孔可以延长系统的水力停留时间。当HRTs较短时，应调节隔室挡板的圆孔以减少污泥的流动和底物的短路循环，但应充分保证AMBR系统污泥的迁移速率，以使絮状污泥可以从系统中冲刷出去，而选择沉降性能好的颗粒状污泥被截留在反应器中。

(2) 颗粒污泥的优化

AMBR工艺通过定期改变流向，有效地防止了絮状污泥在最后隔室的积累，增强了反应器内污泥与废水之间的混合接触，可在较短的时间内形成沉淀性能良好的絮状污泥和颗粒污泥。Largus T. Angenent实验表明，在AMBR反应器的启动初期，污泥颗粒的平均粒径为0.78mm，MLVSS为6g/L，而试验结束时，污泥颗粒的平均粒径为0.74mm，MLVSS为16g/L。因此，保持AMBR反应器中颗粒污泥量的关键，在于整个反应器中的生物不断迁移。当絮状生物体相对于颗粒状生物体有较高的迁移速率时，就会有更多的絮状污泥迁移到最后一个隔室，而截留在反应器中的是活性较高的颗粒污泥，实现颗粒污泥的优化选择。因为沉淀性能差的絮状污泥相对于沉淀性能好的颗粒污泥易于从最后一个隔室冲刷出去，随絮状污泥的不断流失，反应器中就相对截留了大量沉淀性能好的颗粒生物体。这就说明沉淀性能好的生物体的培养选择是颗粒污泥优化选择的关键。

(3) 良好的微生物种群分布

以往的研究认为，两相厌氧处理系统中第一阶段的产酸条件对第二阶段的产甲烷反应器中颗粒污泥的生长有不良影响，所以水解/酸化和产甲烷过程最好完全分离。AMBR 工艺的分隔室结构使后续隔室中乙酸和氢的含量较低，从而为中间产物的降解提供了有利的条件。由于 AMBR 工艺定期改变水平流向，在改变流向前，反应器内不同隔室内的厌氧微生物呈现良好的种群分布，不同的隔室中存在适应流入该隔室废水水质的优势微生物种群，一般在第一隔室中产酸菌的活性更高，最后隔室中产甲烷菌占优势，提高了生物降解性。这归因于最后隔室对产酸菌絮状污泥的淘汰，而对沉淀性能好的生物体进行选择截留。Angenent 试验表明，在没有达到厌氧两相完全分离的情况下，AMBR 系统没有出现处理效果下降的现象。在出水不循环及不投加缓冲溶液的条件下，可使 pH 值保持在 6.7 以上，即使隔室中存在产酸菌，甲烷菌仍保持原有的活性。就甲烷菌而言，电镜分析表明，随隔室的推移，最后隔室中甲烷八叠球菌贫乏，而甲烷鬃毛细菌占有绝对优势。这样逐室的变化，使优势微生物种群得以良好的生长繁殖，废水中的不同污染物分别在不同的隔室中得到降解，因为具有良好的处理效能和稳定的处理效果。

AMBR 反应器特点总结如下：a. 运行方式灵活、结构简单，不需要气固分离系统和进水配水系统；b. 系统多采用隔室的结构，废水以推流式运行，反应过程中产生的难降解中间产物降解充分，出水中 VFA 含量低，出水水质好；c. 系统中废水水平流动，最后隔室可起到内部澄清池的作用，用于固/液分离；d. 水流方向的改变，可以防止污泥在最后隔室的积累，同时促进污泥的迁移，有助于颗粒污泥的形成，并可以起到对颗粒污泥的优化选择作用，同时改变水流方向，可创造产生甲烷的有利条件，反应过程不需投加缓冲液或出水循环；e. 系统耐冲击负荷能力强，对有机物的去除效果好，与其他厌氧处理工艺相比，甲烷产率高；f. 系统不需预酸化，即使在反应器中检测到酸化菌的存在，系统也不会出现污泥膨胀和污泥漂浮流失现象。

4.2.5.3 工艺研究和应用现状

AMBR 的研究工作主要集中在 Dague 课题组，该工艺处于小试的实验研究阶段中。该课题组首先在对 UASB、ASBR 和 AMBR 三个工艺进行平行研究的基础上分析 AMBR 工艺的性能，并在此基础上，将小试的反应器从 12L、20L 到 54L 逐渐扩大并系统地分析研究，得出如上几方面的性能特点。

试验所采用的原水为以葡萄糖为基质的配制废水，接种污泥为实验室 ASBR 反应器中的污泥，在 4℃的条件下培养，当 MLVSS 值为 6g/L 时可以投入运行。表 4.7 列出了三种反应器平行运行的试验结果。

表 4.7 AMBR、UASB 和 ASBR 三种反应器平行运行结果

性能参数	AMBR	UASB	ASBR
有机负荷/[gCOD/(L·d)]	22.6	19.5	18.6
日增加负荷/[gCOD/(L·d)]	0.19	0.19	0.18
出水 VFA/(mg/L)	190	120	360
SCOD 去除率/%	97	98	94
TOCD 负荷率/%	82	96	80

续表

性能参数	AMBR	UASB	ASBR
平均 MCOD 去除率/%	69.0	70.9	57.1
平均标准甲烷产率(SMPR)/[L/(L·d)]	5.4	4.8	3.7
MLVSS/(g/L)	14	12	30
出水 VSS/(g/d)	35.5	4.3	34.7
STR/d	5	—	10
(F/M)/[gCOD/(gVSS·d)]	1.6	1.6	0.4

从结果可以看出，在有机物的稳定去除方面，AMBR 反应器负荷在高达 25gCOD/(L·d) 时，对 SCOD 的去除率为 94.9%；当 COD 负荷为 30gCOD/(L·d) 时，SMPR（standard methane production rate）可达 6.5L/(L·d)。相比之下，ASBR 和 UASB 的最大 COD 负荷率低于 AMBR 反应器。ASBR 在最大 COD 负荷为 18.6g/(L·d) 时，对 SCOD 的去除率为 94%；SMBR 为 3.7L/(L·d)，对 MCOD 的去除率为 57.1%。UASB 在最大 COD 负荷率为 19.5g/(L·d) 时，对 SCOD 的去除率为 98%；SMPR 为 4.8L/(L·d)，对 MCOD 的去除率为 70.9%，出水 VFA 浓度为 120mg/L，较低的 VFA 值，表明了 UASB 工艺的稳定性。

4.3 固定生长厌氧处理工艺及反应器

微生物附着于固定载体或流动载体上生长，称为固定生长厌氧反应器。目前广泛应用的是该类反应器包括厌氧生物滤池、厌氧膨胀床及流化床、厌氧生物转盘等。

4.3.1 厌氧生物滤池

厌氧生物滤池是世界上使用最早的废水厌氧生物处理构筑物之一，采用了生物固定化的技术，使污泥在反应器内的停留时间（SRT）极大的延长。

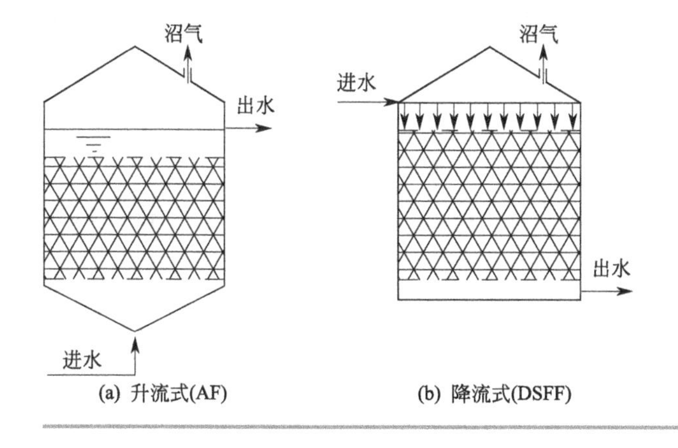

图 4.10
厌氧生物滤池的两种形式

厌氧生物滤池是一个内部填充有填料的厌氧反应器，构造如图 4.10 所示。填料浸没在水中，微生物附着在填料上，废水从反应器的下部（升流式）或上部（降流式）进入反应器，通过固定填料床，在厌氧微生物的作用下，废水中的有机物被厌氧分解，产生沼气。沼气气泡自下而上从滤池顶部释放，进入气体收集系统，净化后的水排出滤池外。

厌氧生物滤池的填料可以用砂粒、碎石、焦炭等，粒径一般为25～50mm，载体间要有一定的孔隙度，也可用各种形状的塑料制品做填料，如粒状、波纹状板和蜂窝状塑料，还可用软性材料做滤料。

厌氧滤池配水空间和滤料缝隙中极易生长悬浮的厌氧污泥，一方面增大了生物量，提高了有机容积负荷率，但同时容易堵塞，特别是在处理含悬浮物浓度高的有机废水，造成水头损失增大，污泥浓度沿滤池深度分布也不均匀。通常采取的措施是通过处理后的水回流，一方面降低了进水的有机物浓度和悬浮物浓度，增加系统的碱度，同时由于水流的冲刷，减小了堵塞的可能性。下向流式厌氧滤池出水从滤池底部排出，悬浮污泥和冲刷下来的生物膜会及时带出滤池，因而堵塞问题没有升流式滤池严重。为了克服堵塞问题，产生了有回流的厌氧滤池，也称完全混合式厌氧滤池工艺。完全混合工艺基本上消除了滤池底部堵塞的可能性，还可以对进水起到中和作用，减少中和剂用量。

有研究者采用有回流的厌氧滤池处理酒糟上清液。酒糟上清液为酸性，在其他各组试验中，研究者先将污水pH值调至7.0～7.4，试验结果表明，采用完全混合式，当回流比为1∶3时，原污水可以不加碱中和。但是，回流操作带来能耗增加，提高了日常运转费用。

为了避免堵塞，一些研究者通过从滤池内撤出部分填料，增加了悬浮性污泥量，也解决了厌氧滤池常见的堵塞问题。

为了适应含较高SS浓度的有机废水，国内外也对平流式厌氧滤池进行了研究，采用竖放的填料，这种结构可以截留污水中悬浮固体，并可使沉淀SS得到连续清除。整个系统不需要回流，能耗较低，但是目前已很少见到这种厌氧滤池。

一些学者研究了串联式厌氧滤池，认为采用多级串联有可能使设备的容积负荷率提高到8kgCOD/(m^3·d)，COD去除率达到90%。但也发现第一级滤池经过一段时间运行后容易发生堵塞，为了解决这个问题，提出了采用倒换法运行，即第一级滤池运行一段时间后倒换到最后一级。

4.3.2 厌氧膨胀床及流化床

固体流态化技术是一种改善固体颗粒与流体之间接触并使整个系统具有流体性质的技术，膨胀床和流化床就是化工中固体流态化技术在污水厌氧生物处理中的应用，近30年来得到了广泛的研究。从试验结果来看，由于流态化技术使得厌氧反应器传质得到强化，同时小颗粒生物填料具有很大的表面积，流态化避免了固定床生物膜反应器会堵塞的缺点，因此污水处理效率高，有机容积负荷率大，占地省。

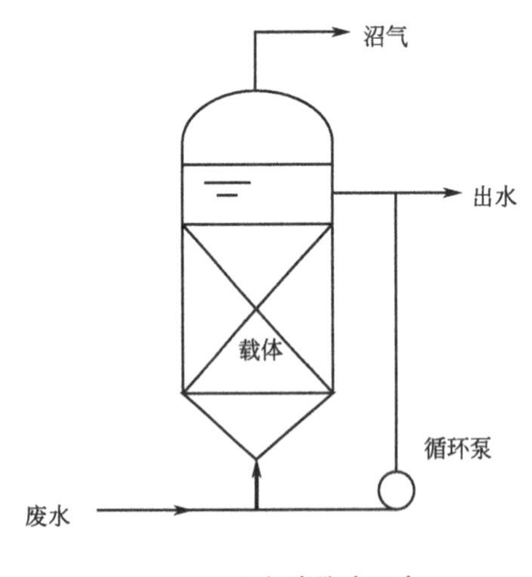

图4.11 厌氧膨胀床示意

膨胀床和流化床区别在于采用的水上升流速和生物填料在反应器中的膨胀率不同。在膨胀床系统中，一般采用较小的上升流速，使床层膨胀率在15%～30%之间，在该条件下，填料在水中处于部分流化阶段。而流化床填料颗粒膨胀达到50%以上。

厌氧膨胀床工艺是由美国康奈尔大学的Jewell等在1974年研制成功的。他认为采用膨胀床处理低浓度有机污水得以成功的关键在于反应器内活性生物量浓度高，达到30kg/m^3，出水悬浮固体浓度低于5mg/L。厌氧膨胀床示意见图4.11。

典型的厌氧膨胀床一般为圆柱形结构，装填的惰性颗粒填料占反应器容积的10%，填料采用砂、细小的石块、无烟煤、颗粒塑料等。为了节省能量，填料密度要小。厌氧微生物附着在填料上，粒径一般在0.3～3.0之间，比厌氧流化床填料颗粒稍大。为了使床层膨胀，要采用出水回流。在较大上流速率下，颗粒被水流提升，产生膨胀现象。厌氧膨胀床的优点是最大限度减少堵塞问题，实际运行中可通过调节回流泵的流量来控制床层膨胀率。

厌氧流化床构造见图4.12。典型的厌氧流化床进水在反应器底部，水流沿反应器横截面分布。为了使配水均匀，反应器下部的配水区设计非常重要。厌氧流化床的高速水流可以促使废水与填料上的生物膜密切接触，加速了污染物质的去除。

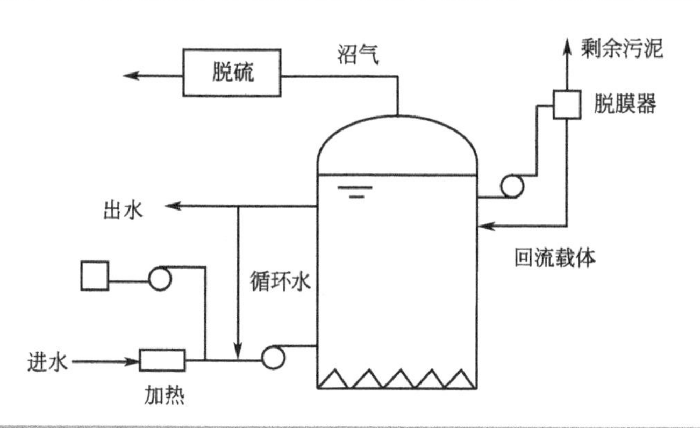

图4.12 厌氧流化床示意

厌氧流化床的填料颗粒粒径较小，每立方米流化床填料表面积达到300m^2，生物量达到40gVSS/L，反应器的容积和水力停留时间可以大大减少。流化床的主要优点是流态化能最大限度使厌氧污泥与被处理废水接触，传质作用强，克服了厌氧滤器堵塞和沟流问题。但是厌氧流化床仍存在几个尚未解决的问题，主要是为了实现良好的流态化并使污泥和填料不致从反应器流失，必须使颗粒保持大小、形状、密度均匀，但是这一点难以做到，因此稳定的流态化难以保证。为取得较高的升流速率，流化床需要大量的回流水，导致能耗较大，成本上升。由于这些原因，流化床反应器至今没有大规模生产运行。表4.8为中试或小试的流化床工艺运行结果[17]。

表4.8 中试或小试的流化床工艺运行结果

废水来源	进水浓度/(gCOD/L)	进水容积负荷/[kgCOD/(m^3·d)]	HRT/d	温度/℃	COD去除率/%	规模/m^3
乳清废水	—	13.4～37.6	1.4～4.9	35	83.6～72	中试
乳清废水	—	15.0～36.8	1.4～4.9	24	71.0～65.2	中试
有机酸生产	8.8	42	5	30	99	中试
大豆蛋白生产	3.7～4.7	7.6～11	10～12	30～35	91	中试
化工废水	12	8～20	—	30	>80	中试
软饮料生产	0.98		—	35	90	中试
含酚废水	2.8～3.7	4.5～5.9	15	30	99	中试
食品加工	7.0～10.0	8～24	—	35	>80	小试
污泥热处理分离液	10～30	8～20	—	35	>80	小试
软饮料生产	6.0	8～14	—	35	>80	小试

流化床中生物量浓度的高低，与所采用填料粒径的大小、床层膨胀率的高低、废水的性质、流化操作方法、进水有机负荷的大小等因素有关。荷兰 Eggers 等在研究流化床脱氮时，实测床中生物量浓度高达 50g/L，而其脱氮率几乎为 5g/L MLVSS 的传统活性污泥法的 10 倍左右。不仅脱氮如此，厌氧流化床处理有机污水也一样。荷兰 Heijnen 的试验证实[18]，利用流化床处理已酸化的酵母废水，COD 容积负荷率可高达 50kgCOD/(m^3 · d) 以上，水力停留时间为 1h。

上海市政工程设计院曾用厌氧流化床工艺进行处理汽水厂葡萄糖车间工业废水的研究。流化床采用黄沙为填料，试验从进水有机负荷率 2.0 kgCOD/(m^3 · d) 起，逐步提高到 7.58 kg-COD/(m^3 · d)。每增加一次负荷，稳态运行 7d 左右。在这种负荷下，水力停留时间由 27.3h 降至 7.0h。研究结果表明，在反应温度为 27.0～34.9℃，进水 COD 为 2211mg/L 的条件下，出水 COD 为 772mg/L，其中溶解性 COD 为 435mg/L，溶解性 COD 去除率达到 80%。

从厌氧生物膜法各种工艺的优缺点对比来看，采用生物滤池，运转动力费用少，但易发生堵塞；而厌氧流化床和膨胀床虽无堵塞的弊端，但是运行动力费用高。为了达到两者优点并存的目的，近年来间歇式流化床的工艺也得到研究，即以固定床与流化床间歇性交替操作，这样在固定床操作时，不需回流，节省了能耗，在一定时间间隔后，使固定床呈流化状态，避免堵塞问题。

4.3.3 厌氧生物转盘

厌氧生物转盘是 Pretrius 等于 1975 年进行废水反硝化脱氮处理时提出来的。1980 年 Tati 等首先开展了厌氧生物转盘处理有机废水的试验研究。厌氧生物转盘在构造上类似于好氧生物转盘，不同之处在于上部加密封盖，为收集沼气和防止液面上的空间有氧气存在，而且圆盘一般全部浸没于废水中。图 4.13 为厌氧生物转盘示意。

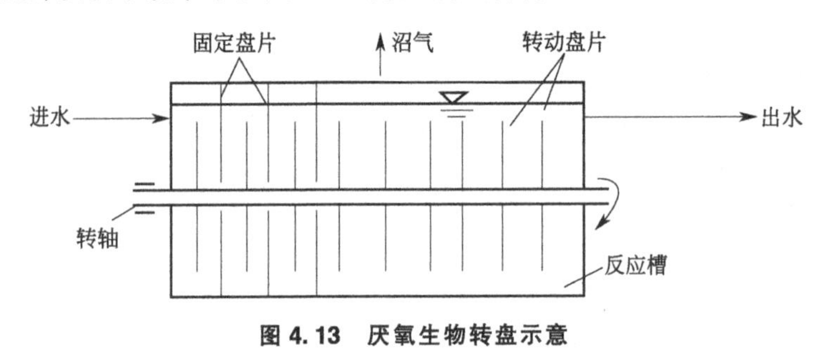

图 4.13 厌氧生物转盘示意

厌氧生物转盘净化机理与厌氧生物滤池基本相同，对废水的净化主要靠盘片表面生物膜和悬浮在反应槽中的厌氧菌完成。厌氧生物转盘与其他厌氧生物膜工艺相比较，最大的特点是盘片缓慢地转动产生了搅拌混合反应，使其流态接近于完全混合反应器；反应器的进出水是水平流向不至于形成沟流、短流以及引起堵塞等问题。

厌氧生物转盘的盘片要求质轻，耐腐蚀，有一定强度，且表面粗糙便于挂膜。目前试验研究采用的盘片材料有聚乙烯和聚丙烯等，盘片的厚度约为 3～5mm，盘片直径在 60～260mm 之间。盘片之间的间距直接影响厌氧生物转盘的工作容量和生物量，一般希望盘片间距适当小一些，以增多片数，增大厌氧微生物附着的总表面积，加大单位容积反应器的生物量，提高处理能力。但是间距过小可引起堵塞。据 Laguidan 研究认为，在厌氧生物转盘中生长良好的厌氧生物膜厚度可达 3mm，因此要求盘片净间距至少在 6mm 以上。目前试验研究中采用的盘片净间距大致为 8mm 甚至更大。

影响厌氧生物转盘的影响因素包括进水水质、水力停留时间、有机负荷率、厌氧生物转盘的分级等。中国科学院成都生物研究所和中国市政工程西南设计院等进行厌氧生物转盘小试表明，进水COD浓度的变化对COD去除率有明显影响；日本学者在中温和常温条件下用厌氧生物转盘处理城市生活污水的小试和现场中试认为，在中温条件下HRT在4h以下时，TOC去除率随HRT的延长显著增大。但是超过4h，延长HRT，TOC的去除率无明显增加。而在常温下，HRT对TOC的去除率均有影响；Laguidara等于1986年用小型厌氧生物转盘进行了中温下处理人工合成有机废水的试验研究，认为厌氧生物转盘对负荷变动有一定适应能力，但存在一个极限值，且极限值受厌氧生物转盘本身的结构、水质、运行控制等因素的影响。

表4.9　厌氧生物转盘部分试验参数

项　目	研　究　者					
	Tati Freiman	石墨		中国市政西南设计院、中科院	Laguidara	曾志雄等
		小试	中试			
总体积/L	7.03	—	—	16.63	212	66
净水体积/L	5.27	10	305	13.77	151	—
盘片直径/mm	127.0	1500	490	2000	600	260
盘片厚度/mm	3.18	—	—	3.0	3.2	2.0
盘片间距	9.5	—	—	8.0	8.0	12
级数/级	4	4	4	1	1	6
单级盘片数目/片	10	40	49	30	29	11
比表面积/(m^2/m^3)	1.013	1.4	226	1.86	1637	7.0
浸没率/%	70	100	100	100	100	100
转速/(r/min)	—	1～20	8	5～30	3～150	113
盘片材料				聚丙烯	聚乙烯	聚氯乙烯

表4.9为厌氧生物转盘国内外部分试验研究的有关参数[19]。从试验结果看，厌氧生物转盘用于处理高浓度、低浓度、高悬浮固体含量的有机废水都能取得较满意的结果。它不仅具有适用范围广的优点，而且在操作运行上比较灵活，是一种很有前景的厌氧生物膜处理工艺。

4.4 复合厌氧处理工艺技术

把悬浮生长与附着生长结合在一起的厌氧反应器称为复合厌氧反应器，如厌氧折流板反应器、UBF。

4.4.1 折流式厌氧反应器

折流式厌氧反应器（ABR）是Bachmann和McCarty等于1982年前后提出的一种新型高效厌氧反应器。ABR的构造如图4.14所示。反应器内设置竖向导流板，将反应器分隔成串联的几个反应室，每一个反应室都是一个相对独立的上流式污泥床系统，其中的污泥可以以颗粒化形式或絮状形式存在。水流由导流板引导上下折流前进，逐个通过反应室内的污泥床层，进水中的底物与微生物充分接触而得以降解去除。

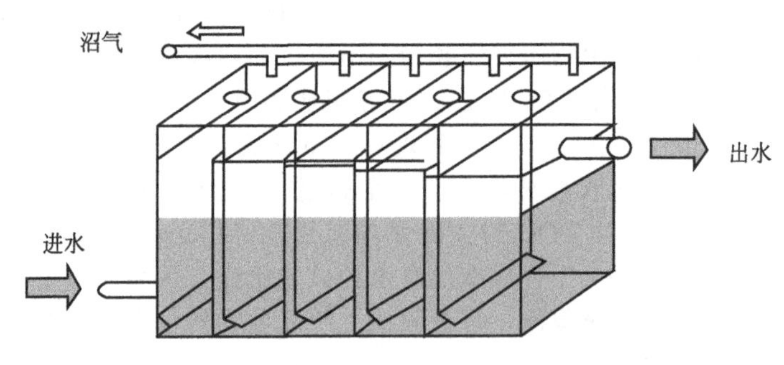

图 4.14　ABR 反应器构造示意

虽然在构造上 ABR 可以看作是多个 UASB 反应器的简单串联，但工艺上与单个 UASB 还是有显著不同。UASB 可以看作是一种完全混合式反应器，而 ABR 则更接近于推流式反应器。首先，挡板构造在反应器内形成几个独立的反应室，在每个反应室内驯化培养出与该处的环境条件相适应的微生物群落。例如，用 ABR 处理葡萄糖为基质的废水时，经过一定的驯化后，在第一格反应室会形成以酸化菌为主的高效酸化反应区，葡萄糖在此转化为低级脂肪酸，在后续反应室将依次完成从各类低级脂肪酸到甲烷的转化。酸化过程中产生的 H_2 以产气形式先行排出，有利于后续产甲烷阶段中丙酸和丁酸代谢过程在较低的 H_2 分压环境下顺利进行，避免了丙酸、丁酸的过度积累所产生的抑制效应。由此可以看出，在 ABR 各个反应室中的微生物相是随流程逐级递变的。

ABR 作为一种新型高效厌氧处理工艺，结合了第二代厌氧反应器的优点，克服了某些不足之处，如避免了厌氧滤池所需成本较高的滤料和 UASB 所需的结构复杂的三相分离器，具有工艺简单、造价较低的优点。另外，ABR 具有生物截留能力强，运行管理方便、性能可靠等优点。因此，ABR 在我国高浓度有机工业废水（如酿造、造纸、制革废水等）的治理中有很好的研究开发价值和推广应用前景。

ABR 的推流特性使其在处理对微生物有抑制或毒性作用的物质时具有潜在的优势。C. J. Holt 等[20]利用 ABR 与复合式 ABR（HABR）处理含酚废水，二者都取得良好的效果。在进水酚浓度为 1192mg/L（COD）时，HABR 对 COD 的去除率为 95%。近年来，关于 ABR 在废水处理中的应用报道越来越多，应用实践表明，ABR 能够成功地运用到多种类型废水处理中，见表 4.10[11]，而且对于低温、高 SS 废水、含硫废水等类型的废水均有较好的处理效果。

表 4.10　ABR 处理不同废水时的运行参数

废水类型	容积/L	隔室/个	污泥浓度/(gVSS/L)	进水 COD/(mg/L)	容积负荷/[kg/(m³·d)]	COD 去除率/%	HRT/h	温度/℃
原海藻浆水	9.8	5		6000～36000	0.4～2.4		360	35
稀释海藻浆水	10	4		67200～89600	5.6～6.4		288～336	35
	10	4		80000	1.6		1200	35
碳水化合物-蛋白质废水	6.3	5		7100～7600	2～20	79～82		35
稀释养猪废水	20	—		<5000	1.8	75	60	30
糖蜜废水	150	3	5.3	5000～10000	5.5	98		37
蔗糖废水	75	11		344～500	0.7～2	85～93	6～12	13～16
酿酒废水	6.3	5		51600	2.2～3.5	90	360	30
碳水化合物-蛋白质废水	10	8		4000	1.2～4.8	99	20	35

续表

废水类型	容积/L	隔室/个	污泥浓度/(gVSS/L)	进水COD/(mg/L)	容积负荷/[kg/(m³·d)]	COD去除率/%	HRT/h	温度/℃
糖蜜废水	150	3	4.01	115771～990000	4.3～28	49～88	138～850	37
养猪场粪便	15	2～3		58500	4	62～69	360	35
生活污水	350	3		264～906	2.17	90	4.8～15	18～28
屠宰废水	5.16	4		450～550	0.9～4.73	75～90	2.5～26	25～30
制药废水	10	5		20000	20	36～68	24	35
含酚废水	—	5	20～25	2200～3192	1.67～2.5	83～94	～24	21
葡萄糖废水	6	5		1000～10000	2～20	72～99	12	35
碳水化合物-蛋白质废水	10	8	18	4000	4.8～18	52～98	1～20	35

4.4.2 升流式厌氧污泥过滤器

升流式厌氧污泥过滤器是由加拿大学者S.R.Guiot于1984年研究开发的。UBF反应器综合了UASB反应器和AF的优点，使该种新型的厌氧反应器具有很高的处理效能。Guiot等开发的UBF反应器的构造如图4.15所示。其构造特点是：下部为厌氧污泥床，与UASB反应器下部的污泥床相同，有很高的生物量浓度，床内的污泥可形成厌氧颗粒污泥，污泥具有很高的产甲烷活性和良好的沉降性能，上部为与厌氧滤池相似的填料过滤层，填料表面可附着大量厌氧微生物，在反应器启动初期具有较大的截留厌氧污泥的能力，减少污泥的流失，可缩短启动期。Guiot开发的UBF反应器试图以上部的填料滤层代替UASB上部的三相分离器，这样使整个反应器的构造更为简单。

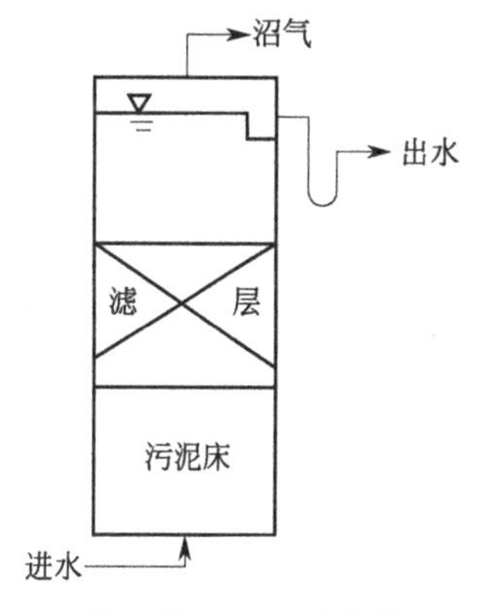

图4.15 UBF反应器的构造

UASB反应器在启动初期，接种的絮状污泥易于流失，UBF反应器的填料层具有较强的拦截污泥的能力，使污泥的流失量减小。杨景亮[21]指出：通过对比试验证明具有三相分离器的UBF反应器SS去除率比UASB反应器高18.4%，在反应器运行初期比后者高50.9%。并发现吸附在纤维填料表面的微生物逐步发育成絮状生物膜，在沼气及水流搅动下，块状的生物膜从填料表面脱落下来沉至污泥床区，可作为新生颗粒污泥的核心而迅速发育成颗粒污泥，从而加速污泥颗粒化进程。小试对比发现具有三相分离器的UBF反应器出现颗粒污泥的时间比UASB反应器提前了20d左右。

UASB反应器的生物量主要分布在反应器的污泥床区，悬浮层区的污泥浓度相对较低，而UBF反应器除了保持污泥床区的污泥量外，在上部的填料层也附着大量具有良好活性的生物膜。赵月龙，祁佩时[22]认为，当复合式厌氧反应器处于高负荷运行期［容积负荷率10～14kgCOD/(m³·d)］，纤维填料上附着的生物量约占反应器生物总量的68%。填料中产甲烷菌的数量为4.5×10^6个/g污泥。污泥床颗粒污泥中产甲烷菌数量为1.1×10^7个/g污泥。由此可知虽然纤维填料上和污泥床中产甲烷菌数量相差不大，但整个反应器产甲烷菌数量增加。

UBF反应器适于处理含溶解性有机物的废水，不适于处理含SS较多的有机废水，否则填料层容易堵塞。由于取消了三相分离器，出水中的SS浓度增加，影响出水水质。为了解决这个问题，河北轻化工学院和原哈尔滨建筑工程学院开发了一种带三相分离器的UBF反应器，也有人称这种反应器为厌氧复合反应器。这种反应器由于上部设置了三相分离器，气液固三相分离效果良好，减少了出水 SS，提高了出水水质。

我国关于 UBF 反应器的研究始于 20 世纪 80 年代初，1982 年广州能源研究所开始了采用 UBF 反应器处理蜜糖酒精废水和味精废水的研究，“七五”期间 UBF 反应器的研究和应用有了较大发展，河北轻化工学院成功把 UBF 反应器应用于处理维生素 C 废水和甲醇废水，并成功运用于生产中，日处理 COD 浓度为 10000mg/L 维生素 C 废水 200m^3，建成了两座有效容积为 150m^3 带三相分离器的 UBF 反应器，进水容积负荷率达到了 10 kgCOD/(m^3 · d)，COD 去除率大于 80%。表 4.11 总结了国内部分 UBF 反应器研究与应用情况[1]。

表 4.11 国内 UBF 反应器研究与应用（部分）

废水种类	进水 COD /(mg/L)	容积负荷 /[kgCOD/(m^3 · d)]	COD 去除率/%	HRT /d	温度 /℃	沼气产率 /[m^3/(m^3 · d)]	规模 /m^3
味精	17150	5.5	88.5	3.15	30～32	2.30	3.8
糖蜜酒精	34000	13.6	81.1	2.05	32	4.20	100
糖蜜酒精	17000	17.0	70.3	1.0	34	6.80	0.009
橡胶乳清	7157	12.0	82.9	0.4	常温	4.1	17.4
苎麻脱胶	10000	6.0	55.4	1.67	36～37	1.78	0.025
甲醇废水	29300	33.4	95	1.14	35		小试
维生素 C	20000	10.8	95	1.85	35～37	5.41	2
维生素 C	9050	10.0	>80	0.68	35	3.2	150 * 2
乳品	11000	13	85～87	0.85	35	4.0	6
啤酒		10～15	80	0.28		7.2	小试

参 考 文 献

[1] 胡纪萃编著. 废水厌氧生物处理理论和技术. 北京：中国建筑工业出版社，2002.

[2] Massey M L，Pohland F G. Phase separation of anaerobic stabilization by kinetic controls. Water Pollute Control Fed，1978，50 (9)：2204～2222.

[3] Kisaalita W S，Pinder K L，Lo K V. Acidogenic Fermentation of Lactose. Biotech & Bioeng，1987，30：88～95.

[4] Hobson P N. Adv. Agri. Microbiol. Subha Rao NS，ed. Landon，Bufferworth Scientific，1982：523.

[5] 任南琪，王爱杰，马放著. 产酸发酵微生物生理生态学. 北京：科学出版社，2005.

[6] 刘艳玲. 两相厌氧系统底物转化规律与群落演替的研究. 哈尔滨：哈尔滨工业大学博士学位论文，2001.

[7] Hulshoff Pol LW，Heijnekamp K，Lettinga G.. The selection presure as driving force behind the granulation of anaerobic sludge，microbiology and technology，Pucoc. Wageningen，the Netherlands. 1988：153～161.

[8] 李晓岩，邢永杰，刘安波，胡纪萃. 常温中试升流式厌氧污泥层反应器污泥颗粒化过程研究. 环境科学. 1990，11 (6)：22～25.

[9] 刘双江，唐一，胡纪萃，顾夏声，周孟津. UASB 反应器中厌氧污泥颗粒化的微生物学机理. 中国沼气，1991，9 (2)：2～6.

[10] 王凯军，左剑恶等著. UASB 工艺的理论与工程实践. 北京：中国环境科学出版社，2000.

[11] 沈耀良，王宝贞编著. 废水生物处理新技术——理论与应用. 第 2 版. 北京：中国环境科学出版社，2006.

[12] Rebac S，Van Lier，Jules B，et al. High-rate anaerobic treatment of malting wastewater in a pliot-scale EGSB system under psychrophilic conditions. Journal of Chemical Technology and Biotechnology，1996，68(2)：135～141.

[13] Lettinga G. Sustainable integrated biological wastewater treatment. Water Science and Technology ，1996，33(3)：85～98.

[14] 左剑恶，王妍春，陈浩，申强. 膨胀颗粒污泥床（EGSB）反应器处理高浓度自配水的试验研究. 中国沼气. 2001，19(2)：8～11.

[15] 郭劲松，龙腾锐. 厌氧膨胀床反应器的研究及应用. 重庆建筑大学学报，1995，17 (3)：118～125.

[16] 王宝贞，王琳主编. 水污染治理新技术——新工艺、新概念、新理论. 北京：科学出版社，2004.

[17] 任南琪，王爱杰等编著. 厌氧生物技术原理与应用. 北京：化学工业出版社，2004.

[18] Heijnen J. Development and scale-up of an aerobic biofilm airlift suspension reactor. Wat Sci Tech，1993，27 (5)：253～261.

[19] 张忠祥，钱易主编. 废水生物处理新技术. 北京：清华大学出版社，2004.

[20] Holt C J，Matthew R G S，Terzis E. A comparative study using the anaerobic baffled reactor to treat a phenolic wastewater. Proc 8th International Conf on Anaerobic Digestion，1997，2.

[21] 杨景亮，罗人明，黄群贤. 纤维填料在上流式厌氧污泥床过滤器中的作用及特点. 中国沼气. 1995，13 (1)：7～11.

[22] 赵月龙，祁佩时，杨云龙，毋海燕. 单一复合反应器处理难降解焦化废水试验研究. 哈尔滨商业大学学报（自然科学版），2006，22 (2)：19～22.

第 5 章

高浓度有机工业废水污泥处理技术

废水处理过程中会产生大量的污泥，其数量约占处理水量的0.3%～0.5%（以含水率97%计），如果进行深度处理，污泥量还可能增加0.5～1.0倍。这些污泥中含有大量的有机物、病原微生物、重金属、氮磷植物营养物、有害有毒物质等。若不加处理随意堆放，将对周围环境造成新的污染。污泥的处理和处置，就是要通过适当的技术措施，使污泥减量化、稳定化、无害化和资源化。

5.1 污泥处理与处置技术概述

废水过程中产生各种污泥。工业废水处理污泥的性质随废水性质变化较大。污泥按来源不同分为以下几类。

① 初次沉淀污泥　来自初次沉淀池，主要为污水中的悬浮物和部分BOD_5（约占总的BOD_5 20%～30%）。

② 剩余活性污泥　来自于活性污泥法或生物膜法后的二沉池，主要成分是新产生的微生物及其残渣，以有机物为主。

以上2种污泥可统称为生污泥或新鲜污泥。

③ 消化污泥　分厌氧消化污泥和好氧消化污泥两种。污泥经过消化后，分解为CO_2、CH_4、H_2O等，得到稳定。厌氧消化污泥带焦油味，易于脱水；好氧消化污泥呈褐色、絮状、无臭味，易于脱水。

④ 化学污泥　化学法处理过程产生的污泥，如混凝沉淀、电解法等产生的沉淀物称为化学污泥，以无机成分为主。

通常将改变污泥性质使之减量化、稳定化、无害化的过程称为处理，而安排污泥的最终出路称为处置。污泥处理即为污泥处置的前处理，主要方法是对污泥进行浓缩和脱水。通过对污泥的浓缩处理，可使污泥体积缩小到原来的1/3左右。浓缩污泥的含水率通常在96%～97%。对浓缩污泥进行脱水则是通过机械脱水方法达到污泥减量的目的，使脱水污泥由原来的液态转化为固态。脱水污泥的含水率通常为60%～80%。

污泥经浓缩、脱水干化后，含水率还很高，体积很大，必要时刻进行干燥处理或焚烧。干燥处理后污泥含水率可降至20%左右。污泥自身的燃烧热值高，当污泥不符合卫生要求，有毒物质含量高，不能被农副业利用时，可考虑与城市垃圾混合焚烧并利用燃烧热气发电。采用污泥焚烧工艺时，前处理不必用污泥消化或其他稳定处理工艺，以免由于挥发性物质减少而降低污泥的燃烧热值，但应通过脱水、干燥工艺。目前，较适合我国国情、常用的污泥处置方法有：农业利用、填埋、焚烧和投放海洋或废矿等。

20世纪末开始，国外开发了用于污泥浓缩与脱水相结合的浓缩、脱水一体机。污泥经化学调节以后直接进入浓缩、脱水一体机，达到浓缩、脱水的目的。在我国多家城市污水厂应用，已取得了良好的效果。

5.2 污泥处理工艺的应用与发展

污泥处理与处置方法很多，最终目的是实现污泥减量化、稳定化、无害化和资源化。

从沉淀池来的污泥呈液态，含水率高于95%。降低污泥含水率的最简单有效的方法是浓缩。浓缩可使污泥体积缩小到原来的1/3左右。但浓缩污泥仍呈液态，进一步降低含水率的方法是脱水，经过脱水污泥将从液态转化为固态。为了避免污泥进入环境时其有机部分发生腐败，污染环境，常在脱水之前进行降解，称为稳定。经过稳定的污泥如果脱水性能差，还需调理。脱水污泥的含水率仍旧相当高，一般在60%～80%左右，需进一步干化，以降低其质量。干化污泥的含水率一般低于10%。经过各级处理，100kg湿污泥转化为干污泥时，重量常不到5kg。污泥处理与处置的基本流程见图5.1。

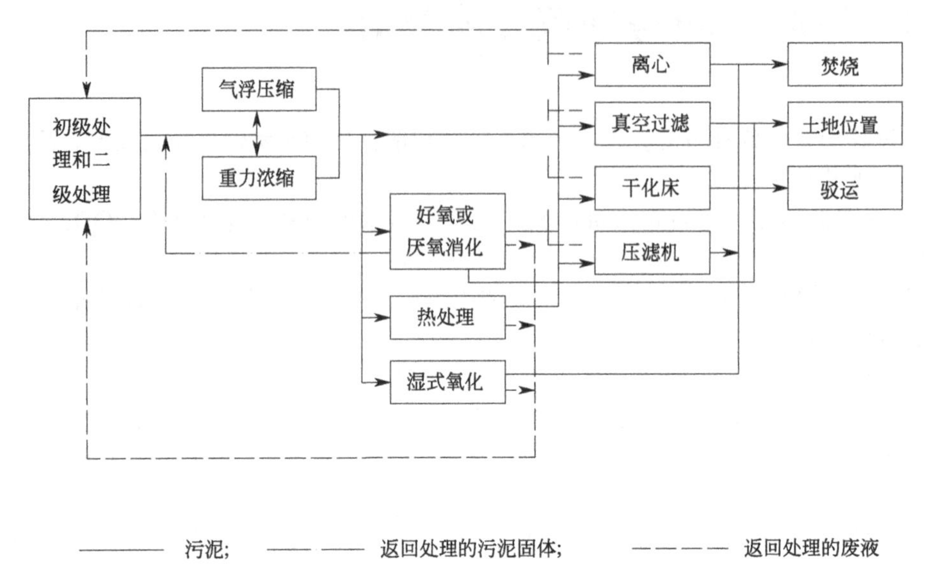

图5.1 污泥处理与处置的基本流程

5.2.1 污泥减量化技术

5.2.1.1 污泥浓缩

当污泥中含有大量水分时，在进行厌氧消化处理前需要先进行浓缩。如初沉污泥的含水率为95%～97%，剩余活性污泥的含水率99.2%～99.6%。为了提高消化效果，在进入消化处理前必须先进行浓缩。污泥浓缩的目的是去除污泥中大量的水分，从而缩小其体积，减轻其重量，以利运输和进一步处置及利用。在污泥进行脱水前，如含水率太高，一般也要先进行浓缩。污泥浓缩主要减缩污泥的间隙水，经浓缩后的污泥近似糊状，仍保持流动性。

污泥浓缩的方法主要有重力浓缩法、气浮浓缩法、带式重力浓缩法和离心浓缩法，还有微孔浓缩法、隔膜浓缩法和生物浮选浓缩法等。选择污泥浓缩方法时，还应考虑污泥的性质、来源、整个污泥处理流程及最终处置方式等。如重力法用于浓缩初沉污泥和剩余活性污泥的混合污泥时效果较好；单纯的剩余活性污泥一般用气浮法浓缩，近年来发展到部分采用离心法浓缩。在小型污水处理厂中有的污泥用污泥塘对污泥进行浓缩和脱水。美国芝加哥市西南污水处理厂是世界上最大的污水处理厂，其处理能力为450万米^3/天，部分污泥一直用污泥塘浓缩脱水，另一部分用离心浓缩机和离心脱水机分别进行浓缩和脱水[1]。

5.2.1.2 污泥的调理

消化污泥、剩余活性污泥、剩余活性污泥与初沉污泥的混合污泥等在脱水之前应进行调理，以改善污泥的脱水性能。

所谓调理就是破坏污泥的胶体结构，减少泥水间的亲和力，改善污泥的脱水性能。其途径有二：一是脱稳、凝聚，脱稳依靠在污泥中加入合成有机聚合物、无机盐等混凝剂，使颗粒的表面性质改变并凝聚起来，由于要投加化学药剂，从而增加了运行费用；二是改善污泥颗粒间的结构，减少过滤阻力，使不堵塞过滤介质（滤布）。无机沉淀物或一定的填充料可以起这方面的作用。

污泥经调理能增大颗粒的尺寸，中和电性，能使吸附水释放出来，这些都有助于污泥浓缩和改善脱水性能。此外，经调理后的污泥．在浓缩时污泥颗粒流失减少，并可以使固体负荷率提高。

调理分物理调理、水力调理和化学调理等方法，最常用的调理方法有化学调理和热处理，此外还有冷冻法、加骨粒调理法、淘洗和辐射法等。

5.2.1.3 污泥脱水

污泥脱水的作用是去除污泥中的毛细水和表面附着水，从而缩小其体积，减轻其重量，便于后续的处理、处置和利用。污泥中的自由水分基本上可在污泥浓缩过程中被去除，而内部水一般难以分离，所以污泥脱水去除的主要是污泥颗粒间的毛细水和颗粒表面的吸附水。经过脱水处理，污泥含水率能从96%左右降到60%～80%，其体积为原体积的1/10～1/5，有利于运输和后续处理。

污泥脱水常用的方法有干化场脱水和机械脱水。大型、特大型污水处理厂多采用离心脱水机，其优点是体积小、布局紧凑、完全密封、卫生条件好。

5.2.1.4 污泥的干燥

污泥脱水后，含水率还很高，体积仍很大，为了便于进一步利用和处理，可将污泥进行干燥处理。污泥干燥是将脱水污泥通过处理，去除污泥中绝大部分毛细管水、吸附水和颗粒内部水的方法。污泥经干燥处理后含水率从60%～80%降低至10%～30%左右。通常采用加热法使污泥干化，常用的设施为回转式圆筒干燥炉（见图5.2)。污泥干化处理的成本很高，只有在干燥污泥具有回收价值（如做肥料)、能补偿干燥处理费用时，或者有特殊要求时才考虑采用。

5.2.1.5 用原生动物、后生动物和高等动物捕食细菌减少污泥量

生物捕食法是运用生态学食物链原理而进行的污泥减量技术，在生态系统中，从能量在传递角度来看，所产生的90%能量在捕食过程中会被消耗掉，因此其食物链越长，能量损失也越多，能量的损失使得用于生物体合成的能量会随之减少，从而污泥量得以减少。是一种耗能低、成本低且无二次污染的污泥减量技术。

污水为多种多样的微生物提供了理想的生存和增殖介质，因此在一些污水处理厂的最后沉淀池、过滤池和最后净化池中，放养适量的鱼类，包括滤食性、草食性和杂食性鱼类，能有效清除污泥、藻类和水生植物，建立由多种多样微生物组成的复杂的生态系统，其中有多条较长的食物链，如细菌-原生动物-后生动物，其中原生动物如纤毛虫，后生动物如轮虫，寡毛类，环节动物，线虫等处于食物链的高端，起捕食者的作用，它们捕食细菌，将污泥转化为能量、水和二氧化碳，从而使污泥量减少，这种方法污泥减少率为30%～40%。

利用生物捕食法进行剩余污泥的减量化研究已经越来越受到国内外学者们的关注。目前，生物捕食法进行污泥减量的技术主要基于直接投加微型动物、两段式污泥减量工艺、蚯蚓生态滤池等研究。

(1) 直接投加微型动物

直接投加微型动物是指向活性污泥系统的曝气池中直接接种微型动物，或在系统中添加

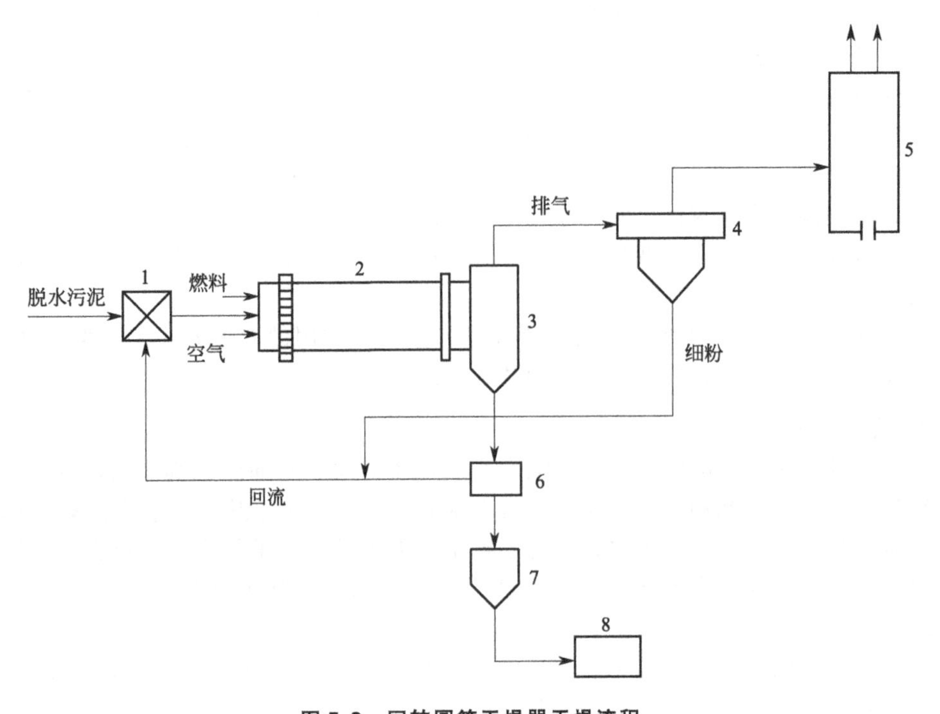

图 5.2 回转圆筒干燥器干燥流程

1—粉碎机；2—干燥器；3—卸料室；4—分离器；5—除臭燃烧器；
6—分配器；7—灰池；8—外运出口

载体后再接种微型动物，因此要更好地达到污泥减量效果，应该通过试验并结合实际情况研究投加的微型动物的生物量，并要对最佳的投加点进行试验研究。Elissen 等[2]利用水蚯蚓（*Lumbriculus variegatus*）的捕食作用进行批式试验，其研究表明，污泥的减量达到 75%以上。同时改善了污泥的沉降性能。白润英等[3]向污泥反应器中投加卷贝的研究发现，卷贝对剩余污泥的相对减量约为 40%，而绝对的污泥减量为 37.5mg/(L·d)，其研究还表明了，向活性污泥系统中投加卷贝不会对去除废水工艺中的 COD、总磷和氨氮的效果产生影响，同时对污泥的沉降性能也不会产生太大的影响。

(2) 两段式污泥减量工艺

两段式污泥减量工艺是由两段反应器所组成，该系统的第一段采用完全混合式反应器，其为分散培养细菌阶段，这一段的水力停留时间和污泥停留时间是相等的，没有污泥停留，为了使大量分散菌生长，利用污水中的有机物促进分散细菌的增殖；第二段为生物捕食反应器，其污泥停留时间较长，这一段的环境条件适宜微型动物的大量的繁殖，该阶段可利用传统活性污泥系统或是膜生物反应器来实现。Ratsak 等[4]最早采用纤毛虫（*Tetrahymena pyriformis*）捕食细菌进行两段式生物污泥减量反应器的技术研究。研究发现，剩余污泥的产量与没有纤毛虫捕食反应器相比减少 12%～43%。魏源送等[5]研究了蠕虫的污泥减量的效果，研究发现，膜生物反应器系统的污泥产率为 0.40kgSS/kgCOD，传统活性污泥系统的污泥产率为 0.17kgSS/kgCOD，蠕虫生长对传统活性污泥系统的污泥产率的减量效果更为明显，同时可以改善污泥的沉降性能。张绍园等[6]用两段淹没式膜生物反应器（第一阶段为污染物转化池，第二阶段为污泥降解池）处理城市废水。通过对反应器回流污泥量和出水量的调节，控制污泥在两段内的分配。试验证明当容积负荷为 2～5kgCOD/(kgSS·L)

时，蠕虫数量升至2600～3800条/mL时，污泥产率在0.1～0.15kgSS/kgCOD范围内变化，并呈下降趋势。同时COD和氨氮的去除率分别为97.3%和99.5%。

(3) 蚯蚓生态滤池

蚯蚓生态滤池（microbial-earthworm ecofilter system，MEEF）是对普通生物滤池改进的基础上，向系统中引进蚯蚓，通过其较强的捕食细菌以及有机物的能力，达到污泥减量以及更有效的处理污水的目的。蚯蚓生态滤池是在普通生物滤池改进为三层处理结构，上层由无定形有机材料以及添加蚯蚓组成，其作用是供蚯蚓生存；中层也由无定形的有机材料组成，起作用是为了补充有机质的消耗；下层铺有一定大小的碎石所组成，其作用是承托与排水。其优点是构造简单、建造和运行费用较低、无二次污染，并可以实现较好的污泥减量以及污水处理效果，因此这种生态技术有着较好的工程应用前景。但这种工艺对于投加的微型动物的种类和数量的控制，且对氮、磷的去除以及水力负荷的提高还需要进一步的研究。

杨健等[7]利用爱胜蚯蚓生态滤池处理剩余污泥，试验证明污泥SS去除率可达99%以上，COD_{Cr}的去除率可达90%左右，同时可以达到污泥减量以及有效的处理有机污染物的效果。同时他们还研究了陶粒蚯蚓生物滤池的污泥减量效果[8]，试验表明陶粒蚯蚓生物滤池污泥减量率高达40.5%～48.2%，VSS减量率达到52.9%～65.6%，同时证明了陶粒蚯蚓生物滤池的污泥减量效果和系统的稳定性均优于石英砂蚯蚓生物滤池；吴敏等[9]利用蚯蚓污泥稳定床来处理剩余污泥量，向蚯蚓污泥稳定床中投加经过驯化培养的爱胜蚯蚓(4kg，10000余条)，试验表明SS的去除率达到99.1%～99.4%，系统COD的去除率达到89.5%～92.1%，表明没有对污水处理效果产生影响。

5.2.1.6 淹没式生物膜法

哈尔滨工业大学水污染控制研究中心小试和中试都证明，淹没式生物膜法的剩余污泥量仅为相同处理能力的活性污泥法剩余污泥量的1/5～1/3，这是因为固定淹没式生物膜为原生动物和后生动物的生长和增殖提供了有利的场所，用研究开发的淹没式生物膜法处理技术设计建成的广州市番禺区祈福新村生活污水处理厂（处理能力8000m^3/d)，在连续3年的运行中未曾排出任何剩余污泥，而且进入二沉池的污水悬浮物含量为15～30mg/L，因而二沉池的沉淀作用不大[10]。

5.2.1.7 污泥厌氧水解液化和甲烷发酵气化[11]

厌氧反应器或厌氧塘中，通过酸化、水解的液化过程，污泥中的不溶性固态有机物转化为可溶性的挥发性脂肪酸（VFA）、氨基酸（AMA）、CO_3^{2-}、HCO_3^-、PO_4^{3-}等产物而溶于水溶液中，以及随后的甲烷发酵气化过程，使VFA等转化为CH_4、CO_2、H_2、N_2等气体，而实现污泥量的减少。例如，美国加州Helina污水处理厂，采用加州大学（伯克利）W. J. Oswald教授开发的带有高效厌氧塘的高级组合塘系统（IAPS)，连续运行了30余年而未曾排出污泥。

5.2.1.8 臭氧氧化污泥减量化技术

大量的研究资料表明，在污泥减量化技术中，臭氧氧化法比其他方法效能更高，在一定运行条件下，可以实现活性污泥法处理过程中剩余污泥的零排放。

臭氧是十分活跃的氧化剂，它以两种方式与污泥化合物进行反应：直接反应与间接反应。这两种反应是同时进行的。间接反应取决于寿命较短的自由羟基；直接反应速率较低，取决于反应物的结构形式。为了确定臭氧与污泥的反应过程中，污泥中的三种主要组分：蛋白质、多聚糖和脂类化合物的去向，A. Scheminske、K. Krull和D. C. Hempel等[12]利用消化后的干污泥进行试验，臭氧量为 0.5gO_3/g 干污泥，污泥中 60%的固体有机组分可以转化为可溶性的物质。污泥中蛋白质的含量可以减少接近 90%。Buning 和 Hempel 等[13]证实，臭氧与污泥反应时，破坏了细胞壁，使蛋白质从细胞中释放出来，释放到污泥液体中的蛋白质只能瞬间测定。凝胶渗透色谱分析表明，被污泥溶液稀释了的蛋白质又与臭氧反应、分解，氧化过程分解反应的速率很高，因此在氧化后的污泥液中测不出蛋白质的浓度增加。大约 63%的多聚糖被溶解而进入污泥液中，并继续被氧化。但是由于氧化的速率很慢，可以测出污泥液中多聚糖浓度的增加，而污泥中多聚糖浓度与臭氧的投量呈线性关系减少。污泥中的脂类减少 30%，臭氧与不饱和脂肪酸直接反应或者间接反应，形成可溶于水的短链片段。

由于臭氧与微生物反应破坏了细胞壁，释放出细胞质，同时也将不溶解于水的大分子分解成小分子片段而溶于水中。当臭氧投量为 0.2g/g 干污泥时，污泥中 40%的有机碳转化到污泥液体中。氧化后污泥的基质构成发生了显著的变化，当臭氧投量为 0.38gO_3/g 干污泥时，处理前干污泥的蛋白质含量为 16%，处理后降为 6%。

为了对各种不同的污泥细胞分解方法进行评价，A. Scheminske、K. Krull 和 D. C. Hempel 等又对不同的分解法（臭氧化、机械、热和化学方法），按照有机碳释放率作为标准，对它们的分解效能进行了对比研究，结果见表 5.1[12]。

表 5.1　几种污泥细胞分解方法的对比

方　法	条　件		有机碳释放率/%
臭氧化	臭氧投量为 0.2gO_3/g 干污泥		40
超声波高压均质机	20min，200kW/m^3，50～60MPa		10
热分解	30min	90℃	15
		134℃	30
碱处理	0.5mol/L NaOH		55

需要说明的是，虽然表 5.1 中碱法处理后污泥释放了 55%的有机碳，但是增加了盐离子浓度和后续处理工艺的难度。在做上述对比研究时，只考虑了有机物释放率这个单一的标准，而没有对不同的方法进行能耗对比。

比利时的 M. Weemaes 等[14]用污水处理厂二沉池污泥进行了臭氧处理的试验，在鼓泡柱反应器中进行，气体流量为 200L/h，臭氧含量为 35mg/L，臭氧投量为 0.1gO_3/gCOD（污泥的 COD），并且根据污泥中 COD 的含量调整污泥接触氧化的时间，运行结果表明，臭氧化能分解细菌细胞，释放出溶解性细胞内化合物和固体生物细胞破碎的水解物，由此使溶解性 COD 增加 29%±6%；溶解性 TOC 增加 16%±4%，SS 减少 40%±5%，VSS 减少 50%±6%。

Y. Sakai 等[15]进行了处理能力为 440m^3/d 城市污水处理厂中污泥减量的生产性试验，曝气池体积为 800m^3，臭氧反应器体积为 4.5m^3，臭氧投加量为 0.04gO_3/gSS，进入臭氧接触反应器的污泥浓度为 510gSS/m^3，运行过程中曝气池中污泥浓度维持在 3000mg/L，进水水质 BOD 60～185mg/L。经过 9 个月的运行试验没有剩余污泥产生。为了证明是否有惰性污泥的积累，测定了系统的 MLVSS 和 MLSS 的比值，结果是从运行初期的 0.87 降到 9 个月后的 0.81，可见没有显著的降低。为了进一步判断臭氧化后的污泥中残留的惰性物质和此时污泥的活性，测定了污泥中的 OUR（oxygen uptake rate of sludge），OUR 平均值为 0.51gO_2/(gVSS·d)，比常规未经臭氧处理系统的 OUR 值低 32%，但是考虑到系统的 BOD 负荷仅为 0.04kgBOD/kgMLSS，当 OUR 为 0.2～0.4gO_2/(gVSS·d) 已经足够维持系统正常运行。

因此，臭氧是一种活跃的强氧化剂，能与污泥中的细菌进行反应，破坏细胞壁，释放出细胞内的细胞质，并继续将大分子有机物降解为小分子的有机物，提高了后续系统的生物降解性能，回流进入曝气池，可以作为碳源提高生物脱氮的效能。在适当的臭氧投量下，可以实现污泥的零排放。

5.2.1.9 超声处理污泥减量化技术

超声波技术的应用始于20世纪初期，作为一种信息载体，广泛应用于医学、探测、探查及微电子学等领域，而将超声波技术应用到剩余污泥处理过程中，展示出巨大应用和研究价值并逐渐受到国内外学者的广泛关注。对于超声波污泥减量技术的研究，国外学者已经获得了大量试验室规模的研究成果，并且为其实际应用提供了参考价值。而国内对于超声波技术对污泥处理方面的应用研究尚处于初始阶段。超声波的频率一般为20kHz～10MHz，且不同频率的超声波在污泥处理过程中会产生不同的效果且在较低频的超声波范围内，其处理效果尤为明显。当一定强度的超声波作用于某一液体系统中时，将产生一系列物理和化学反应，并明显改变液体中的溶解态和颗粒态物质的特征。Uwe Neis[16]最初从各地采集泥样在试验室做间歇超声试验，超声反应器采用的频率为31kHz，能耗为500W。随后他们又开发了更加高效的超声反应器，其主要参数和性能为：频率31kHz、反应器容积1.28L、能耗3.6kW、声强5～18W/cm^2、单位体积能量输入2.2～7.9W/cm^3。为了考察超声波分解是否仅仅是空化作用时气泡崩灭产生的力学作用，自由基反应是否对细胞破坏有作用，及分解生物固体的最佳频率范围是多少，Uwe Neis在超声反应器中采用不同振子以产生不同的频率，而其他条件保持不变。试验表明，随着频率增加，细胞降解程度明显下降，最佳分解时的频率为41kHz。这些数据表明，污泥分解主要是力学过程，为了获得高效的污泥分解效果，推荐采用较低的超声频率。此外，为了进行比较，Uwe Neis定义了一个分解程度系数DD_{COD}，将采用超声进行的分解和标准化学水解进行的最大分解值联系起来。超声波技术是利用超声波在液相中产生共振空化作用来破解微生物细胞、污泥絮体及菌胶团的技术，其具有能量高、效率高且分解速率快等特点，可杀灭污泥中的病原微生物如大肠杆菌、结核菌等有害细菌，防止对环境造成二次污染。超声波污泥处理作用是利用超声波破解活性污泥微生物的细胞壁，使胞内细胞质释放到环境中作为底物供微生物生长，即隐性生长，从而减少系统的污泥产量。其自身具有的优点是设施简单，占地面积少且集高级氧化、焚烧和超临界氧化等多种水处理技术特点于一身，同时可单独或与其他工艺联合，且可实现50%～80%的污泥减量甚至达到零排放，在废水处理上极具应用潜力。王芬等[17]考察了超声破解污泥的机理及其对污泥破解的贡献：当超声波声能密度为0.096W/mL时，超声破解污泥的主要作用力为水力剪切力；当超声波声能密度为0.384W/mL时，水力剪切力与自由基氧化所占的比例分别为80.85%与19.15%；而当超声波声能密度升高到0.72W/mL时，水力剪切力与自由基氧化所占的比例分别为74.14%与25.86%。曹秀芹等[18]研究探讨了超声波处理后的污泥性质发生了变化，经过超声分解后，污泥中微生物胞内基质被释放出来，随超声时间和声能密度的变化，污泥上清液中SCOD、TN、TP及污泥耗氧速率OUR有明显的变化，同时发现经过超声处理的污泥具有良好的生化降解性能。曾晓岚等在较低的声能密度（50W/L）下，对活性污泥进行不同辐射时间的研究，结果表明：在超声辐射10min后，污泥的OUR提高了129%，蛋白酶活性提高23.7%，脱氢酶活性提高24.6%，因此较低超声波声能密度辐射可以显著地提高污泥的OUR、蛋白酶活性以及脱氢酶活性。薛玉伟等[19]以污泥SCOD的增加量及污泥破解度进行了评估，发现污泥的pH值、初始温度和污泥浓度等参数对污泥破解效果起到重要的影响。龙腾锐等[20]研究在不同的超声波频率、声能密度以及作用时间下，利用超声波对活性污泥进行处理，从而确定相对最佳的控制条件，结果得出：在超声频率为28kHz、声能密度为20W/L下作用2min对污泥进行处理，可以达到最佳的处理效果。马守贵等[21]对用超声波处理活性污泥进行了中试研究，结果表明：当超声波频率为28.7kHz、输出电压为70V的条件下作用2min，污泥滤饼含水质量分数降低2%，体积减少，污泥的脱水效果最佳；当超声波输出电压为150V，作用时间为60min时，与传统污泥厌氧消化方法相比，时间缩短20d。因此在较大的功率较长的处理时间下，更有利于促进污泥的厌氧消化，从而达到污泥减量的目的。

5.2.1.10 污泥减量化新工艺

英国EA Technology公司研发了Bio Logic法污泥减量工艺。其关键技术是使用一种专门设计的文丘里射流器产生微小气泡和急剧的紊流来高效地对生物固体曝气，为微生物提供理想的活动条件，使其能够氧化降解几乎所有呈悬浮状态的有机固体，包括死细胞[22]。

5.2.2 污泥稳定化技术

5.2.2.1 污泥的好氧消化

污泥的好氧消化是在不投加底物的条件下，对污泥进行持续曝气，使污泥中的微生物处于内源呼吸阶段进行自身氧化。其主要优点是：污泥中可降解有机物的降解程度较高，上清液有机物浓度低，消化污泥量少，无臭，易脱水，处置方便；消化污泥肥分高，运行管理方便，构筑物基建费用低。缺点是：运行能耗大，不能回收沼气，污泥有机物分解程度随温度波动大，消化污泥重力浓缩时上清液SS较高。

(1) 污泥好氧消化机理

好氧消化法类似活性污泥法，在曝气池中进行，曝气时间长达10～20d左右。污泥好氧消化处于内源呼吸阶段，在好氧条件下，细胞组织被氧化成为CO_2、H_2O和NO_3^-等。事实上，只有75%～80%的细胞能被氧化，其余的20%～25%是惰性物质和不可降解的有机物。氨在好氧条件下会发生硝化反应，反应式如下（式中$C_5H_7NO_2$代表微生物的细胞组成）：

$$C_5H_7NO_2+7O_2 \longrightarrow 5CO_2+3H_2O+H^++NO_3^-$$

因此，氧化1kg细胞物质需要氧224/113≈2kg。在好氧消化过程中，氨氮被氧化为NO_3^-，pH值将降低，故需要足够的碱度来调节，以便好氧消化池内的pH值维持在7左右。每氧化1kg氨氮约消耗7kg的碳酸钙碱度，当pH值低于5.5时，需额外投加碱度。好氧消化池内的污泥应保持悬浮状态，溶解氧维持在2mg/L以上。

如果初沉污泥与剩余活性污泥混合后进行好氧消化时，由于初沉污泥不含微生物体，但含有供微生物生长的营养源，因此好氧消化时，微生物要把外部营养源消耗以后才进入内源呼吸阶段，此时好氧消化所需时间较长。腐殖污泥好氧消化所需时间介于两者之间。经好氧消化后的污泥，脱水性能良好，上清液的BOD_5常低于100mg/L，SS为100～300mg/L，TP<100 mg/L，可作为营养液回流至曝气池。

(2) 污泥好氧消化池

污泥好氧消化池的构造与完全混合式活性污泥法曝气池相似，如图5.3所示，主要构造包括好氧消化室、泥水分离室、消化污泥排出管、曝气系统等。池型可建成矩形或圆形。

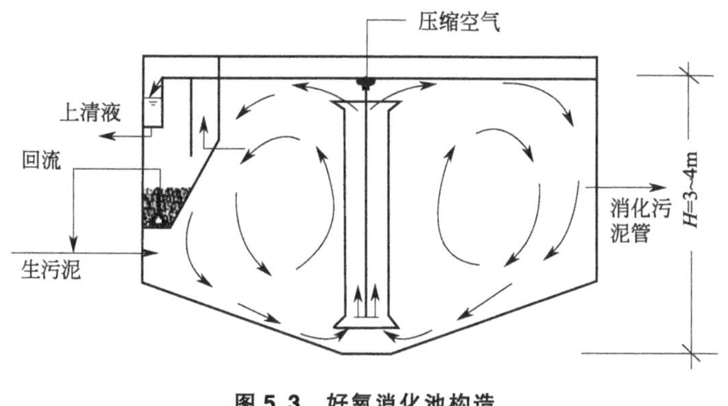

图 5.3　好氧消化池构造

影响污泥好氧消化过程的因素包括污泥温度、停留时间、污泥负荷、需氧量、搅拌等。好氧消化池的设计参数一般应通过实验确定。典型的污泥好氧消化池设计参数见表 5.2。

表 5.2　好氧消化池推荐设计参数

设 计 项 目	参　数
污泥停留时间 t/d	
活性污泥	10～15
初沉污泥与活性污泥的混合污泥	15～20
机负荷/[kgVSS/(m³ · d)],混合污泥用下限	
空气需要量/[m³/(m³ · min)](当为鼓风曝气时)	
活性污泥	0.02～0.04
初沉污泥与活性污泥的混合污泥	≥0.06
机械曝气所需功率/(kW/m³ 池容)	0.02～0.04
最低溶解氧浓度/(mg/L)	2
温度/℃	>15
挥发性固体去除率(VSS)/%	50 左右
VSS/SS 值/%	60～70
污泥含水率/%	<98
污泥需氧量/(kgO_2/kgVSS)	3～4

近年来，高温需氧消化又开始被用作污泥中温厌氧消化的预处理。随着污泥好氧消化研究的不断深入，在传统污泥需氧消化工艺基础上出现了一些新的工艺方法，使这一实用技术得到进一步充实和完善。常用的污泥好氧消化工艺有以下三种。

① 延时曝气　非洲和中东国家多采用延时曝气消化污泥，即活性污泥在曝气池中同时稳定。曝气池中污泥负荷一般在 0.05kg/(kg · d) 左右，其污泥泥龄需保持在 25d 以上，污水在曝气池中的停留时间为 24～30h。此工艺由于大大增加了曝气池容积，污水厂的能耗急剧增加，一般认为仅限于小型污水厂使用，有些国家在较大的污水处理厂中也有采用此工艺的，但从整体上看，难以真正保证污泥的稳定效果。

② 污泥单独好氧消化　污泥单独好氧消化工艺可视为活性污泥法过程的继续。污泥在稳定池中的停留时间取决于污水处理工艺中所采用的泥龄，一般来讲，污泥在稳定池中的泥龄和污水处理时活性污泥在曝气池中停留的泥龄之和不低于 25d。污泥单独好氧稳定一般也

只限于小型污水厂，对大型污水厂目前已较少使用。

③ 高温好氧稳定　利用污泥中有机物被微生物降解过程中所释放的热量使反应器（消化器）温度维持在50～60℃之间，污泥在反应器中的停留时间一般在8d左右。反应器需采取隔热措施，为使反应器温度即使在冬天也能维持在高温范围内，进入反应器的污泥含固率有一定的要求，根据不同的进泥温度、池子形状、环境温度等，进泥含固率一般维持为2.5%～6.75%。污泥高温好氧稳定方法基本上能完全杀灭病原菌，污泥中有机物降解效率也较高，因而可以达到较高的污泥稳定程度。

5.2.2.2 污泥的厌氧消化

污泥厌氧消化是对污泥进行稳定处理的常用方法，是一个复杂的过程，分为三个阶段：水解发酵阶段，大分子不溶性复杂有机物在细胞外酶的作用下，水解成小分子溶解性高级脂肪酸；产氢产乙酸阶段，将第一阶段的产物降解为简单脂肪酸并脱氢；产甲烷阶段，在产甲烷菌的作用下，将第二阶段的产物转化为 CH_4 和 CO_2。

(1) 污泥厌氧消化的类型

由于污泥中有机物主要以固体状态存在，一般认为在污泥的厌氧消化中，固态物的水解、液化是污泥厌氧消化主要控制过程。厌氧消化产生的甲烷能抵消污水厂所需要的部分能量，并使污泥固体总量减少，当污泥中挥发性固体的量降低40%左右即可认为已达到污泥稳定。消化污泥是一种很好的土壤调节剂，含有一定量的灰分和有机物，能提高土壤肥力和改善土壤结构。但是厌氧消化投资较大，运行易受环境条件影响，消化污泥不易沉淀，反应时间也较长。

根据操作温度，污泥厌氧消化分为中温消化和高温消化。高温消化池容积小，高温消化过程（50～60℃）能杀死致病菌，达到消毒的目的。但是高温消化所需能耗大大高于中温消化，运行费用高，反应过程产生的有机酸较多，消化后污泥的异味大，后续脱水困难，因此只有条件非常有利于高温消化或有特殊要求时才会采用。

根据厌氧消化的负荷率，又可分为低负荷率和高负荷率两种。

低负荷率消化池是一个不设加热、搅拌设备的密闭池子，池液分层（见图5.4）。负荷率一般为0.5～1.6kgMLVSS/(m^3·d)，消化速率慢，停留时间30～60d。污泥间歇进入，在池内经历产酸、产气、浓缩和上清液分离等所有过程。产生的沼气气泡的上升有一定的搅拌左右。池内形成三个区——上部浮渣区、中部上清液、下部污泥区。顶部汇集消化产生的沼气并导出，经消化的污泥在池底浓缩并定期排出，上清液回流到处理厂前端与进厂污水混合。

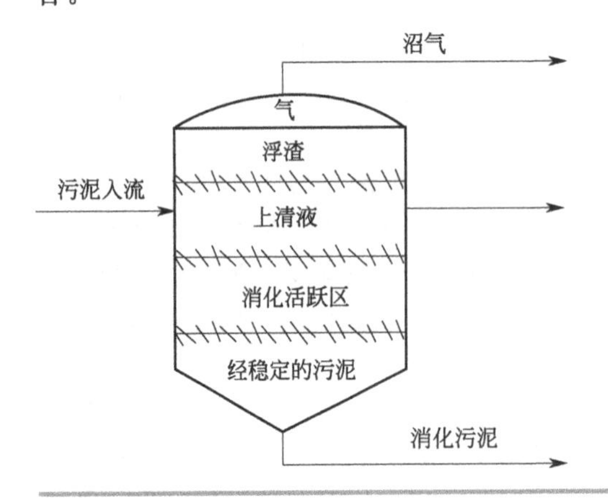

图5.4
低负荷率厌氧消化池

高负荷消化池的负荷率达到1.6～6.4kgMLVSS/(m³·d)或更高，与低负荷率的消化池区别在于设有加热、搅拌装置，连续进料和出料，最少停留时间10～15d，整个池内污泥处于混合状态，不分层。高负荷率消化池通常设两级，第二级不设搅拌设备，作泥水分离和缩减泥量之用（见图5.5）。

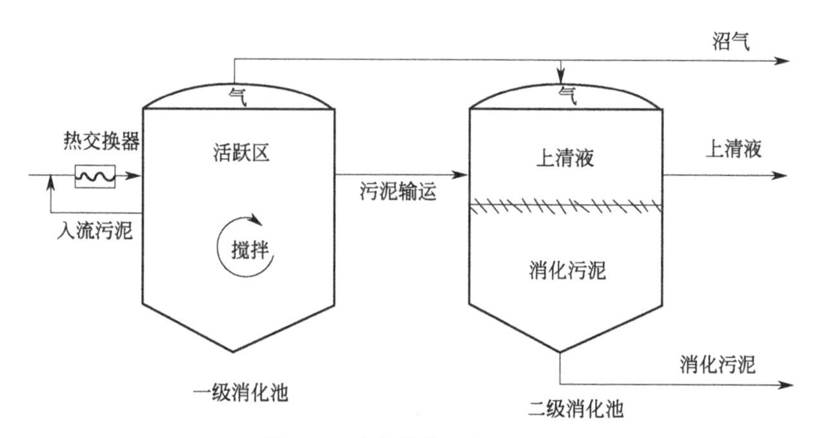

图5.5 高负荷率厌氧消化池

随着工艺的发展，又出现了两相消化工艺。它根据厌氧分解的两阶段理论，把产酸和产甲烷分开，使之分别在两个池子内完成，如图5.6所示。该工艺的关键是如何使两阶段分开，方法有投加相应的菌种抑制剂、调节和控制停留时间、回流比等。

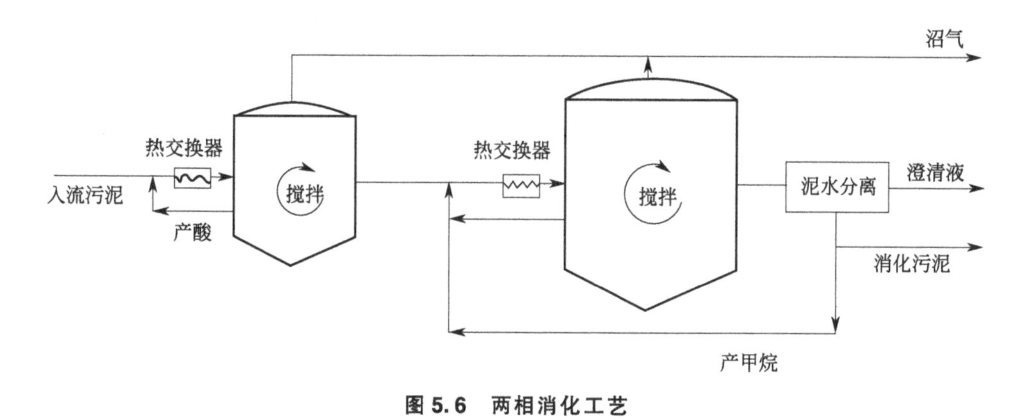

图5.6 两相消化工艺

（2）污泥厌氧消化池

污泥消化池有圆柱形和蛋形两种，如图5.7所示。蛋形消化池在工艺与结构方面有如下优点：a. 搅拌充分、均匀，无死角，污泥不会在池底固结；b. 池内污泥的表面散热面积小，易于保温；c. 蛋形的结构与受力条件最好，如采用钢筋混凝土结构，可节省材料；d. 防渗水性能好，聚集沼气效果好。蛋形壳体曲线如图5.7(d)所示。消化池的构造主要包括污泥投配、排泥及溢流系统、沼气收集与储气系统、搅拌及加热设备等。

（3）污泥消化新技术——高温-中温两段厌氧消化

与传统的高温消化-中温消化不同，由哈尔滨工业大学赵庆良教授与德国Niers河协会G. Kugel博士等联合研究开发的超高温消化-中温消化[23]，其特点是消毒与消化同时进行，并且能达到更快和更有效的消化。已经在Niers河协会建成了生产规模两段超高温消化池

(操作温度70～75℃)-中温消化池（35～37℃），其运行和技术参数如下：

消化池体积消减率为50%；超高温消化池　2×350m³，停留时间为3d；污泥容积负荷12.7kg/(m³·d)；中温消化池，停留时间11d。

总停留时间为14d，而传统消化池需要25～30d。两段消化池的原污泥经高温消毒又进行了消化，污泥有机物剩余率<45%，产气量增加10%。

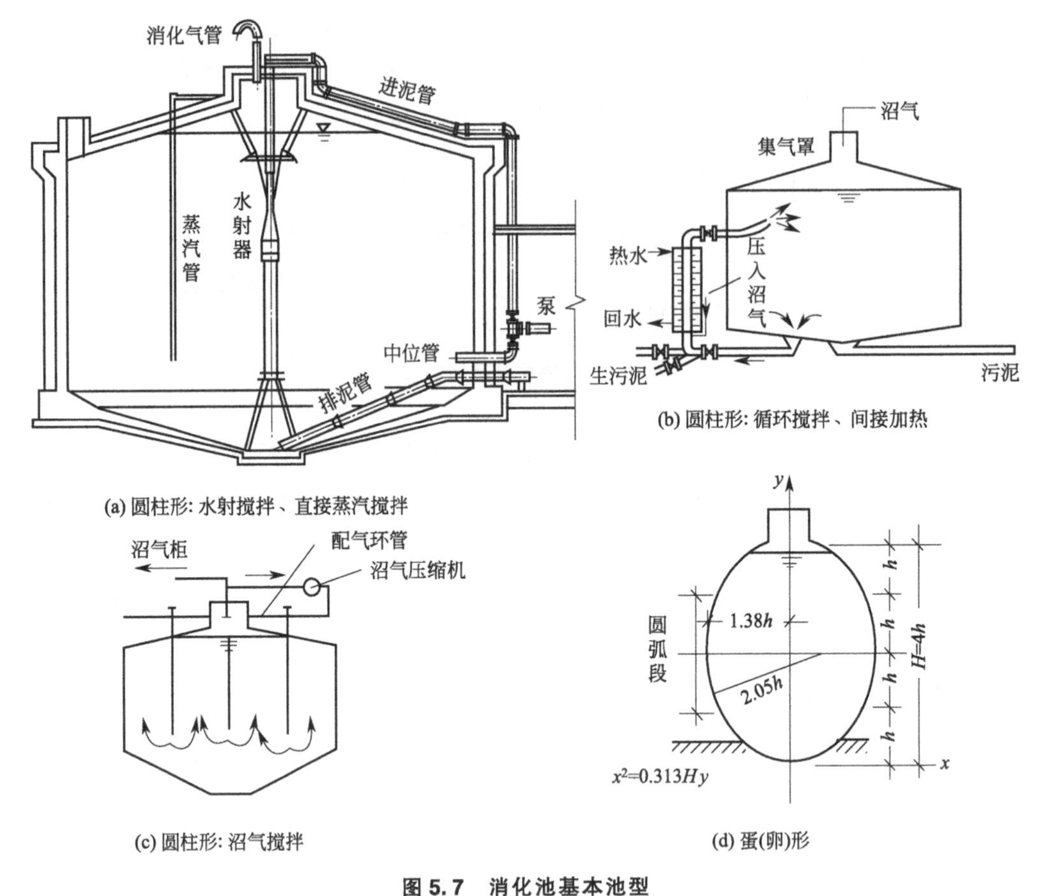

图5.7　消化池基本池型

5.2.2.3　污泥的化学稳定

化学稳定是向污泥中投加化学药剂，以抑制和杀死微生物，消除污泥可能对环境造成的危害（产生恶臭及传染疾病），一般采用的方法如下。

① 石灰稳定法　用石灰使污泥的pH值提高到11～11.5，15℃下接触4h，能杀死全部大肠杆菌及沙门伤寒杆菌，但对钩虫、阿米巴包囊的杀伤力较差。若采用石灰乳投加则制备麻烦、产生的渣量大，但其脱水性好。

② 氯稳定法　氯能杀死病菌，有较长期的稳定性。但pH值低，过滤性差，而且氯化过程中常产生有毒的氯胺，给后续处置带来一定困难。

5.2.3　污泥焚烧

5.2.3.1　原理

焚烧是污泥最终处置的最有效和彻底的方法。污泥焚烧是指污泥所含水分被完全蒸发、有机物质被完全焚烧，焚烧的最终产物是 CO_2、H_2O、N_2 等气体及焚烧灰渣。焚烧时借助辅助燃料，使焚烧炉内温度升高至污泥中有机物的燃点以上，令其自燃，如果污泥中的有机物的热值不足，则须不断添加辅助燃料，以维持炉内温度。

污泥具有一定的热值，但仅为标准煤的30%～60%，低于木材，与泥煤、煤矸石接近，因此污泥焚烧工艺可以在一定程度上借鉴煤矸石焚烧工艺。

污泥的燃烧热值也可用式5.1算出

$$Q=2.3a\left(\frac{100P_v}{100-G}\right)\left(\frac{100-G}{100}\right) \tag{5.1}$$

式中，Q 为污泥的燃烧热值，kJ/kg（干）；P_v 为有机物质（即挥发性固体）含量，%；G 为机械脱水时，所加污泥混凝剂量（以占污泥干固体质量%计），当用有机高分子混凝剂或未加混凝剂时，$G=0$；a，b 为经验常数，与污泥性质有关（新鲜初沉污泥与消化污泥：$a=131$，$b=10$；新鲜活性污泥：$a=107$，$b=5$）。

在下列情况可以考虑采用污泥焚烧工艺：a. 当污泥不符合卫生要求，有毒物质含量高，不能作为农副业利用；b. 卫生要求高，用地紧张的大、中城市；c. 污泥自身的燃烧热值高，可以自燃并利用燃烧热量发电；d. 与城市垃圾混合焚烧并利用燃烧热量发电。

在污泥经焚烧后，含水率可降为0，使运输与最后处置大为简化。污泥在焚烧前应有效地脱水干燥。焚烧所需热量来自污泥自身所含有机物的燃烧热值或辅助燃料。如果采用污泥焚烧工艺，则前处理不必用污泥消化或其他稳定处理，以免由于有机物质减少而降低污泥的燃烧热值。

5.2.3.2 工艺与设备

污泥焚烧可分为完全焚烧和湿式燃烧（即不完全焚烧）两种。

(1) 完全焚烧

完全焚烧是指污泥所含水分被完全蒸发，有机物质被完全焚烧，焚烧的最终产物是 CO_2、H_2O、NO_x 等气体及焚烧灰。完全焚烧设备主要有回转焚烧炉、立式多段焚烧炉及液化床焚烧炉。目前，多采用循环流化床锅炉，并要求进泥含水率≤10%，预热温度136℃，焚烧温度≥850℃，炉内烟气有效停留时间>2s。

污泥热干化的尾气、污泥焚烧的烟气、污泥焚烧灰含有较多的污染物质，如重金属、放射性物质和有害气体等，处置不当会造成二次污染，需进行必要处理与处置。

(2) 湿式燃烧——不完全焚烧

也称为湿式氧化法，这种方法在20世纪50年代提出，用于处理废水，在高温（临界温度为150～370℃）和一定压力下用来处理高浓度有机废水和易生化的废水十分有效。由于剩余污泥在物质结构上与高浓度有机废水十分相似，因此湿式空气氧化也逐渐用于处理剩余污泥和粪便，并取得了较好的效果。从20世纪60年代美国出现工业化应用以来，到1979年为止，世界各地共建造了200多座采用湿式氧化工艺的污水和污泥处理厂[24]。

根据湿式燃烧所要求的氧化度、反应温度、压力的不同，湿式燃烧可分为：高温高压氧化法、中温中压氧化法、低温低压氧化法。

5.2.3.3 湿式燃烧法的应用与优缺点

湿式燃烧法的主要应用包括：a. 污泥与粪便处理；b. 高浓度工业废水——造纸、鞣革与制革丙烯腈，焦化废水，食品与含硫废水；c. 含危险物、有毒物、爆炸物污水；d. 回收有用物质如混凝剂，碱回收；e. 再生活性炭等。

其主要优点：a. 适应性较强，难生物降解有机物可被氧化；b. 达到完全杀菌；c. 反应在密闭的容器内进行，无臭，管理自动化；d. 反应时间短，大约 1h，好氧与厌氧微生物难以在短时间内降解的物质如吡啶、苯类、纤维、乙烯类、橡胶制品等，都可被炭化；e. 残渣量少，仅为原污泥的 1%以下，脱水性能好，且分离液中氨氮含量高，有利于生物处理。

主要缺点：a. 设备需用不锈钢制，造价昂贵，需要专门的高压作业人员操作管理；b. 高压泵与空压机电耗大，噪声大（约为 70～90 个高音喇叭）；c. 热交换器、反应塔必须经常除垢，前者每个月用 5%硝酸清洗一次，后者每年清洗一次；d. 反应塔在高温高压氧化过程中，产生的有机酸与无机酸对塔壁有腐蚀作用；e. 需要有一套气体的脱臭装置。

5.2.4 污泥资源化

5.2.4.1 污泥转化为燃料

污泥转化成油工艺在德国、加拿大、澳大利亚等国已经研究开发了 20 多年。该工艺的主要优点是：能实现污泥的完全循环，可回收能量和可利用的副产品，重金属能被固定，病原菌、病毒、寄生虫卵和有机氯化合物被破坏以及温室气体的产量最小。

Enersludge 工艺是利用热力化学法将污泥转化成石油、焦炭、煤气和水，污泥转化是在一个双反应器（dual reactor）中、在大气压和 450℃及无氧的条件下进行的，污泥中含有的铝硅酸盐和重金属催化了气相的转化反应。生产的油的性质近似于中馏分燃料，可作为内燃机和外燃机的燃料[25]。

ENERSLUDGE™工艺源于 20 世纪 80 年代初德国 Tubingen 大学开发的技术，1987 年在澳大利亚的 ESI（Environmental Solutions International Ltd）开始了扩大规模的工程开发和应用，建立了一个 1t/d 的中试设备，该试验设备在 Perth 和 Sydney 两地起到了很好的示范作用。该工艺在 20 世纪 90 年代得到了大力改进，设备采用 ESI 的专利技术，通过热化学作用将污泥转化成四种洁净的燃料，即石油、焦炭、非凝结气体（NCG）和反应水（RW）。溶解性有机物中 RW 重量比达到 10%，具有一定的助燃作用[26]。

5.2.4.2 污泥生产建筑材料

污泥中除了有机物外往往还含有 20%～30%的无机物，主要是硅、铁、铝和钙等。因此即使将污泥焚烧去除了有机物，无机物仍以焚烧灰的形式存在，需要进行填埋处置。为充分利用污泥中的有机物和无机物，污泥的建材利用是一种经济有效的资源化方法。

污泥的建材利用大致可以归结为以下方法：制轻质陶粒、生产水泥、制砖等。过去大部分以污泥焚烧灰作原料生产各种建材，近年来为了节省投资（建焚烧炉），充分利用污泥自身热值，节省利用污泥作原料生产各种建材的技术已开发成功。

(1) 制轻质陶粒

污泥的建材利用大致可以归结为以下方法：制轻质陶粒，制熔融建材和熔融微晶玻璃，生产水泥等，制砖已经很少应用。过去大部分以污泥焚烧灰作原料生产各种建材，近年来为了节省投资（建设焚烧炉），充分利用污泥自身的热值，节省能耗，直接利用污泥作原料生产各种建材的技术已开发成功。

污泥制轻质陶粒的方法按原料不同可以分为两种，一是用生污泥或厌氧发酵污泥的焚烧灰造粒后烧结。这种方法在 20 世纪 80 年代已趋成熟，并投入应用。利用焚烧灰制轻质陶粒需要单独建设焚烧炉，污泥中的有机成分没有得到有效利用。近年来开发了直接从脱水污泥制陶粒的新技术。图 5.8 所示为污泥的轻质陶粒烧结工艺流程。

污泥陶粒最早由 S. Nakouzi 等提出，以城市污水厂污泥为主要原料，掺加适量黏结材料和助熔材料，经过加工成球、焙烧而成。与传统污泥处置技术相比，具有以下显著优点：a. 不仅利用了污泥中有机质作为陶粒焙烧过程中的发泡物质，而且污泥中的无机成分也得到了利用；b. 二次污染小。污泥中含有的难降解有机物、病原体及重金属等有害物质，如果处置不当可能造成二次污染，而制陶粒时焙烧的高温环境可以完全将有机物和病原体分解，并把重金属固结在陶粒中；c. 污泥烧制陶粒可充分利用现有陶粒生产设备和水泥窑等，设备投入生产成本较低；d. 用途广泛，市场前景好；e. 可替代传统陶粒制造工艺中的黏土和页岩，节约了土地和矿物资源。

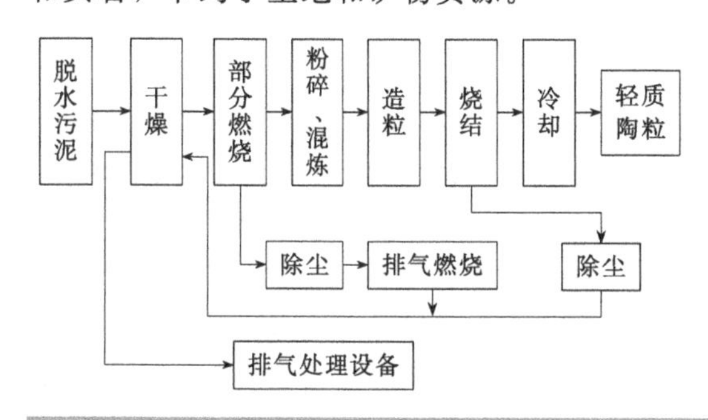

图 5.8
污泥制轻质陶粒烧结工艺流程

污泥制轻质陶粒的方法按原料不同分为两种：一是用生污泥或厌氧发酵污泥的焚烧灰制粒后烧结，但利用焚烧灰制轻质陶粒需要单独建焚烧炉，污泥中的有机成分没有得到有效利用；二是直接从脱水污泥制陶粒的新技术，将含水率 50%的污泥与主材料及添加剂混合，在回转窑焙烧生成陶粒。

陶粒可直接使用或用于制作陶粒制品。污（淤）泥焙烧陶粒原理与水泥生产中污泥燃烧处理原理基本一致。该技术生产的陶粒产品经实验室和生产实践证明，质量不因处理污泥而造成影响，技术性能指标符合国家标准《轻集料及其试验方法》（GB/T 17431.1—1998）的陶粒性能要求。此技术以污泥代替部分原材料及燃料，对新型墙体材料应用和推广有较为有价值的现实意义。

(2) 制水泥

近年来人类面临日趋严重的环保和燃料供应紧缺问题，促使污泥资源化利用研究深入发展，同时随着窑炉燃烧技术水平的提高，利用水泥窑处置和利用污泥等可燃废物具有很大优势，其处理温度高，焚烧停留时间长，可将污泥中的绝大多数重金属离子彻底固化在水泥熟料中，减少有害气体排放，使得水泥生产过程中使用污泥作为燃料替代物的利废工业进一步成为可能。这一技术提供了解决填埋和不当焚烧带来的环境污染问题，同时也可缓解日益扩大的水泥工业生产所需燃料的资源缺乏。

水泥生产系统具有较大的热容量，对整个物料中加入的成分具有很强的包容性，同时由于水泥矿物在形成过程中有液相出现，因此在物料加入污泥后，焚烧残渣可以被水泥矿物固溶，不存在残渣处理问题。水泥窑处理污泥在污染的排放和能源的利用上具有较大优势，是固体废物处理和利用的一个较好出路。

污泥的燃烧过程主要为挥发分和固定碳的燃烧，伴随燃烧反应的同时进行有害气体的分解。该处理技术的特点是将污泥的处理与水泥生产相结合，污泥在水泥生产窑炉中煅烧，其干燥煅烧全部在密闭的分解炉中进行。进入流态化焚烧分解炉中的水泥生料温度高达 7000℃，分解炉中又有三次热风引入，完全保证了污泥中的水分蒸发及燃烧。流态化焚烧分解炉的燃烧区分解温度为 800～9000℃，气体停留时间＞2s，比有机物要求的燃烧温度 350～6500℃高得多，同时在悬浮态下进行能够保证气体中的有害物高效、彻底地燃尽（去除率达 99.99%以上）。焚烧后的物料随气流进入旋风筒，经旋风分离后进入水泥生产系统，不存在残渣排放问题。生料能及时吸收污泥中的 SO_3，生产过程中不必设置可持续发展战略的要求。该技术的推广对我国这个水泥生产大国在资源综合利用方面具有较为深远的意义。

(3) 污泥制砖

对污（淤）泥进行脱水、除臭、去重金属等无害化处理后，可以直接生产建筑砖产品。首先对污（淤）泥进行除臭处理，然后加入水使其含水率达到90%以上，再用化学方式（按水不溶和弱酸不溶）对其进行去除重金属的处理过程，同时进行破胶处理（防止淤泥胶结，影响后序脱水）、助滤及颗粒分离，最后进行重力式真空分离生产制砖原料用于生产建筑砖。目前该技术已经投入实际生产应用。

有些工业废水和生活污水混排处理后的污泥含有机废物、重金属和一些有害微生物，不宜作肥料使用，简单堆埋造成二次污染。鉴于此，蔡文金[27]将污泥（85%含水率）与粉煤灰以1∶3比例混合，进行烧制建材制品。其工艺流程如下：

含水率85%的污泥1份＋干粉煤灰3份混合→搅拌→成粒→烘干→焙烧→烧结料

研究表明，以污泥和粉煤灰混合烧结，制成品性能优良、无臭味，基本符合卫生标准，且重金属含量大为降低，接近土壤（粉煤灰的稀释作用）含量。污泥炼制普通烧结砖、特种烧结砖（隔热、耐火等）为处理污泥、利用污泥开辟了新途径。

(4) 其他污泥利用技术

污泥还可以作为原材料之一制造生化纤维板、制灰渣混凝土及聚合物复合材料等。同时污泥还可以作为重要的原材料提取DNA、合成与提取β-羟基烷酸、提取重金属等，但这些技术离工业应用还有一定的距离。

5.2.4.3 污泥生产燃气和甲醇

德国柏林的脱水污泥与其他一些固体、液体废物进行燃气转化，产生合成燃气，然后制成甲醇并发电。德国柏林的Schwange Pumpe煤气厂，始建于20世纪60年代的民主德国，1995年该煤气厂更名为次生原料回用中心（SVZ-Sekundarrohstoff Verwertingszentrum），这是世界上第一座废物回用厂，将汽车的塑料部件、木质废料、污水污泥和家庭垃圾进行气化生产合成煤气，然后将其转化为甲醇并发电。自开工以来该中心已处理了50万吨废物，每年生产12万吨甲醇。

5.2.4.4 污泥干燥-颗粒化技术

比利时Seghers公司开发的烘干-成粒器，是在一个竖立多级的容器中以节能的单元操作完成污泥干燥和颗粒化的，不需要单独的污泥成粒机。这种干污泥颗粒，可用作缓释肥料和土壤改良剂，以提供天然的氮磷和其他肥分。这种干污泥颗粒往土壤中加入有机物和肥分，增加了作物的产量并改善了土壤的结构及保水能力。因污泥在干燥-成粒器中停留时间长并且烘干和成粒温度高，颗粒产品完全去除了病原菌，这种干污泥颗粒已成功用于多种作物的肥料，如草地、花卉种植、苗圃、高尔夫球场草地和柑橘种植园等。

另外干污泥颗粒热值高（12000～15000kJ/kgLHV），因此可以用作优质燃料与煤混合燃烧，或作为煤气化的原料（合成燃气生产）。该干污泥颗粒还可以转化制成甲醇、油和活性炭。

5.2.4.5 污泥堆肥化技术

堆肥化实质上是在人工控制条件下，利用污泥中的微生物将有机固体物质降解，向稳定的腐殖质进行生化转化的微生物学过程。按其需氧程度分为好氧堆肥和厌氧堆肥，现代化的堆肥工艺基本上都采用好氧堆肥。

好氧堆肥化过程分为中温和高温两个阶段，中温范围是15～45℃，高温范围是45～80℃。在中温阶段和高温阶段活动的微生物是有区别的，分别称为嗜温性微生物和嗜热性微生物。现代化堆肥生产最低温度为55℃，大多数微生物在45～80℃范围内最活跃，分解有机物能力最强，其中的病原菌和寄生虫大多可被杀死。

堆肥化开始，温度慢慢上升，嗜温菌较为活跃，大量增殖。有机物在被微生物转化和利用的同时，有一部分化学能转变为热能，加之堆肥物料本身具有良好的保温作用，温度不断上升。这种自我加热的作用可以将堆肥中的温度升高到75℃甚至更高。到达此温度后，嗜温菌受到抑制，甚至死亡，复杂的有机物如半纤维素、纤维素和蛋白质也得到分解。经过高温发酵，堆肥中的温度会逐渐下降，当温度在40℃左右，堆肥基本达到稳定，形成腐殖质。然后将达到稳定的物质送到发酵室堆积，使其中的有机物熟化（腐化）。熟化过程一般不需通气，每1～2周翻动一次即可。为了防止具有恶臭的硫醇、甲硫醚、二硫化物及二甲胺等生成物的挥发，需在堆肥上覆盖一层熟化后的堆肥，厚度约为30cm。堆肥的熟化根据不同情况大约需要7～120d。

堆肥技术发展至今，已形成很多工艺类型。按堆肥微生物对氧的要求，可分为好氧堆肥和厌氧堆肥；按堆肥物料运动形式可分为静态堆肥和动态堆肥；按堆肥堆制方式分为间歇式堆肥和装置式堆肥。

间歇堆肥法又叫露天堆肥法，这是我国长期沿用的一种方法，要求对堆肥原料进行前处理，根据其含水率和C/N值，确定原料配比。

连续堆制法工艺采取连续进料和连续出料方式发酵，原料在一个专设的发酵装置内完成中温和高温发酵过程，因此又被称为装置式堆肥技术。这种堆肥方法除具有发酵时间短，能杀灭病原微生物外，还能防止异味，成品质量比较高，已在美国、日本、欧洲广为采用。连续发酵装置类型有多种，主要类型有立式堆肥发酵塔、卧式堆肥发酵滚筒、筒仓式堆肥发酵仓等。

堆肥如同烘干和颗粒化技术一样，就其本身来说不属于处置或利用，但是这些处理技术的应用促进了其在农业或园艺上的利用。堆肥往往被看成是一种待用的处置方法，实际上是一种将污泥变得适于农业和园艺利用的处理方法。堆肥比已有的液态污泥特别是消化污泥的农业利用成本要贵得多，因此，堆肥技术在欧洲国家不适用。

5.2.4.6 污泥在土地上的利用

(1) 污泥在农业上的利用

当污泥重金属含量较低，符合用于农田肥料的规定标准时，一般将其用作农田有机肥料和土壤改良剂，欧洲共同体约有30%的污泥用于农田施肥，北美则有40%，美国的许多污水处理厂，包括世界最大的污水处理厂芝加哥西南污水处理厂（450万米^3/天），美国第二大污水处理厂波士顿鹿岛污水处理厂（340万米^3/天）和美国第三大污水处理厂洛杉矶海波伦污水处理厂（270万米^3/天），都将脱水或烘干后的污泥送往农田用作肥料或土壤改良剂。

(2) 污泥用于土地回收与复原

污泥用作农业肥料时因要控制其对农作物的污染而使其施用负荷率受到限制，而在用于土地回收时，其采用的污泥施用负荷率远大于农业利用所允许的负荷率，因为在施用污泥期间，并不在要回收的土地上种植农作物，有时种植绿化植物，如草、树木和花卉等。

污泥也可用作垃圾填埋场顶部填土，大规模建筑施工后填土，采矿后土地的回收和复原用土，以及废弃煤矿的处置和贫瘠的灌木丛等处的土壤恢复活力等的最好的土壤改良剂。这样就无需运进昂贵的顶部土壤，因为污泥可以在现场与土壤形成混合材料，并将形成的混合物用于表层土壤。

当然，污泥用于土地回收和复原受到一些因素的限制，如用污泥处理而恢复的土地，对其使用价值缺乏评估；对由重金属、病原微生物、臭味、水污染等引起的潜在环境有疑虑心态；连续的污泥生产很难与偶然或有限的恢复土地的运作相适应，这种作业费用较高，特别是需要使用特殊的设备。

（3）污泥在林业上的应用

污泥可以提供营养物和有机物源。欧洲和美国的试验证明，污泥可以作为林业常规肥料的良好代用品。已有的经验表明，污泥可以用于商业针叶林，即可使用脱水的污泥作植树前的土地准备，也可用液态污泥对生长中的树木施肥。在英国越来越重视将污泥处置应用于落叶林中，以及柳树和杂木树等树林中。目前的研究集中于考察树木生长反应、环境影响和运行操作等问题。

污泥在林业上的利用不会有病原微生物传播和食物链污染等问题产生，需要考虑的是雨水径流带来的污染问题，因为树林地通常是汇水区域的陡坡上和酸性土壤，这会引起土壤中的金属离子移动。欧洲和美国的共同经验是大量的有机物能很好地固定污泥中的金属，树木多年生的根系也能在适宜的气候下对金属进行吸收。

（4）污泥用于园艺土地

污泥用于园艺土地，就金属的影响和病原微生物潜在的传播来说，这是一种危险性比较大的做法。存在对污泥应用控制不当的风险，因此种植的花卉等产品进入市场时，必须对其质量（尤其是金属和病原微生物）进行严格的控制。但是，这会提高生产成本，总体来说属于一种比较昂贵的污泥处置办法。尽管如此，污泥用于园艺土地在许多地方被采用。在美国的法规中，规定了A级污泥的标准，以提供保障。

5.2.5 污泥消毒

废水中的细菌与寄生虫卵在处理的过程中，约有80%转移到污泥中，故需对污泥做经常性或季节性的消毒处理。

各种病菌、病虫卵和病毒的致死温度与时间见表5.3。从表中可以看出，绝大多数病菌、寄生虫卵与病毒可在约60℃、60min内致死。但由于污泥中的病菌、寄生虫卵与病毒被污泥所包覆，致死温度与时间略高于表列值。

表5.3 病毒、病虫卵和病毒致死温度与时间

种　类	致死温度/℃	所需时间/min	种　类	致死温度/℃	所需时间/min
蝇蛆	51	1	猪丹毒杆菌	50	15
蛔虫卵	50～55	5～10	猪瘟病虫	50～60	迅速
钩虫卵	50	3	口蹄疫菌	60	30
蛲虫卵	50	1	畜病虫卵与幼虫	50～60	1
痢疾杆菌	60	10～20	二化螟虫	60	1
伤寒杆菌	60	10	谷象	50	5
霍乱菌	55	30	小豆象虫	60	4
大肠杆菌	55	60	小麦黑穗病菌	54	10
结构杆菌	60	30	稻热病菌	51～54	10
炭疽杆菌	50～55	60	病毒	70	25

污泥处理的某些工艺，如高温消化、干燥、焚化、湿式氧化、堆肥等都有消毒效果。专用的污泥消毒法有巴氏消毒法、石灰稳定法、加氯消毒法及辐射消毒法等。

(1) 巴氏消毒法（低热消毒法）

巴氏消毒法分：a. 蒸汽直接通入污泥，使泥温达到70℃，维持30～60min；b. 热交换器法，使泥温达到70℃。

巴氏消毒后的污泥余热应回收，用于预热待消毒的污泥。如采用蒸汽直接消毒法，污泥的含水率可能增加7%左右。

(2) 石灰稳定法

利用石灰提高污泥的pH值，可达到消毒的目的。污泥pH值至12.5，持续2h，伤寒沙门杆菌可全部杀死；pH值为11.5，持续2h，可杀灭病原菌。此法可抑制污泥臭味。但由于pH值过高，消毒后的污泥不利于农用，只能用做填埋或制作建材（如水泥的添加料等）。

(3) 加氯消毒法

氯是有效的消毒剂。由于细菌被污泥包裹以及污泥中存在许多还原性物质，需要消耗大量的氯，因此污泥消毒加氯量往往很大。此外，加氯后，会产生HCl或氯胺，pH值急剧降低，HCl可以溶解污泥中的重金属，使污泥水中的重金属含量增加，因此，使用氯消毒应非常慎重。

(4) 辐射消毒法

辐射消毒法是采用足够剂量的X射线、γ射线或电子束的方法杀灭污泥中的病原菌、寄生虫卵和病毒。辐射具有高度穿透力，与污泥瞬间接触即可达到消毒的目的，不受温度、含水率的影响，可以连续运行，消毒过程不产生气味，对消毒设备的腐蚀性较低，能使有毒和难生物降解的有机物（如酚、氰、农药和染料、表面活性剂以及合成洗涤剂、生物制品等）的毒性降低，辐射处理后，产生的游离基团对有机物有自动氧化作用，降低BOD_5，提高污泥稳定性，改变污泥的胶体性能，减小胶体颗粒的负电荷，降低比阻，提高污泥的沉降与脱水性能。辐射消毒法的缺点是运行费用较其他方法高，并需要有安全防护设备，基建投资大。

污泥稳定（厌氧消化、好氧消化）法及污泥消毒法对污泥稳定效果的比较见表5.4。

表5.4 各种污泥稳定法、污泥消毒法的比较

处理方法	杀灭病原体效果	稳定作用	减少气味
厌氧消化	尚好	好	好
好氧消化	尚好	好	好
加氯消毒	好	尚好	好
石灰稳定法	好	尚好	好
巴氏消毒法	良好	不好	不好
电离辐射	良好	好	尚好
热处理(195～200℃)	良好	不好	不好
堆肥(60℃)	好	好	好
消化污泥堆肥	好	好	好

参考文献

[1] 梁鹏，黄霞，钱易. 污泥减量化技术的研究进展. 环境污染治理技术与设备，2003，1 (4)：44～52.

[2] Elissen H J H, Hendriekx T L G, Temmink H, etal. A new reactor concept for sludge reduction using aquatic worms. Water Res., 2006, 40 (20): 3713～3718.
[3] 白润英，梁鹏，黄霞. 卷贝进行污泥减量的应用研究. 给水排水，2005，31 (7)：19～21.
[4] Ratsak C H, Maarsen K A, Kooijman S A L M. Effects of protozoa on carbon mineralization in activated sludge. Water Res., 1996, 30 (1): 1～12.
[5] 魏源送，刘俊新. 利用寡毛类蠕虫反应器处理剩余污泥的研究. 环境科学学报，2005，25 (6)：803～808.
[6] 张绍园，闫百瑞. 二段淹没式膜生物反应器处理城市污水的研究. 工业用水与废水，2003，34 (6)：40～42.
[7] 杨健，吴敏. 城市污水厂混合污泥的生态稳定处理. 环境污染与防治，2003，25 (6)：345～347.
[8] 杨健，赵丽敏，陈巧燕，杨居川，娄山杰. 石英砂和陶粒蚯蚓生物滤池的污泥减量化效果比较. 中国给水排水，2008，24 (7)：12～15.
[9] 吴敏，杨健. 蚯蚓生态床处理剩余污泥. 中国给水排水，2003，19 (5)：59～60.
[10] 王宝贞，李高奇，王琳等. 淹没式生物膜法污水处理厂的设计与运行. 中国给水排水，2000，16 (3)：16～19.
[11] 王宝贞，王琳主编. 水污染治理新技术——新工艺、新概念、新理论. 北京：科学出版社，2004.
[12] Scheminske A., Krull K., Hempel D C. Oxidative treatment of digested sewage sludge with ozone. Wat Sci Tech, 2000, 42 (9): 151～158.
[13] Buning G, Hempel D. C. Vital-Fluorochreomizaiton of microorganisms using 3′,6′-diacetyl-fluorescein to determine damages of cell membranes and loss of metabolic activity by ozonation. Ozone Sci Eng, 1996, 18: 173～181.
[14] Weemaes M, Verstraete W. Evalution of current wet sludge disintegration techniques. Journal of Chemical Technology and Biotechnology. 1998, 73 (2): 83～92.
[15] Sakai Y, Fukase T, Yasui H, Shibata M. An activated sludge process without excess sludge production. Water Science and Technology. 1997, 36 (11): 163～170.
[16] Uwe Neis. Ultrasound in water, wastewater and sludge treatment. Water 21, 2000, 21 (4): 36～39.
[17] 王芬，季民. 污泥超声破解预处理的影响因素分析. 天津大学学报，2005，38 (7)：649～653.
[18] 曹秀芹，陈珺，唐臣，等. 超声处理后剩余污泥性质变化及分析. 环境工程，2005，23 (5)：84～86.
[19] 薛玉伟，季民，李文彬. 超声破解污泥影响因素分析. 环境工程学报，2006，1 (6)：118～122.
[20] 龙腾锐，蒋洪波，丁文川等. 不同工况的低强度超声波处理对活性污泥活性的影响. 环境科学，2007，28 (2)：392～395.
[21] 马守贵，许红林，吕效平，等. 超声波促进处理剩余活性污泥中试研究. 化学工程，2008，36 (2)：46～49.
[22] 翁焕新. 污泥无害化、减量化、资源化处理新技术. 北京：科学出版社，2009.
[23] 赵庆良. 高温/中温两相厌氧消化处理混合基质的中试研究. 哈尔滨：哈尔滨建筑学院博士学位论文，1993.
[24] 王罗春，李雄，赵由才. 污泥干化与焚烧技术. 北京：冶金工业出版社，2010.
[25] 李鸿江，顾莹莹，赵由才. 污泥资源化利用技术. 北京：冶金工业出版社，2010.
[26] 尹军，谭学军. 污水污泥处理处置与资源化利用. 北京：化学工业出版社，2005.
[27] 蔡文金. 城市污泥处理利用的探索. 环境工程. 1991，9 (4)：22～23.

第6章

高浓度有机工业废水处理组合工艺及工程应用

6.1 高浓度有机工业废水处理技术的选择

6.1.1 选择原则

高浓度有机工业废水处理技术的选择受诸多因素的影响，主要包括：a. 废水的水质水量及其变化规律；b. 出水水质要求与处理程度；c. 处理厂（站）建设区的地理、地质条件；d. 工程投资和建成后的运行费用。

选择处理技术，通常需综合分析上述各因素，建立几个方案，然后通过比选确定。对于某些处理难度较大的高浓度有机工业废水，若无资料可参考时，需要通过试验的帮助来确定处理的工艺和工艺参数。

高浓度有机工业废水处理与城市污水处理相似，按处理程度的要求，可分为一级处理、二级处理和三级处理。

一级处理用物理或化学方法去除废水中的悬浮物（固态、液态）和调节 pH 值等。一级处理名称源于城市污水处理，通常指处理程度较低、达不到排放标准的物理处理（如格栅、沉淀），是二级处理的预处理。对于高浓度有机工业废水的处理，其涵义略广一些，包括物理处理法和化学处理法，可作为某些无机工业废水的主要处理方法；对于高浓度有机工业废水，由于废水成分复杂，用作为进一步处理的前处理时，称其为预处理，如印染废水常含有难生物降解的有机污染物，且水质波动大，有时需采用化学混凝法等进行预处理，以保障生物处理效果。

二级处理通常指采用生物化学或化学混凝法去除可生物降解的溶解状态和部分交替状态的有机污染物，以减少废水的 BOD 和 COD。二级处理能大大改善水质，处理后的出水一般能达到排放标准。

三级处理用物理化学方法、生物法、化学法去除难以生物降解的有机物和氮、磷等可溶解性有机污染物。三级处理与深度处理是同义，用于二级处理后时称为三级处理。废水再利用中的一级、二级处理后增加的处理工艺称为深度处理。

6.1.2 不同类型废水处理技术的选择

从第 1 章的讨论可以知道，根据有机物被微生物降解的难易程度，以及是否有生物毒性，有机物还可分为以下四类。

第一类为易生物降解、对微生物无毒性的有机物，大部分天然有机物属于这一类；第二类为可生物降解、对微生物有毒性的有机物，如甲醛、苯酚、硝基化合物等；第三类为难生物降解、对微生物无毒性的有机物，如木质素、纤维素、聚乙烯醇等；第四类为难生物降解、对微生物有毒性的有机物，如喹啉、吡啶、多氯联苯、有机磷农药等。

第一类有机污染物可直接采用生物处理工艺去除。对于第二类有机物，一般可以通过控制进水浓度、对微生物进行驯化、工艺技术和处理流程的优化等工艺学措施来提高其降解效果；第三类、第四类有机污染物需要通过预处理措施降低有机物的毒性，提高有机物的可生物降解性，然后再进行生物处理[1]。

6.1.2.1 高浓度易生物降解有机工业废水处理技术的选择

以第一类、第二类有机污染物为主要污染物的高浓度工业废水，可直接采用废水厌氧生物处理技术或相关技术的变型。厌氧生物处理工艺详见本书第4章。

6.1.2.2 高浓度难降解有机工业废水生物处理技术的选择

以第三类、第四类有机污染物为主要污染物的工业废水均属于难降解有机工业废水。根据第三类、第四类污染物的性质和浓度，对于高浓度的此种废水，基本处理途径主要有两种：预处理-厌氧生物处理-好氧生物处理-后处理途径和优势菌种生物处理途径。高浓度难降解有机废水的预处理技术种类繁多，常用的预处理技术包括以下几种。

(1) 生物水解酸化法预处理

近年来水解生物预处理工艺成功地应用于城市污水及难降解工业废水的处理中。污水经水解预处理后，BOD_5/COD的比值显著提高，大大提高了废水的可生化性，减轻了后续好氧处理工艺的负荷，提高了生化处理的效率[2]。

水解生物处理技术实际上是只进行厌氧反应的水解阶段和产酸脱氢两个阶段。利用非严格厌氧的兼氧微生物对有机物进行初级分解，将废水中不溶的固体物质转化为溶解性物质，大分子物质降解为小分子物质，难生物降解物质转化为易生物降解物质，从而使废水的可生物降解性和生物降解速率大幅度提高，以有利于后续的好氧生物处理，达到较高的COD去除率。尤其是当废水中主要的有机物为苯系物时，由于兼氧微生物体内具有易于诱导较为多样化的开环酶体系，促使苯环和芳烃化合物易于酸化裂解而转化成有机酸，所以通过水解处理后，可以使大多数的苯环和苯的衍生物对水解微生物的抑制作用降低，成为易于好氧降解的物质，大大提高了废水的可生化性[3]。

由于没有产甲烷阶段的限速影响，废水经水解生物处理过程所需时间一般只要4～18h，COD去除率一般在30%～40%之间，但经水解法处理后的废水COD还较高，必须通过厌氧产甲烷阶段或好氧生物过程进行后续处理才能使有机物完全矿化。因此，处理高浓度废水时，若没有后续过程对水解过程产生的代谢物进行及时降解，代谢物如有机酸积累到一定程度会使整个水解生物处理过程受到抑制。

水解酸化工艺与厌氧工艺相比，具有以下优点。

① 水解酸化工艺不产生臭味，且不考虑气体的收集利用系统，从而节省基建费用。

② 水解酸化工艺对环境条件，如温度、pH值、氧化还原电位（E_h）、DO等的要求较低，使得工艺运行、操作的难度降低。

③ 厌氧工艺中优势微生物种群为专性厌氧微生物，对底物浓度、酸碱度、重金属离子、洗涤剂、氨、硫化物和温度等环境因素极其敏感。而水解酸化工艺中主要是兼性菌，它们在自然界中的数量较多、存在较广、繁殖速度较快、对环境条件适应性强，在实际工程应用中，易培养，工程适应性强。

④ 水解酸化工艺较厌氧工艺反应速率快，抗冲击负荷能力强，可提高废水的可生化性。

生物水解酸化法作为预处理措施，已应用于印染、制药、焦化、造纸、合成洗涤剂等多种有机工业废水的处理。此外，也用于城市污水处理，以降低供气量和提高COD去除效率。

(2) 化学水解法预处理

某些难降解有机化合物（如大部分烷烃）不易生物降解，但可在酸性或碱性条件下进行水解（酸水解、碱水解），分解为醇、醛、酮或有机酸等，提高其可生物降解性。如，石灰法生产氯仿所产生的废水中的氯仿，不仅难以生物降解，且对活性污泥有一定的毒性作用。这种废水可采用碱水解法进行预处理，使其分解为能被微生物降解利用的甲酸盐，提高废水的可生物降解性。

(3) 物化法预处理

用于难降解有机工业废水生物处理的物化法预处理技术主要有气提法、吹脱法、吸附法、萃取法、化学混凝沉淀（气浮）法、离子交换法、膜分离法和微电解法等。对于高浓度有机废水，通常是先采用气提法、吹脱法、吸附法和萃取法等工艺预处理，从废水中回收有机物，使其浓度大幅度下降，然后与其他低浓度有机废水混合后再进行生物处理。化学沉淀（气浮）法和微电解法等则常用于浓度较低、不能进行资源回收利用时的预处理。化学混凝沉淀（气浮）法在印染废水处理中已有广泛应用。微电解法经多年研究和探索，也已在印染废水和某些有机化学工业废水处理中应用，用于脱色、降低COD和提高废水的可生物降解性等。

对于高浓度难降解有机工业废水，经过预处理之后，选择相应的后续处理工艺进行处理，如高级氧化法处理技术、厌氧生物处理技术、好氧处理工艺等，具体工艺详见本书第2～4章。

6.1.3 废水处理反应器选择

在选择用于废水处理过程的一种或多种反应器型式时，所必须考虑的因素有：a. 所处理的废水性质；b. 反应性质（是均相反应还是多相反应）；c. 控制处理过程的反应动力学的性质；d. 对过程性能的要求；e. 当地环境状况。实际上，施工费用、运行和维护费用也同样影响反应器的选择。在工程应用中，上述因素相对的重要性会有所变化，因此，每一因素都应单独予以考虑。

6.1.3.1 废水性质

废水的颗粒和可溶解成分百分率会影响厌氧反应器类型的选择及其设计。处理固体浓度高的废水，悬浮生长反应器比升流式或降流式附着生长工艺更合适。在要求颗粒有机物质转化较多的情况，如果厌氧处理中与酸性发酵或产甲烷相比，固体的水解作用是限制反应速率的阶段时，则可能需要较长的SRT值。

废水中含有的某些物质对污泥的成粒作用会有不利影响，导致起泡，或者形成浮渣。含有较高浓度蛋白质和（或）脂肪的废水往往引起许多上述问题。废水中固体百分率的增加，形成密实颗粒污泥的能力就下降。有研究认为，在某些固体浓度较高时（大于6gTSS/L），厌氧消化工艺和厌氧接触工艺可能更合适。

6.1.3.2 反应性质

发生在废水处理中的反应分为均相反应及非均相反应两种基本类型。

在均相反应中，反应物均匀分布在整个液体中，因而在液体内部的任一点的反应势能都是相同的。均相反应通常在间歇式、完全混合式和平推流式反应器中完成。

非均相反应发生在可用特定位置表示的一种或多种组分之间，如在离子交换树脂上一种或多种离子被另外的离子所取代的反应。需要有固相催化剂参与的反应也属于非均相反应。非均相反应通常在填料床反应器和流化床反应器中完成。

6.1.3.3 反应动力学性质

应用反应动力学来进行设计，就要了解在过程中发生的反应的性质。一般依据：a. 从文献中获取的信息；b. 类似系统设计和运行的经验；c. 从中间试验得到的数据。反应的级数对反应器的型式及大小具有非常大的影响。为达到同样的去除率，完全混合反应器与平推流反应器相比需要较大的体积。但对于零级动力学反应，两种反应器所需的体积是一样的。

选择合适的动力学速率常数除依据上述三种方法外，在废水性质出现较大差异或采用没有应用经验的现有技术或新过程时，建议优先考虑进行中间试验。进行中间试验的目的在于确定拟采用的反应过程在特定环境条件下对处理目标废水的适宜性，与此同时获取必要的数据，作为实际设计的依据。

6.2 水解酸化-好氧组合工艺及应用

6.2.1 工艺原理

水解酸化-好氧生物处理组合工艺根据厌氧微生物及好氧微生物对有机污染物的氧化代谢机理，利用将厌氧微生物控制在水解酸化的环境条件下将难生物降解大分子、复杂有机底物转化为易生物降解的小分子简单有机物，改善和提高废水可生化性功能，使之与不同形式的好氧处理工艺组合应用，从而达到对难降解工业废水有效处理的目的。

从机理上讲，水解和酸化是厌氧消化过程的两个阶段。水解是指有机物进入微生物细胞前、在胞外进行的生物化学反应。微生物通过释放胞外自由酶或连接在细胞外壁上的固定酶来完成生物催化反应；酸化是一类典型的发酵过程，微生物的代谢产物主要是各种有机酸。不同的工艺水解酸化的处理目的不同。水解酸化-好氧生物处理工艺中的水解目的主要是将原有废水中的非溶解性有机物转变为溶解性有机物，特别是工业废水，主要将其中难生物降解的有机物转变为易生物降解的有机物，提高废水的可生化性，以利于后续的好氧处理。

尽管水解酸化-好氧处理工艺中的水解酸化段、两相厌氧消化工艺中的产酸相和混合厌氧消化中的产酸过程均产生有机酸，但是由于三者的处理目的不同，各自的运行环境和条件存在明显的差异，如表6.1所列，这三者在氧化还原电位（ORP）、pH值、反应温度上也存在不同，水解酸化-好氧处理系统中的水解酸化段为一典型的兼性过程，对ORP只要控制在约+50mV，水解酸化过程即可顺利进行，对pH值及反应温度也无特殊的控制要求。由于反应条件的不同，三种工艺系统中的优势菌群也不相同，在水解酸化工艺中，控制在兼性条件下，系统中的优势菌群也是厌氧微生物，但以兼性微生物为主，完成水解酸化过程的微生物相应地主要为厌氧（兼性）菌。当控制的氧化还原电位ORP较低时，完成水解、酸化的微生物主要为厌氧菌；当控制的ORP较高时，则完成水解、酸化的微生物主要为兼性菌。微生物种群的差异使得生化反应过程的最终产物也完全不同。水解酸化工艺中的最终产物为低浓度的有机酸，个别情况下也会产生少量的甲烷。

表6.1 水解酸化工艺与厌氧消化工艺的比较

项　目	水解酸化工艺	两相厌氧消化中的产酸相	厌氧消化
ORP/mV	<+50	－100～－300	－300以下
pH值	5.5～6.5	6.0～6.5	6.8～7.2
温度	不控制	控制	控制
优势微生物	兼性菌	兼性菌及厌氧菌	厌氧菌
产气中甲烷含量	极少	少量	大量
最终产物	低浓度的有机酸	高浓度的有机酸，如乙酸以及少量CH_4和CO_2	CH_4和CO_2

6.2.2 工艺研究现状

目前已知水解工艺对于城市综合废水、印染废水、造纸废水、化工废水和合成洗涤剂（ABS、LAS）废水等各种工艺废水处理十分有效。由于具有悬浮物去除率高和去除的悬浮物可在水解池内得到部分消化的特点，水解工艺在开发初期主要用于废水、污泥的同时处理。近年来，又利用这一特点去除含高浓度悬浮物和脂类的废水，如酒糟废液、活性污泥、乳制品废水和畜禽粪便废水等。

6.2.2.1 轻工业废水

采用水解酸化-活性污泥法处理制浆中段废水[4]，研究表明，该工艺不仅可将难生物降解的氯代有机物降解还原，削弱乃至消除抑制作用，提高废水的可生化性，而且可借助于水解酸化污泥的吸附作用使废水中的部分木质素沉淀去除，从而有利于提高好氧段的有机负荷并稳定和改善处理出水水质，COD_{Cr}去除率可达80%以上。

啤酒废水采用水解酸化-接触氧化工艺处理[5]，经水解酸化处理后出水的BOD_5/COD_{Cr}由原来的0.51提高至0.72。由于水解酸化段的这种对有机物的去除和对BOD_5/COD_{Cr}的改善，不仅有利于后续好氧处理功能的充分发挥，缩短了整个系统的总HRT，而且使系统具有较强的抗冲击负荷能力而运行稳定。COD_{Cr}和BOD_5去除率分别可达到96.9%和98.7%。

龙须草制浆废水中含有大量难降解的木质素及各种有毒的木质素降解产物。研究表明，单独使用物化法、好氧法或厌氧法，都不能获得满意的处理效果。而采用水解酸化预处理，BOD_5/COD_{Cr}由进水的0.5提高到0.65左右，出水的可生化性大为提高，为后续的好氧处理创造了良好的条件[6]。

采用完全混合式生物水解池处理浆粕黑液，COD_{Cr}、SS去除率分别为28%～38%、54%～68%，VFA提高3.4～4.7倍，BOD_5/COD_{Cr}提高13%[7]。染料生产废水因水中含有难降解的蒽醌和蒽酮及中间体，以及磺酸盐、醇类等溶剂物质和SO_4^{2-}、Cl^-、Br^-等无机物，使得废水难以生化处理。采用水解酸化-好氧曝气方法来处理，水解阶段降解了对生化处理有抑制作用的物质，使得后续好氧反应顺利进行，最终COD_{Cr}去除率可以达到92%。

国家纺织工业设计院应用水解可提高废水可生物降解性的特点，处理BOD_5/COD_{Cr}接近0.2的纺织废水获得成功。如国内某印染厂COD_{Cr}为761～904mg/L，BOD_5为100～169mg/L，BOD_5/COD_{Cr}仅为0.16，废水可生化性较差，废水中含难处理的化学浆料聚乙烯醇（PVA）和表面活性剂。如采用常规好氧处理，则因曝气池泡沫满溢导致整个处理流程无法正常运行。采用水解处理后COD_{Cr}有所下降，BOD_5增加，使废水可生化性改善，并使大分子PVA和表面活性剂断链，减少曝气产生的泡沫，使废水好氧处理有较好的处理效果[8]。

侍广良等[9]采用厌氧水解酸化-好氧工艺对印染废水进行了研究，在水解酸化阶段的HRT为7～8h，COD_{Cr}负荷为1.5～2.5kg/(m^3·d)，好氧段的HRT和COD_{Cr}负荷分别为4.5～5h和4.5～5kg/(m^3·d)条件下取得良好的处理效果。

祁佩时等[10]采用水解—混凝—复合生物滤池处理印染废水。水解调节池为地下式，平均水力停留时间8.5h。水解调节池具有水解和调节两方面作用，池中设水泵循环搅拌来调节水质。用悬浮填料作为生物载体来增加池中的生物量。同时在设计中采用出水多点回流的方式在池中造成剧烈搅动，加强泥水接触，促进污染物水解，避免池底沉积污泥。

刘建广[11]报道了水解—气浮—曝气生物滤池工艺在印染废水处理中的应用。水解与调节池平均水力停留时间8h，具有水解与调节双重功能。废水从配水口流出上行，并通过污泥层与污泥接触，水解菌将废水中的大分子有机物分解为小分子有机物。启动时，向水解池中加入一定量的厌氧污泥。经过水解池后，色度去除率达80%以上，COD_{Cr}、BOD、SS去除率不高，但水解前后氨氮相差很大，经水解后的氨氮指标高于进水4倍左右。所用染料均含有N元素，染料中含双键的原子基团即为发色团，如偶氮基、硝基、碳亚氨基等，经水解后，色度降低与氨氮升高的原因是染料在水解菌的作用下，其分子结构被打破，其中的N被还原为NH_3，结果是染料的发色团消失，使废水的色度大大降低，而氨氮增加。

6.2.2.2 食品行业废水

水解反应器用于预处理时对悬浮性COD和脂类有较高的去除率。因此采用水解反应器预处理奶制品废水，由于乳酸的预酸化作用，使pH值降低至4.0，造成蛋白质和脂类的沉淀。去除的悬浮状COD或污泥在水解池内得到富集，对城市污水，剩余污泥浓度可达20～30g/L，奶制品废水达到100g/L。

某淀粉加工厂排放的废水，其中大分子物质较多，故采用水解酸化-接触氧化工艺处理。实验结果显示，原水经过水解阶段，BOD_5/COD_{Cr}从0.69上升到0.82，使后续的好氧处理效率得到提高。李清泉等[12]采用水解-接触氧化组合工艺处理高浓度玉米淀粉废水，COD_{Cr}、BOD_5的总平均去除率分别达98.0%和99.4%。柴社立等[13]采用多阶段水解-好氧串联工艺处理高浓度玉米淀粉废水，在总HRT为60h、进水pH值为5.90～6.05，进水COD_{Cr}、BOD_5、NH_4^+平均分别为8205mg/L、7395mg/L、160.0mg/L的条件下，COD_{Cr}、BOD_5和NH_4^+去除率分别达97.7%、99.1%和88.1%。

屠宰厂的废水的可生化性高，但悬浮物浓度很高，需要预处理。采用水解酸化-生物吸附再生结合处理工艺，COD_{Cr}去除率可达93%以上[14]。

Ince[15]对乳酪废水用有、无水解酸化段的好氧处理工艺进行对比实验，通过9个月的运行发现，有水解酸化段的工艺在水力停留时间为12h、COD负荷为23kg/(m^3·d)时，处理系统COD及BOD_5去除率分别为90%和95%，而无水解酸化段的工艺处理系统水力停留时间为36h，且COD负荷仅为7kg/(m^3·d)。

6.2.2.3 化工行业废水

某化工厂苯胺类废水的可生化性不高，采用厌氧水解-生物接触氧化法处理结果表明：该工艺厌氧段能增强系统耐冲击负荷能力，并有效地提高废水的可生化性，使BOD/COD_{Cr}值上升到0.4。好氧段投加特效菌STR-NiTRO能有效地去除废水中的苯胺。最终COD_{Cr}、BOD_5和苯胺的去除率分别为85.9%、78%和97.8%[16]。

研究表明，芳香类化合物在厌氧条件下可被水解、酸化为有机酸，这是由于厌氧反应可以将H_2分压降低到很低的水平，从而使多数芳香类化合物的厌氧降解可以顺利进行。钱易等[17]对于焦化废水的研究结果表明，水解可使这些难生物降解物质转变为易生物降解物质，并通过后续好氧处理而去除。另外，萘经过水解处理与污泥接触3h以后，物质结构发生了根本变化。当萘与水解污泥接触24h，其光密度降低率达98.9%，水解预处理为进一步的生物处理创造了有利条件。

三氯甲烷等氯代脂肪酸经过水解处理后有较明显的去除效果，废水在水解池停留3h，三氯甲烷、二氯甲烷和四氯化碳的去除率分别为75.8%、63.1%和45%，由于这些有机物具有化学毒性且不易被生物降解，经水解处理后变成一些易于降解和无毒性的化合物以及氯化物，为后续处理中微生物酶的适应性和酶对底物的利用创造了有利条件[18]。

W. J. Ng等[19]对含有硝基苯、联苯和多环芳烃等有毒物质的废水用水解酸化-好氧工艺进行研究，水力停留时间为 8h，水解酸化段对硝基苯、联苯和多环芳烃的去除率分别为 98%，97%和 96%。土耳其 Mustafa 等[20]采用厌氧（水解酸化）-好氧工艺对毛纺染整模拟废水处理进行研究，在原水 COD 为 1500～2000mg/L，水解酸化在 HRT 为 17h 条件下，对 COD 和色度去除率达到 51%～84%和 81%～96%，处理系统对 COD 和色度的去除率达到 97%～83%和 87%～80%。

6.2.2.4 制药废水

采用厌氧-好氧序列间隙式反应器进行处理某生物制药厂的废水，使其 BOD_5/COD_{Cr} 由原来的 0.34～0.39 升高到 0.6～0.62，使其可生化性大为提高，而有利于后续好氧处理功能的发挥。研究表明，整个系统运行稳定高效，COD 总去除率达 78.9%～92.8%，出水 COD 低于 250～300mg/L[21]。

采用水解-好氧组合生物处理工艺处理某中成药制药厂的废水，水解池出水同进水相比，发现其 COD_{Cr} 并没有降低，而是 pH 值降低，挥发有机酸升高，BOD_5/COD_{Cr} 值提高，为后续好氧生物降解提供了保证。整个实验结果显示，COD_{Cr} 和 BOD_5 去除率均大于 90%，SS 去除率大于 85%，完全达到处理目的[22]。

杨俊仕等[23]采用水解酸化-AB 生物法处理多品种混合抗生素工业废水，接种厌氧消化污泥 20g/L，实现了污水的达标排放，且水解酸化对色度去除效果较好，水解酸化后 NH_4^+-N 升高了 136%，降低了运行费用，具有较高的工程应用价值。余宗莲等[24]采用厌氧-SBR 对生物制药废水进行了研究，研究中将厌氧段控制在水解酸化阶段，搅拌 HRT 为 7h，并控制温度在 25℃以上，研究所用废水 COD 为 1000～3000mg/L，BOD_5/COD＝0.34～0.39，水解酸化后 BOD_5/COD 提高到 0.6～0.62，整体工艺对 COD 总去除率达到 78.9%～92.8%，出水 COD 低于 250～300 mg/L。

Oktem 等[25]采用水解酸化工艺对制药废水处理预处理试验研究，水力停留时间为 12h，COD 有机负荷为 14kg/(m³·d)，pH 值为 5.0～6.3，研究结果最大酸化率达到 44%，COD 去除率为 13%，乙酸和丁酸成为水解酸化出水主要脂肪酸类型。

6.2.3 工艺应用实例——还原性染料废水处理

6.2.3.1 概述

江苏四菱染料集团公司以生产还原染料及中间体为主，年产还原染料中间体 1500 m³，占全国生产量的 18.4%，品种有 18 个，占全国总数的 47%，居全国第一位。该厂的主要产品有还原深蓝 BO、蓝 BB、橄榄绿 B 和绿 T、苯酮、一溴苯酮、二溴苯酮、金橙 G、金黄 RK 等，其核心基团为蒽醌和蒽酮。

染料及其中间体生产的基本原料为苯系、萘系、蒽醌系、苯胺、硝基苯、酚类等芳香族化合物，因此染料生产废水中除了含有硝基、氨基、羟基、甲基等芳香族化合物外，还含有各种有机溶剂、酸、碱和无机盐类，从而导致废水中有机物成分复杂、浓度高、色度深，属于难降解废水的代表。我国对于染料生产废水的治理十分重视，经过不断地研究，目前已经技术成熟的方法有生物处理法、物理化学法、焚烧法、碳化法、活性炭吸附法、酸化回收法以及各种组合方法，特别是生物处理法与物化法有机结合是处理染料生产废水的发展趋势。

6.2.3.2 原有废水一级处理装置

江苏四菱染料集团公司日排放废水 4000m³/d，经现有一级处理系统处理后，绝大部分染料中间体被去除掉，一级处理后的出水 COD_{Cr} 在 1500～2000mg/L 之间，因水中含有难降解的蒽醌和蒽酮及中间体。再加之含有磺酸盐、醇类等溶剂物质及 SO_4^{2-}、Cl^-、Br^- 等无机物，使得废水难以生化处理，同时，由于废水间歇式排放，水质水量变化剧烈，就更增加了处理难度。

原有废水处理一级工程于1995年8月建成，并正式投入运行，该装置的处理流程如图6.1所示。

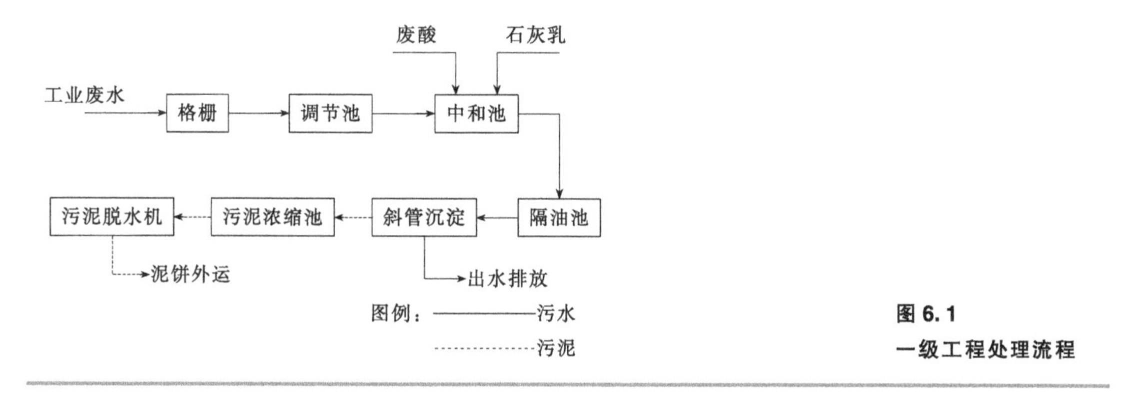

图6.1 一级工程处理流程

6.2.3.3 处理工艺的确定

目前，国内染料废水的处理大部分采用一级处理，为中和、混凝、沉淀等物理化学方法，二级处理用生物处理的方法。

多次测定结果表明该公司的染料生产废水经一级处理后，BOD_5/COD_{Cr}的比值在0.30～0.35之间，基本上属于可生物降解性废水。在此基础上，选择何种生物处理工艺显得尤为重要。生物处理废水效率高，且日常运行费用低，因此在染料生产废水处理的实际工程中，应用最为广泛的仍是生物处理法，包括活性污泥法、生物膜法以及厌氧-好氧处理法。虽然这些方法在处理特定的染料生产废水过程中，取得了一定的效果，但仍有问题，其中最关键的是技术上的问题，因为随着染料工业的发展和新型化工染料的应用，单一的活性污泥法或生物膜法或传统的厌氧-好氧处理技术不能很好适应染料生产废水处理需要。

活性污泥法是靠呈悬浮状态的微生物，氧化降解水中的有机污染物，其特点是比表面积大，处理效率高，运行稳定，缺点是抗冲击负荷能力差，易产生污泥膨胀，负荷较低。因此，该处理方法对水质稳定、易生化降解、成分较单一的废水较为适用，而生物膜法是靠附着在载体上的微生物摄取废水中的有机物并将其分解，其特点是负荷较高，抗冲击负荷能力强，运行稳定，但处理效率低，投资大，停留时间长。

从上述情况看，传统的生物好氧处理方法对染料废水很难达到高效、稳定的处理效果。根据环境影响报告，废水监测数据分析，以及全国有关染料厂废水治理现状的调研，决定采用生物相分离技术对江苏四菱染料集团公司染料生产废水进行生化处理。根据厌氧生物处理的原理，人们已研究开发出各种工艺和设备来处理高浓度有机废水。但采用完整的厌氧生物处理加后续好氧生物处理的工艺，存在着不少的缺点。由于厌氧处理工艺投资大，操作运行复杂，水力停留时间长，占地面积大，尽管能够获得CH_4，但回收效果很差，同时环境条件的控制要求严格，为保持甲烷菌最适生长条件，需要加热保温，消耗一定的能源，这与从污水中回收的能源无法形成平衡，特别是对于浓度较低的废水，很不经济。

通过总结和借鉴现有废水处理技术，结合染料生产废水的特点，考虑到一级处理后出水COD_{Cr}为1500～2000mg/L，浓度较低，不适用于完整的厌氧处理工艺，因此，着眼于整个系统的处理效率和经济效益，决定在厌氧段摒弃厌氧过程中对环境要求严、敏感且降解速率较慢的甲烷阶段，只利用厌氧处理前段中的产酸相进行水解和酸化过程，再进行好氧生物处理过程来处理染料生产废水。

综上所述，生物相分离-好氧处理工艺对于处理中等浓度的染料生产废水是很适合的，装置工艺流程见图 6.2。

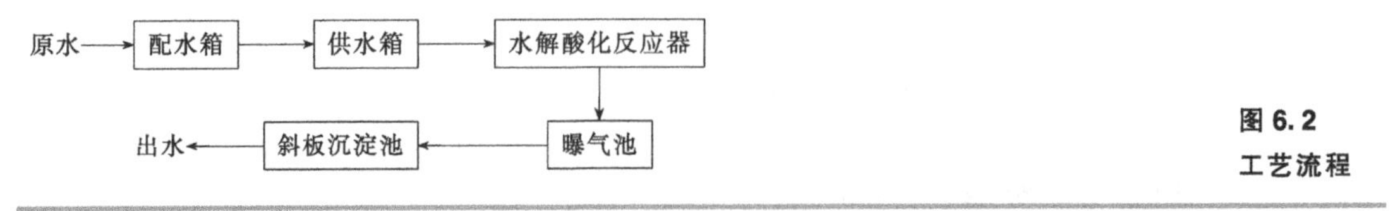

图 6.2 工艺流程

6.2.3.4 构筑物及装置

实验装置包括配水箱、供水箱、水解酸化反应器、曝气池、斜板沉淀池，各装置之间用塑料管连接。各单元的主要参数如下：

水解酸化反应器 $V_{有效}=6m^3$，HRT=6.0h；

曝气池 $V_{有效}=6m^3$，HRT=6.0h；

斜板沉淀池 $V_{有效}=2m^3$，HRT=2.0h；

进水流量为 $1m^3/h$，水解反应器污泥接种量占有效容积的 60%。

6.2.3.5 工艺特征

生物相分离技术这一首次应用于处理染料生产废水的新方法，经过实验研究证明是一项高效、经济、节能的染料生产废水生化处理技术，应用于工程实际具有以下显著特点。

① 对于难降解及含毒性的染料生产废水，可通过水解-酸化过程，使废水的可生化性显著提高，从而提高了整个系统的处理效率。

② 所开发的处理设备可以保证很高的生物量，这是本技术获得废水处理高效、稳定的原因之一。

③ 本技术污泥产量很少，甚至无污泥产生，解决了当今污水处理中污泥大量产生导致的隐患，从而显著地降低了投资和运行费用，在保护环境的基础上确保了染料行业持续稳定的发展。这一项技术对国内乃至世界范围内的难于处理的染料生产废水治理提出了合理的技术路线和治理方法，此项技术的研究开发，为成功地处理染料生产废水提供了技术保证，为此项工艺的推广应用提供了可靠的参数。随着该项成果在大生产上的应用推广，其经济效益、环境效益、社会效益将得以充分体现，也将为我国处理染料废水的研究和应用产生积极的促进作用。

6.2.3.6 废水生物降解途径

还原染料生产工艺过程中，排出的废水中含有染料及其中间体，以及有机醇（丁醇、三甘醇等）、苯及其氯代和溴代物，还有硫酸盐等无机盐类。虽然废水间歇排放，水质、水量变化很大，但大都是有蒽酮、蒽醌还原染料即蒽醌衍生物，分子中含有蒽醌核心基团，经过化学反应生成主要中间体，如 1-氨基蒽醌、2-氨基蒽醌、苯绕蒽酮。

用染料中间体再经过一系列复杂的反应，可生成需要的染料，例如，用苯绕蒽酮可生产出深蓝 BO、直接黑 RB、橄榄绿 B、橄榄绿 T 等染料。而其中许多染料是由苯绕蒽酮的两个重要衍生物——紫蒽酮和异紫蒽酮引入各种取代基得来的。

由此可见，还原染料属于芳香族化合物，从微生物学角度来看，它们是可被生化降解的，只是加入氯代（—Cl）、溴代（—Br）、硝基（$—NO_3$）、氨基（$—NH_2$）、烷氧基（$—OCH_3$、$—OC_2H_5$）等取代基后，增加了生物降解难度，甚至不能被生物降解，因此，采用单纯的好氧处理是很难将这些物质降解。只有首先将大分子物质开环，并在微生物的作用下降解为易好氧处理的小分子有机酸醇才能够实现这一目的的水解酸化。生物相分离技术已经证明了这一点。

在微生物中，有许多种类可以将芳香族化合物转变为原儿茶酸（图 6.3）、儿茶酚（图 6.4），然后再生成乙酰 CoA 、琥珀酰 CoA 、进入 TCA 循环而最终生成 H_2O 和 CO_2（图 6.5）。大分子的开环水解酸化作用必须在厌氧条件下运行，在此过程中也有部分 CO_2 释放，但较少，因此，水解酸化作用对 COD_{Cr} 的去除率很低，一般在 5%～15%，其原因也就在于此。

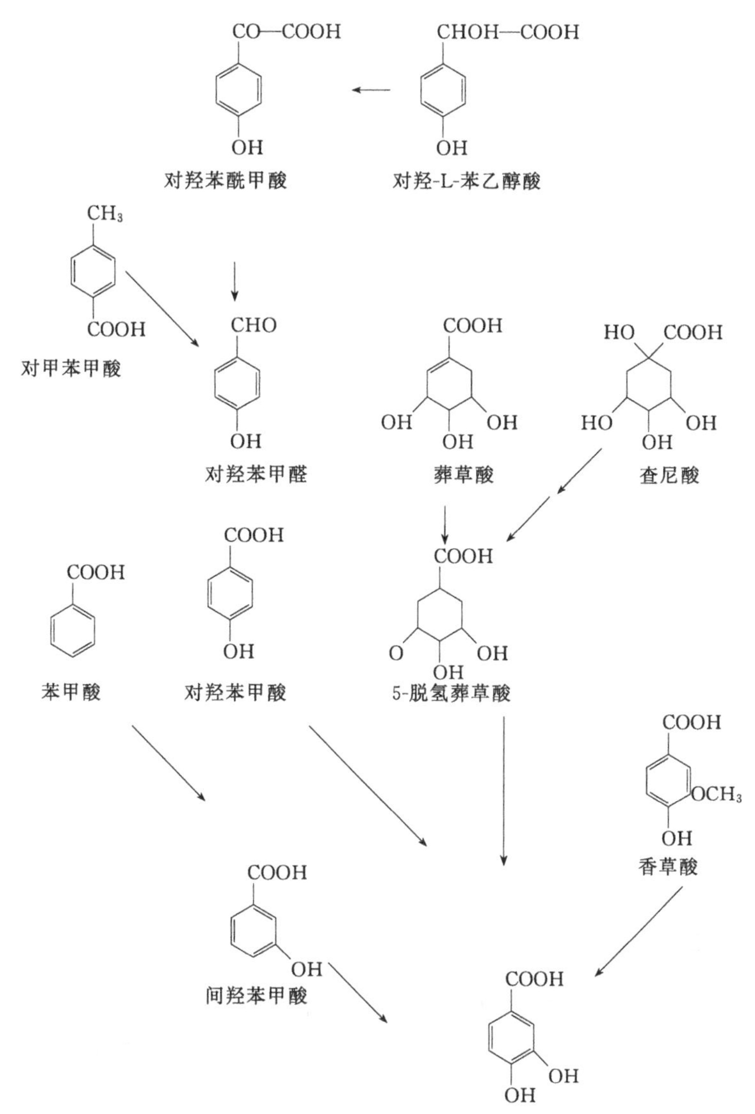

图 6.3 一些能够转变为原儿茶酸的芳香族和氢化芳香族化合物

染料废水中的有机污染物作为微生物的唯一碳源和能源，不能进入细胞内，而要想被微生物利用，只能靠胞外水解酶将其转化为可被利用的小分子化合物，但在此过程中需要消耗能量，一旦进入细胞内部，厌氧降解过程产生的能量很低。微生物合成的三大要素为小分子前体物，故厌氧微生物增长很慢，当这些小分子进入曝气池中，就会被好氧微生物通过三羧酸循环途径（即 TCA 循环）而降解，最终生成 H_2O 和 CO_2。在好氧过程中，产生大量的

ATP 用于生物合成，因此好氧过程生物增长即活性污泥增长很快，在保证正常生物量的同时，要排出剩余污泥。在水解酸化过程中，厌氧微生物将产生乙酸、乙醇、乳酸等小分子有机物。

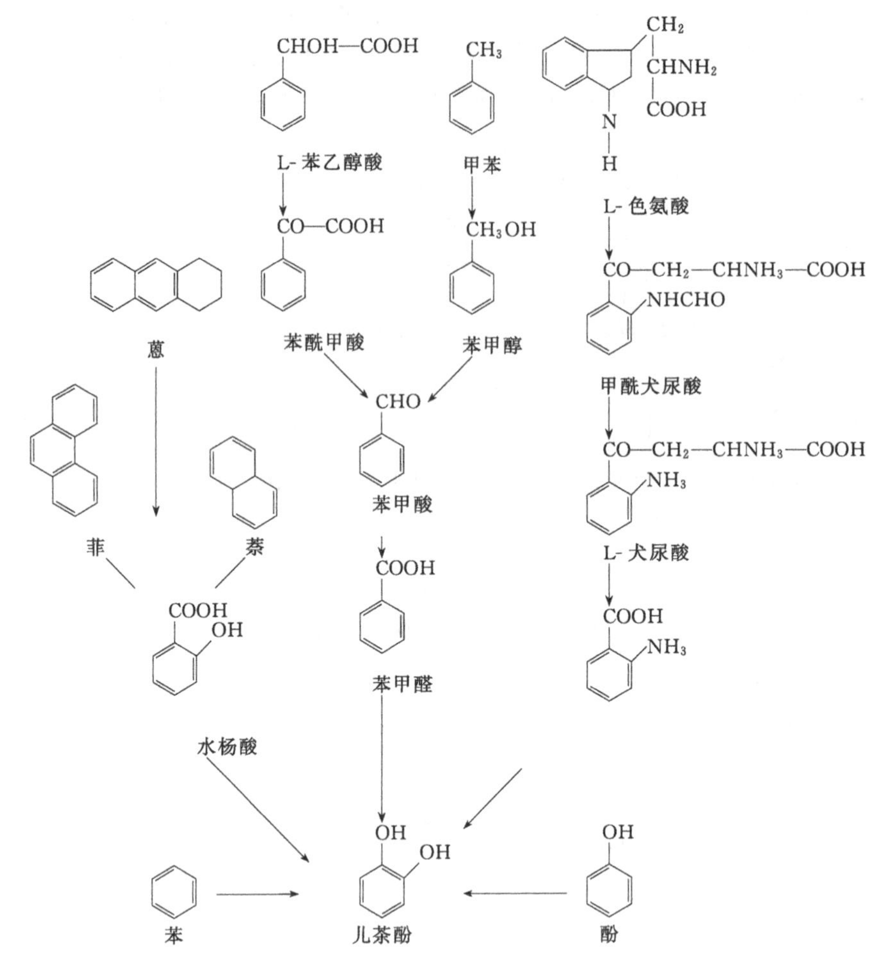

图 6.4　能够转变为儿茶酚的芳香族化合物

6.2.4　工艺应用实例——造纸废水处理[26]

我国造纸业目前正处于高速发展的时期，近 10 年平均年增幅为 18%。如第 1 章所述，造纸废水的特点是废水量大、COD 高，废水中的纤维悬浮物多，色度大，且有硫醇类恶臭。造纸行业污染物排放量仅次于化工行业。以某造纸厂为例，利用水解酸化结合氧化沟工艺对其生产的白水和少量黑液的混合废水进行处理。

6.2.4.1　处理水质、水量及排放要求

某以毛竹为原料的造纸厂，其废水主要来源于碱法制浆的黑液和抄纸机白水，前者废水量为 100m^3/d，COD 为 12000～24000mg/L，pH9.2～11.5，后者废水量为 1200m^3/d，COD 为 700～1200 mg/L，pH7.2～9.5；此外还有少量的生活污水约 100m^3/d，COD 为 300～350mg/L。

处理后出水指标要求达到 GB 8978—1996 中的一级排放标准。

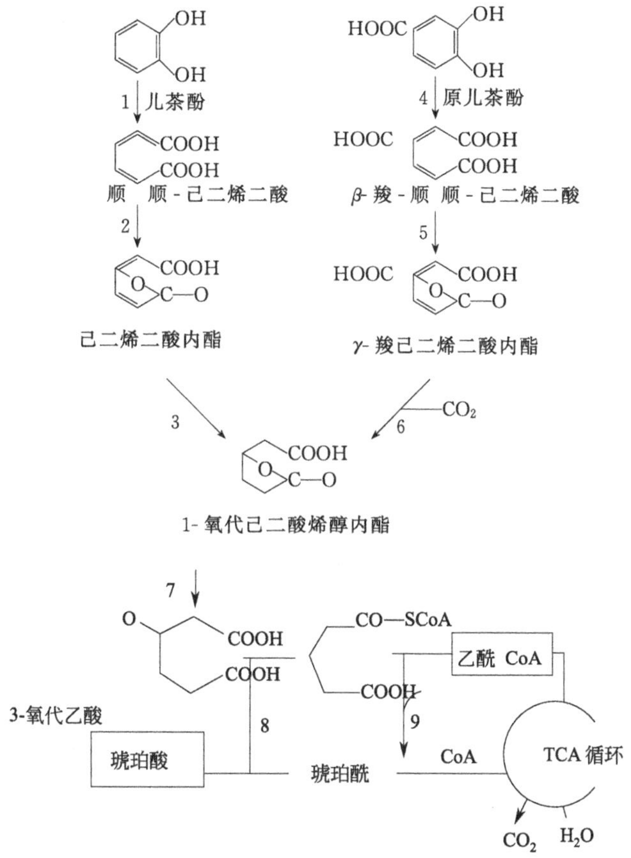

图 6.5 儿茶酚和原儿茶酸分解的 3-代己酸途径

1—儿茶酸-1,2-加氧酶；2—己二烯二酸内酯化酶；3—己二烯二酸内酯异构酶；4—原儿茶酸-3,4-加氧酶；5—羧己二烯二酸内酯化酶；6—γ-羧己二烯二酸内酯脱羧酶；7—4-氧代己二酸烯醇内酯水解酶；8—3-氧代己二酸琥珀酰 CoA 转移酶；9—3-氧代己二酰 CoA 硫解酶

6.2.4.2 处理工艺与设计参数

该工程设计的处理工艺如图 6.6 所示。

纸浆废水的纤维含量高，因此回收利用前景十分可观，其产量可达 20t/d（含水浮渣），采用气浮工艺能很好地予以回收，但由于目前该厂生产设备较为落后，导致回收的纤维无法充分利用，但在设计时留有后期改造、增加气浮设备的位置。

黑液、白水按 1∶12 的配比进入水解酸化池。在水解酸化池中，兼性菌（主要是水解细菌和产酸细菌）在缺氧或厌氧条件下将废水中主要有机污染物木质素、纤维素等分解成小分子中间产物——有机酸及醇类（如乙酸、乙醇），同时一些有毒物质及一些带色基团的分子键被打开。水解池出水 pH 值一般控制为 5.8～6.8。

水解酸化池出水进入氧化沟。氧化沟设计流速为 0.3m/s，相当于混合液在沟中平均环行了约 204 周，废水经稀释、吸附，得到长时间的降解。氧化沟的污泥龄长（30d），因此经过氧化沟处理后的污泥已经得到充分稳定，VSS/SS 值一般为 60%，系统污泥也近于零排放，自开始运行只排泥一次。氧化沟中充分的供氧发生在反应池一端，受限制的供氧发生在反应池的其余部分，混合液在曝气和非曝气段间循环，同时表曝机使池中形成上、中、下三种溶氧层次，使厌氧、兼氧、好氧菌的协同作用成为可能。大环境和大量微环境（菌胶团内部形成的缺氧、厌氧区）的存在，使有机物得到更好的降解，并为硝化、反硝化、磷的吸收提供了条件，使氧化沟兼具脱氮除磷功效。

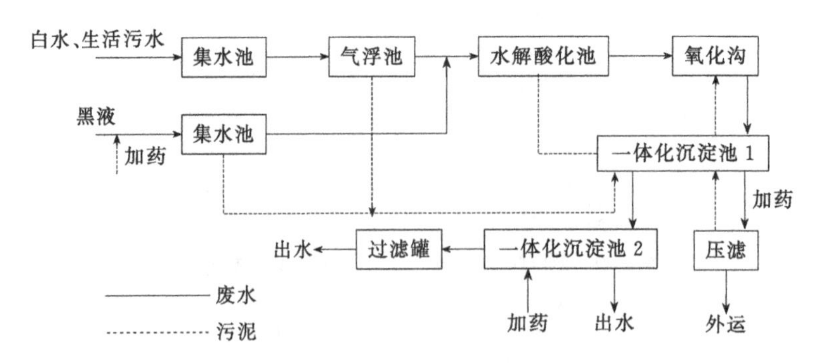

图 6.6　某造纸废水的处理工艺流程

一体化沉淀池 1 兼具沉淀池、回流污泥池、污泥浓缩池、出水池功能；一体化沉淀池 2 兼具沉淀池、絮凝反应池、污泥浓缩池、出水池功能。

主要构筑物及设计参数见表 6.2。

表 6.2　构筑物尺寸及设计参数

构　筑　物	设计尺寸与规格	数量/只	HRT/h	备　　注
集水池	V=1000m^3	3	20	
气浮池	2m×5m×2m	2	0.5	$V_{有效}$=1200m^3，内设填料 650m^3
水解酸化池	24m×12m×5m	1	24	$V_{有效}$=1800m^3
氧化沟	6m×24m×3m	1	36	
一体化沉淀池	14m×12m×4m	2	4	
过滤罐	R=570mm H=3020mm	1	0.5	耐压强度为 980kPa，罐内设金属丝网、聚苯乙烯塑料(20 目)

6.2.4.3　运行效果与总结

（1）培菌

为缩短培养时间、驯化时间，接中污泥采用附近某纸业厂的生化污泥（含水率P=99.6%）。开始培养时，氧化沟内放 1/4 白水、3/4 清水进行闷曝，投加面粉 50kg/d，并按 BOD、N、P 质量比=100∶5∶1 的比例投加氮、磷营养，换水 30t/d。当污泥沉降比（SV）持续 3d 为 3%时，逐渐增加换水量。经过一个月的培养与试运行，SV=12%，已达到满负荷进水条件，微生物生长良好，出水稳定。

（2）氧化沟 DO 分布情况

氧化沟为该系统主要的生物处理构筑物，氧化沟内好氧、兼氧、厌氧环境共存，不同代谢类型的微生物相互作用，共同实现对有机物的降解，氧化沟的溶解氧分布对系统的处理效果影响显著。系统正常运行时，对氧化沟的不同部位的溶解氧浓度进行监测，监测的结果见表 6.3；氧化沟平面示意和溶解氧浓度监测点见图 6.7。

表 6.3 表曝机不同的转速下池内各点的溶解氧浓度

转速	35r/min		32r/min			30r/min			28r/min		25r/min	
位置	A	B	A	B	C	A	B	C	A	B	A	B
1	2.95		2.05			1.65			1.25		0.80	
2	2.85	2.10	2.00	1.60	1.00	0.80	0.65	0.40	0.35	0.25	0.35	0.10
3	2.35	2.30	1.80	1.80	1.00	0.70	0.70	0.35	0.35	0.30	0	0
4	2.20	2.10	1.75	1.65	0.90	0.60	0.55	0.35	0.40	0.40	0	0
5	2.10	2.15	1.75	1.75	0.70	0.80	0.80	0.40	0.60	0.50	0.20	0.10
6	2.50	2.50	1.60	1.60	0.90	0.95	0.90	0.65	0.65	0.55	0.20	0.10
7	3.00		2.20			1.60			1.05		0.80	
8	3.10		2.25			1.65			1.25		0.80	
9	3.40	3.00	2.30	1.90	1.00	1.50	1.30	0.80	1.15	0.90	0.40	0.20
10	2.30	2.30	1.60	1.55	0.80	1.00	1.00	0.65	0.70	0.75	0.25	0.15
11	2.55	2.30	1.80	1.20	0.60	0.80	0.80	0.40	0.50	0.60	0.15	0
12	2.10	1.85	1.40	0.95	0.20	0.60	0.55	0.25	0.40	0.10	0.15	0
13	1.80	1.30	1.25	0.85	0.20	0.70	0.45	0.10	0.40	0.20	0.20	0
14	3.20		2.10			1.80			1.35		0.85	

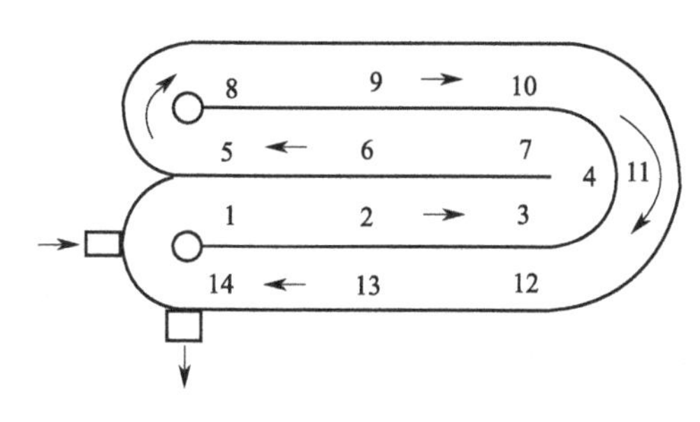

图 6.7 溶解氧浓度监测点平面示意

实际运行表明，当表曝机附近的 DO 维持在 2.0mg/L 时，池内以好氧处理为主，同时底部存在缺氧或厌氧区，使好氧、缺氧、厌氧菌共存，协同作用。当表曝机附近的 DO 维持在 1.0mg/L 以下时，则池内好氧区大大减少，除碳、硝化及脱氮都受到很大限制。DO 太高，污泥繁殖快，产泥多，不利于操作，也耗电。因此，最好控制转速，使表曝机附近的 DO 维持在 2.0mg/L 左右，实践表明在该条件下的运行情况良好。

系统正常运行时的进水 COD 和出水 COD 情况见表 6.4。由表可见，在稳定运行期间的 COD 总去除率可达 95%以上，满足设计要求。水解酸化-氧化沟相结合，是一种合理的造纸废水处理工艺。该工程占地面积约 1700m²，总投资为 256.37 万元，日常运行费用为 0.83 元/m³。

表 6.4 系统运行情况表

水温/℃	进水				出水		去除率/%
	黑液		白水		pH 值	COD /(mg/L)	
	pH 值	COD/(mg/L)	pH 值	COD/(mg/L)			
19.2	10.87	18426	7.63	749	6.82	88	95.8
18.1	10.65	21123	8.51	1018	7.13	100	96.1
18.9	10.74	20341	7.56	969	6.89	95	96.1
20.3	11.60	17863	7.05	872	7.27	89	95.9

续表

水温/℃	进水				出水		去除率/%
	黑液		白水		pH值	COD/(mg/L)	
	pH值	COD/(mg/L)	pH值	COD/(mg/L)			
21.2	9.13	16720	8.21	1004	6.94	82	96.3
21.3	10.03	13483	9.43	1491	6.65	81	96.6
21.3	11.20	12080	8.31	1259	6.74	94	95.4
21.5	10.60	13162	8.46	1148	6.51	86	95.8
20.8	11.20	13026	8.80	1120	6.32	88	95.6
20.1	11.20	12102	8.54	1036	6.79	92	94.7

6.3 两相厌氧-好氧生物处理组合工艺

6.3.1 工艺原理

近年来，工业废水中污染物的成分日趋复杂，增加了废水处理难度，传统生物处理工艺处理的废水已难以达标排放。在生物处理技术的发展中，已不再局限于改进单一的厌氧（水解）或好氧生物处理方法，而是呈现出把两者有机结合起来开发各种组合技术的趋势。各种不同形式的厌氧-好氧组合工艺便应运而生。

厌氧与好氧组合工艺集合了厌氧、好氧的优点：a. 克服了厌氧法出水难以达到排放标准、常规好氧活性污泥法处理高浓度有机废水能耗高等缺点；b. 可以实现高浓度进水和高去除容积负荷；c. 处理能力大，对冲击负荷有较强的适应性，污泥生成量少，运行费用低，无需污泥回流，且可降低基建费用。因此，目前广泛应用于制药废水、印染废水、精细化工废水等的治理中[27]。

关于两相厌氧工艺原理和各种好氧生物处理技术原理与应用分别在第 3 章和第 4 章做了介绍，这里不再赘述。

6.3.2 工艺研究现状

6.3.2.1 两相厌氧工艺研究

(1) 啤酒废水处理[18]

1984 年，Eeckhaut 等报道了比利时一家啤酒厂采用两相厌氧生物处理工艺来处理其废水，结果发现两相厌氧系统特别适合于处理变化很大（pH 值为 7～12，2500～4000mgCOD/L）的废水。废水首先进入一个 550m^3 的酸化调节池，产甲烷过程发生在一个 400m^3 的 CASB 反应器——一种装填有 130m^3 高效载体（polyurethane foam）的杂合厌氧反应器。但是反应器内未能形成稳定的高活性污泥床，反应器的绝大部分活性污泥都集中在小部分附着有生物膜的载体上。对于这种较低浓度的废水，反应器的去除负荷达到 5～8kgCOD/(m^3 载体·d)，对溶解性 COD 的去除率达到 58%，这主要是由于反应器内的活性污泥量不足，当减少进水量时，溶解性 COD 的去除率可以达到 93%。

Guo 等用一个固定床生物膜反应器作为产酸相反应器，UASB 作为产甲烷相反应器，研究了两相厌氧工艺处理高浓度啤酒废水和人工合成废水的情况，结果发现整个系统的最高负荷可以达到 32～35kgCOD/(m^3 · d)。他们还发现当进水浓度为 5000mgCOD/L，进水负荷为 30kgCOD/(m^3 · d) 时，为保证两相系统正常运行所需要的最小酸化率是 28%；两相厌氧系统对 COD 去除率的最主要影响因素是进水容积负荷、产酸相的酸化率以及进水碱度。在他们的研究中，还讨论了这些主要影响因素对反应器内污泥中的微生物生态、生物活性、生物反应器的运行效果等的影响。

(2) 高悬浮物有机废水处理

Yeoh 等[28]利用高温两相厌氧工艺处理蔗糖糖蜜酒精蒸馏废水，并与单相工艺的运行情况进行了对比。在试验中，单相工艺的 HRT 控制在 36.0～9.0d，相应的有机负荷在3.45～14.49kgCOD/(m^3 · d)；两相工艺的 HRT 为 32.7～5.6d，相应的有机负荷为 4.65～20.02kgCOD/(m^3 · d)，结果发现，两相工艺对 BOD_5 和 COD 的去除率分别大于 85%和 65%，其中产酸相反应器可以很好地将原水中的有机物转化为 VFA，酸化率可以达到 15.6%。两个系统中产甲烷反应器的 pH 值均维持在 7.4～7.8。两相工艺产生的沼气中的甲烷含量明显高于单相工艺，约高于 17%；当提高有机负荷或者缩短 HRT 时，两个系统所产生的沼气中的甲烷含量都会下降。两相工艺中产甲烷相反应器的甲烷产率为 0.17m^3 CH_4/kgCOD（进料）或 0.29m^3 CH_4/kgVS（进料），而单相反应器仅为 0.06m^3 CH_4/kgCOD（进料）或 0.08m^3 CH_4/kgVS（进料）。将上述的两相厌氧工艺扩大应用到生产规模的处理厂时，发现其平均的 BOD_5 和 COD 的去除率分别可达 84.3%和 63.2%。

胡锋平[29]在常温 25℃采用两相 UBF 反应器对养鸡场离心废水进行处理，结果表明：进水 COD_{Cr}为 18300mg/L ，系统容积负荷 17.26kgCOD/(m^3 · d)，水力停留时间 25.47h，COD_{Cr}去除率为 76.13% ，BOD_5去除率为 87.76% ，产气率为 0.410m^3/kgCOD_{Cr}。

H. Bouallagui 等[30]采用两相 ASBR 反应器处理果蔬废水（FVW），COD 去除率达 96%，出水 COD 小于 1500mg/L，可溶性 SCOD 小于 400mg/L，产烷产率为每 320L/kgCOD。

(3) 印染、医药废水处理

Sopa 等[31]研究了印染废水处理，结果表明两相厌氧系统可以处理印染废水，系统中产甲烷菌是起脱色作用的主体，而产酸相微生物在强化系统的脱色作用方面功不可没。Mahdavi Talarposhti 等[32]研究了两相厌氧处理印染废水，发现该工艺对色度也具有较好的处理效果，可以达到 90%以上。

孙剑辉、倪利晓[33]采用的工艺为 Anodek，他们将铁屑为填料的 UBF 反应器作酸化相、以 UASB 反应器作甲烷相，处理 Zn5 - ASA 医药废水。实验结果表明：此系统在 UBF 与 USAB 的 HRT 分别控制在 5.95h 和 11.43h 时，UBF 与 UASB 的 OLR（以 COD 计）分别高达 58.44kg/(m^3 · d) 和 17.01kg/(m^3 · d)，对 SCOD 和 BOD_5 的总去除率分别达 90%和 95%左右，具有系统运行稳定、处理效率高等优点。

(4) 淀粉废水处理

戴建强等[34]在中温 (35±1)℃条件下，采用 UASB 和混合活性污泥串联的方法来处理玉米淀粉生产废水，当 COD 在 7000～8000mg/L，HRT 为 1h 时，COD 的去除率在 97%以上。管运涛等[35]采用传统两相厌氧工艺与膜分离技术相结合的两相厌氧膜生物系统 (MBS) 处理淀粉配制废水，系统 COD 去除率达 97.2%，并有一定的总氮去除率。毛海亮等[36]采用 UASB-SBR 工艺处理淀粉废水，废水经颗粒化 UASB 稳定处理后，出水 COD 可降到 500mg/L 以下，然后再经 SBR 处理后，出水 COD 可降到 100mg/L 以下。石慧岗等[37]也采用 UASB 和 SBR 相结合的工艺，处理山东某中型玉米淀粉厂废水，在进水 COD 高达 10000～15000mg/L 的情况下，可使出水 COD 低于 120mg/L。

(5) 硫酸盐废水处理

Czako[38]、Reise 等[39]和 Mizuno 等[40]的试验证明两相厌氧工艺的酸化单元中微生物的产酸作用和硫酸盐还原作用可以同时进行。指出在酸性发酵阶段利用 SRB 去除硫酸盐具有以下优点：a. 硫酸盐还原菌可以代谢酸性发酵阶段的中间产物如乳酸、丙酮酸、丙酸等，故在一定程度上可以促进有机物的产酸分解过程；b. 发酵性细菌比 MPB 所能承受的硫化物浓度高，所以硫化物对发酵性细菌的毒性小，不致影响产酸过程；c. 由于硫酸盐还原作用主要是在产酸相反应器中进行，避免了 SRB 和 MPB 之间的基质竞争问题，可以保证产甲烷相有较高的甲烷产率，而且在形成的沼气中的 H_2S 含量较小，便于利用；d. 由于产酸相反应器处于弱酸状态，硫酸盐的还原产物硫化物大部分以 H_2S 的形式存在，便于吹脱去除。

Sarner[41]用厌氧滤池作为两相厌氧工艺的产酸相反应器，用 UASB 反应器作为产甲烷相反应器处理纸浆废液，进水 COD 为 19300mg/L，BOD 为 5930mg/L，SO_4^{2-} 为 5225mg/L，pH 值为 6.0～6.3 时，SO_4^{2-} 的还原率可达 63%，工艺系统的 COD 去除率达 90%以上。Gao[42]利用 CSTR 型两相厌氧工艺处理含乳清的硫酸盐废水，产酸相反应器进水 COD 为 8500mg/L，SO_4^{2-} 为 1000mg/L，pH 值为 6.1～6.2 时，硫酸盐还原率可达 88%，工艺系统的 COD 去除率达 95%以上，产甲烷相中的产甲烷率达 0.31～0.40m^3 CH_4/kg COD (30℃)。王爱杰等[43]采用 CSTR 型产酸脱硫反应器作为两相厌氧工艺系统的产酸相处理高浓度含硫酸盐废水，进水 COD 浓度为 3000～4000 mg/L，SO_4^{2-} 浓度为 1000～2000mg/L，SO_4^{2-} 负荷率低于 7.5kg/(m^3·d)，HRT 为 4.8～6.0h，pH 值为 6.0～6.2 时，SO_4^{2-} 的还原率可达90%～100%。同时，通过连续流试验和间歇试验，考察 SRB 的群体生态学规律，并发现了硫酸盐还原过程中微生物的特殊代谢类型——乙酸型代谢方式。王旭等[44]提出，在处理需要外加碳源的无机硫酸盐废水（如酸矿废水）时，为降低成本，提高处理效率，应尽量降低废水的碳硫比至理论值 0.67，其途径是在反应器中培育完全氧化型 SRB。他采用 CSTR 型产酸脱硫反应器驯化完全氧化型 SRB，以乙酸为底物，进水不调节碱度，硫酸盐和 COD 去除率都可达到 80%。

王子波、封克、张键[45]采用两相 UASB 反应器处理含高浓度硫酸盐黑液，酸化相为 8.87L 的普通升流式反应器，甲烷相为 28.75L 的 UASB 反应器，系统温度 (35±1)℃。当酸化相进水 COD 为 (6.771～11.057)g/L，SO_4^{2-} 为 (5.648～8.669)g/L，pH 值为 5.5 时，整个系统 COD 去除率平均值为 74.42%，系统对负荷的冲击有较强的耐受能力。

目前，两相厌氧工艺处理硫酸盐废水已得到诸多共识，并在此基础上发展了一些更理想的工艺系统。杨景亮和左剑恶等[46]、李亚新等[47]和王爱杰等[48]分别提出了“硫酸盐还原——硫化物生物氧化—产甲烷”新工艺。其中硫化物氧化单元是利用无色硫细菌（*Thiobacillus*）将硫化物氧化为单质硫，从而彻底去除系统中的硫酸盐。此生物脱硫工艺条件温和，能耗低，投资少，具有广阔的应用前景。陈川等[49]针对制药、垃圾渗滤液等富含硫酸盐的废水中同时含有硝酸盐或氨氮的特点，提出硫化物氧化单元可以利用脱氮硫杆菌（*Thiobacillus denitrificans*）同步脱氮脱硫的功能，实现废水在厌氧膨胀床反应器中同步脱氮脱硫的目的，并收获单质硫。

6.3.2.2 组合工艺研究

王庆等[50]采用 UASB-CAASF（好氧组合反应器）组合工艺对石家庄新宇三阳药业所排放的酒精和乙酸乙酯混合废水进行了处理。结果表明，UASB 可以在有机容积负荷高达

9kgCOD/kg/(m^3·d) 的情况下，直接处理进水浓度高达 20000～30000mg/L 的混合废水，对废水中有机物的去除率达到 90%；而 CAASF 对悬浮颗粒和氨氮的去除率分别达到 95% 和 90%。从应用效果看，该组合工艺能发挥厌氧和好氧处理的优势，出水水质达到了国家污水综合排放标准一级标准。

Lefebvre 等[51]采用 UASB-活性污泥法组合工艺处理某制革厂废水，结果表明，该组合工艺增强了整体废水处理工艺性能，最终 COD 去除率达到 96%。在好氧生物处理阶段采用 UASB 和 SBR 工艺，最终出水 COD_{Cr} 和 SS 平均值分别达到 100mg/L 和 70mg/L，并具有可靠性好、耐负荷冲击能力强、运行能耗低的特点。Igarashi[52]根据厌氧、好氧生化处理技术的原理，研发了一种好氧层和厌氧层依次交替按降序排列的多层复合层。有机污染物废水通过该复合层后，被多种微生物降解，COD 值大大降低，可以回流至地下水，而且由于该复合层附着微生物，因此可以用作植物生长的肥料；同时，设备安装成本低，不需要任何运行费用。

6.3.3 工艺应用实例——高浓度精细化工废水处理

6.3.3.1 概述

江苏省武进精细化工厂是国内最大的生产水质稳定剂的化工厂。水质稳定剂类生产废水的特点是：废水成分复杂且浓度高；间歇排放，水质水量波动大。该厂高浓度有机废水主要含有甲醇、脂类、醛、羟酸等有机物，且尤以甲醇为主要污染物，COD 高达 (2.5～44)×10^4 mg/L。其次是生活生产废水 COD 在 7～700mg/L 之间，水质水量波动尤为剧烈。因该厂废水受纳水域为太湖流域，废水处理必须达《污水综合排放标准》(GB 8978—1996) 新扩改一级标准。所有这些都在一定程度上增加了废水处理工程设计、运行控制的困难。

6.3.3.2 废水的水质水量

设计处理的废水包括精馏塔预处理后的高浓度甲醇废水和生产生活废水，各类废水的水质状况见表 6.5。

表 6.5 废水水质情况

废水种类	COD 浓度/(mg/L)	平均 COD/(mg/L)	水量/(t/d)	pH 值
甲醇废水	60000～230000	80000	10～20	3.5
生活生产废水	—	300	290	6.0
总计	—	—	300	—

6.3.3.3 工艺流程的确定

武进精细化工厂废水情况复杂，从水质情况分析，生活生产废水比较容易处理，直接经好氧反应器处理即可，而高浓度甲醇废水，因其浓度高、水质水量变化大而成为整个污水处理的主要部分。经测定废水的 $BOD_5/COD_{Cr}>0.5$，初步判定属于易降解废水。根据实验室的研究结果及厂方提供的资料，选择以两段厌氧处理为主，好氧处理为辅的生物处理工艺，即一体化两段厌氧-好氧生物处理工艺，工艺流程如图 6.8 所示。

该工艺流程中，高浓度甲醇废水在调节池内通过一体化两段厌氧反应器出水大部分循环回流而得到稀释，进行水质水量调节，进入一体化两段厌氧生物处理工艺，从一体化两段厌氧反应器出来后，进入沉淀调节池，在此与生产生活废水进行均质调节，进入后续的好氧工艺，然后经二沉池进行泥水分离，经重力过滤器进行过滤，出水排放。

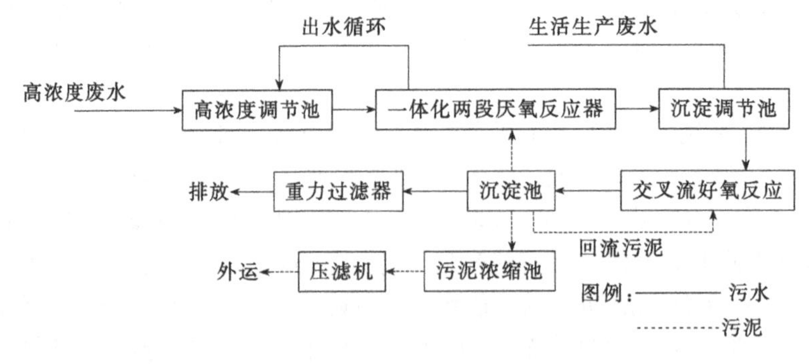

图 6.8　工艺流程

6.3.3.4　关键设备

武进精细化工厂高浓度甲醇废水生物处理工艺的关键设备有一体化两段厌氧反应器、交叉流好氧反应器。二者均是哈尔滨工业大学环境生物技术研究中心研制的专利产品。

(1) 一体化两段厌氧反应器

该反应器是两段厌氧生物处理工艺的另一种形式，它们的工艺原理是相同的，但表现形式不同。它在同一反应器内部通过结构调整使整个反应区分为完全独立的两个反应空间，实现两段厌氧消化工艺，实现两段厌氧消化过程分离，增强两段之间的互补、协同作用。两段一体化的实现，既提高了反应器的处理能力、抗冲击负荷能力，增强了系统的稳定性，又减少了处理设备，节省占地，简化工艺，减少了工程的建设投资和运行管理费用，具有经济可行的特点。

两段反应空间按进水先后称为一段反应器和二段反应器，通过水力喷射器高压喷射布水以及进水射流和回流的搅拌、卷吸作用使反应器内污泥与基质充分混合，增大接触反应面积，使得厌氧处理时间相对缩短，反应器所能承受的有机负荷增大。一段反应器的顶部设有独特的相分离装置，在结构上进一步完善了其分离气、液、固三相的功能，并与布水设施紧密结合，构成完整有序的反应区、悬浮区、分离区；同时配备污泥回流装置，启动运行过程中均可向反应器内装泥，也可进行事故状态下反应器内的污泥补充和置换；二段反应器内装有交叉流生物填料，使反应器保有较高的生物量，提高反应器的处理能力，由于填料的二次筛选菌种作用使反应器的反应空间向高度方向延伸，这样在发展空间作用的同时，减少反应器的占地面积。反应器采用中温消化，温度通过自控系统保持在 35℃左右。

(2) 交叉流好氧反应器

好氧反应器内置交叉流生物填料，该填料具有机械强度大、挂膜效果好、水力特性良好、使用周期长、性价比高等特点。微生物在其表面形成生物膜，可有效强化污水与微生物之间的传质速率，提高氧的利用率，同时使反应器内保有较高生物量，提高反应器的处理能力。该反应器可单独处理中等负荷的有机工业废水或城市污水，亦可作为厌氧生物处理工艺的后续处理系统。对较高负荷的污水具有良好的处理能力，同时对低负荷污水具有较好的适应性，可有效抑制低负荷污水容易出现的污泥膨胀现象。

工艺流程中各反应设备、构筑物的具体情况见表 6.6。

6.3.3.5　废水降解的机理分析

两段 UASB 反应器处理甲醇废水过程中，系统所能承受有机负荷高达 26.8kgCOD/

(m^3 · d)，其处理能力较单段 UASB 反应器具有较大的提高，而且两段 UASB 反应器的运行稳定性、抗冲击负荷能力都要优于单段 UASB 反应器。这是因为在两段 UASB 反应器处理系统中，一段 UASB 反应器对进水进行适当的预处理和预酸化，减缓了环境变化对二段 UASB 反应器内生物系统的冲击力，提高了二段 UASB 反应器的运行稳定性，两段 UASB 反应器相辅相成、分工协作，共同维护系统的良好运转状态。

表 6.6 主要处理构筑物的设备一览表

序号	设备名称	尺寸规格	数 量	材 质
1	一体化两段厌氧反应器	$D \times H$=6.6m×7.8m,V=200m^3	一座	钢制
2	交叉流好氧反应器	6.6m×2.8m×4.5m,V=75m^3	两座	钢制
3	高浓度废水调节池	5.7m×2.2m×2.2m,V=30m^3	一座	钢筋混凝土
4	生活生产废水调节池	5.7m×4.4m×2.2m,V=60m^3	一座	钢筋混凝土
5	沉淀调节池	12.5m×50m×2.5m,V=100m^3	一座	钢筋混凝土
6	二沉池	2.0m×3.20m	两座	钢制
7	重力过滤器	柱高:2m、内径:1.6m	两座	钢筋混凝土
8	污泥浓缩池	3.60m×3.60m	一座	钢制
9	加药装置	WA-0.5-1	两台	钢制

两段 UASB 反应器处理高浓度甲醇废水的过程中，甲醇有两种转化方式，分别为甲醇直接转化成甲烷的途径和甲醇先转化成乙酸而后形成甲烷的途径。当系统容积负荷低于 26.8kgCOD/(m^3 · d) 时，甲醇直接转化成甲烷的方式占主导地位，此时两段 UASB 反应器内 VFA 浓度适中，pH 值较为稳定，系统对有机物去除率高于 90%；当系统容积负荷高于 26.8kgCOD/(m^3 · d) 时，甲醇形成乙酸的途径逐渐占优势，两段 UASB 反应器中 VFA 大量积累，pH 值急剧下降，引起产甲烷菌活性降低，系统对有机物处理效果迅速下降。所以在运行过程中，应把系统容积负荷控制在一定范围内，方可保证其运行的稳定性和高效性[53]。

6.3.4 工艺应用实例——高浓度中药废水处理

6.3.4.1 概述

哈尔滨中药二厂是以生产治疗多发病和疑难病用药为主，滋补保健药为辅，以巩固蜜丸、酊水等传统药剂型品种为基础，以发展口服液、针剂等新型新产品为重点的综合性中成药企业。根据药品生产特点，要洗罐、洗贮桶，冲洗地面等，所排放废水属高浓度有机废水，间歇排放。工艺中大约有 40% 的乙醇被回收，其余的乙醇随废水排放至污水处理系统。

哈尔滨中药二厂废水主要来源于洗罐、洗贮桶、洗瓶、冲洗地面等各项工艺过程中，并伴随乙醇废液排放至污水处理系统。排放的是一种污染物种类繁多、成分复杂的高浓度难降解有机废水，该废水间歇排放，虽无毒但有害，具有 COD 高、可生化性差、水质水量变化大、色度高等特点，处理难度极大。

6.3.4.2 废水的水质水量

工程设计处理水量为一期 750m^3/d，二期 1500m^3/d。排放的生产废水水质指标见表 6.7。处理后的出水要求达到《污水综合排放标准》(GB 8978—1996) 中规定的二级排放标准。

■ **表 6.7 废水设计水质指标**

COD/(mg/L)	BOD_5/(mg/L)	SS/(mg/L)	总氮/(mg/L)	总磷/(mg/L)	油/(mg/L)	pH 值
19000	3600	418	22	16	8	6～7

6.3.4.3 工艺流程的确定

哈尔滨中药二厂排放的废水属于高浓度难降解有机废水，可生化性很差。因此，对于中药废水来说，如何在处理工艺中使难于降解的大分子有机物迅速转化成易于被后续微生物菌群降解的有机底物，极大地提高废水的可生化性，成为工艺的关键。

解决这一关键问题有两种方式：一是采用 SBR 法及其改良工艺；二是采用厌氧发酵技术。由于前者对小水量、水质波动大、可生化性不太差且浓度不很高的废水较具优越性，但对于处理哈尔滨中药二厂的高浓度难降解有机废水是不适宜的；而采用厌氧发酵技术既可提高废水的可生化性，又可大幅度降低废水浓度，减轻后续工艺的负荷，两相厌氧工艺技术是处理该生产废水的首选。同时，由于原水是不易生物降解的高浓度有机废水，经两相厌氧工艺处理后出水仍会有相当的 BOD_5 存在。在两相厌氧消化工艺之后增设高效的生物接触氧化技术，才能使废水经处理后最终达标排放。

基于以上分析，确定哈尔滨中药二厂高浓度有机废水综合治理技术路线如下：a. 对高浓度的原水进行沉淀、适当稀释、调整 pH 值等预处理；b. 经过预处理后的废水进行生物处理，主要采取两相厌氧消化-好氧接触氧化的工艺；c. 生物处理后的污水进行以过滤为主的后续处理，达标后排放水体；d. 预处理和生化处理过程产生的污泥，集中后进行脱水外运。废水处理工艺流程见图 6.9。

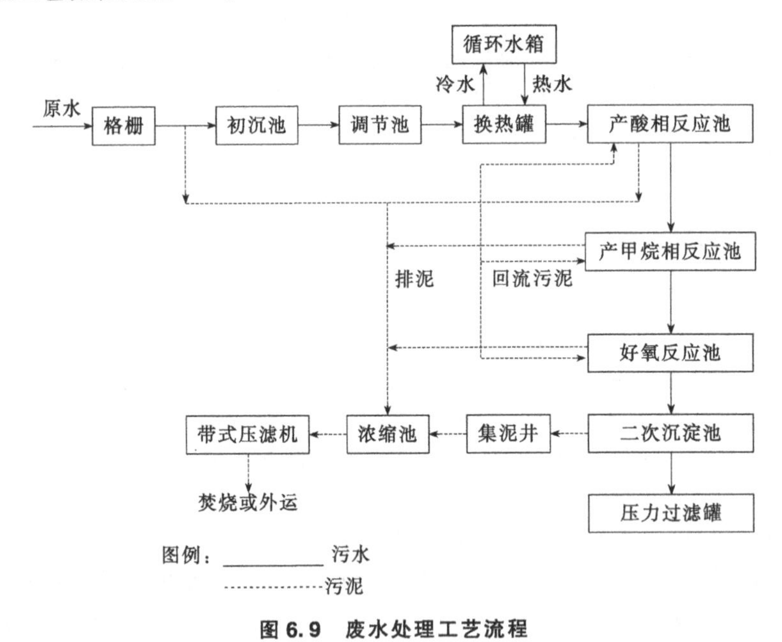

图 6.9 废水处理工艺流程

6.3.4.4 关键设备

(1) 产酸相反应器

产酸相反应器主要完成的任务是水解、酸化，即将废水中的大分子有机物转化为小分子形式，提高废水的可生化性，以利于产甲烷菌利用。完成以上任务所需具备的两个条件是：反应器内大量富集非产甲烷菌；基质与微生物充分接触。本工艺采用的是任南琪院士发明的专利设备高效产酸发酵反应器。

(2) 产甲烷相反应器

产甲烷相反应器主要完成的任务是富集大量产甲烷菌，大幅度降低有机污染物浓度。现代技术主要采用的形式为 UASB 及其改良工艺，本工艺采用的是复合厌氧反应池（UAS-BAF）。

(3) 好氧反应器

两相厌氧工艺的出水进入到好氧工艺，目的是进一步将出水污染物减量至最低，以期沉淀过滤后达标排放。该工程采用的是交叉流好氧反应池。这一组合工艺，一方面，两相厌氧消化及接触氧化法的串联，极大地提高了不易降解有机物质的可生化性和去除率；另一方面，从整个工艺来看，相当于一个 A/O 系统，可提高难生物降解物质去除率。

哈尔滨中药二厂主要处理构筑物见表 6.8。

表 6.8 主要构筑物一览表

序号	名　称	规　格	数　量	结　构
1	初沉池	$V=42m^3$	3 座	钢筋混凝土
2	调节池	$V=675m^3$	1 座	钢筋混凝土
3	产酸发酵反应器	$D\times H=6m\times5.2m$	3 座	钢制
4	复合厌氧反应器	$V=900m^3$　$H=10m$	2 座	钢制
5	交叉流好氧反应池	$V=375m^3$　$H=6m$	2 座	钢筋混凝土
6	沉淀池	$V=65m^3$	2 座	钢筋混凝土
7	砂滤罐	$V=15m^3$　$D=1.4m$	2 座	钢制
8	带式压滤机	$B=1.0m$　$N=1.5kW$	1 台	

6.3.4.5 运行效果

各高效处理构筑物分别启动后进行整套工艺的串联运行。表 6.9 总结了该工艺系统对高浓度有机中药废水 COD 总的去除情况。

表 6.9 整套工艺对 COD 的去除率

流量 /(m^3/d)	调节池	产酸发酵反应罐		复合厌氧反应池		交叉流好氧+沉淀池		COD 总去除率 /%
	出水 COD /(mg/L)	出水 COD /(mg/L)	去除率 /%	出水 COD /(mg/L)	去除率 /%	出水 COD /(mg/L)	去除率 /%	
147.9	8710	6968	20	557.44	92	83.61	85	99.1
149.7	10160	6096	40	243.84	96	97.54	60	99.1
127.2	26104	8032	69.2	219.84	97.3	73.28	66.7	99.7
240	27619	7014	74.6	4822	31.3	119.6	97.5	99.6
364	12816	8544	33.3	4272	50	96.45	97.7	99.2
785	11365	8261.3	27.3	2316.5	72	110.21	95.2	99.0

6.3.4.6 厌氧生物降解途径分析[54]

对哈尔滨中药二厂废水进行色-质联机分析，检出的有机物质见表 6.10。结合化学检测和有机物成分结构分析，综合认定废水中主要成分有：乙醇（约占废水总 COD 的 50%）；黄芩苷（约占废水总 COD 的 10%）；烃类（主要是长链饱和烃）；不饱和芳香族有机物；部分有机物中含有少量 N、S 等元素，废水中部分有机物含的 Cl 原子是与 GC 前处理液 CCl_4 发生取代反应而携带上的，不属于原中药废水。

表 6.10 哈尔滨中药二厂废水的色-质联机分析结果

GC 所检出有机物分子式				
C_2H_6O	C_2H_7N	$C_3H_6O_2$	C_3H_9N	$C_3H_2ClN_3O_2$
C_6H_{14}	$C_6H_{10}Cl_2O_2$	$C_6H_{18}O_3Si_3$	$C_7H_{22}O_2Si_3$	$C_{14}H_{30}$
C_9H_6ClN	$C_{11}H_{12}O_4$	$C_7H_8O_2$	C_7H_8	$C_{13}H_{28}$
$C_3H_3Cl_3$	$C_6H_{13}Cl$	$C_7H_{12}O_2$	C_8H_{10}	C_8H_8
C_6H_6O	$C_5H_7Cl_3$	$C_6H_4Cl_6$	$C_3H_2Cl_4$	$C_{14}H_{10}ClN$
$C_8H_{24}O_4Si_4$	C_5H_{10}	$C_{10}H_{16}$	$C_{10}H_{12}$	$C_{10}H_{30}O_5Si_5$
C_9H_{40}	$C_{15}H_{24}O$	$C_{13}H_{24}O_4$	$C_{16}H_{34}$	$C_9H_{13}NO_2$
$C_{17}H_{36}$	$C_{28}H_{58}$	$C_{16}H_{22}O_4$	$C_{20}H_{30}O_4$	$C_2Cl_6S_2$

哈尔滨中药二厂废水中含有的大量长链大分子黄芩苷，具有高 COD、低生物降解性的特点，而且它还是发泡剂的一种，经过曝气甚至流动都会产生泡沫，曾在好氧曝气池单独运行时产生大量泡沫，严重影响污泥沉降性和出水水质。生产性试验中发现两相厌氧工艺可以有效降解该物质，经过厌氧发酵，它的影响几乎消失，因此对黄芩苷厌氧生物降解途径进行了探讨。

根据 GC-MS 具体的试验结果，认为黄芩苷在厌氧微生物作用下，分解可能经历的过程为："脱糖—脱苯—开环—饱和化—拆链"等过程（图 6.10）。本试验进行到 47h 以后就很少检测到芳香族化合物了，说明此时大部分苯环已经打开。逐步被饱和化后进一步拆分为小分子饱和、不饱和酸、醇等物。厌氧反应后期主要得到的是小分子氧化态物质，如醇、醛、酸、酯、烯烃及还原态饱和烷烃。

根据黄芩苷可能的降解途径和其长达 47h 的降解时间，认定其降解的限速阶段在水解、酸化阶段。利用两相分离的厌氧消化技术，可以消除那些带有苯环、侧链及难降解的中间产物对产甲烷菌的影响，因此含有该污染物的中药废水适宜用两相厌氧工艺处理，同时应采用较长的停留时间彻底分解黄芩苷，消除其对好氧系统的影响。

6.3.5 工艺应用实例——高浓度硫酸盐废水处理

6.3.5.1 概述

联邦制药（成都）有限公司是 2003 年 5 月建成投产的中外合资企业，公司坐落于四川成都彭州医药工业园区，占地面积近 500000m^2。主要生产经营品种有青霉素、头孢菌素、6-APA 医药中间体、7-ACA 与克拉维酸钾以及淀粉副产品、蛋白饲料粉等产品。

现有的废水处理工艺是直接将废水混合后采用好氧生化处理（包括水解酸化加好氧生化处理），存在处理设施容量不足、废水中一些影响生化处理效果的因素缺少有效的预处理控制措施等问题，已不能满足要求。尤其是 6-APA 生产过程产生的青霉素废酸水、洗滤布水以及 6-APA 结晶母液，其废水有机污染物浓度高、污染负荷量大，废水里含有大量的硫酸盐、氨氮以及菌丝体等物质。这些物质对废水生化处理的效果影响较大，如不进行有效的预处理控制，废水难以实现达标排放。需要对废水处理系统进行改扩建，提高废水处理系统的处理效率，实现废水的稳定达标排放。

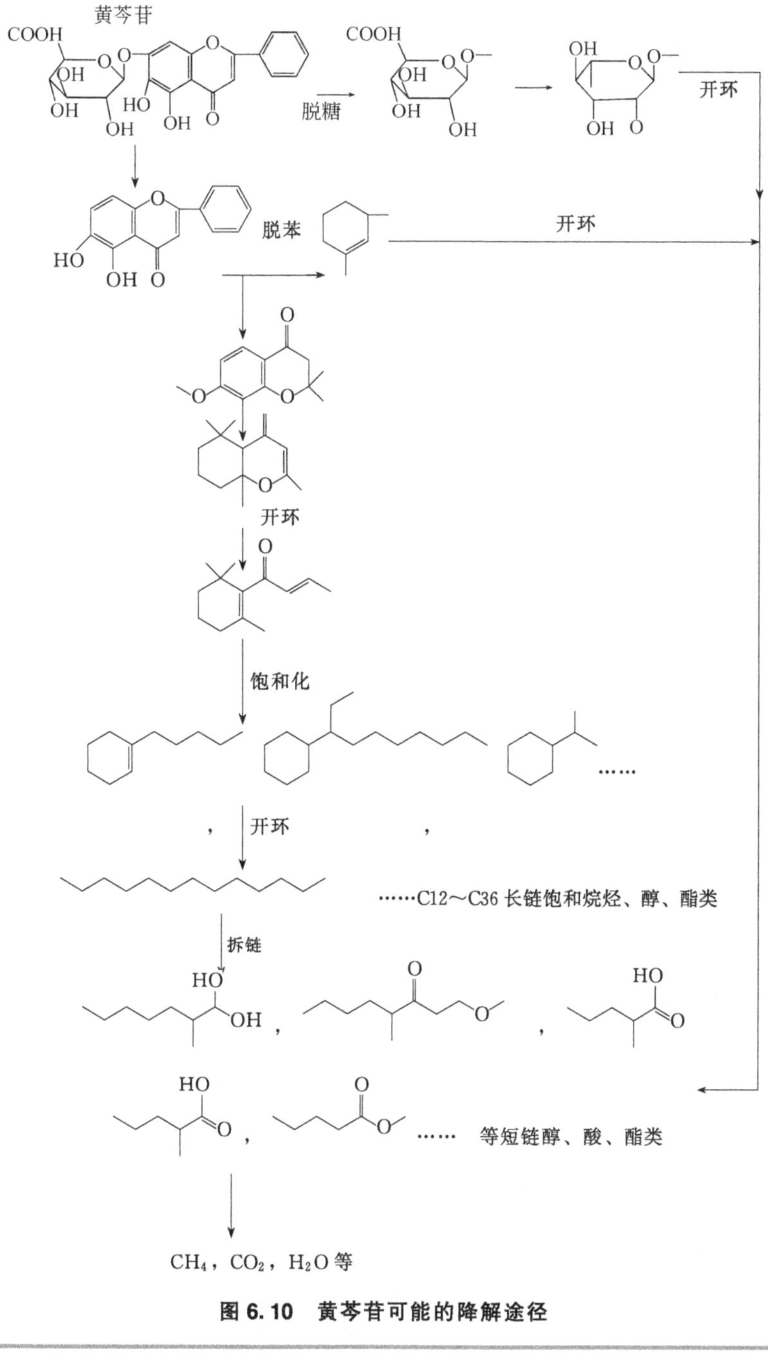

图 6.10 黄芩苷可能的降解途径

6.3.5.2 废水水质水量

根据当前公司对各生产车间废水的水质分析监测资料，企业目前废水污染源种类主要分为高浓度青霉素生产废水、高浓度釜残液、洗滤布废水和其他综合生产废水四类，水质情况见表 6.11。

① 高浓度有机废水　废水主要来自青霉素提取过程产生的废酸水，这股废水有机物很高，COD_{Cr}浓度约为 18000mg/L，有机污染物浓度高、污染负荷量大，里面含有大量的硫酸盐，废水的 pH 值约为 5.0。

■ 表 6.11 生产废水水质一览表

序　号	废水种类	排放量/(m^3/d)	COD_{Cr}/(mg/L)	BOD_5/(mg/L)	NH_3-N/(mg/L)	SS/(mg/L)	pH 值
1	青霉素废酸水	2800	15000	4000	300～400	4000	6.0
2	洗布水	2174	8000	4500	<100		
3	真空系统排水	500	7000		100～500	150	4～10
4	6-APA 母液	300	20000		7000		
5	苯乙酸母液	20					
6	含乙醇釜残液	6					
7	7APA 发酵	100	5000		50	4000	6～7
8	7APA 提炼	3000	10000		300	150	2～13
9	棒酸发酵	50	5000		50	4000	6～7
	棒酸提炼	300	10000		200	150	4～12
10	酶车间	50	5000		50	4000	6～7
11	淀粉车间	50	5000		50	4000	4～6
12	配料车间	100	5000		50	4000	6～7
13	动力系统排水	2800	15000				
合计		9450	10926		434	1805	5～7

② 洗滤布废水　废水主要来自青霉素发酵和过滤过程产生的废液，废水 COD_{Cr} 污染物浓度约为 8000mg/L，废水中含有大量抗生素菌丝体。

③ 高浓度有机釜残液　废水主要来自 6-APA 母液、苯乙酸母液和含乙醇釜残液，这股废水有机物很高，COD_{Cr} 浓度约为 50000mg/L，氨氮浓度约为 7000mg/L，废水的 pH 约为 5.0。

④ 其他废水　主要来自 7APA 、棒酸生产过程和淀粉车间产生的有机废水以及厂区循环水系统产生的排污。

根据当前企业废水水质监测情况资料，污水处理站的设计废水水量为 9450m^3/d。污水处理站出水指标达到要求为 COD≤500mg/L；SS≤70mg/L；pH6～9。

6.3.5.3 工艺流程的确定

分析废水的水质特点，拟对不同废水首先采用不同的预处理，而后进行生化处理。青霉素废酸水先进行加石灰和絮凝沉淀预处理；洗滤布水直接沉淀预处理；6-APA 结晶母液、苯乙酸母液和含乙醇等釜残液进行结晶母液蒸氨和四效蒸发预处理。经预处理后的青霉素废酸水、洗滤布水采用厌氧颗粒污泥复合填料床（UASB＋AF）反应器处理，出水与四效蒸发冷凝水等其他废水混合进水解酸化-CASS-生物接触氧化处理工艺方案。方案具有如下特点。

① 6-APA 结晶母液先进行蒸氨处理，其出水再与苯乙酸母液和含乙醇等釜残液混合后进四效蒸发预处理；青霉素废酸水加石灰和进行絮凝沉淀预处理；洗滤布水直接进行沉淀预处理。以脱出废水中的氨氮、改善废水的可生化性。

② 经中和沉淀预处理后的青霉素废酸水、沉淀洗滤布水，先进行厌氧消化处理。处理

装置采用高效厌氧颗粒污泥复合填料床（UASB＋AF）反应器，这种装置较传统的UASB反应器相比，具有气、固、液分离效率高，生物量富集能力强，布水均匀，处理负荷高，运行稳定并且易于操作控制等优点。

③ 厌氧消化处理后的废水与四效蒸发冷凝水、厂区其他生产废水综合污水混合，再进行水解酸化、好氧生化处理。好氧生化处理装置采用CASS池系统、生物接触氧化工艺，CASS池系统装置集废水污染物的生物降解、沉淀功能于一体，省去二沉池，减少了工程投资，降低运行费用。CASS池中的生物选择器及活性污泥的回流作用，可创造合适的微生物生长条件并选择出絮凝性细菌，有效地抑制丝状菌的大量繁殖，改善沉降性能，防止污泥膨胀；工艺稳定性高，耐冲击负荷，并有较好的除水脱氮、除磷效果。

④ 生物接触氧化这种废水处理装置的特点为：有机污染物去除负荷高、耐废水污染负荷冲击性好、处理效果稳定，不产生活性污泥膨胀问题，运行操作控制方便。

⑤ 这种废水处理工艺运行可靠，运行操作及管理方便，处理效果好，耐冲击负荷，稳定性高，污泥产生量少，运行费用相对低。

⑥ 自动化程度高，管理方便，减轻工人劳动强度。通过采用液位及自控装置，使工艺全过程实现自动化。

6.3.5.4 主要处理单元及处理效率

主要处理构筑物见表6.12。处理单元的污染物去除率详见表6.13。

表6.12 单元构（建）筑物一览表

序号	构(建)筑名称	工艺尺寸/m	单位	数量	结构
1	平流沉淀池	26.0×4.0×7.5	座	2	钢筋混凝土
2	UASB	ϕ12.0×14.0	座	4	钢筋混凝土
3	UASB调节池	5.7×9.0×4.0	座	2	钢筋混凝土
4	UASB沉淀池	5.7×5.55×4.0	座	2	钢筋混凝土
5	格栅井	11.6×3.2×4.5	座	1	钢筋混凝土
6	一号集水井	10.6×6.5×6.0	座	1	钢筋混凝土
7	一级提升泵站	15.0×6.5×9.5	座	1	砖混
8	调节池	40.6×38.0×5.1	座	1	钢筋混凝土
9	二级提升泵站	9.6×6.5×7.8	座	1	砖混
10	水解酸化池	49.45×30.35×5	座	1	钢筋混凝土
11	二号集水井	9.3×6.3×2.2	座	1	钢筋混凝土
12	三级提升泵站	9.3×6.3×4.8	座	1	砖混
13	絮凝沉淀池	12.3×9.1×8.4	座	4	钢筋混凝土
14	配水井	ϕ4.8×3.5	座	2	钢筋混凝土
15	CASS池	51.6×22.8×6.05	座	8	钢筋混凝土
16	中间水池	40.0×25.0×4.5	座	1	钢筋混凝土
17	接触氧化池	50.0×24.0×5.5	座	1	钢筋混凝土
18	气浮间	12.0×12.0×6.0	座	1	棚架

续表

序号	构(建)筑名称	工艺尺寸/m	单位	数量	结构
19	污泥浓缩池	15.3×15.3×4.5	座	2	钢筋混凝土
20	污泥提升泵站	12.6×6.3×9.0	座	1	砖混
21	加药间	18.0×9.0×6.0	座	1	砖混
22	污泥脱水机房	18.0×18.0×6.0	座	2	砖混
23	鼓风机房	36.0×12.0×9.4	座	2	钢构
24	变配电房	18.6×12.4×5.2	座	2	钢构

表 6.13 处理单元的污染物去除率

序号	处理单元	水量/(m^3/d)	COD_{Cr}		BOD_5		SS	
			进料浓度/(mg/L)	去除率/%	进料浓度/(mg/L)	去除率/%	进料浓度/(mg/L)	去除率/%
1	四效蒸发	900	100000	97				
2	厌氧系统	2000	18000	50				
3	调节池	9500	5000	—	3750	—	400	25
4	酸化水解池	9500	5000	25	3750	25	400	—
5	CASS池+接触氧化池	9500	3750	92	2815	98.2		—
6	气浮池	9500	300	7	50	—	300	80
7	出水	9500	280		50		60	

6.4 物化-生化组合工艺及应用

6.4.1 工艺原理

在高浓度有机废水中，特别是含有有毒有害与难降解的有机工业废水，必须采用有效的预处理措施，去除或部分去除这些有毒有害物质，以满足生物处理的工艺要求。

对于含有高浓度难降解的有机废水，采用物化预处理手段，往往是十分有效的，它既可降低或去除部分有毒有害的有机物质，改善其生物降解性，又为后续处理创造条件。例如，染料工业废水、农药废水、制药废水、焦化废水等，这些废水除了含有超高浓度有机物外，还含有很强的酸碱物质、很高盐度和很深的色度，在进入生物处理系统之前，必须采取预处理措施。

采用何种预处理技术与措施，应针对不同类型的废水，根据不同的处理目标，选择相关的预处理技术。对于含有可利用资源的高浓度有机废水的预处理，应采取实施废水中有用资源回收技术，如溶剂萃取法、膜分离技术等。对于无资源回收价值，又不能直接用生物法处理的高浓度有机废水，应选择适宜的物化处理工艺进行预处理。或已实施资源回收的废水，其残液尚不能达到进入生物处理设施的许可浓度时，多数采用预处理措施。

目前国内外针对高浓度难降解有机废水，研究和应用物化处理技术，重点是化学处理技术，包括化学氧化、湿式催化氧化、光催化氧化等。

随着化学合成产品种类的日益增多，更难处理的有机工业废水的种类不断增加，为了应付这一难题，目前国内外正在进行某些更新的物化处理的研究和开发，如超临界水处理技术、高能电子束处理技术、等离子超高温热解处理技术以及某些特殊的电化学处理技术等。这些高新技术是废水处理更深层的研究和发展。

6.4.2 工艺研究现状

Keller[55]用絮凝沉淀法对 Kroste 糖蜜酒精厂进行预处理，絮凝剂最佳用量为 1.6～2.4mg/L，COD 和 BOD 的去除率为 35%和 40%；Veronica[56]介绍硫酸碱聚铁对高浓度有机废水有较好的脱色作用，脱色率可以达到 80%以上。

有机絮凝剂有聚丙烯酰胺 PAM、羧甲基纤维素、聚丙烯酸钠、壳聚糖等。壳聚糖作为絮凝剂已经在许多废水处理领域中得到应用，如渔业废水处理[57]、印染废水处理以及络合吸附重金属离子等[58]。壳聚糖是甲壳素通过 β 糖氢键连接而成的一种线性高分子多糖的脱乙酰基产物，因其无毒无害，且不造成二次污染，适合对高浓度有机废水进行资源化利用。

在实际水处理工程中，一般是有机絮凝剂和无机絮凝剂混合使用，尤其对于高浓度有机废水，其絮凝效果优于单独使用有机絮凝剂或无机絮凝剂。

柴晓利等[59]介绍了内电解混凝、厌氧、好氧处理工艺处理医药及其中间体生产废水，处理后 COD、NH_4^+-N、S^{2-}、苯胺的去除率分别为 99.1%、45.2%、90.6%、94.0%。蔡固平等[60]介绍了一种新型内电解铁屑过滤塔在印染废水工业化规模处理中的应用，在弱酸性条件下，该类型铁屑过滤塔色度去除率高达 90%，废水可生化性提高 30%。范伟平[61]利用微电解-白腐菌生物降解-絮凝沉降系统处理活性染料生产综合废水，COD 去除率达 90%以上，色度由 12800 倍降低到 80 倍，出水清亮。一般认为，铁屑填料在废水中形成微小原电池产生内电解作用，电极反应产物是 Fe^{2+}、[H]、H_2 和 OH^-，具有较高化学活性，通过电富集和氧化还原反应破坏染料不饱和发色结构。H^+ 参与电极反应，且在电场作用下 H^+ 移动速度快于 OH^-，显然低 pH 值有利于电化学反应的发生。碱性条件下，吸附于铁屑填料表面 OH^- 因其电荷作用，影响了染料阴离子向填料界面的扩散转移。同时，随着溶液中 Fe^{2+} 逐渐增加，当 Fe^{2+} 与 OH^- 浓度乘积超过其溶度积时，会有 $Fe(OH)_2$ 形成，堆积了填料表面，影响表面电化学反应的正常进行。而中性条件下，离子浓度低，溶液电导率较小，不利于电化学反应的进行。

付永胜[62]根据印染废水的特点，提出了水解酸化-UASB-SBR 组合工艺的处理方法。该法的实际应用表明，废水 COD 可由 2500～4500mg/L 降至 80～150mg/L，BOD_5 可由600～1000mg/L 降至 30～40mg/L，色度可由 100～600 倍降至 50～60 倍。买文宁[63]采用气浮提取蛋白-UASB&SBR 工艺处理淀粉废水，工程运行表明在进水 SS、COD、BOD_5 分别为 6862mg/L、14467mg/L、8672mg/L 的条件下，出水 SS、COD、BOD_5 分别为 86mg/L、127mg/L、22.5mg/L，处理水质稳定达到《污水综合排放标准》(GB 8978—1996) 二级标准，同时在处理过程中能够制取蛋白饲料和沼气。

岑超平[64]处理木薯淀粉黄浆水时，首先利用石灰乳进行中和反应，再用进口高分子絮凝剂 N-OP、650BC、AN 进行絮凝，结果表明有很好的净化效果，COD 去除率为 60.0%～99.3%，总固形物去除率为 45.0%～66.8%。李媚等[65]采用聚铁 (PFS) 混凝法，在选定条件下处理某淀粉厂废水，处理后废水 COD 去除率达 88%以上。杨丽娟等[66]用石灰、PAM、活性炭等化学方法进行实验研究并将结果应用于某淀粉厂。莫日根等[67]对高浓度的有机淀粉废水，通过采用物化絮凝和吸附柱吸附等措施后，废水COD去除率为54%～65%。

张之丹等[68]采用厌氧-好氧-气浮工艺处理山东某淀粉厂废水，COD和SS的平均去除率分别为99.5%和99.2%。皇甫浩等[69]用UASB反应器处理淀粉废水，厌氧出水经曝气氧化塘处理，再经混凝沉淀后，COD可降到100mg/L以下，SS可降到80mg/L以下。

6.4.3 工艺应用实例——印染废水物化-生化处理

6.4.3.1 概况

作为我国的经济十强县之一的浙江省绍兴县，纺织与印染行业的产值占全县工业总产值的2/3左右，成为中国最大的轻纺贸易市场。同时，绍兴县已成为中国印染废水排放量最大、最为集中的区域。绍兴水处理发展有限公司（绍兴污水处理厂）是由市、县两级政府出资合建的区域性污水处理厂，是目前国内规模最大的综合污水处理厂，也是迄今为止世界上最具规模的印染废水集中治理企业。设计处理规模为100万吨/日，占地2000余亩，服务区域超过300平方公里。作为目前国内最大的工业性污水处理厂，主要有一期、二期工程两大污水处理系统，其处理能力为70万吨/日。一期工程采用传统的“厌氧-好氧-混凝”工艺，设计处理规模为30万吨/日，于2001年6月建成投产；二期工程采用意大利引进的延时曝气工艺，设计处理规模为30万吨/日，于2003年12月建成投产。从2005年12月开始，先后对一期、二期工程进行了工艺技术改造，增强预处理工艺，使污水处理能力由原来的60万吨/日提升至70万吨/日。同时，污水处理厂还已启动了三期工程的规划建设工作，设计规模为20万吨/日，使得污水处理能力进一步提高，以满足经济社会的发展需要。

由于污水组成以印染废水为主，经专家论证、环保管理部门同意，处理后的出水水质执行《纺织染整工业污染物排放标准》（GB 4287—92）中规定的二级排放标准进行控制，N、P等指标按《污水综合排放标准》（GB 8976—1996）控制。设计控制水质见表6.14。

表6.14 绍兴污水厂处理后出水水质执行标准

项目	COD_{Cr}/(mg/L)	BOD_5/(mg/L)	pH值	SS	色度/倍	NH_4^+-N	TP
进水	1000～2000	400～800	10～11	200～300	100～500	30	3
出水标准	≤180	≤40	6～9	100	≤80	25	1
备注	纺织染整企业二级排放标准(GB 4287—92)					《污水综合排放标准》(GB 8976—1996)	

6.4.3.2 废水的组成及特征

绍兴污水厂的废水是混合印染废水，该废水中的污染物种类繁多、极为复杂，主要来自纤维材料和印染加工过程中的染料和化学药剂。具体印染废水的水质与生产原料、生产辅料、产品种类、生产工艺等因素有关。印染加工的工序较多、流程较长、不同工序排放的废水水质与水量也有很大的差别。如涤纶仿真丝碱减量印染工艺流程主要工序有碱减量、中和、印染、漂洗、脱水、烘干、定型等。

印染加工过程中所消耗的绝大部分浆料、助剂、油料进入废水，还有大量的酸、碱和无机盐，染色加工过程中约有10%～20%的染料进入废水。染料结构中硝基和氨基化合物及铜、铬、锌、砷等重金属元素具有较大的生物毒性。纤维成分、染料、浆料和各类印染助剂是印染废水中的主要有机污染物。

废水存在以下特征。

① 成分十分复杂，污染因子多　含有印染、酿酒、食品工业、化工、制药、皮革等高浓度工业废水。从污水构成来看，工业废水占到80%以上，而印染废水占工业废水量的90%以上。

② 有机物浓度较高　进水COD在1500mg/L左右，存在大量难生物降解物质，处理难度较大。

③ 水量波动大　由于工业废水排放受生产淡、旺季影响，其整体水量波动幅度较大，高低水量差达到1∶10，工艺控制难度非常大。

④ pH高　进水pH为10～11，这为厌氧系统稳定运行带来一定难度。

6.4.3.3 一期处理工艺流程及存在问题

(1) 一期工艺流程

一期工程工艺为“预处理＋厌氧＋好氧＋混凝沉淀”，产生的污泥采用“重力浓缩＋机械脱水＋卫生填埋”，设计总停留时间为41h，实际运行的总停留时间约56h。其工艺流程、平面示意和主要设施设备、设计工艺参数和实际运行控制参数见图6.11和表6.15。

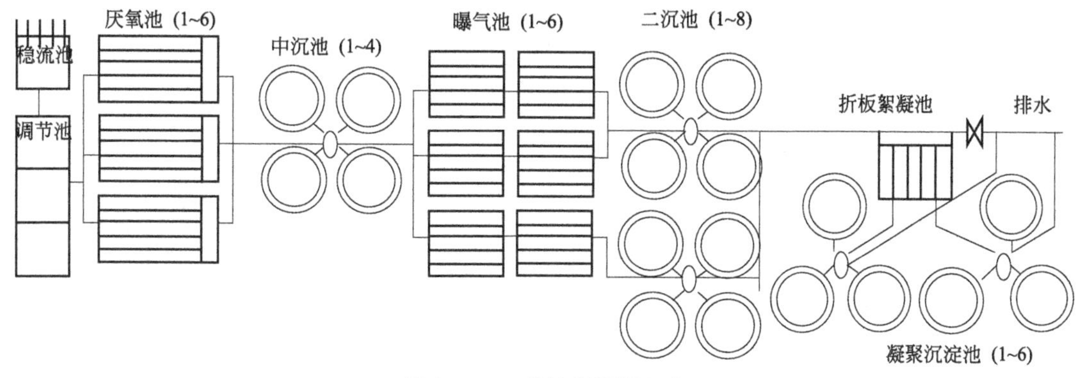

图6.11　工艺流程平面示意

预处理系统包括1座稳流池，3座调节池和相配套的进水提升泵房，调节池以调节水量为主，同时起到水质均匀的作用。生化系统：厌氧处理包括采用水流上下翻转的推流式厌氧水解池3座，中间沉淀池4座和污泥回流泵房；好氧处理包括采用传统活性污泥法推流式好氧曝气池6座，二沉池8座和鼓风机房以及污泥回流泵房。物化处理包括凝聚沉淀池6座及配套的加药间、贮药池等。污泥处理包括浓缩池2座、贮泥池1座、3m宽带压滤机6台及容量为10万立方米的污泥堆积场。

表6.15　构筑物及参数表

序　号	构筑物名称	数　量	规　格	设计参数	运行参数
1	调节池	3	26×22×4.5	HRT=4.6h	HRT=6.3h
2	厌氧池	6	124×48×7.5	HRT=11.7h	HRT=16.0h
3	中沉池	4	Φ50×4.8	HRT=2.6h	HRT=3.5h
4	曝气池	6	152×54×8.8	HRT=14.5h	HRT=19.8h
5	二沉池	8	Φ48×4.3	HRT=4.6h	HRT=6.3h
6	凝聚沉淀池	6	Φ45×4.4	HRT=3h	HRT=4.1h

(2) 存在问题

生化工艺难达标：一期和二期工程的生化处理工艺出水均不能达到排放标准，需后续物化处理工艺。但是，投药量大，运行操作成本高。为进一步改善区域生态环境并实现国家“十一五”规划的节能减排任务，该市政府于2008年4月9日明确提出“进管达标、处理提标”的措施，要求各排污企业将排入污水处理厂的污水COD严格控制在1000mg/L以下，且要求污水处理厂出水水质COD排放标准由原来的180mg/L升级为100mg/L。

鉴于上述问题，2009年2月确定由哈尔滨工业大学负责一期废水处理工程的改造和调试。

6.4.3.4 改造后工艺流程

根据现有废水处理工程的条件和运行效果，提出改造后工艺流程如图6.12所示，并于2009年进行了中试研究。

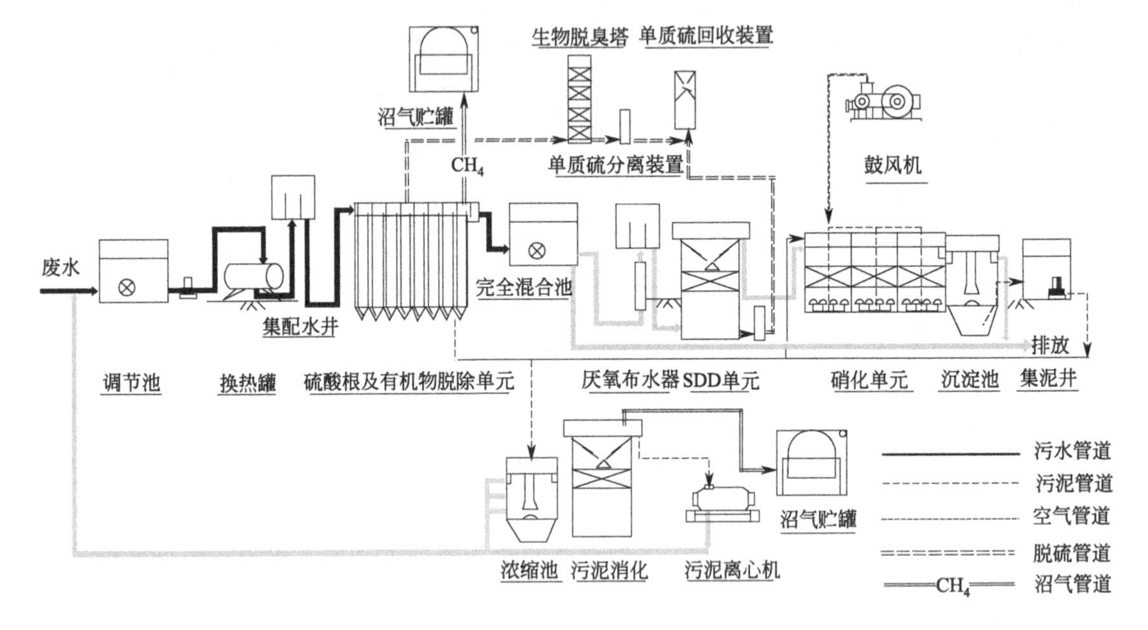

图6.12 改造后工艺流程

6.4.3.5 中试研究结果

首先对一期工程厌氧段改造进行中试实验研究，方案采用厌氧折流板式反应器形式。中试设计规模为36m³/d，进水主要指标见表6.16。中试试验装置及流程如图6.13所示。

表6.16 中试研究进水水质

项目	COD	BOD_5	VFA	SO_4^{2-}	SS	TN	NH_4^+-N	TP	pH值	色度
进水	700～1200	400～600	2.5～4.0	800～1500	200～500	40～50	30～40	2.5～3.0	7～9.5	200～400
进水平均值	1000	550	3.26	1100	300	45	35	2.8	8.8	300

注：VFA单位为mmol/L。

厌氧中试装置总容积18m³，采用六个格室，启动时控制进水浓度不变，逐渐增加水力负荷，进水pH值为8.5～9.5（不调节pH值），温度20～40℃（不加温）。好氧中型装置

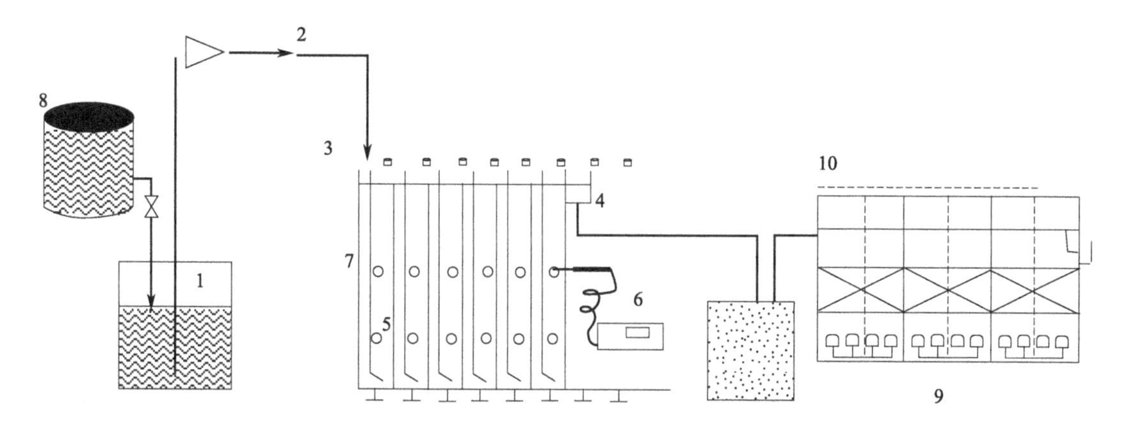

图 6.13　中试试验装置及流程示意

1—水箱；2—计量泵；3—进水口；4—出水口；5—排泥口；6—测控仪；
7—厌氧折流板反应器；8—下口瓶（配酸）；9—好氧反应器；10—空气管道

总容积 $10m^3$，COD 负荷大于 0.2kg/(m^3·d)；污泥负荷 0.3～0.4kgCOD/(kgMLSS·d)；HRT 为 15h。

根据工艺的运行结果分析认为 ABR 的运行参数如下：启动时 HRT 控制在 60～30h，稳定运行时 HRT 控制在 11～12h 左右；启动时 pH 7～8，稳定运行时 pH 7～9.5；启动时 MLSS 为 45g/L，稳定运行时 MLSS 为 35～50g/L；启动时 MLVSS 为 30g/L，稳定运行时 MLVSS 变化范围为 20～35g/L；启动容积负荷采用 2.0～6.0kgCOD/(m^3·d)，稳定运行时容积负荷控制在 6.0～12.0kgCOD/（m^3·d)；启动污泥负荷应控制在 0.1kgCOD/(kgMLVSS·d) 左右，稳定运行时 0.2～0.5kgCOD/(kgMLVSS·d)；试验过程中，ORP 应为 －400～－500mV，碱度为600～1200mg/L，温度为 30～40℃。

采用 GC-MS 和 LC-MS 研究结果表明（见表 6.17），厌氧进水中均含大量的高级烷烃、酰胺类、有机酸、酮类、酚类和酯类，ABR 反应器对其降解效果则很好，出水中这些物质含量很低。经过 ABR 后，物质化学结构基本都发生了较大的变化，许多大分子物质都转化为小分子物质，如环烷烃、喹啉类、酚类等在厌氧进水前后分子量都不一样，有利于后续好氧工艺进一步降解。ABR 反应器对高级烷烃这类对产甲烷菌等厌氧菌有很强毒性物质的高效降解率，说明 ABR 反应器内厌氧污泥的活性还是很高的。ABR 对色酚 AS-E、偶氮染料酸性橙、直接蓝、蒽醌类-酸性蓝有较好的去除效果，但对偶氮类-苏丹红 1 号没有去除。总的来说，ABR 对染料分子具有较大的去除作用。

好氧中型试验结果表明，当 HRT 为 17h 时，好氧中试进水 COD 变化范围为 523～776mg/L，平均值为 637mg/L，好氧中试出水 COD 变化范围为 66～112mg/L，平均值为 93mg/L，好氧中试 COD 去除率变化范围为 80%～94%，平均值为 86%。当 HRT 提高到 14h 时，好氧中试出水 COD 浓度一直大于 100mg/L。所以，好氧中试最佳 HRT 为 17h。进水 BOD 多在 400～500mg/L 之间，出水 BOD 小于 15mg/L，BOD 去除率大于 96%，BOD 小于 15mg/L，工艺参数范围为：HRT＝17h，pH＝7.5～8.5，MLSS 为 2000～5000mg/L，MLVSS/MLSS 大于 0.55，温度在 20～35℃之间变化，污泥负荷变化范围为 0.1～0.4kgCOD/(kgMLSS·d)，容积负荷变化范围为 0.5～0.8 kgCOD/(m^3·d)。

■ 表 6.17 几种典型特征污染物的变化情况

项　目	偶氮类-酸性橙 $M_w=451.38$	直接蓝 106# $M_w=741.5$	蒽醌类-酸性蓝 $M_w=416.39$	偶氮类-苏丹红 1 号 $M_w=289.29$	色酚-AS-E $M_w=297.7$
原水(响应信号 MH)	1305117	2287601	365545	1349479	1000846
厌氧进水(响应信号 MH)	1435983	734914	585646	373597	460969
厌氧出水(响应信号 MH)	1105858	668620	未检出	543107	未检出

6.4.4 工艺应用实例——纺织印染废水高级氧化处理[70]

6.4.4.1 废水特性分析

研究表明，采用高级氧化法处理纺织工业废水，可使 COD、BOD_5、SS 和浊度大为减少，出水不仅符合排放标准，还能达到循环回用水标准。因此高级氧化处理技术在纺织废水处理水的回用研究中具有一定的价值。

纺织废水特性变动的范围很大，分析结果表明，纺织废水 COD 值高，BOD_5 的值不一定高，取决于被加工的纤维性质。混合废水的盐度不高，因此为了完全使这种废水循环，其中的污染物应当矿化或被去除，以达到可回用的纺织用水水质标准。表 6.18 所列即为对三个选取的印染厂原水水样的分析结果。

■ 表 6.18 纺织废水特性分析结果

水 质 参 数	洗涤废水	退浆废水	混合废水	回用水标准
pH 值	12.1	5.1～10.4	6.8～10.1	NA
COD/(mg/L)	1835	10280～58040	860～8280	<10
BOD_5/(mg/L)	358	4203～5351	172～3272	NA
TOC/(mg/L)	608.1	3538～27980	382.2～3348	NA
TSS/(mg/L)	99	418～9180	56～464	0
油脂/(mg/L)	NA	34～337.8	67.9	NA
硅酸盐/(mg/L)	NA	173.5～2484	244～10036.8	NA
硬度/(mg/L)	NA	NA	NA	<10
碱度/(mg/L)	NA	NA	NA	<50
Fe/(mg/L)	NA	NA	NA	<0.1
TDS/(mg/L)	NA	NA	NA	<50
电导率/(μΩ/cm)	NA	NA	NA	<100
浊度/NTU	NA	NA	NA	<1

注：NA 为无分析数据或未有规定（回用水标准一栏）。

6.4.4.2 纺织工业废水化学与生物综合处理技术

1997 年，Lin 和 Chen 在关于纺织废水二级处理水臭氧氧化和离子交换联合处理的研究中，进行了处理水和水的回用标准的对比。所有相关参数（色度、硬度、电导率、悬浮固体和 COD）都达到回用水标准甚至优于实验室中使有的脱离子水。1999 年，Rozzi 等进行了膜处理工艺（微滤、纳滤和反渗透）用于纺织废水二级处理出水的研究，其研究结果证明，不仅处理后的二级出水符合回用标准，而且这一处理的附加费用也是可行的。

(1) 处理系统介绍

普通处理方法如吸附、混凝或絮凝，仅可将污染物从一个相（液相）转移到另一个相（固相），这将产生二次污染问题。将污染物降解或矿化则是一种更令人满意的除污染处理方法，如采用联用处理系统便可达到这一目的。在表 6.19 中列出了这些联用处理系统中各单元过程的降解剂、选择性、用途和相对的费用。根据所述的所有特性，推荐了如图 6.14 所示的处理系统。

表 6.19 水质改善的处理工艺

处理工艺	降解剂	选择性	用途	相对费用
高级氧化	羟基自由基	无选择性	低浓度难生物降解的废水	高
强化生物处理	微生物	选择性(仅能去除可降解的污染物)	可生物降解的有机污染物	低
膜过滤		截流大分子污染物	分成两级水流:渗透液和浓缩液	中
湿法空气氧化	在高温高压下氧化	无选择性	高浓缩废液	中～高

在该处理系统中，纺织废水首先用膜分离系统（MNF）处理，膜采用纳滤膜，由此产生了流量大、水质高的渗透水和流量较小的浓缩液。采用膜的预滤技术来去除悬浮固体（SS）以避免纳滤膜被 SS 形成污垢而阻塞，这样可延长其使用寿命。纳滤膜的渗透水 COD、色度和盐度很低，在纳滤工艺后附加高级氧化处理使其出水达到回用水标准，并可以循环回用。可采用的高级氧化方案如 UV/H_2O_2、UV/O_3 或 $UV/H_2O_2/O_3$。

纳滤膜的浓缩液 COD 高，而 BOD_5 较低，对它进行湿法空气氧化（WAO）以降解部分难降解污染物，增加其可生物降解性（BOD_5/COD）。WAO 最适于处理高浓度的难降解污染物，它们在液相中、在高温高压下被溶解氧降解。

在 WAO 处理废水中含有可生物降解中间产物，可随后采用强化生物处理（IBT）。在其中装有固定化的驯化菌种，以提高污染物的降解率。强化生物处理装置由厌氧-好氧处理步骤组成。应用强化生物处理的优点是，减少反应器尺寸（在空间有限的场合尤为重要），此外处理时间有所缩短，污泥产量也有所减少。厌氧处理阶段产生的生物气（主要是甲烷）可用来加热。除 CO_2 和 H_2O 以外的中间产物（污染化合物）的浓度、盐度、温度、pH 值和生物毒性都是 IBT 的重要参数。

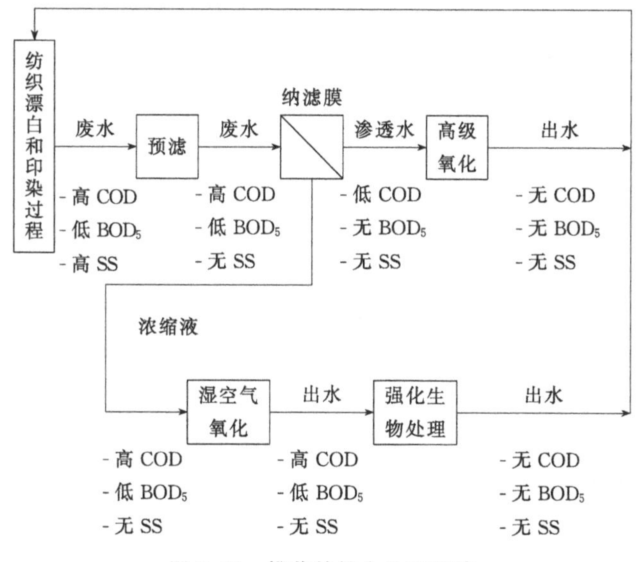

图 6.14 推荐的综合处理系统

(2) 工艺运行效能

图 6.15 和图 6.16 表示了这一组合系统处理不同的纺织废水时各处理单元过程的适宜性，在图 6.15 中纳滤膜的运行证明，在截留液中 COD 被截留高达 97%，从而获得高质量的渗滤液和高浓度的截留液（浓缩液）。

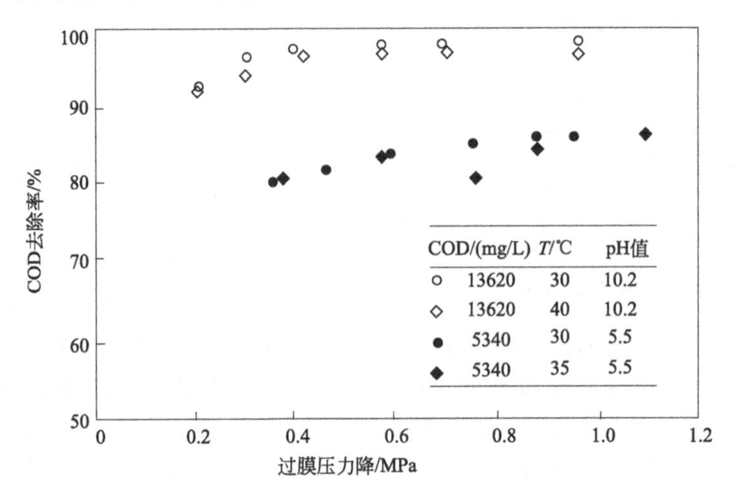

图 6.15 COD 去除率随通过 NF 膜的压力降的变化

图 6.16 证明，湿法空气氧化法（WAO）NF 膜处理合成纤维退浆废水浓缩液时，能有效地去除 COD 和改善可生物降解性（BOD_5/COD）。COD 的去除证明 WAO 是能够去除大量污染物的。

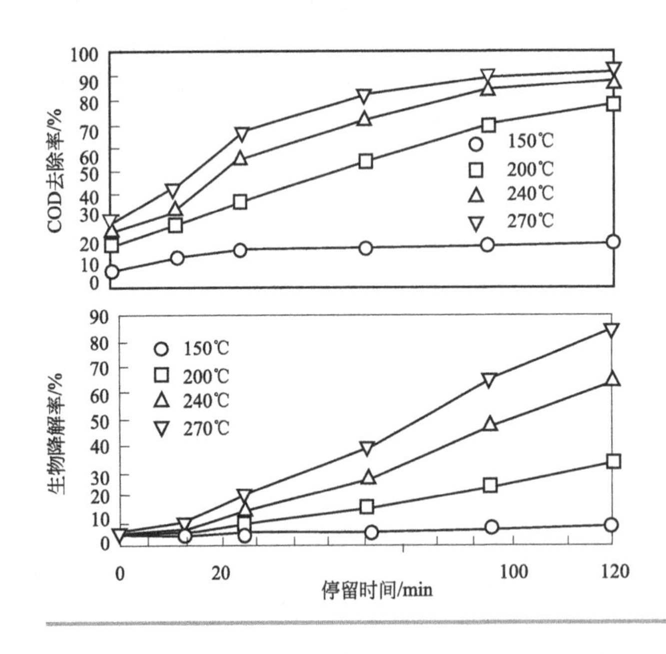

图 6.16 在 p_{O_2} = 1.92MPa 和 25℃ 条件下 WAO 中反应温度的影响

6.4.4.3 纺织废水回用的臭氧处理

(1) 臭氧处理原理

当前，臭氧（O_3）是饮用水和废水处理中最强的氧化剂。在水净化过程中，使用臭氧氧化的空气为氧化剂时，其中部分气态氧通过电晕放电而转化成臭氧。臭氧可由干燥的空气生产，也可用液态氧生产。臭氧氧化在水处理中尤其是饮用水消毒中被发现有几种用途：它能迅速地杀灭细菌和能有效地使病毒失活。消毒作用取决于其解离反应：$O_3 \longrightarrow O_2 + O\cdot$，在臭氧产生时很快便发生这种反应，结果产生两种氧化剂：O_2 和 $O\cdot$，后者具有较高的氧化能力，能够将许多复杂的有机物分子分裂成较简单的分子，它们往往是更易于生物降解的，臭氧可与其他处理方法联用如超声处理，使氧化与吸附相结合的活性炭处理，离子交换，VU 辐射，或与过氧化氢联用。实验室研究实验证明，臭氧能相当有效地去除色度，而去除 COD 的效果不够好。由于其高度除色度的能力，臭氧氧化被用于纺织印染废水处理研究。实际上，从纺织印染废水中除色度是纺织行业当前和今后长期所关注的焦点，因为不论是目前还是将来，它们都得限制从其工厂排出的色度。纺织印染废水通用的处理方法是活性污泥生物处理法，有时也用化学和物理方法处理。用活性污泥法处理纺织印染废水，其去除色度的效果很差，因此为了符合排放标准或用于回用，往往需要做进一步的处理。

许多研究证明，臭氧氧化能高效地将染料分子中直链和未饱和键断开，从而使纺织印染废水的色度迅速脱色，但是关于 COD 的去除，臭氧的效果不大，但是当 O_3 剂量超过 50mg/L 时，COD、TOC 和洗涤剂都达到相当好的去除效果。纺织印染废水生物二级处理出水的纳滤膜浓缩液，经臭氧氧化空气处理后，COD 和 TOC 分别减少 50%和 30%。臭氧已被证明能破坏酸性阳离子和直链染料，而分散和还原染料对臭氧处理有较大的阻力。分散染料最终被臭氧脱色，但是其反应比水溶性染料要慢。浅淡和很鲜亮色调的染色需要 95%或更大的去除率才能使回用水获得良好的色调重现性。臭氧处理效果较好，可在纺织印染废水中心处理站中设计和安装几座臭氧化设备，以使最后出水符合洗涤剂和色度的要求。

纺织印染废水通常用活性污泥法和砂滤池进行预处理，利用臭氧单一处理工艺设备处理的出水是很有限的，因为缺少可回用水的分析特性以及投资和运行费用的资料。该项研究旨在通过中试确定臭氧处理纺织印染废水在技术上和经济上的可行性以及如何将这些研究结果转化到大型纺织印染厂生产规模的废水回用处理工程实践中。

处理效率取决于水中臭氧的传质。该参数受到几种参数的影响，包括要被处理的废水种类。

此外，初步试验也证明利用膜工艺来保证臭氧有效地均匀分布于被处理的废水中，可优化臭氧处理，其中膜被用作在含 O_3 的气相与液相（废水）之间的分离元件，目的是优化两相之间的传递面积。最近的研究表明，可用特别成分制造的陶瓷膜，来使臭氧扩散于被处理的废水中，提高其在水中的传递效率。

(2) 处理工艺

被处理的废水来自于印染天然或合成纤维的织物、棉纱束、丝束、化纤束和毛线束、织品等缩绒机和染整设备的废水，并首先采用活性污泥法进行预处理。

臭氧化中试设备采用 Degrement Italy 中试设备（其中装有 PVC 的砂滤器，直径 0.32m，高 4.86m 和装砂 0.076m^3）；一个玻璃的和一个 PVC 的水/臭氧接触柱，其有效容积分别为 33L 和 88L，一台供水的卧式离心泵（供水量 3m^3/h）和一台隔膜计量泵（用于投加 NaOH，其加入量为 10～100L/h）。用一台使用液态氧的中频臭氧发生器（50g O_3/h）来生产臭氧。液态氧储存于 50L 的罐中。废水经过砂滤池过滤，其滤出水再用臭氧处理，臭氧投加量范围为 20～50g/m^3 水，而试验时的水流量为 125L/h、250L/h 和 500L/h，分别相当于 15min、30min 和 60min 的接触时间。多余的 O_3 在处理后用化学法予以破坏。

实验室试验装置包括一个循环玻璃箱（2L），一台臭氧发生器（5g/h），一台离心泵和一个聚丙烯微滤（MF）管式，Membrana Akao Nobel 式陶瓷多通道膜（FCT-US 滤器）。剩余的臭氧在空气以空气/臭氧混合气泡的形式通过亚硫酸钠溶液予以还原降解并用碘量法测定。

通过中试试验，研究者将此处理工艺引入纺织废水的实际处理中，该处理厂的流程示于图 6.17。

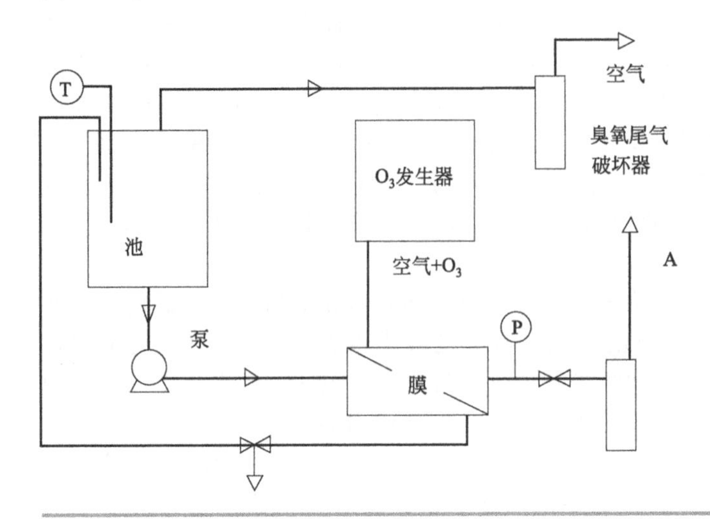

图 6.17
纺织废水臭氧化处理厂流程示意

（3）运行效果

筛选试验结果示于图 6.18，其中表明，就去除色度而言，臭氧投量为 $30g/m^3$ 的接触时间 60min 便可获得相当好的结果。更高的 O_3 剂量并不能进一步提高脱色率，而 $40g/m^3$ 的 O_3 剂量在接触时间 30min 或更少的条件下可能是最佳投量。

关于处理效果和循环回用的水处理试验是在进一步筛选的条件下进行的：$40g\ O_3/m^3$，250L/h 和 500L/h。废水的 COD 和色度的去除结果分别示于图 6.19 和图 6.20 中。就洗涤剂的去除来说，两者的近似结果是很令人满意的（高达 80%的去除率）。在相同的臭氧投量下，就 COD 和色度的去除效果（尤其是在可见光的高频区）来说，接触时间加倍获得了较好的结果。

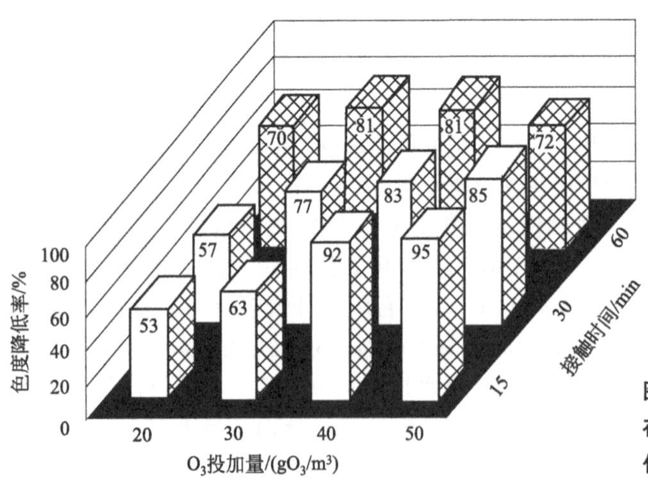

图 6.18
在不同 O_3 剂量和接触时间下的色度变化（以在 420nm 波长的吸光率计）

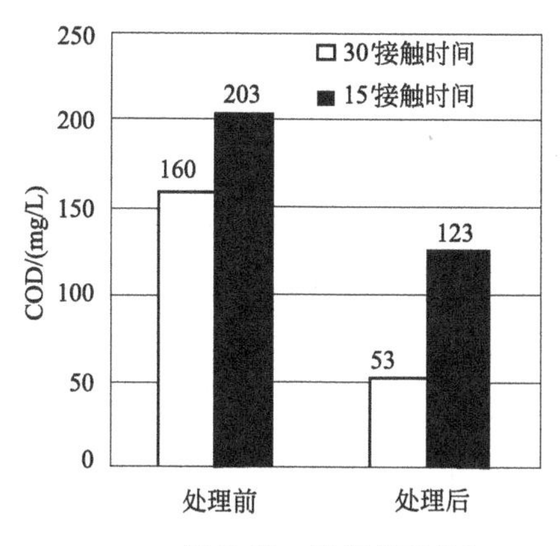

图 6.19 臭氧处理前和处理后的 COD

（条件：$40gO_3/m^3$）

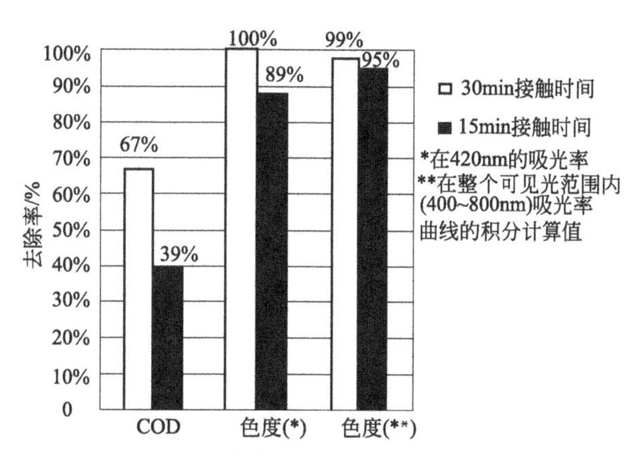

图 6.20 臭氧处理后从纺织印染废水中去除 COD 和色度的效果

（试验条件：$40gO_3/m^3$）

试验发现测定的电导率对溶液的盐度没有多大影响，COD 去除率比预期的要高。在两条件处理的出水水质被用来做染色试验。即使在最不利的条件下（合成纤维纱线的浅色染色以及出水 COD 作为回用水过高等），也能够染色。

参 考 文 献

[1] 任南琪，王爱杰，等编著. 厌氧生物技术原理与应用. 北京：化学工业出版社，2004.

[2] 任南琪，王爱杰，马放著. 产酸发酵微生物生理生态学. 北京：科学出版社，2005.

[3] 王海涛. 高浓度难降解有机废水的间歇水解-好氧循环生物处理技术研究. 厦门：厦门大学博士学位论文. 2007.

[4] 马乐凡，李晓林. 水解酸化-活性污泥法处理制浆中段废水. 中华纸业，2001，22 (5)：51～52.

[5] 陶有胜. 水解酸化-生物接触氧化工艺处理啤酒废水工程实例. 环境工程，1998，16 (6)：20～22.

[6] 张小洪，漆玉邦. 水解酸化法处理龙须草制浆废水的条件研究. 四川农业大学学报，2002，20 (2)：131～133.

[7] 曾科，买文宁，等. 生物水解在浆粕黑液处理工程中的应用. 工业水处理，2002，22 (6)：52～54.

[8] 杨书铭，黄长盾. 纺织印染工业废水治理技术. 北京：化学工业出版社，2002.

[9] 侍广良，马华年. 悬浮、附着厌氧-好氧生物处理新工艺的研究与应用. 中国给水排水，2003，12 (3)：4～7.

[10] 祁佩时，李欣，程树辉. 水解-混凝-复合生物滤池工艺处理印染废水的工程应用. 给水排水，2003，29 (3)：44～47.

[11] 刘建广. 水解-气浮-曝气生物滤池工艺在印染废水处理中的应用. 工业给排水，2001，27 (2)：43～45.

[12] 李清泉，柴社立，蔡晶，等. 两段水解-接触氧化工艺处理高浓度玉米淀粉废水的试验. 中国环保产业，2001，6：40～41.

[13] 柴社立，宋若海，李清泉，等. 多阶段水解－好氧工艺处理淀粉废水的研究. 长春科技大学学报，2000，30 (3)：266～270.

[14] 卓奋，张平，庄永强，等. 水解酸化-序批式活性污泥法在处理屠宰废水工程中的应用. 环境工程，1998，16 (6)：7～9

[15] Ince O. Performance of a two-phase anaerobic digestion system when treating dairy wastewater. Water Research，2007，32 (9)：2707～2713.

[16] 古杏红，耿书良，等. 厌氧水解—生物接触氧化法处理苯胺类化工废水. 给水排水，2002，28 (1)：69～71.

[17] 钱易，文一波，张辉明. 焦化废水中难降解有机物去除的研究. 环境科学研究，1992，5 (5)：1～9.

[18] 张忠祥，钱易主编. 废水生物处理新技术. 北京：清华大学出版社，2004.

[19] Ng W J. Effect of acidogenic stage on anaerobic toxic organic removal. Journal of Environmental Engineering，2003，125 (6)：495～500.

[20] Mustafa Isik，Delia Teresa Sponza. Biological treatment of acid dyeing wastewater using a sequential anaerobic/aerobic reactor system. Enzyme and Microbial Technology，2008 (36)：887～892.

[21] 黄华山. 微氧水解酸化-复合好氧工艺处理难降解工业废水研究. 哈尔滨：哈尔滨工业大学博士论文. 2008.
[22] 李武. 水解-好氧生物处理工艺在制药废水处理上的应用. 环境工程，1997，15 (4)：7～8.
[23] 杨俊仕，李旭东，李毅军等. 水解酸化-AB生物法处理抗生素废水的试验研究. 重庆环境科学，2000，22 (6)：50～53.
[24] 佘宗莲，田由芸. 厌氧-好氧序列间歇式反应器处理生物制药废水的研究. 环境科学研究，1998，11 (1)：49～52.
[25] Oktem Y A，Ince O.，Donnelly T. et al. Determination of optimum operating conditions of an acidification reactor treating a chemical synthesis-based pharmaceutical wastewater. Process Biochemistry，2006，(41)：225～226.
[26] 任南琪，赵庆良等编著. 水污染控制原理与技术. 北京：清华大学出版社，2007.
[27] 胡纪萃编著. 废水厌氧生物处理理论和技术. 北京：中国建筑工业出版社，2003.
[28] Yeoh B G. Two-phase anaerobic treatment of cane-molasses alcohol stillage. Water Science and Technology. 1997，36：441～448.
[29] 胡锋平. 常温两相厌氧法处理养鸡场离心废水. 华东交通大学学报，2000，17 (2)：51～54.
[30] Bouallagui H.，Torrijos M.，Godon J. J.，Moletta R.，Ben Cheikh R.，Touhami Y.，Delgenes J. P.，Hamdia M. Two-phases anaerobic digestion of fruit and vegetable wastes：bioreactors performance. Biochemical Engineering Journal. 2004，21 (2)：193～197.
[31] Sopa Chinwetkitvanich，Munsin Tuntoolvest，Thongchai Pansward. Anaerobic decolorization of reactive dyebath effluents by a two-stage UASB system with tapioca as a co-substrate. Water Research，2000，34 (8)：2223～2232.
[32] Mahdavi Talarposhti A.，Donnelly T.，Anderson G. K. Colour removal from a simulated dye wastewater using a two-phase anaerobic packed bed reactor. Water Research，2001，35 (2)：425～432.
[33] 孙剑辉、倪利晓. BUF与UASB两相厌氧系统处理Zn5-ASA医药废水的研究. 环境科学研究，2001，14 (2)：30～32.
[34] 戴建强，郑敏. 厌氧-好氧生物法处理玉米淀粉生产废水. 中国资源综合利用. 2004，2：6～7.
[35] 管运涛，蒋展鹏，陈中颖. 两相厌氧膜生物系统处理淀粉废水及其膜组件运行特性研究. 给水排水. 1999，25 (12)：35～38.
[36] 毛海亮，邱贤锋，朱鸣跃. UASB-SBR工艺处理淀粉废水的试验研究. 交通部上海船舶运输科学研究所学报. 2002，25 (2)：104～108.
[37] 石慧岗. 王连俊 UASB-SBR工艺处理玉米淀粉生产废水. 山西建筑，2003，29 (17)：71～72.
[38] Czako L. Biological sulfate removal in the acidic phase of anaerobic digestion . Fifth International symposium on Anaerobic Digestion (Poster Papers)，Bologna，Italy：1988，833～837.
[39] Reise M A M，Goncalves L M D，Carronda M J T. Sulfate removal in acidogenic phase anaerobic digestion. Environ. Techno. Lett. 1988，(9)：775～784.
[40] Mizuno O，Li Y Y，Noike T. The behavior of sulfate-reducing bacteria in acidogenic phase of anaerobic digestion. Water Research. 1998，32 (5)：1626～1634.
[41] Sarner E. The ANTRIC filter-A novel process for sulphur removal and recovery. Fifth International Symposium on Anaerobic Digestion (Poster Papers)，Bologna，Italy：1988，889～892.
[42] Gao Yan. Anaerobic digestion of high strength wastewaters containing high levels of sulfate. England：Univ. of New castle upon Tyne，1989.
[43] 王爱杰，王丽燕，任南琪等. 硫酸盐废水生物处理工艺研究进展. 哈尔滨工业大学学报，2004，36 (11)：1146～1501.
[44] 王旭. 产酸脱硫生物膜反应器处理硫酸盐废水特性研究. 哈尔滨：哈尔滨工业大学硕士论文. 2003.
[45] 王子波，封克，张键. 两相UASB反应器处理含高浓度硫酸盐黑液. 环境技术，2003，2：38～40.
[46] 杨景亮，左剑恶，胡纪萃. 两相厌氧工艺处理含硫酸盐有机废水的研究. 环境科学，1995，16 (3)：8～11.
[47] 李亚新，苏冰琴. 硫酸盐还原菌和酸性矿山废水的生物处理. 环境污染治理技术与设备，2000，1 (5)：1～11.
[48] 任南琪，王爱杰，赵阳国著. 废水厌氧处理硫酸盐还原菌生态学. 北京：科学出版社，2009.
[49] 陈川. 自养菌-异养菌协同反硝化脱硫工艺的运行与调控策略. 哈尔滨：哈尔滨工业大学博士论文. 2011.
[50] 王庆，丁原红，任洪强. UASB-CAASF组合工艺在酒精和乙酸乙酯混合废水处理中的工程应用. 水处理技术，2008，34 (10)：89～91.
[51] Lefebvre O.，Vasudevan N.，Torrijos M.，etal. Anaerobic digestion of tannery soak liquor with an aerobic post-treatment. Water Research，2006，40 (7)：1492～1500.
[52] 朱倩倩，成小娟，黄凤，何先勇，徐宏. 组合工艺在有机废水处理中的应用. 化学与生物工程，2010，27 (6)：7～12.

[53] 周雪飞，任南琪，王爱杰等．一体化两相厌氧反应器处理高浓度有机废水的性能研究．哈尔滨建筑大学学报，2000，33（6）：62～65.
[54] 施悦．中药废水两相厌氧生物处理关键因素及生产性试验研究．哈尔滨：哈尔滨工业大学博士论文．2006.
[55] Keller. Brewery residences and waster their recycling and disposal，Water Research，1990，(3)：42.
[56] Veronica. Decolorization of molasser wastewater using an inorganic flocculants，Journal of Fermentation and Bioengineering. 1993，75（6）：438～442.
[57] 陈慧光，贺立敏．壳聚糖制备及其在渔业废水处理中的应用．大连铁道学院学报，1998，19（2）：52～55.
[58] 陈扬．壳聚糖的制备工艺及作为吸附剂在水处理中的应用．西北纺织工学院学报，1999，13（3）：294～298.
[59] 柴晓利，高晓光，陈洁．内电解混凝沉淀-厌氧-好氧工艺处理医药废水．环境科学，2000，3：33～34.
[60] 蔡固平、葛晓霞、张蕴辉等．新型内电解铁屑过滤塔在印染废水工业化规模处理中的应用．环境工程，2003，21（3）：21～23.
[61] 范伟平，曹惠君，张俊．微电解-白腐菌生物降解-絮凝沉降系统用于染料废水的处理．南京化工大学学报，2001，23（4）：28～29.
[62] 付永胜，鄂铁军．水解酸化-UASB-SBR组合法处理印染废水．化工环保，2002，22（6）：155～157.
[63] 买文宁．气浮提取蛋白-UASB & SBR工艺处理淀粉废水．工业水处理，2002，22（6）：42～44.
[64] 岑超平．木薯淀粉废水的絮凝法处理．上海环境科学2001，(1)：31～32.
[65] 李媚，廖安平，梁炳池，覃图斌．混凝法处理木薯淀粉废水．广西民族学院学报（自然科学版）．2001，7（2）：101～103.
[66] 杨丽娟．用石灰、聚丙烯酰胺处理淀粉生产废水．辽宁城乡环境科技．2001，21（2）：52～53.
[67] 莫日根，刘卫，王涛．马铃薯淀粉废水的碱式聚合氯化铝处理．内蒙古环境保护．2001，12（1）：44～45.
[68] 张之丹；荆海乐．厌氧-好氧-气浮工艺处理淀粉废水．中国给水排水．2002，18（11）：67～68.
[69] 皇甫浩，罗德春；玉米淀粉废水处理工艺的研究，西安公路交通大学学报，1999，19（3）：139～142.
[70] 王宝贞，王琳主编．水污染治理新技术——新工艺、新概念、新理论．北京：科学出版社，2004.

第 7 章

高浓度有机工业废水资源、能源化技术及应用

环境污染和能源危机的新态势赋予了水污染控制更高的要求及技术发展需求。污水中含有大量的资源和能源物质，将污水视为一种重要的可再生、可利用的资源，是水处理技术发展的重要理念转换。需要新的技术发展思路和新的污水处理技术体系作为理论基础与技术支撑，能够在可接受的成本费用范围内，实现废水资源的开发利用，促进经济社会的可持续发展。能源化技术主要包括处理高浓度有机废水同时产生甲烷、氢、电等能源。资源化技术主要包括从高浓度有机废水中提取回收碳、氮、硫等组分，产生高值生化品等技术。关于废水中有机物厌氧发酵生产甲烷技术。该技术已有一百多年历史，20 世纪 70 年代该技术取得了重大突破，那就是 UASB 技术的发展，该技术相对成熟，本章不做重点介绍。以下就近年来发展起来的废水能源化、资源化技术加以介绍。

7.1 高浓度有机废水回用技术

7.1.1 概述

废水回收及再用是解决水资源短缺的有效途径，也是环境保护、水污染防治的主要途径。废水回用也是废水的一种“消减”，并且有利于提高工业企业的水资源利用的综合经济效益。工业企业应尽力将本厂废水循环利用、循序再用，以提高水的重复利用率。工业用水根据用途的不同，对水质的要求差异很大，水质要求越高，处理费用也越大。理想的回用对象应是用水量较大且对处理要求不高的部门，诸如间接冷却用水和工艺低质用水（洗涤、冲灰、除尘、直冷、产品用水）等。

废水回收后不同的回用途径对污水处理程度有不同的要求，处理后的废水成分可分为常规类、非常规类及新出现类，主要成分列于表 7.1 中。常规组分可由传统工艺去除，非常规组分可由深度处理工艺去除，而新出现的组分则可由传统和深度处理工艺去除。

表 7.1 废水中典型成分的分类

分 类	组 分
常规类	总悬浮物、胶质固体、生化需氧量、化学需氧量、总有机碳、氨、硝酸盐、亚硝酸盐、总氮、磷、细菌、原生动物的胞囊和卵囊①、病毒②
非常规类	耐火固体、挥发性有机固体、表面活性剂、金属、总溶解性固体
新出现类	药方和非药方性药物③，居家产品、兽用和人用抗生素、工业和家庭产品、性和类固醇荷尔蒙、其他内分泌干扰物

① 每 100mL 的值。

② 噬斑形成单位（pfu）/100mL。

③ 药物活性物质。

表 7.2 所列为回用处理部分操作单元的处理效果[1]。所谓操作单元即为按水处理流程划分的相对独立的水处理工序，它可以是一种或多种水处理基本方法的组合运用。处理方法包括前面章节所述的物理、化学、物理-化学及生物处理的各种方法。

■ **表 7.2　用于废水回用的单元工艺和污染物去除能力**

组　分	单元工艺								
	一级处理	活性污泥	硝化	反硝化	滴滤池	生物转盘	混凝-絮凝-沉淀	活性污泥后过滤	活性炭吸附
BOD	×	+	+	○	+	+	+	×	+
COD	×	+	+	○	+		+	×	×
TSS	+	+	+	○	+	+	+	+	+
NH_4^+-N	○	+	+	×		+	○	×	×
NO_3^--N				+				×	○
磷	○	×	+	+			+	+	+
碱度		×					×	+	
油和油脂	+	+	+				×		×
大肠杆菌数		+	+		○		+		+
TDS									
砷	×	×	×				×	+	○
钡		×	○				×	○	
镉	×	+	+		○	×	+	×	○
铬	×	+	+		○	+	+	×	×
铜	×	+	+		+	+	+	○	×
氟化物							×		○
铁	×	+	+		×	+	+	+	+
铅	+	+	+		×	+	+	○	×
镁	○	×	×		○		×	+	×
汞	○	○	○		○	+	○	×	○
硒	○	○	○				○	+	○
银	+	+	+		×		+		×
锌	×	×	+		+	+	+		+
色度	○	×	×		○		+	×	+
起泡剂	×	+	+		+				+
浊度	×	+	+	○	×		+	+	+
TOC	×	+	+	○	×		+	×	+

组　分	单元工艺								
	氢吹脱	选择性离子交换	折点氯化	反渗透	地表径流	灌溉	渗透	氯化	臭氧氧化
BOD		×		+	+	+	+		○
COD	○	×		+	+	+	+		+
TSS		+		+	+	+	+		
NH_4^+-N	+	+	+	+	+	+	+		
NO_3^--N					×				
磷				+	+	+	+		
碱度							×		
油和油脂					+	+	+		

续表

组分	单元工艺								
	氢吹脱	选择性离子交换	折点氯化	反渗透	地表径流	灌溉	渗透	氯化	臭氧氧化
大肠杆菌数			+		+	+	+	+	+
TDS				+					
砷									
钡									
镉									
铬									
铜							○		
氟化物									
铁							×		
铅									
镁							×		
汞				+					
硒									
银									
锌							+		
色度				+	+	+	+		+
起泡剂				+	+	+	+		○
浊度				+	+	+	+		
TOC	○	○		+	+	+	+		+

注：○ 进水浓度的 25%去除；× 25%～50%去除；+ >50%去除；空格：没有资料。

7.1.2 废水回用处理工艺

高浓度废水处理后回用，一般都必须以二级处理水为原水，经过不同工艺的净化，达到不同的水质目标。其比较常规的废水深度处理工艺是在生物处理之后增加诸如过滤、吸附、混凝沉淀及消毒等后续处理工艺，有砂滤、膜滤、反渗透、液氯、臭氧消毒等。处理流程可根据不同的用水对象和地方条件选用合适的流程。近年来也有一些新的处理工艺，处理效果好，出水根据不同用途，有的可直接回用。

7.1.2.1 一体式膜生物反应器

膜生物反应器近年来已被逐步应用于工业废水的处理。不仅减少了传统工艺大部分的处理单元，节省了基建投资和占地，而且通过膜分离的选择透过性与高效性以及生物处理的有效性与彻底性，可将废水中的有害物质最大限度地去除，出水可直接回用。

在 6.3.4 节所述的中药废水处理工程中，陈兆波[2]以浸没式膜生物反应器（SMBR）工艺取代处理工艺中的交叉流好氧反应池和二沉池，将两相厌氧工艺的出水直接接入 SMBR 反应器，进行了中试研究，根据处理程度不同 SMBR 反应器控制参数也不同：出水欲达到中水回用标准《中华人民共和国建设部城市污水再生利用城市杂用水水质标准》（GB/T 18920—2002），进水 COD 浓度应小于 3000mg/L，且 HRT 为 5.0h；膜生物反应器出水欲达到排放标准，进水 COD 浓度应小于 6000mg/L，HRT 为 5.0h，或进水 COD 浓度小于 3000mg/L，HRT 为 3.2h。处理效果能够长期稳定。

7.1.2.2 湿地系统

在地球生态系统中，湿地被誉为“自然之肾”，具有维持生物多样性、调蓄洪水、防止自然灾害、降解污染等不可替代的生态功能。湿地系统利用植物根系的吸收和微生物作用，并经过多层过滤，达到降解污染、净化水质的目的。

7.1.2.3 LM（living machine）污水深度处理工艺[3]

LM 工艺是由 John Todd 发明的一种生态深度处理工艺，并在 20 世纪 80 年代末 90 年代初投入生产试验。处理出水水质稳定。该工艺是全新的生态技术深度处理工艺，在厌氧池和好氧池的基础上加入了改进的曝气氧化塘和高效湿地这两个深化处理单元，使出水水质达到生活杂用水的标准，可用来冲厕、洗车、浇灌绿地作物等。

LM 的基本工艺流程如下：

生物厌氧池→封闭好氧池→开放好氧池→澄清池→人工湿地→紫外消毒→蓄水池（人工湖)→回用，或以接触氧化池和生态氧化塘替代封闭好氧池及开放好氧池。

LM 工艺利用强化的自然生态深度处理功能，剩余污泥少，运行费用低，管理方便，还具有景观审美功能。有关经济分析表明，达到同样的水质标准，当处理水量在 300t/d 以下时，LM 与其他处理工艺相比较是较为经济的。

7.2 高浓度有机废水资源回收技术

7.2.1 氮磷组分的提取回收技术

7.2.1.1 废水中氮的回收利用技术

高浓度氨氮废水主要来自于焦化、化肥、石油化工、化学冶金、食品、养殖等行业。含高浓度氨氮废水的大量排放，不但造成了环境的严重污染，而且造成了氮资源的严重流失。从目前开发运用的工艺中来看，生物法虽然工艺方法多种多样，技术相对较为完善，但存在占地面积大、反应速率较慢、污泥驯化时间长等缺点，且大多针对低浓度氨氮废水的处理，对高浓度氨氮废水的处理效果不够理想。

基于可持续发展观念，在高浓度氨氮废水处理方面，不仅要追求高效脱氮的环境治理目标，还要追求节能减耗、避免二次污染、充分回收有价值的氨资源等更高层次的环境经济效益目标，才是治理高浓度氨氮废水的比较理想的技术发展方向[4]。

降低废水中氨的浓度实际上是一个从水中回收氮和铵盐并进一步脱氮的过程。目前主要有下述氨氮处理和回收工艺：蒸馏法处理高浓度含氨废水；碱性蒸氨法处理硫铵废水回收氨水；直接蒸发结晶法处理杂质较少、浓度较高的氯铵废水，回收氯化铵；采用空气吹脱法使液相中氨氮转移至气相，回收分子态氨。各种氨氮废水处理方法有各自的特点和适应条件。在实际废水处理中，往往要多种方法配合使用。操作简便、性能稳定、高效、运行费用低廉、能实现氨氮回收利用的处理技术是发展的方向。

(1) 以氨水形式回收氨氮的废水处理技术

去除氨氮的同时可获得浓氨水的氨氮回收技术，不仅可经济有效地分离与回收氨氮，而且能使处理后废水达标排放。杨晓奕等[5]通过电渗析法处理高浓度氨氮废水，氨氮浓度2000～3000mg/L，氨氮去除率可达到87.5%，同时可获得89%的浓氨水；电渗析法处理氨氮废水的原理是，电渗析器由极板、离子交换膜和隔板组成。当含氨氮废水通入时，在直流电场作用下，产生 NH_4^+ 和 OH^- 的定位迁移。离子迁移结果使废水得到净化，氨水得到浓缩。此法工艺流程简单、处理废水不受pH值与温度的限制、操作简便、投资省、回收率高、不消耗药剂、运行过程中消耗的电量与废水中氨氮浓度成正比。以氨水形式回收氨氮的污水处理技术，可使氨氮得到充分的回收利用，发挥良好的经济效益。

采用离子膜电解法对高浓度氨氮废水进行脱氨预处理是可行的，其处理原理是：离子膜电解技术在直流电场作用下，以电位差为推动力，利用离子交换膜的选择透过性，有选择地使部分离子通过离子交换膜，进而与原溶液分离。张梅玲等[6]将一定量氨氮废水过滤澄清作为阳极区电解液，NaOH溶液作为阴极区支持电解质，在直流电场作用下，NH_4^+、H^+ 等能通过阳离子交换膜，由阳室向阴室迁移，与阴室的 OH^- 结合，分别生成 $NH_3 \cdot H_2O$ 和水；同时，在两个电极上发生电化学反应，阳极生成 H^+ 以补充阳室迁移出去的阳离子，阴极生成 OH^- 以补充阴室由于与阳室迁移来的 NH_4^+ 等结合所消耗的 OH^-。对于氨氮浓度高达7500mg/L的废水，在4V、11L/h、60℃的操作条件下，电解1.5h平均去除率可稳定在58.1%左右，3h去除率接近63.8%，脱除的氨氮可以以浓氨水形式回收，降低处理成本，实现了废物资源化利用。

(2) 氨氮制成硫酸铵后回收利用的废水治理技术[4]

将氨氮制成硫酸铵回收利用的废水治理技术，是向富含氨氮的废水中加入碱液，使废水中的氨以游离态的氨存在，然后采用硫酸吸收氨，以 $(NH_4)_2SO_4$ 的形式回收氨氮。采用空气吹脱加硫酸吸收的闭气氨氮汽提系统是将废水中的氨氮去除，并将氨氮制成硫酸铵回收利用的废水治理技术。这种方法不但有效地治理了高氨氮废水，还将氨氮回收利用。硫酸吸收系统主要由汽提塔、洗涤塔、风机及相关附属设备组成。其工作原理是：向富含氨氮的废水中加入碱液将废水pH值调为12，加热到一定的温度后，NH_4^+ 由废水中释放出来，与废水一起由汽提塔顶进入塔内，可循环使用的净化空气由风机推动从汽提塔下部进入塔内，在汽提塔内形成逆向对流，气、液相在塔内填料层发生传质，废水中的氨氮被从塔底进入的净化空气所吹脱，并随空气携带着从汽提塔顶排出，进入洗涤塔，使到达汽提塔塔底的废水中氨氮含量大为减少，达到污水排放条件。废水中氨氮浓度为5000～8500mg/L，用闭式硫酸吸收法处理后，废水中氨氮脱出率约为99%，排入水沟与不含氨氮的污水混合，进一步降低污水中的氨氮含量，送往污水处理厂进一步处理，有效地解决了原污水排放不合格的问题，极大地缓解了污水处理场的压力。闭式硫酸吸收法处理技术的使用，也减少了氨气的外泄，改善了现场环境，同时得到硫酸铵溶液可回用利用。

聚丙烯（PP）中空纤维膜法处理高浓度氨氮废水，也可将氨氮制成硫酸铵回收利用。其工作原理是：疏水微孔膜把含氨氮废水和 H_2SO_4 吸收液分隔于膜两侧，通过调节pH值，使废水中离子态的 NH_4^+ 转变为分子态的挥发性 NH_3。聚丙烯塑料在拉丝过程中，将抽出的中空纤维膜拉出许多小孔，气体可以从孔中溢出，而水不能通过。当废水从中空膜内侧通过时，氨分子从膜壁中透出，被壁外的稀 H_2SO_4 吸收，而废水中的氨氮得以去除，同时氨以 $(NH_4)_2SO_4$ 的形式回收。聚丙烯中空纤维膜法脱氨技术先进，二级脱除率≥99.4%，适用于处理高浓度氨氮废水，处理后废水能够达标排放。采用酸吸收的方法，可以 $(NH_4)_2SO_4$ 的形式回收氨氮，且不产生二次污染。膜法脱氨工艺设备简单，能耗低，占地面积小，操作方便。

(3) 鸟粪石结晶沉淀法回收氨氮技术[4]

磷酸铵镁（$MgNH_4PO_4 \cdot 6H_2O$）俗称鸟粪石，简称 MAP，白色粉末无机晶体矿物，相对密度 1.71。MAP 是一种高效的缓释肥料，在沉淀过程中不吸收重金属和有机物。此外，它可用作饲料添加剂、化学试剂、结构制品阻火剂等。

磷酸铵镁沉淀法，又称化学沉淀法、MAP 法，国外于 20 世纪 60 年代开始研究，至 20 世纪 90 年代便作为一种新的废水脱氮工艺而迅速兴起，进入了一个崭新的应用阶段。MAP 法脱除废水中氨氮的基本原理就是通过向废水中投加镁盐和磷酸盐，使 Mg^{2+}、PO_4^{3-}（或 HPO_4^{2-}）与废水中的 NH_4^+ 发生化学反应，生成复盐（$MgNH_4PO_4 \cdot 6H_2O$）沉淀，从而将 NH_4^+ 脱除。该方法的特点是可以处理各种浓度的氨氮废水，在高效脱氮的同时能充分回收氨，所得到的沉淀物 $MgNH_4PO_4$ 可作为复合肥料，因此该法具有较高的经济价值。

关于鸟粪石结晶沉淀法处理氨氮废水的应用研究，很多研究者研究了影响鸟粪石形成的因素，主要有反应时间、pH 值、沉淀剂投加物质的量配比、不同沉淀剂的选择等影响因素。

鸟粪石沉淀法脱氮技术，在国内外已应用于多种高浓度氨氮废水的研究，并取得了良好的脱氮效果，可以实现氨氮的再利用，解决了氮的回收和氨的二次污染问题，为后续的生化处理创造了条件，是一种很有前景的可持续水处理资源化技术。但鸟粪石工艺产业化的主要问题是运行成本高、回收鸟粪石纯度低、对鸟粪石在农业上应用的研究少。

(4) 电化学-微生物耦合脱氮技术

利用电化学-微生物耦合进行脱氮也是一项值得关注的技术。研究表明，多种微生物可以利用 H_2 作为电子供体，以硝酸盐作为电子受体并将其还原为氮气而实现脱氮。但氢气在水中的溶解度低，存储和运输也存在一定困难，为此，1992 年 Mellor 等首先提出电化学-微生物耦合的概念，设计出电极-生物膜反应器。2008 年澳大利亚 Queensland 大学的 Virdis 等证实了利用微生物燃料电池脱氮可以降低硝酸盐还原过程中 COD 的需求量，其构建的微生物燃料电池脱氮所需 C/N 比仅为 4.48±0.03，低于传统生物脱氮所需的 7～10，脱氮负荷可以达到 0.11kgNO_3^--N/($m^3 \cdot d$)。

7.2.1.2 废水中磷的提取回收[7]

磷组分是动植物生长不可缺少的营养元素，在自然界近乎是一种单向循环。目前人类对磷资源的需求在不断增加，世界磷酸盐的消耗量年均增长 215%，到 2050 年，世界磷酸盐的消耗量将达到 1 亿吨，是目前消耗量的 3 倍。据估计，全世界磷矿储量只能维持 100 年左右，磷将成为人类和陆地生命活动的限制因素。同时，磷又是水体富营养化的重要因素。因此通过技术手段使磷从污水中回收利用，实现再生循环，是值得深入研究的课题。

1998 年在英国 Warwick 大学举行了第一届磷酸盐回收会议，是一次探索性会议。第二届会议于 2001 年在荷兰 Nooordvijkerhout 举行，主要讨论从污水及动物粪便中回收磷并循环再利用的技术、经济及社会等方面问题，通过交流研究经验，明确了磷回收在经济技术方面的可行性。2004 年 6 月在英国 Cranfield 大学举行了围绕以鸟粪石（磷酸铵镁）形式回收磷的第三次会议，讨论了鸟粪石从理论研究到工程运用中的一系列问题。许多国家已在探索回收磷的再利用，包括鸟粪石作为农业原料的试验，用于园艺生产和工业循环利用等。日本已有公司将回收的磷酸盐作为肥料卖出，用于水稻和蔬菜的种植；荷兰伊丹（ Edam）的一个污水处理厂把回收的磷酸钙用作磷酸盐工业生产的原料。

磷回收技术主要有沉淀法、结晶法、电渗析法等。此外还有离子交换、从污泥焚烧灰中回收磷等方法。下面分别简单介绍。

(1) 沉淀法

生物除磷脱氮工艺如 A^2/O、UCT、SBR、VIP 等以及各种改良工艺，其除磷的基本原理都是利用除磷菌过量摄取废水中的磷，以聚磷酸盐的形式积累于胞内，然后作为剩余污泥排出。因此，在某些环节（如厌氧池或污泥消化池）能产生高浓度溶解性磷酸盐的污泥，某些设有生物除磷脱氮的污水处理厂内，浓缩池和消化池等存在厌氧状态的构筑物内富磷上清液的含磷质量浓度达到十至几十毫克每升，甚至 100mg/L 以上。通过添加铝盐、铁盐、镁盐和石灰等，使磷酸根物质以鸟粪石、磷酸钙、磷酸铝、磷溶酸铁等形式沉淀分离。

鸟粪石 P_2O_5 含量约为 58 %，溶解度极低，0℃时 1L 水中仅能溶解 0.023g，常温下在水中的溶度积为 2.5×10^{-13}。通过投加化学试剂，可使废水中的氨和磷酸盐形成鸟粪石，实现对氮磷污染物的同时去除。其沉淀反应表达式如下

$$Mg^{2+}+PO_4^{3-}+NH_4^{+}+6H_2O \longrightarrow MgNH_4PO_4\cdot 6H_2O\downarrow$$

浓缩污泥及消化污泥上清液中含有丰富的 PO_4^{3-} 及 NH_4^{+}，因此只要补充适量的 Mg^{2+}，一般要求 $Mg^{2+}:PO_4^{3-}$ 在 1.3∶1 左右，曝气吹脱 CO_2 提高 pH 值，必要时添加适量碱液，即可出现鸟粪石沉淀，见图 7.1。反应器底部的曝气装置主要起搅拌作用，将入流的消化池上清液、pH 值调节剂 NaOH 和镁源 $MgCl_2$ 充分混合搅拌以使 MAP 晶体析出。混合液上升过程中晶体颗粒的直径不断增大，然后进入澄清区，固体颗粒与液体分离，MAP 颗粒在重力作用下沉到反应器底部，间歇排出。

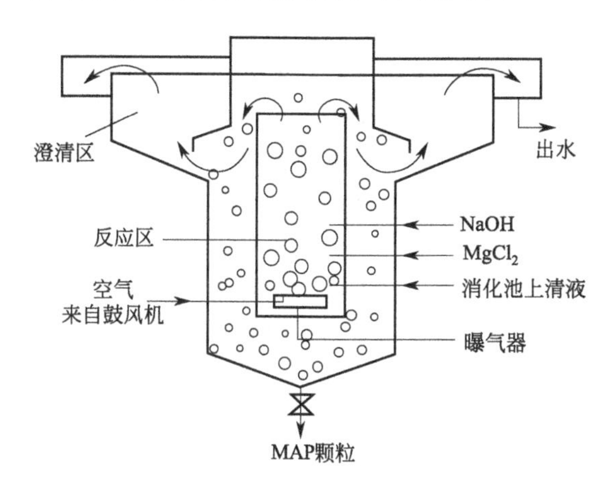

图 7.1
MAP 反应器示意图

目前费用相对较低且有实用价值的有铝、钙和铁等均能与磷生成不溶性沉淀物。一般说来，其除磷程度是开始磷浓度、沉淀用阳离子浓度、与磷争夺阳离子产生沉淀的其他阴离子浓度以及废水的 pH 值等因素的函数。具体反应式为

$$10Ca^{2+}+2OH^{-}+6PO_4^{3-} \longrightarrow [Ca_{10}(OH)_2(PO_4)_6]\downarrow \qquad pK_s\approx 90$$

$$Al^{3+}+PO_4^{3-} \longrightarrow AlPO_4\downarrow \qquad pK_s\approx 23$$

$$Fe^{3+}+PO_4^{3-} \longrightarrow FePO_4\downarrow \qquad pK_s\approx 21$$

由反应式看出，石灰沉淀法的脱磷率远高于铝、铁盐混凝法。但该法需控制 pH 值至少大于 9，当 pH 值在 11 左右时重碳酸盐接近完全去除，除磷率可达 90%。

(2) 结晶法

当废水呈碱性且 Ca^{2+}、OH^{-} 和 PO_4^{3-} 在水中浓度相对较低时呈亚稳定状态，已投加 $Ca(OH)_2$ 的含磷废水流经含磷晶种的固定床反应器，在晶体表面生成羟基磷酸钙结晶并析

出，从而将磷去除。脱磷固定床反应器一般使用磷矿石或骨炭作为晶种，因其均含有磷、钙组分，会优先吸附水中的Ca^{2+}、HPO_4^{2-}、PO_4^{3-}等在晶粒表面形成吸附浓缩层，其离子积$[Ca^{2+}][PO_4^{3-}][OH^-]$局部达到羟基磷酸钙的浓度积时，即可形成$Ca_{10}(OH)_2(PO_4)_6$沉积。晶粒起到催化反应的作用，加快结晶反应速度。常用的载体有沙子、无烟煤、多孔陶粒等。使用石英砂作滤料时起始阶段除磷效果较差，当表面形成沉淀即$Ca_{10}(OH)_2(PO_4)_6$时，砂粒进入“成熟”阶段，也能取得一定的除磷效果。

(3) 电渗析法

电渗析是一种膜分离技术，它利用施加在阴阳膜对之间的电压去除水溶液中的溶解固体。除磷电渗析器的两股出水中，一股的废水中磷的浓度较低，另一股的含磷浓度较高。磷回收主要回收浓废水中的磷，可以利用石灰、铁和铝盐使磷酸盐发生化学沉淀，或采用蒸发干燥或喷雾干燥将浓废水中的盐蒸干。电渗析设备的基建费用，随着水厂的规模、厂址和其他因素的不同而有较大变化。一般基建费用投资约105～132美元/m^3，运行和维修费用在0.4～0.8美元/万米^{3}之间，视用途和水量大小而定。其后续磷回收的药剂、设备等投资也较大。

(4) 其他技术

离子交换、从污泥焚烧灰中回收磷等方法也有相关研究。离子交换法的基本原理是利用离子交换树脂的吸附作用从污水中回收磷。日本武田制药采取该技术回收磷很成功，但成本很高。美国使用聚合物的离子交换装置除磷，采用一种特殊设计的磷酸盐选择树脂，并将树脂与铜一同装入，以克服硫酸盐与磷酸盐的竞争，增加磷酸盐和树脂的亲和性。这种树脂从低浓度含磷污水（2.5mgP/L左右）中能去除95%左右的磷酸盐，并产生适合于鸟粪石或磷酸钙沉淀的浓缩液。脱水污泥干化焚烧后，无机残余物中磷含量接近于普通磷矿石。通过添加硫酸或者盐酸控制pH值在2.0左右，将残余物盐分溶解，加入碱液控制pH值在4.0左右使磷酸铝等磷酸盐沉淀分离，继续加入碱液可以使重金属沉淀分离。该工艺可回收约90%的磷，但是工艺流程复杂，需消耗大量的能量和化学药剂。

以磷酸铵镁（鸟粪石）沉淀法回收废水中的磷是目前研究较多的一种方法。国外研究者对鸟粪石结晶法回收废水中磷技术已经进行了较为广泛的研究，研究领域从城市污水到养殖场（养猪）再到近年来的人体尿液等各种高、低浓度氮、磷废水的处理，对结晶的条件、模型建立、回收磷反应器、磷产品的农业和工业利用等方面进行了深入的研究。但总体来看，此技术还处于小试研究阶段，生产性的实际应用尚未见到报道。

7.2.2 碳源物质回收与利用技术

国内外在高碳氮比污水综合治理和回收利用有价值成分等方面开展了大量研究工作，直接处理与资源化相结合是治理高碳氮比污水的良策。我国很多研究者选用不同的工艺对高碳氮比污水资源化进行了研究，如含醇污水中甲醇的回收，含肼废水中肼回收，高浓度含酚废水回用制漆，利用树脂吸附法回收印染废水中的苯酚，用液膜法回收废水中的高浓度酚，水杨酸甲酯废水中回收甲醇、水杨酸、水杨酸甲酯等。

食品和发酵工业是污水排放大户，污水有机物含量高，属于高浓度有机废水，如乳品废水、制糖废水、味精废水、淀粉废水等。对于高浓度制糖废水，采用树脂法提取食用色素；通过高速分离机分离酵母；发酵生产白地霉；与蔗渣混合制作肥料。糖蜜酒精废液经蒸发浓缩后，浓缩液作燃料、饲料、肥料、减水剂、阻蚀剂、黏合剂等。淀粉广泛地应用于食品、化工、纺织、医药等行业，我国每年淀粉废水约2400万米^3，多用于生产微生物油脂、多糖、细胞蛋白、絮凝剂、乳酸钙、食用菌和生物农药等。

7.2.3 硫的转化与提取回收

制药、发酵、化工等重污染行业排放的含硫含氮有机污水的环境污染问题一直备受国内外关注。此类废水中碳、氮、硫等多元污染物并存，硫含量大，且多以有机硫、硫酸盐等化合态存在，因此处理难度大，技术系统复杂，硫系物的安全隐患问题突出。20 世纪 90 年代以来，很多学者不断探索将污水中以及发酵沼气中的硫化合物转化为单质硫形式提取出来加以利用的技术措施。

(1) 硫酸盐还原与硫化物化学氧化组合工艺

由于硫化物与某些金属离子易生成沉淀，在反应器中投加 Fe^{2+}、Zn^{2+} 等，可以降低溶解性硫化物浓度，减小硫化物对产甲烷菌的毒害作用[8]。一些学者提出采用厌氧工艺处理高浓度硫酸盐的废水时，可以投加铁盐或锌盐改善厌氧反应器性能[9]。显然，铁盐较锌盐理想。另一种方法是直接处理重金属含量高的废水，目前国内外也常常采用。但是，此工艺的弊端是投加金属盐后形成的不溶性硫化物在反应器中会累积，从而降低厌氧污泥的相对活性，同时不利于单质硫的回收。而且，当硫酸盐浓度很高时，所需的化学药品的费用会相对增加。另外，污泥产量也会增加，给污泥后处理带来困难。

(2) 硫酸盐还原与硫化物光合氧化联用工艺

Buisman 等[10]学者提出一种厌氧工艺，利用硫酸盐还原菌将硫酸盐还原为硫化物，同时利用光合细菌将硫化物氧化为单质硫。Kobayashi 等[11]通过小试用厌氧光合菌实现了由硫化物到单质硫的转化。Maree[12]通过在厌氧反应器培养光合菌来处理高浓度硫酸盐废水，在厌氧滤池中成功实现了由硫酸盐到硫化物到单质硫的转化。当废水的 COD 为 3000mg/L，硫酸盐为 2500mg/L，反应器的 HRT 为 12h 时，硫酸盐还原率可达 90%左右，COD 去除率达 70%。这种方法在处理硫酸盐废水方面虽有一定的效果，但光合细菌将硫化物氧化而产生的单质硫在细菌细胞内积累，不利于单质硫的回收，同时需要在反应器内部提供光照，要消耗辐射能，在经济上有严重的缺点[10]。另外，有关光合细菌法处理硫酸盐废水的研究大都处在小试阶段，在工程实践中应用的可能性不大。

(3) 两相厌氧与硫化物生物氧化组合工艺

Stefess 和 Kuenen 等[13]发现，在污水生物氧化脱硫工艺中，无色硫细菌（CSB）每增长 1g 细胞生物量至少可产生 20g 单质硫，非常适合于工业化生物脱硫。Buisman 等[14]最早在这方面进行了较系统的研究，采用不同反应器形式均可以实现有效的生物脱硫。Janssen 等[15]采用 EB 反应器、Maree 等[16]采用厌氧填料床工艺、Zitomer[17]采用曝气式产甲烷流化床（FBR）均获得了较好的单质硫转化率。

杨景亮、左剑恶等[18]和任南琪、王爱杰等[19]分别提出了“硫酸盐还原-硫化物生物氧化-产甲烷”新工艺。其中硫化物氧化单元是利用无色硫细菌（*Thiobacillus*）将硫化物氧化为单质硫，从而彻底去除系统中的硫酸盐。此生物脱硫工艺条件温和，能耗低，投资少，具有广阔的应用前景。此外，王爱杰等[20]针对制药、垃圾渗滤液等富含硫酸盐的废水中同时含有硝酸盐或氨氮的特点，提出硫化物氧化单元可以利用脱氮硫杆菌同步脱氮脱硫的功能，实现废水在厌氧膨胀床反应器中同步脱氮脱硫的目的，并回收单质硫，进而为同步脱硫脱氮技术的发展提供了一条崭新的思路。

近年来，利用异养硫氧化细菌进行硫化物氧化的工艺也备受青睐。一些异养菌能从含硫化合物的氧化中获得能量，其中某些细菌还能在脱氮过程中进行厌氧条件下的硫化物和硫代硫酸盐氧化，甚至在高 pH 值（pH=10.5）条件下仍具有对还原态含硫化合物的氧化能力。但是，这类细菌目前只发现在海洋、盐碱湖中生长，说明其生长条件较严格，难于大量繁殖以应用于工业生产当中。

虽然国内外开展了大量的有机污水同时脱硫脱碳技术研究工作，很多研究也以制备单质硫为目标进行了相关技术探索，但是到目前为止，仍然缺乏将制备的单质硫提取回收作为资源利用技术途径。对于含硫有机污水，理想的途径是将硫酸盐最终转化为单质硫并回收高纯度硫，从而实现污水达标治理的同时获得可利用资源的目标。

(4) 反硝化脱硫工艺

王爱杰等[21]提出了在厌氧条件下，利用自养或自养-异养微生物联合代谢作用实现反硝化脱硫的方法。利用此技术，单质硫的生物转化率可超过 90%，硫化物负荷可达到 6.0kg/(m^3·d)。其所在课题组进行了以硝酸盐作为电子受体，以硫化物氧化获得单质硫为目标的自养反硝化硫氧化工艺研究。采用 CSTR 反应器，以脱氮硫杆菌属自养反硝化模式菌株（*Thiobacillus denitrificans* T4）作为接种菌源，在水力停留时间为 12h 条件下连续流运行反应器，考察了硫化物浓度和硫氮比（S/N，物质的量比）对反硝化脱硫效果的影响，证实了在硫化物浓度高达 300mg/L 的条件下，反应器的硫化物去除效果仍然可以超过 90%，单质硫的生物转化效率主要由硫氮比控制，当硫氮比为 5：3 时，单质硫转化率可超过 80%。

上述自养反硝化硫氧化工艺的末端产物中仍含有一定量的硫化物，一些学者又相继提出限氧条件下的脱硫反硝化工艺，开展了一系列研究工作。Jenicek 等[22]认为限氧环境的反硝化过程中，反应系统提供的溶解氧一定要小于系统需要的溶解氧含量。此外，限氧条件还相继被一些学者定义为体系内溶解氧含量小于 1mg/L、小于 0.2mg/L、小于 0.05mg/L 等。Marazioti 等[23]认为在反应器中加入少量溶解氧，可以强化自养反硝化过程，进而降低系统内的硫化物的浓度。

2004 年 Water Research 期刊首次报道了混合营养条件下氮硫同步脱除技术。Gommers 等[24]在一个小试规模流化床反应器中，成功地实现了硫化物 [2～3kgS/(m^3·d)]，乙酸盐 [4～6kgC/(m^3·d)] 和硝酸盐 [5kgN/(m^3·d)] 的同时去除，但硫化物仅有 0.3%被转化为单质硫。J. Gomez 等[25]则发现，当碳氮比（C/N 比）为 1.45、厌氧 CSTR 反应器（1.3L）的负荷为 0.29kgC/(m^3·d) 和 0.2kgN/(m^3·d) 时，有机物和硝酸盐在稳定状态下的去除率高达 90%。在该条件下加入不同负荷的硫化物 [0.042～0.294kgS^{2-}/(m^3·d)]，整个过程仍保持较高的硝酸盐去除率，硫化物容积负荷率最大为 0.294kgS^{2-}/(m^3·d)，此时有机物的去除率也能达到 65%，硫化物部分氧化为单质 S，其去除率高达 99%，单质硫不溶且聚集在反应器内部，该研究还并提出了在乙酸盐存在条件下可能的代谢途经，为脱硫反硝化工艺的发展提供了新思路。

王爱杰等[21,26]认为混合营养反硝化脱硫工艺的硫化物的去除负荷比较低 [低于 0.294kgS^{2-}/(m^3·d)]，单质硫转化率仅 0.3%，影响了技术的应用。他们提出了自养-异养微生物协同共代谢的反硝化生态强化技术，采用 EGSB 反应器，通过定向生态调控手段，成功实现了混合营养条件下活性污泥的颗粒化，硫化物的最大处理负荷达到 6.09kgS^{2-}/(m^3·d)，单质硫转化率超过 90%，同时硫化物、硝酸盐和有机碳的去除效果均超过 90%。由此，课题组进一步提出了完全氧化型硫酸盐还原模式。

基于硫酸盐厌氧还原和硫化物好氧氧化的研究基础，近年来发展起来的微氧厌氧生物处理新型技术，结合厌氧和好氧系统的各自优势，将厌氧菌和好氧菌共存于同一反应器中，通过它们的协同作用达到生物脱硫与有机质去除的双重目的。该技术不仅具有操作简单、投资小等优点，而且污泥产量少、产甲烷活性高、出水 COD 浓度低、抗冲击负荷能力强和能有效脱硫等优点。

7.2.4 废水中生物质资源回收技术

在资源短缺的今天，将高浓度有机废水当作纯粹的“废水”进行处理而不将其作为资源利用起来是很不合适的。现今，随着对环境保护和资源利用重视程度的提高，人们对废弃物资源化处理的研究也越来越深入，从高浓度有机废水中回收可利用生物质资源已成为研究热点。

例如，对于生产大豆蛋白的乳清废水这类高蛋白废水，无论是活性污泥法还是厌氧处理工艺都不太理想；此外，在常规的生物处理中，越来越突出的另一个问题是污泥的处置。活性污泥法将BOD的40%～60%转化为剩余污泥，而厌氧处理也会导致一部分有机物转化为剩余污泥，污泥的填埋需要大量的土地，而污泥堆肥技术多年来也一直未能得到有效发展、应用。另一方面，粮食短缺一直是困扰全世界的一个重大问题。全世界缺少饲料蛋白的数量随着人口的增长不断增大。据报道，工业上生产1t大豆分离蛋白大约要产生30t的乳清废水[27]。而豆制品废水资源化手段主要为微生物处理法和膜分离法。

大豆乳清废水中的乳清蛋白相对分子质量为2000～20000，大豆低聚糖相对分子质量为300～700，采用膜分离技术进行回收可以达到较好的效果。早在20世纪70年代，Goldsmith R L[28]就开始了利用膜技术对乳清废水中的蛋白质和糖组分进行了回收，此后，国外就超滤、纳滤和反渗透分离浓缩工艺分离回收乳清废水中的生理活性物质开展了大量的研究工作[29,30]。

储力前等[31]经过多年实验研究，成功研制出一套超滤-反渗透工艺用来回收废水中的可溶性蛋白和低聚糖，该工艺已经运行一年，取得了较好的经济效益。祁佩时等[32]研究采用超滤处理大豆蛋白废水作为提取大豆低聚糖的前处理工艺，并对超滤段的操作工艺进行详细研究。超滤段回收了废水中的乳清蛋白，同时使废水COD浓度从18000mg/L降至7000mg/L左右。

2003年，吕斯濠等[33]以某大豆蛋白生产企业为实验基地，通过中试实验进行了超滤技术对大豆蛋白废水的处理效果及对乳清蛋白和低聚糖的分离效果的研究，提出了最优化超滤法处理大豆蛋白废水的工艺流程、技术方法和工艺参数。采用经过低温等离子体聚合技术改性的PS膜，截留分子（MWCO）为10kDa，在切向流条件下，对经过加热95℃灭菌、调节pH值到4.5、静置沉淀120min和0.5μm孔径精滤等措施预处理后的大豆蛋白废水进行过滤，操作条件确定为温度45℃、压力差（TMP）0.20MPa以及进水流速1.0L/s时，单次连续过滤周期可以达600min，蛋白质的截流率在90%以上，低聚糖的截留率低于10%，透过液中COD含量可由约18000mg/L下降到7000mg/L左右。赵丽颖等[34]利用超滤后再进行一级纳滤、二级纳滤、反渗透工艺完成对大豆乳清废水中蛋白质和低聚糖的回收处理，回收效果较好，但是工艺较复杂，影响处理效果的因素干扰大。

冯晓[35]采用超滤膜分离工艺提取大豆加工废水中有用资源乳清蛋白，采用再生纤维膜（RC）和聚醚砜膜（PES）进行试验，考察了各种膜的渗透通量、膜衰减系数、蛋白截留率、总糖透过率随时间的变化情况，结果表明：截留分子量为10000Da的RC超滤膜，在渗透通量、蛋白截留率、总糖透过率、膜衰减系数等方面皆优于其他超滤膜。超滤的最佳工艺条件为压力30kPa、pH 9、浓缩比3∶1、温度20℃，膜渗透通量31.2L/(m^2·h)，蛋白截留率78.46%，蛋白含量51.37%。对超滤膜工艺的经济与技术可行性进行分析，发现该超滤系统可以减少投资并且可以获得较高的产品收益。

7.3 有机废水发酵法生物制氢技术

7.3.1 发酵法生物制氢理论研究

7.3.1.1 产氢微生物类群及产氢途径

20 世纪 70 年代世界能源危机的爆发，生物制氢的实用性及可行性才得到高度的重视，1966 年 Lewis[36]提出许多藻类和细菌在厌氧条件下能产生氢气。氢气被当时的能源界誉为“未来燃料”。20 世纪 80 年代能源危机结束之前，人们对各种氢源及其应用技术已进行了大量开发研究。

微生物制氢过程大体上可以分为：a. 暗发酵制氢；b. 光解水制氢；c. 光发酵制氢；d. 光暗发酵耦合制氢（图 7.2）。光解水和光发酵是依赖光能供应的过程，暗发酵是不需要光能的过程。这几种制氢过程主要涉及 3 种微生物类群：光解微生物（绿藻和蓝细菌），暗发酵细菌和光发酵细菌。目前应用于废水处理同时生物产氢的主要为暗发酵和光发酵制氢技术。

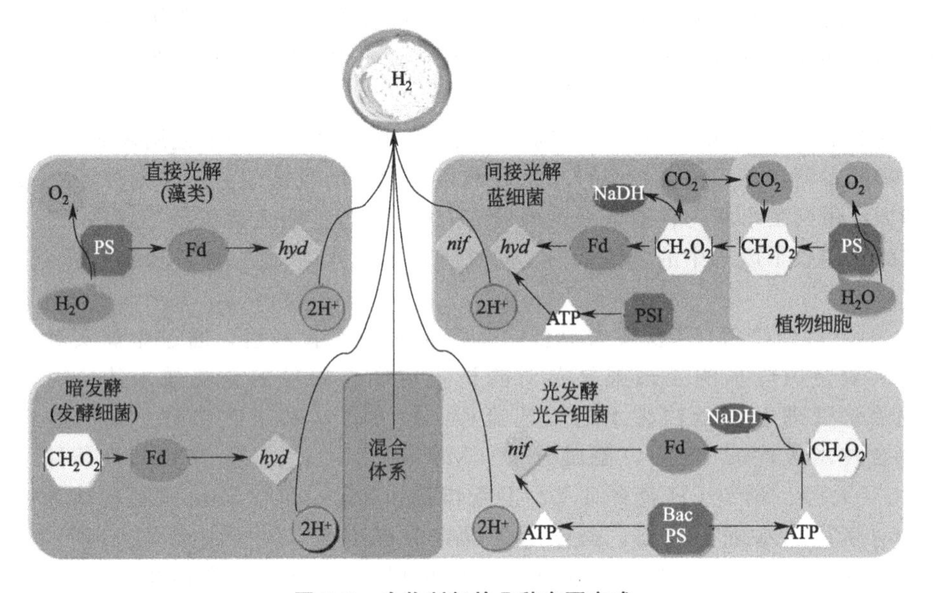

图 7.2 生物制氢的几种主要方式

(1) 暗发酵产氢微生物及产氢机制

暗发酵产氢微生物种类繁多，目前已知的严格厌氧细菌、兼性厌氧细菌和好氧细菌种属包括梭菌属（*Clostridium*）、巨型球菌属（*Megasphaera*）、韦荣氏球菌属（*Veillonella*）、线形醋菌属（*Acetofilamentum*）、类芽孢菌属（*Paenibacillus*）、毛螺菌属（*Lachnospira*）、肠杆菌科（*Enterobacteriaceae*）、醋弧菌属（*Acetivibrio*）、醋微球菌属（*Acetomicrobium*）、拟杆菌属（*Bacteroides*）、闪烁杆菌属（*Fervidobacterium*）、嗜热盐丝菌属（*Halothermothix*）、互营杆菌属（*Syntrophobcter*）、盐厌氧菌属（*Halomaerobacter*）、拟盐杆菌属（*Halobacteroides*）、热厌氧菌属（*Thermoanaerobium*）、栖热袍菌属（*Thermotoga*）、栖热粪杆菌属（*Coprothermobacter*）、瘤胃球菌属（*Ruminococcus*）、互养球菌属（*Syntropho-*

coccus)、盐胞菌属（*Halocella*）、科里杆菌属（*Coribacterium*）、嗜热产氢菌属（*Thermohydrogenium*）、真杆菌属（*Eubacterium*）、粪球菌属（*Coprococcus*）等。

为获得高效的产氢发酵细菌，国内研究者分离了大量的产氢发酵细菌，其中梭菌属和肠杆菌属的产氢细菌占多数。Oh 等[37]分离的柠檬酸杆菌属（*Citrobacter* sp.）Y19 最大产氢速率达到了 32.3mmolH_2/(g-drycell・h)。Kumar 等[38]从树叶榨出物中分离到一株阴沟肠杆菌（*Enterobacter cloacae*）IIT-BT08，在 36℃和 pH 值 6.0 的条件下产氢，得到最大产氢速率为 29.63mmolH_2/(g-drycell・h)。林明[39]分离的产氢细菌 B49 最大产氢速率和比产氢率分别为 32.28mmolH_2/(g-drycell・h) 和 2.34molH_2/mol 葡萄糖。邢德峰[40]发现并建立了产乙醇杆菌属（*Ethanoligenens*），其分离到了自凝集产氢细菌哈尔滨产乙醇杆菌（*Ethanoligenens harbinense*）YUAN-3^T（如图 7.3 所示）最大比产氢率为 2.81molH_2/mol-glucose，最大产氢速率为 27.6mmolH_2/(g-drycell・h)，这些都是已有报道的高效产氢细菌。

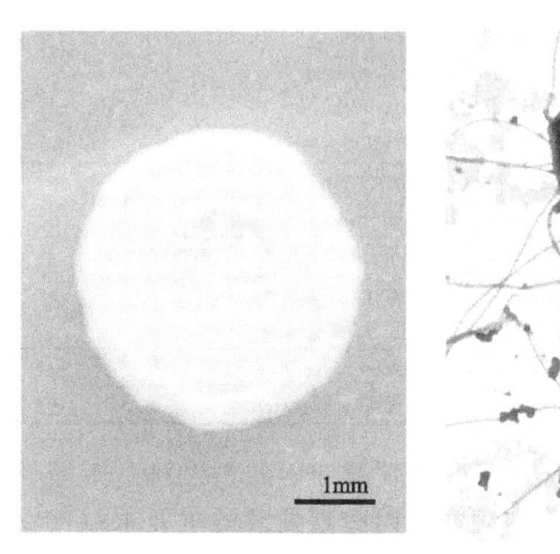

(a) 琼脂培养基菌落　(b) 液体培养基菌体TEM图

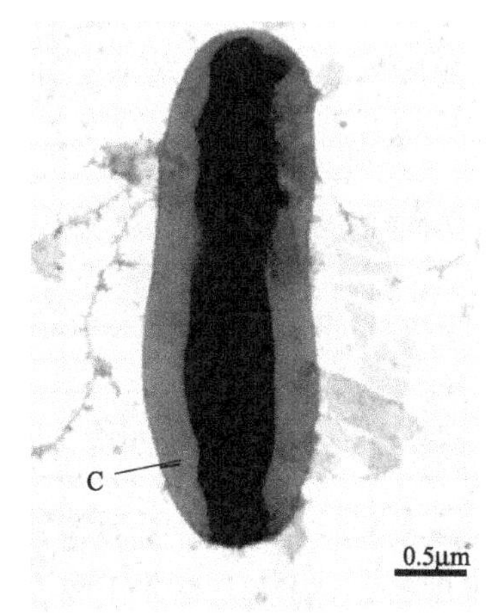

(c) 固体培养基菌体TEM图

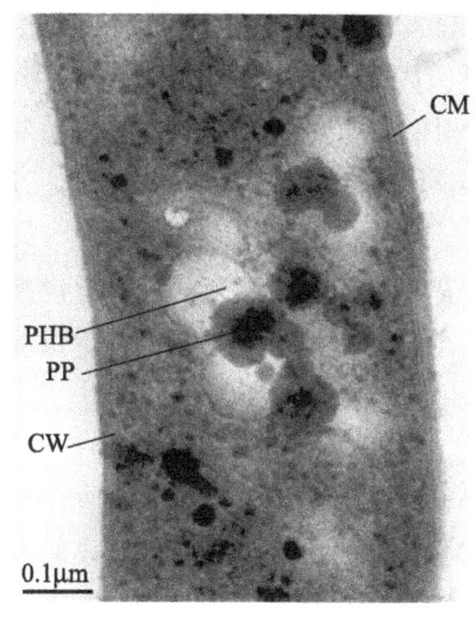

(d) 超薄切片TEM图

图 7.3　菌株 YUAN-3^T 的菌落和电镜图

CW—细胞壁；CM—细胞质膜；PHB—多聚-β-羟基丁酸；PP—多聚磷颗粒

1995 年，Tanisho[41]结合微生物生理学中的发酵途径，将细菌产氢发酵归纳为两种途径：甲酸途径和 NADH 途径。由于微生物种类不同，特别是受产酸发酵微生物对能量需求和氧化还原内平衡的要求不同，会产生不同的发酵途径，即形成多种特定的末端产物。从生理学角度，末端产物组成是受产能过程、$NADH/NAD^+$的氧化还原耦联过程及发酵产物的酸性末端数支配，由此形成了如表7.3所列的在经典生物化学中不同的发酵类型。

表7.3 碳水化合物发酵的主要经典类型

发酵类型	主要末端产物	典型微生物
丁酸发酵(butyric acid fermentation)	丁酸 乙酸 H_2+CO_2	梭菌属(*Clostridium*) 丁酸梭菌(*C. butyricum*) 丁酸弧菌属(*Butyriolbrio*)
丙酸发酵(propionic acid fermentation)	丙酸 乙酸 CO_2	丙酸菌属(*Propionibacterium*) 费氏球菌属(*Veillonella*)
混合酸发酵(mixed acid fermentation)	乳酸 乙酸 乙醇 甲酸 CO_2+H_2	埃希杆菌属(*Escherichia*) 变形杆菌属(*Proteus*) 志贺菌属(*Shigella*) 沙门菌属(*Salmonella*)
乳酸发酵(同型)(lactic acid fermentation)	乳酸	乳杆菌属(*Lactobacillus*) 链球菌属(*Streptococcus*)
乳酸发酵(异型)(lactic acid fermentation)	乳酸 乙醇 CO_2	明串珠菌属(*Leuconostoc*) 肠膜状明串珠菌(*L. mesenteroides*) 葡聚糖明串珠菌(*L. dextranicum*)
乙醇发酵(ethanol fermentation)	乙醇 CO_2	酵母菌属(*Saccharomyces*) 运动发酵单孢菌属(*Zymomonas*)

Cohen[42]提出产酸反应器主要呈现2种发酵类型：丁酸型发酵和丙酸型发酵。丁酸型发酵的主要末端产物是丁酸、乙酸、H_2、CO_2和少量的丙酸；丙酸型发酵的主要末端产物是丙酸、乙酸和少量的丁酸，气体产量非常少，甚至不产气。任南琪教授在利用产酸相进行生物制氢的研究过程中发现了乙醇型发酵，主要末端产物是乙醇、乙酸和大量的H_2。因此，结合二者的观点，混合菌种的产氢发酵类型主要有丁酸型发酵、丙酸型发酵和乙醇型发酵。前二种发酵类型与生物化学中经典的丁酸发酵、丙酸发酵较为相似，但由于生态环境及生物种群的差别，所以其末端发酵产物不尽相同。其可能的产氢发酵代谢途径如图7.4所示。这几种发酵产氢代谢是受氢酶（Hydrogenase，HE）催化完成的。

暗发酵细菌可降解大分子有机物同时产生氢气，产氢速率快，稳定性高，无需光能供应等特性，但厌氧暗发酵制氢不能彻底降解有机酸，有机酸的大量积累导致环境酸化，严重影响细菌细胞正常生长与产氢，氢气产量较低。

(2) 光发酵产氢细菌

光发酵产氢细菌（photo-fermentation producing hydrohen bacteria，PFPHB），是在自然界中广泛存在能进行光合作用的一类细菌，主要分布于水生环境中光线能透射到的缺氧和厌氧区，它是地球上出现最早的具有原始光能合成系统的原核生物，在厌氧光照条件下能利用小分子有机物、还原态无机硫化物或氢气做供氢体，光驱动产氢，产氢过程没有氧气的释放，酶活性和产氢量高。

目前研究较多的产氢光发酵细菌主要有深红红螺菌（*Rhodospirillum rubrum*）、球形红微菌（*Rhodomicrobium sphaeroides*）、球形红假单胞菌（*Rhodopseudomonas spheroides*）、深红红假单胞菌（*Rhodopseudomonas rubrum*）等。由于PFPHB光发酵产氢的

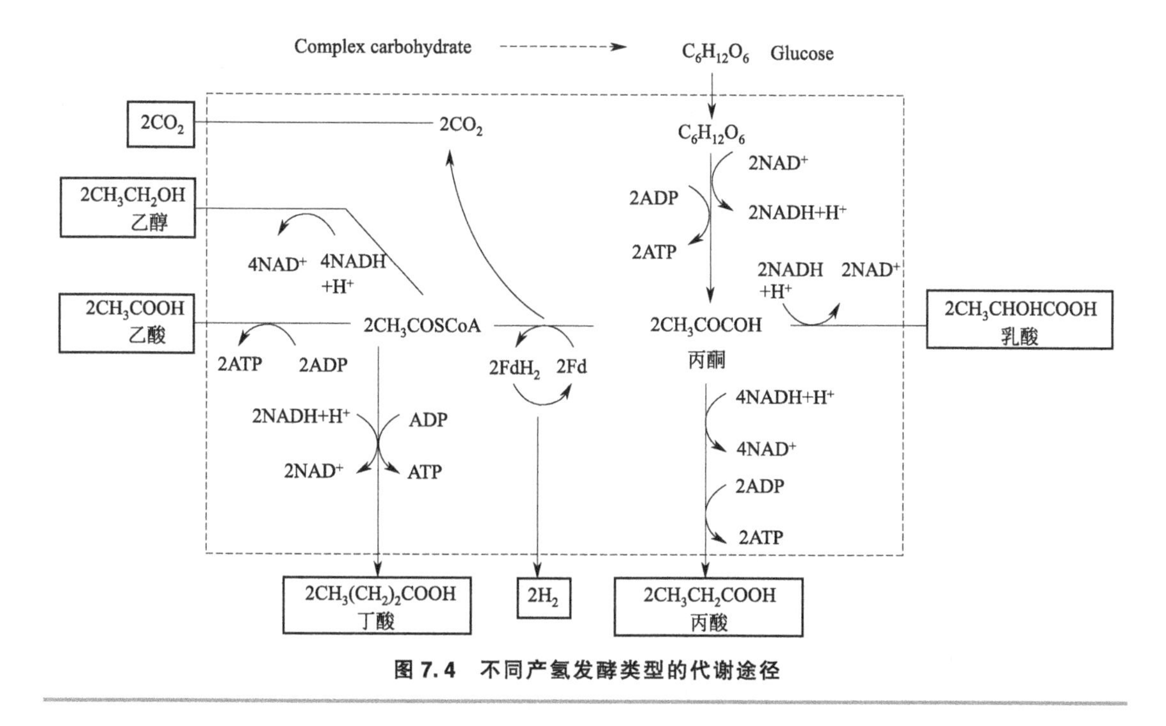

图 7.4 不同产氢发酵类型的代谢途径

速率要比藻类快，能量利用率比暗发酵细菌高，且能将产氢与太阳能利用、有机物的去除有机地耦合在一起，因而受到了国内外众多研究者的关注。

1937 年，Nakamura 观察到光发酵细菌能够在黑暗条件下释放氢气，这是有关光发酵产氢的最早报道。1949 年，Gest 和 Kamen 则报道了深红螺菌（*Rhodospirilum-rubrum*）在光照条件下的产氢现象，同时还发现了深红螺菌的光合固氮作用[43]。这以后的许多研究表明，光发酵细菌在光照条件下普遍存在产氢和固氮作用。20 世纪 70 年代，全球性能源危机致使人们开始寻求新型能源物质，氢气作为一种无污染、清洁、可再生的理想能源而被开发利用。比利时、意大利、日本、瑞士等国家的研究表明，紫色非硫细菌能够利用乙酸、乳酸、苹果酸等小分子有机酸、醇类以及一些有机废水作为电子供体进行光发酵产氢。国外已广泛地开展了光发酵产氢的生理、生化以及基因领域的研究，并取得了一定进展，而且一些光发酵细菌已被成功地应用于有机废水的生物处理，甚至已达到工业化规模，近年来国内光发酵产氢研究也初见成效。杨素萍等[44]从山东济南市小清河、山东泰山造纸废水、山西晋祠稻田中分离获得 11 株紫色非硫细菌和 4 株紫色硫细菌的纯菌株，其中 *Rhodopseudomonas palustris* Z、SP2、R3 和 Y7 菌株在含有 20mmol/L 乙酸钠和 5mmol/L 谷氨酸钠反应体系中的产氢得率分别为 308.9mL/g、272.4mL/g、256.1mL/g 乙酸钠和 235.8mL/g 乙酸钠，该 4 种菌株在乙酸产氢体系均具有较强的产氢能力。郑耀通等[45]在鱼塘内分离到一株生长快的耐氨光发酵细菌 *Rhodobacter sphaeroides* G_{2B}，并结合处理有机废水进行产氢研究[46]。

目前，一般认为光发酵产氢的机制是光能被光发酵细菌光捕获复合体（light-harvesting complex，LH）上的细菌叶绿素（bchl）和类胡萝卜素（carotenoid）吸收后，其能量被迅速和有效传送到光合反应中心（RC），光反应中心它包括 L（light），M（medium）和 H（heavy）三个蛋白亚基[47]，产生一个高能电子 e^-，由于光发酵细菌只有光合系统Ⅰ（PSⅠ），而不含光合系统Ⅱ（PSⅡ），所以该高能电子经环式磷酸化产 ATP。因为 ATP 来自光合磷酸化，所以固氮放氢所需要的能量来源不受限制，这也是光发酵细菌产氢效率高于暗发酵细菌的主要原因。光发酵细菌的固氮酶利用光合磷酸化产生的ATP和还原性物质提供的电子（由还原型铁氧还原蛋白传送来的），将质子还原成氢。在这一过程中，RC能不断受激发提供电子，完成电子流循环；而释放于胞外的H^+与胞内的H^+形成质子梯度差，流入胞内的H^+驱动膜上的ATP合成酶形成ATP（或通过ATP转化为NADH），完成质子流的循环。在光发酵细菌中能生成H_2的酶除了固氮酶还有氢酶，其中固氮酶起主要催化作用。由于光发酵细菌不能够裂解水，所以是由有机物或还原性硫化物提供用于光反应的电子，由有机物的碳代谢提供质子。光发酵产氢过程使氢气的生成、废水中有机物的转化和光能的利用耦联到一起，显示出光发酵细菌利用有机物进行光能转化、光发酵制氢的巨大应用潜力。从图7.5可以看出，在光发酵细菌的光发酵产氢过程中，催化H^+转化为H_2的酶起着非常重要的作用。

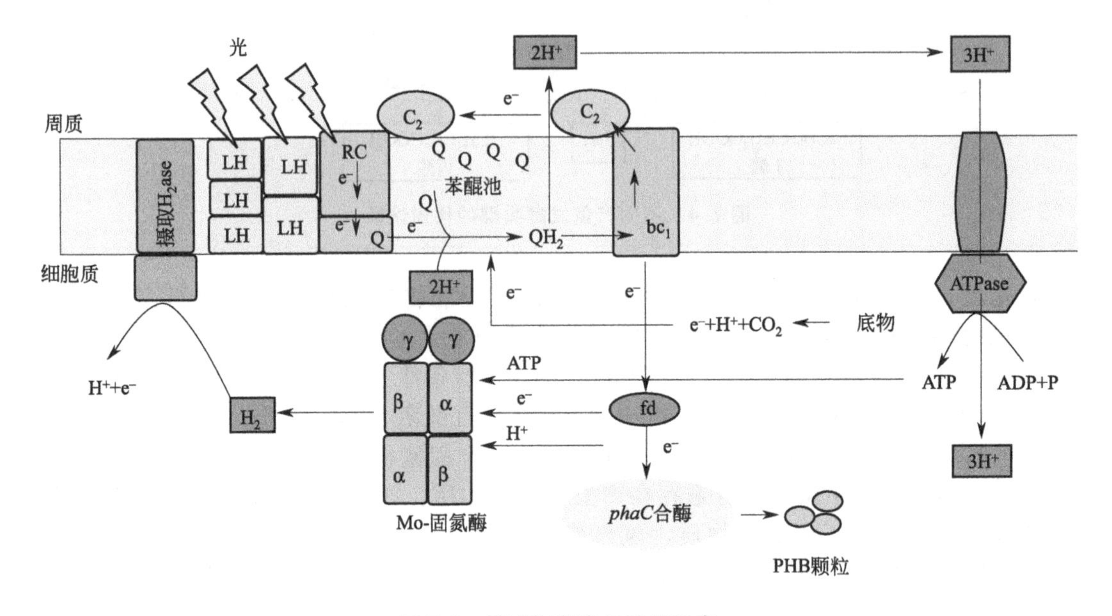

图7.5 发酵细菌产氢机制示意

光发酵细菌在固氮酶的催化下，利用不同的底物产氢反应式如下：

$$C_2H_4O_2(\text{乙酸})+2H_2O \longrightarrow 4H_2+2CO_2$$

$$C_3H_4O_3(\text{乳酸})+3H_2O \longrightarrow 5H_2+3CO_2$$

$$C_4H_6O_5(\text{苹果酸})+3H_2O \longrightarrow 6H_2+4CO_2$$

$$C_4H_8O_2(\text{酪酸})+6H_2O \longrightarrow 10H_2+4CO_2$$

光发酵细菌只含有一个光合系统PS Ⅰ，光合系统为细菌提供了大量的ATP和少量的还原力$NAD(P)H_2$，它对产氢有着重要的影响。光发酵细菌光合基因簇结构及其调控机制、光反应中心和捕光复合体结构基因的克隆，光合基因操纵子的分析以及光合基因的遗传和物理图谱等是近年光合作用研究最多、最深的领域之一，其中研究最多的是红细菌属的荚膜红细菌和浑球红细菌，对光合作用调控过程的了解最为深入和透彻，而其他种属的光发酵细菌的研究相对较少。

7.3.1.2 废水产氢的影响因素

(1) 暗发酵产氢[48]

影响暗发酵生物制氢的主要因素有温度、pH 值和氧化还原电位（ORP）、底物种类和浓度、金属离子等。任南琪等经过系统地研究提出，pH 值和氧化还原电位对产氢发酵微生物的发酵产物组成有重要影响，是影响产酸发酵类型的限制性生态因子，并在此研究的基础上建立了产氢-产酸发酵细菌三种发酵类型的 pH/ORP 二维实现生态位图（见图 7.6）。

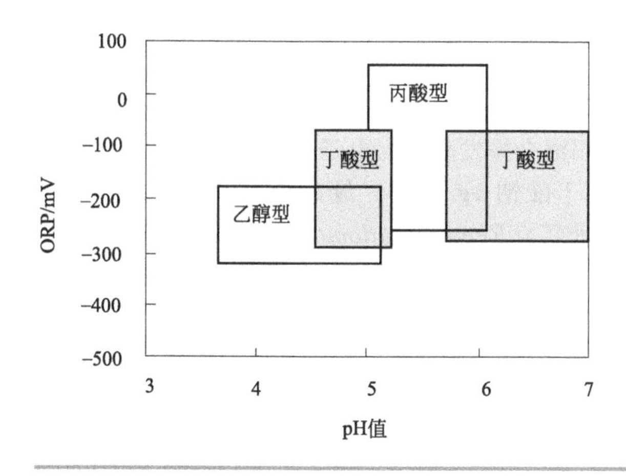

图 7.6
产酸发酵细菌三种发酵类型的实现生态位

对于连续流运行的发酵产氢反应器，水力停留时间（HRT）、氢分压是重要的调控因子。在厌氧条件下，反应器内部通常会存在产甲烷细菌这类耗氢细菌，所以为了提高反应器的产氢能力，必须抑制这些耗氢细菌的活性。通常条件下，发酵产氢细菌的生长世代时间要比产甲烷细菌短，生长速度快。因此，通过调控水力停留时间等工艺条件可以实现发酵产氢细菌与产甲烷细菌的动态分离，从而使反应器的产氢效率大大提高。发酵产氢受到 NADH 和 NAD^+ 的平衡调节以及铁氧还蛋白酶和其他辅酶的调节，假设细胞内的 pH 值是恒定的，NADH 和 NAD^+ 浓度的比值和氢分压是相关的，而且氢分压的升高不利于氢气的产生。如果运行过程中，上部封闭空间的氢分压升高，必然要导致产氢的降低。McCarty 和 Mosey 在 1991 年就提出了关于厌氧酸化的假想模型。Kleerebezem 和 Stams 发现氢酶在氢气分压较高时可受到抑制，因为 H^+/H_2 的氧化还原电子对在氢分压较高时很低，从而导致了电子流的缺乏，所以铁氧还蛋白酶还原分子氢的过程受到抑制。还有一些研究表明，较高的氢分压有利于醇类末端产物的生成。

从目前的研究看，厌氧反应器控制的水力停留时间通常在 2～24h，并且水力停留时间的差异与反应器结构形式的差异密切相关。已有的文献报道应用连续流搅拌槽式反应器（CSTR），最佳产氢的水力停留时间通常控制在 2～12h；对于序批式厌氧反应器，最佳产氢的水力停留时间通常控制在 4～12h 之间；对于填充式反应器，最佳产氢的水力停留时间通常控制在 2～6h；对于添加载体的竖向流反应器，最佳水力停留时间很短，仅在 0.5～2h 之间。

除了上述讨论的主要影响因素外，细菌厌氧发酵产氢的影响因素还有 F/M 比、碱度、氧气、有机有毒物质和氨氮浓度等。这些因素对厌氧发酵产氢也有一定的影响甚至抑制作用，其抑制作用与该参数的浓度密切相关，同时也与溶液的 pH 值有关。特别是为了降低制氢成本，真正实现产业化应用，可能要利用成分复杂的有机废水或有机废弃物进行氢气生产时，由于体系的成分比较复杂，这些因素对发酵产氢的共同作用更值得进一步深入研究。

(2) 光发酵产氢

影响光发酵细菌产氢的主要因素有菌龄及接种量、光照强度、碳源和氮源、初始 pH 值，此外，温度、气相、培养基中金属离子浓度等因素也对光发酵细菌产氢有显著的影响。

国内外研究者相继展开了各种生活废水、工业废水、农副产品废弃物等作为产氢底物的研究，以降低光发酵产氢的成本。既回收能量又净化废水，集经济效益、环境效益和社会效益于一体，将三者耦联到一起，方案更为合理和经济，前景十分诱人。

首先，一些研究者模拟有机废水成分进行了光发酵产氢试验的研究。Takabatake 等[49]研究了乙酸、丙酸和丁酸作为混合碳源同时添加碳酸盐去除氨的产氢试验。我国的俞汉青等[50]研究了 *Rhodopseudomonas capsulata* 利用混合挥发酸作为电子受体进行连续流产氢试验，当乙酸钠浓度 1.8g/L，丙酸盐 0.2g/L，丁酸钠 1g/L 时，最大氢气产率为 37.8mL/(g·h)，底物转化效率 45%。张嘉修等[51]也研究了 *Rhodopseudomonas palustris* WP3-5 使用乙酸钠和丁酸钠共同作为碳源用于氢气生产，最大氢气产率达 39.5mL/h，最大累计氢气体积 2738mL，氢气产量 51.6%。

Yetis 等[52]使用 *Rhodobacter sphaeroides* O.U.001 应用预处理的糖厂废水在 0.4L 的柱形光反应器内进行连续流产氢试验。碳源浓度 70mmol/L，氮源浓度 2mmol/L，在 100 天的运行时间内，稀释率 0.0013/h，最大产氢率达 13.9mL/(L·h)，累积氢气产量 2.67L。Eroglu 等[53]使用 *Rhodobacter sphaeroides* O.U.001 对橄榄油废水进行处理，废水稀释的范围在1%～20%，当在 2%时，最大的氢气产率为 13.9LH_2/L 废水，化学需氧量、生物需氧量和总酚含量分别从 1100mg/L、475mg/L 和 2.32mg/L 下降到 720mg/L、200mg/L 和 0.93mg/L。我国尤希凤等[54]研究了 *Rhodobacter sphaeroides* 菌株利用猪粪废水的产氢能力及对猪粪废水的处理能力，猪粪废水的 COD 从 5687mg/L、3500mg/L、1214mg/L 分别下降到 3586mg/L、2135mg/L、723mg/L，产氢速率分别为 27.3mL/(L·d)、18.5mL/(L·d)、15mL/(L·d)。Tao 等[55]在使用 ZX-5 处理废水时，COD 去除率可达 80%，氢气产量 500mL/g COD。

上述试验表明，通过使用光发酵细菌对废水进行处理的同时，既得到清洁能源氢气，降低制氢成本，又实现了废弃物的资源化，对缓解能源危机、减少环境污染等方面具有积极的现实意义，具有较好的应用前景。但目前光发酵生物制氢技术的研究程度和规模还基本处于试验室水平。

7.3.1.3 产氢细菌的细胞固定化技术

在生物制氢工艺中，产氢细菌在反应器中的高持有量，有利于增加系统的产氢效能，目前国际上主要采用载体固定化细胞技术来达到这一目的。Tanisho 等[41]利用聚氨基甲酸乙酯泡沫对 *Enterobacter aerogenes* E.82005 进行了固定化培养，比产氢率从 1.5mol H_2/mol 葡萄糖提高到 2.2mol H_2/mol 葡萄糖。Kumar 等[56]利用椰子壳固定 *Enterobacter cloacae* ⅡT-BT08，在连续流运行中获得了 62mmol H_2/(L 底物·h) 的最大比产氢速率。黄锦丽等[57]报道了一种适用于连续流产氢过程中产氢菌截留的新方法，以曲霉 XF101（*Aspergillus* sp. XF101）所形成的菌丝球吸附并固定产氢细菌克雷伯菌（*Klebsiella oxytoca* HP1）进行连续流产氢。

尽管与产氢菌的非固定化技术相比，固定化技术的优点在于提高细胞对机械和化学环境所造成压力的耐受性、持续产氢时间长、抑制氧气扩散速率、防止产氢菌细胞流失等。但是它的缺点也很多：载体在反应器中占据空间大，限制产氢菌浓度提高，载体可能对产氢菌存在毒性并阻碍氢气和二氧化碳的扩散，所以这种产氢纯菌种的载体固定化细胞技术较难在生物制氢工业化中应用。

Rachman 等[58]从厌氧污泥中分离到自絮凝产气肠杆菌（*Enterobacter aerogenes*）HU-101 和突变体 AY-2，在 37℃和 pH7.0 的条件下，实现了菌株 AY-2 非固定化连续产氢，产氢速率为 58mmol H_2/(L 底物・h) 和 101.5mmol H_2/(L 底物・h)。虽然 Rachman 等的研究是在 100mL 容器内进行的，但是它为产氢细菌的非固定化开辟了一个新的思路。

由上可知，筛选可以形成絮体或颗粒的产氢细菌，将会利于产氢纯菌种的非固定化连续流产氢。在培养过程中，能够产生絮体或颗粒现象的细菌有两类：一类是通过产生生物絮凝剂实现细胞聚集的自絮凝细菌；另一类是自凝集细菌，在培养过程中通过菌体表面作用直接形成絮体或颗粒，培养基澄清。自凝集细菌在培养初期就可发生细胞聚集作用，而自絮凝细菌需要产生生物絮凝剂后才能发生细胞聚集作用，相比之下，具有滞后性，因此培养基还存在很多游离菌体，所以自凝集细菌具有更强的细胞聚集能力。

筛选天然具有自凝集能力的产氢细菌，或采用原生质体融合技术以有自凝集能力的菌株和有优良产氢性能的产氢菌株为亲株，选育出自凝集高效产氢细菌，实现生物制氢反应器的无载体细胞固定化，其优越性将远远高于产氢纯菌种的固定化和混合菌种的非固定化。而且，这种方法中的菌种体系来源清楚，便于有目的性的稳定控制，操作简单、无附加费用，最终达到降低生产成本，提高生产效率的目的。

邢德峰[59]利用自凝集产氢细菌 YUAN-3^T 进行了连续流产氢研究，在非灭菌条件下采用 CSTR 反应器实现连续运行，同时发现稀释率对氢气转化率和产氢速率有显著的影响。Real-time PCR 定量分析表明，菌细胞的流失率低于 0.1%，反应器具有较高的自凝集絮体持有量。进一步利用菌株 YUAN-3^T 对连续流产氢系统进行生物强化试验，反应器连续运行 49d 后，生物强化反应器的产氢能力明显好于对照组。Real-time PCR 定量分析表明生物强化反应器运行过程中，菌株 YUAN-3^T 菌细胞数保持稳定在 10^8cfu/mL 左右，并成为优势产氢种群，菌株 YUAN-3^T 菌细胞的流失率低于 1%。与非生物强化处理相比，可以提高系统产氢效能 2 倍。

7.3.2 发酵法生物制氢反应器[60,61]

目前应用于生物制氢的反应器型式主要有连续流槽式搅拌反应器（CSTR）、升流式厌氧污泥床（UASB）、填充床反应器、固定床反应器、膨胀床反应器以及流化床反应器。衡量不同类型反应器的性能应根据 2 项指标：其一是反应器的产氢能力 R_v，即单位时间、单位体积反应器的氢气产量［m^3 H_2/(m^3 反应器・d)］；另一个是反应器的产物收率 R_y，即单位数量底物转化为氢气的比率（mol H_2/mol 底物）。一般情况下二者成反比关系，在产氢能力较高时，产物收率普遍较低。因此，在底物数量（或说容积负荷）一定的前提下，提高反应器产氢能力的同时无疑会提高产物收率。

7.3.2.1 CSTR 反应器

连续流搅拌槽式反应器（CSTR）是目前生物制氢研究中应用最多的反应器型式。普遍认为，CSTR 反应器的搅拌形式有利于提高传质效率和 H_2 的迅速释放，从而避免积累 H_2 对生物代谢造成反馈抑制作用及 H_2/CO_2 的同型产乙酸转化。表 7.4 总结了国内外 CSTR 反应器生物制氢运行操作情况和反应器的产氢能力。比较而言，可以说 CSTR 反应器是应用得较为成熟的一种生物制氢反应器型式。

■ 表 7.4 CSTR 反应器运行操作参数及其产氢能力

微生物	底物	温度/℃	pH 值	HRT/h	负荷 kg COD/m^3 反应器	R_v/[m^3 H_2/(m^3 反应器·d)]
混合菌种	废糖蜜	30±0.5	4.3～4.9	4	19.4～107	10.4
混合菌种	葡萄糖	30	5	12	5～9	7.13①
混合菌种	葡萄糖	35±1	6.0	8.5	28.2①	11.53①
混合菌种	葡萄糖	35	6.7	13.3	—	7.19②
混合菌种	蔗糖	35	6.7	13.3	—	15.84②
混合菌种	废糖蜜	35±1	4.0～4.5	8	15	1.5
混合菌种	葡萄糖	36	4.0～7.0	6	28.2①	4.6±0.5
混合菌种	淀粉	35±1	4.5～3.7			1.43①
混合菌种	蔗糖	35±1	6.8±0.2	12		29.87①

① 根据文献所给数据计算而来；

② L H_2/(gVSS·d)。

悬浮生长型 CSTR 反应器的应用已经较为成熟。但 CSTR 的局限性也日益凸显，由于其反应器结构的限制，CSTR 反应器在高负荷和低 HRT 下，运行稳定性很差。又由于微生物处于悬浮生长的模式，CSTR 反应器内的生物持有量一般都较低。

7.3.2.2 UASB 反应器

升流式厌氧污泥床（UASB）由 Lettinga 等在 20 世纪 70 年代开发，多用于处理高、中等浓度的有机废水，近年来开始逐步应用到生物制氢领域。研究者认为，与 CSTR 反应器相比，UASB 反应器的生物持有量较高，可省去搅拌和回流污泥所需的设备和能耗。基于此，一些研究者开展了这方面的研究工作。Chang 等在温度为（35±1)℃、pH 值为 6.7±0.2、HRT 为4～24h 的条件下以蔗糖为底物进行产氢研究，获得了 1.2L H_2/(gVSS·d) 的产氢量；Yu 等以白酒废水为原料，在温度为 55℃、pH5.5、HRT 为 2h 的条件下获得了 9.33L H_2/(gVSS·d)。Gavala 等的研究指出，与 CSTR 反应器相比，在较短的 HRT 条件下，UASB 反应器更具有竞争力，在 HRT 为 2h 时，UASB 的产氢量是同条件下 CSTR 反应器的 2.26 倍。从现有资料看，不同研究者获得的 UASB 反应器的产氢能力差别较大，其操作运行参数也不尽相同，还有待于进一步研究。

7.3.2.3 填充床和固定床型反应器

研究者发现，在 CSTR 和 UASB 反应器运行过程中都不同程度出现了污泥流失现象，因此采用载体微生物固定化来解决这一问题，特别是产氢细菌分离工作的进展，纯菌种的运用，进一步推动了填充床和固定床反应器在生物制氢方面的应用。表 7.5 总结了填充床反应器利用纯菌种进行生物制氢的研究情况，可见载体和微生物的不同对反应器产氢速率的影响较大。Palazzi 等采用多孔玻璃珠为载体的填充床反应器，以葡萄糖为底物对 *Enterobacter aerogenes* 细菌的产氢情况进行了研究。反应器操作温度 40℃、pH 值为 5.5、HRT 为 100h 的条件下获得了最大产物收率 3.02mol H_2/mol 葡萄糖，而在 HRT 为 10h 时反应器产氢能力最高 5.46m^3 H_2/(m^3 反应器·d)。Chang 等采用工作容积 300mL 的固定床反应器，以蔗糖为底物，研究了 HRT 在0.5～5h 范围内不同填料对生物产氢的影响。结果表明以膨胀土为填料，HRT 为 2h 时最大产率为 0.41546L H_2/(L 反应器·h)；活性炭为填料，HRT 为 1h 时最大产率为 1.32L H_2/(L 反应器·h)。目前该反应器型式主要用于纯菌种的产氢研究，并且多采用细胞固定化技术。

■ 表 7.5 采用细胞固定化的填充床反应器连续流产氢对比研究

微 生 物	载 体	产氢速率/[mmol/(L·h)]
Rhodobacter spheroid	琼脂凝胶	2.1
Rhodospirillum rubrum	海藻酸钙	2.7
E. aerogenes NCIMB 10102	人造海绵	10.2
E. aerogenes HO-39	多孔玻璃珠	37.9
E. aerogenes HY-2	自絮凝	58.0
E. cloacae Ⅱ T-BT 08	木质素纤维农用废弃物(椰子壳)	75.6

7.3.2.4 膨胀床和流化床型反应器

目前关于膨胀床反应器和流化床反应器专门用于制氢领域的研究报道还较少。王相晶采用载体陶粒固定高效产氢菌种 B49，以有机废水为底物进行了膨胀床反应器生物制氢的研究，在容积负荷为 81.3～94.3kg COD/(m^3·d)、膨胀率 15%的条件下，反应器平均产氢速率为 6.44m^3 H_2/(m^3 反应器·d)。Guwy 等以玻璃珠为载体的流化床反应器处理生产面包的发酵废水时，研究了氢气含量与有机负荷的关系，当有机负荷从 40kg COD/(m^3·d)升至 63kg COD/(m^3·d) 时，氢气含量由 29%升至 64%。可以看到，这种型式的反应器中普遍需要添加载体对微生物进行固定化处理，这一方面降低了反应器的有效容积，另一方面也增加了运行操作的复杂程度。

7.3.2.5 ABR 反应器

利用 ABR 作为有机废水发酵制氢反应设备的可行性。在 HRT 为 13.5h、35℃和进水 COD 为 5000mg/L 条件下，系统可在 26d 达到运行的稳定状态，呈现典型的乙醇型发酵特征，其比产氢速率为 0.13L/(gMLVSS·d)，而 CSTR 在同样条件下的比产氢速率仅为 0.06L/(gMLVSS·d)。与 CSTR 相比，ABR 具有较高产氢效能、较低能源消耗等优点。

7.3.2.6 各种常见反应器产氢性能比较

除了上述反应器形式以外，目前已有报道的用于生物制氢的反应器形式还有许多，例如序批式反应器、生物滤池等。表 7.6 列出了目前常见的生物制氢反应器的产氢效能比较。一般来说，按照细菌生长形式，这些反应器又可以分为悬浮生长型反应器和附着生长型反应器。

■ 表 7.6 常见生物制氢反应器的产氢效能对比

工艺形式	生长方式	产氢速率 /[L/(L·h)]	比产氢速率 /[mmol/(g VSS·h)]	氢气产率 a /(mol/mol 蔗糖)	最大生物量 /(g VSS/L)
CSTR	悬浮生长	0.15	—	—	0.8
CSTR	悬浮生长	0.32	7.07	0.545	2.8～2.9
CSTR	颗粒 & 固定化	15.09	19.27	—	35.84
CSABR	颗粒 & 固定化	14.5	19.6	3.5	35.4
Jar-fermenter	固定化	1.8	—	2.0	—

续表

工艺形式	生长方式	产氢速率 /[L/(L·h)]	比产氢速率 /[mmol/(g VSS·h)]	氢气产率a /(mol/mol 蔗糖)	最大生物量 /(g VSS/L)
AFBR	固定化	0.93	13.75	—	3.0
Packed bed	附着生长	0.25	3.70	—	3.02
Fixed bed	附着生长	1.32	4.31	1.18	15.8
AFBR	附着生长	2.36	4.34	2.38	21.5
Trickling biofilter	附着生长	1.07	1.99	—	24
CSTR	颗粒	0.54	1.30	—	20
UASB	颗粒	0.28	2.46	1.84	5.06

注：CSTR 为连续搅拌槽式反应器；CSABR 为连续流序批式厌氧反应器；Fixed bed 为固定床反应器；Packed bed 为填充床反应器；Jar-fermenter 为发酵罐；Trickling biofilter 为生物滤池反应器；UASB 为上流式厌氧污泥床反应器；AFBR为厌氧流化床反应器。

可以看出，与悬浮生长型反应器相比，附着生长型反应器在产氢能力和微生物持有量等方面都具有很明显的优势，必将成为未来生物制氢技术的研究热点。

7.3.3 发酵制氢技术生产性示范工程

任南琪教授开创的有机废水发酵法生物制氢技术，小试研究以甜菜制糖厂的废糖蜜为底物，获得了 10.4m^3 H_2/(m^3·d) 的最大比产氢速率，并率先进行了中试研究，稳定期产氢能力达到 5.7m^3 H_2/(m^3·d)，氢气纯度大于 99%，该研究成果达到了国际领先水平，被 485 位两院院士投票评选为“2000 年中国十大科技进展新闻”之一。为推进发酵法生物制氢技术的产业化进程，2004 年在哈尔滨建立起世界上第一例发酵法生物制氢的示范工程，同时与清华大学毛宗强教授合作研制氢燃料电池，实现产氢与用氢的有机结合。

7.3.3.1 生物制氢反应器的放大

中试研究采用的是专利技术 CSTR 反应器，示范性工程是在中试研究基础上进行，仍旧采用 CSTR 反应器。反应器的放大是生物技术开发过程中的重要组成部分，也是生物技术成果实现产业化的关键之一。根据小试和中试规模产氢能力的比较，小试反应器（有效容积 13.7L）放大 110 倍（中试规模有效容积 1.5m^3），其产氢能力降低 40%～50%。根据恒定等体积功率放大准则和中试研究结果所提供的有关参数，在中试研究成功的基础上，将反应器放大 20～50 倍开发产业化生产规模的生物制氢设备。设计了如图 7.7 所示总容积 100m^3 的单台生物制氢设备，并建成了占地 1.5hm^2 的生物制氢示范工程。

7.3.3.2 发酵法生物制氢产业化生产工艺

发酵法生物制氢技术的产业化已经具备以下两个重要条件。

① 实现高效产氢菌种的自固定化　以厌氧活性污泥为氢气生产者，在生产过程中，厌氧活性污泥自身的繁殖生长可分泌出使菌种固定化的物质（黏液层，夹膜等），可保证反应器有较高的生物持有量和生物活性，使生物产氢量得到大幅度提高。同时，也避免了菌种培养及细胞固定化所带来的一系列庞大经费开支，从而大幅度降低生物制氢成本。

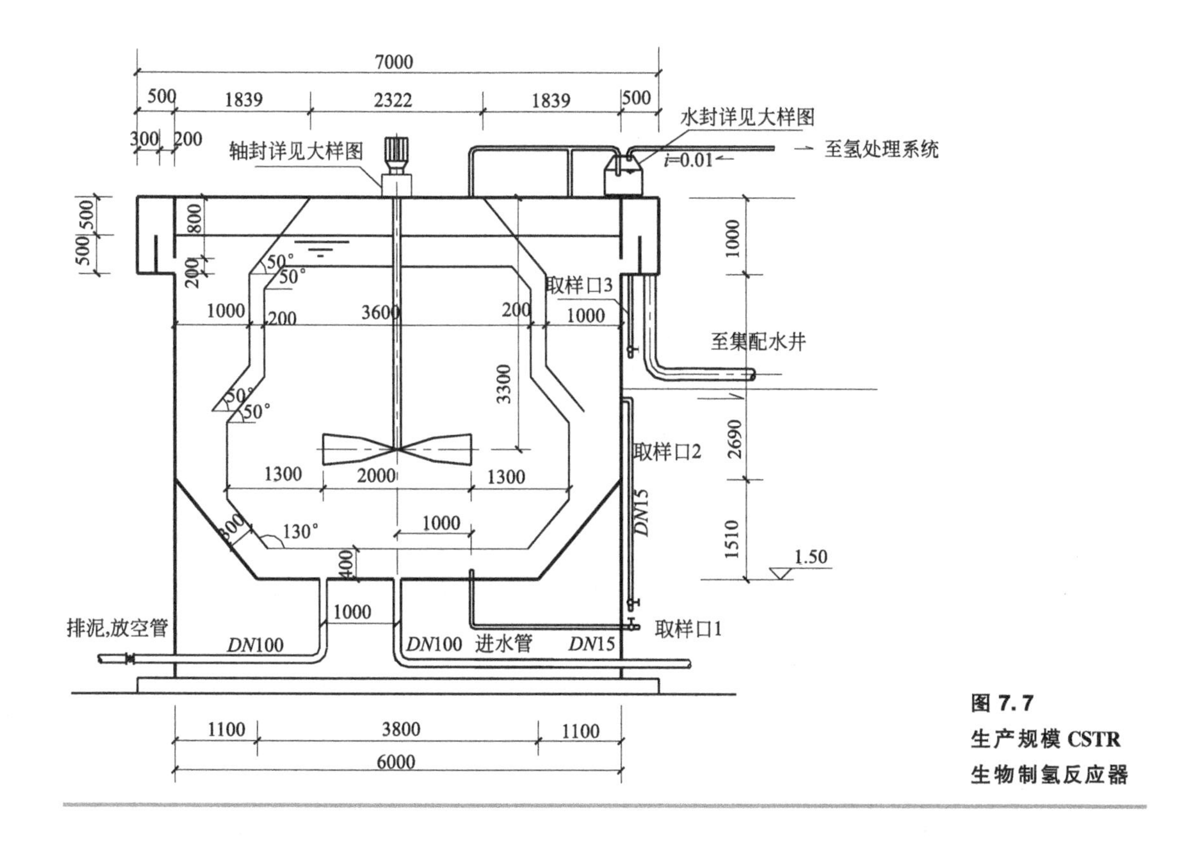

图 7.7 生产规模 CSTR 生物制氢反应器

② 利用廉价基质实现工业化生产氢气　选择工农业生产及生活中的废弃物（包括有机废水）为制氢原料，使生物制氢的成本降低，并对其他有再生价值的资源进行综合开发和利用，从而创造更好的经济效益、环境效益和社会效益。

发酵法生物制氢技术经过小试和中试研究，成功地开发出产业化生产规模的生产系统工艺。该工艺包括主体工艺和配套工艺两部分，其中主体工艺是以生物制氢反应器和氢气的提纯与储运为主体的生物制氢子工艺，配套工艺是对生产废水进行达标处理及能源（CH_4）回收的废水处理子工艺。该工艺采用了多项国家专利技术和产品，除具有产氢效率高的特点外，还具有投资省、启动快、运行稳定且管理费用低、抗冲击负荷能力强等特点，能有效地提高难生物降解物质的去除率，同时还能回收高质量的沼气。

图 7.8 为发酵法生物制氢示范工程的主体工艺流程。以含碳水化合物为主的有机废水为基质时，反应器发酵气体中主要成分为 H_2、CO_2 及微量的 H_2S 和水汽。为使生产的 H_2 达

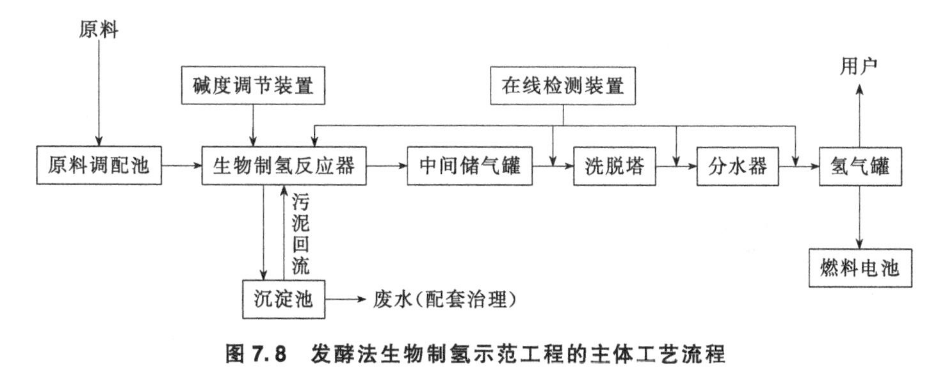

图 7.8　发酵法生物制氢示范工程的主体工艺流程

到一定实用程度，需要对发酵气体进行 H_2 的提纯，研究证明，采用一定浓度的碱液吸收和分水器的处理，可使 H_2 纯度达到 99%以上，可满足工业用途。

发酵法生物制氢主体工艺排出的废水含有较多的 COD，如果直接排放则会给接纳水体造成污染，或给接纳污水的处理站增加不必要的负担。因此建议在制氢工艺生产状况良好的前提下，建设配套污水处理工程。生物制氢示范工程作为一个完整的系统，考虑生物制氢后续废水的无害化处理是十分必要的，这也是该技术工艺打入国际市场不可或缺的工艺与技术。图 7.9 为后续生物处理工艺流程。该工艺以产甲烷反应器和交叉流好氧反应池（专利号：96251960X）为主要处理构筑物，在处理主体工艺生产废水达标排放的同时，可回收大量高质量的沼气。实践证明，该工艺技术含量高，具有投资省、启动快、运行稳定且管理费用低、抗冲击负荷能力强等特点。产生的能源物质甲烷回用，使得运行费用降低。

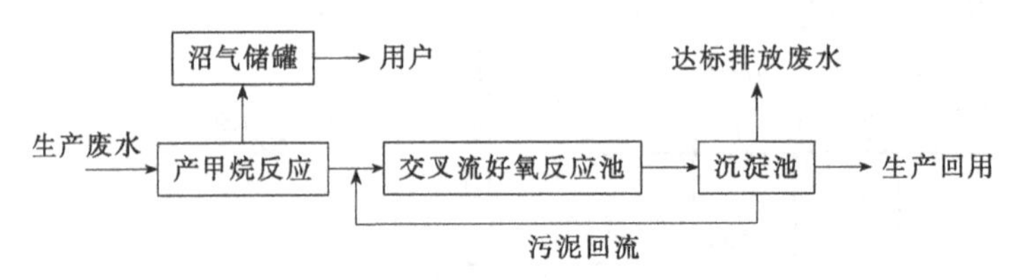

图 7.9 发酵法生物制氢示范工程的配套工艺流程

7.3.3.3 发酵法生物制氢示范工程运行效果

反应器接种好氧污泥，启动期 HRT 为 5.8h，第 22 天顺利形成了典型的乙醇型发酵，pH 保持在 4.8 左右，氢气产量 $250m^3/d$。之后分四个阶段进行了 HRT 和 OLR 对产氢特性影响的生产性实验研究。运行参数如表 7.7 所列。HRT、气体产量、氢气产量、氢气百分含量、液相产物、生物量等参数的动态运行结果如图 7.10 所示，在 OLR 为 28.53kg COD/(m^3·d) 稳定运行时，示范工程获得了平均日产氢量 $340m^3$，平均比产氢速率 5.35m^3/(m^3·d)，比产氢能力 0.65m^3/(kg MLVSS·d)，氢气含量 50%左右。与目前已有报道的废水连续流制氢的产氢量相比，处于领先水平。

表 7.7 OLR 和 HRT 变化各阶段及稳定运行阶段产氢性能（均为平均值）

项　目	阶段 1	阶段 2	阶段 3	阶段 4	稳定工作阶段
HRT/h	5.8	11.4	5.8	11.4	—
OLR/[kg COD/(m^3·d)]	31.31	15.44	40.78	18.7	28.53
生物气产量/(m^3/d)	596	591	566	581	589
氢气含量/%	48.6	47.8	47.7	48.8	48.2
氢气产量/(m^3/d)	290	283	270	284	284
生物量/(kg MLVSS/m^3)	6.88	8.04	6.81	7.57	6.87
比产氢速率/[m^3/(m^3·d)]	4.57	4.45	4.25	4.47	4.49
比产氢能力/[m^3/(kg MLVSS·d)]	0.66	0.55	0.62	0.59	0.65

工程总投资约 1299.5 万元，其中主体工程为 894.8 万元；配套工程（二期工程）为 287.3 万元。考虑工艺运行费、氢气纯化费以及运行管理等费用，有机废水发酵法生物制氢成本仅为 1.37 元/m^3。

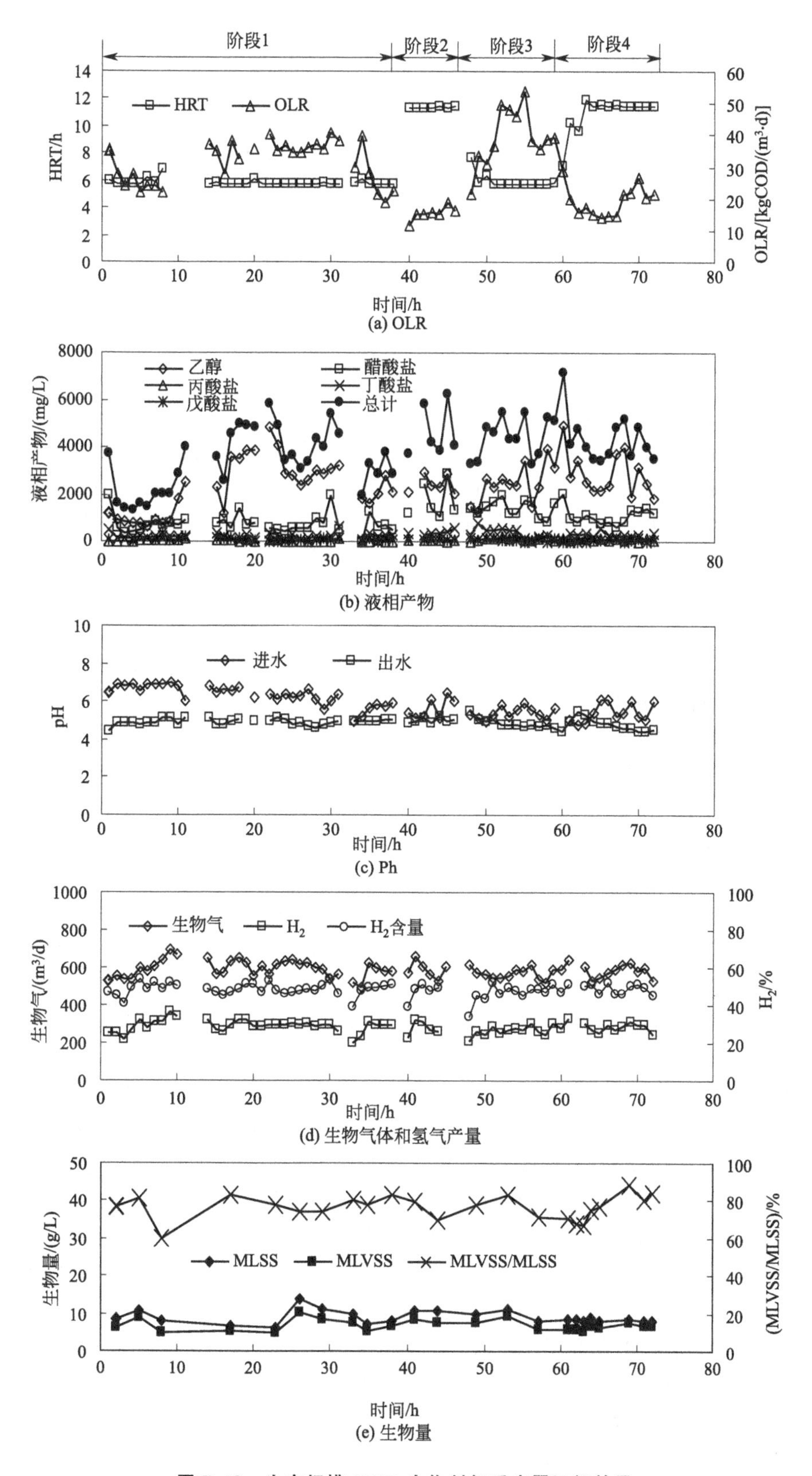

图 7.10　生产规模 CSTR 生物制氢反应器运行效果

7.3.4 有机废水梯级利用能源化技术

厌氧暗发酵生物制氢尽管已经达到规模化生产水平，依然存在着某些不足，制约着其产业化进程：基质氢气转化率不高，废水处理不够彻底，发酵原料降解产生的大量挥发酸和乙醇等有机物残留在发酵液中。如果只考虑暗发酵生物制氢工艺，不仅会浪费生物质资源，同时该类废水的排放还会对环境造成很大威胁，因此需要对其做进一步处理。

暗发酵生物制氢系统出水中含有的大量挥发酸和乙醇等小分子物质，是甲烷发酵、光发酵产氢以及微生物燃料电池的良好基质。将产氢和上述工艺相联合，不仅可以解决制氢废液需要进一步处理的问题，而且可以进一步回收能源，具有更广阔的发展和应用前景。近年来，有机废水梯级利用的能源回收工艺已经成为研究热点。

7.3.4.1 产氢-产甲烷耦合技术

甲烷发酵是有机物质（碳水化合物、脂肪、蛋白质等）在一定温度、湿度、酸碱度和厌氧条件下，这些液相产物（如丁酸、丙酸和乙醇等）可以通过产氢产乙酸菌群的作用同时释放氢气，而其液相产物——乙酸又是甲烷菌群的主要底物，可以加以利用并生成甲烷，可采用甲烷发酵方法对其作进一步处理，高效处理废水的同时有效回收能源。甲烷发酵包括目前普遍采用的小型农村甲烷技术和大型的厌氧污水处理工程等。如果借鉴高浓度有机废水处理的两相厌氧生物处理工艺，不仅可以对高浓度有机废水进行高效处理，同时还可借助于生物相的分离特性，利用产酸相制取氢气，利用后续产甲烷相制取甲烷，可以同步实现高浓度有机废水的处理、氢能和甲烷的回收，达到废水处理与能源化的综合目的。因此，以甲烷发酵为基础的甲烷发酵与产氢发酵联合技术更具有现实意义和工业化前景。厌氧生物处理有机废水采用厌氧发酵法生物制氢与甲烷发酵相结合的工艺，既可以回收更多的能源载体，又可有效地治理废水。

产氢-产甲烷耦合技术有两种主要工艺型式：其一是通过产氢和产甲烷两级反应器串联实现；其二是在单个反应器内实现如 ABR 反应器，由于前者和传统的两相厌氧技术相似，所以本节不再介绍。仅介绍 ABR 反应器应用在产氢-产甲烷耦合技术上的特点和优势。

ABR 综合了第二代厌氧生物处理反应器的优点，属于分阶段多相厌氧生物处理工艺技术，具有比传统的两级（或两相）厌氧处理工艺更灵活、易管理的特点。ABR 的格室串联结构，ABR 独特的结构及其推流式流态可使产酸发酵菌、产氢细菌和产甲烷菌等从进水端到出水端依次分布于各格室，实现厌氧生物系统的微生物相分离。相对独立，同时又通过营养食物链密切协作，相对于 CSTR 反应系统更具有优越性。前端格室以培养产酸发酵细菌为主，有机物通过产酸发酵作用产生并释放氢气，液相末端产物中除了乙酸外，还含有大量的丙酸和丁酸等有机挥发酸；过渡阶段富集了大量的 HPA，它可将前段产酸发酵细菌产生的丙酸和丁酸等有机挥发酸进一步分解为乙酸，同时释放氢气，为产甲烷菌的进一步利用奠定了基础。此项工作尚处于起步阶段，有待于深入研究，尤其是反应器的控制操作条件和运行参数。郑国臣[62]利用 ABR 反应器构建了发酵联合产氢-产甲烷系统，初步探讨了反应器连续运行的参数，在 HRT 为 24h 条件下，通过逐渐提升进水 COD 至 5000mg/L 的策略，在 70d 内可成功启动 ABR 发酵联合产氢-产甲烷系统并达到运行的稳定，此时系统的 COD 去除率为 37%，反应设备的产氢能力达到 $0.46m^3/(m^3 \cdot d)$，产甲烷能力达到 $0.68m^3/(m^3 \cdot d)$，实现了“前端格室发酵产氢、后端格室发酵产甲烷”的目的。

7.3.4.2 暗发酵-光发酵耦合产氢技术

厌氧暗发酵产氢细菌和光发酵产氢细菌联合起来组成的产氢系统称为光-暗耦合产氢途

径，它包括两步法和混合培养产氢两种方法。近年来，暗-光发酵耦合产氢途径已越来越受到人们的重视。两步法产氢过程分为两个不同的阶段：一是大分子有机物的暗发酵过程，产生小分子有机酸同时释放氢气；一是光发酵细菌利用暗发酵过程产生的小分子有机酸作为电子供体，在固氮酶的催化下的光发酵过程，同时产生氢气，研究者认为这一过程可以显著提高总氢气量。近年来国内外学者在这一领域开展了大量研究，并取得了一定进展。混合培养产氢过程是暗-光发酵细菌在一个培养体系中进行培养产氢，多种微生物组建形成良好微生物生态产氢体系，使其在转化纤维素和有机废水等可再生生物质资源生产氢能方面具有潜在优势，被认为是最理想的生物产氢模式。然而，由于两种细菌各自需要不同的环境，而且暗发酵细菌的生长速率远远大于光发酵细菌，产生的挥发酸的速率远大于光发酵细菌对挥发酸的利用速率，所以同两步法相比混合培养产氢较难实现。理论上通过这两种方法可以实现最大的产氢量 12mol/mol 葡萄糖。图 7.11 所示为混合产氢系统中暗-光发酵细菌利用葡萄糖产氢的生物化学途径和自由能变化。

阶段Ⅰ—暗发酵

$$C_6H_{12}O_6+2H_2O \longrightarrow 2CH_3COOH+2CO_2+4H_2 \quad \Delta G^{\ominus}=-206kJ$$

阶段Ⅱ—光发酵

$$2CH_3COOH+4H_2O+\text{光能} \longrightarrow 8H_2+4CO_2 \quad \Delta G^{\ominus}=+104kJ$$

$$C_6H_{12}O_6+6H_2O \longrightarrow 12H_2+6CO_2 \quad \Delta G^{\ominus}=+3.2kJ$$

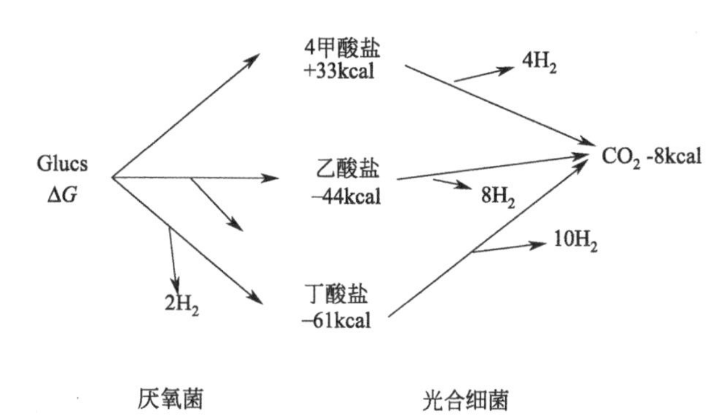

图 7.11
暗-光发酵细菌混合培养降解葡萄糖的模型

暗发酵细菌能够将大分子有机物分解成小分子有机酸和醇以获得维持自身生长所需的能量和还原力，以解除电子积累而快速释放部分氢气。从图 7.11 可以看出，由于化学反应只能向自由能降低的方向进行，在产生的小分子有机酸中，只有甲酸可进一步分解释放 H_2 和 CO_2，其他有机酸因不能被暗发酵细菌继续分解而大量积累，导致暗发酵细菌产氢效率低下，成为暗发酵细菌产氢大规模应用面临的瓶颈问题。而光发酵细菌能够利用暗发酵产生的小分子有机酸，消除有机酸对暗发酵制氢的抑制作用，进一步释放氢气。同时光发酵细菌不能直接利用纤维素和淀粉等大分子的复杂有机物，对廉价的废弃的有机资源的直接利用能力和产氢能力较差。所以，充分结合暗-光发酵两种细菌各自的优势，将二者耦合到一起形成一个高效产氢体系，不仅可以减少光能需求，而且可以提高体系的产氢效率，同时还可扩大底物的利用范围。

近几年，暗-光发酵细菌的两步法产氢试验的研究越来越广泛。2005 年，Nath 等[63]尝试使用 *Rhodobacter sphaeroides* O. U. 001 来光发酵 *Enterobacter cloacae* DM11 的代谢产物，结果整个过程的氢气量比单一过程利用葡萄糖明显要高。之后，Tao 等[64]证实了通过暗-光发酵细菌两步法试验利用蔗糖作为底物，能够显著增加氢气产量，氢气产量最大达 6.63mol

H_2/mol 蔗糖。Chen 等[65]通过使用暗发酵细菌 *Clostridium pasteurianum* CH_4 利用蔗糖作为底物时可以产生 3.8mol H_2/mol 蔗糖，通过 *Rhodopseudomonas palustris* WP3-5 对上述发酵液进一步处理，产生氢气 10.02 mol H_2/mol 蔗糖，同时 COD 去除率达到 72%。当使用光纤反应器进行光发酵试验时，两个过程氢气产量进一步增加到 14.2mol H_2/mol 蔗糖，COD 去除率几乎接近 90%，显示了很好的氢气生产能力和 COD 处理效果。Lo 等[66]对难降解大分子物质淀粉进行酶解处理后，经过暗-光发酵两个过程，使 COD 去除率达到 54.3%，氢气产量达 3.09mol H_2/mol 葡萄糖，说明暗-光发酵的两步法氢气生产过程可以结合一定的预处理方法实现难降解大分子有机物的产氢，降低产氢原料成本，增加底物转化效率，为实现生物制氢的商业化生产奠定基础。表 7.8 总结了已有研究报道的暗-光发酵细菌两步法生物制氢技术的产氢能力[43]。然而，两步法产氢过程中，需要两个反应器，增加了占地面积和处理步骤，而且光发酵过程的氢气生产速率和细菌生长速率同暗发酵相比较低，是规模化生产的限制因素。

表 7.8 暗-光发酵细菌两步法生物制氢技术的产氢能力比较

暗发酵细菌	光发酵细菌	碳源	氢气产量
Caldimonas taiwanensis On1	*Rhodopseudomonas palustris* WP3-5	淀粉	3.09mol H_2/mol 葡萄糖
Rhodopseudomonas palustris P4	*Rhodopseudomonas palustris* P4	葡萄糖	4.8～5.6mol H_2/mol 葡萄糖
Enterobacter cloacae DM11	*Rhodobacter sphaeroides* O.U.001	葡萄糖	6.61～6.75mol H_2/mol 葡萄糖
C. butyricum	*Rhodobacter* sp. M-19	葡萄糖	6.6mol H_2/mol 葡萄糖
Clostridium butyricum	*Rhodobacter sphaeroides* M-19	葡萄糖	7.0mol H_2/mol 葡萄糖
Escherichia coli HD701	*Rhodobacter sphaeroides* O.U. 001	葡萄糖	2.4mol H_2/mol 葡萄糖
Clostridium pasteurianum CH_4	*Rhodopseudomonas palustris* WP3-5	蔗糖	14.2mol H_2/mol 蔗糖
Microflora	*Rhodobacter sphaeroides* SH2C	蔗糖	6.63mol H_2/mol 蔗糖
E. harbinense B49	*R. faecalis* RLD-53	葡萄糖	6.32mol H_2/mol 葡萄糖

生物制氢技术最终目标是实现氢气的可再生以及大规模商业化生产。目前，光发酵生物制氢技术的研究程度和规模还基本处于试验室水平，暗发酵生物制氢技术已完成中试研究[67]，面临工业化生产仍需进一步的提高转化效率、降低制氢成本。纯菌种生物制氢规模化面临诸多困难，而且自然界的物质和能量循环过程，特别是有机废水、废弃物和生物质的降解过程，通常由两种或多种微生物协同作用。因此，利用微生物进行混合培养或混合发酵产氢已越来越受到人们的重视。将不同营养类型和性能的微生物菌株共存在一个系统中构建高效混合培养产氢体系，利用这些细菌的互补功能特性，提高氢气生产能力、底物转化范围和转化效率，易于规模化。

当暗发酵细菌和光发酵细菌同时存在于一个培养体系中时，光发酵细菌可能对产氢代谢起到促进作用。Kayano 认为这是由于 PSB-*Chlorella vulgaris* 在光照条件下可以大量还原 NADP，而丁酸梭菌能迅速使 NADPH 传递到细胞色素上，协同促进产氢[43]。1981 年，Weetall 等[68]首次利用琼脂固定化光发酵细菌 *Rhodospirillum rubrum* 和 *Klebsiella pneumoniae* 利用纤维素进行产氢研究，产氢量 6mol H_2/mol 葡萄糖。1983 年，Odom 和 Wall[69]使用 *Cellulomonas* sp. ATCC 21399 和 *R. capsulate* B100 利用纤维素进行混合培养产氢试验，氢气产量为 4.6～6.2mol H_2/mol 葡萄糖。随后，Miyake 等[70]验证了混合产氢途径的可行性，暗发酵细菌 *Clostridium butyricum* 和光发酵细菌 *Rhodobacter sphaeroides* RV 联合氢气产量高达 7mol H_2/mol 葡萄糖，而且降低了光发酵细菌产氢所需的能量。Yokoi 等[71]报道了 *C. butyricum* 和 *Rhodobacter* sp. M-19 混合培养，利用淀粉最大产氢量达到 6.6mol H_2/mol 葡萄糖，比单一厌氧菌利用淀粉的产氢量高 4 倍。郑耀通和闵航[72]认为共固定光暗两种发酵细菌的混合培养方式是处理高浓度有机废水持续产氢的最佳工艺模式。Asada 等[73]研究者采用乳酸菌 *Lactobacillus delbrueckii* NBRC13953 和 *Rhodobacter sphaeroides* RV 共固定在琼脂凝胶中产氢，最大氢气产量为 7.1mol H_2/mol 葡萄糖。Fang 等[74]研究了 *Clostridium butyricum* 和 *Rhodobacter sphaeroides* 以 1：5.9 的比例混合培养，氢气产量最大为 0.6ml H_2/mL 培养基，同时应用 FISH 技术对混合培养产氢体系中两种菌进行了相对定量，认为该技术对于细菌在混合系统中的定量是有效的方法。

上述研究表明，暗发酵细菌和光发酵细菌耦合培养方式较采用单一菌种培养可以获得很高的产氢效率。然而，目前很少有研究者能够获得混合培养较好的产氢效果研究。由于两种菌需要不同的生长和营养环境，而且暗发酵产酸速率快，致使体系 pH 急剧下降，严重抑制光发酵细菌的生长，产氢效率降低，成为混合培养产氢的瓶颈问题，需要不断地努力改进产氢条件，优化系统，使二者能够更好地发挥协同产氢作用。耦合产氢应用较多的有微藻光解水产氢与光发酵细菌光合产氢联合、厌氧发酵细菌产氢与光发酵细菌光合产氢联合。众多研究者已将暗发酵细菌和光发酵细菌协同产氢技术作为更具发展潜力和应用前景的生物制氢技术。混合培养技术已越来越受到人们的重视。

7.3.4.3 产氢-微生物燃料电池耦合技术

依据微生物燃料电池（MFC）原理（详见 7.4 部分），在发酵制氢后串联 MFC 也同样可以提高整个过程的能量产率。MFC 可以利用制氢后的发酵产物（如乙酸盐）作为燃料发电。但该组合既无法加速氢气的产生速率也无法增加其产量。如果氢气在产生后能被直接利用发电，则不但可以加速生物制氢进程，而且可以省去昂贵的收集和纯化过程。这是因为氢的积累会减缓其生物合成过程，如果把氢及时从反应器除去，则可以增加氢的产量。具体内容详见 7.4.4 部分。

7.4 有机废水生产微生物絮凝剂

生物絮凝剂是一类由微生物产生的，可使液体中不易降解的固体悬浮颗粒凝聚、沉淀的特殊高分子代谢产物。目前最常使用的絮凝剂是传统的无机絮凝剂和合成有机高分子絮凝剂。它们在使用过程中的不安全性和对环境造成的二次污染越来越受到人们的关注。传统絮凝剂虽在相当一段时间内起主导作用，但存在处理效率不佳、耗费大、有一定的危害且存在二次污染等问题。

20 世纪 80 年代后期，伴随着生物技术的发展，生物絮凝剂应运而生。生物絮凝剂是具有高效絮凝活性的微生物代谢产物或化学改性天然有机高分子絮凝剂，是利用生物技术，通过培养微生物的方法得到的一类新型、高效、无毒、可生物降解的絮凝剂。可广泛应用于饮用水处理、废水处理、食品工业和发酵工业等领域，具有广阔的开发与应用前景。

7.4.1 微生物絮凝剂的研究进展

7.4.1.1 微生物絮凝剂的分类及化学成分[75]

生物絮凝剂的类型主要有三大类：a. 直接利用生物细胞的絮凝剂，如一些生物细胞体、细菌或真菌等；b. 利用生物细胞壁提取物的絮凝剂，如酵母细胞壁的葡萄糖、甘露聚糖、蛋白质和 *N*-乙酰葡萄糖胺等成分均可用作絮凝剂；c. 利用生物细胞代谢产物的絮凝剂，生物分泌到细胞外的代谢产物主要是细菌的荚膜和黏液质，除水分外，其主要成分为多糖及少量的多肽、蛋白质、脂类及其复合物。

由微生物产生的絮凝剂是一种无毒的生物高分子化合物，包括机能性蛋白质或机能性多糖类物质。到目前为止，已报道的微生物产生的絮凝物质为糖蛋白、黏多糖、蛋白质和纤维素等高分子化合物，其分子量一般在 10^5 以上。*Pseudomonassp* C-120 产生的絮凝剂是天然双链 DNA，*Rhodococcus erythropolis* 产生的 NOC-1 是多糖蛋白，*Paecilomycessp* 产生的 PE101 是由氨基半乳糖相连而成的黏多糖，而 *Coryvrebactarium hydrocaboncalastus* 产生的絮凝剂中则含有聚多糖和蛋白质。有的微生物絮凝剂的组成更复杂，如 *Aspergillus sojae* AJ7002 产生的絮凝剂是蛋白质、己糖混合物；真菌 *Phorinidiumsp* 产生的絮凝剂主要成分是连接了脂肪酸和蛋白质的磺酸异多糖，其多糖的基本骨架是氨基酸、甘乳糖、鼠李糖和半乳糖。

根据多年的研究，可以初步确定，从化学本质来讲，生物絮凝剂主要是微生物代谢产生的各种多聚糖类，这类多聚糖中有些是由单一糖单体组成，有些是由多种糖单体构成的杂多聚糖，有些生物絮凝剂是蛋白质（或多肽），或者是有蛋白质（或多肽）的参与。脂类、DNA 等其他类型的生物絮凝剂较为少见。另外，有些絮凝剂中还含有无机金属离子，如 Ca^{2+}、Mg^{2+}、Al^{3+} 和 Fe^{3+} 等，但并非细菌合成的所有多糖均具有絮凝活性，研究表明，在 *Pseusdomonas* sp. 絮凝过程中只有 10%的多糖发挥了作用。实验研究也证明，某些生物絮凝剂的分子结构还会随培养条件的改变而相应变化。

7.4.1.2 微生物絮凝剂的絮凝机理[75]

微生物絮凝剂能使离散微粒（包括菌体细胞自身）之间相互黏附，并能使胶体脱稳，形成絮体沉淀而从反应体系中分离出去。絮凝过程是一个复杂的物化过程，关于微生物絮凝剂的作用机理先后提出过许多假说。如 Butterfield 的“黏质假说”，Crabtree的利用 PHB 酯合假说，Fridman 的菌体外纤维素学说以及离子键、氢键架桥学说、电荷中和、卷扫作用、吸附架桥学说等。絮凝的形成是一个复杂过程，单一的某种机理并不能解释所有现象。

(1) 离子键、氢键架桥学说

絮凝剂大分子借助离子键、氢键和范德华力，同时吸附多个胶体颗粒，在适宜的条件下在颗粒之间产生“架桥”现象，从而形成一种三维网状结构而沉淀下来，表现出较好的絮凝能力。该学说可以解释大多数微生物絮凝剂引起的絮凝现象，以及一些因素对絮凝的影响，并为一些实验所证实，因此受到人们的普遍接受。例如 Levy 等以吸附等温线和 Zeta 电位测定表明，环圈项圈藻 PCC—6720 所产絮凝剂确实是以“架桥”机制为基础的。电镜照片显示的聚合细菌之间由细胞外聚合物搭桥相连，正是这些桥使细胞丧失了胶体的稳定性而紧密地聚合成凝聚体在液体中沉淀下来。

通过研究蓝藻生物絮凝剂絮凝膨润土悬浮物的理化性质，表明该生物絮凝剂通过桥联作用引起絮体形成，导致膨润土悬浮物的絮凝。微生物絮凝剂处理燃料废水时，发现 Ca^{2+} 的加入减少了大分子和悬浮颗粒的负电荷，增加了悬浮颗粒对大分子的吸收量，促进了架桥作用。也有人认为体系中盐的加入会降低微生物的絮凝活性，这可能是由于 Na^+ 的加入，破坏了大分子的胶体之间氢键的形成。絮凝的形成是一个复杂的过程，为了更好地解释机理，需要对特定絮凝剂和胶体颗粒的组成、结构、电荷多少及各种反应条件对他们的影响做更深入的研究。

(2) 电荷中和作用机理

胶体粒子的表面对异号离子、异号胶粒或链状的生物大分子絮凝剂或其水解产物靠近胶粒表面或被吸附到胶粒表面上时，将会中和胶粒表面上的一部分电荷，减少静电斥力，从而使胶粒间能发生碰撞而凝聚。

(3) 卷扫作用机理

当微生物絮凝剂投量一定且形成小粒絮体时，可以在重力作用下迅速网捕、卷扫水中胶粒而产生沉淀分离。

(4) 类外源絮凝聚素假说

该假说认为在微生物细胞表面存在絮凝性分子或基团，微生物絮凝剂的主要成分中含有亲水的活性集团如氨基、羟基、羧基等，使细胞容易结合凝聚产生絮凝现象，其絮凝机制与有机高分子絮凝剂相同。大分子有线性结构，如果分子结构是交联的或支链结构的，其絮凝效果就差。相对分子质量对絮凝活性也有影响，一般来说相对分子质量越大，絮凝活性越高。

(5) 菌丝体外纤维素学说

Friedman 发现部分引起絮凝的菌体外有纤丝，认为是由于胞外纤丝聚合形成絮凝物，因此提出了菌体外纤维素纤丝说。

(6) 病毒假说

由 Strantford 提出的有关酵母絮凝机理的病毒假说，认为外源絮凝集素可能从酵母的一种感染剂产生，而非酵母本身产生。这一假说得到了新近研究结果的支持，如酵母絮凝可能受病毒转移激活蛋白表达的诱导。还发现 Kill-L 病毒与 FLO 表型伴随，并且 LdsRNA 与假定的絮凝结构基因相一致，这提示了酵母絮凝是 Kill-L 病毒外壳蛋白表达的结果。但是病毒假说是基于间接证据的推理，需要进一步的实验证明。

以上介绍的絮凝机理，在水处理中常常不是单独孤立的现象，而往往可能是同时存在的，只是在一定情况下以某种现象为主而已，可以用来解释水的絮凝现象。现在多数学者认为，絮凝作用机理是由凝聚和絮凝两种作用过程完成的，凝聚是胶体脱稳并形成细小凝聚体的过程，而絮凝则是上述凝聚体在“桥联”作用下生成大体积絮体的过程。

7.4.1.3 微生物絮凝剂的国内外研究概况

在 20 世纪 50 年代，人们就发现了能产生絮凝作用的细菌培养液。真正深入研究，却始于 1976 年，J. Nakamura 等[76]对能产生絮凝效果的生物进行了研究。至今发现的具有絮凝性状的生物种类有真菌、酵母菌、细菌、藻类等，由它们产生的生物絮凝剂类型很多。20 世纪 90 年代后，朝鲜、伊朗和日本等发现了一些新的絮凝剂产生菌，1999 年，关于糖类以外生物絮凝剂生产用碳源的第一篇报道来自日本，他们发现乙醇比葡萄糖和果糖可更有效地产生絮凝剂。国外生物絮凝剂的商业化生产自20 世纪 90 年代就开始了[77]。

我国的生物絮凝剂发展起步较晚，20 世纪 90 年代以来，国内有关的报道也日渐增多。目前，国内外关于生物絮凝剂的研究主要涉及以下几个方面：a. 产絮菌株的分离、纯化及鉴定；b. 营养因素和环境因素对微生物产絮能力的影响；c. 生物絮凝剂的提纯及其分子结构分析；d. 生物絮凝剂的应用；e. 生物絮凝剂的作用机理；f. 寻找制备生物絮凝剂的廉价原料；g. 生物絮凝剂的产絮基因及其调控技术。

哈尔滨工业大学马放教授首先提出复合型生物絮凝剂的概念[78]，这种絮凝剂安全无毒，可以以稻草、秸秆等廉价的生物质材料作为底物，利用纤维素降解菌群和絮凝菌群，进行两段式发酵后分离提取而获得。它可广泛应用于给水处理、废水处理、食品工业和发酵工业等领域。

7.4.2 利用有机废水生产生物絮凝剂

在以往实验室阶段的生物絮凝剂研制中，培养基的碳源物质大都为葡萄糖、果糖、蔗糖、半乳糖、淀粉等，氮源物质为酵母浸出汁、牛肉膏、蛋白胨、酪蛋白氨基酸等，这些物质价格昂贵，成为制约生物絮凝剂大规模生产和应用的一个主要瓶颈。为此，研究者进行了大量的利用廉价底物进行发酵生产絮凝剂的研究。如采用秸秆、稻草等农业废弃物，工业废水及废弃物等，这些研究为生物絮凝剂的大规模工业化生产奠定基础。其中，利用有机废水生产生物絮凝剂也为废水的处理利用开辟了一条新的途径。

周旭等[79]在培育假单胞菌时，利用鱼粉废水生产出了性能良好的生物絮凝剂 PSD-1。据报道该絮凝剂低温储存 325 天内活性稳定。在 pH 值为 12 时，废水中加热 30min 后，活性下降不到 50%。经有机溶剂提取、冻干后获得的絮凝剂干粉活性恢复率可高达 99.66%。这就表明了利用鱼粉废水作替代培养基的可行性。

在 NOC-1 的培养基中，使用豆饼、水产废水和牛血取代酵母浸膏，结果培养基的价格下降了 2/3 以上。

乔福珍[80]从空气和活性污泥中筛选出絮凝剂产生菌，分离纯化后得到 2 株产絮菌，构建复合产絮菌群利用啤酒废水作为培养基生产的絮凝剂，得到复合菌最佳产生絮凝剂的条件，表明啤酒废水完全可以取代葡萄糖作为复合菌的碳源和能源，从而"变废为宝"，实现其资源化利用，同时大大地降低了培养成本。进一步利用生物絮凝剂粗品对大庆某化工厂的含油废水进行处理，在生物絮凝剂投加量为 6mL、$CaCl_2$ 为 6mL、pH 值为 9 时絮凝率可达 90.5%，COD 去除率为 68.7%，氨氮去除率可达 95%。

李大鹏、马放等[81]发明了一种利用谷氨酸发酵废水制取复合型生物絮凝剂的方法，在培养液中加入谷氨酸发酵废水，利用农业废弃物秸秆和谷氨酸发酵废液生产复合型生物絮凝剂。尹华等考察了生物絮凝剂产生菌在味精废水中发酵产生絮凝剂的絮凝特性，谷氨酸废液的加入可以降低酵母膏的投加量，有很高的经济价值。

董双石、王爱杰等[82]开发出利用生物发酵残液制备生物絮凝剂的新方法，用于废水的除浊、脱色效果显著。

综上所述，众多研究者在可替代的廉价培养基原料生产生物絮凝剂方面做了很多尝试和探索，但距离大规模工业化生产仍还需要做大量的、进一步的试验和研究。

7.4.3 微生物絮凝剂在废水处理中的应用[75]

李智良等从废水、土壤、活性污泥中分离出 42 株细菌，获得 5 株微生物絮凝产生菌，Ⅰ-23、Ⅰ-24、Ⅱ-2、Ⅱ-8、Ⅱ-12，其发酵离心液对造纸黑液、皮革废水、偶氮染料废水、硫化染料废水、电镀废水、彩印制板废水、石油化工废水、造币废水及蓝墨水、碳素墨水等进行絮凝试验，废水固液分离效果良好，COD 去除率 55%～98%，悬浮物、色度、浊度去除率 90%以上。

(1) 脱墨剂废水

Fujita 等从污水处理厂回流污泥中筛选出 Q3-2 菌株，用其产生的絮凝剂对脱墨剂废水、碳素墨水悬浊液、涂料废水和豆制品废水进行絮凝净化实验，有极好的絮凝效果，尤其对脱墨剂废水的综合处理效果最佳，絮凝率为 91.4%，SS 去除率为 99.2%，对豆制品废水的处理效果稍差。

(2) 建材废水

建材废水含有大量无机颗粒，不易溶于水而呈悬浮状存在于溶液中，有时还含有染料和有机物，处理难度较大，生物絮凝剂同时具有絮凝和脱色性能，能满足处理要求。张晓辉等用所制备的微生物絮凝剂对建材中的透辉石和高岭土深加工废水进行了处理研究，效果较好。

(3) 印染废水

印染废水是棉、毛、化纤等纺织产品在预处理、染色、印花和整理过程中所排放的废水，色度高、COD高、含多种有机成分且具有生物毒性。肖子敬等采用成型化的膨润土基多孔黏土材料作为固定混合脱色菌的载体，成功地制成了膨润土固定化细胞颗粒材料，应用于染料阳离子红X-GRL的脱色处理，具有良好的效果。Shih等用自行研制的NAT型系列生物絮凝剂，对染料脱色进行了系列实验，研究了从土壤中分离得到的6株菌株（命名为NAT-1至NAT-6）所产生的絮凝剂，对活性艳蓝KN-R、酸性湖蓝A、酸性品蓝G、直接深棕M、直接耐晒蓝B2RL、酸性媒介深蓝AGLD和直接黑染料生产废水脱色性能。辛宝平等分别筛选并研究了吸附菌GX2、菌株HX、青霉菌X5、菌株ND1、ND2、青霉属（菌Ⅰ、菌Ⅱ）和头孢霉属（菌Ⅲ）的真菌对活性艳蓝KN-R的脱色作用及影响因素。Fujita等研究了菌株TKF04对溴氨酸的脱色特性及影响因素。彭晓文等研究了影响微生物絮凝剂L-3絮凝活性的因素，并考察了其对酸性湖蓝、碱性品红、活性翠绿KN-R、直接深紫NM对酸性湖蓝A染料水溶液絮凝脱色率达80%。满悦之等筛选出了一株丝状真菌（GX2）并对活性、酸性、碱性和直接染料进行了吸附及解吸试验，结果表明，该菌株对活性、酸性和直接染料有较高的吸附率，但碱性染料难被吸附；丙酮是较好的解吸剂，碱性介质有利于染料的解吸。黄惠莉等筛选出具有良好脱色活性的混合菌A，并从中分离出单菌N和F，以去除印染废水中的红颜色，脱色率为80%。

(4) 三硝基甲苯（TNT）废水

三硝基甲苯废水COD含量大，色度高，处理困难。尹萍等从受TNT严重污染的土壤和废水中分别筛选到17株可降解TNT的酵母菌和白地霉，对其中6株菌进行了降解TNT的条件实验，去除率达71%～93%。

(5) 制药废水

制药废水中含有有机物，COD含量大，浊度高且含有抗生素。夏元东等采用微生物絮凝剂和粉煤灰过滤相结合的预处理工艺，其综合的效果可以将高浓度制药废水中的COD去除80%，基本脱色澄清，且可以将对生化处理有抑制作用的抗生素予以降低。

(6) 含油污水

含油污水是一种常见的工业废水和生活废水，包括石油开采和石油化工排放的石化废水，以及其他行业排放的含油废水。絮凝剂处理含油污水由于费用低，常作为含油污水的一级处理。H. M. Oh等从污泥中筛选、复筛得到1株具有较高絮凝活性的菌，该菌产生的絮凝剂絮凝沉降石化废水，絮凝效果好，浊度去除率达90.1%。崔建升等用一种发酵法制备的生物絮凝剂，对试验用乳浊液絮凝除油效率达95%以上，优于商品破乳剂E-3453的絮凝性能。将生物絮凝剂用于含油废水的处理，出水含油量小于5mg/L。尹华等对多糖微生物絮凝剂JNBFs-25的结构和性质进行研究，该絮凝剂对石化废水有良好的处理效果，并且对污泥的沉降性能有较好的改善。李桂娇等筛选出了3株絮凝活性很高的菌种（JSP-18、JSP-26、WU-16），分别采用80%（体积比）的JSP-18、JSP-26、WU-16的培养液与20%（体积比）的J-25菌液联合处理某石化厂废水，其除浊率大于90%，对COD的去除率分别为70.0%、44.0%和23.0%。

(7) 洗毛废水

洗毛废水是洗羊毛生产工艺排出的高浓度有机废水，外表常呈灰黑色或浅棕色，表面覆盖一层含各种有机物、细小悬浮物以及各种溶解性有机物的含脂浮渣。林俊岳等研究了生物絮凝剂代替化学絮凝剂处理高浓度洗毛废水的絮凝效果，试验结果表明，微生物絮凝剂的絮凝效果优于化学絮凝剂，可以使洗毛废水的COD的去除率达到85%，SS去除率达到88%，水的颜色由灰黑色变成红褐色。

(8) 味精废水

味精废水具有浊度高、黏性大、pH 值低、SS 和 COD 含量高等特点，必须经适当的处理后才可排放。程树培等应用原生质体融合技术，构建出跨界杂种细胞，从中筛选出 F13、F15、F20 三株高絮凝性融合细胞，对味精废水中有机污染物的降解性能较好。郭晨等利用从味精废水中筛选出的一株高活性假丝酵母 Y-10 进行味精废水处理，在最佳条件下，应用新型气升式双向内环流动态反应器培养的假丝酵母 Y-10 处理味精废水，废水 COD 去除率达 95.1%。陶涛等研究了微生物絮凝剂普鲁兰处理味精废水的絮凝效果及最佳反应条件，小试结果表明，普鲁兰用于高浓度味精废水的预处理，可以有效地降低出水的 COD 和 SS，并且不需要调节 pH 值。郭雅妮等对酵母菌处理味精废水的工艺条件进行了研究，在最佳工艺条件下，该技术作为前处理工艺，可使废水 COD 的去除率达 60%以上，为后处理的达标排放提供了基础，并可回收一定的酵母蛋白。

(9) 酱油废水

曹建平等利用高效絮凝剂产生菌 M-25 所产生的微生物絮凝剂处理酱油废水，处理结果与 $Al_2(SO_4)_3$ 和 PAM 作对比。结果表明：微生物絮凝剂 M-25 单独处理酱油废水的效果优于 $Al_2(SO_4)_3$，与 PAM 效果接近，且所需沉降时间最短，仅为 30min；与 $Al_2(SO_4)_3$ 复配后，可提高处理效率，絮凝率和 COD 去除率分别达到 77.2%和 79.8%。

(10) 啤酒废水

啤酒厂废水中含有许多易于生物降解的有机物，其中 COD、BOD 高达 1000mg/L 以上。啤酒废水中有机物含量较高，直接排放会大量消耗水体中的溶解氧，导致环境恶化。目前我国啤酒废水多采用好氧生物处理法进行处理，不仅电耗大、成本高，而且处理后废水中的 N、P 含量仍然偏高。陈烨等采用一株硅酸盐细菌 GY03 菌株所产生高效生物絮凝剂，对高浓度啤酒废水进行了初步处理，提出最佳处理条件和工艺，废水的 SS、BOD_5 和 COD 的去除率分别可达 93.5%、77.4%和 70.52%，处理效果理想。

(11) 麸质废水（俗称黄浆废水）

淀粉制造工艺产生的麸质废水（俗称黄浆水）中含有细小的悬浮麸质颗粒以及溶解性蛋白。Deng 等使用阴离子多糖类絮凝剂 MBFsA9 对淀粉废水进行处理，$1m^3$ 废水可回收 2kg 固体沉淀剂，废水中的 SS、COD 去除率分别达 85.5%和 68.5%，效果明显优于常用的化学絮凝剂。他们还利用从土壤分离、筛选得到的高效絮凝剂产生菌 A-9 产生的絮凝剂处理淀粉厂的黄浆废水，效果明显优于常用的聚铝、聚丙烯酰胺。

(12) 金属废水

金属废水中的许多金属离子具有生物毒性，在生物链中易积累，大量排放金属废水，不但会危害人体健康，也会使其中的稀有贵金属流失，因此，金属废水的治理和贵金属的回收已成为生态环境治理的一个热点。生物絮凝剂由于具有来源广、吸附能力强、适用条件宽、易于分离回收等特点，已广泛应用于金属废水处理领域。王竞等研究了胞外高聚物 WJ-I 对水溶性染料及 Cr(Ⅵ) 的吸附特性及吸附机理，pH＜2 时，Cr(Ⅵ) 的吸附率最大值达 98%；WJ-I 对水溶性染料的吸附符合架桥模型；Cr(Ⅵ) 的吸附过程符合 Freundlich 数学模型和表面螯合机理。陈欢等用纤维堆囊菌 NUST06 发酵液精制产生一种新型生物絮凝剂 SC06。SC06 的絮凝活性依赖于阳离子的存在，适宜处理重金属废水、砖厂废水和煤矿废水等带正电荷的废水，不适宜处理大多数带负电荷的有机废水。王竞等研究了一种新型细胞外聚合物 WJ-I 对水中重金属 Cr(Ⅵ) 的吸附特性，Cr(Ⅵ) 的吸附过程可分为三个阶段，整个吸附过程符合 Langmuir 吸附模型。Dermlim 采用梯度浓度驯化的方法，从自然界筛选了高耐铜的微生物枝孢霉属菌，可有效去除电镀废水中的铜。

生物絮凝剂因其具有超强的絮凝性能，可使一些难处理的高浓度废水得到絮凝，并明显降低 COD、色度等指标，并且，微生物絮凝剂易生物降解、对环境安全、无二次污染，是一种有着良好发展前景的新型绿色药剂，因而具有广阔的应用前景。

7.5 有机废水处理与同步产电技术

7.5.1 概述

活性污泥法、生物膜法以及这两种工艺的改进形式，已经被广泛用作去除多种废水中的有机污染物的有效生物手段[83]。然而这些工艺面临着新的瓶颈与挑战，例如，如何将现有工艺改进成为能耗更低、更经济和更符合可持续观念的废水处理技术。首先，好氧微生物的增殖需要持续供氧作为电子供体，这就意味着大能耗。其次，微生物生理代谢产生的气态二氧化碳排放入大气环境中，将会成为温室气体。最后，微生物生长产生的剩余污泥需要通过技术合理和经济可行的方法来进行处置，而污泥处置的费用占污水处理厂总运行费用的25%～65%[84]。

在微生物燃料电池（MFC）技术中，电化学活性微生物作为氧化有机化合物从而产生电流的生物催化剂。该项技术可能开辟出在处理有机废物同时回收电能的新方向[85]。结合了生物处理工艺（如厌氧消化）和化学燃料电池（如 H_2/O_2 燃料电池）反应器构型和功能上的优势，MFC 具有以下优点：底物的一步转化实现了高效率、在常温常压下工作、可以处理底物种类繁多、剩余污泥的产量极少和无副产物生成[86]。上述优点使 MFC 有望成为处理废弃物同时发电的环境友好可持续污染物处理技术。

Potter[87] 在 1911 年首次报道了在一个类似燃料电池系统中，细菌利用酵母培养基可以产生电流极微弱的生物电。因为符合了环境产业和能源产业中“绿色”和“可持续发展”的理念，MFC 直到 20 世纪末才再次受到了广泛的重视。很多学者投身到 MFC 基本原理与机制和提高 MFC 产电的研究中。通过富集高活性细菌、应用高效电极材料和优化反应器设计运行参数，实验室中小试规模的 MFC 产生的最大功率密度从 $<10^{-1}mW/m^2$ 提高到了 $>4\times 10^3mW/m^2$[88]。同时还有研究证明了 MFC 能以可持续的方式来实现化学物合成和环境修复。

尽管现在的 MFC 性能与 Potter 报道的相比已经有了大幅度提高，但是其功率密度还是非常低，离工程应用和商业应用还很遥远。由于诸如低反应活性、高溶剂阻抗和传质缓慢的不利因素，MFC 能产生的最大功率密度（在 $10^{-2}\sim10^{-1}mW/cm^2$ 数量级内）比 H_2/O_2 燃料电池（功率密度在 $10^2\sim10^3mW/cm^2$ 数量级内）和其他类型燃料电池低了 3～5 个数量级。研究 MFC 涉及的不同生物反应、电化学反应、界面作用、离子输送和离子转化，以及这些过程是如何受到反应器设计运行参数影响的，对于深入理解 MFC 和开发出持续高效废物处理系统是非常重要的。

7.5.2 MFC 的基本原理、评价和反应器设计

7.5.2.1 基本原理

MFC 可以定义成通过微生物生理代谢将有机物质化学键中储存的化学能转化成电能的设备。与 H_2/O_2 燃料电池相似，典型的 MFC 包含有被阳离子交换膜（CEM）分隔的一个负极（厌氧阳极）和一个正极（氧化阴极）的双极室结构。图 7.12 展示了 MFC 的基本工作原理。以葡萄糖（作为电子供体，5mmol/L，pH=7）完全发酵氧化为例，富集在阳极表

面的电化学活性微生物可以氧化葡萄糖来获得能量供给自身生长。比厌氧条件下发酵副产物电位更高的电子受体出现时，电子会从微生物细胞传递到作为最终电子受体的电极。在多数情况下，葡萄糖通过发酵被转化成小分子挥发性有机酸（如乙酸盐和丁酸盐）而不是通过呼吸途径直接氧化成CO_2。如果阳极通过诸如铜这样的电子导体连接到高电位的阴极，则氧化性物质（如氧气）会在阴极发生还原反应，电子会被阳极和阴极的电位差驱动，与穿过CEM的质子结合，参加氧化性物质的还原反应。

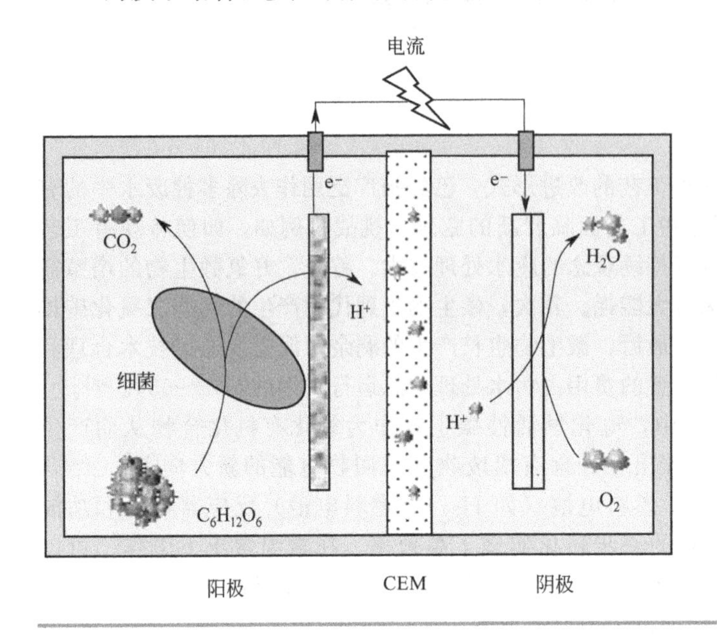

图 7.12
典型 MFC 产电原理

阳极： $C_6H_{12}O_6 + 6H_2O \longrightarrow 6CO_2 + 24H^+ + 24e^-$，$E = -0.41V$ (7.1)

阴极： $O_2 + 4H^+ + 4e^- \longrightarrow 2H_2O$，$E = +0.804V$ (7.2)

总反应： $C_6H_{12}O_6 + 6O_2 \longrightarrow 6CO_2 + 6H_2O$，$\Delta G^{\ominus} = -2843kJ/mol$ (7.3)

除了传递质子以外，分隔两个极室的膜还可以阻止氧气扩散到阳极室，以维持阳极的厌氧条件。因为总反应的理论热动力学参数为−2843kJ/mol，所以只要建立了动态平衡就可以维持外电路中的电流。在这个产电过程中速率最慢的步骤就是MFC整体性能的限速步骤。

7.5.2.2 MFC 性能评价

MFC的性能通常利用阳极（限速电极）几何面积标准化后的功率来评价，这一指标称为功率密度，单位是毫瓦每平方米（mW/m^2）。当MFC采用固定床阳极的时候，功率可以用阳极区湿液体积进行标准化，这就称为体积功率密度（W/m^3）。

在MFC中，两个半反应［式(7.1)和式(7.2)］的理论电势差是1.214V，该值也称为热动力学平衡电位。当回路中接入了外加电阻，MFC就会在外部回路产生电流，此时极化现象就产生了。极化的结果是极化后的电势偏离理论电势，偏离值称为过电势。过电势包括斯特损失、在阴阳两极与催化反应相关的电化学活性损失、与电解液导电能力相关的欧姆损失和与反应物传递到电极反应活性位点的传质限制相关的扩散损失。这些过电势的加和决定了MFC可以产生的功率密度的大小。

除了功率密度，库仑效率（CE）是衡量MFC能从有机物中获得电量多少的重要参数。基于这个标准，CE可以定义成在相对于法拉第定律计算得到的理论电量（C_{TH}）而言，在给定的时间间隔内积累的实验电量的总和（C_{EX}）。

$$C_{EX} = \int_0^t I d\tau = \sum_{i=0}^{t} I_i \Delta\tau_i \quad (7.4)$$

$$C_{TH} = \frac{(COD_{in} - COD_{out})V_A}{M_{O_2}} bF \quad (7.5)$$

式中，t 是试验时间；I_i 是第 i 个时间间隔 τ_i 的电流；COD 是化学需氧量；V_A 是阳极体积，M_{O_2}(32g/mol) 是氧气分子量；b 每摩尔底物的电子数，4mole$^-$/mol；F 是法拉第常数，96485C/mol。

7.5.2.3 MFC 构型

考虑到已经有大量的综述性文献讨论 MFC 的设计和反应器构型，本节仅简要介绍在 MFC 构型发展中的两个里程碑式的重要构型。通过借鉴 H_2/O_2 燃料电池的设计，传统的 MFC 原型包含了由 CEM 分隔开的一个阳极和一个阴极（见图 7.12）。虽然这种间歇式的设计在运行过程中是不连贯的，但在进行诸如产电菌分离、微生物菌群鉴定、开发新电极材料及其电化学行为的基础研究中还是被广泛采用。而且普遍认为开发出可以提高产电功率的有效反应器设计构型是非常重要的。类似于电化学池的反应器的内阻（R）一般由三个因素决定：电解液的电阻率（ρ）、两电极距离（l）和电极面积（A）。基于电阻的基本公式 $R=\rho l/A$，很多创新的产电多、经济性更合理的处理废水的 MFC 反应器构型被设计出来。

一个重要的技术突破就是用一个惰性空气疏水气体扩散电极（GDE）来代替活性曝气阴极室，从而产生了单极室无隔膜 MFC[89]。这种设计可以省去活性曝气所需的能量，简化了设计和简化了电极间距离和面积的处理问题。由于具有上述优势，空气阴极 MFC 构型被广泛用作实验室中小规模测定微生物活性、新型材料表征和表述一些新的概念。另外一个重要的改进就是从小型的间歇流反应器改良到了可以利用废水产电的连续流结构[90]。固定床反应器可以利用表面积巨大的石墨颗粒作为三维电极，这就大幅提高了 MFC 系统的处理能力和系统稳定性。管状设计减小了两电极间的距离，这就降低了内电阻有利于提高产电量。这些构型上的改进在某种程度上为 MFC 反应器在实践应用中的规模化提供了理论依据。在 MFC 放大过程中会遇到很多不可预知的问题和挑战，因为反应器一旦放大过电势就会随之增大，所以优化 MFC 反应器设计使其适合于中试和大试依然是现在研究的热点。

7.5.3 阳极效能

7.5.3.1 电极材料

阳极的基本功能是让降解底物和参与电子传递的电化学活性微生物在其表面繁殖，以及将电子传递到外电路。这就需要阳极具有良好的导电能力来高效传递电子，高抗腐蚀能力来避免在盐溶液中出现的电化学腐蚀现象，且还要表面粗糙和多孔以便微生物的富集。基于这些具体要求，很多材料被用作 MFC 的阳极进行测试，从抗腐蚀的不锈钢到诸如碳盘、碳纸、碳毡、碳布、碳纤维刷、RVC、石墨颗粒、碳泡沫和活性炭粉的碳基材料。对不同材料的阳极进行性能比较是非常困难的，因为即使电极的几何面积是固定的，但是供微生物生长的电化学活性电极面积很难分析。此外，排除诸如电阻和不同材料中参与阳极反应的官能团的不利因素是不可能实现的。Liu 等[91]对不同的碳材料进行了循环伏安法（CV）分析，并发现碳纤维丝或者碳纸具有很好的微生物兼容性，微生物可附着的面积大，从而这两种材料比石墨棒阳极产生的电流密度高 40%。多壁碳纳米管在经过预处理后可以作为 MFC 的阳极，然而对产电的提高量却非常有限[92]。其他用作阳极的材料必须符合 MFC 反应器构型和运行的要求。

此外利用化学和/或物理化学预处理方法来修饰电极被证明是有效改良电极表面特性的方法，如此修饰过的电极可以加速和促进电子传递。

7.5.3.2 产电细菌的电子转移机制

具有电化学活性的微生物的菌种来源十分广泛，如废水处理中的厌氧或好氧活性污泥、海底沉积污泥、垃圾渗沥液以及各种工业废水等[93]。通常来说，一旦阳极表面生长了产电微生物的生物膜，则认为 MFC 的接种已经完成。在 MFC 中，如果不考虑异养微生物的能量代谢情况，微生物电子转移速率是评价产电微生物活性的首要依据。然而一个重要的问题是，微生物是以何种方式将从液态底物中释放的电子转移到固态电极表面上。大量的研究结果表明，目前有三种机理能够对微生物的这种行为做出合理解释。基于 Schröder 提出的分类方法，微生物电子转移可以分成直接转移和间接转移两种方式，无论是哪一种方式，前提都是微生物需要具有电化学活性的物质与电极表面发生界面接触，并且拥有与底物相近的氧化还原电位，同时这一电位在数值上要低于阴极电子受体的氧化还原电位。

(1) 直接转移

直接电子转移发生在具有导电性的细胞色素和电极接触的界面上［图 7.13(a)］，或者具有导电性的纳米导线上［图 7.13(b)］。对于前者，只有在电极表面的第一层细胞膜才是有效的，因此这个单一层的细胞密度决定了电子转移的速率。目前已有一些微生物的菌种被确定通过这种方式转移电子继而在 MFC 中产电，这些已经鉴定出来的菌种包括 *Shewanella putrefaciens*，*Rhodoferax ferrireducens* 和 *Geobacter sulfurreducens*[88]。但是，这种方式在实际的 MFC 体系中并不是很有效，这是因为在目前所发现的产电细菌中，除了 *Rhodoferax ferrireducens* 以外的所有细菌都只能利用类似于甲醇或者乙酸这样的小分子有机物，这样便大大限制了其应用的范围。Peng 等[94]发现电极电位是决定 *Shewanella oneidensis* 细胞色素 OmcA/MtrC 在细胞膜/电极界面积累的关键因素，但是循环伏安结果表明，细胞色素的反应活性远低于核黄素电子中介体。

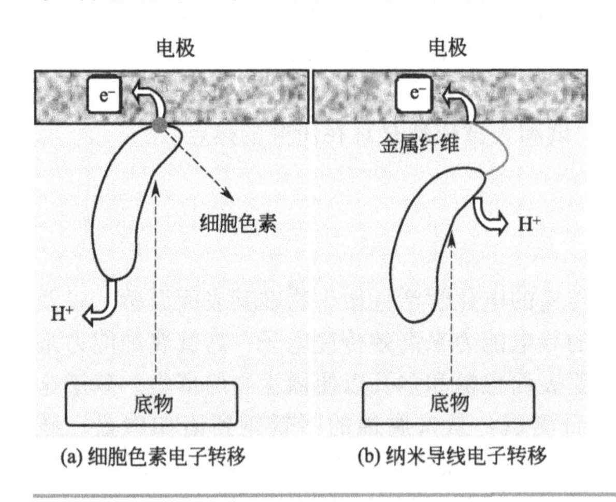

图 7.13
微生物直接转移电子机理示意

有充分的证据显示，模式产电菌 *Geobacter*[95] 和 *Shewanella*[96] 能够产生具有高度导电性的纳米导线。这种纳米导线的存在性和导电性能够使用扫描隧道显微镜进行定量表征。在这种情况下，细胞色素和电极表面通过纳米导线连接，电子像通过金属导线一样，在纳米导线中传导，进而完成电子转移。与细胞色素转移这种方式相比，纳米导线能够以串联或者并联的方式形成多层电活性生物膜，进而提高电子转移速率和 MFC 系统的功率输出。微生物纳米导线的发现的另一个重要科学意义在于揭示了不同微生物之间物质、能量和信息交换的新途径。

(2) 间接转移

间接转移途径是指电子通过某些具有电化学活性的氧化还原中介体完成，这些中介体不必通过细胞与电极直接接触发挥作用。它们作为电子受体通过改变自身的氧化还原状态完成电子的运输和迁移过程［图 7.14(a)］。Park 和 Zeikus[97]通过向石墨电极表面固定中性红染料或者铁锰离子氧化物，能够显著提高电子从 $NADH^+$ 向电极表面的转移速率，通过这种方式，MFC 的功率能够提高 1000 倍。除了上面提到的中性红以外，还有各种染料类的物质如劳氏紫、铬天青等也能够作为强化 MFC 阳极电子转移的中介体物质。另一种间接方式是通过厌氧发酵产生的小分子初级代谢产物如 H_2 和甲酸氧化作为电子载体完成电子转移[98]。通过把负载电催化剂（如 Pt）和导电聚合物的电极浸入厌氧液态培养基中，厌氧发酵产生小分子代谢产物，这些物质能够在电极表面被氧化释放电子和质子，电子传导到电极表面通过导线到达阴极，实现电流输出［图 7.14(b)］。在这种情况下，其本质不是生物电化学过程，而是发生在催化剂/气态 H_2/液态质子三相界面上的电化学反应，实质是原位利用生物发酵产生 H_2 的化学燃料电池。与通常的 H_2/O_2 燃料电池类似，Pt 是催化 H_2 分子裂解的有效催化剂。最近的研究表明，碳化物能够选择性的催化甲酸释放电子，不但扩大了阳极对底物利用的普适性而且降低了催化剂成本[99]。利用这种底物原位氧化的方式，能够使 MFC 的功率密度提高到 $6000mW/m^2$。此外，还可以将 H_2O_2 的合成反应与葡萄糖的暗发酵产氢偶联，在阴极合成 H_2O_2[100]。

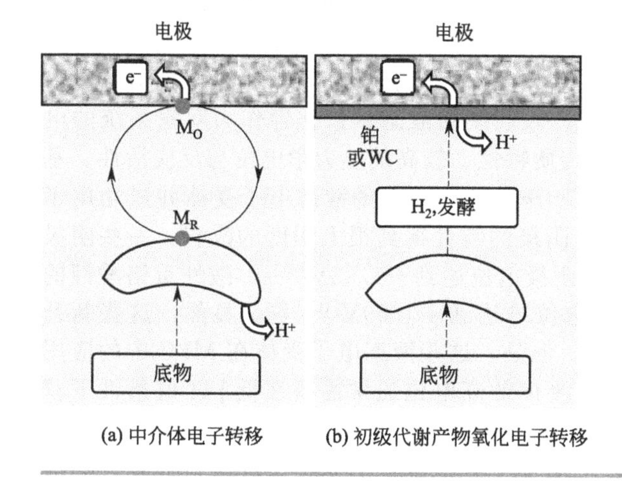

图 7.14
微生物间接转移电子机理示意

总之，大量的实验研究表明，间接电子转移通常比直接转移更为有效，因此能够产生更高的功率敏度。虽然很多基于纯培养的结果能够发现并证实微生物转移电子的机制，但是如何将这些机制运用在混合培养条件，并进行进一步的解析和定向调控，打破这一过程的瓶颈作用，仍是需要解决的一个重要问题。

7.5.3.3 电子供体

化学燃料电池是通过催化剂氧化一些简单的物质如 H_2、甲醇和乙醇等获得电子，相比之下，MFC 却能够利用微生物代谢氧化更多样化的有机物，甚至是有机废水。在实验室规模的实验中，乙酸和葡萄糖是 MFC 性能测试最常用的阳极底物，由于使用确定性的底物，因此与这些底物不相关的性能如电子转移、电极反应、电解质行为及阴极还原等能够被定义。除此之外，还有很多不同种类的有机物也被证明能够作为 MFC 产电的底物[93]。统计结果表明，使用纯培养时的功率密度和库仑效率远高于使用实际的有机废水。事实上，使用实际废水是有限制作用的，主要体现在可生物利用底物的浓度有限、离子强度和缓冲能力较低、废水中的杂质和土著微生物种群对电化学反应和产电微生物活性的影响等方面。使用不同底物时 MFC 的性能变化范围很大，功率密度从十几毫瓦/米^2 到几千毫瓦/米^2 不等，库仑效率从小于 10%到大于 80%不等。事实上，由于不同的研究使用的 MFC 型式与运行条件差别很大，因此将不同的底物在不同的 MFC 体系中获得的性能进行比较是有失偏颇的。

另一项值得关注的突破是发现生物质也可以作为 MFC 的阳极底物进行产电。生物质可以定义为通过自然界的生物循环，将太阳能储存在化学键里的物质，其主要特征是分布广泛，产量大，价格低廉并且具有良好的可持续性，是具有巨大开发潜力的可再生资源。Ren 等[101]报道了一种在双室 MFC 中通过纤维素发酵细菌 *Clostridium cellulolyticum* 和 *Geobacter sulfurreducens* 产电细菌共培养的方式，将纤维素转化为电能的方法，最大功率达到 143mW/m^2，库仑效率 47%，COD 去除率 38%。此外，Wang 等[102]使用空气阴极 MFC 进行生物扩大培养，从经过预处理的玉米秸秆中获得了 331mW/m^2 的功率密度。

7.5.4 阴极性能

在对 MFC 的性能进行优化时，要充分考虑到阴极的重要作用，主要是因为阴极的设计会在很大程度上影响阴极的反应活性和整个系统的有效性与可持续性。值得注意的是，阴极的设计策略要与 MFC 的反应器设计相匹配。比如，液态阴极电子受体只能用于含有膜的双室 MFC 反应器，而气态氧电子受体则既可以用于双室 MFC 又可用于无膜单室 MFC。这一部分主要讨论电子受体的性质及其在 MFC 中的电化学基本特性及存在的问题。

在 MFC 中，阴极电子受体的主要作用是接受来自阳极生物氧化产生的剩余电子。从热力学上说，电子自发从低电位到高电位迁移，因此理论上所有具有氧化性的物质均可作为 MFC 的阴极电子受体。在 MFC 早期的研究中，人们使用液态铁氰化钾作为双室系统的电子受体，主要考虑到液态铁氰化钾具有良好的传质特性、较高的热力学电位与反应活性。基于这样的事实，一些后续的研究工作不断开展，开发了很多新的液态电子受体并成功用于 MFC 产电。通过使用具有高电位的电子受体，阴极的特性得到很大程度的改善，一些阴极电位甚至可以超过+1.0V，如酸性高锰酸钾的阴极电位达到+1.53V[103]、酸性重铬酸钾的阴极电位达到+0.91V[104]、过硫酸盐的阴极电位可达到+1.59V[105]等。显然，这些新开发出来的阴极受体的性能优于传统的电子受体。但是，这些液态电子受体在 MFC 中的应用需要进一步考虑，因为：a. 目前已报道的阴极受体的高电位通常需要在低 pH 值条件下获得，有可能导致质子在浓度梯度的推动下从阴极扩散到阳极，对阳极微生物产生不利影响；b. 受体物质需要不断补充，而这在很大程度上增加了系统维护的复杂性和运行成本。硝酸盐转化为亚硝酸盐或氮气的反应也可以用在 MFC 的阴极反应[106]。通过将含有氨氮的阳极出水循环至阴极，氨氮被好氧氨氧化菌氧化成硝酸盐，然后通过脱氮反应被还原成 N_2 得以去除[107]。这种方式能够实现在一个 MFC 系统内同时去除碳和氮元素。由于这一过程是在特殊的微生物菌群而不是在化学催化剂作用下完成的，因此这种能够还原硝酸盐的阴极又称为生物阴极。事实上，除了催化硝酸盐还原以外，生物阴极也能够催化氧的还原。这一现象具有重要的意义，因为人们逐渐认识到，在所有的电子受体中，氧气有可能成为 MFC 的最优选择。众所周知，氧气在电极表面的还原速率通常很慢，通常需要具有高表面积和活性的催化剂来加速这一过程，因此如何从氧还原电化学的基本原理出发并开发有效策略优化阴极反应在提高 MFC 性能具有特殊重要的意义。

7.5.5 分隔材料

分隔材料作为界面载体，在 MFC 中起到分离阳极和阴极电解液的作用，同时也能够有效阻止阴极电子受体扩散进入阳极。起初，人们一直沿用化学燃料电池中的磺酸基离子交换膜作为分隔材料。随着对MFC认识的不断深入，发现MFC对离子交换膜的依赖程度不高，主要因为在MFC中，液态溶液自身完全可以作为电解质完成质子和离子的传导过程。图7.15为不同交换膜的结构式。研究表明，不使用离子交换膜的MFC能够降低膜内阻，因此能够产生比使用离子交换膜时更大的功率密度。但是在大多数情况下，离子交换膜还是扮演十分重要的角色。

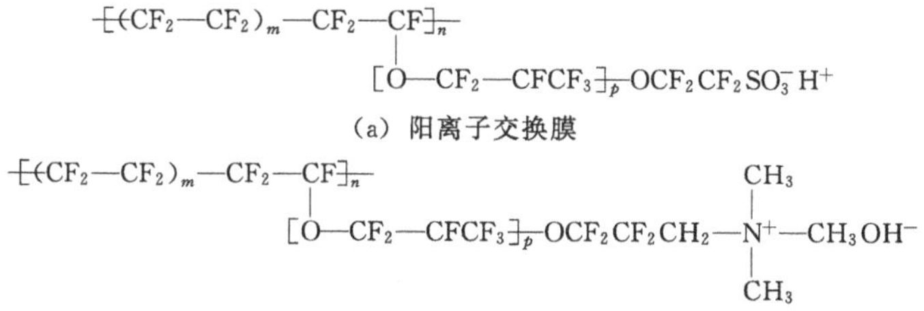

$$-[(CF_2-CF_2)_m-CF_2-CF]_n- \quad [O-CF_2-CFCF_3]_p-OCF_2CF_2SO_3^-H^+$$

(a) 阳离子交换膜

$$-[(CF_2-CF_2)_m-CF_2-CF]_n- \quad [O-CF_2-CFCF_3]_p-OCF_2CF_2CH_2-N^+(CH_3)_2-CH_3OH^-$$

(b) 阴离子交换膜

图7.15 不同交换膜的结构式（$m=5\sim13$，$n=1000$，$p=1$，2，3）

目前使用最广泛的离子交换膜是由美国杜邦公司生产的磺酸基离子交换膜，包括Nafion膜和阳离子交换膜两种。无论是哪一种膜，都具有以下两个共同的特征：a. 聚合物主链主要由疏水性的PTFE骨架构成；b. PTFE的末端连接具有强烈亲水性的磺酸基团，具有良好的离子交换能力。在MFC条件下，离子交换膜不但能够交换质子，而且能够交换如Na^+、K^+、NH_4^+、Ca^{2+}和Mg^{2+}等阳离子以及小分子的有机物和气体分子。由于MFC阳极产生的质子浓度极低，因此离子交换膜对质子的传导和交换能力不够理想。针对这一问题，研究人员尝试使用阴离子交换膜替代阳离子交换膜作为分隔材料。和阳离子交换膜相比，阴离子交换膜是由PTFE骨架和链接在其末端的碱性季铵盐基团组成，这一结构决定其对常见的阴离子如OH^-、Cl^-、HCO_3^-、$H_2PO_4^-$和HPO_4^{2-}等具有良好的选择性传导作用。质子能够被磷酸盐和碳酸盐携带透过阴离子交换膜，因此高浓度的缓冲溶液对维持电解质的中性pH条件是十分必要的。除了阳离子和阴离子交换膜以外，还有一些分隔材料也能够用于MFC中，如双极膜、微滤膜、超滤膜、玻璃纤维膜和J-cloth等。总之，所有的分隔材料都需要在功能上实现质子传导同时阻止阳极底物和阴极电子受体的反向扩散，以保证MFC产电过程中获得高的库仑和能量效率。另一方面，所有的分隔材料都会对小分子有机物和氧气分子具有一定的扩散作用，因此MFC的电子和能量损失是不可避免的。此外，如前所述，含有分隔材料的MFC有可能会比没有分隔材料的MFC具有更高的内阻，进而导致更高的欧姆过电位和更低的功率密度。最后，使用离子交换膜作为分隔的一个弊端是阴阳两极电解液的pH不平衡，而这一问题有可能对MFC长期运行的稳定性产生不利影响[108]。

7.5.6 MFC在有机废水处理中的应用

MFC除了能够利用有机废水中的有机物分解产电以外，还在其他的领域有着潜在的应用。根据目前的研究报道，通过对MFC的电极反应原理与功能进行改进，能够实现MFC的生物电化学产氢（对应工艺为MEC）、生物电化学脱盐（对应工艺为MDC）以及地下水的生物电化学修复等。下面对这三种典型的变形工艺的基本原理进行介绍。

7.5.6.1 微生物电解产氢

MFC可以通过在运行方式上进行改进，实现阳极产电微生物代谢有机物辅助阴极产生氢气这一功能。通常，MFC 的阳极电位接近－0.3V（对标准氢电极），而在温度 298K，中性 pH 条件下，氢离子还原自发生成氢气分子的热力学电位在－0.414V。与阳极电位相比，如果想在 MFC 阴极有自发生成氢气的反应，则至少需要额外提供 0.114V 的电压［图 7.16(a)］。从功能上分析，氢气的产生是阳极微生物氧化和阴极电解共同作用的结果，因此这一工艺被称为微生物电解产氢工艺（MEC）。MEC 阴极制氢所需的外加电压仅为 0.25V，远低于传统电解法制氢的 1.5V，因此大大降低了系统的运行成本[109]。该法的另外一个技术优势在于能够与 MFC 的阳极产电过程协同，利用各种可生物降解的有机物质包括有机废水和生物质产氢，产氢速率高于传统的厌氧发酵法。MEC 是 MFC 的变形工艺，也代表了目前生物产氢领域的一个新兴研究方向。

7.5.6.2 微生物电解脱盐

Cao 等[110]在借鉴电渗析工艺原理和工艺的基础上，对 MFC 的结构进行改进，开发了被阳离子交换膜和阴离子交换膜同时分隔的三室反应器，实现了阳极产电微生物氧化辅助的脱盐工艺［MDC，图 7.16(b)］。与传统电渗析不同的是，驱动脱盐过程的动力来自阳极微生物对有机物的氧化，而不是外加电压；如果在阴极使用铁氰化钾作为电子受体，则在外电路可获得持续电流。由于内部同时使用了阳离子交换膜和阴离子交换膜，在中间隔室里的 NaCl 在电解条件下被裂解成 Na^+ 和 Cl^- 后分别进入阳极和阴极，最终达到脱盐的目的。研究表明，在一个反应周期内，NaCl 能够从初始的 35g/L 降低到 4g/L（脱盐率达到 90%以上），对应的电池系统的欧姆阻抗从初始的 25Ω 提高到 950Ω。在脱盐的同时，外电路还可以获得 $2000mW/m^2$ 的最大功率密度输出。因此，从工艺概念和功能上看，MDC 无疑为海水淡化提供了一种全新的方法，大大降低了海水淡化的成本。需要注意的是，在这种双膜 MFC 内，阴阳极的 pH 梯度（质子不平衡）的问题依然十分突出，对系统的稳定性有不利的影响。

7.5.6.3 过氧化氢合成

过氧化氢（H_2O_2）作为一种重要的化工原料，在化工、医药、水处理等领域都有着十分重要的应用。因此开发高效廉价安全的方法合成 H_2O_2 是一项重要的课题。根据氧化还原基本理论，如果将 MFC 功率输出的最大化作为目标，则要尽量使氧还原通过四电子途径完成，氧的二电子还原要尽量避免，因为氧的二电子还原会使阴极和 MFC 的性能显著降低。然而，从另一个角度考虑，由于氧的二电子还原主要产物是 H_2O_2，因此如果因势利导，则有可能实现阳极有机物氧化和阴极 H_2O_2 合成的耦合反应，使 H_2O_2 合成成为可能。在中性 pH 条件下，氧还原生成 H_2O_2 反应的氧化还原电位为＋0.29V（对标准氢电极），H_2O_2 能够在活性炭或者惰性金属催化剂表面发生积累。Rozendal 等[111]在 MEC 系统中利用乙酸钠生物氧化外加 0.5V 的电压，在阴极 NaCl 电解质溶液中获得了 83%的 H_2O_2［图 7.16(c)］。You 等[100]利用阳极初级代谢产物氧化电极的方法，将厌氧发酵和固体电解质燃料电池联用，实现了在阴极合成 H_2O_2。通过在阳极投加葡萄糖，在阴极使用经过热处理的活性炭催化剂，H_2O_2 的速率可达到 $35mmol/(m^2 \cdot h)$，对应的浓度为 60mmol/L［图 7.16(d)］。对于废水处理来说，合成 H_2O_2 为建立原位 Fenton 高级氧化体系提供了基础。

7.5.6.4 废水处理与环境修复

和传统的物理化学方法相比，电化学方法具有可控性强、二次污染低等特点，尤其是在一些难生物降解物质的处理中体现出独特的优势。然而，限制电化学法用于环境修复的一个重要瓶颈是需要额外输入电能，运行成本高。将电化学体系和 MFC 的概念整合，有可能使这一问题得到有效缓解。以生物氧化和电化学过程为基础的废水处理方法叫做生物电化学处理，目前，这一工艺能够完成生物脱氮、构建 Fenton 高级氧化体系以及重金属修复。

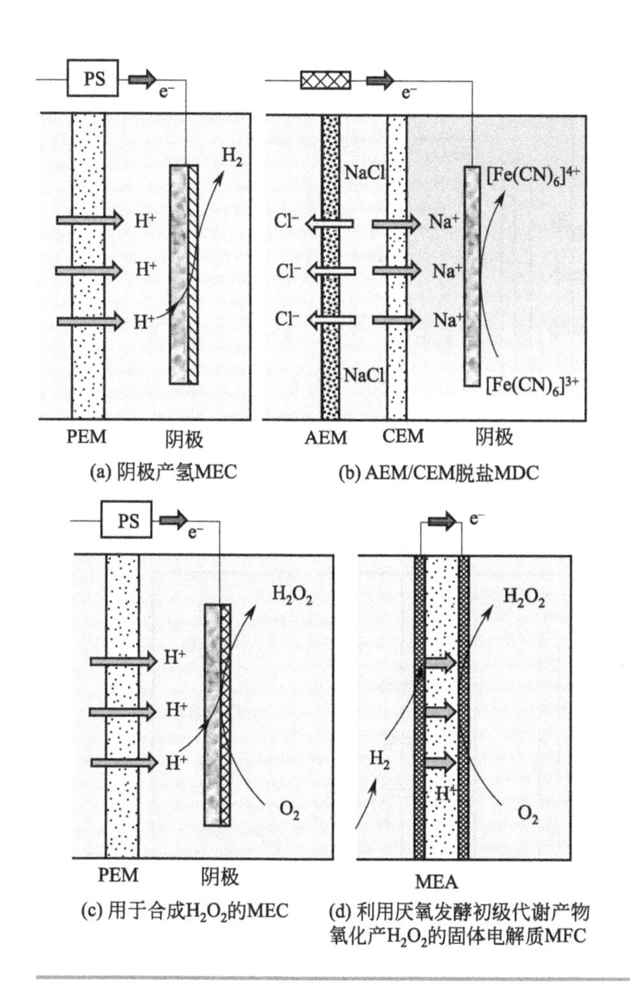

图 7.16　不同种 MEC 的原理与结构示意

(1) 生物脱氮

如图 7.17(a) 所示，MFC 生物脱氮的原理是阴极脱氮微生物利用阳极有机物氧化产生的电子完成硝酸盐向 N_2 的转化（反硝化）。研究表明，控制这一过程的关键因素是阴极电极电位和阴极硝酸盐浓度[106]。以此为基础，通过改变 MFC 的设计和运行模式，能够实现碳元素和氮元素的同步去除[107]。传统的生物脱氮方法需要在反硝化这一步额外提供电子供体，维持反硝化细菌对碳源的需求。相比之下，MFC 阴极脱氮间接利用阳极产生的电子完成代谢过程，不需要有机物作为电子载体；此外在有机物和氮去除的同时，又能够在外电路获得电能，实现了脱氮和产电过程的协同。

(2) 生物电化学 Fenton 体系

如前所述，如果能够在 MFC 的阴极合成 H_2O_2，便可通过投加 Fe^{2+} 构建原位 Fenton 体系，产生具有强氧化性的羟基自由基（对标准氢电极的电位高达+2.80V），使难生物降解污染物或者持久性有机污染物（POPs）完全降解和矿化，反应过程如下：

$$O_2 + 2H^+ + 2e^- \longrightarrow H_2O_2 \quad (7.6)$$

$$Fe^{3+} + e^- \longrightarrow Fe^{2+} \quad (7.7)$$

$$Fe^{2+} + H_2O_2 \longrightarrow Fe^{3+} + \cdot OH + OH^- \quad (7.8)$$

在 H_2O_2 还原和 Fe^{2+} 氧化的一系列反应中，被 H_2O_2 氧化生成的 Fe^{3+} 能够通过阳极产生的电子被还原成 Fe^{2+}，进而继续催化 H_2O_2 生成羟基自由基。因此，从化学反应的角度

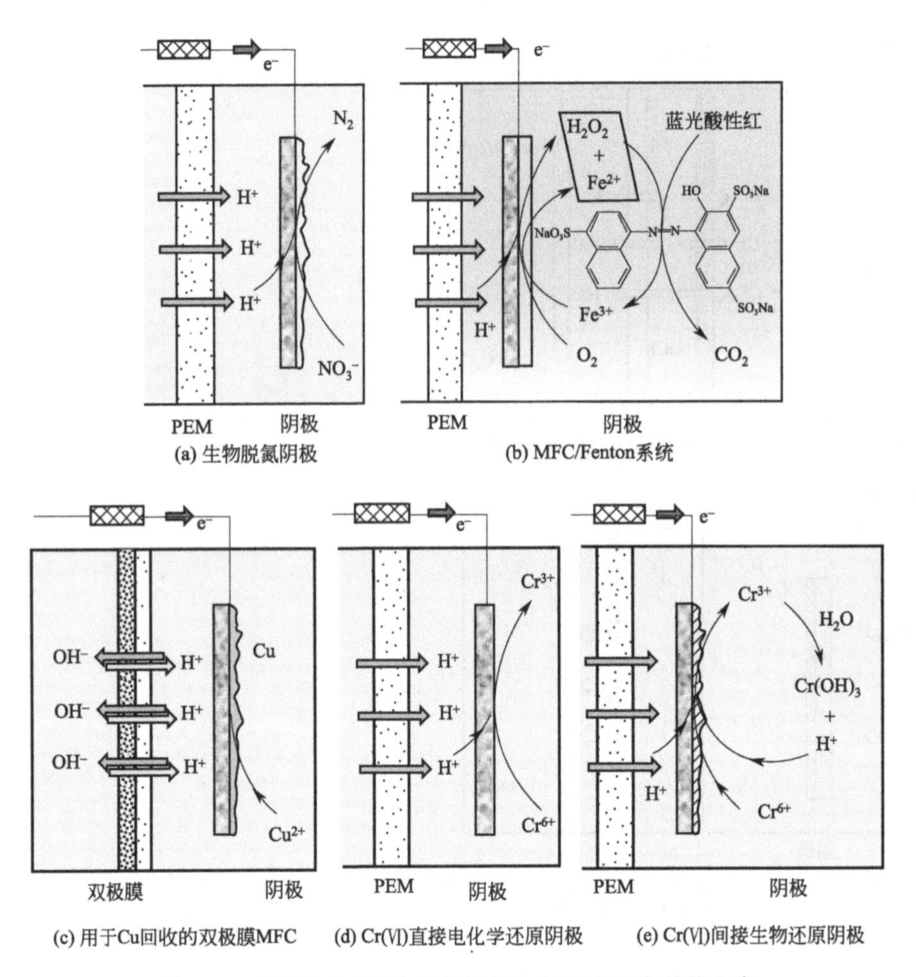

图 7.17 用于废水处理与环境修复的 MFC 原理与结构示意

来看，这是一个由阳极有机物氧化辅助完成的阴极自催化产生羟基自由基的过程［图 7.15(b)］。通过使用这种方法，Fu 等[112]构建了 MFC-原位 Fenton 体系，使偶氮染料类的污染物在 1h 的反应时间内的去除率达到 82.59%，同时在外电路获得了 28.3W/m^3 的电能输出。这种“三位一体”式的系统和操作方式，同时实现了阳极可生物降解有机污染物的降解，阴极难生物降解污染物的矿化和电能回收，在废水处理中具有十分诱人的优势和应用潜力。

(3) 重金属的去除与回收

一些工业废水中通常含有各种有毒有害的重金属物质，在排放前需要有效处理。由于大多数氧化态金属离子都能够在电极上发生电还原反应，因此能够利用 MFC 阳极有机物氧化产生的电子实现金属去除。如图 7.17(c) 所示，在双极膜 MFC 中，能够实现 Cu^{2+} 的电极还原和表面沉积[113]。这个过程的关键技术是双极膜，主要由于水电解产生的 H^+ 和 OH^- 能够分别透过阳离子交换膜和阴离子交换膜分别进入阴极和阳极，这样能够保证阴极具有较低的 pH 值使 Cu^{2+} 处于溶解态，迁移至电极表面沉积，避免在高 pH 值条件下直接与 Cu^{2+} 形成 $Cu(OH)_2$ 沉淀。另一个利用 MFC 去除重金属的例子是 Cr(Ⅵ) 的直接电化学还原和间接生物还原。对于直接电化学还原，Cr(Ⅵ) 在阴极表面接受来自阳极氧化产生的电子，直接被还原为 Cr(Ⅲ)［图 7.17(d)］；对于间接生物还原，Cr(Ⅵ) 先被特定的微生物种群还原，

然后形成 $Cr(OH)_3$ 沉淀得以去除［图 7.17(e)］。通过对 16S rRNA 进行鉴定，MFC 阴极中的微生物种群与 Cr(Ⅵ) 还原菌 *Trichococcus pasteurii* 和 *Pseudomonas aeruginosa* 十分接近[114]。

参 考 文 献

［1］ Metcalf & Eddy. Wastewater Engineering Treatment and Reuse. 4th ed. McGraw-Hill Companies，2003.

［2］ 陈兆波. 膜生物反应器处理中药废水中试研究及其数学建模. 哈尔滨：哈尔滨工业大学博士学位论文，2005.

［3］ 任南琪，赵庆良等编著. 水污染控制原理与技术. 北京：清华大学出版社，2007.

［4］ 曾庆玲，李咏梅，顾国维，董秉直. 合成氨废水资源化处理技术研究进展. 环境科学与技术，2010，33（2）：95～98.

［5］ 杨晓奕，蒋展鹏，潘咸峰. 膜法处理高浓度氨氮废水的研究. 水处理技术，2003，29（2）：85～88.

［6］ 张梅玲，蔚东升，顾国锋等. 离子膜电解去除味精废水中氨氮的研究. 膜科学与技术，2007，27（2）：61～65.

［7］ 贾永志，吕锡武. 污水处理领域磷回收技术及其应用. 水资源保护，2007，23（5）：59～62.

［8］ Sarner，E. The ANTRIC Filter-A Novel Process for Sulphur Removal and Recovery. Fifth International Symposium on Anaerobic Digestion (Poster Papers)，Bologna，Italy，1988，889～892.

［9］ 刘燕. 硫酸根对有机废水厌氧生物处理的影响. 上海：同济大学环境工程系博士论文，1990.

［10］ Buisman C T and Lettinga G A. New Biotechnological Process for Sulphide Removal with Sulphur Production. Fifth International Symposium on Anaerobic Digestion (Poster Papers). Bologna，Italy，1988，9～22.

［11］ Kobayashi H A. Use of Photosynthetic Bacteria for Hydrogen Sulphide Removal from Anaerobic Waste Treatment Effluent. Water Res，1983，17（5）：473～497.

［12］ Maree J P and Strydom W F. Biological Sulphate Removal from Industrial Effluent in an Upflow Packed Bed Reactor. Water Res，1987，21（2）：141～146.

［13］ Stefess G C. and Kuenen J G. Factors Influencing Elemental Sulfur Production from Sulfide or Thiosulfate by Autotrophic Thiobacilli. Forum Microbiology，1989，(12)：92～100.

［14］ Buisman C J. and Lettinga G. Sulfide from Anaerobic Waste Treatment Effluent of a Papermill. Wat. Res，1990，24（3）：313～319.

［15］ Janssen M，Hansen T A. Tetrahydrofolate sernes as a methyl acceptor in the demethylation of dimethylsulfoniopropionate in cell extracts of sulfate-reducing bacteria. Arch Microbiol，1998，169：84～87.

［16］ Maree J P，and Hulse G. Pilot Plant Studies on Biological Sulphate Removal from Industrial Effluent. Wat. Sci. Tech，1991，23（10）：1293～1300.

［17］ Zitomer D H，Shrout J D. High-sulfate，High-chemical Oxygen Demand Wastewater Treatment Using Aerated Methanogenic Fluidized Beds. Water Environment Research，2000，72（1）：90～97.

［18］ 杨景亮，左剑恶. 两相厌氧工艺处理硫酸盐有机废水的研究. 环境科学，1995，6（3）：8～11.

［19］ 任南琪，王爱杰. 硫化物氧化及新工艺. 哈尔滨工业大学学报，2003，35（3）：265～268.

［20］ 王爱杰，任南琪，林明等. 硫酸盐还原过程中碱度的平衡与调节. 哈尔滨工业大学学报，2003，35（6）：651～654.

［21］ 任南琪，王爱杰，赵阳国著. 厌氧处理中硫酸盐还原菌生理生态学. 北京：科学出版社，2009.

［22］ Jenicek P，Keclik F，Maca J，Bindzar. Use of microaerobic conditions for the improvement of anaerobic digestion of solid wastes. Water Science and Technology，2008，58（7）：1491～1496.

［23］ Marazioti C.，Kornaros M.，Lyberatos G. Impact of the Feed Fraction of an SBR-system in the Nitrification-Denitrification Process. Proceedings of the International Conference on Environmental Science and Technology，2003：520～526.

［24］ Gommers P. J. F.，Bijleveld W.，Zuiderwijk F. J. and Kuenen J. G. Simultaneous Sulfide and Acetate Oxidation in a Denitrifying Fluidized Bed Reactor-Ⅰ. Water Research，1988，22（9）：1075～1083.

［25］ Jesus Reyes-Avilla，Elias Razo-Flores and Jorge Gomez. Simultaneous Biological Removal of Nitrogen，Carbon and Sulfur by Denitrification. Water Research，2004，38：3313～3321.

［26］ 陈川. EGSB 同步脱硫反硝化的运行效能和颗粒污泥的特性研究. 哈尔滨：哈尔滨工业大学硕士学位论文，2007.

［27］ 刘国庆. 从大豆乳清废水中回收生理活性物质的研究现状与发展前景. 食品研究与开发，2001，2（B12）：3～7.

［28］ Goldsmith R L. Treatment of soy whey by membrane processing. Food Processing Wastes，1973，3：514～520.

［29］ Pouliot Y M，WIJERS C. Fractionation of whey Protein Hydrolysates Using Charged UF/ NF Membranes. Journal of Membrane Science，1999，158：105～114.

［30］ Zangwill L. Protein separations using membrane filtration：new opportunities for whey fractionation. Int. Dairy Journal，1998，8：243～250.

[31] 储力前，付永彬．膜分离技术在大豆蛋白废水处理中的应用研究．给水排水，2000，5（26）：36～38.
[32] 祁佩时．超滤法处理大豆蛋白废水及资源回收的研究．哈尔滨工业大学学报，2005，37（8）：1138～1141.
[33] 吕斯濠．超滤法处理大豆蛋白废水技术研究．哈尔滨：哈尔滨工业大学博士论文，2003：55～68.
[34] 赵丽颖，符群．膜分离技术在大豆乳清废水回收中应用．粮食与油脂，2002，9：48～49.
[35] 冯晓．大豆加工废水中乳清蛋白超滤膜分离及资源化．哈尔滨：哈尔滨工业大学博士学位论文，2009.
[36] Lewis K. Symposium on Bioelectrochemistry of Microorganisms. Ⅳ. Biochemical Fuel Cells. Bacteriological reviews，1966，30（1）：101～113.
[37] Oh Y K，Seol E H，Kim J R，Park S. Fermentative Biohydrogen Production by a New Chemoheterotrophic Bacterium *Citrobacter* sp. Y19. Int. J. Hydrogen Energy，2003，28：1353～1359.
[38] Kumar N，Das D. Enhancement of Hydrogen Production by Enterobacter cloacae IIT-BT08. Process Biocemistry，2000，35：589～593.
[39] 林明．高效产氢发酵新菌种的产氢机理及生态学研究．哈尔滨：哈尔滨工业大学博士论文，2002.
[40] 邢德峰．产氢-产乙醇细菌群落结构与功能研究．哈尔滨：哈尔滨工业大学博士论文，2006.
[41] Tanisho S.，Ishiwata Y. Continuous Hydrogen Production from Molasses by the Bacterium *Enterobacter aerogenes*. Int. J. Hydrogen Energy，1994，19（10）：807～812.
[42] Cohen J. M.，Gemert R. J.，Zoeremeyer A.，Breure M. Main Characteristics and Stoichiometric Aspects of Acidogenesis of Soluble Carbohydrate Containing Wastewater. Proc. Biochem，1984，19（6）：228～232.
[43] 刘冰峰．产氢光发酵细菌的选育及其与暗发酵细菌耦合产氢研究．哈尔滨：哈尔滨工业大学博士论文，2009.
[44] 杨素萍，赵春贵，李建波，康从宝，曲音波．高效选育产氢光合细菌的研究．山东大学学报，2002，37（4）：353～358.
[45] 郑耀通，胡开辉，高树芳．高效净化水产养殖水域紫色非硫光合细菌的分离与筛选．福建农业大学学报，1998，27（3）：342～346.
[46] 郑耀通，高树芳．耐氨光合细菌 *Rhodobacter sphaeroides* G_{2B}处理有机废水产氢性能研究．武夷科学，2003，19：11～16.
[47] Kim J S，Rees D C. Structural Models for the Metal Centers in the Nitrogenase Molybdenum-Ironprotein. Science，1992（257）：1677～1682.
[48] 任南琪，王爱杰等．厌氧生物技术原理与应用．北京：化学工业出版社，2004.
[49] Takabatake H，Suzuki K，Ko IB，Noike T. Characteristics of anaerobic ammonia removal by a mixed culture of hydrogen producing photosynthetic bacteria. Bioresource Technology，2004，95：151～158.
[50] Shi X Y，Yu H Q. Continuous production of hydrogen frommixed volatile fatty acids with *Rhodopseudomonas capsulate*. Int J Hydrogen Energy，2006，31：1641～1647.
[51] Chen C Y，Lu W B，Liu C H，Chang J S. Improved phototrophic H_2 production with *Rhodopseudomonas palustris* WP3-5 using acetate and butyrate as dual carbon substrates. Bioresource Technology，2008，99：3609～3616.
[52] Yetis M，Gunduz U.，Eroglu I，Yucel M，Turker L. Photoproduction of hydrogen from sugar refinery wastewater by *Rhodobacter sphaeroides* O. U. 001. Int J Hydrogen Energy，2000，25：1035～1041.
[53] Eroglu E，Gunduz U，Yucel M，Turker L，· Eroglu I. Photobiological hydrogen production by using olive mill wastewater as a sole substrate source. Int J Hydrogen Energy，2004，29：163～171.
[54] 尤希凤，周静懿，张全国，王艳锦．红假单胞菌利用畜禽粪便产氢能力的试验研究．河南农业大学学报，2005，39（2）：215～217.
[55] Tao Y Z，He Y L，Wu Y Q，Liu F H，Li X F，Zong W M，Zhou Z H. Characteristics of a new photosynthetic bacterial strain for hydrogen production and its application in wastewater treatment. Int J Hydrogen Energy，2008，33（3）：963～973.
[56] Kumar N，Das D. Continuous Hydrogen Production by Immobilized Enterobacter cloacae IIT-BT08 Using Lignocellulosic Materials as Solid Matrices. Enzyme Microbiol. Technol，2001，29（45）：280～287.
[57] 黄锦丽，龙敏南，傅雅婕等．产酸克雷伯氏菌的吸附固定及其产氢研究．厦门大学学报（自然科学版），2005，44（5）：710～713.
[58] Rachman M A，Nakashimada Y，Kakiaono T，Nishio N. Hydrogen Production with High Yield and High Evolution Rate by Self-flocculated Cells of *Enterobacter aerogenes* in a Packed-bed Reactor. Appl. Microbiol. Biotechnol. 1998，49：450～454.
[59] Xing D F，Ren N Q，Wang A J，Li QB，Feng Y J，Ma F. Continuous hydrogen production of auto-aggregative *Etha-*

noligenens harbinense YUAN-3 under non-sterile condition. Int J Hydrogen Energy，2008，33：1489～1495.
[60] 丁杰．金属离子和半胱氨酸对产氢能力的影响及调控对策研究．哈尔滨：哈尔滨工业大学博士论文，2005.
[61] 郭婉茜．附着型和颗粒型膨胀床生物制氢反应器的运行调控．哈尔滨：哈尔滨工业大学博士论文，2008.
[62] 郑国臣．CSTR 和 ABR 处理有机废水产氢产甲烷特征与效能．哈尔滨：哈尔滨工业大学工学博士学位论文，2010.
[63] Nath K，Das D. Improvement of fermentative hydrogen production：various approaches. Appl Microbiol Biotechnol，2004，65：520～529.
[64] Tao Y Z，Chen Y，Wu Y Q，He Y L，Zhou Z H. High hydrogen yield from a two-step process of dark- and photo-fermentation of sucrose. Int J Hydrogen Energy，2007，32：200～206.
[65] Chen C Y，Yang M H，Yeh K L，Liu C H ，Chang J S. Biohydrogen production using sequential two-stage dark and photo fermentation processes. Int J Hydrogen Energy，2008，33 (18)：4755～4762.
[66] Lo Y C，Chen S D，Chen C Y，Huang T I，Lin C Y，Chang J S. Combining enzymatic hydrolysis and dark-photo fermentation processes for hydrogen production from starch feedstock：A feasibility study. Int J Hydrogen Energy，2008，33 (19)：5224～5233.
[67] 李建政，任南琪，林明，王勇．有机废水发酵法生物制氢中试研究．太阳能学报，2002，23 (2)：252～256.
[68] Weetall H H，Sharma B P，Detar C C. Photo-metabolic production of hydrogen from organic substrates by immobilized mixed cultures of *Rhodospirillum rubrum and Klebsiella pneumoniae*. Biotechnol Bioeng，1981；23：605～614.
[69] Odom J M，Wall J D. Photoproduction of H_2 from cellulose by an anaerobic bacterial coculture. Applied Environmental Microbiology，1983；45：1300～1305.
[70] Miyake J，Mao X Y，Kawamura S. Photoproduction of hydrogen from glucose by a co-culture of a photosynthetic bacterium and *Clostridium butyricum*. J Ferment Tech，1984；62：531～535.
[71] Yokoi H ，Mori S，Hirose J，Hayashi S，i Takasaki Y. H_2 production from starch by a mixed culture of *Clostridium butyricum* and *Rhodobacter sp*. M-19. Biotechnology Letters，1998；20 (9)：895～899.
[72] 郑耀通，闵航．共固定光合和发酵性细菌处理有机废水生物制氢技术．污染防治技术．1998，11 (3)：187～189.
[73] Asada Y，Tokumoto M，AiharaY，Oku M，Ishimi K，WakayamaT，Miyake J，Tomiyama M，Kohno H. Hydrogen production by co-cultures of *Lactobacillus* and a photosynthetic bacterium，*Rhodobacter sphaeroides* RV. Int J Hydrogen Energy 2006，31：1509～1513.
[74] Fang HHP，Zhu HG，Zhang T. Phototrophic hydrogen production from glucose by pure and co-cultures of *Clostridium butyricumand* and *Rhodobacter sphaeroides*. Int J Hydrogen Energy，2006；31：2223～2230.
[75] 郑丽娜．复合型生物絮凝剂絮凝特性及絮体分形特征研究．哈尔滨：哈尔滨工业大学工学博士学位论文．2007.
[76] Nakamura J，Miygeyshi S，Hirose Y. Modes of flocculantion of yeast cell with flocculants produced by Aspergillus sojae AJ7002. Agr. Biol. Chem，1976，4 (8)：1565～1571.
[77] 辛定平．生物絮凝剂的研究和应用．环境科学进展，1998，6 (5)：57～61.
[78] 马放，刘俊良．复合型微生物絮凝剂的开发．中国给水排水，2003，19 (4)：1～4.
[79] 周旭，王竟．利用废弃物生产生物絮凝剂研究．化工装备技术，2003，24 (4)：48～51.
[80] 乔福珍．利用工业废水生产生物絮凝剂及其性能研究．大庆：大庆石油学院硕士学位论文，2010.
[81] 李大鹏，马放，侯宁等．谷氨酸废液资源化制备生物絮凝剂．湖南大学学报（自然科学版），2009，36 (9)：78～82.
[82] 董双石，王爱杰，任南琪，马放，周丹丹．利用生物制氢废液制取絮凝剂及除污效能．中国给水排水，2006，22 (1)：18～21.
[83] Henze M，van Loosdrecht M C M，Ekama G A，Brdjanovic D. Biological wastewater treatment：principles，modeling and design. International Water Association，2008.
[84] Liu Y，Tay J H . Strategy for minimization of excess sludge production from activated sludge process. Biotechnology Advances，2001，19：97～107.
[85] Logan B E，Regan J M. Microbial fuel cells-challenges and applications. Environmental Science Technology，2006a，40：5172～5180.
[86] Rabaey K，Verstraete W. Microbial fuel cells：novel biotechnology for energy generation. Trends in Biotechnology，2005：23：291～298.
[87] Potter M C. Electrical effects accompanying the decomposition of organic compounds. Proceedings of the Royal Soci-

ety of London Series B, 1911, 84: 260~276.
[88] Logan B E, Regan J M. Electricity-producing bacterial communities in microbial fuel cells. Trends in Microbiology, 2006b, 14: 512~518.
[89] Liu H, Logan B E. Electricity generation using an air-cathode single chamber microbial fuel cell in the presence and absence of a proton exchange membrane. Environmental Science Technology, 2004, 38: 4040~4046.
[90] He Z, Minteer S D, Angenent L T. Electricity generation from artificial wastewater using an upflow microbial fuel cell. Environmental Science and Technology, 2005, 39, 5262~5267.
[91] Liu Y, Harnisch F, Fricke K, Schröder U, Climent V, Feliu J M. The study of electrochemically active microbial biofilms on different carbon-based anode materials in microbial fuel cells. Biosensors and Bioelectronics, 2010, 25: 2167~2171.
[92] Qiao Y, Li C M, Bao S J, Bao Q L. Carbon nanotube/polyaniline composite as anode material for microbial fuel cells. Journal of Power Sources, 2007, 170, 79~84.
[93] Pant D, van Bogaert G, Diels L, Vanbroekhoven K. A review of the substrates used in microbial fuel cells (MFCs) for sustainable energy production. Bioresource Technology, 2010, 101, 1533~1543.
[94] Peng L, You S J, Wang J Y. Electrode potential regulates cytochrome accumulation on Shewanella oneidensis cell surface and the consequence to bioelectrocatalytic current generation. Biosensors and Bioelectronics, 2010, 25: 2530~2533.
[95] Reguera G, McCarthy K D, Mehta T, Nicoll J S, Tuominen MT, Lovley DR, Extracellular electron transfer via microbial nanowires. Nature, 2005, 435, 1098~1101.
[96] Gorby YA, Yanina S, McLean JS, et al. Electrically conductive bacterial nanowires produced by *Shewanella oneidensis* strain MR-1 and other microorganisms. Proceedings of the National Academy of Sciences, USA, 2006, 130, 11358~11363.
[97] Park D H, Zeikus J G. Electricity generation in microbial fuel cell using neutral red as electronophore. Applied Environmental Microbiology, 2000, 66: 1292~1297.
[98] Schröder U, Niessen J, Scholz F. A generation of microbial fuel cells with current outputs boosted by more than one order of magnitude. Angewandte Chemie International Edition, 2003, 42, 2880~2883.
[99] Rosenbaum M, Zhao F, Schr? der U, Scholz F. Interfacing electrocatalysis and biocatalysis with tungsten carbide: A high-performance, noble-metal-free microbial fuel cell. Angewandte Chemie, 2006, 118, 1~4.
[100] You S J, Wang J Y, Ren N Q, Wang X H, Zhang J N. Sustainable conversion of glucose into hydrogen peroxide in solid polymer electrolyte microbial fuel cell. ChemSusChem, 2010, 3: 334~338.
[101] Ren Z Y, Ward T E, Regan J M. Electricity production from cellulose in a microbial fuel cell using a defined binary culture. Environmental Science and Technology. 2007, 41: 4781~4786.
[102] Wang X, Feng Y J, Wang H M, Qu Y P, Yu Y L, Ren N Q, Li N, Wang E, Lee H, Logan B E. Bioaugmentation for electricity generation from corn stover biomass using microbial fuel cell. Environmental Science and Technology, 2009, 43: 6088~6093.
[103] You S J, Zhao Q L, Zhang J N, Jiang J Q, Zhao S Q. A microbial fuel cell using permanganate as a cathodic electron acceptor. Journal of Power Sources, 2006, 162: 1409~1415.
[104] Wang G, Huang L P, Zhang Y F. Cathodic reduction of hexavalent chromium [Cr(Ⅵ)] coupled with electricity generation in microbial fuel cells. Biotechnology Letters, 2008, 30: 1959~1966.
[105] Li J, Fu Q, Liao Q, Zhu X, Ye D D, Tian X. Persulfate: a self-activated cathodic electron acceptor for microbial fuel cells. Journal of Power Sources, 2009, 194: 269~274.
[106] Clauwaert P, Rabaey K, Aelterman P, Schamphelaire I D, Pham T H, Boeckx P, Boon N, Verstraete W. Biological denitrification in microbial fuel cells. Environmental Science and Technology, 2007, 41: 3354~3360.
[107] Virdis B, Rabaey K, Yuan Z G, Keller J. Microbial fuel cell for simultaneous removal of carbon and nitrogen. Water Research, 2008, 42, 3013~3024.
[108] Rozendal R A, Hamelers H V M, Buisman C J N. Effects of membrane cation transport on pH and microbial fuel cell performance. Environmental Science and Technology, 2006, 40: 5206~5211.
[109] Rozendal R A, Hamelers H V M, Euverink G J W, Metz S J, Buisman C J N. Principle and perspectives of hydrogen production through biocatalyzed electrolysis. International Journal of Hydrogen Energy, 2006, 31: 1632~1640
[110] Cao X X, Huang X, Liang P, Xiao K, Zhou Y J, Zhang X Y, Logan B E. A new method for water desalination

using microbial desalination cells. Environmental Science and Technology, 2009, 43: 7148～7152.

[111] Rozendal R A, Leone E, Keller J, Rabaey K. Efficient hydrogen peroxide generation from organic matter in a bioelectrochemical system. Electrochemistry Communications, 2009, 11: 1752～1755.

[112] Fu L, You S J, Yang F L. Degradation of Azo dyes using in-situ Fenton reaction incorporated into H_2O_2-produced microbial fuel cell. Chemical Engineering Journal, 2010, 160: 164～169.

[113] Ter Heijne A, Liu F, van der Weijden R, Weijma J, Buisman C J N, Hamelers H V M Copper recovery combined with electricity production in a microbial fuel cell. Environmental Science and Technology, 2010, 44: 4376～4381.

[114] Tandukar M, Huber S J, Onodera T, Pavlostathis S G. Biological chromium (Ⅵ) reduction in the cathode of a microbial fuel cell. Environmental Science and Technology, 2009, 43: 8159～8165.

第 8 章

工业废水处理数学模型及仿真

工业废水处理工艺正在经历深刻变化，而数学模型也从原本的可有可无变成废水处理系统设计和运行的重要手段。数学模型能够定量描述系统的性能，加快工程设计；也可以被用来研究生物处理反应器系统的运行性能。数学模型将基础性科学原理与工艺设计和运行等工程应用结合起来，而数学模型的首要功能是将复杂系统简化，用最少的方程进行描述。

工业废水处理数学模型的研究经历了从简单拟合实验数据到采用经典的微生物生长动力学模型，接着根据工业废水生物处理工程特性进行过程动态分析、探索辨识的建模发展过程，实现了从指导工业废水处理工艺设计，转变成以研究工业废水处理工艺动态过程、实现系统高效率低能耗运行为主要目的，并开发了相应的商品化污水处理软件。

8.1 活性污泥数学模型及应用

建立完善实用的数学模型不仅对于工业废水生物处理过程的设计和运行、管理有着重要意义，而且对于控制策略的设计有很大的借鉴空间[1]。目前，广泛应用的污水处理数学模型大多是针对活性污泥法导出的，其基本点是从表示细胞生长动力学 Monod 方程出发，结合化工领域的反应器理论、微生物学理论与流体力学理论等内容，对基质降解、微生物生长、污染物浓度分布与各参数之间的关系用模型表示出来，进行定量描述，发展了各类模型。

8.1.1 活性污泥基本动力学模型

8.1.1.1 有机底物去除动力学[2]

反应器中底物浓度、溶解氧浓度和耗氧速率会随着进水量、水质和反应器的形状发生变化，因此出水水质也会发生变化。预测这些变化可采用如图 8.1 所示的活性污泥法动力学模型。

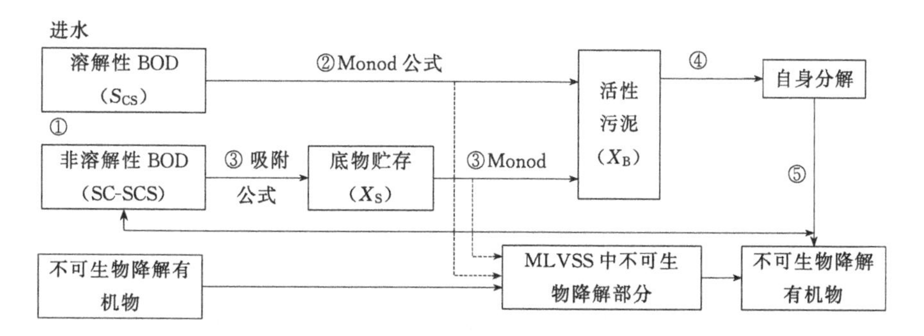

图 8.1　活性污泥法动力学模型概念

对模型做如下的假设。

① 将废水中的 BOD 分为快速分解的溶解性 BOD（溶解性底物 S-BOD）和缓慢分解的非溶解性 BOD（非溶解性底物 SS-BOD）。

② 降解溶解性 BOD 的微生物增殖速度用 Monod 公式表示。

③ 将降解非溶解性 BOD 的微生物增殖分 2 步：a. 非溶解性 BOD 首先被活性污泥微生物吸附和贮存；b. 接着微生物利用贮存的底物合成新细胞。可用 Monod 公式表示。

④ 活性污泥微生物的自身分解速度与活性污泥量成正比。

⑤ 未被自身分解的活性污泥微生物分为不生物降解的有机物和非溶解性 BOD。

活性污泥污水中有机物的去除是通过吸附过程和底物分解过程共同完成的。现分述如下。

(1) 吸附过程

吸附过程是指当污水中非溶解性 BOD（SS-BOD 底物）与活性污泥絮体接触时，底物就被活性污泥吸附，从而使污水中底物浓度降低[3]。

反映吸附过程的吸附等温式有朗格缪尔（Langmuir）公式、亨利（Henry）公式、弗兰德利希（Freuundlich）公式、凯兹（Katz）公式、BET 公式和埃肯弗尔德（Eckenfelder）公式等。

朗格缪尔公式

$$q=\frac{abS}{1+bS} \tag{8.1}$$

式中，q 为吸附平衡时的吸附量；S 为吸附平衡时底物浓度；a、b 为常数。

当底物浓度很低时，$bS \ll 1$，上式中分母中 bS 可忽略不计，则变为亨利公式

$$q=abS=kS \tag{8.2}$$

朗格缪尔公式当低底物浓度时与亨利公式相同。

当底物浓度很高时，$bS \gg 1$，则公式(8-1) 可近似写成

$$q=a \tag{8.3}$$

由此可知，吸附量随底物浓度增高而增加，a 称为最大吸附量。根据朗格缪尔公式，当底物浓度低时，吸附量与底物浓度成正比，当底物浓度很高时，吸附量接近于定值 a。中浓度底物时，可用弗兰德利希公式表示

$$q=kS^{\frac{1}{n}} \tag{8.4}$$

不难看出，朗格缪尔公式与莫诺（Monod）公式在形式上很相似。

凯兹（Katz）假设费兰德利希公式中的 $n \approx 1$，导出公式(8.5) 和 Eckenfelder（8.6）公式

$$\frac{S_r}{S_0'}=1-\frac{1}{XK'} \tag{8.5}$$

$$\frac{S_r}{S_0'}=1-e^{(-K'X)} \tag{8.6}$$

式中，S_r 为初期吸附的底物浓度；X 为混合液悬浮固体浓度；S_0' 为初期可能被吸附的底物浓度；K' 为吸附速率常数。

(2) 底物分解过程

底物分解过程是活性污泥的酶促反应使底物的分解过程[4]。目前，描写底物分解过程的公式有多个，下边介绍两个有代表性的公式。

① 莫诺（Monod）公式(一相说)　微生物比增殖速率与底物浓度的关系可用 Monod 公式和图 8.2 表示。

$$\mu=\frac{1}{X}\left(\frac{dX}{dt}\right)=\mu_{max}\frac{S}{S+K_S} \tag{8.7}$$

式中，μ 为微生物比增殖速率，1/d；μ_{max} 为微生物最大比增殖速率，1/d；X 为微生物浓度，mg/L；t 为反应时间，d；S 为底物浓度，mg/L，以 C-BOD 或 COD 表示；K_S 为饱和常数，mg/L，为 $\mu=\mu_{max}/2$ 时底物浓度。

微生物的总增殖速率（γ_0）

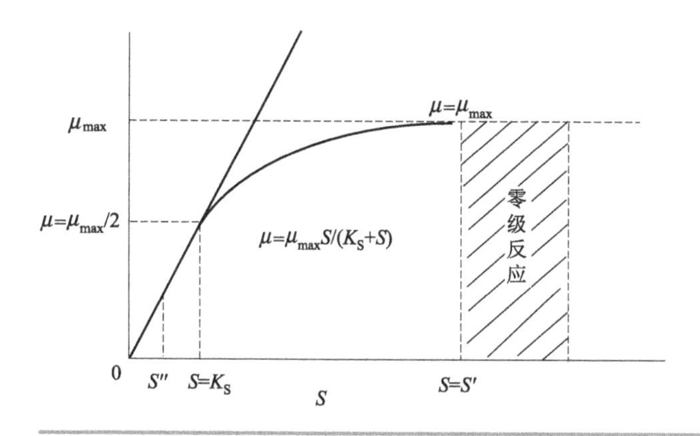

图 8.2

微生物比增殖速率与底物浓度的关系

$$\gamma_0=\mu X=\left(\frac{dX}{dt}\right)=\frac{\mu_{max}SX}{K_S+S} \tag{8.8}$$

式中，γ_0 为微生物总增殖速率，mg/(L·d)。

分解单位底物产生的微生物量称为产率系数，用公式表示如下

$$Y=\frac{\left(\frac{dX}{dt}\right)}{\frac{dS}{dt}}=\frac{\gamma_0}{\gamma_S} \tag{8.9}$$

式中，Y 为产率系数；$\gamma_S=dS/dt$ 为底物去除速率，mg/(L·d)。

由式(8.7) 和式(8.9) 得

$$\gamma_s=-\frac{dS}{dt}=\frac{\mu_{max}SX}{Y(K_S+S)} \tag{8.10}$$

令 $\mu_{max}/Y=K$，称为最大比底物去除速率，则上式变为

$$-\frac{dS}{dt}=\frac{KSX}{K_S+S} \tag{8.11}$$

上式称为 Monod 底物去除动力学公式。

② 埃肯弗尔德（Eckenfelder）公式(二相说)

对数增殖期：

$$\frac{dX}{dt}=k_1S \tag{8.12}$$

$$\frac{dS}{dt}=-\frac{1}{Y}\frac{dX}{dt}=-\frac{1}{Y}k_1S=-K_1S \tag{8.13}$$

衰减增殖期：

$$\frac{dX}{dt}=k_2XS \tag{8.14}$$

$$\frac{dS}{dt}=-\frac{1}{Y}\frac{dX}{dt}=-\frac{1}{Y}k_2XS=-K_2XS \tag{8.15}$$

式中，K_1，K_2，k_1，k_2 为常数。

但是实际检测中把吸附过程和分解过程分开是比较困难的，因此我们通常把两个过程统一用 Monod 公式或 Eckenfelder 公式表示（由于两个过程的公式相似）。文献一般多采用 Monod 公式。

8.1.1.2 底物去除与微生物增殖

(1) 微生物净比增殖速率[5,6]

在废水处理过程中，微生物的净增殖速率等于微生物总增殖速率减去微生物自身分解速

率，可用下式表示

$$\left(\frac{dX}{dt}\right)_g=\left(\frac{dX}{dt}\right)_T-\left(\frac{dX}{dt}\right)_E \tag{8.16}$$

式中，$\left(\frac{dX}{dt}\right)_g$ 为微生物净增殖速率，kg/d；$\left(\frac{dX}{dt}\right)_T$ 为微生物总增殖速率，kg/d；$\left(\frac{dX}{dt}\right)_E$ 为微生物自身分解速率，kg/d。

微生物总增殖速度与底物利用速率（即底物去除速率）成正比，即

$$\left(\frac{dX}{dt}\right)_T=Y\frac{dF}{dt} \tag{8.17}$$

式中，$\frac{dF}{dt}=-\frac{dS}{dt}$为底物利用速率，kg/d；$Y$ 为产率系数。

假设微生物自身分解速率符合一级反应，即

$$\left(\frac{dX}{dt}\right)_E=-k_d X \tag{8.18}$$

式中，k_d 为微生物自身分解系数，1/d。

将式(8.17) 和式(8.18) 代入式(8.16) 得

$$\left(\frac{dX}{dt}\right)_g=Y\frac{dF}{dt}-k_d X \tag{8.19}$$

等式两边同时除以 X 得

$$\frac{\left(\frac{dX}{dt}\right)_g}{X}=Y\frac{\frac{dF}{dt}}{X}-k_d \tag{8.20}$$

或

$$\mu_g=YU-k_d \tag{8.21}$$

式中，μ_g 为考虑微生物自身分解微生物比增殖速率，又称微生物净比增殖速度，1/d；$U=\frac{\frac{dF}{dt}}{X}$为比底物利用速率。

(2) 污泥停留时间（SRT）

将公式(8.20) 改写为

$$\frac{\frac{1}{X}}{\left(\frac{dX}{dt}\right)_g}=Y\frac{\frac{dF}{dt}}{X}-k_d \tag{8.22}$$

$$\frac{1}{\theta_c}=YU-k_d \tag{8.23}$$

式中，θ_c 为污泥停留时间，d。

(3) 微生物净比增殖速率与污泥停留时间的关系

由式(8.21) 和式(8.23) 得

$$\theta_c=\frac{1}{\mu_g} \tag{8.24}$$

不同的微生物聚集体构成了活性污泥絮体。当污泥停留时间短时，净比增殖速度大，说明活性污泥中的微生物大多数处于对数生长期。反之，当污泥停留时间长，净比增殖速率小时，则说明微生物大多处于内源呼吸期。当生物固体停留时间适中时，微生物多处于静止期。处于不同生长期的活性污泥，其特性是不同的（分解利用有机物的能力，活性微生物所

占的比例、分泌胞外聚合物的种类及数量絮凝沉淀性能等）。这些特性都会影响活性污泥系统的处理效果。我们知道，微生物处在静止期时活性污泥的处理效果最好。例如污泥停留时间短的高负荷活性污泥法，处理底物的能力强，污泥的活性高，但污泥的絮凝沉淀性能却很差，出水底物浓度高。污泥停留时间较长的普通活性污泥法，虽然处理底物能力较低，但出水底物浓度较小，污泥的絮凝沉淀性能也较好，剩余活性污泥量少。

(4) 底物负荷与污泥停留时间的关系

由公式(8.23)

$$\frac{1}{\theta_c}=Y\frac{Q(S_0-S_e)}{XV}-k_d=Y\left(\frac{QS_0}{XV}-\frac{QS_e}{XV}\right)-k_d=Y\left(L_s-\frac{QS_e}{XV}\right)-k_d \tag{8.25}$$

式中，$L_s=\frac{QS_0}{XV}$为底物微生物负荷。

由于在一般情况下 S_eQ/XV 值比 L_a 需小得多，式(8-25) 可化简为

$$\frac{1}{\theta_c}=YL_s-k_d \tag{8.26}$$

从上式可知，底物负荷与生物固体停留时间成反比的直线关系。

(5) 剩余污泥量与污泥停留时间的关系

Sherrard 和 Schroeder 提出用如下方程表示微生物净增长速率

$$\left(\frac{dX}{dt}\right)_g=Y_b\left(\frac{dF}{dt}\right) \tag{8.27}$$

式中，Y_b 为污泥表观产率系数。

由式(8.27) 两端除 X 得

$$\mu_g=Y_bU \tag{8.28}$$

由公式 $\mu_g=YU-k_d$，得

$$Y_b=\frac{Y}{1+\frac{k_d}{\mu}}=\frac{Y}{1+k_d\theta_c} \tag{8.29}$$

在一个有限的时间内（一般为 1d）可知剩余微生物量为

$$\Delta X=Y_b\Delta S=Y_b(S_0-S_e)Q=\frac{YQ}{1+k_d\theta_c}(S_0-S_e) \tag{8.30}$$

从上式可知，当 Y、k_d、Q、S_0、S_e 不变时，污泥停留时间长，则剩余污泥量少；污泥停留时间短，则剩余污泥量多。

(6) 营养物需要量与污泥停留时间的关系

活性污泥法利用好氧异养细菌从污水中去除溶解的和胶体的可生物降解有机物以及能被活性污泥吸附的悬浮固体和其他一些物质。这些好氧细菌将一部分底物作为碳源合成新的细胞物质，同时氧化另一部分底物，供细胞合成及其他生命活动所需的能量。只有当污水中含有的构成细胞物质的各种元素时，细胞的合成才能进行。一般城市污水中都含有丰富的营养物质，但某些工业废水可能缺少氮和磷。在这种情况下，就必须向水中加入营养物质。一般认为氮和磷的需要量应满足 BOD_5：N：P＝100：5：1。如图 8.3 所示，

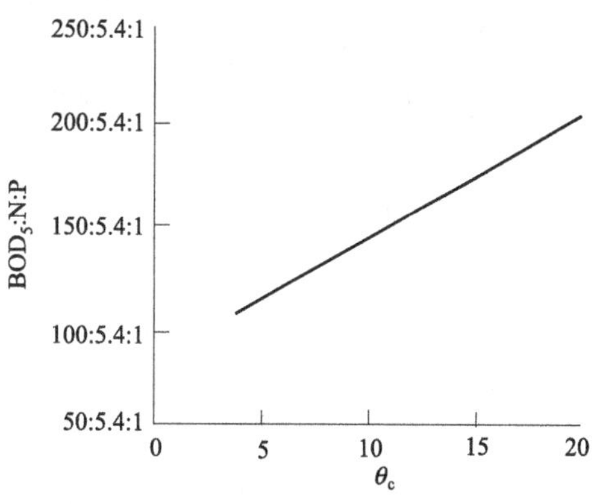

图 8.3 氮磷需要量与 θ_c 的关系

微生物对营养物质的需要量随生物固体停留时间增加而减少。

一般情况下我们把活性污泥微生物的分子式设为 $C_{60}H_{87}O_{23}N_{12}P$，其分子量为 1374。其中氮所占比例为 168/1374 或 0.122（以重量计），磷所占比例为 31/1374，或 0.023（以重量计）。因此可利用下列公式计算氮磷的需要量。

$$\text{氮的需要量}=0.122\Delta X \tag{8.31}$$

$$\text{磷的需要量}=0.023\Delta X \tag{8.32}$$

式中，ΔX 为生物体的日产量，kg/d。

将公式(8.30) 代入上述两式得

$$\text{氮的需要量}=0.122\frac{YQ}{1+k_d\theta_c}(S_0-S_e) \tag{8.33}$$

$$\text{磷的需要量}=0.023\frac{YQ}{1+k_d\theta_c}(S_0-S_e) \tag{8.34}$$

从上述两式可知，微生物对氮、磷的需要量与污泥停留时间成反比。

8.1.2 活性污泥营养物质去除模型

8.1.2.1 生物硝化反应动力学

(1) 生物硝化过程

生物硝化过程如图 8.4 所示[7,8]。在硝化过程中，要消耗氧和碱度，并且部分氮被应用于细胞的合成产生剩余活性污泥。

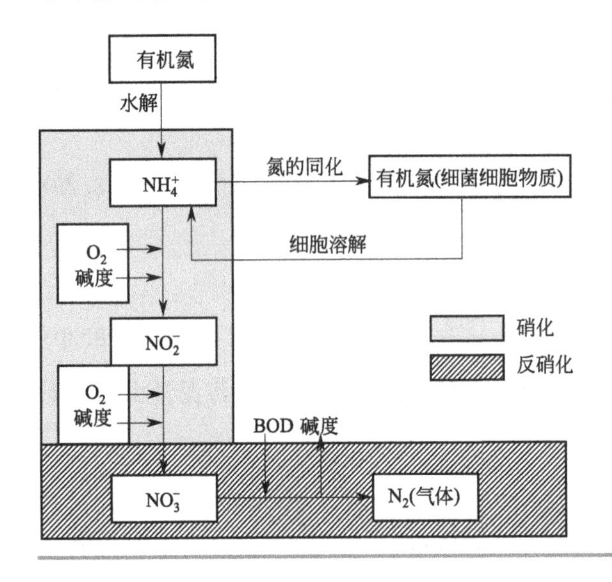

图 8.4 氮的迁移过程

生物硝化过程中发生的生化反应如下：

$$\text{有机氮}\xrightarrow{\text{生物水解}}NH_4^+$$

$$2NH_4^+ +3O_2\xrightarrow{\text{亚硝化单胞菌（Nitrosomonas）}}2NO_2^- +2H_2O+4H^+ +\text{新细胞}$$

$$2NO_2^- +O_2\xrightarrow{\text{硝化杆菌（Nitrobacter）}}2NO_3^- +\text{新细胞}$$

根据生化反应式可知将 1g NH_3-N 氧化为 NO_3^--N，需要消耗 4.33g 氧，中和 7.15g 碱度（以 $CaCO_3$ 计），利用 0.08g 无机碳，从而产生 0.15g 新细胞。

氨到硝酸盐的生物氧化过程是按上述顺序发生的反应过程。废水处理中只有很少的几种化能如亚硝化单胞菌（nitrosomonas）、自养菌（autotrophic）和硝化杆菌（nitrobacter）可以在绝对好氧条件下进行这一氧化反应。这些细菌可以从氧化反应中获得所需能量，从碱度中获得所需碳源。种类繁多的异养微生物可以进行有机氮的水解反应，因此水解反应很少会限制氮的氧化速率。这类细菌对活性污泥混合液条件，如 pH 值、水温、毒物等都比消耗 BOD 的异养菌（heterotrophs）更加敏感，并且增殖速率也较缓慢。在反应过程中不会发生亚硝酸的积累，因为在不存在抑制作用时，硝化杆菌的比增殖速率高于亚硝化单胞菌的比增殖速率。

(2) 亚硝酸菌增殖速率

硝化反应中亚硝酸菌的增殖速率控制总反应速度。亚硝酸菌的比增殖速率与氨氮浓度的关系，可用 Monod 公式表示

$$\mu_N=\frac{1}{X}\left(\frac{dX}{dt}\right)_T=\mu_{Nmax}\frac{N}{K_{SN}+N} \tag{8.35}$$

式中，K_{SN}为饱和常数，mg/L；μ_N 为亚硝酸菌的比增殖速率，1/d；μ_{Nmax}为亚硝酸菌的最大比增殖速率，1/d；N 为 NH_4^+-N 浓度，mg/L；X 为亚硝酸菌浓度，mg/L；t 为反应时间，d。

亚硝酸菌的增殖速率为

$$\mu=\mu_N X=\left(\frac{dX}{dt}\right)_T=\mu_{Nmax}\frac{NX}{K_{SN}+N} \tag{8.36}$$

式中，μ 为亚硝酸菌增殖速率，mg/(L·d)。

(3) 氨氮氧化速率

NH_4^+-N 氧化速度可用下式表示

$$q=-\frac{dN}{dt} \tag{8.37}$$

$$q_N=\frac{q}{X}=-\frac{\frac{dN}{dt}}{X} \tag{8.38}$$

式中，q_N 为 NH_4^+-N 比氧化速率，1/d；q 为 NH_4^+-N 氧化速率，mg/(L·d)。

亚硝酸菌产率系数

$$Y_N=\frac{\left(\frac{dX}{dt}\right)_T}{\frac{dN}{dt}}=-\frac{\mu}{q}=-\frac{\mu_N}{q_N} \tag{8.39}$$

式中，Y_N 为亚硝酸菌产率系数。

由式(8.35)、式(8.36)、式(8.38) 得

$$q=-\frac{\mu}{Y_N}=-\frac{\mu_{max}NX}{Y_N(K_{SN}+N)} \tag{8.40}$$

$$q_N=-\frac{\mu_N}{Y_N}=-\frac{\mu_{max}N}{Y_N(K_{SN}+N)} \tag{8.41}$$

令$\frac{\mu_{max}}{Y_N}=K_N$，称为最大 NH_4^+-N 氧化速率，1/d，则上式可改写为

$$q=-\frac{dN}{dt}=-\frac{K_N NX}{K_{SN}+N} \tag{8.42}$$

$$q_N=-\frac{\frac{dN}{dt}}{X}=-\frac{K_N N}{K_{SN}+N} \tag{8.43}$$

式(8.42) 和式(8.43) 称为 NH_4^+-N 氧化 Monod 动力学公式。

(4) 亚硝酸菌的净增殖速率

亚硝酸菌的净增殖速率为其总增殖速率与自身分解速率之差，用公式表示如下

$$\left(\frac{dX}{dt}\right)_g=\left(\frac{dX}{dt}\right)_T-\left(\frac{dX}{dt}\right)_E \tag{8.44}$$

式中，$\left(\frac{dX}{dt}\right)_g$ 为亚硝酸菌净增殖速率；$\left(\frac{dX}{dt}\right)_T$ 为亚硝酸菌总增殖速率；$\left(\frac{dX}{dt}\right)_E$ 为亚硝酸菌自身分解速率。

设亚硝酸菌自身分解速率符合一级反应，则

$$\left(\frac{dX}{dt}\right)_E=-K_dX \tag{8.45}$$

式中，K_d 为亚硝酸菌自身分解系数，1/d。

将上式代入式(8.44) 得

$$\left(\frac{dX}{dt}\right)_g=\left(\frac{dX}{dt}\right)_T-K_dX \tag{8.46}$$

上式各项除 X 得

$$\frac{\left(\frac{dX}{dt}\right)_g}{X}=\frac{\left(\frac{dX}{dt}\right)_T}{X}-K_d \tag{8.47}$$

式中，$\mu_g=\frac{\left(\frac{dX}{dt}\right)_g}{X}$为亚硝酸菌净比增殖速率。

由公式 $\theta_c=1/\mu_g$，则

$$\theta_c=\frac{1}{\mu_N-K_d} \tag{8.48}$$

硝化反应的动力学常数，见表 8.1。

表 8.1 硝化反应的动力学常数（20℃时）

常数	符号	单位	数值		
			亚硝化菌	硝化菌	总过程
最大比增殖速率	μ_{max}	1/d	0.6～0.8	0.6～1.0	0.6～0.8
饱和常数	K_{SN}	gNH_4^+-N/m^3	0.3～0.7	0.8～1.2	0.3～0.7
产率系数	Y_N	gVSS/gN	0.10～0.12	0.05～0.07	0.15～0.20
自身分解系数	K_d	1/d	0.03～0.06	0.03～0.06	0.03～0.06

最小好氧生物固体停留时间 $\theta_{c\ min}$ 必须大于亚硝酸菌净比增殖速率的倒数，这样可以维持活性污泥混合菌群中亚硝化菌的数量，即

$$\theta_{c\ min}\geqslant\frac{1}{\mu_g}=\frac{1}{\mu_N-K_d} \tag{8.49}$$

当应用由公式(8.48) 计算得到的 $\theta_{c\ min}$ 值来确定设计生物固体停留时间 θ_{cd} 时，应考虑数值为 1.5～2.5 的安全系数。

当处理后出水氨氮浓度约为 1mg/L 时，可假设总比增殖速率为零级反应。

(5) 环境因素对硝化的影响

① 温度　硝酸菌的最佳生长温度为 35～42℃，亚硝酸菌最佳生长温度为 35℃。生物硝

化反应可以在4～45℃的温度范围内进行。温度不但可以影响硝化菌的总比增殖速率，也可以影响硝化菌的自身分解速率。

硝化菌总比增殖速率与温度（T）的关系可用以下经验公式表示：

$$\mu_{NT}=\mu_{N(15℃)}e^{0.098(T-15)} \quad (8.50)$$

硝化菌自身分解系数K_d与温度T℃的关系可用以下经验公式表示：

$$K_{dT}=K_{d(20℃)}1.04^{(T-20)} \quad (8.51)$$

在完成温度修正和选用适当的安全系数后，由公式(8.49)确定设计生物固体停留时间θ_{cd}。

对于硝化菌的净比增殖速率与温度的关系或者污泥停留时间与温度的关系，已提出多个经验公式，除上述公式外，目前被广泛认可的公式还有以下公式。

a. 美国环境保护局（EPA）建议的θ_{cd}公式

$$\theta_{cd}=2.5\times2.13e^{0.098(15-T)} \quad (8.52)$$

b. 日本下水道协会建议的θ_{cd}公式

$$\theta_{cd}=(1.2-1.5)20.6e^{-0.0627T} \quad (8.53)$$

c. 亚硝酸菌的净化增殖速率（μ_{g1}）与水温度的关系

$$\mu_{g1}=0.18e^{0.116(T-15)} \quad (8.54)$$

硝酸菌的净比增殖速率（μ_{g2}）与水温的关系式为

$$\mu_{g2}=0.79e^{0.069(T-15)} \quad (8.55)$$

从式(8.53)和式(8.54)可看出，亚硝酸菌的净比增殖速率比硝酸菌的慢得多，因此，亚硝酸菌在曝气池内的停留时间为反应器运行的控制因素。

亚硝酸菌在曝气池内的停留时间（即生物固体停留时间）必须大于亚硝酸菌净比增殖速率的倒数，即

$$\theta_c\geqslant\frac{1}{\mu_{g1}}=\frac{1}{0.18e^{0.116(T-15)}}=5.56e^{-0.116(T-15)} \quad (8.56)$$

水温T为20℃、15℃、10℃时θ_c分别为3.1d、5.6d、9.9d。

② 溶解氧　混合液溶解氧浓度对硝化反应速率的影响，目前一直处于争论之中。但确定的是硝化反应必须在绝对好氧条件下进行。溶解氧在混合液中的浓度并不等同于在活性污泥絮体内部的浓度，而实际上氧的利用是发生在污泥絮体的内部，所以提高混合液溶解氧浓度，将会强化氧向污泥絮体内部的渗透，从而提高硝化反应速率。在较短的污泥停留时间（SRT）条件下，含碳有机物氧化过程的氧利用速率较高，这样会削弱氧向污泥内部的渗透作用，相反SRT较长时，较低的氧利用速率可以提高氧向污泥内部的渗透作用，溶解氧浓度在活性污泥内部又较高，因此发生较高的硝化反应速率。所以，要维持最大硝化反应速率，在SRT值较短时，必须提高混合液溶解氧浓率。

混合液溶解氧最佳浓度与活性污泥絮体大小，污泥负荷、温度等因素有关。对一般的活性污泥法，混合液溶解氧浓度应大2mg/L。但硝化反应可在高溶解氧浓度下进行，如高氧曝气池溶解氧浓度高达6mg/L也不会抑制硝化反应的进行。

③ pH值　pH值也是硝化反应的主要影响因素，硝化菌对pH值十分敏感，最佳pH值范围为7～8。当pH值降到5～5.5时，硝化反应几乎停止。在硝化反应过程中，每氧化1g氨氮要消耗7.15g碱度（以$CaCO_3$计）。所以如果废水碱度不足时，需人为地调节碱度。

④ 抑制性物质　在处理工业废水时，硝化过程常因有毒性有机物或无机化合物的存在而受到抑制。

⑤ C/N比　废水中可生物降解含碳有机物浓度与含氮物质浓度之比称为C/N比，C/N

比一般用BOD_5/TKN的比值表示，它是影响生物硝化速度和过程的主要影响因素之一。TKN为总凯氏氮，等于废水中有机氮和氨氮之和。

活性污泥中硝化菌所占的比例f_N与BOD_5/TKN有很大关系。入流废水中BOD_5/TKN比越大，则活性污泥中硝化菌所占的比例就越小，因为活性污泥中的异养菌与硝化菌竞争营养和溶解氧，使硝化菌的增殖受到抑制，结果硝化速率下降。反之，BOD_5/TKN比越小，则硝化速率越高。典型城市污水的BOD_5/TKN大约为5～6，此时f_N约为5%；如果BOD_5/TKN降到3，则f_N可高达9%；如果污水的BOD_5/TKN增至9，则f_N将降到3%。另外，BOD_5/TKN太小时，由于f_N增大，虽然硝化速率高，但会使部分硝化菌脱离活性污泥絮体而处于游离状态，在二沉池内不易沉淀，导致出水浑浊。而BOD_5/TKN太大时，虽然出水透明度高，但硝化速率下降。因此，许多处理的运行表明，对某一生物硝化系统来说BOD_5/TKN值最佳范围为2～3。

⑥ 污泥负荷和污泥停留时间　生物硝化负荷越低，硝化进行得越充分，NH_3-N氧化为NO_3^--N的硝化效率就越高。一般污泥负荷L_s都在0.15kgBOD/(kgMLSS·d)以下，为低污泥负荷工艺。有时为了使出水NH_3-N非常低，甚至采用污泥负荷L_s为0.05kgBOD/(kgMLSS·d)的超低负荷运行。

硝化菌增殖速率较一般异养菌的增殖速率慢，世代期长。如果SRT较短，系统内往往不存在硝化细菌，也就得不到硝化的效果。在设计和运行时SRT取决于温度等环境因素，但一般认为SRT至少应在8d以上才能得到较好的硝化效果。但有人认为BOD_5低于20mg/L时硝化反应才能完成。

8.1.2.2 生物反硝化动力学

(1) 生物反硝化过程

反硝化过程[9]是以硝酸盐为氧源，以BOD作为生物合成和能量的碳源，发生如下生化反应：

$$NO_3^- + BOD \longrightarrow N_2 + CO_2 + H_2O + OH^- + \text{新细胞}$$

在反硝化过程中，还原每克NO_3^--N，约消耗2.86g BOD，产生0.45g VSS和3.57g碱度。

(2) 反硝化菌增殖速率

反硝化菌的增殖速率与硝酸盐浓度的关系可用Monod动力学公式表示

$$\mu_D = \frac{1}{X}\left(\frac{dX}{dt}\right)_T = \mu_{Dmax}\frac{D}{K_{SD}+D} \tag{8.57}$$

式中，μ_D为反硝化菌的比增殖速率，1/d；$\mu_{D\max}$为反硝化菌的最大比增殖速率，1/d；X为反硝化菌浓度，mg/L；D为NO_3^--N浓度，mg/L；K_{SD}为饱和常数，mg/L；t为反应时间，d。

当$K_{SD} \ll D$时，上式为零级反应，而当$D \ll$KSD时，则为一级反应。

反硝化菌的增殖速率为

$$\mu = \mu_D X = \left(\frac{dX}{dt}\right)_T = \mu_{D\max}\frac{DX}{K_{SD}+D} \tag{8.58}$$

式中，μ为反硝化菌的增殖速率，mg/(L·d)。

(3) NO_3^--N的还原速率

NO_3^--N的还原速率可用下式表示

$$q = -\frac{dD}{dt} \tag{8.59}$$

$$q_D=\frac{q}{X}=-\frac{\frac{dD}{dt}}{X} \tag{8.60}$$

式中，q 为 NO_3^--N 的还原速率，mg/(L·d)；q_D 为 NO_3^--N 的比还原速率，1/d。

反硝化菌产率系数：

$$Y_D=-\frac{\left(\frac{dX}{dt}\right)_T}{\frac{dD}{dt}}=-\frac{\mu}{q}=-\frac{\mu_D}{q_D} \tag{8.61}$$

由式(8.59)～式(8.61) 得：

$$q=-\frac{\mu}{Y_D}=-\frac{\mu_{max}DX}{Y_D(K_{SD}+D)} \tag{8.62}$$

$$q_D=-\frac{\mu_D}{Y_D}=-\frac{\mu_{max}D}{Y_D(K_{SD}+D)} \tag{8.63}$$

令 $\mu_{D\,max}/Y_D=K_D$，称最大 NO_3^--N 还原速率，1/d，则式(8.62) 和式(8.63) 可改写为

$$q=-\frac{dD}{dt}=-\frac{K_DDX}{K_{SD}+D} \tag{8.64}$$

$$q_D=-\frac{\frac{dD}{dt}}{X}=-\frac{K_DD}{K_{SD}+D} \tag{8.65}$$

式(8.64) 和式(8.65) 称为 NO_3^--N 还原 Monod 动力学公式。

(4) 反硝化菌的净增殖速率

反硝化菌的净增殖速率为其总增殖速率与自身分解速率之差，用公式表示如下：

$$\left(\frac{dX}{dt}\right)_g=\left(\frac{dX}{dt}\right)_T-\left(\frac{dX}{dt}\right)_E \tag{8.66}$$

式中，$\left(\frac{dX}{dt}\right)_g$ 为反硝化菌净增殖速率；$\left(\frac{dX}{dt}\right)_T$ 为反硝化菌总增殖速率；$\left(\frac{dX}{dt}\right)_E$ 为反硝化菌自身分解速率。

设反硝化菌自身分解速率符合一级反应：

$$\left(\frac{dX}{dt}\right)_E=-K_dX \tag{8.67}$$

式中，K_d 为反硝化菌自身分解系数，1/d。

将式(8.67) 代入式(8.66)，并各项除以 X 得：

$$\frac{\left(\frac{dX}{dt}\right)_g}{X}=\frac{\left(\frac{dX}{dt}\right)_T}{X}-K_d \tag{8.68}$$

$$\mu_g=\mu_D-K_d \tag{8.69}$$

式中，$\mu_g=\frac{\left(\frac{dX}{dt}\right)_g}{X}$为反硝化菌净比增殖速率。

由 $\theta_c=1/\mu_g$，则：

$$\theta_c=\frac{1}{\mu_D-K_d} \tag{8.70}$$

美国环保局提出反硝化过程反硝化菌自身分解系数 $K_d=0.04\text{d}^{-1}$，反硝化菌产率系数

Y_D＝0.6～1.2gVSS/gNO_3^--N。

(5) 环境因素对反硝化的影响

① 温度　温度对反硝化速率的影响，遵循 Arrheius 方程，可用下式表示：

$$K_T = K_{20}\theta^{(T-20)} \tag{8.71}$$

式中，K_T 为温度为 T℃时反硝化速率，gNO_3^--N/(gVSS·d)；K_{20} 为温度为 20℃时反硝化速率，gNO_3^--N/(gVSS·d)；T 为混合液温度，℃；θ 为温度修正系数，一般 θ＝1.03～1.15。

反硝化速率会随温度变化而变化，温度越高，反硝化速率越快，但不会像硝化菌那样敏感。反硝化最佳温度为 30～35℃。低于 15℃时，反硝化速率明显下降，低至 5℃时反硝化几乎停止。

② 碳源有机物　反硝化反应是异养微生物参与下的生化反应。它在溶解氧浓度极低的条件下，利用硝酸盐中的氧作为电子受体，有机物碳源为电子供体，碳源物质不同，反硝化速率也不同。不同碳源物质的反应速率如图 8.5 所示。

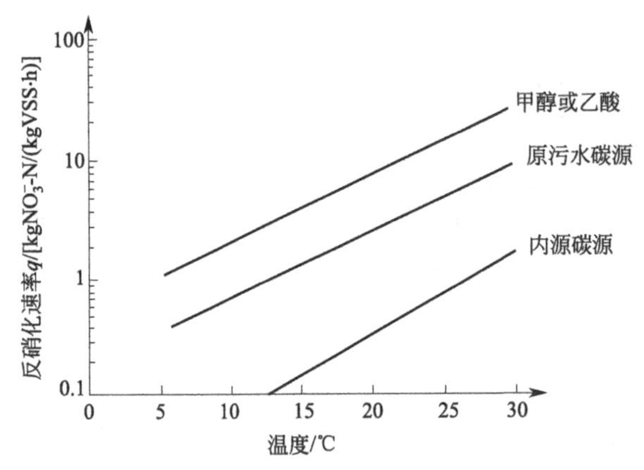

图 8.5
碳源、温度和单位生物量反硝化速率之间的关系

反硝化菌能利用的碳源有机物比较广。根据来源可分为内部碳源和外部碳源。内部碳源是来自处理工艺废水和污泥中的有机物，不需另外投加。外部碳源是从外部供给的碳源（如甲醇、乙酸、糖蜜等）。

③ pH 值　反硝化过程的最适宜的 pH 值为 7.0～7.5。当 pH 值低于 6.0 或高于 8.0 时，会影响反硝化菌的增殖和活性，使反硝化反应受到抑制。

反硝化过程会产生碱度。碱度对 pH 值也会有所影响。每还原 1g NO_3^--N 产生 3.5g 碱度（以 $CaCO_3$ 计），但实测值常低于理论值，一般为 2.89g。

④ 溶解氧　一般在活性污泥系统中，溶解氧应保持在 0.15mg/L 以下，才能使反硝化反应正常进行。因为溶解氧对反硝化过程有抑制作用主要因为氧会与硝酸盐竞争电子供体，同时分子态氧会抑制硝酸盐还原酶的合成及其活性。

⑤ C/N 比　将 1g NO_3^--N 还原为 N_2，理论上需要碳源有机物（以 BOD_5 计）2.86g。当反硝化池污水的 BOD_5/TKN 值大于 4～6 时，一般认为碳源充足。因为城市污水的成分复杂，只有一部分快速生物降解的 BOD 才可作为反硝化的碳源，所以单级前置反硝化活性污泥法（A^2/O 等）C/N 要求到 8。如以甲醇为碳源，甲醇与 NO_3^--N 比为 3 时就可充分反硝化（95%NO_3^--N 还原为 N_2）。

⑥ 有毒物质　一般认为反硝化菌对有毒物质的敏感性与好氧异养菌相同。在应用好氧

异养菌的抑制或有毒物质的资料时，应考虑驯化的影响。

8.1.2.3 生物除磷动力学

(1) 生物除磷反应过程

在好氧条件下，聚磷的积累可按下式表示[10]

$$C_2H_4O_2 + 0.16NH_4^+ + 1.2O_2 + 0.2PO_4^{3-} \longrightarrow$$
$$0.16C_5H_7NO_2 + 1.2CO_2 + 0.2(HPO_3)(\text{聚磷}) + 0.44OH^- + 1.44H_2O$$

这里所选择的有机物组成类似于乙酸。因为细菌在好氧条件下，既可以用所贮存的乙酸，也可以利用游离的乙醇（如果存在时）。贮存的乙酸以聚合羟基烷酸酯（poly hydroxyalk anoates，PHA）的形式存在，其中聚β羟丁酸（PHB）最常见。

在缺氧条件下，聚磷的积累可按下式表示：

$$C_2H_4O_2 + 0.16NH_4^+ + 0.2PO_4^{3-} + 0.96NO_3^- \longrightarrow$$
$$0.16C_3H_7NO_2 + 1.2CO_2 + 0.2(HPO_4)(\text{聚磷}) + 1.4OH^- + 0.48N_2 + 0.96H_2O$$

厌氧条件下，聚磷酸盐的释放可按下式表示：

$$2C_2H_4O_2 + (HPO_4)(\text{聚磷}) + H_2O \longrightarrow (C_2H_2O_2)_2(\text{贮存有机物}) + PO_4^{3-} + 3H^+$$

(2) 生物除磷动力学模式[11]

① 厌氧阶段，吸收乙酸动力学可用 Monod 公式表示

$$q_{HAc} = \frac{K_{HAc}C_{HAc}X_P}{K_{SHAc} + C_{HAc}} \quad (8.72)$$

式中，q_{HAc}为乙酸吸收速率，mg/(L·d)；K_{HAc}为乙酸最大吸收速率，1/d；C_{HAc}为乙酸浓度，mg/L；X_P为聚磷菌浓度，mg/L；K_{SHAc}为饱和常数，mg/L。

若贮存的聚磷菌全被释放，则乙酸吸收过程将停止。

② 好氧阶段，磷酸盐的吸收动力学可用 Monod 公式表示

$$q_P = \frac{\mu_{Pmax}C_PX_P}{Y_P(K_{SP} + C_P)} = \frac{K_PC_PX_P}{K_{SP} + C_P} \quad (8.73)$$

式中，q_P为磷酸盐吸收速率，mg/(L·d)；C_P为磷酸盐浓度，mg/L；μ_{Pmax}为聚磷菌最大比增殖速率，1/d；X_P为聚磷菌浓度，mg/L；Y_P为聚磷菌产率系数；$K_P = \mu_{Pmax}/Y_P$为磷酸盐最大吸收速率，1/d；K_{SP}为饱和常数，mg/L。

③ 在缺氧条件下，磷酸盐的吸收率约为好氧条件下的40%～60%。

生物除磷反应的动力学常数如表8.2所列。

表8.2 20℃生物除磷反应动力学常数

	符号	单位	数值
聚磷菌最大比增殖速率	μ_{Pmax}	1/d	2～4
聚磷菌产率系数	Y_P	kgSS/kgCOD(HAc)	0.6～0.8
聚磷菌产率系数	Y_P	kgP/kgCOD(HAc)	0.07～0.1
乙酸吸收的饱和常数	K_{SHAc}	$gHAc/m^3$	2～6
磷酸盐吸收的饱和常数	K_{SP}	gP/m^3	0.1～0.5
乙酸吸收速率	K_{HAc}	kgCOD(HAc)/[kgCOD(X)·d]	0.5～2

(3) 环境因素对生物除磷的影响

① 温度　温度对生物除磷的影响，目前尚无定论。有的污水处理厂发现除磷效果随温度降低而提高，而有的污水处理厂则发现随温度降低而降低。各研究结果和不同废水处理的

运行结果相差较大，有的甚至得出完全相反的结论。但一般认为，在5～30℃的范围内，除磷均能正常运行。因而即使城市污水温度有变化，不会影响生物除磷的效果。

② pH值　pH值对磷的释放和吸收有重要的影响。当pH＝4.0时，磷的释放速度最快，当pH＞4.0时，释放速度下降，pH＞8.0时，释放速度非常慢。在厌氧段，兼性菌将部分有机物分解为脂肪酸，会使pH值下降，这对磷的释放是有利的。在好氧条件下，聚磷菌在pH值为6.5～8.5的范围内能有效地吸收磷，且pH＝7.3时，吸收速度最快。由此可知，低pH值有利于磷的释放，而高pH值有利于磷的吸收。所以在活性污泥法生物除磷工艺中，混合液的pH值宜控制在6.5～8.0范围内。当pH＜6.5时，可向污水中投加石灰等人为地调整pH值。

③ 溶解氧　厌氧段应保持严格的厌氧状态。存在溶解氧，就会影响磷的释放和吸收。只有保证聚磷菌在厌氧段有效地释放磷，才能在好氧段充分地吸收磷，从而保证除磷效果。聚磷菌只有在严格厌氧状态，才能进行磷的释放。

而好氧段的溶解氧浓度应保持在2.0mg/L以上，一般控制在2.0～3.0mg/L之间。因为聚磷菌只有在绝对好氧条件下，才能有效地吸收磷。另外较高的溶解氧还可以防止聚磷菌进入二沉池后，由于厌氧而产生磷的释放。

④ C/P比　C/P比可用BOD_5/TP比表示。一般认为，要保证生物除磷效果，进入厌氧段污水的BOD/TP应大于20。在实际运行中，如能测定易分解有机物量，将是非常有用的，因为聚磷菌只能摄取易分解的有机物（如乙酸等挥发性脂肪酸），对于BOD_5中的大部分有机物（如固态的BOD_5和胶态的BOD_5），聚磷菌是不能吸收的，但实际很难办到。国外一些污水处理厂，将$SBOD_5$/TP作为C/P比的控制指标，$SBOD_5$为溶解性BOD_5或过滤性BOD_5，用$SBOD_5$/TP控制比BOD_5/TP准确得多。有些污水处理厂运行表明，出水TP＜1mg/L，应控制BOD_5/TP＞10，而出水TP＜0.5mg/L，应控制BOD_5/TP＞20。

⑤ 硝酸盐　硝酸盐对聚磷菌的代谢有很大影响，不再贮存聚磷酸盐，而且在厌氧反应池中，反硝化菌会与聚磷菌争夺污水中易分解有机物，结果，由于易分解有机物的减少，使除磷效果下降。所以进入厌氧反应池的池水不应含有硝酸盐。

⑥ 厌氧/好氧条件　为增加活性污泥中聚磷菌的比例、保证生物除磷效果，应使活性污泥反复处于厌氧和好氧状态。

8.1.3 活性污泥数学模型

在传统活性污泥数学模型中，对生物固体（活性污泥）和污水中的有机底物都不加以具体的分类，生物固体只进行好氧生长。实际上无论是生物固体还是有机底物都可以分为很多种，而生物固体的生长也因为其种类和环境的不同而不同。目前认为生物固体可以分为两大类：活性异养菌（包括能够进行反硝化反应的异养菌和不能进行硝化反应的异养菌）、活性自养菌。活性异养菌、活性自养菌及它们内源呼吸衰减产生的惰性物质和进水中不可生物降解的有机物构成活性污泥的主要成分。而污水中的底物也可以进一步再加以细分。简单的数学模型并不能很好地反映活性污泥法污水处理系统的实际过程，为此国际水质协会（IAWQ）（国际水协IWA前身）于1983年成立了活性污泥通用模型国际研究小组，1987年在总结已有各种污水生物处理数学模型的基础上，陆续推出了5套活性污泥数学模型（分别为ASM1[12,13]、ASM2[14,15]、ASM2d[16,17]、ASM3[18,19]和ASM3C），成为当今国内外科研工作者研究水污染模拟与控制的基础平台。无论是对污水处理厂的工艺优化、故障检修、辅助设计和寻求最佳运行条件，还是在废水生物处理技术的研究与开发方面，活性污泥模型均有着十分重要的价值。如今ASMs系列模型已经在许多大型污水处理厂的设计、运行和改造过程中得到了实际应用，积累了许多宝贵经验。下面介绍活性污泥1号（ASM1）模型。

8.1.3.1 ASM1 简介

（1）ASM1 的表述形式

IAWQ 活性污泥1号模型（activated sludge model No. 1，ASM1）在表述方面最主要的特征是采用矩阵的形式来描述活性污泥系统中各种组分的变化规律和相互关系，行号用 j 表示，列号用 i 表示。矩阵最上面一行从左到右列出了模型所包含的各种反应组分（活性污泥和有机底物），左边第一列从上到下列出了各种生物反应过程，最右边的一列从上到下列出了各种生物反应的速率表达式。矩阵元素为计量系数，表明组分 i 与过程 j 的相互关系。如果某一组分不参与过程变化，相应的计量系数为零，矩阵中用空项表示。计量系数前的正负号表示该组分在转换过程中的增减情况。这种矩阵格式可以非常方便地描述所有可能的转化过程对所有组分的影响及各组分的表观转化速率（见表 8.3）。

序号为 i 的组分表观转化速率可由下式计算：

$$r_i = \sum_j v_{ij}\rho_j \tag{8.74}$$

式中，v_{ij} 表示 i 列 j 行的化学计量系数；ρ_j 表示 j 行的反应过程速率，$ML^{-3}T^{-1}$。

例如，计算快速可降解有机物（S_S，$i=2$）的表观转化速率为：

$$r_2 = \sum_j v_{2j}\rho_j = v_{21}\rho_1 + v_{22}\rho_2 + v_{27}\rho_7 \tag{8.75}$$

再将表中所示的化学计量系数和反应过程速率表达式代入式(8-75)，可得：

$$\begin{aligned} r_2 = & -\frac{1}{Y_H}\hat{\mu}\left(\frac{S_S}{K_S+S_S}\right)\left(\frac{S_O}{K_{O,H}+S_O}\right)X_{B,H} - \frac{1}{Y_H}\hat{\mu}\left(\frac{S_S}{K_S+S_S}\right)\left(\frac{K_{O,H}}{K_{O,H}+S_O}\right) \\ & \left(\frac{S_{NO}}{K_{NO}+S_{NO}}\right)\eta_g X_{B,H} + k_h \frac{X_S/X_{B,H}}{K_X+(X_S/X_{B,H})} \\ & \left[\left(\frac{S_O}{K_{O,H}+S_O}\right) + \eta_h\left(\frac{K_{O,H}}{K_{O,H}+S_O}\right)\left(\frac{S_{NO}}{K_{NO}+S_{NO}}\right)\right]X_{B,H} \end{aligned} \tag{8.76}$$

表 8.3 最右边的“反应过程速率 ρ”中使用“开关函数”这个概念来反映由于环境因素改变而所产生的遏制作用，即反应的进行与否。对于需要电子受体的反应过程来说，开关函数的概念尤为重要。例如，只有在反应器中存在溶解氧，硝化细菌才能繁殖，也就是说硝化作用必须有溶解氧的参与，否则不论氨氮的浓度高低，都不会存在硝化作用。因此，ASM1 模型在硝化过程速率表达式中设置了溶解氧开关函数 $S_O/(K_O+S_O)$ 作为硝化反应的开关，即硝化作用可以顺利进行，K_O 选用一个很小的数值。当溶解氧（S_O）趋于零时，开关函数 $S_O/(K_O+S_O)$ 趋于零，则硝化速率也趋于零；当溶解氧（S_O）趋于一定浓度时，开关函数 $S_O/(K_O+S_O)$ 趋于 1。

类似地，反硝化过程的速率表达式中也设置了开关函数 $K_O/(K_O+S_O)$。当溶解氧浓度趋于零时，开关函数趋于 1，反硝化作用能顺利进行；反之，溶解氧升高到一定浓度后，开关函数趋于零，反硝化作用趋于停止。

（2）ASM1 的组分

ASM1 模型中包含 13 种组分。

对于组分的表示，国际上有如下约定：颗粒性物质用 X 表示，溶解性物质用 S 表示；下角标表示不同种类的成分，如 B 表示生物质，S 表示基质，O 表示溶解氧。

活性污泥过程中的组分根据其构成一般可以分为三类：有机物、含氮物和其他组分。

活性污泥过程中的有机物是组成总 COD[20,21] 的组成物质，包括可生物降解有机物、不可生物降解有机物、生物固体。其中可生物降解有机物分为：溶解性快速可生物降解有机物 S_S、

表 8.3 活性污泥法 ASM1 表述

	组分 i / 过程 j	1	2	3	4	5	6	7	8	9	10	11	12	13	反应过程速率
		S_I	S_S	X_I	X_S	$X_{B,H}$	$X_{B,A}$	X_P	S_O	S_{NO}	S_{NH}	S_{ND}	X_{ND}	S_{ALK}	$\rho_j(ML^{-3}T^{-1})$
1	异养菌的好氧生长		$-1/Y_H$			1			$-(1-Y_H)/Y_H$		$-i_{XB}$			$-i_{XB}/14$	ρ_1
2	异养菌的缺氧生长		$-1/Y_H$			1				$-(1-Y_H)/2.86Y_H$	$-i_{XB}$			$(1-Y_H)/(14-2.86Y_H)-i_{XB}/14$	ρ_2
3	自养菌的好氧生长						1		$-4.57/Y_A+1$	$-1/Y_A$	$-i_{XB}-1/Y_A$			$-i_{XB}/14-1/7Y_A$	ρ_3
4	异养菌的衰减				$1-f_p$	-1		f_p					$i_{XB}-f_p i_{XP}$		ρ_4
5	自养菌的衰减				$1-f_p$		-1	f_p					$i_{XB}-f_p i_{XP}$		ρ_5
6	溶解性有机氮氨化										1		-1	1/14	ρ_6
7	慢速可生物降解有机物的水解		1		-1										ρ_7
8	颗粒性可生物降解有机氮的水解											1	-1		ρ_8
转换速率$(ML^{-3}T^{-1})$		$r_i=\sum_j v_{ij}\rho_j$													
反应过程速率 $\rho_j(ML^{-3}T^{-1})$ 具体表达式		$\rho_1=\hat{\mu}_H[S_S/(K_S+S_S)][S_O/(K_{OH}+S_O)]X_{B,H}$													
		$\rho_2=\hat{\mu}_H[S_S/(K_S+S_S)][K_{OH}/(K_{OH}+S_O)][S_{NO}/(K_{NO}+S_{NO})]\eta_g X_{B,H}$													
		$\rho_3=\hat{\mu}_A[S_{NH}/(K_{NH}+S_{NH})][S_O/(K_{OA}+S_O)]X_{B,A}$													
		$\rho_4=b_H X_{B,H}$													
		$\rho_5=b_A X_{B,A}$													
		$\rho_6=k_a S_{ND} X_{B,H}$													
		$\rho_7=k[X_S/X_{B,H}/(K_X+X_S/X_{B,H})]\{S_O/(K_{OH}+S_O)+\eta_h[K_{OH}/(K_{OH}+S_O)][S_{NO}/(K_{NO}+S_{NO})]\}X_{B,H}$													
		$\rho_8=k[X_S/X_{B,H}/(K_X+X_S/X_{B,H})]\{S_O/(K_{OH}+S_O)+\eta_h[K_{OH}/(K_{OH}+S_O)][S_{NO}/(K_{NO}+S_{NO})]\}X_{B,H}(X_{ND}/X_S)$													

慢速可生物降解有机物 X_S。不可生物降解有机物分为：可溶性不可生物降解有机物 S_I、颗粒性不可生物降解有机物 X_I、生物固体衰减而产生的惰性物质 X_P；而生物固体则由活性异养菌 $X_{B,H}$ 和活性自养菌 $X_{B,A}$ 组成。

含氮物质包括铵态氮 S_{NH}、硝态氮 S_{NO}、溶解性可生物降解有机氮 S_{ND} 和颗粒性可生物降解有机氮 X_{ND}。

模型中包括的其他物质为溶解氧 S_O 和碱度 S_{ALK}。由于溶解氧浓度对反应的速率和反应类型有影响，而通过碱浓度则可以知道活性污泥过程中的化学和生物反应对 pH 值的影响，因此这两种组分也包括在 ASM1 中。

ASM1 模型中包含的组分列于表 8.4。组分 3～7 和组分 12 都是颗粒性物质，X_I 表示惰性颗粒性物质，S_I 表示惰性溶解性物质。在表 8.3 中可以看出，由于 X_I 和 S_I 在生物反应器内不发生任何反应，既不增加也不减少，因此其所在的列中不包含任何系数。但是，当进水中饱和 X_I 时，它将以一定的速率在系统中积累，其累积速率由污泥停留时间（SRT）与水力停留时间（HRT）的比值决定。至于 S_I 的出现对模型的建立和求解并无实质影响，仅仅是提醒我们，废水中通常含有一些难降解的溶解性物质。

表 8.4　ASM1 模型中包含的组分

符号	名　称	单位（M 为质量，L 为长度）
S_I	溶解性不可降解有机物	$M(COD)/L^3$
S_S	溶解性快速可生物降解有机物	$M(COD)/L^3$
X_I	颗粒性不可生物降解有机物	$M(COD)/L^3$
X_S	慢速可生物降解有机物	$M(COD)/L^3$
$X_{B,H}$	异养菌	$M(COD)/L^3$
$X_{B,A}$	自养菌	$M(COD)/L^3$
X_P	生物固体衰减而产生的惰性物质	$M(COD)/L^3$
S_O	溶解氧	$M(COD)/L^3$
S_{NO}	硝酸盐和亚硝酸盐形式的氮	$M(N)/L^3$
S_{NH}	NH_4^+-N 和 NH_3-N	$M(N)/L^3$
S_{ND}	溶解性可生物降解有机氮	$M(N)/L^3$
X_{ND}	颗粒性可生物降解有机氮	$M(N)/L^3$
S_{ALK}	碱度	mol

S_S 表示易生物降解基质。凡能够应用生物处理的废水，通常其中所含的易生物降解成分应占相当大的比例。活性生物质可在好氧环境下对 S_S 降解，其中一部分用于合成新的生物质，另一部分通过生物质的呼吸作用转化为其他简单且稳定的物质。因此，通过生物质的降解作用可以去除 S_S，而生物质自身的衰减和分解将产生 X_S，该部分 X_S 和废水中本来就有的 X_S 一起在水解酶的作用下转化为易生物降解的基质 S_S，从而继续为生物质所利用。

X_S 表示慢速可生物降解基质。该组分分子量较大，属胶体性颗粒物质，必须通过细胞外水解反应才能被生物利用。生物质衰减过程将产生新的难降解基质 X_P，而生物质分解过程将产生新的慢速降解基质 X_S。事实上，生物质对 X_S 的利用率非常小，因而我们假设生物质对 X_S 不直接发生作用，而是通过水解反应将 X_S 水解为易生物降解基质 S_S，它同废水本身含有的 S_S 一同被生物质吸收利用。

$X_{B,H}$ 表示活性异养生物质。$X_{B,H}$ 在好氧环境下利用相应的基质得到增殖，并通过衰减过程产生生物质残骸。

$X_{B,A}$ 表示活性自养生物质。

X_P 即为生物质残骸，它是生物质代谢的产物之一，为难生物降解性物质，X_P 不发生任何生化反应，其物化性质与 X_I 类似。

S_O 表示废水生物处理过程中的溶解氧。由表 8.3 可知，氧的利用率仅与异养生物质好氧生长有关，而与生物质的衰减无关。这与传统观点相异。由分解再增长模式可知，在计算与微生物衰减直接相关的需氧量时，通常是间接地通过生物质衰减产生慢速降解基质 X_S，进而引起生物质增殖这一过程的需氧量来计算的。

S_{NO} 表示由自养菌好氧生长而产生的硝酸态氮，可以通过异养菌的缺氧生长去除污水中的 S_{NO}。由于亚硝酸盐是硝化过程中的中间产物，为简化起见，模型中假定硝酸盐氮是氮氧化的唯一形式。

S_{NH} 表示由溶解性可降解有机氮的氨化反应而产生的可溶性氨氮，可以通过微生物的增长及自养菌的好氧生长来去除污水中的可溶性氨氮。可溶性氨氮的主要作用是作为自养菌好氧生长的能源，同时氮也可结合到微生物中，ASM1 模型中用系数（$-i_{XB}$）表示异养菌和自养菌生长过程中所用的氮。

S_{ND} 表示由颗粒性有机氮水解反应而产生的可溶性有机氮，可以通过氨化作用将可溶性有机氮转化为氨氮。

X_{ND} 表示颗粒性可生物降解有机氮，由微生物衰减而产生，可通过慢速可生物降解有机物的水解反应而被去除。

S_{ALK} 表示废水中的碱度（HCO_3^-）。碱度的引入是为了对可能抑制某些生物过程的低 pH 值环境进行早期预测。由于自养生物质对低 pH 值非常敏感，并且自养菌的增殖过程还将破坏废水中的碱度。如果废水所含碱度不足，自养生物质的增殖将终止。这是因为缺少必需的营养物（碳）以及 pH 值下降，二者抑制了自养生物质的活性。影响碱度破坏的另一项因素为反硝化作用，在适宜的废水处理系统中，可以通过硝化反应产生碱度，从而在一定程度上可以补偿碱度损失。

(3) ASM1 的反应过程

ASM1 模型中包含 8 个反应过程。

① 活性异养菌 $X_{B,H}$ 好氧生长　在好氧条件下，如果有足够的溶解性快速可生物降解有机物 S_S 存在，则活性异养菌 $X_{B,H}$ 好氧生长，生长反应速率为 ρ_1。

② 活性异养菌 $X_{B,H}$ 缺氧生长　这实际上是一个反硝化过程，只有当氧气的浓度很低并且有足够的溶解性快速可生物降解有机物 S_S 和硝态氮 S_{NO} 存在时，活性异养菌 $X_{B,H}$ 进行缺氧生长。该过程的反应速率为 ρ_2。

③ 活性自养菌 $X_{B,A}$ 好氧生长　活性自养菌的好氧生长过程实际上为一个硝化过程，该过程只有当氧气 S_O 充足，才能将铵态氮 S_{NH} 转化为硝态氮 S_{NO}，反应速率为 ρ_3。

④ 活性异养菌 $X_{B,H}$ 衰减　活性异养菌衰减后主要转化为慢速可生物降解有机物 X_S 和惰性物质 X_P，同时也产生少量的颗粒性可降解有机氮 X_{ND}。该过程衰减速率为 ρ_4。

⑤ 活性自养菌 $X_{B,A}$ 衰减　活性自养菌衰减过程和产生的物质与活性自养菌相同。其过程速率为 ρ_5。

⑥ 溶解性可生物降解有机氮 S_{ND} 氨化　溶解性可生物降解有机氮 S_{ND} 在自养菌作用下氨化成为铵态氮 S_{NH}，具体过程速率为 ρ_6。

⑦ 慢速可生物降解有机物 X_S 的水解　该水解过程将慢速可生物降解有机物 X_S 水解成为溶解性快速可生物降解有机物 S_S。过程速率为 ρ_7。

⑧ 颗粒性可生物降解有机氮 X_{ND} 的水解　颗粒性可生物降解有机氮 X_{ND} 通过水解过程成为溶解性可生物降解有机氮 S_{ND}，过程速率为 ρ_8。

(4) ASM1模型中化学计量系数及动力学参数

ASM1中包含了5个化学计量系数和14个动力学参数。IAWQ课题组研究发现，大部分参数随着环境条件的改变而改变。19个参数的名称、单位、符号、常温下的典型值以及部分对环境条件敏感的参数随温度的变化公式如表8.5所示。

表8.5 ASM1中的化学计量系数及动力学参数

模型参数	符号	默认值	参数范围	变化公式
化学计量参数				
异养菌产率系数/(gCOD/gCOD)	Y_H	0.67	0.46～0.69	
颗粒性衰减产物的比例/(gCOD/gCOD)	f_P	0.08	—	
生物体COD的含氮比例/(gN/gCOD)	i_{XB}	0.08	—	
生物体产物COD的含氮比例/(gN/gCOD)	i_{XP}	0.06	0.02～0.1	
自养菌产率系数/(gCOD/gCOD)	Y_A	0.24	0.07～0.28	
动力学参数				
异养菌最大比生长速率/d^{-1}	μ_H	4.0	3.0～13.2	$\mu_H(t)=\mu_H(20)\exp[0.0693(t-20)]$
异养菌半饱和系数/($gCOD/m^3$)	K_S	10.0	10～180	
异养菌氧半饱和系数/($gCOD/m^3$)	K_{OH}	0.2	0.01～0.2	
异养菌衰减系数/d^{-1}	b_H	0.3	0.05～1.6	$b_H(t)=b_H(20)\exp[0.1131(t-20)]$
μ_h的缺氧校正因子	η_g	0.8	—	
硝酸盐半饱和系数/(gN/m^3)	K_{NO}	0.5	—	
最大比水解速率/d^{-1}	k_h	3.0	1.0～3.0	$k_h(t)=k_h(20)\exp[0.01098(t-20)]$
X_S水解的半饱和系数/(gCOD/gCOD)	K_X	0.1	0.01～0.03	$K_X(t)=K_X(20)\exp[0.01098(t-20)]$
缺氧水解校正因子	η_h	0.8	0.6～1.0	$\eta_h(t)=\eta_h(20)\exp[0.069(t-20)]$
氨化速率/[m^3COD/(g·d)]	k_a	0.05	0.04～0.08	$K_a(t)=k_a(20)\exp[0.0693(t-20)]$
异养菌最大比生长速率/d^{-1}	μ_A	0.5	0.34～0.8	
自养菌的氧半饱和系数/(gN/m^3)	K_{NH}	1.0	—	
自养菌的氧半饱和系数/($gCOD/m^3$)	K_{OA}	0.4	—	
自养菌衰减系数/d^{-1}	b_A	0.05	—	$b_A(t)=b_A(20)\exp[0.105(t-20)]$

(5) 组分浓度的物料平衡方程

ASM1模型包括上述13个组分和8个子过程（即异养菌好氧生长、异养菌缺氧生长、自养菌好氧生长、异养菌衰减、自养菌衰减、可溶性有机氮的氨化、被吸着缓慢降解有机碳的水解和被吸着缓慢降解有机氮的水解），一般只考虑活性污泥的四个基本过程：微生物（异养菌和自养菌）的生长和衰减过程、有机氮的氨化过程以及固体有机物的水解过程。在已知的系统边界条件内，可得到生化反应器的物料平衡方程为：

$$\text{输入量}-\text{输出量}+\text{反应生成量}=\text{累积量} \tag{8.77}$$

$$\frac{d\xi}{dt}=r(\xi)+\frac{Q}{V(\xi_{in}-\xi)} \tag{8.78}$$

式中，ξ和ξ_{in}分别为反应器向量和所有组分的输入浓度向量，Q为进水速率，V为生化反应器体积，Q/V得到稀释速率D，$r(\xi)$可从式(8.78)演化为如下：

$$r(\xi)=S\times\rho(\xi) \tag{8.79}$$

式中，S为化学计量系数矩阵，$\rho(\xi)$为8个子过程的反应动力学向量。

相对于参与某一子过程反应的某一组分，可以写出一个反应动力学方程，以表示该组分浓度在该子过程反应中随时间的变化情况。对于该子过程，则可以写出一个或几个组分的反应动力学方程。在构成这若干个动力学方程时，以某一组分的生长或衰减的反应动力学方程作为基本的方程，其他组分的反应动力学方程以该基本动力学方程为基础经过系数调整来获得。根据这个方法及式(8.78)和式(8.79)可以得到活性污泥过程各组分浓度的物料平衡方程如下。

异养菌浓度的反应动力学受到好氧生长、缺氧生长和衰减三个不同过程的影响，因而可以得到异养菌浓度的物料平衡方程为

$$\frac{dX_{B,H}}{dt}=\left\{\hat{\mu}_H\left(\frac{S_S}{K_S+S_S}\right)\left[\left(\frac{S_O}{K_{O,H}+S_O}\right)+\eta_g\left(\frac{K_{O,H}}{K_{O,H}+S_O}\right)\left(\frac{S_{NO}}{K_{NO}+S_{NO}}\right)\right]-b_H\right\}X_{B,H}+D(X_{B,Hin}-X_{B,H}) \tag{8.80}$$

由于自养微生物在缺氧环境下不生长，所以自养菌浓度的物料平衡方程相对简单些

$$\frac{dX_{B,A}}{dt}=\left[\hat{\mu}_A\left(\frac{S_{NH}}{K_{NH}+S_{NH}}\right)\left(\frac{S_O}{K_{O,A}+S_O}\right)-b_A\right]X_{B,H}+D(X_{B,Ain}-X_{B,A}) \tag{8.81}$$

可生物降解底物的浓度由于异养菌的生长而降低（在好氧和缺氧条件下），同时难降解底物的水解速率加快，因而可以得到溶解性快速可生物降解有机质浓度的物料平衡方程为

$$\frac{dS_S}{dt}=\left\{-\frac{\hat{\mu}_H}{Y_H}\left(\frac{S_S}{K_S+S_S}\right)\left[\left(\frac{S_O}{K_{O,H}+S_O}\right)+\eta_g\left(\frac{K_{O,H}}{K_{O,H}+S_O}\right)\left(\frac{S_{NO}}{K_{NO}+S_{NO}}\right)\right]+k_h\frac{X_S/X_{B,H}}{K_X+(X_S/X_{B,H})}\left[\left(\frac{S_O}{K_{O,H}+S_O}\right)+\eta_h\left(\frac{K_{O,H}}{K_{O,H}+S_O}\right)\left(\frac{S_{NO}}{K_{NO}+S_{NO}}\right)\right]\right\}X_{B,H}+D(S_{Sin}-S_S) \tag{8.82}$$

根据死亡-再生原理，由于对死亡细菌的再利用，使得难降解底物的浓度增加，同时又由于水解过程使得难降解底物的浓度减少，因而可以得到难降解有机质浓度的物料平衡方程为

$$\frac{dS_S}{dt}=(1-f_p)(b_HX_{B,H}+b_AX_{B,A})-k_h\frac{X_S/X_{B,H}}{K_X+(X_S/X_{B,H})}\left\{\left(\frac{S_O}{K_{O,H}+S_O}\right)+\eta_h\left(\frac{K_{O,H}}{K_{O,H}+S_O}\right)\left(\frac{S_{NO}}{K_{NO}+S_{NO}}\right)\right\}X_{B,H}+D(X_{Sin}-X_S) \tag{8.83}$$

最简单的组分浓度物料平衡方程是惰性固体颗粒浓度的方程，该惰性固体颗粒是由于微生物衰减而产生的

$$\frac{dX_P}{dt}=f_p(b_HX_{B,H}+b_AX_{B,A})+D(X_{Pin}-X_P) \tag{8.84}$$

颗粒性可生物降解有机氮的浓度由于微生物的衰减而增加，同时由于水解过程而降低，因而可以得到如下的微分方程

$$\frac{dX_{ND}}{dt}=(i_{XB}-f_pi_{XP})(b_HX_{B,H}+b_AX_{B,A})-k_h\frac{X_{ND}/X_{B,H}}{K_X+(X_S/X_{B,H})}\left\{\left(\frac{S_O}{K_{O,H}+S_O}\right)+\eta_h\left(\frac{K_{O,H}}{K_{O,H}+S_O}\right)\left(\frac{S_{NO}}{K_{NO}+S_{NO}}\right)\right\}X_{B,H}+D(X_{NDin}-X_{ND}) \tag{8.85}$$

由于受到氨化和水解作用的影响，因而可以得到溶解性可生物降解有机氮的浓度物料平衡方程为

$$\frac{dX_{SD}}{dt}=\left\{-k_aS_{ND}+k_h\frac{X_{ND}/X_{B,H}}{K_X+(X_S/X_{B,H})}\left[\left(\frac{S_O}{K_{O,H}+S_O}\right)+\eta_h\left(\frac{K_{O,H}}{K_{O,H}+S_O}\right)\left(\frac{S_{NO}}{K_{NO}+S_{NO}}\right)\right]\right\}X_{B,H}+D(S_{NDin}-S_{ND}) \tag{8.86}$$

在硝化过程中可溶性氨氮的浓度降低，同时由于溶解性有机氮的氨化也使可溶性氨氮的

浓度降低，因而其浓度物料平衡方程相对复杂一些

$$\frac{dS_{NH}}{dt}=\left\{-i_{XB}\hat{\mu}_H\left(\frac{S_S}{K_S+S_S}\right)\left[\left(\frac{S_O}{K_{O,H}+S_O}\right)+\eta_g\left(\frac{K_{O,H}}{K_{O,H}+S_O}\right)\left(\frac{S_{NO}}{K_{NO}+S_{NO}}\right)\right]+k_a S_{ND}\right\}$$

$$X_{B,H}-\mu'_A\left(i_{XB}+\frac{1}{Y_A}\right)\left(\frac{S_{NH}}{K_{NH}+S_{NH}}\right)\left(\frac{S_O}{K_{O,A}+S_O}\right)X_{B,A}+D(S_{NHin}-S_{NH}) \quad (8.87)$$

仅有两个过程中包含硝酸态氮：在硝化过程中硝酸态氮浓度增高，而在反硝化过程硝酸态氮浓度将降低，因而可以得到硝酸态氮浓度的物料平衡方程为

$$\frac{dS_{NO}}{dt}=-\hat{\mu}_H\eta_g\left(\frac{1-Y_H}{2.86Y_H}\right)\left(\frac{S_S}{K_S+S_S}\right)\left(\frac{K_{O,H}}{K_{O,H}+S_O}\right)\left(\frac{S_{NO}}{K_{NO}+S_{NO}}\right)X_{B,H}+$$

$$\frac{\hat{\mu}_A}{Y_A}\left(\frac{S_{NH}}{K_{NH}+S_{NH}}\right)\left(\frac{S_O}{K_{O,A}+S_O}\right)X_{B,A}+D(S_{NOin}-S_{NO}) \quad (8.88)$$

污水生化处理过程中，由于异养菌和自养菌的好氧生长需要消耗溶解氧，从而使得溶解氧浓度降低，因此可得到溶解氧浓度的物料平衡方程为

$$\frac{dS_O}{dt}=-\hat{\mu}_H\left(\frac{1-Y_H}{Y_H}\right)\left(\frac{S_S}{K_S+S_S}\right)\left(\frac{S_O}{K_{OH}+S_O}\right)X_{B,H}-\hat{\mu}_A$$

$$\left(\frac{4.57-Y_A}{Y_A}\right)\left(\frac{S_{NH}}{K_{NH}+S_{NH}}\right)\left(\frac{S_O}{K_{O,A}+S_O}\right)X_{B,A}+D(S_{Oin}-S_O) \quad (8.89)$$

下面对上述浓度的物料平衡方程组中的一些参数及符号做一些简要说明。由于 X_I 和 S_I 在污水生化处理过程中不会被生物降解，因而把 X_I 和 S_I 浓度的物料平衡方程定义为零，即 $dX_I/dt=0$，$dS_I/dt=0$。

由于碱度在反应中为消耗物质，当碱度适当时其本身并没有参与其他组分的反应，因此这里没有定义碱度的物料平衡方程。

式(8.8) 中的因子 2.86 为硝酸氮转化为氮气的过程消耗的氧气量，此值为理论值，意味着如果所有加入反硝化反应器中的有机物仅转化成二氧化碳和水，那么去除 1g 的 COD 将需要 1/2.86=0.35g 的硝酸氮。相似地，式(8.89) 中的 4.57 为氨氮氧化为硝酸氮过程中的理论需氧量，即每克氨氮要消耗 4.57g 氧气。

由于在模型中使用了死亡-再生理论，因此异养菌的衰减速率与传统的用于描述内源衰减的衰减参数不同，而是一个相当大的值。如果用 b'_H 表示传统的衰减参数，则异养菌的衰减速率与传统的衰减参数间的关系为

$$b_H=\frac{b'_H}{1-Y_H(1-f_p)} \quad (8.90)$$

可以看到在 ASM1 模型中对于自养菌的衰减速率系数 b_A，在数值上与传统的衰减参数是相等的。

系数 f_p 用来描述微生物衰减产生的内源颗粒性物质所占的百分比，因此 f_p 受到死亡-再生理论的影响。如果建立的是内源衰减模型，系数 f_p 将假设近似为 0.2(即 20%)，然而为了得到相同数量的内源颗粒性物质，则要降低微生物的再利用率。如果通过传统衰减方式来定义微生物衰减产生的内源颗粒性物质所占的百分比，则可以得到 f_p 和 f'_p 的关系如下

$$f_p=\frac{1-Y_H}{1-Y_H f'_p}f'_p \quad (8.91)$$

由于在适度的溶解氧浓度条件下，溶解氧和过程其他动力学的耦合相对弱一些，所以在以后的分析中没有对溶解氧的物料平衡方程线性化，可以在单个溶解氧控制环路中通过调整曝气速率对溶解氧浓度进行调节，因此可以把控制变量 S_O 作为附加的输入变量。

通过上述分析，由于总状态向量 $\boldsymbol{\xi}$ 中的 S_I、X_I、S_{ALK} 和 S_O 变量不予考虑，所以可以定义一个 9×1 维的状态向量 $\boldsymbol{x}$ 和一个 10×1 维的输入向量 $\boldsymbol{u}$（该输入变量中不包含 $S_{I,in}$，$X_{I,in}$，$S_{ALK,in}$ 和 $S_{O,in}$，但是前面已经把 S_O 也作为一个输入变量)，则可以把式(8.83) 到式(8.91) 的物料平衡方程总结为如下的简单形式

$$\frac{dx(t)}{dt}=f[x(t),u_{10}(t),D(t)]+B[x(t),u_{10}(t),D(t)]u(t) \tag{8.92}$$

式中，$u_{10}(t)$ 表示第十个输入变量（即溶解氧浓度 S_O）。f 和 B 均为各个组分、溶解氧浓度和稀释速率的函数。

8.1.3.2 ASM1 模型的求解[22]

(1) ASM1 的约束条件

对数学模型而言，其实际应用过程中必须遵守某些约束条件，这一点很重要，因为数学上可行的东西在实践中并不一定可行。作为一个较为成熟的活性污泥系统模拟工具，ASM1 在科学研究和实际工程得到了广泛的应用，但其应用必须遵守某些约束条件：

① 微生物的净生长率和 SRT 必须保持在合适的范围内，以保证微生物絮体的形成。

② 污泥的良好沉降性受进入二沉池中固体质量浓度的影响，在数学上可采用较高的污泥质量浓度来得到系统中较小的水力停留时间，但这在实际中并不可行，因为无法在高污泥质量浓度的情况下保证良好沉降得到清澈的出水。而污泥浓度过低又无法形成合适的污泥层，出水水质也会变差。因此，污泥质量浓度一般应在 750～7500g/m^3。

③ 反应器曝气死区比例不得超过 50%，否则污泥沉降性能将会恶化。

④ 在曝气反应器中，混合强度应与氧传输时单位体积消耗的功率成比例。如果强度超过 240s^{-1}，污泥絮体受到过度剪切，沉降性能会变差，因此反应器的选择必须同时考虑混合强度和污泥质量浓度的限制。

(2) 活性污泥系统流程的标准化

① 串联完全混合反应器（CSTR in series）的标准化说明及符号约定　由于活性污泥法的实际流程有多种形式，为满足通用程序编程要求，需对活性污泥系统进行标准化。任何形式的连续流活性污泥反应器都能根据其水力学状态用 n 个串联完全混合反应器来模拟，这个过程叫做流程标准化。对任何形式的连续流活性污泥工艺（分段进水、污泥内回流等），均可转化为图 8.6 的流程。

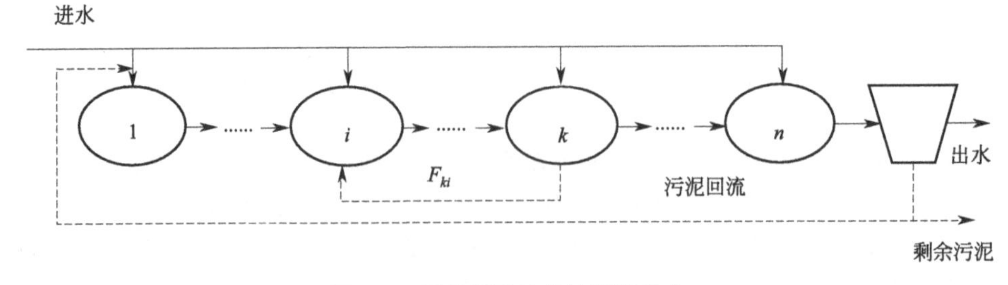

图 8.6　活性污泥法的流程标准化

根据反应器的水力学状态，假定反应器可用 n 个 CSTR 反应器表示，序号用 k(0≤k≤

$n+1$）表示，其中 $k=0$ 表示进水原水的特性，$k=n+1$ 表示回流污泥的特性。进水矩阵用 F 表示，F_{mk} 表示由第 m 个反应器进入第 k 个反应器的进水量与原水的比值。因此，对于第 k 个 CSTR 反应器均包括以下属性。

反应器的体积：V_k。

反应器内第 i 个组分的浓度：C_{ki}。

进水流量：Q_k^{inf}，可由下式计算

$$Q_k^{inf} = \sum_{m=0}^{n+1} F_{mk} Q_0 \tag{8.93}$$

进水中第 i 个组分的浓度：C_{ki}^{inf}，可由下式计算

$$Q_{ki}^{inf} = \frac{\sum_{m=0}^{n+1} F_{mk} C_{mi}^{eff} Q_0}{Q_k^{inf}} \tag{8.94}$$

出水中第 i 个组分的浓度：C_{ki}^{eff}，对 CSTR 反应器，有

$$C_{ki}^{eff} = C_{ki} \tag{8.95}$$

反应器中第 i 个组分的总反应速率：r_{ki}，可由下式计算

$$r_{ki} = \sum_i \nu_{ij} \rho_{kj} \tag{8.96}$$

式中，j 表示反应过程，ν_{ij} 为化学计量系数，ρ_{kj} 为第 j 个反应过程的速率表达式。

② 反应器的质量平衡方程　对任何系统，在给定的边界条件下，系统的质量平衡基本关系式为

$$累积项=输入项-输出项+反应项 \tag{8.97}$$

因此，第 k 个 CSTR 反应器中第 i 个组分的质量平衡方程为

$$V_k \frac{dC_{ki}}{dt} = Q_k^{inf}(C_{ki}^{inf} - C_{ki}) + V_k r_{ki} \tag{8.98}$$

ASM1 共包括 13 种组分，在每一个反应器中就有 13 个质量平衡方程。在由这 13 个质量平衡方程构成的方程组中，Q_k^{inf}、C_{ki}^{eff}、r_{ki} 均是反应器组分浓度 C_{ki}（$i=1,2,\cdots,13$）的函数。假定二沉池回流污泥浓度可以通过某种算法给出，即 $C_{(n+1)i}^{eff}$ 同样是反应器组分浓度 C_{ki}（$i=1,2,\cdots,13$）的函数。那么对含有 n 个 CSTR 反应器的活性污泥流程，一共有 $13n$ 个方程和 $13n$ 个未知数，故可联立方程组求解，得出每个 CSTR 反应器中 13 种组分的浓度。

在稳态条件下，$dC_{ki}/dt=0$。因此，对于稳态模拟求解，方程组有唯一数值解。对于非稳态情况，可以先令 $dC_{ki}/dt=0$，求取稳态解，然后在给定边界条件的情况下，得到后续时刻 t 各反应器内各组分浓度的数值解，不同时刻的数值解又能够离散表示组分的时间变化曲线。

(3) ASM 1 的求解步骤

① ASM 1 求解的积分路线　针对各个反应器内的物质浓度变化，可通过各组分（颗粒性和溶解性组分）的数值积分进行计算模拟。IAWQ 专家组推荐的积分路线如图 8.7 所示。

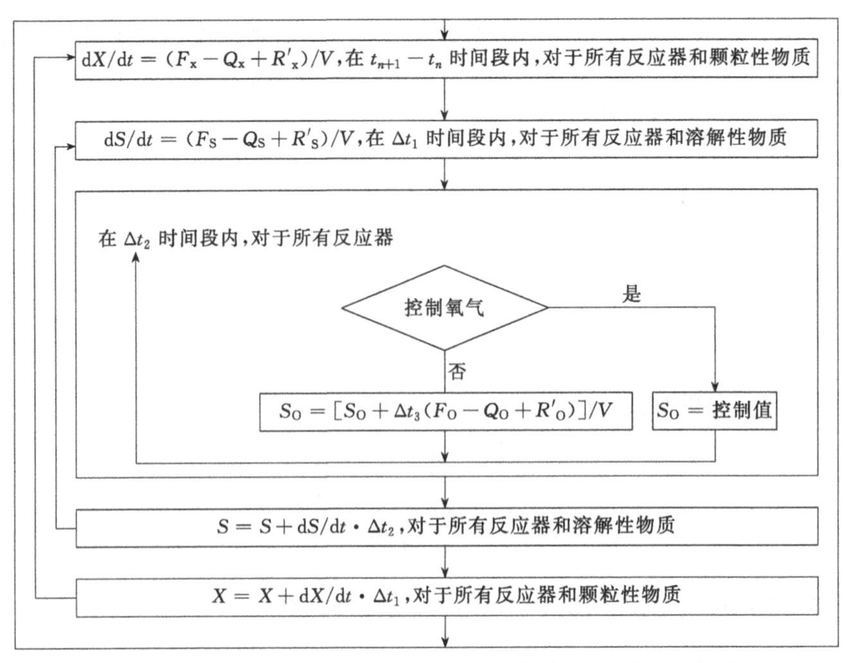

图 8.7　积分路线流程图(F 为输入项;O 为输出项;R'为反应项)

对于一个分为 n 个 CSTR 反应器的复杂活性污泥系统，由 $13n$ 个质量平衡方程组成的方程组的求解有两种方法：一是将 $13n$ 个质量平衡方程组成的方程组直接联立求解；二是直接积分法，以单一反应器的解作为初始浓度按时间对各反应器的组分进行积分。

对于一个稍微复杂的活性污泥系统，由 $13n$ 个质量平衡方程组成的方程组属于大型方程组，如果考虑二沉池因素，则更为复杂。对于这类方程，如果采用直接法求解，由于计算机舍入误差的问题，模拟结果的准确性和稳定性都很难得到保证；采用间接法求解，由于方程阶数的增加，方程组则易于发散。编程实践表明，无论是直接法中的高斯消去法和 LU 分解法，还是间接法中的迭代法和 QR 分解法等，对低阶方程组的求解都十分精确，但将其直接用于对 ASM1 高阶方程组的求解时，均无法得到令人满意的结果。因此，直接求解法在基于 ASM1 的活性污泥系统模拟中并不可行。

直接积分法就是通过设定某一初始浓度，然后利用式(8.98) 按时间对各个反应器中的各组分进行积分

$$C(t+\Delta t)=C(t)+\Delta t\frac{dC}{dt} \tag{8.99}$$

式中，$C(t)$ 为 t 时刻的浓度；Δt 为积分步长。

虽然数值积分肯定能得到多池模型的最终结果，但积分的稳定性和计算时间与初值有很大的关系。根据前人的经验，采用水力停留时间与系统的总水力停留时间相同的 CSTR 好氧反应器的稳态结果作为初值，就能保证数值积分的稳定性，并大大地缩短计算时间。

② 单个 CSTR 的求解　单一 CSTR 反应器的质量平衡方程和多池流程不同，可以做很大的简化。由于不存在混合液分流，可以将二沉池放在一个系统内，无需单独考虑。在稳态条件下，式(8.100) 的累积项为零，此时系统中各组分的质量平衡方程如下

$$输出项-反应项=输入项 \tag{8.100}$$

将方程按照 ASM1 的 13 个组分展开，可得

$$
\begin{cases}
D_X X_I = D_h X_{I,1} \\
D_X X_{BH} - v_{51}\rho_1 - v_{52}\rho_2 - v_{54}\rho_4 = D_h X_{BH,1} \\
D_X X_{BA} - v_{65}\rho_5 - v_{63}\rho_3 = D_h X_{BA,1} \\
D_X X_p - v_{74}\rho_4 - v_{75}\rho_5 = D_h X_{p,1} \\
D_X X_S - v_{47}\rho_7 - v_{44}\rho_4 - v_{45}\rho_5 = D_h X_{S,1} \\
D_X X_{ND} - v_{124}\rho_4 - v_{125}\rho_5 - v_{128}\rho_8 = D_h X_{ND,1}
\end{cases}
$$

$$
\begin{cases}
D_X S_S - v_{21}\rho_1 - v_{22}\rho_2 - v_{27}\rho_7 = D_h S_{S,1} \\
D_X S_{NH} - v_{101}\rho_1 - v_{102}\rho_2 - v_{103}\rho_3 - v_{106}\rho_6 = D_h S_{NH,1} \\
D_X S_{NO} - v_{92}\rho_2 - v_{93}\rho_3 = D_h S_{NO,1} \\
D_X S_{ALK} - v_{131}\rho_1 - v_{132}\rho_2 - v_{133}\rho_3 - v_{136}\rho_6 = D_h S_{ALK,1} \\
D_X S_I = D_h S_{I,1} \\
D_X S_{ND} - v_{116}\rho_{16} - v_{118}\rho_8 = D_h S_{ND,1} \\
(Q_{2,sal} - S_O)K_{La} - v_{81}\rho_1 - v_{83}\rho_3 = D_h(S_{O,1} - S_O)
\end{cases}
\quad (8\text{-}101)
$$

式中，$D_h = Q/V$；$D_X = 1/\mathrm{SRT}$。

显然，上式为非线性的 13 阶方程组。为了便于求解，应对其进行线性化。令：

$$
\begin{cases}
\rho_1 = K_1 S_S;\rho_2 = K_2 S_S;\rho_3 = K_3 S_{NH};\rho_4 = K_4 X_{B,H} \\
\rho_5 = K_5 X_{B,A};\rho_6 = K_6 S_{ND};\rho_7 = K_7 X_S;\rho_8 = K_8 X_{ND}
\end{cases}
\quad (8\text{-}102)
$$

式中，$K_i =$（$i=1,2,\cdots,8$）为线性化系数。根据 ASM1 的动力学方程，其值可由下式计算得出。

$$
\begin{cases}
K_1 = \mu_H[1/(K_S + S_S)][S_O/(K_{OH} + S_O)]X_{B,H} \\
K_2 = \mu_H[1/(K_S + S_S)][K_{OH}/(K_{OH} + S_O)][S_{NO}/(K_{NO} + S_{NO})]\eta_g X_{B,H} \\
K_3 = \mu_A[1/(K_{NH} + S_{NH})][S_O/(K_{OA} + S_O)]X_{B,A} \\
K_4 = b_H \\
K_5 = b_A \\
K_6 = k_a X_{B,H} \\
K_7 = k_h[1/(K_X + X_S/X_{B,H})]\{S_O/(K_{OH} + S_O) + \eta_g[K_{OH}/(K_{OH} + S_O)][S_{NO}/(K_{NO} + S_{NO})]\} \\
K_8 = K_7
\end{cases}
$$

(8.103)

为了使求解模拟程序更为简捷紧凑，具有更好的通用性、扩展性和可移植性，程序编写应采用矩阵格式。因此，可将质量平衡方程改写为

$$\boldsymbol{AC} = \boldsymbol{b} \quad (8.104)$$

式中，$\boldsymbol{A}$ 为系数矩阵，$\boldsymbol{C}$ 为浓度向量，$\boldsymbol{b}$ 为进水项向量。根据式(8.101）和式(8.102)

$$\boldsymbol{C} = [X_I, X_{B,H}, X_{B,A}, X_P, X_S, X_{ND}, S_S, S_{NH}, S_{NO}, S_{ALK}, S_I, S_{ND}, S_O]^T$$

$$\boldsymbol{b} = \boldsymbol{D}_h[X_{I,1}, X_{B,H,1}, X_{B,A,1}, X_{P,1}, X_{S,1}, X_{ND,1}, S_{S,1}, S_{NH,1}, S_{NO,1}, S_{ALK,1}, S_{I,1}, S_{ND,1}, S_{O,1}]^T$$

根据质量平衡方程，系数矩阵 $\boldsymbol{A}$ 又可分为出水项矩阵和反应项矩阵，即

$$\boldsymbol{A} = \boldsymbol{RT} + \boldsymbol{SM}$$

$\boldsymbol{RT}$ 实际上就是由各组分在系统的停留时间所构成的 13 阶对角阵

$$
\boldsymbol{RT}=\begin{bmatrix}
D_x & 0 & 0 & 0 & 0 & 0 & 0 & 0 & 0 & 0 & 0 & 0 & 0\\
0 & D_x & 0 & 0 & 0 & 0 & 0 & 0 & 0 & 0 & 0 & 0 & 0\\
0 & 0 & D_x & 0 & 0 & 0 & 0 & 0 & 0 & 0 & 0 & 0 & 0\\
0 & 0 & 0 & D_x & 0 & 0 & 0 & 0 & 0 & 0 & 0 & 0 & 0\\
0 & 0 & 0 & 0 & D_x & 0 & 0 & 0 & 0 & 0 & 0 & 0 & 0\\
0 & 0 & 0 & 0 & 0 & D_x & 0 & 0 & 0 & 0 & 0 & 0 & 0\\
0 & 0 & 0 & 0 & 0 & 0 & D_h & 0 & 0 & 0 & 0 & 0 & 0\\
0 & 0 & 0 & 0 & 0 & 0 & 0 & D_h & 0 & 0 & 0 & 0 & 0\\
0 & 0 & 0 & 0 & 0 & 0 & 0 & 0 & D_h & 0 & 0 & 0 & 0\\
0 & 0 & 0 & 0 & 0 & 0 & 0 & 0 & 0 & D_h & 0 & 0 & 0\\
0 & 0 & 0 & 0 & 0 & 0 & 0 & 0 & 0 & 0 & D_h & 0 & 0\\
0 & 0 & 0 & 0 & 0 & 0 & 0 & 0 & 0 & 0 & 0 & D_h & 0\\
0 & 0 & 0 & 0 & 0 & 0 & 0 & 0 & 0 & 0 & 0 & 0 & 0
\end{bmatrix}
$$

而 $\boldsymbol{SM}$ 则为线性化后的 ASM1 反应矩阵

$$
\boldsymbol{SM}=\begin{bmatrix}
0 & 0 & 0 & 0 & 0 & 0 & 0 & 0 & 0 & 0 & 0 & 0 & 0\\
0 & K_4 & 0 & 0 & 0 & 0 & -K_1 & 0 & -K_2 & 0 & 0 & 0 & 0\\
0 & 0 & K_S & 0 & 0 & 0 & 0 & -K_3 & 0 & 0 & 0 & 0 & 0\\
0 & -f_pK_4 & -f_pK_5 & 0 & 0 & 0 & 0 & 0 & 0 & 0 & 0 & 0 & 0\\
0 & \beta K_4 & \beta K_5 & 0 & K_7 & 0 & 0 & 0 & 0 & 0 & 0 & 0 & 0\\
0 & \alpha K_4 & \alpha K_5 & 0 & 0 & K_g & 0 & 0 & 0 & 0 & 0 & 0 & 0\\
0 & 0 & 0 & 0 & -K_7 & 0 & \dfrac{K_1}{Y_H} & 0 & \dfrac{K_2}{Y_H} & 0 & 0 & 0 & 0\\
0 & 0 & 0 & 0 & 0 & 0 & i_{XB}K_1 & K_3\left(i_{XB}+\dfrac{1}{Y_A}\right) & i_{XB}K_2 & 0 & 0 & -K_6 & 0\\
0 & 0 & 0 & 0 & 0 & 0 & 0 & -\dfrac{K_3}{Y_A} & \delta K_2 & 0 & 0 & 0 & 0\\
0 & 0 & 0 & 0 & 0 & 0 & \dfrac{i_{XB}}{14}K_1 & \dfrac{K_3}{14}\left(i_{XB}+\dfrac{2}{Y_A}\right) & \gamma K_2 & 0 & 0 & -\dfrac{K_6}{14} & 0\\
0 & 0 & 0 & 0 & 0 & 0 & 0 & 0 & 0 & 0 & 0 & 0 & 0\\
0 & 0 & 0 & 0 & -K_S & 0 & 0 & 0 & 0 & 0 & 0 & K_6 & 0\\
0 & 0 & 0 & 0 & 0 & 0 & \dfrac{1-Y_H}{Y_H}K_1 & \dfrac{4.57-Y_A}{Y_A}K_3 & 0 & 0 & 0 & 0 & \theta
\end{bmatrix}
$$

注：这里，令 $\alpha=f_pi_{XP}-i_{XB}$，$\beta=f_p-1$，$\gamma=\dfrac{i_{XB}}{14}-\dfrac{1-Y_H}{40.04Y_H}$，$\delta=\dfrac{1-Y_H}{2.86Y_H}$，$\theta=S_O-S_{O,sat}$。

显然，系数矩阵 A 属于高阶稀疏矩阵，但其非零值的分布又没有规律性，因此直接法求解并不是十分适用。而迭代法具有计算简单、编程容易、存储量小，舍入误差累积小（只是累积了最终迭代那一次的舍入误差）等优点，较适合于高阶线性方程组的求解。在迭代法中，Guass-Seidel 迭代法有存在一组存储单元存放迭代变量，编程简易方便的优点，故选用 Guass-Seidel 迭代法求解单个 CSTR 反应器的 13 阶质量平衡方程组。

在编程求解的过程中，首先对 $K_i=$（$i=1,2,\cdots,8$）进行初始化，假定 K_i 为常数。然后将式(8.103)代入式(8.102)，可得 13 阶线性方程组，然后采用 Guass-Seidel 迭代法求解方程组即可得出一组组分浓度值 $C_j=$（$j=1,2,\cdots,13$）。然后将 C_j 代入方程（8.105）又可得到一组新的 K_i。重复迭代，直至前后两次迭代满足下式

$$\sum_{i=1}^{\infty}\left|1-\frac{K_i^{n+1}}{K_i^n}\right|<e \tag{8.105}$$

式中，e 为计算精度。此时迭代终止，所得的浓度值即是单个CSTR反应器的浓度。迭代计算的基本流程如图8.8所示。

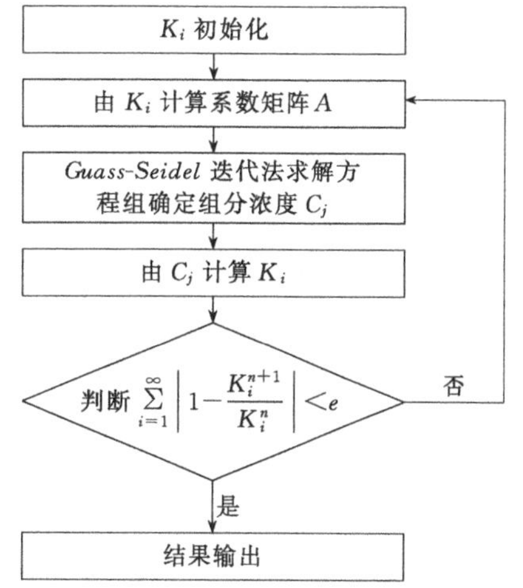

图8.8　单个CSTR稳态求解算法流程

③ 复杂活性污泥系统的稳态求解　在单个CSTR反应器稳态解的基础上，可以采用时间积分的方式获得复杂系统的稳态解。以水力停留时间与复杂系统的总水力停留时间相同的单个CSTR好氧反应器的稳态解为初值，然后设定时间步长 Δt，利用式（8.102）对各组分进行积分。

积分步长的确定。显然，积分步长 Δt 越小，该积分过程越准确，但是程序的计算量必然会随 Δt 的减小而增加；与此同时，Δt 取值同样不能过大，Δt 增加可以减少计算量，但过大会增大结果误差，甚至使得迭代过程发散而导致程序无法正常运行。根据IAWQ数学模型课题推荐的方法，为保证迭代的收敛性，迭代步长应满足

$$\Delta t<-C(t)(\mathrm{d}C/\mathrm{d}t)^{-1} \tag{8.106}$$

那么对于标准化流程的第 k 个反应器中的质量平衡方程

$$(1/C_{ki})(\mathrm{d}C_{ki}/\mathrm{d}t)=(Q_{ki}^{\mathrm{inf}}C_{ki}^{\mathrm{inf}}-Q_{ki}^{\mathrm{eff}}C_{ki}^{\mathrm{eff}}+V_k r_{ki})/V_k C_{ki}>(Q_{ki}^{\mathrm{eff}}C_{ki}^{\mathrm{eff}}+V_k r_{ki})/V_k C_{ki} \tag{8.107}$$

因此，

$$\Delta t<V_k C_{ki}/(Q_{ki}^{\mathrm{eff}}C_{ki}^{\mathrm{eff}}+V_k r_{ki})=\theta_{ki} \tag{8.108}$$

θ_{ki} 实际上就是稳态条件下组分 i 在第 k 个反应器中的平均停留时间。该式表明不同组分的最大允许步长不同，它决定于该组分在反应器中的平均停留时间。IAWQ课题组认为颗粒性组分的 θ_{ki} 是10min级别的，溶解性组分的 θ_{ki}，是1min级别，而溶解氧的 θ_{ki}，则是1s级别的；进而认为对不同的微分方程采用不同的积分步长能极大地提高计算效率。同济大学的周振、顾国维的实际编程结果表明，在最大积分步长条件下，采用不同的步长和同步长积分的运算结果相差不大，但不同步长积分的运算效率的确要高于同步长积分（在其他积分条件相同的情况下，同步长积分和不同步长积分的运算次数分别为413次和299次）。

经过以上分析，在编程过程中可采用以下步骤确定步长：首先将不同组分的质量平衡方程按照步长分组，分为颗粒性组分、溶解性组分和溶解氧三组；然后根据质量平衡方程计算每一反应器中的每一组分的 $C_{ki}/\mathrm{d}t$，并利用根据式 $\Delta t<-C(t)(\mathrm{d}C/\mathrm{d}t)^{-1}$ 计算所得的各组分边界条件中的最大值确定下一步的步长。为保证足够的精度，可取上述边界条件最大值的5%～20%作为积分步长。

终点判断问题。通过时间积分，在进水条件和运行条件不变的情况下，各个反应器中各组分的浓度最后将趋于一个稳定值，也就得到了活性污泥系统的稳态解。在这一思路中，存在一个稳态积分何时终止的问题，也就是终点判断的问题。

对于终点判断常用的判别方法是前后两次的积分结果满足：

$$\sum_{k=1}^{n}\sum_{i=1}^{13}\left|1-\frac{C_{ki}(t)}{C_{ki}(t+\Delta t)}\right|<\varepsilon \tag{8.109}$$

从数学上讲，按照时间积分的方法最终结果不会趋向于某一绝对值，而是趋于一个较小的数值区间，系统中各反应器内各组分的浓度将在这一区间内波动。

因此 ε 取值必须适当，取值过小可能会造成积分无法达到终点；而如果取值过大，由于 Δt 很小，则可能出现积分尚未稳定但已符合精度条件的情况。因此，该判别方法并不是十分适用。

为克服上述问题，王闯提出了长时间间隔浓度比较法，以数天为一个时间跨度（比如10天）进行浓度变化的比较，这样可以采用较大的 ε 值，消除浓度小幅振荡的影响。显然，该判断方法需增加存储空间以存储不同时刻的浓度值，并需要不停地对比计算结果，这将大大增加程序的存储量和计算量。因此，在一些常用的迭代或积分算法中，其终点判断一般仍采用式(8.109) 或其改进形式。

显然，终点判断公式首先应具有计算效率高、稳定性好、易收敛等优点。此外，由于前后两次浓度差也受积分步长 Δt 的影响，因此，终点判断公式将在式(8.109) 的基础上引入 Δt：

$$\sum_{k=1}^{n}\sum_{i=1}^{13}\left|\frac{C_{ki}(t+\Delta t)-C_{ki}(t)}{C_{ki}(t+\Delta t)\Delta t}\right|<\varepsilon \tag{8.110}$$

即采用式(8.111) 作为终点判断公式：

$$\sum_{k=1}^{n}\sum_{i=1}^{13}\left|\frac{\frac{\mathrm{d}C_{ki}}{\mathrm{d}t}}{C_{ki}(t+\Delta t)\Delta t}\right|<\varepsilon \tag{8.111}$$

8.1.3.3 ASM1 的计算程序

(1) 程序介绍

自从 ASM1 推出以来，国外对其进行了大量的研究，也出现了大量的计算程序和计算软件。国内对 ASM1 的研究较晚，目前基于 ASM1 的计算程序主要是针对具体工艺的程序。国内第一个文献报道的通用程序是王闯基于活性污泥流程标准化采用 Visual Basic 编制的通用流程计算程序，但由于其流程标准化中未考虑内回流等问题，因此程序的通用性还有欠缺。另一方面，目前的计算程序编写并未能充分利用 ASM1 的矩阵，大多数程序均是直接以质量平衡方程组的形式进行编写的。这类程序的缺点是可移植性和扩展性差，不易在程序中纳入生物除磷、动态模拟等模块。

为克服上述缺点，周振、顾国维采用 Visual C++6.0 编制了完全基于矩阵的通用程序 SM-ASM1。与传统的程序相比，该程序具有以下特点：

① 程序简洁紧凑　全部采用矩阵进行运算，与蒋卫刚编制的稳态模拟程序相比（97行），SM-ASM1 程序核心程序大大简化。

② 程序的通用性好，使用灵活方便　程序采用了灵活的矩阵结构，SM-ASM 1 程序可适用于不同个数、不同类型、不同进水方式的复杂系统的模拟。易于实现变步长积分和不同步长积分。

③ 程序的扩展性、可移植性好　在其基础上可以很方便地开发动态模拟程序，而且易于和不同的沉淀池（包括初沉池和二沉池）模拟程序进行组合使用。

以下是通用程序 SM-ASM1 的源代码。

活性污泥反应器通用算法。

/ * 以下函数均属于 ASM1_parameter 类 * /

```
/*线性化系数K值的初始化*/
void ASM1_parameter::K_initialization(double K[8],double FC[ ])
{
K[0]=u_H_max*FC[12]*FC[1]/(KS_COD+FC[6])/(KS_O2_H+FC[12]);
K[1]=u_H_max*KS_O2_H*FC[6]*FC[1]*fg/(KS_COD+FC[6])/(KS_O2_H+
        FC[12])/(KS_NO3+FC[8]);
K[2]=u_A_max*FC[12]*FC[2]/(KS_O2_A+FC[12])/(KS_NH4+FC[7]);
K[3]=b_H;
K[4]=b_A;
K[5]=ka*FC[11]*FC[1];
K[6]=kh_max/(K_X+FC[4]/FC[1])*FC[12]/(KS_O2_H+FC[12])+fg*KS_O2_
        H*FC[8]/(KS_O2_H+FC[12])/(KS_NO3+FC[8]));
K[7]=kh_max/(K_X+FC[4]/FC[1])*FC[12]/(KS_O2_H+FC[12])+fg*KS_O2_
        H*FC[8]/(KS_O2_H+FC[12])/(KS_NO3+FC[8]))=K[6];
}
/*反应项系数矩阵*/
void ASM1_parameter::Co_initialization(double CM[FN][FN],double K[8],double
SO=2.0)//CM:Coefficient matrix
{
CM[0][0]=0;
CM[1][1]=K[3];CM[1][6]=-K[0];CM[1][8]=-K[1];
CM[2][2]=K[4];CM[2][7]=-K[2];
CM[3][1]=-fp*K[0];CM[3][2]=-fp*K[4];CM[3][3]=0;
CM[4][1]=(fp-1)*K[3];CM[4][2]=(fp-1)*K[4];CM[4][4]=K[6];
CM[5][1]=(fp*i_XP-i_XB)*K[3];CM[5][2]=(fp*i_XP-i_XB)*K[4];CM[5][5]=K
          [7];
CM[6][4]=-K[6];CM[6][6]=K[0]/Y_H;CM[6][8]=K[1]/Y_H;
CM[7][6]=-i_XB*K[0];CM[7][7]=(i_XB+1/Y_A)*K[2];CM[7][8]=(i_XB)*
          K[1];
CM[7][11]=-K[5];
CM[8][7]=-K[2]/Y_A;CM[8][8]=(1-Y_H)/2.86/Y_H*K[1];
CM[9][6]=i_XB*K[0]/14;CM[9][7]=(i_XB+2/Y_A)*K[2]/14;
CM[9][8]=(i_XB/14-(1-Y_H)/40.04/Y_H))*K[1];CM[9][9]=0;CM[9][11]=-K
          [5]/14;
CM[10][10]=0;
CM[11][5]=-K[7];CM[11][11]=K[5];
CM[12][6]=(1-Y_H)/Y_H*K[0];CM[12][7]=(4.57-Y_A)/Y_A*K[2];
CM[12][12]=SO-SO_sat;
}
/*单个CSTR反应器的模拟*/
void ASM1_parameter::IC_sCSTR(double FC[RN][FN],double Dh,double Dx)
{
```

```
double K[8]={10,10,10,10,10,10,10,10};
double CM[FN][FN]={0};
int i,j,count=0;double sum,k. SO=2. 0;double jud[8];
do
{
for(i=0;i<8;i++)
co_initialization(CM,K,SO);
for(i=0;i<FN;i++)
if(i<6)CM[i][i]+=Dx;
else if(i<FN-1)CM[i][i]+=Dh;
for(i=0;i<FN;i++)
{sum=0. 0;
for(j=0;j<FN;j++)
    sum=sum+CM[i][j] * FC[1][j];
FC[1][i]=FC[1][i]+(Dh * FC[0][i]-sum)/CM[i][i];
}
K_initialization(K,FC[1]);
k=0. 0
for(i=0;i<8;i++)k+=fabs(1. 0-K[i]/jud[i];
count++;
}
While(k>1e-6);
Cout<<"\n* * * * * * * * * * * * * * * * * * * * * * *\nInitial conditions output:\n";
for(i=0;i<FN;i++)
cout<<fraction_name[i]<<'='<<setiosflags(ios::fixed)<<setprecision(2)<<FC[1][i]<<
endl;
}
/ * 多池系统的模拟 * /
void ASM1_parameter::SM_MRS(double FC[RN][FN],double refluence[FN],double
effluence[FN],double inf_m[RN][RN],double Dx,double r,double Q,double V[RN],
double SO[RN])
{
int i,j,k,count=0;
for(i=1;i<RN-1;i++)for(j=0;j<FN;j++)FC[i][j]=FC[1][j];
double dc[RN][FN]={0},CM[FN][FN]={0},K[8],influence[RN][FN]={0};
double ri,jud;      //ri:reaction item
double SRT;SRT=1/Dx;
double HRT[RN],Qi[RN]={0};
for(i=0;i<RN;i++)
    for(j=0;j<RN;j++)      Qi[i]+=inf_m[j][i];
for(i=0;i<RN;i++)HRT[i]=V[i]/Q/Qi[i];//
double Dh,Vt=0. 0;Vt=sum(V,RN-1);Dh=Q/Vt;
```

```
do
{count++;
SPM_FB(FC,SRT,Q,r,V,effluence,refluence);
for(j=0;j<FN;j++)FC[RN-1][j]=refluence[j];
for(i=1;i<RN-1;i++)
for(j=0;j<FN;j++)
{
K_initialization(K,FC[i]);
Co_initialization(CM,K,SO[i]);
influence[i][j]=0.0
for(k=0;k<RN;k++)influence[i][j]+=FC[k][j] * inf_m[k][i];//OK
ri=0.0
for(k=0;k<FN;k++)ri+=CM[j][k] * FC[i][k];
dc[i][j]=(influence[i][j]/Qi[i]-FC[i][j])/HRT[i]+ri;
FC[i][j]+=dc[i][j] * dt;
}
Jud=0.0;
for(i=1;i<RN-1;i++)
for(j=0;j<FN;j++)
jud+=fabs(dc[i][j]/FC[i][j]);
}
while(jud>1e-6);
cout≪"\ncount="≪count≪endl;
cout≪"\nStable Modeling results:\n";
for(i=1;i<RN-1;i++)
{cout≪"Reactor"≪i<<":\n";
for(k=0;k<FN;k++)cout≪setiosflags(ios::fixed)≪setprecision(2)≪FC[i][j]≪'\t';
cout≪endl;
}}
```

(2) 通用程序的计算实例

周振等采用 IAWQ 活性污泥数学模型报告中的示例与通用程序的结果进行对比，以了解程序的计算方法是否正确。系统流程采用 IAWQ 报告中的计算示例流程。整个系统包括三个反应器，各池体积均为 $45m^3$；第一个为缺氧池，后两个为好氧池；进水流量为 $100m^3/d$，进水平均流入前两个反应器，污泥回流量为进水量的 2 倍，系统没有内回流；排泥量根据 SRT 确定，整个系统的 SRT 为 10d。由于 IAWQ 假定二沉池为理想的固液分离点，在对比时程序同样与固液分离点的程序（具体算法参见二沉池数学模型部分）相链接。

表 8.6～表 8.9 是周振等对该计算示例的计算结果，并与课题组最近的研究进行了对比。蒋卫刚采用 DELPHI 语言编程，程序是完全针对 A/O 工艺。周振编制的程序是基于 Visual C++语言，并力求实现模拟的通用性；两者都采用了颗粒性组分和溶解性组分不同步长积分的方法。与 IAWQ 课题组固定曝气量不同，为简化问题，将三个反应器中溶解氧的浓度设为固定值。

■ 表 8.6 单个 CSTR 稳态解的模拟结果比较

组　分	进　水	IAWQ	蒋卫刚		周振	
			模拟值	相对偏差/%	模拟值	相对偏差/%
X_I	40	888.89	888.89	0.00	888.89	0.00
$X_{B,H}$	96	1450.31	1449.25	0.07	1450.80	0.03
$X_{B,A}$	0.001	90.39	90.47	0.09	90.50	0.12
X_P	0	737.08	736.57	0.07	737.40	0.04
X_S	160	29.46	29.43	0.10	26.68	9.44
X_{ND}	18.3	2.54	2.54	0.00	2.29	9.84
S_S	64	2.62	2.92	11.45	2.62	0.00
S_{NH}	12.5	0.41	0.365	10.98	0.35	14.6
S_{NO}	0	33.31	40.35	21.13	33.40	2.7
S_{ALK}	6	2.83	2.32	18.02	2.72	3.89
S_I	40	40.0	40.0	0.00	40.0	0.00
S_{ND}	10.1	0.93	0.93	0.00	0.96	3.23
K_{La}	$S_O^{inf}=0$	124.9	134.7	7.85	125.81	0.73

■ 表 8.7 缺氧池稳态模拟结果比较

组　分	IAWQ	蒋卫刚		周振	
		模拟值	相对偏差/%	模拟值	相对偏差/%
X_I	999.7	999.1	0.06	991.48	0.82
$X_{B,H}$	1615.1	1606.0	0.56	1616.50	0.09
$X_{B,A}$	100.7	99.7	0.99	100.34	0.36
X_P	826.2	817.8	1.02	817.85	1.01
X_S	82.7	86.7	4.84	84.90	2.66
X_{ND}	7.2	7.53	4.58	6.85	4.86
S_S	2.1	2.07	1.43	1.97	6.19
S_{NH}	5.7	5.98	4.91	6.10	7.02
S_{NO}	7.8	7.37	5.51	7.46	4.36
S_{ALK}	5.0	5.08	1.60	5.46	9.20
S_I	40.0	40.0	0.00	40.0	0.00
S_{ND}	0.7	0.66	5.71	0.73	4.29
S_O	0.0	0.0	0.00	0.0	0.00
TSS	3624.3	3609.3	0.41	3618.21	0.17

■ 表 8.8 好氧池 1 稳态模拟结果比较

组　分	IAWQ	蒋卫刚		周振	
		模拟值	相对偏差/%	模拟值	相对偏差/%
X_I	835.6	833.0	0.31	832.84	0.33
$X_{B,H}$	1363.3	1363.0	0.02	1369.40	0.45
$X_{B,A}$	85.0	84.7	0.35	85.31	0.36
X_P	688.6	684.9	0.54	686.84	0.26
X_S	60.9	63.7	4.60	62.76	3.05

续表

组　分	IAWQ	蒋卫刚		周振	
		模拟值	相对偏差/%	模拟值	相对偏差/%
X_{ND}	5.4	5.65	4.63	5.75	6.48
S_S	3.8	3.83	0.79	3.67	3.42
S_{NH}	2.0	1.88	6.00	1.75	12.50
S_{NO}	14.3	14.22	0.56	14.31	0.07
S_{ALK}	4.3	4.30	0.00	4.30	0.00
S_I	40.0	40.0	0.00	40.0	0.00
S_{ND}	1.2	1.26	5.00	1.31	9.17
S_O	2.0	2.0	0.00	2.0	0.00
TSS	3033.3	3034.95	0.05	3039.03	0.19

表 8.9　好氧池 2 稳态模拟结果比较

组　分	IAWQ	蒋卫刚		周振	
		模拟值	相对偏差/%	模拟值	相对偏差/%
X_I	831.4	833.0	0.19	832.82	0.17
$X_{B,H}$	1354.7	1361.8	0.52	1363.66	0.66
$X_{B,A}$	85.0	85.1	0.12	85.45	0.53
X_P	688.6	688.4	0.03	690.17	0.23
X_S	36.4	38.2	4.95	35.54	2.36
X_{ND}	3.0	3.17	5.67	3.07	2.33
S_S	2.7	2.80	3.70	2.48	7.15
S_{NH}	0.4	0.34	15.0	0.32	20.0
S_{NO}	18.0	19.70	0.56	18.55	3.06
S_{ALK}	3.9	3.92	0.51	4.27	9.49
S_I	40.0	40.0	0.00	40.0	0.00
S_{ND}	0.9	0.92	2.22	0.91	1.11
S_O	3.0	3.0	0.00	3.0	0.00
TSS	2996.1	3009.7	0.45	3000.03	0.13

从以上模拟结果不难看出，与 IAWQ 的模拟和蒋卫刚编制的专门针对 A/O 工艺的模拟程序相比，通用程序整体的模拟效果还是比较好的。但即使是对同一组分，各种模拟的结果基本都不相同，这一方面是因为所采用的矩阵求解方法、时间积分步长和数值积分方法不同，另一方面则是由于计算过程中舍入误差的累积。总体而言，模拟结果还是令人满意的，所编制的 ASM 程序可以作为活性污泥计算机模拟过程中的一个基本程序与二沉池程序链接。

8.2 厌氧生物处理反应器数学模型及应用

8.2.1 厌氧活性污泥法静态数学模型

完全混合型厌氧活性污泥法数学模型[23]是厌氧数学模型中较为简单的一种。完全混合厌氧消化法（CMAD）、厌氧接触法（ACR）、上流式厌氧污泥床（UASB）以及厌氧生物塘（CAL）等由于水力、机械及沼气上升过程造成的搅拌作用，均可视为完全混合型。产甲烷阶段是厌氧生物处理的限速阶段，故静态数学模型分析也以该阶段为基础。图 8.9 所示为厌氧活性污泥法典型流程图，Q 为入流流量；C_0 为入流中可生物降解的 COD 浓度；C_e 为反应器中及出流可生物降解的 COD 浓度；V 为反应器容积；X 为反应器中及出流中厌氧微生物浓度（VSS 计），工程计算中，常用污泥浓度 X；X_r 为沉淀池排泥中厌氧微生物浓度，以 VSS 计；X_e 为沉淀池出水中厌氧微生物浓度，以 VSS 计；Q_w 为回流流量；R 为回流率，$R=\frac{Q_w}{Q}$。

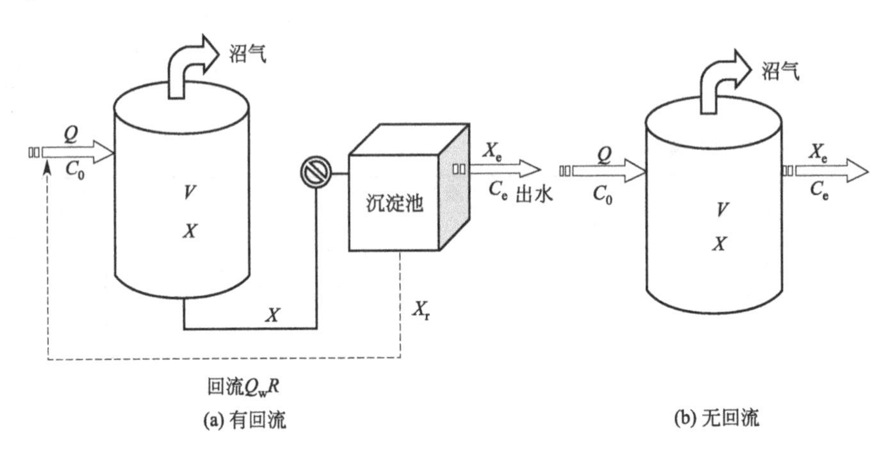

图 8.9　厌氧活性污泥典型流程

对静态数学模型做如下假设：a. 反应器处于完全混合状态；b. 入流底物浓度保持恒定，并且不含厌氧微生物；c. 沉淀池中液相与厌氧微生物能有效分离，没有厌氧微生物活动，也没有积泥现象；d. 反应器的运行处于稳定状态。

(1) 有回流（厌氧接触法）静态数学模型

① 底物降解数学模型　一般情况下我们认为底物的降解符合一级反应动力学，因此列出如下底物平衡式

$$\left(\frac{\mathrm{d}C}{\mathrm{d}t}\right)V=QC_0+RQC_e-\left[V\left(\frac{\mathrm{d}C}{\mathrm{d}t}\right)_{反应}+(1+R)QC_e\right] \quad (8.112)$$

在稳定状态下，$\left(\frac{\mathrm{d}C}{\mathrm{d}t}\right)V=0$，则式(8.112) 可简化为

$$V\left(\frac{\mathrm{d}C}{\mathrm{d}t}\right)_{反应}=\frac{Q(C_0-C_e)}{V} \quad (8.113)$$

等号两边各乘上$\frac{1}{X}$，得

$$\frac{V\left(\frac{\mathrm{d}C}{\mathrm{d}t}\right)_{反应}}{X}=\frac{Q(C_0-C_e)}{XV} \quad (8.114)$$

式中，$\frac{V\left(\frac{\mathrm{d}C}{\mathrm{d}t}\right)_{反应}}{X}$表示单位重量微生物的降解速率（或称比降解速率）。

② 微生物增长数学模型　被降解的底物中有一部分用于合成新细胞，使厌氧微生物增殖，可建立微生物平衡式

$$V\left(\frac{dX}{dt}\right)=V\left(\frac{dX}{dt}\right)_{增长}-[Q_wX_r+(Q-Q_w)X_e] \tag{8.115}$$

我们将微生物在反应器内的停留时间称为污泥龄（SRT），用 θ_c 表示，有回流时

$$\theta_c=\frac{XV}{Q_wX_r+(Q-Q_w)X_e} \tag{8.116}$$

$$R=\frac{X\left(1-\frac{t}{\theta_c}\right)}{X_r-X}=\frac{Q_w}{Q} \tag{8.117}$$

式中，t 为消化池水力停留时间，d；没有回流时，$R=0$。

由于微生物的实际增长量等于总增长量减去内源呼吸消耗的微生物量，即

$$\left(\frac{dX}{dt}\right)_{增长}=Y\left(\frac{dX}{dt}\right)_{反应}-bX \tag{8.118}$$

式中，Y 为产率系数；b 为细菌衰亡速率系数（即内源呼吸系数），d^{-1}。Y 与 b 的值见表 8.10。

表 8.10 产甲烷阶段 Y 与 b 的值

参　数	变化范围	低脂型废水或污泥平均值	高脂型废水或污泥平均值
Y/(mg/mg)	0.040～0.054	0.044	0.04
b/d^{-1}	0.010～0.040	0.019	0.015

将式(8.116)、式(8.114) 代入式(8.115) 并整理后得

$$V\left(\frac{dX}{dt}\right)=V\left[Y\left(\frac{dX}{dt}\right)_{反应}-bX\right]-\frac{XV}{\theta_c} \tag{8.119}$$

在稳定状态下，反应器内微生物的增长率等于反应器内微生物的排出率，即 $V\left(\frac{dX}{dt}\right)=0$，则有

$$\frac{1}{\theta_c}=Y\frac{\left(\frac{dX}{dt}\right)_{反应}}{X}-b \tag{8.120}$$

式(8.120) 中 $\frac{\left(\frac{dX}{dt}\right)_{反应}}{X}$ 为比增长速率，根据米-门方程式，可得

$$\frac{\left(\frac{dX}{dt}\right)_{反应}}{X}=\frac{kC}{K_m+C} \tag{8.121}$$

将式(8.121) 两边同时乘以 X，可得

$$\left(\frac{dX}{dt}\right)_{反应}=\frac{kCX}{K_m+C} \tag{8.122}$$

式中，k 为生成产物的最大速率，即 R_{max}；K 为米氏常数（半饱和常数），其值等于反应速率为 $\frac{R_{max}}{2}$ 时的底物浓度。

故式(8.122) 可写成

$$\frac{1}{\theta_c}=Y\frac{kC_e}{K_m+C_e}-b \text{ 或 } \frac{1}{\theta_c}+b=\frac{YkC_e}{K_m+C_e} \tag{8.123}$$

整理式(8.123) 得

$$C_e=\frac{K_m\left(\frac{1}{\theta_c}+b\right)}{Yk-\left(\frac{1}{\theta_c}+b\right)} \tag{8.124}$$

对式(8.124) 进行整理可得

$$C_e=\frac{K_m(1+b\theta_c)}{\theta_c(Yk-b)-1} \tag{8.125}$$

从式(8.125) 可知，有回流的厌氧活性污泥法，出流底物浓度与入流底物浓度无关。

将式(8.124) 代入式(8.125) 可得底物降解与微生物增长之间的关系式

$$\frac{1}{\theta_c}=Y\frac{Q(C_o-C_e)}{XV}-b \text{ 或 } X=\frac{YQ(C_o-C_e)}{V\left(\frac{1}{\theta_c+b}\right)} \tag{8.126}$$

可见有回流时，水力停留时间不等于污泥龄。

对式(8.126) 变形得

$$X=\frac{\theta_c YQ(C_o-C_e)}{V(1+b\theta_c)} \tag{8.127}$$

式(8.120)、式(8.121) 与式(8.123) 就是劳伦斯 (Lawrence) 与麦卡蒂 (McCarty) 于 1970 年推导出的有回流好氧活性污泥法动力学，也适用于有回流厌氧活性污泥法动力学。

底物去除率用 E 表示

$$E=\frac{C_o-C_e}{C_o}\times 100\% \tag{8.128}$$

(2) 无回流厌氧活性污泥法静态数学模型

无回流时，污泥龄等于水力停留时间，即 $\theta_c=t$，t 为水力停留时间。

在稳定状态下，反应器内的微生物量与出流中的微生物量物料平衡式如下

$$V\left[Y\left(\frac{dX}{dt}\right)_{\text{反应}}-bX\right]=QX \tag{8.129}$$

将式(8.123) 代入式(8.129)，可得出无回流时，被降解的底物量与微生物增长之间的关系式

$$\frac{QX}{V}=Y\frac{Q(C_o-C_e)}{V}-bX \tag{8.130}$$

因为 $V=Qt$，整理上式可得无回流时，污泥浓度（微生物量）的计算式

$$X=Y\frac{(C_o-C_e)}{1+bt}=Y\frac{(C_o-C_e)}{1+b\theta_c} \tag{8.131}$$

由式(8.131) 可知，无回流时，X 与 Y (C_o-C_e) 成正比，与 b、θ_c（即水力停留时间 t）成反比。Y、b、C_o 值一般为定值，故要使反应器内的微生物量多，必须设法使 θ_c 尽量短。

由于无回流时，污泥龄等于水力停留时间，故反应器的容积有机物负荷为

$$S_v=\frac{QC_o}{V}=\frac{C_o}{t}=\frac{C_o}{\theta_c}\Rightarrow\theta_c=\frac{C_o}{S_v}=t \tag{8.132}$$

式中，S_v 为容积有机物负荷，kgCOD/($m^3\cdot d$)。

(3) 讨论

当出水的底物浓度等于进水的底物浓度时，即 $C_o=C_e$，说明消化处理失效，此时的污泥龄最小称为临界污泥龄，用 θ_c^m 表示，式(8.132) 应写成

$$\frac{1}{\theta_c^m}=Y\frac{kC_o}{K_m+C_o}-b \tag{8.133}$$

因 b 值很小，可略去不计，则

$$\frac{1}{\theta_c^m}=Y\frac{kC_o}{K_m+C_o} \tag{8.134}$$

即

$$\theta_c^m=\frac{K_m+C_o}{YkC_o} \tag{8.135}$$

正常运行的有回流厌氧活性污泥法的污泥龄约等于临界污泥龄 θ_c^m 的 2～10 倍。

式(8.126)、式(8.131) 适用于完全混合型厌氧消化工艺的设计。

澳罗克（O' Rourke）指出，若脂肪酸消化过程中的 y、b、k 值全部相等，则式(8.135) 可改写为

$$(C_e)_{总}=\frac{K_c(1+b\theta_c)}{\theta_c(Yk-b)-1} \tag{8.136}$$

式中，K_c 为 $\sum K_m$，即 K_c 等于在废水处理过程中发现或产生的各种脂肪酸饱和常数之和。

K_c，k 值与温度有关，可用下式对不同温度下的 K_c 与 k 值进行修正

$$k_T=6.67\times10^{-0.015(35-T)} \tag{8.137}$$

$$(K_c)_T=2224\times10^{0.046(35-T)} \tag{8.138}$$

式中，T 为甲烷消化的实际温度，℃。以上两式适用温度在 20～35℃之间。

8.2.2 厌氧生物膜法静态数学模型

厌氧生物膜法是与厌氧活性污泥法平行发展起来的生物处理技术。在厌氧生物膜法中，厌氧微生物附着在载体表面生长而形成膜状，当污水流经载体表面和生物膜接触的过程中，污水中的有机物经物理、化学、生物等作用被微生物吸附、稳定，污水得到净化。载体有天然材料，如碎石、卵石、炉渣和焦炭等颗粒状固体，其粒径在3～8cm 左右，比表面积约 40～100m^2/m^3，孔隙率 ε 约 50%～60%；人工有机合成材料，如聚乙烯、聚苯乙烯、聚酰胺等制成的波纹板状、列管状、蜂窝状、颗粒状或球状，也可制成软性（纤维状）填料，比表面积可达 100～360m^2/m^3 之间，孔隙率为 93%～95%。

厌氧生物膜法比厌氧活性污泥法具有如下优点。

① 参与净化反应的微生物呈多样性。生物膜法的各种处理工艺，都具有适宜于微生物生长栖息、繁殖的安静稳定环境，生物膜中的微生物不需像活性污泥那样承受强烈的搅拌冲击，易于生长繁殖。

② 微生物量多，处理能力大，净化功能显著。由于微生物附着生长并使生物膜具有较低的含水率，单位容积反应器内的生物量比厌氧活性污泥法多 5～20 倍，因而处理能力也大，容积负荷可达 5～15kgCOD/(m^3 · d)，并可产生生物能（沼气）约 0.35～0.45m^3/kgCOD。

③ 生物的食物链长。在生物膜上生长繁殖的生物中，动物性营养者所占的比例较大，微型动物的存活率也高，在生物膜上能够生息高层次营养水平的生物，在捕食性纤毛虫、轮虫、线虫类之上还生长栖息着寡毛类和昆虫，因此，在生物膜上形成的生物链要长于活性污泥法，产生的生物污泥量也少于活性污泥。

④ 生物膜法中的各种工艺，对流入水水质、水量的变动都具有较强的适应性。耐冲击

负荷能力强，可处理以溶解性 COD 为主的高浓度有机废水，也可处理低浓度城市污水。

⑤ 衰老脱落的生物膜，沉降性能好，易于固液分离。

⑥ 易于运行管理，无污泥膨胀问题。生物膜反应器具有较高的生物量，不需要污泥回流，易于维护管理。

8.2.2.1 生物膜的形成

厌氧生物膜法主要研究的是微生物在载体上的增长及降解底物的动力学，在液相部分对有机物的降解及微生物的增长静态数学模型与厌氧活性污泥是相同的。

微生物在载体表面附着固定过程是微生物与载体表面相互作用的结果，一方面决定于细菌表面特性，另一方面取决于载体表面的物理化学特性。生物膜形成模式见图 8.10。

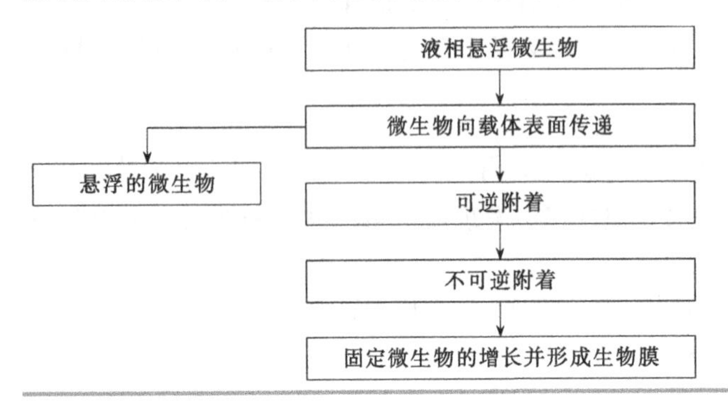

图 8.10 生物膜形成模式

(1) 微生物向载体表面传递

微生物向载体表面传递方式有两种，一种是主动传递（依靠水动力学与各种扩散力）；另一种是被动传递（依靠布朗运动、细菌自身运动、重力沉浮作用等）。

(2) 可逆附着和不可逆附着

当微生物被传递到载体表面后，经物理与化学力的作用，存在着附着与脱析双向作用过程。但附着后，增殖的新生细菌具有很强的吸附能力，再由于细菌荚膜及细胞老化以后分泌出的多糖聚合物等，均具有很强的黏性，能够克服水力剪切及其他力的影响而形成生物膜。

最新研究发现，生物膜表面的优势菌种是甲烷杆菌（*Methanothris*），生物膜深处的优势菌种是甲烷八叠球菌（*Methanosarcina*）。

8.2.2.2 厌氧生物膜法静态数学模型[24]

厌氧生物膜法反应器，由于水流、气流（沼气）的搅动作用，故可将其视为完全混合型反应器，产甲烷阶段为限速阶段。厌氧生物膜法的模型流程如图 8.11 所示。

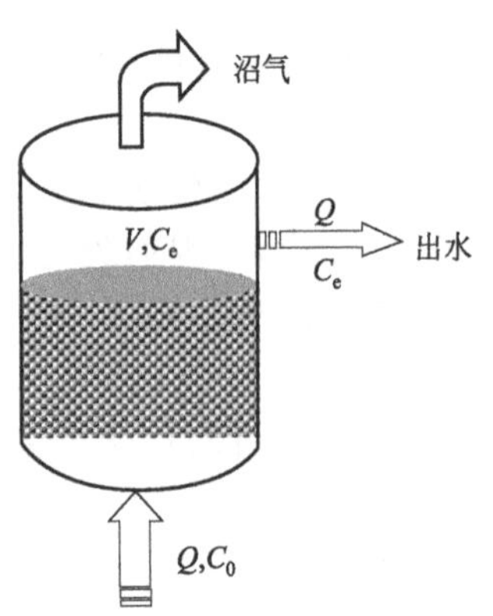

图 8.11 厌氧生物膜法流程

(1) 底物降解静态数学模型

根据图 8.11，列出如下底物平衡式

$$V\left(\frac{\mathrm{d}C}{\mathrm{d}t}\right)=QC_{\mathrm{o}}-QC_{\mathrm{e}}-\left[V_{\mathrm{A}}\left(\frac{\mathrm{d}C}{\mathrm{d}t}\right)_{\mathrm{A反应}}+V_{\mathrm{B}}\left(\frac{\mathrm{d}C}{\mathrm{d}t}\right)_{\mathrm{B反应}}\right] \tag{8.139}$$

式中，V_{A} 为附着在载体上的生物膜体积；$\left(\frac{\mathrm{d}C}{\mathrm{d}t}\right)_{\mathrm{A反应}}$ 为生物膜降解底物的速率；V_{B} 为悬浮的厌氧活性污泥体积；$\left(\frac{\mathrm{d}C}{\mathrm{d}t}\right)_{\mathrm{B反应}}$ 为悬浮的厌氧活性污泥降解底物的速率；V 为反应器

有效容积。

在厌氧生物膜法中，生物膜中的生物量 X_A 远多于悬浮活性污泥中的生物量 X_B，即 $X_A \gg X_B$，故 $\left(\frac{dC}{dt}\right)_{B反应}$ 反应可略去不计，可得

$$V\left(\frac{dC}{dt}\right)=QC_o-QC_e-V_A\left(\frac{dC}{dt}\right)_{A反应} \tag{8.140}$$

(2) 生物膜增殖静态数学模型

如略去内源呼吸减少的生物量，则生物膜增长与底物降解的关系式为

$$\left(\frac{dX}{dt}\right)_{A反应}=Y\left(\frac{dC}{dt}\right)_{A反应} \tag{8.141}$$

比增长速率为：$\frac{\left(\frac{dX}{dt}\right)_{A反应}}{X_A}$。

应用微生物增殖的莫诺（Monod）公式

$$\mu_{A反应}=\frac{\mu_{max}C_e}{K_m+C_e}=\frac{\left(\frac{dX}{dt}\right)_{A反应}}{X_A} \tag{8.142}$$

即：

$$\left(\frac{dX}{dt}\right)_{A反应}=X_A\mu_{A反应} \tag{8.143}$$

代入式(8.141) 得

$$\left(\frac{dC}{dt}\right)_{A反应}=\frac{X_A\mu_{A反应}}{Y}=\frac{\mu_{max}C_e}{K_m+C_e}\times\frac{X_A}{Y} \tag{8.144}$$

将式(8.144) 代入式(8.139)，在稳定状态下，$\left(\frac{dC}{dt}\right)=0$，整理后得

$$Q(C_o-C_e)=\frac{\mu_{max}C_e}{K_m+C_e}\times\frac{V_AX_A}{Y} \tag{8.145}$$

设载体的比表面积为 A_m (m^2/m^3)、体积为 V_m (m^3)，生物膜的厚度为 δ、密度为 ρ_A，则生物膜的总体积 V_A 及生物膜中的生物量 X_A 分别为

$$V_A=V_mA_m\delta=A\delta, X_A=\frac{A\delta\rho_A}{V_A} \tag{8.146}$$

式中，A 为生物膜的总面积，$A=V_mA_m$。

将式(8.146) 代入式(8.145)

$$Q(C_o-C_e)=V_A\frac{\mu_{max}C_e}{K_m+C_e}\times\frac{A\delta\rho_A}{V_AY} \tag{8.147}$$

式(8.147) 的等号两边除以 A 得

$$\frac{Q(C_o-C_e)}{A}=V_A\frac{\mu_{max}C_e}{K_m+C_e}\times\frac{A\delta\rho_A}{AV_AY} \tag{8.148}$$

式(8.148) 等号左边为单位面积生物膜的降解速率，用 N_c 表示，mol/(m^2 · d)；右边 $\frac{\mu_{max}A\delta\rho_A}{YA}$ 为单位面积生物膜的最大降解速率，以 N_{max} 表示，单位也是 mol/(m^2 · d)。故式(8.148) 可改写为

$$N_c=\frac{N_{max}C_e}{K_m+C_e} \tag{8.149}$$

从式(8.149)中可以看出：若提高载体的表面积，则可以增加反应器的处理能力。该式适用于各种形式的厌氧生物膜法反应器工艺。

式(8.149)与莫诺（Monod）公式相同。如果底物中存在着微生物不可降解物质 C_I，则式(8.149)应改写为

$$N_c=\frac{N_{max}(C_e-C_I)}{K_m+(C_e-C_I)} \tag{8.150}$$

式中，动力学系数 N_{max} 与 K_m 可通过试验求得。

8.2.3 厌氧消化过程（ADM）动态数学模型

多年来，各国研究人员设计出了许多不同的厌氧工艺模型（这些是形成厌氧消化数学模型 ADM1 的基础）。但是工程师、工艺技术设计和运行人员很少用它们，主要原因是这些模型种类繁多，且往往具有很特殊的性质。1997 年，在第 8 届厌氧消化大会上首次公开提出了建立通用厌氧消化模型的目标；1998 年，国际水质协会（IAWQ）成立了厌氧消化工艺数学模型公关研究课题组，于 2001 年 9 月在第九届国际水协（IWA）厌氧消化会议上推出了厌氧消化 1 号模型（ADM1）[25,26]。2002 年 3 月，ADM1 号模型正式推出。该模型主要描述了厌氧消化中的生化和物化过程，共涉及厌氧体系中的七大类微生物、19 个生化动力学过程、3 个气液传质动力学过程，共有 26 个组分和 8 个隐式代数变量。该模型能较好地模拟和预测不同厌氧工艺在不同运行工况下的运行效果，如气体产量、气体组成、出水 COD、VFA 以及反应器内的 pH 值，因此可以为厌氧工艺的设计、运行和优化控制提供理论指导和技术支持；同时 ADM1 还具有良好的可扩展性，可提供开放的通用建模平台以及与活性污泥模型（ASM）的接口，在实际应用中，可以经过简化、扩充或修正，可广泛应用于对各种厌氧-好氧组合工艺的过程模拟。

8.2.3.1 模型单位

IWA 的厌氧消化数学模型（ADM1）提出了通用的命名法、单位及定义，本节对此予以介绍。与 ASMs(活性污泥数学模型）一样，微生物用经验分子式 $C_5H_7O_2N$ 来表示。

模型选择 COD($kgCOD/m^3$）作为化学组分的基本单位，因为它可用作浓缩流中污水特性的鉴定方法，可用于上流式和气体利用工业及碳氧化状态的内在平衡，并能够与 IWA 的 ASMs 部分兼容。摩尔浓度单位（$kmol/m^3$）可用于没有 COD 的组分，如无机碳（CO_2 和 HCO_3^-）和无机氮（NH_4^+ 和 NH_3），详见表 8.11。统一单位可进行一致性检查。

表 8.11 模型单位

测量项目	单　位	测量项目	单　位
质量浓度	$kgCOD/m^3$	距离	m
浓度(非 COD)	$kmol(C)/m^3$	容积	m^3
氮的浓度(非 COD)	$kmol(N)/m^3$	能量	J(kJ)
压力	10^5 Pa	时间	d(天)
温度	K		

选取 1 个 $kmol/m^3$ 和 1 个 $kgCOD/m^3$ 为基础的计算，有利于物理-化学方程中的对数转换（例如 pH 和 pK_a）。$kgCOD/m^3$ 的使用与 ASMs 和好氧处理的普通计算不相符，后者通常使用 $gCOD/m^3$(mgCOD/L）。事实上，使用 mgCOD/L 相对简单一些，因为它只需变化 K_S(饱和系数）值，修改 pK_a 和 K_a 值。若有必要（例如作为好氧模型的附加项），也可以

使用 gCOD/m^3(mgCOD/L)。

8.2.3.2 参数和变量

ADM1 模型中有四类主要的参数和变量：化学计量系数、平衡系数、动力学参数及动态和代数变量。详见表 8.12。

表 8.12 ADM1 模型中参数和变量的符号、意义和单位

符号	意义	单位
化学计量系数		
$c(C_i)$	组分 i 中的碳浓度	kmol(C)/kgCOD
$c(N_i)$	组分 i 中的氮浓度	kmol(N)/kgCOD
$v_{i,j}$	组分 i 在过程 j 的速率系数	kgCOD/m^3
$f_{产物,底物}$	产物对底物的产率(只有异化作用)	kgCOD(产物)/kgCOD(底物)
平衡系数		
H_{gas}	气体定律常数(等于 $1/K_H$)	(10^5Pa · m^3)/kmol
$K_{a,acid}$	酸-碱平衡系数	kmol/m^3
K_H	亨利定律系数	kmol/(10^5Pa · m^3)
pK_a	$-\lg[K_a]$	—
R	气体定律常数(8.314×10^{-2})	(10^5Pa · m^3)/(kmol · K)
ΔG	自由能	J/mol
动力学参数		
$k_{A/Bi}$	酸-碱动力学参数	m^3/(kmol · d)
$k_{衰减}$	一级衰减速率	d^{-1}
$I_{抑制剂,过程}$	抑制函数(见 K_I)	—
$k_{过程}$	一级参数(通常对水解而言)	d^{-1}
k_La	气-液传递系数	d^{-1}
$k_{I,抑制,底物}$	50%抑制浓度	kgCOD/m^3
$k_{m,过程}$	Monod 最大比吸收速率($=\mu_{max}/Y_{底物}$)	kgCOD(底物)/[kgCOD(生物) · d]
$K_{S,过程}$	半饱和值	kgCOD(底物)/m^3
ρ_j	过程 j 的动力学速率	kgCOD(底物)/(m^3 · d)
$Y_{底物}$	生物对底物产率	kgCOD(生物)/kgCOD(底物)
μ_{max}	Monod 最大比生长速率	d^{-1}
动态和代数变量(及导出变量)		
pH	$-\lg[H^+]$	—
$p_{gas,i}$	气体 i 的压力	10^5Pa
p_{gas}	气体总压力	10^5Pa
S_i	可溶性组分 i	kgCOD/m^3
$t_{res,x}$	固体的延时停留	D
T	温度	K
V	容积	m^3
X_i	颗粒性组分 i	kgCOD/m^3

ADM1 模型中同时列出了用微分和代数方程（differential and algebraic equation，简称 DAE）实现 ADM1 时所使用的动态变量，详见表 8.13。动态变量通过求解特定时间（t）条

件下的一个微分方程组而得到，这个方程组由ADM1过程速率、被模拟的工艺构造、输入量和初始条件（即 $t=0$ 时这些状态的值）来定义。同样，使用一个DAE工具时，一个系统在 t 时刻的状态可完全由每个容器中的26个变量的值来定义。由于酸-碱反应是快速的动力学过程，所以当利用一个微分方程（differential equation，简称DE）来实现ADM1时，尽管其动态变量为32个，对其的定义也是十分正确的。

表8.13　ADM1中动态变量特性（DAE系统）

序号	名称	意义	单位	体积质量/(g/m^3)	摩尔质量/(gCOD/mol)	$c(C_i)$/(kmol/kgCOD)	$c(N_i)$/(kmol/kgCOD)
1	S_{su}	单糖	$kgCOD/m^3$	180	192	0.0313	0
2	S_{aa}	氨基酸	$kgCOD/m^3$	变化	变化	变化	变化
3	S_{fa}	总LCFA	$kgCOD/m^3$	256	736	0.0217	0
4	S_{va}	总戊酸盐	$kgCOD/m^3$	102	208	0.0240	0
5	S_{bu}	总丁酸盐	$kgCOD/m^3$	88	160	0.0250	0
6	S_{pro}	总丙酸盐	$kgCOD/m^3$	74	112	0.0268	0
7	S_{ac}	总乙酸盐	$kgCOD/m^3$	60	64	0.0313	0
8	S_{H_2}	氢	$kgCOD/m^3$	2	16	0	0
9	S_{CH_4}	甲烷	$kgCOD/m^3$	16	64	0.0156	0
10	S_{IC}	无机碳	$kmol/m^3$	44	0	1	0
11	S_{IN}	无机氮	$kmol/m^3$	17	0	0	1
12	S_I	可溶性惰性物质	$kgCOD/m^3$	变化	变化	变化	变化
13	X_c	合成物	$kgCOD/m^3$	变化	变化	变化	变化
14	X_{ch}	碳水化合物	$kgCOD/m^3$	变化	变化	0.0313	变化
15	X_{pr}	蛋白质	$kgCOD/m^3$	变化	变化	变化	变化
16	X_{li}	脂类	$kgCOD/m^3$	806	2320	0.0220	0
17～23	X_{Su-h2}	生物	$kgCOD/m^3$	113	160	0.0313	0.00625
—	S_{cat}	阳离子	$kmol/m^3$	变化	0	0	0
—	S_{an}	阴离子	$kmol/m^3$	变化	0	0	0
24	X_I	颗粒状惰性物质	$kgCOD/m^3$	变化	变化	变化	变化

8.2.3.3 ADM1中的生化过程

(1) ADM1中生化反应结构

ADM1厌氧消化模型包括中间产物。设定过程和组分遵循的原则是：最大限度地提高适用性，同时保持一个相对简单的结构。模型包括三个生化（细胞的）步骤：a. 产酸（发酵）、产乙酸（有机酸的厌氧氧化）和产甲烷步骤；b. 胞外（部分非生物的）分解步骤；c. 胞外水解步骤（图8.12）。其中，水解、产酸和产乙酸这三个过程中有许多平行反应。

模型假定复杂的混合颗粒废物是均质的，能够分解成碳水化合物、蛋白质和脂类颗粒性底物。将这一点包括在内主要是为了便于剩余活性污泥消化的模拟，因为分解步骤被认为发生在更复杂的水解步骤之前。不过，当原底物可用集中动力学和生物降解能力参数（例如初沉污泥和其他底物）表示时，这一假设也经常使用。混合液中的复杂颗粒体也可作为一个死亡生物体的预溶解贮存室，因此，分解步骤包括一系列的步骤，如溶解、非酶促衰减、相分离和物理性破坏（如剪切）。所有的胞外步骤都被假定为一级反应，这

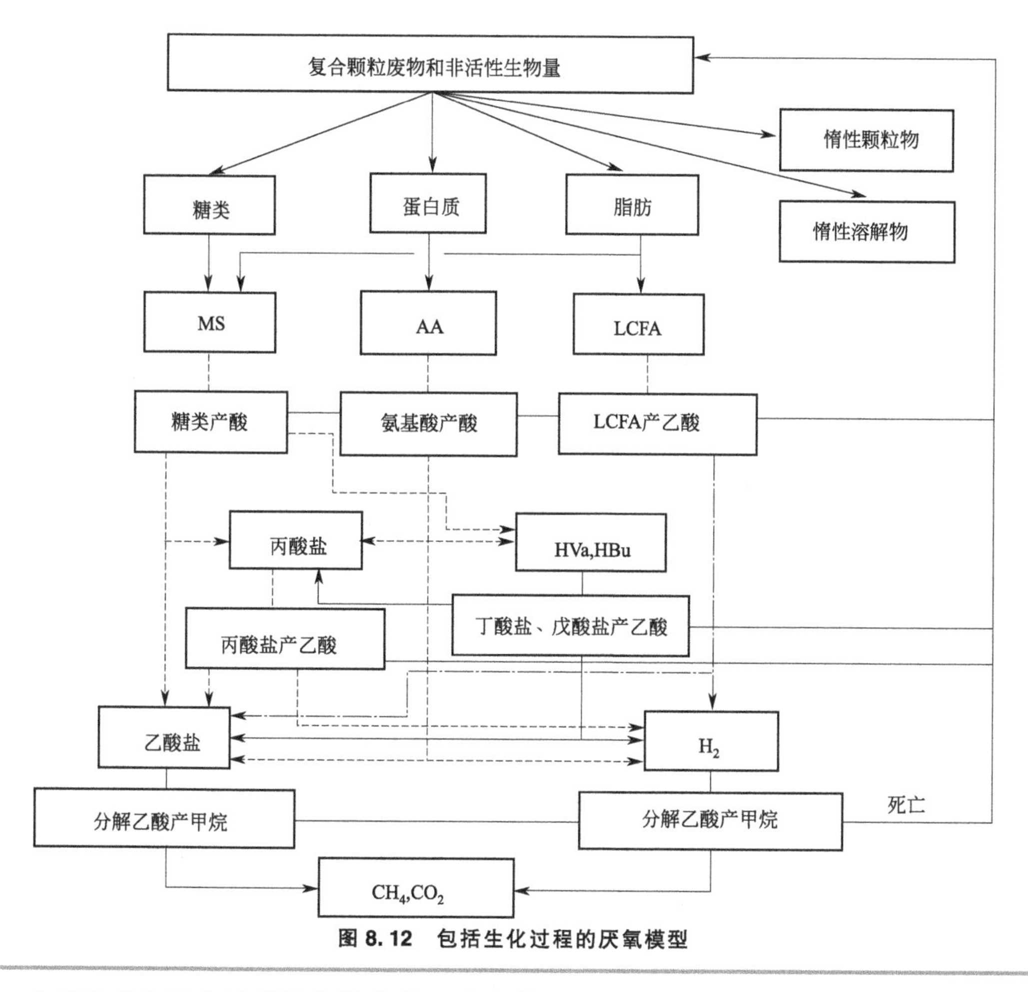

图 8.12 包括生化过程的厌氧模型

是一个反映多步反应过程累积效应的经验函数。细胞动力学可用三种表达式：吸收、生长和衰减来分别描述。

该模型中的主要速率方程是底物吸收，它基于底物水平的 Monod 形式的动力学。之所以选择与底物吸收相关的而不是与生长相关的动力学，是因为这样可把生长从吸收中分离并允许产率可变。这里所用的基本动力学也可称作 Michaelis-Menten，但这并非通常用于自身催化的一个术语，这里使用的术语是 Monod 形式。由于生物所吸收的底物部分合成于其自身物质，所以该模型将生物生长隐含于底物吸收过程中。假定生物衰减生成复合颗粒性物质是一级反应动力学，可用一组独立的表达式来描述。

(2) 速率方程矩阵

生化反应的过程速率[27]和化学计量矩阵见表 8.14(可溶性组分) 和表 8.15，其形式与 ASMs 相同。物理-化学速率方程 (如液-气转换) 在这些表中未被包括。所有的酸-碱对，包括有机酸，可表达为酸-碱对的浓度之和 (例如，$S_{IC}=S_{CO_2}+S_{HCO_3^-}$ 和 $S_{ac}=S_{Ac^-}+S_{HAc}$)。COD 平衡隐含在矩阵中。在许多情况下，无机碳是异化作用或同化作用的碳源或产物 (即糖、氨基酸、丙酸盐；乙酸盐和氢的吸收，$j=5,6,10,11,12$)。

在这种情况下，可以把无机碳速率系数表达成一个碳平衡

$$v_{10,j}=\sum c(C_i)v_{i,j}(i=1\sim9,11\sim24) \tag{8.151}$$

■ 表 8.14 ADM1 模型中溶解性组分($i=1\sim12$,$j=1\sim19$)的生化速率系数($v_{i,j}$)和动力学速率(ρ_j)方程

组分 i / 过程 j		1	2	3	4	5	6	7	8	9	10	11	12	ρ_j/[kgCOD/(m³·d)]
		S_{su}	S_{aa}	S_{fa}	S_{va}	S_{bu}	S_{pro}	S_{ac}	S_{h2}	S_{ch4}	S_{IC}	S_{IN}	S_I	
1	分解												$f_{SI,xc}$	$k_{dis}X_c$
2	水解糖	1												$k_{hyd,ch}X_{ch}$
3	蛋白质水解		1											$k_{hyd,pr}X_{pr}$
4	脂类水解	$1-f_{fa,li}$		$f_{fa,li}$										$k_{hyd,li}X_{li}$
5	糖的吸收	−1				$(1-Y_{su})f_{bu,su}$	$(1-Y_{su})f_{pro,su}$	$(1-Y_{su})f_{ac,su}$	$(1-Y_{su})f_{h2,su}$		$-\Sigma c(C_i)v_{i,5}$ $(i\neq10)$	$-Y_{su}c(N_{bac})$		$k_{m,su}[S_{su}/(K_s+S_{su})]X_{su}I_1$
6	氨基酸的吸收		−1		$(1-Y_{aa})f_{va,aa}$	$(1-Y_{aa})f_{bu,aa}$	$(1-Y_{aa})f_{pro,su}$	$(1-Y_{aa})f_{ac,aa}$	$(1-Y_{aa})f_{h2,aa}$		$-\Sigma c(C_i)v_{i,6}$ $(i\neq10)$	$N_{aa}-Y_{aa}c(N_{bac})$		$k_{m,aa}[S_{aa}/(K_s+S_{aa})]X_{aa}I_1$
7	长链脂肪酸吸收			−1				$0.7(1-Y_{fa})$	$0.3(1-Y_{fa})$			$-Y_{fa}c(N_{bac})$		$k_{m,fa}[S_{fa}/(K_s+S_{fa})]X_{fa}I_2$
8	戊酸盐的吸收				−1		$0.54(1-Y_{c4})$	$0.31(1-Y_{c4})$	$0.15(1-Y_{c4})$			$-Y_{c4}c(N_{bac})$		$k_{m,c4}[S_{va}/(K_s+S_{va})]X_{c4}[S_{va}/(S_{bu}+S_{va})]I_2$
9	丁酸盐的吸收					−1		$0.8(1-Y_{c4})$	$0.2(1-Y_{c4})$			$-Y_{c4}c(N_{bac})$		$k_{m,c4}[S_{bu}/(K_s+S_{bu})]X_{c4}[S_{bu}/(S_{bu}+S_{va})]I_2$
10	丙酸盐的吸收					−1		$0.57(1-Y_{pro})$	$0.43(1-Y_{pro})$		$-\Sigma c(C_i)v_{i,10}$ $(i\neq10)$	$-Y_{pro}c(N_{bac})$		$k_{m,pr}[S_{pro}/(K_s+S_{pro})]X_{pro}I_2$
11	乙酸盐的吸收							−1		$1-Y_{ac}$	$-\Sigma c(C_i)v_{i,11}$ $(i\neq10)$	$-Y_{ac}c(N_{bac})$		$k_{m,ac}[S_{ac}/(K_s+S_{ac})]X_{ac}I_3$
12	氢的吸收								−1	$1-Y_{h2}$	$-\Sigma c(C_i)v_{i,12}$ $(i\neq10)$	$-Y_{h2}c(N_{bac})$		$k_{m,h2}[S_{h2}/(K_s+S_{h2})]X_{h2}I_1$

过程 13:X_{su}的衰减,$\rho_j=k_{dec,Xsu}X_{su}$;过程 14:X_{aa}的衰减,$\rho_j=k_{dec,Xaa}X_{aa}$;过程 15:X_{la}的衰减,$\rho_j=k_{dec,Xla}X_{la}$;过程 16:X_{c4}的衰减,$\rho_j=k_{dec,Xc4}X_{c4}$;过程 17:X_{pro}的衰减,$\rho_j=k_{dec,Xpro}X_{pro}$;过程 18:$X_{ac}$的衰减,$\rho_j=k_{dec,Xac}X_{ac}$;过程 19:$X_{h2}$的衰减,$\rho_j=k_{dec,Xh2}X_{h2}$,(过程 13~过程 19 无化学计量系数)。

组分意义及单位	单糖	氨基酸	长链脂肪酸	总戊酸盐	总丁酸盐	总丙酸盐	总乙酸盐	氢气	甲烷气体	无机碳	无机氮	可溶惰性物质	组分 1~9,12 单位为 kgCOD/m³;组分 10 单位为 kmol(C)/m³;组分 11 单位为 kmol(N)/m³

抑制因子 $I_1=I_{pH}I_{IN,lim}$;$I_2=I_{pH}I_{IN,lim}I_{h2}$;$I_3=I_{pH}I_{IN,lim}I_{NH3,Xac}$。式中,$I_{pH}$,$I_{IN,lim}$,$I_{h2}$,$I_{NH3,Xac}$分别为 pH、无机氮、氢、及氨的抑制函数。

表 8.15　ADM1 模型中颗粒性组分（i=13～24，j=1～19）的生化速率系数（$v_{i,j}$）和动力学速率（ρ_j）方程

过程 j ＼ 组分 i		13	14	15	16	17	18	19	20	21	22	23	24	ρ_j[kgCOD/(m³·d)]
		X_c	X_{ch}	X_{pr}	X_{li}	X_{su}	X_{aa}	X_{fa}	X_{c4}	X_{pro}	X_{ac}	X_{h2}	X_i	
1	分解	−1	$f_{ch,xc}$	$f_{pr,xc}$	$f_{li,xc}$								$f_{xI,xc}$	$k_{dis}X_c$
2	水解糖		−1											$k_{hyd,ch}X_{ch}$
3	蛋白质水解			−1										$k_{hyd,pr}X_{pr}$
4	脂类水解				−1									$k_{hyd,li}X_{li}$
5	糖的吸收					Y_{su}								$k_{m,su}[S_{su}/(K_s+S_{su})]X_{su}I_1$
6	氨基酸的吸收					Y_{aa}								$k_{m,aa}[S_{aa}/(K_s+S_{aa})]X_{aa}I_1$
7	长链脂肪酸吸收						Y_{fa}							$k_{m,fa}[S_{fa}/(K_s+S_{fa})]X_{fa}I_2$
8	戊酸盐的吸收							Y_{c4}						$k_{m,c4}[S_{va}/(K_s+S_{va})]X_{c4}[S_{va}/(S_{bu}+S_{va})]I_2$
9	丁酸盐的吸收							Y_{c4}						$k_{m,c4}[S_{bu}/(K_s+S_{bu})]X_{c4}[S_{bu}/(S_{bu}+S_{va})]I_2$
10	丙酸盐的吸收								Y_{pro}					$k_{m,pr}[S_{pro}/(K_s+S_{pro})]X_{pro}I_2$
11	乙酸盐的吸收									Y_{ac}				$k_{m,ac}[S_{ac}/(K_s+S_{ac})]X_{ac}I_3$
12	氢的吸收										Y_{h2}			$k_{m,h2}[S_{h2}/(K_s+S_{h2})]X_{h2}I_1$
13	X_{su}的衰减	1				−1								$k_{dec,Xsu}X_{su}$
14	X_{aa}的衰减	1					−1							$k_{dec,Xaa}X_{aa}$
15	X_{fa}的衰减	1						−1						$k_{dec,Xfa}X_{fa}$
16	X_{c4}的衰减	1							−1					$k_{dec,Xc4}X_{c4}$
17	X_{pro}的衰减	1								−1				$k_{dec,Xpro}X_{pro}$
18	X_{ac}的衰减	1									−1			$k_{dec,Xac}X_{ac}$
19	X_{h2}的衰减	1										−1		$k_{dec,Xh2}X_{h2}$
组分意义及单位		混合物	碳水化合物	蛋白质	脂类	糖降解者	氨基酸	长链脂肪酸降解者	戊酸盐、丁酸盐降解者	丙酸盐降解者	乙酸盐降解者	氢降解者	颗粒惰性物质	组分 13～21,24 单位为 kgCOD/m³；组分 22 单位为 kmol(C)/m³；组分 23 单位为 kmol(N)/m³

注：抑制因子 $I_1=I_{pH}I_{IN,lim}$；$I_2=I_{pH}I_{IN,lim}I_{h2}$；$I_3=I_{pH}I_{IN,lim}I_{NH3,Xac}$。式中，$I_{pH}$，$I_{IN,lim}$，$I_{h2}$，$I_{NH3,Xac}$分别为 pH、无机氮、氢、及氨的抑制函数。

例如，$v_{10,6}$，氨基酸发酵的无机碳速率系数为：

$$v_{10,6}=-[-c(C_{aa})+(1-Y_{aa})f_{va,aa}c(C_{va})+(1-Y_{aa})f_{bu,aa}c(C_{bu})+(1-Y_{aa})f_{pro,aa}c(C_{pro})+(1-Y_{aa})f_{ac,aa}c(C_{ac})+Y_{aa}c(C_{biom})] \quad (8.152)$$

式中，$c(C_i)$ 为组分 i 的无机碳浓度，kmol C/kgCOD；$c(C_{biom})$ 为生物的一般碳浓度，0.0313mol C/kgCOD。

在其他过程——分解、水解、LCFA、戊酸盐、丁酸盐的吸收、衰减（$j=1\sim4,7,8,9,13\sim19$）中，不包括碳浓度这一项。所以这些过程的碳平衡由于底物、产物和生物的碳浓度不同可能有一点误差。

(3) 分解和水解

分解和水解是胞外的生物和非生物过程，它们是复杂有机物分裂和溶解成可溶性底物的中间过程。底物是复杂的混合颗粒体、颗粒性碳水化合物、蛋白质和脂类。后三种底物也是混合颗粒体分解的产物。其他的分解产物有惰性颗粒和可溶性惰性物质。碳水化合物、蛋白质和脂类的（酶）降解产物分别是单糖、氨基酸和长链脂肪酸。

ADM1 模型把一个非生物分解为主的步骤作为厌氧反应的第一个反应过程，以允许各种不同的应用，并顾及生物污泥和复杂有机物的溶解。三个平行的酶促反应步骤——碳水化合物、蛋白质及脂类的水解，可用于说明这三种颗粒性底物水解速率的差异。

分解步骤也可用来描述混合有机物的集合，这一点对于剩余活性污泥和初沉污泥消化尤为重要。此时，分解步骤代表整个细胞的溶解和混合物的分离。许多研究者都采用了这个步骤。模型中包含一个混合有机物，也为死亡厌氧生物的循环提供了一个极好的方法。

水解，在这里意味着一个成分明确的颗粒性或大分子化合物降解生成其可溶性单体。

目前所确认的最显著的颗粒性底物是碳水化合物、蛋白质和脂类，它们的解聚过程与水解的正式化学定义相对应。在每种情况下，水解过程都由酶催化。酶可能由生物体直接受益于可溶性产物而产生。

水解可由下述两个概念模型中的一个来表示：生物体向液相主体中分泌酶。在液相主体中，酶被微粒吸收或与可溶性底物发生反应。

生物体附着于一个微粒上，在其周围产生酶，并受益于酶促反应所释放的可溶性产物。

完全酶促水解步骤对于碳水化合物、蛋白质和脂类来说，是一个复杂的多步骤过程，包括多种酶的生产、扩散、吸收、反应和酶失活步骤。不过，描述水解过程最普遍使用的是一级动力学，它是“一个反映所有微观过程累积效应的经验表达式”。与表面有关的水解动力学是以酶的生产或吸收，或表面相关的生物生长为基础的。一些研究者利用模型从理论上证明了表面相关动力学的重要性。

然而，Vavilin 等在 1996 年对许多水解动力学进行比较，其中包括一个表面相关的两相模型。一级动力学模型与复杂的两相模型相比只差一点点。一个采用 Contois 动力学的模型（它用单一参数来表示底物和生物的饱和度）与两相模型一样能很好地拟合实验数据。Valentini等在 1997 年定量评价了一级动力学模型中生物浓度的影响，他用一个 0～1 之间的指数来改变生物浓度，结果发现指数值在 0.4～0.6 之间时拟合效果最佳（批量试验）。指数为 0 时（即与生物无关，与底物呈一级关系）的标准误差为 35%，而最佳指数的标准误差为 22%，二者模拟效果相差不大。Batstone 在 2000 年也指出，一级动力学模型能够拟合生物气的产量，其效果与复杂的两相模型几乎一样（两相模型包括酶吸收）。因此，一级动力学为默认水解动力学形式。Contois 动力学可用于生物与底物之比低到限制消化速率的系统中（例如批量消化系统，公式可见 Vavilin 等于 1996 发表的《颗粒性有机物厌氧降解的水解动力学》一文)。

(4) 混合产物产酸

产酸(发酵)通常被定义为一个没有外加电子受体和供体的厌氧产酸的微生物过程,其中包括可溶性糖和氨基酸等大量较为简单的产物。

① 单糖产乙酸 使用葡萄糖(己糖)作为模拟单体。从能量和化学计量方面来说,果糖同样也可以用于模拟。戊糖与己醣相比有相似的化学计量产量,只是在产物中缺少一个 CO_2 或羧酸单位。葡萄糖最重要的产物及其化学计量反应按其重要性顺序列于表 8.16。

表 8.16 葡萄糖降解产物

序号	产物	反应方程式	ATP/mol(葡萄糖)	条件
1	乙酸	$C_6H_{12}O_6+2H_2O \longrightarrow 2CH_3COOH+2CO_2+4H_2$	4	H_2 少①
2	丙酸	$C_6H_{12}O_6+2H_2 \longrightarrow 2CH_3CH_2COOH+2H_2O$	低	未观测到
3	乙酸、丙酸	$3C_6H_{12}O_6 \longrightarrow 4CH_3CH_2COOH+2CH_3COOH+2CO_2+2H_2O$	4/3	有些 H_2
4	丁酸	$C_6H_{12}O_6 \longrightarrow CH_3CH_2CH_2COOH+2CO_2+2H_2$	3	H_2 少②
5	乳酸	$C_6H_{12}O_6 \longrightarrow 2CH_3CHOHCOOH$	2	有些 H_2
6	乙醇	$C_6H_{12}O_6 \longrightarrow 2CH_3CH_2OH+2CO_2$	2	H_2 少③

① 虽然从热力学角度来说,H_2 高时该反应也可能发生,但可能受到底物水平的磷酸化热力学的限制(Schink,2001)。

② 在培养的环境样品中尚未观察到 H_2。与反应 3 相比,H_2 与底物水平的氧化相结合更普遍。

③ 由发酵途径而损耗的能量产量。细菌路径可能有 0ATP/mol(乙醇)(Madigan,2000)。

反应 2 是葡萄糖生成丙酸的非耦合反应,该反应在几个模型中出现过。然而,IWA 课题组建议优先使用反应 3。理由如下。

没有培养出只产丙酸的生物。所有产丙酸或琥珀酸的生物也产乙酸,CO_2 为产品。

通过氧化甲酸或单质氢来获得电子,从热力学角度来说是不利的(除非 H_2 分压很高),并且与通过生物酵解单糖生成丁酸或乙酸来释放甲酸或氢相矛盾。

除了有机酸外,葡萄糖发酵可产生大量的替代性发酵产物,其中最重要的是乳酸和乙醇。乳酸是一个关键的中间产物,研究发现,几乎所有单糖底物可以通过乳酸途径进行降解。不过,随后乳酸降解非常快,在酸化反应器中,当瞬时负荷过高时它首先被发现。Romli 等在 1995 年研究得出,当葡萄糖浓度过高时,乳酸由微不足道变成含量最高的有机酸(以 COD 计)。在低 pH 值情况下($pH<5.0$),乙醇是作为乙酸的替代物产生的。

乳酸与葡萄糖的化学计量关系相同,因此,ADM1 将其省略不会影响生物反应的化学计算。然而,乳酸的 pK_a 非常低(3.08),这对 pH 值有很大的影响,特别是 ADM1 对 pH 的瞬时下降预测偏低(即在快速动力学过程中过高预测 pH 值)。与浓度增加相比,水力增加的影响更显著。模型中缺乏作为中间体的乙醇,将导致中间态有机酸的预测效果很差,对酸化反应器内低水平的 pH 值预测效果也不好。产甲烷反应器和低负荷系统在很大程度上不受忽略乳酸或乙醇影响,因为乳酸和乙醇相对容易降解,分别生成混合有机酸和乙酸。在多数厌氧消化反应器中,乳酸和乙醇等中间体的浓度比较低,故 ADM1 将其省略。

IWA 课题组决定在模型中包括乙酸、丙酸和丁酸,因为它们是单糖产酸形成的重要末端产物,沿着水流方向发生不同程度的降解。这可通过气相色谱(GC)分析法进行同步监测。

总之,对于高负荷葡萄糖进水的产酸系统来说,在下述情况下将它们包括在内是适当的,即在瞬时浓度和水力条件(乳酸盐)或在低 pH 值下运行,或故意促进乙醇产生,例如强化下流式消化的情况下。

乳酸作为一个中间体已经被很多研究者使用过。最简单的方法与 Skiadas 等的研究结果相似，假定所有的葡萄糖经由乳酸降解，乳酸随后被葡萄糖降解细菌或一个专门菌群降解成混合有机酸。目前，参考文献中尚未出现包括葡萄糖降解成乙醇这一过程的模型。为了正确描述产物产量对 pH 值的依赖性，计算时可能需要一个校准函数。

由于许多生物能够产生几种产物，所以应该使用一个具有集总参数的单一种群生物。Mosey 在 1983 年描述了不同 H_2 分压和 pH 值水平下表示单糖产物不同分数的调节函数，Costello 和 Romli 等分别于 1991 年和 1995 年对此做了进一步发展。然而，这些函数都是用表 8.16 中的反应 2 和反应 5 来描述的，不能一成不变地用于多组实验数据中，还需要包括乳酸。因此，在 ADM1 中不使用氢调节函数，各化学计量产率（$f_{h2,su}$，$f_{ac,su}$，$f_{pro,su}$，$f_{bu,su}$）应该设定成与表 8.16 中公式相一致的值。Skiadas 和 Angelidaki 等分别在 2000 年和 1999 年均使用了固定的化学计量产率。

② 氨基酸产酸　常见的氨基酸有 20 种。蛋白质水解产生氨基酸的相对产率取决于蛋白质的原结构。氨基酸的发酵途径主要有两种：Stickland 氨基酸成对氧化-还原发酵；氢离子或二氧化碳作为外部电子受体的单一氨基酸氧化。

Stickland 发酵反应比非耦合降解发生得更快。在正常的混合蛋白质系统中，通常只缺少 10%的电子受体蛋白。氨基酸的 Stickland 发酵有许多特性（图 8.13）：a. 不同的氨基酸可分别作为供体、受体或二者兼具；b. 电子供体失去一个碳原子形成 CO_2，并生成比原氨基酸少一个碳的羧酸（即丙氨酸 $C_3 \longrightarrow$ 乙酸 C_2）；c. 电子受体获得碳原子，形成与原氨基酸链长相同的羧酸（即氨基乙酸 $C_2 \longrightarrow$ 乙酸 C_2）；d. 只有组氨酸不能通过 Stickland 发酵反应被降解；e. 因为缺乏电子受体，总氨基酸中通常有大约 10%可通过非耦合氧化降解，这

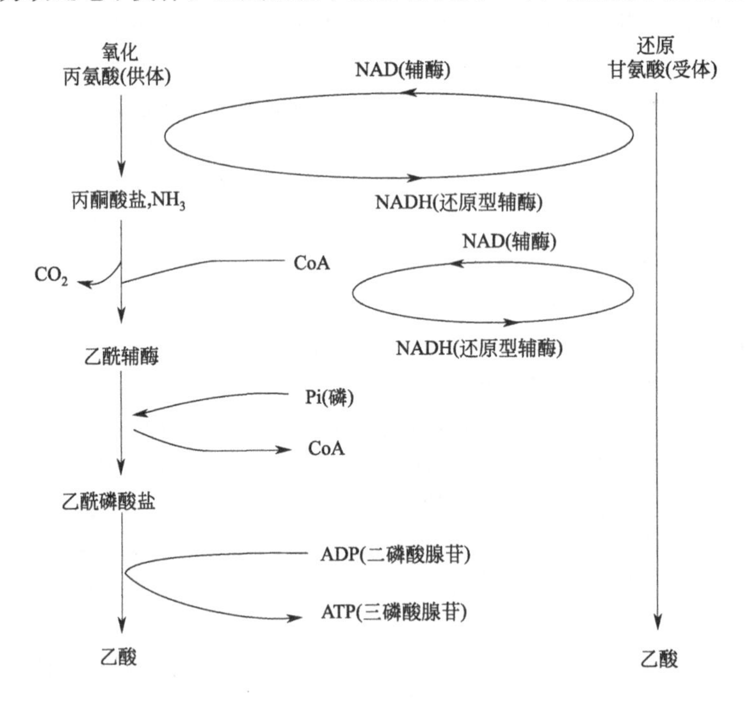

图 8.13　氨基酸和氨基乙酸的耦合 Stickland 消化反应

导致氢或甲酸的产生。

氨基酸产酸的模拟非常重要，因为给出了源蛋白的氨基酸混合物就可预测产物的化学计量产率。这些产物大部分是 C_2、C_3、C_4、C_5、C_6 的异构体和正常有机酸，并伴有一些芳香族化合物、CO_2、H_2、NH_3 和还原硫。芳香族的羧酸（Phe，Tyr，Trp）产生的芳香族羧酸只占总 COD 的一小部分。因此，芳香族的氨基酸未包括在 ADM1 中。Ramsay 在 1997 年编制了一个氨基酸产物产率的电子数据表，可从一种蛋白底物中的氨基酸含量估测产物产率。在低氢或甲酸浓度或者高温条件下，当氧化反应从热力学角度来说变得更有利时，可能发生氨基酸的非 Stickland 氧化反应，通常产生较多的丙酸和少量的乙酸和丁酸（与单糖发酵形成鲜明对比）。事实上，使用一个以 Stickland 反应为基础的电子数据表可对产物产率进行一个合理的初步估测，因为 Stickland 反应通常不受氢抑制，所以氢的调节或抑制函数被排除。

(5) 互养产氢产乙酸和利用氢产甲烷

高级有机酸降解生成乙酸是一个氧化步骤，没有内部电子受体。因此，氧化有机酸的生物体（通常是细菌）必须利用 1 个外加的电子受体，如氢离子或二氧化碳，分别产生氢气或甲酸。由于氧化反应从热力学角度来说是可能发生的（见图 8.14 和表 8.17），而氢和甲酸可被产甲烷的生物（通常是原生细菌）所消耗，所以这些电子载体的浓度必须维持在低水平。

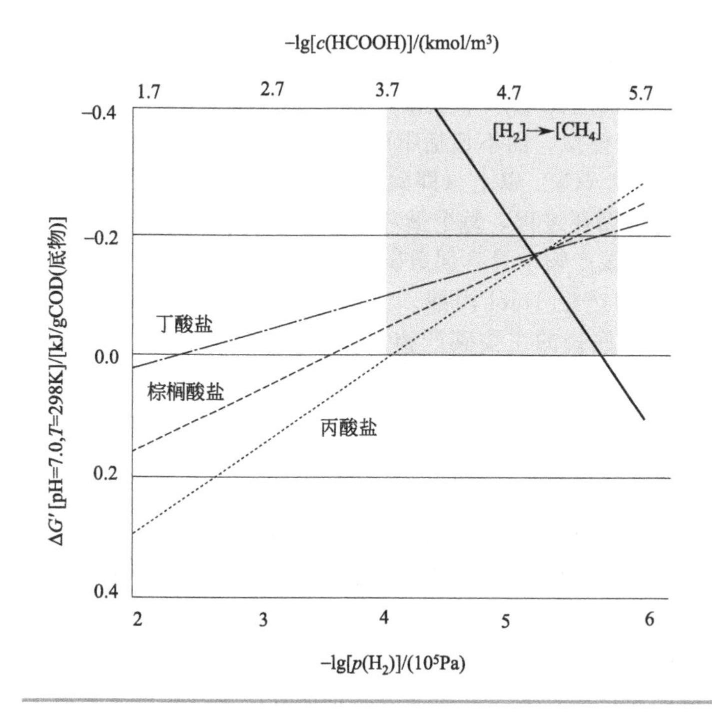

图 8.14
在不同氢分压和甲酸浓度时的 $\Delta G'$

互养产氢产乙酸和利用氢产甲烷的热力学只在较小的氢或甲酸浓度范围内可以进行（并且很少受其他产物或底物浓度影响）。对于模拟来说，这一点很重要，因为热力学限制在很大程度上决定着氢抑制参数、半饱和系数和热力学产率（$\Delta G'$）。这些限制如图 8.14 所示。图 8.14 中给出了产甲烷和三种厌氧氧化反应的热力学产率（$\Delta G'$），阴影区域是甲烷生成和丙酸氧化可以同时发生的区域。表 8.17 所列为氧化脂肪酸微生物的热力学反应在一定条件下的 $\Delta G^{\ominus}$ 和 $\Delta G'$ 值。

■ 表 8.17 氧化脂肪酸微生物的热力学反应

底物	反应方程式	$\Delta G^{\ominus}$ /(kJ/gCOD)	$\Delta G'$ /(kJ/gCOD)
H_2,HCO_3^-	$4H_2+CO_2 \longrightarrow CH_4+2H_2O$	−2.12	−0.19
丙酸	$CH_3CH_2COOH+2H_2O \longrightarrow CH_3COOH+3H_2+CO_2$	0.68	−0.13
丁酸	$CH_3CH_2CH_2COOH+2H_2O \longrightarrow 2CH_3COOH+2H_2$	0.30	−0.16
棕榈酸	$CH_3(CH_2)_{13}CH_2COOH+14H_2O \longrightarrow 8CH_3COOH+14H_2$	0.55	−0.16

注：$\Delta G'$系在 T=298K，pH=7，$p(H_2)$=1Pa，$p(CH_4)$=70kPa，$c(HCO_3^-)$=100mol/m³，c(有机酸)=1mol/m³条件下计算。

图 8.14 中，阴影区域表示由丙酸互养产氢产乙酸的理论运行区域。除了氢/甲酸外，pH=7.0 时，HCO_3^- 浓度为 100mol/m³。戊酸和丁酸的热力学相似。$\Delta G'$由式 $\Delta G'=\Delta G^{\ominus}-RT\ln[(C^cD^d)/(A^aB^b)]$计算得出。

① 电子载体的形式　电子载体是氢（来自氢离子），或者是甲酸（来自二氧化碳）。这两种载体主要有三方面差异：氢的扩散率更高；甲酸盐更易溶解；甲酸比二氧化碳酸性更强。

因此，当生物种群之间距离较短时，氢转移更快；距离较长时，甲酸溶解度更高，其浓度梯度亦更高，因此传递效果更好。另外，由于甲酸的 pK_a 与 CO_2 相比更低一些，所以甲酸对物理-化学系统的影响有所不同。除此之外，由于化学计量学和热力学实质上是一样的，而且氢/甲酸可能处于酶促平衡状态，所以模型的使用受电子载体形式的影响不大。同样，产酸菌可能用不完氢或甲酸等电子载体，而利用氢产甲烷菌可以接受二者。综合各方因素，IWA 课题组决定只把氢作为电子载体进行模拟，而不包括甲酸。

② ADM1 中的生物种群和组分　丙酸（C_3）以上（即碳原子数在 3 个以上）的脂肪酸厌氧降解的主要途径是β-氧化。这是一个循环过程，每个循环中有一个乙酸基被去除，产生 1/3 ATP(三磷酸腺苷)。脂肪酸的最终含碳产物中具有偶数碳原子的只有乙酸。当脂肪酸的碳原子为奇数时（例如戊酸），1mol 底物产生 1mol 丙酸。大多数自然产生的长链脂肪酸（LCFA）具有偶数碳原子，乙酸被视作该底物的主要碳产物。IWA 课题组认为，三种主要的脂肪酸（C_4 及以上）——丁酸、戊酸和长链脂肪酸很重要。丁酸和戊酸被认为可由同一种生物降解（如 ADM1 所包括），而长链脂肪酸在 ADM1 中由专门生物来降解，因为这些更大的分子传输很困难，物理-化学特性不同。因此，有三种产乙酸菌群被提出，一种是分解丙酸产乙酸菌群，一种是分解丁酸+戊酸产乙酸菌群，一种为分解长链脂肪酸产乙酸菌群（C_5 及以上）。模型中只包括一种利用氢产甲烷的生物。同型产乙酸（即由 H_2 和 CO_2 转化成乙酸）和硫酸盐还原也是氢下降的潜在重要因素，特别是在适当的条件下。但其并未包括在 ADM1 中。

③ 产乙酸的氢抑制函数　产乙酸和氢营养产甲烷过程所释放的自由能都很低，与底物水平磷酸化相比，两种微生物都可利用质子和阳离子的原动力获得部分产率。在自由能水平降低的情况下，使用一个降低的产率，而不是用一个标准抑制函数。所考虑的另一个函数是 Hoh 和 Cord-Ruwisch 在 1996 年提出的热力学抑制模型，该模型直接用来阻止反应在热力学不利的条件下发生。然而，为了减少模型的复杂性，增加其灵活性（例如用于生物膜系统），IWA 课题组提出将标准的非竞争抑制函数用于 ADM1 中的氢调节。液相中氢浓度可用于表达氢抑制程度。

互养产氢和消耗氢的生物往往分布非常接近，而且很难区分。由于扩散受到限制，这些互养种群可以在局部范围内调节氢。所以，测定出的液相和气相中氢或甲酸浓度不一定直接反映互养共同体内部的实际浓度。最初检验模型发现，对于丙酸来说，氢抑制质量浓度为 1×10^{-6}kgCOD/m^3（液体），或 7Pa 的氢气；对于丁酸和戊酸来说，氢抑制质量浓度为 3.5×10^{-6}kgCOD/m^3（液体），或 20Pa 的氢气（即在这些情况下为 50%抑制，并假定气-液平衡），这个结果与热力学部分吻合。而其他对生物膜系统的研究发现，氢抑制参数比这个抑制浓度高一个数量级。其他条件，如底物浓度、乙酸浓度、pH 值、阳离子浓度和弱酸等，也能通过增加动力维护需求量来降低热力学抑制程度。

(6) 分解乙酸产甲烷

在这个主要的产甲烷步骤中，乙酸被分解成甲烷和 CO_2：

$$CH_3CHOOH \longrightarrow CH_4 + CO_2 \quad \Delta G^{\ominus} = -31[(kJ \cdot kmol)/m^3](\approx 0.25ATP)$$

两种微生物可利用乙酸产甲烷。乙酸浓度在 1mol/m^3 以上时，产甲烷八叠球菌属占优势，乙酸浓度低于该浓度时，鬃毛甲烷菌属占优势（Zinder，1993）。与产甲烷八叠球菌属相比，鬃毛甲烷菌属可能有较低产率、较大的 k_m(最大比基质利用率）值、较小的 K_s(半速率常数）值，对 pH 更敏感。鬃毛甲烷菌属利用 2molATP(三磷酸腺苷）来辅助活化 1mol 乙酸（在较低乙酸浓度下），而产甲烷八叠球菌属只需利用 1molATP(在较高乙酸浓度下)。因此，产甲烷八叠球菌属的生长速率更高；而鬃毛甲烷菌属需要一个更长的固体停留时间，但其可在较低的乙酸浓度下运行。

厌氧消化器中这两种不同生物共存时，往往相互排斥。鬃毛甲烷菌属经常出现在高速系统（生物膜）中，产甲烷八叠球菌属出现在固体消化器中。由于系统的排他性，IWA 课题组建议，利用一个单一种群的分解乙酸产甲烷菌，根据应用和试验观测来改变动力学和抑制参数。

(7) 抑制和毒性

在生物过程的一般限制范围内，美国万德比尔特大学的 R. E. Speece 教授在 1996 年出版的《工业废水的厌氧生物技术》中使用了两个定义：毒性——对细菌代谢的一个不利影响(不一定是致命的)；抑制——生物功能的损害。

“细菌的”一词应被扩展成“生物的”，它包括细菌以外的其他生物（原生细菌、真核生物）和胞外酶。IWA 课题组对此进一步做如下定义。

a. 杀生性抑制：反应毒性，通常是不可逆的。例如长链脂肪酸（LCFA)、清洁剂、醛、硝基化合物、氰化物、抗生素和亲电子试剂，按照 Speece 的定义，这一切即为“毒性”。

b. 生物静力抑制：非反应性毒性，通常是可逆的。例如，产物抑制、弱酸/碱（包括 VFA、NH_3、H_2S）抑制、pH 抑制、阳离子抑制和任何其他能破坏同态的物质，这一切被 Speece 笼统定义为“抑制”。

抑制形式可进一步分成影响特定目标的（例如清洁剂对细胞膜）和影响整个细胞动力学和功能的（例如 pH 抑制)。

① 硫酸盐还原和硫化物抑制　当硫氧化物存在于厌氧消化器中时，通常会被还原成 S^{2-}。因为从热力学和动力学角度来说，氧化硫先于氢离子（将生成 H_2）或 CO_2(将生成甲酸）被还原。还原硫化合物的生物可通过氧化有机酸或 H_2 直接获得电子。此外，有机酸也作为碳源被利用，结果导致还原硫化合物的生物与厌氧消化中的其他大多数生物种群进行竞争。竞争内容包括：与氢营养生物争夺氢（进水 SO_x 浓度较低时）；与产乙酸和分解乙酸的生物争夺电子和碳（进水 SO_x 浓度中等时）。

还原产物硫对厌氧系统的影响更加复杂。硫的总浓度为 3～6mol/m^3 时会产生抑制作用，其完全缔合形态（H_2S）是抑制性媒介物，其抑制浓度为 2～3mol/m^3。氢营养生物、产乙酸生物和分解乙酸生物都会受到影响，其他微生物种群包括硫酸盐还原生物（可能除了产乙酸生物）则受硫化物抑制。硫化物的酸-碱体系与无机碳系统相似，以 S^{2-}、HS^{-}、H_2S 为组分。H_2S 也是一个气相组分，其溶解度相对较高[100mol/($m^3 \cdot 10^5 Pa$)]。溶解度和酸度系数受温度影响很大，可用 van' t Hoff 公式对其关系进行很好的描述。

ADM1 模拟的所有厌氧过程，除了分解和水解以外，或受底物竞争、H_2S 抑制的影响，或受酸-碱反应和 H_2S 的气-液交换的影响。因其复杂性，所以硫酸盐还原系统没包括在 ADM1 中。因此，ADM1 不能模拟进水中含中低浓度硫化物的系统（小于 $2mol/m^3$ 进水 SO_x）。在相对较低的进水 SO_x 情况下，可以修改模型使之包含硫酸盐还原过程，最简单的方法是包括一个把氧化硫降解成还原硫化物的另外生物种群；反应所需的电子和氢来源于氢，生长所需的碳来源于 CO_2。模型中也应包括酸-碱对 HS^{-}/H_2S，与气相 H_2S 发生交换。但是一般而言，若要体现不同硫酸盐种群对有机酸营养的竞争，其模型将更为复杂。

② 游离酸和碱的抑制　游离酸和碱的抑制是通过 pH 值的变化来破坏细胞同态的，这是由游离酸或碱穿过细胞膜的被动运输和随后的离解引起的。由于游离酸或碱的相对数量（与离子对应物相比）很大程度上是由 pH 值决定的，所以该抑制也取决于 pH 值的大小。经验性的 pH 抑制函数可能包括游离酸或碱抑制的累积效应。对于利用能量产率较低的底物生成产物的生物，或利用质子原动力的生物——如丙酸和丁酸/戊酸氧化生物及利用氢和乙酸的产甲烷生物来说，游离酸或碱的 pH 抑制尤为重要。重要的游离酸或碱的抑制性化合物[所有 pK_a(物质离解出 H^+ 的能力）值均在 $T=298K$ 得到] 有以下几种。

a. 游离有机酸（HAc，HPr，HBu，HVa）。pK_a 在 4.7～4.9 之间时，主要生成甲烷的物质，在模型中主要表现为乙酸抑制。

b. 游离氨（NH_3）。厌氧消化反应器中的主要游离碱，$pK_a=9.25$。其抑制函数包括在 ADM1 中，用于乙酸利用者。

c. 硫化氢（H_2S）。虽然已知游离态的 H_2S 与 HS^- 或 S^{2-} 相比，抑制性更强，但$pK_a=7.25$ 表明，该游离酸的作用是冲击而不是破坏同态。在这种情况下，机理可能不同。

因此，游离酸（缔合有机酸或 H_2S）在较低 pH 值下发生抑制，游离碱在更高 pH 值（NH_3）时发生抑制。主要受游离酸和碱抑制的生物有（按影响次序）：分解乙酸产甲烷生物、氢营养产甲烷生物和产乙酸生物。不过，后二者在一个互养共同体内。氢营养产甲烷生物活性的降低将导致有机氧化生物的活性明显下降，这归因于氢和甲酸的积累。

在 ADM1 中，游离有机酸抑制的影响主要隐含于经验性的 pH 函数中，而游离氨抑制或者隐含于由上限和下限组成的经验性 pH 函数中，或者明确包括于游离氨抑制函数中。H_2S 抑制未被包括，因为硫酸盐还原没包括在内。游离酸抑制未单独包括在模型中，因为其主要形式隐含于其他抑制形式中。然而，由于抑制依赖于酸的浓度及 pH 值，所以当游离有机酸的浓度和 pH 值波动时，模型中单独包括游离有机酸抑制是合理的。同样，因为抑制可能通过细胞同态的破坏产生而不是活性降低或细胞死亡量增加，所以，最适当的函数可能是通过降低产率发生抑制，而不是通过非竞争抑制降低吸收速率而发生抑制。

③ LCFA(长链脂肪酸）抑制　脂类是几种主要的有机物之一，常见于生活污水、生活有机废物、农业废物和工业废物中。的确，特殊工业废物如屠宰场废物和油厂废物中脂类含量较高。三甘油酯是最丰富的脂类，也是植物和动物细胞中所贮存脂类的主要组分。

在 ADM1 中，三甘油酯代表脂类。在厌氧消化过程中，脂类首先被水解为甘油和长链脂肪酸（LCFA)。这一过程由被称作脂肪酶的胞外酶催化而成。与随后的步骤相比，脂类水解进行得很快，所生成的 LCFA 通过活化作用和 β-氧化被降解成乙酸和氢。LCFA 的 β-氧化被证实可在中温和高温两种条件下发生。

长链脂肪酸在低浓度下可对生物产生抑制作用。在 LCFA 的 β-氧化生物体内，LCFA 通过活化作用解除毒性，使乙酰 CoA（辅酶 A）转化为长链脂肪酰 CoA。

以下是 LCFA 抑制的几种机理：

a. 由 LCFA 合成的竞争性抑制引起的微生物生长抑制。LCFA 是新细菌结构的基本成分；

b. 电子运输链从蛋白质上分离。这些蛋白质参与 ATP 的再生，或作为基本营养物向细胞内部输送；

c. 黏附在细菌的细胞壁上，限制基本营养物的通过。

有一个观点认为，是 LCFA 的缔合形式起抑制作用，抑制是 LCFA 在生物细胞表面吸收的结果。因此，像细胞表面积与 LCFA 浓度之比和 pH 值这样的因素可能对 LCFA 的抑制程度有影响（Hwu，1996）。通常，严重抑制是不可逆的（例如有毒的），因为恢复不受进水 LCFA 浓度降低的影响。尽管受抑制最严重的生物可能是分解乙酸产甲烷生物，但是，所有生物都会受到不同程度的抑制。

虽然，LCFA 的抑制作用可能使处理过程变得复杂，但是生物体也可能适应之。一个运行良好的工艺会比较容易降解脂类含量较高的进水。这是因为，在适当的培养物中，LCFA 的高效降解使得 LCFA 的去除速率和脂类水解释放 LCFA 的速率一样快。然而，为了避免 LCFA 的瞬时浓度较高，需要进行逐步驯化。

因此，当进水富含脂类时，LCFA 抑制作用对工艺运行有着显著的影响。ADM1 不能描述在瞬时高 LCFA 浓度，特别是有毒负荷过多情况下的反应器行为。由于 LCFA 抑制的潜在复杂性及其较低发生频率（与所包括的一般抑制函数相比），故它未包括在 ADM1 中。包括 LCFA 抑制的模型（用于肥料和油的降解）已由 Angelidaki 等在 1999 年提出。

区别杀生性抑制和生物静力抑制对于模拟来说是重要的，因为前者主要影响生物衰减速率，而后者主要影响动力学吸收和生长（涉及最大吸收量、产率、半饱和参数）。生物静力抑制包含了 ADM1 中的所有抑制形式，这对厌氧处理来说是最重要的，主要将导致厌氧生物的产率较低。许多生物的每摩尔底物或每个反应循环的 ATP（三磷酸腺苷）产率均小于 1mol，因为其利用阳离子或阴离子原动力进行合成代谢，而不是底物水平磷酸化。这个对产甲烷菌和挥发性脂肪酸（VFA）的氧化生物来说是正确的。游离态的弱酸和碱（非离子的）能够穿过细胞膜，然后离解，这样就破坏了质子的原动力和细胞同态。在离子和 pH 值远非最佳值的条件下，微生物必须消耗能量以维持细胞同态，而不是合成代谢。因此，尽管产物吸收量可能变化很小，但产率降低。Pitt 在 1965 年认识到这一点，他提出了一个自由生长的维持系数。由于维持能量的增加会限制生长的可用能量，所以导致生物产率降低。IWA 课题组决定采用一个与吸收相关的动力学公式，而不是好氧生物过程模型所用的与生长相关的动力学公式，其原因之一是前者具有包括各种动力学形式的灵活性。

我们考虑了几种抑制机理，包括在依赖于细胞同态维持的动力学速率公式中使用维持系数作为抑制剂的一个函数。该公式是 Beeftink 等于 1990 年在 Pirt 工作（1965）的基础上提出的。虽然该公式从原理上说是合理的，但过程过于复杂，并与最常使用的 Monod 动力学完全不同。IWA 课题组提出的抑制动力学形式（表 8.19）有：a. Lehninger 在 1975 年提出的可逆形式，其广泛采用非竞争性抑制；b. 抑制剂对微生物产率和衰减的直接影响（这种抑制形式很有价值，但未用于 ADM1）；c. 用于 pH 抑制的两种经验形式；d. 竞争性吸收；e. 次级底物的 Monod 动力学，它对于描述氮受限时的微生物生长降低是必需的。Pavlostathis 和 Giraldo-Gomez 在 1991 年，Dochain 在 1986 年，分别对抑制和吸收/生长动力学进行了广泛的总结。因为厌氧消化中的抑制形式是变化多样的，所以用公式（8.153）进行表达，从中可以很容易地替换或添加抑制项：

$$\rho_j=\frac{k_m S}{K_s+S}XI_1I_2\cdots I_n \tag{8.153}$$

式中，第一部分是不受抑制的 Monod 形式吸收，$I_{1\cdots n}=f(S_{I,1\cdots n})$ 是抑制函数。这种抑制函数在模型中是无法采用的，因为抑制函数在吸收公式中是整体性的。完整的吸收公式如表 8.18 所列。

表 8.18　抑制形式和吸收公式

序号	说明	抑制和吸收公式	适 用 场 合	过程
1	非竞争性抑制	$I=\frac{1}{1+S_I/K_I}$	游离氨和氢抑制	
	非竞争性	$\rho_j=\frac{k_m XS}{K_s+S(1+S_I/K_I)}$	无	
	竞争性	$\rho_j=\frac{k_m XS}{K_s(1+S_I/K_I)+S}$	无	
2	产率减少	$Y=f(S_I)$	无	
	生物衰减速率增加	$k_{dec}=f(S_I)$	无	
3	经验的 pH 值上限和下限抑制	$I=\frac{1+2\times 10^{0.5(pH_{LL}-pH_{UL})}}{1+10^{(pH-pH_{UL})}+10^{(pH_{LL}-pH)}}$	高和低 pH 值时都出现时的 pH 抑制	5～12
	只有经验的 pH 值下限抑制	$I=\begin{cases}\exp\left[-3\left(\frac{pH-pH_{UL}}{pH_{UL}-pH_{LL}}\right)^2\right], pH<pH_{UL}\\ 1, pH>pH_{UL}\end{cases}$	只有低 pH 值时存在的 pH 抑制	5～12
4	竞争性吸收	$I=\frac{1}{1+S_I/S}$	丁酸和戊酸对 C_4 的竞争	8～9
5	次级底物	$I=\frac{1}{1+K_I/S_I}$	用于所有吸收。当无机氮浓度 S_{IN} 趋于零时，将抑制吸收	5～12

在表 8.18 中，K_I 为抑制参数；ρ_j 过程 j 的速率；S 为过程 j 的底物浓度；S_I 为抑制剂浓度；X 为过程 j 的生物浓度。序数 3 中，当只使用一个 pH 抑制项，并且有游离氨抑制时，pH 值上限和下限抑制形式不应被使用。对于 pH 值上限和下限抑制的函数，pH_{UL} 和 pH_{LL} 分别是生物种群受到 50% 抑制时的上限和下限。例如，分解乙酸产甲烷生物的最佳 pH=7，$pH_{UL}=7.5$，$pH_{LL}=6.5$。对于 pH 值下限抑制的函数，pH_{UL} 和 pH_{LL} 是生物不受抑制的临界点。对于 pH_{UL} 和 pH_{LL} 分别为 7 和 6 的分解乙酸产甲烷生物，当 pH 值低于 6 时，完全受到抑制；pH 值高于 7 时，不受抑制。

pH 抑制是细胞同态的破坏和低 pH 值下弱酸浓度增加两相作用的结果；或者是高 pH 值下的弱碱抑制和运输限制，它不同程度地影响所有的生物。在 ADM1 中，pH 抑制（I_{pH}）用于所有的胞内过程，对于产乙酸生物和产酸生物、利用氢产甲烷生物和分解乙酸产甲烷生物，应使用不同的生化参数。表 8.18 序数 3 中的两种 pH 函数对于吸收公式来说都是有用的，因为第一种形式可用于系统受到氨或其他碱（pH>8）强烈冲击的情况，第二种在低 pH 值抑制可能发生时显得更灵活，如在碳水化合物系统中。水解在低或高 pH 值下都可能受到抑制，这可能由酶的部分变性引起。Boon 在 1994 年证实了批量消化对初沉污泥的影响，并指出最佳水解发生在pH=6.8 时；但 pH 值在 6.5～7.5 之间时变化不明显。水解的 pH 抑制未包括在模型中，但是，如果需要，其函数可按 Veeken 和 Sanders 等分别在 2000 年和 2001 年给出的选用。

除了 pH 抑制，产乙酸菌的氢抑制和分解乙酸产甲烷生物的游离氨抑制也包含在 ADM1

中。两种抑制都用非竞争性抑制函数来描述。LCFA（长链脂肪酸）的生物影响尽管非常重要，但未包含在模型中。非竞争性抑制函数之所以被普遍使用，因为它是文献中最常用的形式，可直接应用以前公布的抑制参数。然而，其他抑制形式的函数可能更适合于氢抑制或有机酸抑制。更基本的抑制函数，例如前面提到的第二种形式和不取决于抑制的维持系数，以及Beefrink等在1990年提出的动力学速率方程，可能更适用于生物静力抑制（例如游离酸、游离碱和氢）。但目前这方面的知识非常有限，实际操作中还无法实行。

(8) 温度的影响

温度主要通过五种方式影响着生化反应：a. 增加温度，可提高反应速率（由Arrhenius公式预测得出）；b. 温度高于最佳值以后，随着温度升高（对于中温系指40℃以上，对于高温指的是65℃以上），反应速率下降；c. 由于温度升高的情况下，用于细胞代谢和维持的能量也增加，所以产率降低，K_s增加；d. 由于热力学产率和生物量的变化，产率和反应途径发生转变；e. 由于处于溶解和维持状态的细胞增加，死亡速率增加。

在厌氧消化中，对温度定义了三个主要的运行范围：低温（4～15℃）、中温(20～40℃)和高温（45～70℃）。尽管反应器可在这些范围内有效运行，但是中温和高温生物的最佳温度分别为35℃和55℃（图8.15）。

不同微生物种群的温度相关性遵循Arrhenius等式。其生长速率随温度升高达到最大值，此时温度为最佳温度，然后随着温度继续升高，其生长速率陡降到0。有三种主要的系统类型可能需要进行关于温度的模拟：a. 控制温度，使运行温度变化很小（±3℃范围内），由于没有温度的相关性，所以可模拟，尽管其参数应该来源于或适合于运行温度，这包括大多数厌氧系统的应用；b. 对温度不控制，但使其在一个范围内波动（中温或高温），这可用一个关于是k_m的双Arrhenius公式来模拟，k_m描述了生长速率在更高温度下的快速下降情况；c. 温度在中温和高温之间波动，生物量和反应途径在中温和高温之间的规律性变化是一个复杂的模式。

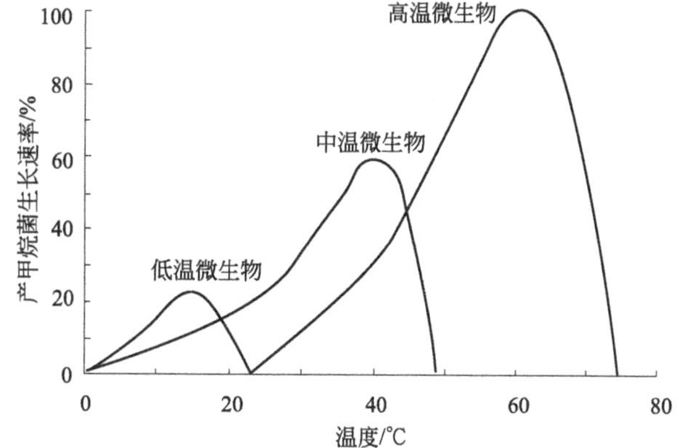

图8.15 低温、中温和高温产甲烷生物的相对生长速率

Pavlostathis和Giraldo-Gomez在1991年通过总结初沉污泥消化器内最小固体停留时间与温度关系的参数，给出了一个能够有效证明温度对动力学参数综合影响的经验公式：

$$t_{SR,\min}=\frac{1}{0.267\times 10^{[1-0.015(308-T)]}-0.015} \tag{8.154}$$

式中，T为温度，K；$t_{SR,\min}$为防止污泥流失的最小固体停留时间。

尽管产率和衰减速率受温度影响，我们还是决定不用连续函数，而是在高温和低温条件下使用各自的值。

8.2.3.4 ADM1中的物理-化学过程

这里指的物理-化学反应可定义为厌氧反应系统中通常存在的非生物媒介的反应。根据相对动力学速率（即与生化速率相对应），对物理-化学过程可列出3种主要的类型：a. 液-液过程（即离子结合/离解，快速）；b. 液-气过程（即液-气转换，快速/中速）；c. 液-固过程（即沉淀/溶解，中速/慢速）。

厌氧模型中通常提到的只有前两种过程，这很可能是因为液-固过程难于表述，所以在ADM1中没有包括固体沉淀。但是，如果系统中存在易于形成沉淀的阳离子，如 Ca^{2+} 和 Mg^{2+} 等，那么液-固过程可能会变得很重要。对离子非理想行为的修正，潜在地影响着所有的物理-化学过程，这一点并未包括在ADM1中。因此，对于含有中高浓度离子的系统，尤其是在出水循环至升流式反应器的工艺中，应该计算离子的活度系数，必要时，应对其进行修正。

对厌氧系统进行模拟时，物理-化学过程非常重要，这是因为：a. 能够表达许多生物抑制因子（如pH值、游离酸和碱、液相中溶解性气体的浓度等）；b. 主要性能变量如气体流量和碳酸盐碱度，依赖于物理-化学过程的正确估计；c. 主要的运行费用往往是利用强酸或碱对pH值进行控制，因此，所需控制的pH的设定值和输入值可从物理-化学反应的估计中计算出来。

(1) 液-液过程

这部分将讨论离子与氢及氢离子的结合和离解。厌氧系统中有许多重要的化合物，它们的 pK_a 值（平衡系数）与系统运行的pH值接近（表8.21)。有机酸的 pK_a 值约为4.8，酸碱对 $CO_2(aq)/HCO_3^-$ 的 pK_a 值为6.35，而酸碱对 NH_4^+/NH_3 的 pK_a 值为9.25。由于酸碱对 HCO_3^-/CO_3^{2-} 的 pK_a 值为10.3，所以 CO_3^{2-} 的浓度非常低，因而模型把 CO_3^{2-} 排除在外。上述所有 pK_a 值均为298K条件下的。

$CO_2(aq)$ 经由 H_2CO_3 反应生成 HCO_3^-。H_2CO_3 是一种相对来说较强的酸（$pK_a=3.5$）。尽管如此，$CO_2(liq)/H_2CO_3$ 的平衡系数为631（$T=298K$），这意味着 $CO_2(liq)$ 远大于 H_2CO_3，故可把 $CO_2(liq)$ 看作是有效的酸。

因为结合/离解过程反应非常快，故经常被称为平衡过程，可用一组隐式代数方程表示。被视为重要的酸-碱对及其平衡系数见表8.19。

表8.19 酸-碱平衡系数（pK_a）

酸-碱对	平衡系数 pK_a(298K)	热值 $\Delta H^{\ominus}$(J/mol)	$\theta(\theta=\Delta H^{\ominus}/RT_1^2, T_1=298K)$
$CO_2(aq)/HCO_3^-$	6.35	7646	0.010
NH_4^+/NH_3	9.25	51965	0.070
H_2S/HS^-	7.05	21670	0.029
$H_2O/(OH^-+H^+)$	14.00	55900	0.076
HAc/Ac^-	4.76	在 $T=333K$ 最大值4.81	n/a
HPr/Pr^-	4.88	在 $T=333K$ 最大值4.94	n/a
n-HBu/Bu^-	4.82	在 $T=333K$ 最大值4.92	n/a
i-HBu/Bu^-	4.86	没有其他数据	n/a
n-HVa/Va^-	4.86	没有其他数据	n/a
i-HVa/Va^-	4.78	没有其他数据	n/a

酸-碱反应方程的表达方式取决于它们是以微分方程还是以隐式代数方程组来表示和求解的。在每种情况下都可采取两种方式来表示这些方程：负荷平衡或者表格方法。IWA课题组推荐使用负荷平衡的方法，因为这种方法更易于理解且具有更强的教育价值。不过，表格法可用于改善代数方程的数值结构，使其以隐含的代数形式或微分形式来实现。负荷平衡可表示为：

$$\sum S_{C^+} - \sum S_{A^-} = 0 \tag{8.155}$$

式中，$\sum S_{C^+}$代表总的阳离子当量浓度；$\sum S_{A^-}$则代表总的阴离子当量浓度。每个离子的当量浓度是其化合价与物质的量浓度的乘积。

在 ADM1 中，溶解性组分的负荷平衡按如下形式实现（有机酸项的分母代表单位负荷的 gCOD 含量）

$$S_{Cat^+} + S_{NH_4^+} + S_{H^+} - S_{HCO_3^-} - \frac{S_{Ac^-}}{64} - \frac{S_{Pr^-}}{112} - \frac{S_{Bu^-}}{160} - \frac{S_{Va^-}}{208} - S_{HO^-} - S_{An^-} = 0 \tag{8.156}$$

式中，S_{Cat^+}和S_{An^-}分别代表离子如 Na^+ 和 Cl^- 的溶解性组分，这些离子分别用来表示强碱和强酸。例如，加入带相反电荷的离子 NH_4^+ 和 HCO_3^- 的盐，则与 Cl^- 和 Na^+ 分别生成 NH_4Cl 和 $NaHCO_3$。从另一方面说，S_{Cat^+}和S_{An^-}可被看作是不消耗或不发生反应的惰性化合物。长链脂肪酸 LCFA 未被包括在酸-碱体系中，因为单位 COD 可以加电荷部位的数量非常少。不过，如果使用游离的 LCFA 加以抑制或 LCFA 的浓度很高，则必须以类似于挥发性脂肪酸（VFA）的方式将其考虑在内。氨基酸的酸-碱反应也没有包括在内，因为其在反应器内的浓度很低（由于产酸速率很高），并且氨基酸的 pK_a 值变化范围较大。

如果将酸-碱方程表达成 1 个代数组，则酸-碱对的结合浓度应表达成 1 个动态变量。对于无机碳［$CO_2(aq)/HCO_3^-$］来说，其形式如下

$$S_{IC} - S_{CO_2} - S_{HCO_3^-} = 0 \tag{8.157}$$

其余的代数方程可以酸-碱平衡方程［例如 $CO_2(aq)/HCO_3^-$ 对］来表达

$$S_{HCO_3^-} - \frac{K_{a,CO_2} S_{IC}}{K_{a,CO_2} + S_{H^+}} = 0 \tag{8.158}$$

式中，K_{a,CO_2}为平衡系数。

对于有机酸、无机氮和氢氧化物适用，即

$$S_{VFA} - \frac{K_{a,VFA} S_{VFA,total}}{K_{a,VFA} + S_{H^+}} = 0 \tag{8.159}$$

$$S_{NH_4^+} - \frac{S_{H^+} S_{IN}}{K_{a,NH_4} + S_{H^+}} = 0 \tag{8.160}$$

$$S_{OH^-} - \frac{K_w}{S_{H^+}} = 0 \tag{8.161}$$

因此，当酸-碱反应用 1 组隐式代数方程组来表述时，溶解性组分的自由形态（如 S_{CO_2}）和离子形态（如 $S_{HCO_3^-}$）将结合成 1 个单一的动态变量（如 $S_{IC} \equiv S_3$）。酸-碱对的游离形态的浓度如果用在模型的其他地方，那么只需利用后面的方程对其进行计算。ADM1 中被计算的游离酸和碱是 S_{CO_2}和 S_{NH_3}。如果液相的物理-化学方程以微分方程形式表述，则游离形态和总形态将表示为动态变量，集总的动力学表达形式（如 S_{IC}）是多余的，此时，1 个附加的动力学速率方程可用于酸-碱反应。尽管 IWA 课题组推荐用游离形态（即 CO_2 和 HAc 等）来表示速率方程，但表 8.14 和表 8.15 中的生化反应速率可以是酸动态变量，也可以是碱动态变量（而并非二者都是）。负荷平衡式中 S_{H^+} 变成单一方程（负荷平衡）中唯一的未知数。因此，代数方程组是显性的。同样也可用混合求解方法，用动力学速率方程表达若干物理-化学反应，其余的表示为隐式代数方程组。

（2）液-气交换

下面三种气体组分被看作是气相和液相之间重要的中间体，它们对于生物过程或输出有很大的影响。在 25℃时，它们在水中的溶解度各为：H_2 溶解度相对较低，为 7.8×10^{-6} mol/(m^3 · Pa)；CH_4 溶解度相对较低，为 1.4×10^{-5} mol/(m^3 · Pa)；CO_2 溶解度相对较

高，为 $3.5\times10^{-4}mol/(m^3\cdot Pa)$。

其他重要气体有 H_2S 和 NH_3。由于硫酸盐还原未被作为一个生化过程，所以 H_2S 未被包括在内；NH_3 的溶解度很高，其 K_H 为 $0.5mol/(m^3\cdot Pa)$（Stumm and Morgan，1996），因此，与出水中的浓度相比，转移到气相中的 NH_3 质量流量可以忽略。

相互接触的气相和液相之间将彼此达到相对的稳态。其液相浓度相对较低时，可用亨利定律来描述这种平衡关系。通常，亨利定律可表达成由气相分压力所引起的液相中的浓度

$$K_H p_{gas,i,SS}-S_{liq,i,SS}=0 \tag{8.162}$$

式中，$S_{liq,i,SS}$为溶解性组分 i 的稳态液相浓度，$kmol/m^3$；$p_{gas,i,SS}$为溶解性组分 i 的稳态气相分压力，10^5Pa；K_H 为亨利定律系数，$kmol/(m^3\cdot 10^5Pa)$。

比较难溶的气体如二氧化碳、甲烷和氢气等，其转移阻力主要在液相。Pauss 等在 1990 年指出，厌氧消化器中的气体可能达到非常显著的过饱和状态，这一点可由出水有机物和总 COD 平衡得出。因此，应该用气体转移动力学方程描述液-气交换。最通用的方程将遵循 Whitman 在 1923 年提出的双膜理论。Stumm 和 Morgan 在 1996 年进行了公式推导，把质量流量表示成驱动力和速率方程的结合

$$\rho_{T,i}=k_La(S_{liq,i}-K_H p_{gas,i}) \tag{8.163}$$

式中，k_La 为总质量传递系数与比传递面积的乘积，d^{-1}；$\rho_{T,i}$为气体 i 的比质量传递速率。

值得注意的是，每个 $\rho_{T,i}$都有一个附加的动力学速率方程。为了计算 S_{H_2/CH_4} 的 COD 基数并与 K_H 的摩尔基数相比较，必须用 16 和 64 分别修正 H_2 和 CH_4 的 K_H^*。由于三种气体（H_2，CH_4，CO_2）的传递由液膜控制，其扩散率相似，所以它们的 k_La 应具有相似的数量级。k_La 值受搅拌、温度和液体性质的影响变化非常大，为简化起见，建议三种气体采用相同的 k_La 值。这可以利用估测好氧系统中 O_2 的 k_La 值的方法对其进行估计（O_2 传递也是液膜控制；扩散率见表 8.20），或者，在产生培养液以形成大量气体的系统中，设置一个比最快的生化反应更高的级数使该过程达到假设的平衡。

表 8.20 液-气转换参数值（$T=298K$）

气体	亨利定律系数 $K_H/[kmol/(m^3\cdot 10^5Pa)]$	热值 $\Delta H^{\ominus}/(J/mol)$	$\theta(\theta=\Delta H^{\ominus}/RT_1^2,T_1=298K)$	扩散率/$[(m^2/s)\times10^9]$
H_2	0.00078	−4180	−0.00566	4.65
CH_4	0.00143	−14240	−0.01929	1.57
CO_2	0.0354	−19410	−0.02629	1.98

(3) 固体沉淀

固体沉淀是指阳离子和阴离子结合形成的中性无机固体。厌氧消化反应器中非常重要的固体沉淀物有碳酸钙（$CaCO_3$，$pK_{so}=8.2\sim8.5$）、磷酸钙（$CaPO_4$）、碳酸镁（$MgCO_3$，$pK_{so}=7.5\sim8.2$）、金属硫化物（特别是 FeS 和 Fe_2S_3）以及磷酸镁复合物如鸟粪石（$MgNH_4PO_4$）和镁磷石（$MgHPO_4$）。在模拟硫酸盐还原以及通过加入 Fe^{2+}（Fe^{3+}）生成硫化物沉淀时，金属硫化物沉淀的模拟将变得相当重要。由于投加 Fe^{2+}（Fe^{3+}）使硫化物沉淀的方法非常昂贵，目前已不常用，因此这里不再介绍。$CaCO_3$ 是最重要的沉淀物，这是因为纸浆和造纸废水中含有大量的 Ca^{2+}，并且经常采用厌氧消化工艺进行处理。当进水中 Mg^{2+} 的浓度较高或者利用 $Mg(OH)_2$ 来提高 pH 值时，镁沉淀物则特别重要。这种情况

下，同样也应当考虑酸-碱体系 $Mg^{2+}/MgOH^{+}/Mg(OH)_2$ 和磷酸镁的衍生物。由于 Mg^{2+} 体系较为复杂，而 $CaCO_3$ 可用来代表一般的沉淀物，所以这里将对其进行特别介绍。

固相的形成是一个复杂的过程，它在很大程度上取决于动力学及热力学两方面的作用。其形成的三个过程为晶核形成、结晶和晶体成熟。后两个过程与表面积有关，导致其反应的速率取决于固相的表面积（其次是浓度）。另外，许多大量的添加剂能影响这些过程，如磷酸盐会抑制 $CaCO_3$ 沉淀的形成。采用同一经验公式用于各种场合，可能形成大量不同的沉淀物，这是由沉淀速率、热力学和温度决定的。特别是 $CaCO_3$，既可能是无固定形状的(形成更快以及在离子浓度更低的情况下)，也可能是晶体的。

ADM1 中不包括沉淀动力学的主要原因有如下几个方面：a. 该过程的复杂性；b. 不同的沉淀阳离子的范围（以及大量的产物）；c. 含有大量 Ca^{2+} 和 Mg^{2+} 的系统非常有限。尽管如此，为了有效模拟这些系统的物理-化学特征，应该包括某种形式的沉淀机理。排除沉淀过程但包括 Ca^{2+} 作为阳离子，将导致：a. 由于离子沉淀，模型不能正确预测 pH 值；b. 由于无机碳在沉淀过程将被络合，所以模型会过高预测气态二氧化碳和液态无机碳的浓度；c. 由于系统受到慢慢沉淀的 $CaCO_3$ 层的冲击，所以模型中的物理-化学动力学反应通常会变快。对于将沉淀固体与生物性固体保持在一起的高速厌氧消化器来说，这些尤其重要。另外，为了估计离子沉淀的程度，计算无机固体的总量以及设计新的工艺，把沉淀过程包含在模型中，都可能会有一定的价值。

Musvoto 等在 2000 年，van Langerak 和 Hamelers 在 1997 年分别给出了将沉淀包括进模型的方法。但是，对于单一沉淀物来说，最简单的方法是把沉淀过程视为一个平衡反应，或者视为一级动力学系统。当大量沉淀物存在，或者研究（或运行）的问题主要是针对沉淀和物理-化学过程动力学时，应当建立一个更复杂的沉淀动力学系统对其加以描述。

(4) 物理-化学参数随温度的变化

温度的变化对物理-化学系统有着根本性的影响，主要是因为平衡系数发生变化。物理参数和化学参数随温度变化对系统产生的总体影响通常比生化参数变化所引起的影响更加重要。Van't Hoff 方程描述了平衡系数随温度的变化情况。如果假定 ΔH（反应热）不受温度影响，则对 Van't Hoff 方程进行积分可得式：

$$\ln\frac{K_2}{K_1}=\frac{\Delta H^{\ominus}}{R}\left(\frac{1}{T_1}-\frac{1}{T_2}\right) \tag{8.164}$$

式中，$\Delta H^{\ominus}$为标准温度和压力下的反应热；R 为气体定律常数；K_1 为参比温度 $T_1(K)$ 时的已知平衡系数；K_2 为温度 $T_2(K)$ 时的未知平衡系数。

值得注意的是，为了与单位 J/mol 和 K 保持一致，所采用的 R 值应该等于 8.324J/(mol·K)。此外，如果假定 $T_1T_2\approx T_1^2$，用 θ 代替 $\Delta H^{\ominus}/(RT_1^2)$，则式(8-164)可简化成下面常用的形式：

$$K_2=K_1e^{\theta(T_2-T_1)} \tag{8.165}$$

然而，有机酸的 K_a 值在此温度范围内变化很小，可假定为常数。

8.2.4 污水厌氧生物处理数学模型应用实例

8.2.4.1 厌氧生物滤池仿真模型

重庆大学刘苒、郭劲松建立了厌氧生物滤池处理城市污水的仿真模型，具体如下。

(1) 建模假设

① 反应器是理想的推流式反应器。

② 在流量相同时，整个生物滤池的流速是相同的。

③ 由于相对液态而言气态较小，所以在模型中忽略了气相的部分。

④ 忽略不计反应器内的悬浮生物量，只考虑填料上的生物膜对有机物的降解作用。但要考虑滤池对进水中的悬浮颗粒的物理截流作用。

⑤ 填料是直径为 d 的均质球体，生物膜均匀地覆盖于填料表面。

⑥ 在稳态下微生物膜的厚度不变（稳态生物膜是指生物膜内生物体的增长量与微生物衰亡并通过液固界面水力剪切作用而脱落的生物体损失量相等。由于生长与损失间的平衡，生物膜保持均匀的厚度）。

⑦ 生物膜密度、微生物特性、有机物在生物膜内的扩散系数，在整个生物膜膜厚范围内是均匀的。

⑧ 假设温度和 pH 值不变。

(2) 生物膜内基质去除动力学模型[28]

基质在生物膜中的去除过程是基质首先从主体液体传递入生物膜，然后在生物膜内被微生物所降解。显然这里存在两个时段：一是基质向生物膜内传递所需要的时间，它主要取决于传质速率；一是生物膜内微生物降解传入的基质所需的时间，它主要取决于降解速率（反应速率）。

在生物模型中有几点假设：a. 在生物膜厚度内，生物体浓度是相同的；b. 在整个时间过程中，生物膜内的生物体浓度被认为是一个相对的常数；c. 在给定的反应器高度上，认为生物膜膜厚不随时间的变化而变化；d. 由于水力剪切而引起的生物损失量忽略不计。

Williamson 和 McCarty 成功地运用了前两点需要稳定的生物量浓度的假设描述了好氧和厌氧生物膜的降解基质的行为。Rittmann 和 McCarty 提出了稳态下的生物膜模型，它们已经被广泛用于描述生物膜基质降解动力学。通过对生物膜内一微元建立基质质量平衡方程来确定。根据生物膜内一微元基质质量守恒方程，在理想的生物膜内的任一点，基质的浓度的一维扩散同细胞与基质之间的转化是同时发生的。在数学上，基质的变化率为

$$\frac{\partial S_f}{\partial t}=D_e A_b \frac{dS_b}{dx}\bigg|_x - D_e A_b \frac{dS_b}{dx}\bigg|_{x+\Delta x} - A_b \Delta x r \tag{8.166}$$

式中，S_f 为生物膜中的基质浓度，g 基质 COD/m^3 生物膜；D_e 为有效扩散系数，m^2/h；A_b 为垂直扩散方向上的传质表面，m^2；x 为从惰性固相填料到生物膜的距离，m；r 为生物膜内的反应速率，g 基质 COD/m^3 生物膜。

一般地认为 D_e 是一常数，在非稳定状态下，方程两边都除以 A_b 和 Δx，取 Δx 趋于 0，则有

$$\frac{\partial S_f}{\partial t}+D_e \frac{\partial^2 S_f}{\partial x^2}=r \tag{8.167}$$

在相对稳定条件下，生物膜中的基质变化率等于 0，则有

$$D_e \frac{\partial^2 S_f}{\partial x^2}=r \tag{8.168}$$

这一方程求解有两个边界条件，一是生物膜与填料间的界面（$x=L_f$），另一个是在液相与生物膜间的界面（$x=0$）。在生物膜与填料的界面上，没有基质的传递。因为填料是惰性的和不可渗透的。因而近似的边界条件是

$$x=L_f \text{ 时，} \frac{dS_b}{dx}=0 \tag{8.169}$$

由于不考虑滞液层内的通量。因此界面处基质浓度与主体液相中相等，故边界条件是

$$x=0 \text{ 时，} S_f=S_b \tag{8.170}$$

如果在生物膜中的生化反应满足零级反应动力学，即反应速率与任何反应物浓度无关。

即 $r=k_0$。则有

$$D_e \frac{\partial^2 S_f}{\partial x^2}=k_0 \tag{8.171}$$

式中，k_0 为零级反应常数。

如果在生物膜中的生物生长速率满足 Monod 动力学，根据产率系数 Y 的定义为

$$\frac{\Delta x}{\Delta S}=Y \tag{8.172}$$

式中，Δx 是由于降解 ΔS 的基质而产生的生物体增量，将$\frac{\Delta x}{\Delta S}$取 ΔS 趋于 0，则有

$$\frac{dx}{dS}=Y \tag{8.173}$$

由于比生物增长率的定义为

$$\mu=\frac{(dx/dt)}{x} \tag{8.174}$$

而比基质降解率的定义为

$$q=\frac{(dS/dt)}{x} \tag{8.175}$$

由式(8.172)～式(8.175) 可得

$$r=\frac{dS}{dt}=qX_f=\frac{\mu_{max}}{Y}X_f \frac{S_f}{S_f+K_s} \tag{8.176}$$

方程(8.171) 则有

$$D_e \frac{\partial^2 S_f}{\partial x^2}=\frac{\mu_{max}}{Y}X_f \frac{S_f}{S_f+K_s} \tag{8.177}$$

式中，μ_{max}为最大比生长速率，h^{-1}；Y 为产率系数，g 微生物 COD/g 基质 COD；X_f 为生物体浓度，g 微生物/m^3 生物膜；K_s 为半速率常数（饱和常数），gCOD/m^3 生物膜。

如果在生物膜中的生化反应满足一级反应，即反应速率与某一反应物浓度呈正比。

$$r=k_1 S_f \tag{8.178}$$

$$D_e \frac{\partial^2 S_f}{\partial x^2}=k_1 S_f \tag{8.179}$$

式中，k_1 为一级反应常数。且有

$$k_1=\frac{\mu_{max}}{YK_s}X_f \tag{8.180}$$

(3) 主体液相中的基质去除动力学模型[29]

基质在主体液体中的去除主要是因为对流，而这种对流是由反应器中水力流速和进出生物膜通量引起的。反应器被假设为理想的推流式反应器。数学上，按照反应器内微元体积内基质物料质量守恒定律，可以建立下列物料衡算方程式

$$\begin{bmatrix}\text{微元中的基质量}\\\text{净变化速率}\end{bmatrix}=\begin{bmatrix}\text{进入微元的}\\\text{基质速率}\end{bmatrix}-\begin{bmatrix}\text{微元内的基质}\\\text{扩散反应速率}\end{bmatrix}-\begin{bmatrix}\text{流出微元的}\\\text{基质速率}\end{bmatrix}$$

在滤池无穷小体积微元内 $dV=Adh$，由于对流和进出生物膜的通量而引起的反应器高度上的随时间变化的基质浓度为

$$(A\Delta h)=\frac{\partial(\varepsilon S_b)}{\partial t}=QS_{b,y}-(A\Delta h)J-QS_{b,y,dy} \tag{8.181}$$

方程两边同时除以 $A\Delta h$，有

$$\frac{\partial(\varepsilon S_b)}{\partial t}=-\frac{Q}{A}\left(\frac{S_{b,y,dy}-S_{b,y}}{\Delta h}\right)-J \tag{8.182}$$

令 Δh 趋于 0，整理后上式可写为

$$\frac{\partial(\varepsilon S_b)}{\partial t}=-\frac{Q}{A}\frac{\partial S_b}{\partial h}-J \tag{8.183}$$

式中，A 为生物滤池过水断面积，m^2；Δh 为生物膜厚度，m；$A\Delta h$ 为微元容积，m^3；Q 为进水流量，m^3/h；S_b为溶解性基质浓度，$gCOD/m^3$；J 为生物膜通量，即单位时间通过单位体积的基质传递量。

在微元体积 dV 中的瞬时生物膜通量可以用 Fick 第一定律描述，如下所示

$$J=-D_e A_s\left[\frac{dS}{dx}\right]_{x=0} \tag{8.184}$$

式中，D_e 为基质的有效扩散系数；A_s 为在微元体积 dV 中的生物膜的表面积，m^2，$A_s=a dV$，其中 a 为填料的比表面积；$\frac{dS}{dx}$为在生物膜中的基质浓度梯度；x 为生物膜厚度，m。

所以描述在主体液体中由于反应器中水力流速和进出生物膜通量引起的基质变化的方程如下

$$\frac{\partial(\varepsilon S_b)}{\partial t}=-\frac{Q}{A}\frac{\partial S_b}{\partial h}+D_e A_s\left[\frac{dS}{dx}\right]_{x=0} \tag{8.185}$$

推导中采用了以下几点假设：a. 反应器内的悬浮生物量忽略不计，只考虑填料上的生物膜对有机物的降解作用；b. 忽略基质在高度方向上的物质扩散，而认为只有主体液体的运输作用；c. 在无限小微元体积 dV 中基质浓度和生物膜通量是均匀的。

(4) 滤池过滤作用的模拟

由于滤池本身还有很强的物理截留作用，对进水中的悬浮颗粒有很强的去除效果，而滤池堵塞的重要原因之一就是悬浮颗粒的截留，即悬浮颗粒变成截留颗粒。这个截留动力学可以被写成

$$\frac{\partial X_{Mr}}{\partial t}=\frac{QkX_M}{A} \tag{8.186}$$

式中，k 是过滤系数，它是依赖于填料粒径及停留时间的，而且在不同的试验中认为 k 是常数；X_M 为悬浮颗粒浓度；X_{Mr}为截留颗粒浓度。

在滤池无穷小体积微元内，悬浮颗粒的浓度变化用数学方程表达即为

$$(A\times\Delta h)\frac{\partial(\varepsilon X_M)}{\partial t}=QX_{M,y}-(A\times\Delta h)\frac{\partial X_{Mr}}{\partial t}-QX_{M,y,dy} \tag{8.187}$$

令 Δh 趋于 0，整理后上式可写为

$$\frac{\partial(\varepsilon X_M)}{\partial t}=-\frac{Q}{A}\frac{\partial X_M}{\partial h}-\frac{QkX_M}{A} \tag{8.188}$$

(5) 生物滤池的流体力学模型

许多生物滤池模型都是一个稳定状态和反应器中流速相同的模型。这里需考虑一个滤池逐渐阻塞的过程。有专家认为生物的指数增长是引起滤池快速堵塞的主要原因。当整个填料的表面都被覆盖了微生物，认为活性生物量是常数，而非活性生物的累积才是引起滤池堵塞的原因。而另一方面，进水水质中的悬浮颗粒也是引起滤池堵塞的重要因素。

总的生物量（X_B）生长和悬浮颗粒截留是引起了滤池内自由空间逐渐地减少、滤池堵塞的主要原因。滤池中空隙率 ε 的变化为

$$\frac{\partial\varepsilon}{\partial t}=-\left(\frac{1}{X_B}\frac{\partial X_B}{\partial t}+\frac{1}{X_{Mr}}\frac{\partial X_{Mr}}{\partial t}\right) \tag{8.189}$$

由于考虑的是在稳态下的微生物膜，总的生物量 X_B 的增长可以写成

$$\frac{\partial X_B}{\partial t}=\mu_{max}\frac{S_f}{S_f+K_s}X_B \tag{8.190}$$

式中，μ_{max}为最大比生长速率，h^{-1}；K_s 为半速率常数（饱和常数），$gCOD/m^3$ 生物膜。

将方程(8.190）和方程(8.174）代入方程(8.179)，整理得

$$\frac{\partial \varepsilon}{\partial t}=-\mu_{max}\left(\frac{S_f}{S_f+K_s}\right)-\frac{QkX_M}{X_{Mr}A} \tag{8.191}$$

其边界条件为：$\varepsilon_{(t=0)}=\varepsilon_0$。

在滤池中水头损失用 Carman-Kozeny 公式来计算

$$\Delta p=180\Delta h\frac{\mu}{\rho g}\times\frac{U_m}{\varphi^2 D_\rho^2}\times\frac{(1-\varepsilon)^2}{\varepsilon^3} \tag{8.192}$$

式中，Δp 为滤层水头损失，m；μ 为动力黏滞系数，Pa·s；D_ρ 为填料当量直径，m；U_m 为空床流速，m/s；φ 为填料的形状系数；ε 为滤层空隙率；ρ 为水的密度，kg/m^3；g 为重力加速度，m/s。

如果沿滤池高度分为 n 个微元，那么整个滤池压力降为

$$\Delta p_r=\sum_{i=1}^{n}\Delta p_i \tag{8.193}$$

至此，已经得到了一组考虑了传质、降解、截留、水动力学在内的描述生物滤池特性的生物膜中基质的去除数学模型、主体液相中基质去除数学模型、截留颗粒的产生数学模型、主体液相中悬浮颗粒的去除数学模型、总的生物量产生数学模型、空隙率的减少数学模型。

8.2.4.2 厌氧发酵过程出水水质预测模型

华南农业大学何光设、蒋恩臣对厌氧发酵过程进行分析和参数辨识，修正了 Monod 微生物代谢方程，建立了一套动态厌氧发酵过程数学模型。根据实验数据结果利用数学模型进行了计算机仿真。结果显示实验值和模拟值的最大误差：出料 pH 值为 6.3；碱度为 8.3%；气体甲烷含量为 14%；产气率为 11.1%，其他指标都在波动范围，证明模型本身具有较高的准确性和可靠性。

(1) Monod 模型的修正

目前建模所依据的微生物增长关系式是 1950 年由 Monod 首先提出来的，其表达式为

$$U=U_m\frac{S}{K_m+S} \tag{8.194}$$

Andrew 认为这一模型没有考虑挥发性有机酸的抑制作用，于 1968 年对其进行了修正，其表达式为

$$U=U_m\left(1+\frac{K_S}{S}+\frac{VOA}{K_I}\right) \tag{8.195}$$

Hill 认为抑制因素还应包括氨的存在，并对 Andrew 模型做了进一步修正

$$U=U_m\left(1+\frac{K_S}{S}+\frac{VOA}{K_I}+\frac{NH_3}{K_{I1}}\right) \tag{8.196}$$

研究表明，除了 NH_3，当碱度过小时也会对微生物生长起抑制作用，对式(8.196）进行修正后得到

$$U=U_m\left(1+\frac{K_S}{S}+\frac{VOA}{K_I}+\frac{NH_3}{K_{I1}}+\frac{K_{I2}}{ALK}\right) \tag{8.197}$$

式(8.197）表明，底物浓度和碱度促进微生物生长，而挥发性有机酸与氨氮抑制微生物

生长。VOA可换成乙酸当量表示。得模型的另一种表达式

$$U=U_{\mathrm{m}}\left(1+\frac{K_{\mathrm{S}}}{S}+\frac{S_{\mathrm{AC}}}{K_{\mathrm{I}}}+\frac{\mathrm{NH_3}}{K_{\mathrm{I1}}}+\frac{K_{\mathrm{I2}}}{\mathrm{ALK}}\right) \tag{8.198}$$

(2) 厌氧发酵过程出水水质预测模型

建立模型之前，作如下假设：a. 进料中不含微生物；b. 某一瞬间进料有机物浓度保持不变；c. 某一瞬间可以认为反应器处于稳态。

根据上述三条假设，何光设和蒋恩臣利用得到的Monod模型修正式，对厌氧发酵过程的各种代谢列出平衡方程，得到出料液中待水解有机物浓度方程为

$$S_{\mathrm{HE}}=S_{\mathrm{H}}-\frac{\mu_{\mathrm{mH}}\mathrm{AM}\theta}{2Y_{\mathrm{H}}\left(\frac{S_{\mathrm{ACE}}}{K_{\mathrm{IH}}}+\frac{N_{\mathrm{DE}}}{K_{\mathrm{I1H}}}+\frac{K_{\mathrm{I2H}}}{\mathrm{ALK}}\right)} \tag{8.199}$$

出料液中丙酸浓度方程为

$$S_{\mathrm{PCE}}=S_{\mathrm{PC}}+37\left(\frac{S_{\mathrm{H}}-S_{\mathrm{HE}}}{165+14X}\right)-\frac{\mu_{\mathrm{mP}}\mathrm{PM}\theta}{2Y_{\mathrm{P}}\left(\frac{S_{\mathrm{PCE}}}{K_{\mathrm{IP}}}+\frac{N_{\mathrm{DC}}}{K_{\mathrm{I1P}}}+\frac{K_{\mathrm{I2P}}}{\mathrm{ALK}}\right)} \tag{8.200}$$

出料液中丁酸浓度方程为

$$S_{\mathrm{BCE}}=S_{\mathrm{BC}}+44\left(\frac{S_{\mathrm{H}}-S_{\mathrm{HE}}}{165+14X}\right)-\frac{\mu_{\mathrm{mB}}\mathrm{BM}\theta}{2Y_{\mathrm{B}}\left(\frac{S_{\mathrm{BCE}}}{K_{\mathrm{IB}}}+\frac{N_{\mathrm{DE}}}{K_{\mathrm{I1B}}}+\frac{K_{\mathrm{I2B}}}{\mathrm{ALK}}\right)} \tag{8.201}$$

出料液中乙酸酸浓度的方程为

$$S_{\mathrm{ACE}}=S_{\mathrm{AC}}+44.64\left(\frac{S_{\mathrm{H}}-S_{\mathrm{HE}}}{165+14X}\right)-\frac{55.4\mu_{\mathrm{mP}}\mathrm{PM}\theta}{148Y_{\mathrm{P}}\left(\frac{S_{\mathrm{ACE}}}{K_{\mathrm{IP}}}+\frac{N_{\mathrm{DE}}}{K_{\mathrm{I1P}}}+\frac{K_{\mathrm{I2P}}}{\mathrm{ALK}}\right)}+\frac{111.6\mu_{\mathrm{mB}}\mathrm{BM}\theta}{176Y_{\mathrm{B}}\left(\frac{S_{\mathrm{ACE}}}{K_{\mathrm{IB}}}+\frac{N_{\mathrm{DE}}}{K_{\mathrm{I1B}}}+\frac{K_{\mathrm{I2B}}}{\mathrm{ALK}}\right)}+$$

$$\frac{22.68\mu_{\mathrm{mH}}\mathrm{HM}\theta}{96.292Y_{\mathrm{HM}}\left(\frac{S_{\mathrm{ACE}}}{K_{\mathrm{IHM}}}+\frac{N_{\mathrm{DE}}}{K_{\mathrm{HHM}}}+\frac{K_{\mathrm{I2HM}}}{\mathrm{ALK}}\right)}-\frac{\mu_{\mathrm{mAC}}\mathrm{ACM}\theta}{2Y_{\mathrm{AC}}\left(\frac{S_{\mathrm{ACE}}}{K_{\mathrm{IAC}}}+\frac{N_{\mathrm{DE}}}{K_{\mathrm{I1AC}}}+\frac{K_{\mathrm{I2AC}}}{\mathrm{ALK}}\right)} \tag{8.202}$$

出料液中氨氮浓度方程为

$$S_{\mathrm{DE}}=N_{\mathrm{DI}}+18\left(\frac{S_{\mathrm{H}}-S_{\mathrm{HE}}}{165+14X}\right)-9\left(\frac{S_{\mathrm{H}}-S_{\mathrm{HE}}}{113}\right)-\frac{9\mu_{\mathrm{mP}}\mathrm{PM}\theta}{113\left(\frac{S_{\mathrm{ACE}}}{K_{\mathrm{IP}}}+\frac{N_{\mathrm{DE}}}{K_{\mathrm{I1P}}}+\frac{K_{\mathrm{I2P}}}{\mathrm{ALK}}\right)}-$$

$$\frac{9\mu_{\mathrm{mB}}\mathrm{BM}\theta}{113\left(\frac{S_{\mathrm{ACE}}}{K_{\mathrm{IB}}}+\frac{N_{\mathrm{DE}}}{K_{\mathrm{I1B}}}+\frac{K_{\mathrm{12B}}}{\mathrm{ALK}}\right)}-\frac{9\mu_{\mathrm{mAC}}\mathrm{ACM}\theta}{113\left(\frac{S_{\mathrm{ACE}}}{K_{\mathrm{IAC}}}+\frac{N_{\mathrm{DE}}}{K_{\mathrm{I1AC}}}+\frac{K_{\mathrm{I2AC}}}{\mathrm{ALK}}\right)}+$$

$$\frac{9\mu_{\mathrm{mH}}\mathrm{HM}\theta}{113\left(\frac{S_{\mathrm{ACE}}}{K_{\mathrm{IHM}}}+\frac{N_{\mathrm{DE}}}{K_{\mathrm{I1B}}}+\frac{K_{\mathrm{I2HM}}}{\mathrm{ALK}}\right)}-\frac{9\mu_{\mathrm{mDC}}\mathrm{DCM}\theta}{113\left(\frac{S_{\mathrm{ACE}}}{K_{\mathrm{IDC}}}+\frac{N_{\mathrm{DE}}}{K_{\mathrm{I1DC}}}+\frac{K_{\mathrm{I2DC}}}{\mathrm{ALK}}\right)} \tag{8.203}$$

产甲烷速率方程为

$$\left(\frac{\mathrm{dCH_4}}{\mathrm{d}t}\right)_{\mathrm{net}}=\frac{22.4T}{29300}\left\{\frac{0.89}{3.813}\left(\frac{\mathrm{d}H_2}{\mathrm{d}t}\right)_{\mathrm{net}}+\frac{0.945\mu_{\mathrm{mAC}}\mathrm{ACM}}{120Y_{\mathrm{AC}}\left(\frac{S_{\mathrm{ACE}}}{K_{\mathrm{IAC}}}+\frac{N_{\mathrm{DB}}}{K_{\mathrm{I1AC}}}+\frac{K_{\mathrm{I2AC}}}{\mathrm{ALK}}\right)}\right\} \tag{8.204}$$

二氧化碳速率方程为

$$\left(\frac{\mathrm{dCO_2}}{\mathrm{d}t}\right)_{\mathrm{net}}=\frac{22.4T}{29300}\left\{-\frac{1}{3.813}\left(\frac{\mathrm{d}H_2}{\mathrm{d}t}\right)_{\mathrm{net}}+\frac{0.454\mu_{\mathrm{mH}}\mathrm{HM}}{2(165+14X)Y_{\mathrm{H}}\left(\frac{S_{\mathrm{ACE}}}{K_{\mathrm{IH}}}+\frac{N_{\mathrm{DE}}}{K_{\mathrm{I1H}}}+\frac{K_{\mathrm{I2H}}}{\mathrm{ALK}}\right)}+\right.$$

$$\frac{0.924\mu_{\mathrm{mP}}\mathrm{PM}}{148Y_{\mathrm{P}}\left(\frac{S_{\mathrm{ACE}}}{K_{\mathrm{IP}}}+\frac{N_{\mathrm{DE}}}{K_{\mathrm{I1P}}}+\frac{K_{\mathrm{I2P}}}{\mathrm{ALK}}\right)}+\frac{0.945\mu_{\mathrm{mAC}}\mathrm{ACM}}{120Y_{\mathrm{AC}}\left(\frac{S_{\mathrm{ACE}}}{K_{\mathrm{IAC}}}+\frac{N_{\mathrm{DE}}}{K_{\mathrm{I1AC}}}+\frac{K_{\mathrm{I2AC}}}{\mathrm{ALK}}\right)}$$

$$-\frac{\mu_{mH}HM}{96.292\left(\frac{S_{ACE}}{K_{IHM}}+\frac{N_{DE}}{K_{I1HM}}+\frac{K_{I2HM}}{ALK}\right)}-\frac{22.47XALK}{2930000} \tag{8.205}$$

其中，$$\left(\frac{dH_2}{dt}\right)_{net}=\frac{2.778\mu_{mP}PM}{148000Y_P\left(\frac{S_{ACE}}{K_{IP}}+\frac{N_{DE}}{K_{I1P}}+\frac{K_{I2P}}{ALK}\right)}+\frac{1.92\mu_{mB}BM}{176000Y_B\left(\frac{S_{ACE}}{K_{IB}}+\frac{N_{DE}}{K_{I1B}}+\frac{K_{I2B}}{ALK}\right)}+\frac{2.073\mu_{mH}HM}{96292Y_B\left(\frac{S_{ACE}}{K_{IHM}}+\frac{N_{DE}}{K_{I1HM}}+\frac{K_{I2HM}}{ALK}\right)}$$

并且：$$\frac{\mu_{mDC}DCM}{103240Y_{DCM}\left(\frac{S_{ACE}}{K_{IDC}}+\frac{N_{DE}}{K_{I1DC}}+\frac{K_{I2DC}}{ALK}\right)}=\frac{1}{3.813}\left(\frac{dH_2}{dt}\right)_{net}$$

出料液碱度方程为

$$\begin{cases} DC=44000K_H DCR \\ DCR=\dfrac{\left(\frac{dCO_2}{dt}\right)_{net}}{\left(\frac{dCO_2}{dt}\right)_{net}+\left(\frac{dCH_4}{dt}\right)_{net}} \end{cases} \tag{8.206}$$

$$\begin{cases} ALK=\left(\frac{N_{DE}}{14}-\frac{S_{ACE}}{60}\right)\times 100,\ 若\frac{ALK}{100}>\left(\frac{N_{DE}}{14}-\frac{S_{ACE}}{60}\right) \\ ALK=ALK_I+DC,\ 若\frac{ALK}{100}\leqslant\left(\frac{N_{DE}}{14}-\frac{S_{ACE}}{60}\right) \end{cases} \tag{8.207}$$

以上方程式即为厌氧发酵过程出水水质预测模型。该模型反映了主要影响因素中温度、有机物浓度、微生物浓度、挥发性有机酸、滞留期、原料特性、pH 值对厌氧发酵过程的影响及相互作用，表达了中间产物的变化规律。该模型还反映了厌氧发酵过程的 pH 值不是独立变量，它是料液内乙酸、氨氮、碱度的函数。

8.3 污水处理过程模拟与仿真应用

8.3.1 基于 EFOR 等软件的污水处理厂模拟与仿真

动力学模型[30]可以表达处理厂的动态信息。这些模型可以在某软件平台上打包集成，我们称之为仿真器。仿真器已经在很多学科应用了多年，它是设计、规划、过程分析、运行指导、教育培训的强大工具。当然，仿真器也可以是过程动态信息的软件包。

仿真意味着对系统行为的模仿或仿效。以计算机作为实验的平台，通过仿真器我们可以考察参数的不同数值对系统的影响，考察模型的复杂程度以及初始条件等。

过去 10 年中，废水处理仿真器的数量有了明显的增长。这是建模以及软硬件共同发展的结果。而且，大家已经认识到通过仿真器可以更好地理解污染物去除系统的复杂性，还可以通过处理厂子过程的建成分析各因素的交互作用。从整体的角度而言，可以更好地理解污水处理系统、污水管网系统和受纳水体的交互作用，如果可能的话，可以最大程度地发挥整个污水处理系统的功能。

EFOR 是基于 ASM1 和 ASM2 活性污泥模型的废水处理工艺开发和模拟软件，由

EFOR ApS 公司与以 Mogens Henze 教授为首的 IAWQ 活性污泥模型国际专家组联合开发，目前在国外普遍使用。该软件能够模拟活性污泥法中的碳氧化、硝化与反硝化和生物除磷过程，包括传统活性污泥工艺、分段进水、交替硝化反硝化、氧化沟工艺、AB 法及生物化学同时除磷工艺等，获得稳态与动态的出水效果。该软件包含了 3 个沉淀池模型，可以将沉淀池分为 0 个、2 个或更多层。

利用 EFOR 模拟的一般程序是：a. 输入污水处理单元构筑物的尺寸；b. 输入污水厂控制参数和控制策略；c. 输入进水水质；d. 确定化学计量系数和动力学参数；e. 开始矩阵运算；f. 编辑计算和图形结果并输出。

EFOR 计算的一般程序是：a. 将污水进水水质的分析组分转化为模型组分；b. 根据实际污水厂的数据统计，对生物池中的模型组分进行初始化；c. 根据不同的时间步长，将输入的污水厂的控制参数和控制策略及所确定化学计量系数和动力学参数代入矩阵，进行积分计算。

8.3.2 基于人工神经网络的污水处理模拟与仿真

人工神经网络[31]（artificial neural networks，ANN）是由 Mc Culloch 和 Pitts 在 1943 年提出的。ANN 是一种旨在模拟人脑结构及其功能的信息处理系统，具有强大的信息存贮能力和计算能力，是现代四大启发式算法之一。人工神经网络在 20 世纪 80 年代得到了迅速的发展，至今已开发出 Hopfield（HNN）网络、误差反向传播（简称 BP）网络、对向传播网络（简称 CPN）、Kohonen 网络、径向基函数（简称 RBF）网络、自组织映射（简称 SOM）模型、双向联想记忆器（简称 BAM）、回归（Elman）网络等 30 多种典型的模型。经过半个世纪的发展，人工神经网络理论在模式识别、自动控制、信号处理、辅助决策、人工智能等众多研究领域取得了广泛的成功。由于 ANN 并行性、自组织、自适应、非线性和容错性等特征以及计算机技术的飞速发展，在越来越广泛的领域中应用已成为可能。

ANN 在计算机科学、自动控制、信息处理、化学化工等领域应用较多，在污水处理领域的应用近年来才刚刚开始。由于活性污泥法污水处理过程具有高度的复杂性、非线性、高维性、多变量、信息不完备性以及因素之间关系错综复杂，运用经典数值算法难以实现精确描述，ANN 能够根据对象输入/输出的数据直接建立模型，不需要对象的先验知识及复杂的数学公式推导，并且采用适当的训练算法就可以达到网络学习精度目标。而且 ANN 可以成功地解决复杂环境系统非线性关系模拟的众多问题，其数值稳定性和精确性大大优于常规方法。因此，用神经网络模型实现污水处理非线性系统建模是非常有效和相对容易，已初步显示出其广阔的应用前景。

8.3.2.1 人工神经网络的概念

人工神经网络是借鉴人脑的结构和特点，由多个非常简单的处理单元彼此按某种方式相互联结而成的计算机系统，该系统是靠其状态对外部输入信息的动态响应来处理信息的。具有结构可变性、容错性、非线性、自学习性和自组织性等特点，因此能解决常规信息处理方法难以解决或无法解决的问题，尤其是那些属于思维、推理及意识方面的问题。

神经网络能够以任意精度逼近任意非线性关系，具有很强的处理复杂非线性及不确定性系统的能力，它不依赖于精确的数学模型，只需通过系统输入输出数据训练网络的参数，使训练后的网络能够准确地反映实际的过程模型，实际上是一种黑箱模型。它可将一个 m 变量输入转换成一个 n 变量输出，通过对训练样本的学习将被研究系统的特征记忆（存储）到网络权值中，可实现对系统的精确描述，学习过程具有自组织、自适应、容错性等特征。

ANN 信息处理功能由网络单元（神经元）的输入输出（激活特性）、网络的拓扑结构（神经元的连接方式）、连接权的大小（突触连接强度）和神经元的阈值（可视为特殊的连接权，也称偏差值）等所决定。ANN 的学习和识别取决于各神经元连接权系数的动态演化过程，ANN 在拓扑结构固定时，其学习归结为连接权的变化，其信息处理由神经元之间的相互作用来实现，知识与信息的存贮表现为网络元件互连分布式的物理联系。

一般而言，ANN 与经典计算方法相比并非优越，只有当常规方法解决不了或效果不佳时 ANN 方法才能显示出其优越性。由于采用并行计算，ANN 增加了空间复杂性而降低了时间复杂性，同时对某些复杂问题求解能实现精确性与模糊性的平衡。ANN 对处理大量原始数据而不能用规则或公式描述的问题，表现出极大的灵活性和自适应性。尤其是对问题的机理不甚了解或不能用数学模型表示的系统，如故障诊断、特征提取和预测等问题，ANN 往往是最有利的工具。

利用 ANN 对复杂的非线性动力系统进行模拟预测，其数值稳定性和精确度较确定性的机理模型有大幅度提高，在许多领域已获得了成功应用，且在实际操作中十分简便。近年来已有学者逐渐将 ANN 用于环境污染防治系统的模拟之中。

8.3.2.2 人工神经网络在污水处理中的应用

运用 ANN 的函数逼近功能模拟环境系统因素行为近年来较令人瞩目。由于 ANN 对处理大量原始数据而不能用规则或公式描述的问题，表现出极大的灵活性和自适应性，在许多领域已获得了成功应用，且在实际操作中十分简便。近年来已有学者逐渐将 ANN 用于污水处理系统的模拟之中。

Catherine 等[32]在应用活性炭滤布吸附去除有机物研究中，以吸附剂性能参数、操作条件共 7 项指标作为输入，吸附质出水与进水浓度比作为输出，建立了活性炭滤布去除特定有机物的三层 BP 模型，模型经优化，压缩了隐含层节点数。研究表明，模型对出水水质预测能力大大优于传统的质量转移模型，回归确定性系数达到 0.956，均方误差为 0.084，运用 Carson 法分析网络连接权，确定了 7 项控制参数对输出影响大小的相对值。该研究体现了对系统机理的深入认识和参数的合理选择，有利于 ANN 潜力的发挥。

Joo-Hwa 等[33]采用模糊神经网络（FNN）模拟厌氧生物污水处理系统。以 UASB 和 AFBR 为研究对象，采用以神经网络为基础的自适应模糊推理系统（ANFIS）为工具模拟厌氧处理系统。研究表明，ANFIS 对厌氧处理系统的不同运行条件表现出良好的适应性，通过直接学习新的系统信息可实现对厌氧处理系统状态的追踪，其体系机构和算法可保持不变，不同的厌氧系统均可以基本 ANFIS 体系结构作为通用模型，两个实例应用体现了 FNN 这一特色，并且，ANFIS 具有优越的工业应用硬件平台，其中 UASB 实验室模型在实践中已得到了成功的应用；FNN 的不足是模型的预报精度对训练样本依赖性强。

Cho 等[34]运用 ANN 实现了连续流 SBR 自动化实时控制。系统模型包括氧化还原电位 ORP/pH 子模型、出水水质预测子模型，均采用 ANN 方法建模，实现了运行过程 ORP，pH 值最佳控制点的实时搜索及操作参数的优化组合，在保证 NH_4^+-N、TP、TN、COD 高去除率的前提下，大大降低了系统曝气时间及水力停留时间，效率与效果均优于传统的定时控制。

国内学者也展开了一些开创性的研究。

郭劲松等[35]建立了间歇式活性污泥系统神经网络水质模型，以现场历史数据为学习样本，建成结构为 7—5—3 的 BP 网络模型，研究结果表明，出水水质指标预测平均误差＜7.5%，较机理模型更准确、实用，为实现污水处理工艺智能控制奠定了基础。

聂亚峰等[36]建立了土壤硫释放过程的 ANN 模型，针对含硫物质在土壤中分解转化机理不明，采用BP网络对土壤挥发性硫的释放过程作模拟，以土壤温度、含水率、胱氨酸添加量和土壤pH值作为输入，土壤平均硫释放速率作为输出，运用正交实验生成学习样本集，建成的模型预测误差10%左右。

姚重华[37]在活性污泥曝气控制中采用CPN模型实现了对16种曝气器运行状况的在线控制，显示了CPN模型在环境工程系统复杂控制中强大的记忆功能；此外，他以BP网络为工具对活性污泥过程做了仿真研究，以国际水质协会活性污泥法1号模型（ASM1）生成学习及预测样本，结果显示，训练成功的BP网络对活性污泥过程不同运行条件下难降解基质浓度、稳态异氧菌浓度、硝态氮浓度的预报曲线与ASM1模型预测曲线基本重合，表明ANN方法用于污水生物处理系统模拟理论上可行，且容易实现。

白桦、李圭白[38]探讨了混凝投药的神经网络控制方法，采用基于ANN的内模控制，取原水浊度、TOC、温度、流量、pH值及混凝剂投加量作为网络输入层参数，取对应出水浊度作为输出层参数，建立正向模型；然后，以混凝剂投加量作为输出，另六项参数为输入，建立逆向模型。针对混凝投药这一大滞后、非线性系统，采用ANN内模控制较传统控制方法有更明显的优势。

田禹等[39]对臭氧生物活性炭系统的BP网络模型做了研究，以进水水质指标及预期出水水质指标共6项参数作为输入，臭氧投加量、臭氧接触氧化时间及活性炭接触吸附时间为输出，结果表明，BP网络适用于水处理系统模型辨识，模型的实用性取决于学习样本的信息量，建成的模型可为臭氧生物活性炭水处理系统药剂投配科学而经济地控制提供指导。

李杰星等[40]将模糊逻辑（FL）与ANN结合，形成FNN，用于城市供水负荷预测。在建模过程中，提出了一种改进的最近邻聚类算法，在一定程度上抵御了噪声的干扰，研究表明，对具有非线性、时变性和不确定性的城市供水系统的预测，FNN智能方法精度高，简便易行。

韩力群等[41]建立了一种远程水污染神经网络监测系统，采用紫外光分光光度计提取废水中污染物成分及浓度信息，用BP网络直接学习代表性污染物光谱图，建成模型辨识能力强，且该模型结构简单，监测性能可靠，成本低，无需现场人工测量，实现了水质的远程在线控制，有利于对分散水源的集中管理。

这些实例都体现了ANN技术在解决污水处理系统非线性问题上的高效性。证明了ANN技术在水处理仿真与自控领域有广阔的前景。

8.3.2.3 建立人工神经网络模型

(1) 数据的收集及水质参数定性分析

ANN的学习样本可以取自污水处理厂生产数据。收集数据后，要对主要水质参数及其对污水处理反应器性能影响定性分析。

① 水温 T T对好氧菌、硝化菌、反硝化菌、聚磷菌等菌群的生理活性的影响见表8.21。

表8.21 温度对不同菌群的生理活性影响

菌群	影响
好氧菌	0～32℃内，T上升，活性提高；32～40℃内，生存速率活性恒定；45℃左右，好氧过程停止；50～60℃，嗜热菌发生好氧
硝化菌	10～22℃内，T上升，活性提高；30～35℃内，生存速率活性恒定；0～10℃或35～40℃左右，生长过程停止
反硝化菌	与好氧菌相似
聚磷菌	嗜冷菌，T上升，活性下降

一般而言，生物脱氮除磷系统在5～40℃温度范围内都能成功运行。

② pH值　活性污泥系统最佳pH值范围应维持在6.5～7.5。不同菌群的最佳pH值范围分别是，好氧菌6.5～9.0；硝化菌6.0～7.5；亚硝化菌7.0～8.5；反硝化菌7.0～7.5；聚磷菌6.0～8.0。

③ 进水COD　进水有机物是系统中微生物主要营养源，但浓度过高，会引起系统内负荷过高；特别是BOD_5浓度过高时，会抑制硝化菌生长，使其在与好氧菌生长竞争中处于不利地位，可导致出水NH_4^+-N，TN浓度升高，而且排泥量增大，但能为聚磷菌提供碳源基质。

④ 进水TN　包括NH_4^+-N，NO_2^-，NO_3^-、有机氮和生物氮等形态，NH_4^+-N被亚硝化菌氧化为NO_2^-，NO_2^-被硝化菌转化为NO_3^-，反硝化菌最后将NO_3^-还原为N_2。

⑤ 进水TP　包括磷酸盐、有机磷、生物磷等。来水在污水输送干管中存在较长时间厌氧发酵，来水中兼性菌发生过厌氧磷释放，在氧化沟好氧区可发生磷的再吸收。

⑥ 进水SS　其中的无机颗粒可在曝气沉砂池中被去除一部分，细小无机颗粒及有机颗粒可被氧化沟内微生物吸附、降解，随活性污泥排除，SS自身对水体中有机物具有吸附作用。当进水SS过高时，反应器内浊度增加，可能会破坏氧化沟中细菌生长环境，进而影响出水水质。

⑦ MLSS　反映系统中污泥浓度，由此计算污泥有机负荷。

⑧ MLVSS　反映微生物量的真实水平。MLVSS/MLSS的比值体现出污泥的生化活性，理论上越高越有利于污染物的降解，过低时会使系统内无机SS含量增加，加重生化反应负担，导致出水水质恶化。

⑨ SV_{30}　污泥沉降指数（反映出活性污泥的沉降性能），与MLSS可换算出污泥体积指数SVI。$SVI=10SV_{30}/MLSS(L/g)$，SVI可反映出活性污泥疏散和凝聚、沉降性能。SVI过高，污泥有膨胀的可能或事实，污泥不易沉淀；SVI过低，泥粒细小紧密，缺乏活性和吸附能力。

⑩ 进水BOD_5　进水COD的主要成分，好氧菌的主要营养源。可衡量污水中可生化降解的有机物水平，一般$BOD_5/COD\geqslant 0.3$视为可生物降解废水。

⑪ 出水SS　由此计算进水SS去除率。其值较高时，可能存在3种原因：进水SS出现过持续高浓度；二沉池池底泥位较高，存在污泥膨胀的隐患或事实；系统运行不稳定，存在隐患或易发生事故。

⑫出水COD　由此计算进水COD去除率。超标时应考虑到如下可能原因：污泥有机负荷过高，好氧区DO不足或活性污泥中毒。

⑬ 出水NH_4^+-N，TN　超标或去除率很低时，应考虑到如下可能原因：缺氧段$DO<0.3mg/L$或$DO>0.7mg/L$；系统进水水质持续异常或进水NH_4^+-N，TN负荷过重；进水有机负荷持续较高，污泥产量大，排泥量持续较高。

⑭ 出水TP　进水有机负荷低，水温较高或好氧区DO不足均不利于磷的去除。

水质参数定性分析及其相关性可作为ANN模型验证及应用的辅助判据。

(2) 基本条件假定

① 假定进水水质变化以24h为周期，每个工作日（24h）进水水质连续稳定，无突变，忽略进水水质瞬时突变对系统影响，忽略水质参数测试的时间滞差（平均小于一个HRT周期）。

② 假定系统处于正常运行状态。

③ 假定系统中活性污泥及微生物总量由MLSS、MLVSS调节控制。

根据以上三点，在学习样本初选时需去除发生严重生产事故时的记录。

(3) 确定人工神经网络输入输出参数及数据预处理

由于受到仪表精度、策略原理、测量方法和生产环境等诸多因素的限制，现场采集的操作数据往往含有随机误差和过失误差。误差的存在会使数据品质严重恶化，如果将这些含有误差的数据直接用于建模，不但得不到正确的模型，还可能起到误导作用。因此对于原始数据进行预处理（数据校正和数据变换）以得到精确可靠的数据是建模的关键，具有十分重要的意义。因此在建模之前必须对测量数据进行预处理，方可作为人工神经网络模型的输入。

① 人工神经网络输入输出参数　采用神经网络对污水处理过程进行建模，输入向量为污水调节池进水水质指标及运行参数如 MLVSS、进水 COD、pH 值、TP、TN 等。其中 MLVSS 是指 1L 进水所含的挥发性悬浮固体；COD 即化学需氧量；pH 值反映进水水质的酸碱程度；TN 指 NH_4^+-N、NO_2^-，NO_3^-、有机氮和生物氮等形态氮的总量；TP 指磷酸盐、有机磷、生物磷等形态磷的总量。输出向量可以选择为通过活性污泥系统处理后的出水 COD 值或其他指标。

② 数据校正　利用一些规则和统计测试，如处理过程中污染物浓度削减规律准则，直接摒弃明显的错误数据，以免影响整体数据的拟合效果。

将数据转化成直观可视的图形，可以快速地找出那些与一般模式不一致的非正常数据，实现异常数据的筛选。

采用统计方法来分析整体数据的分布是否正常，如采用对比准则，在输入和输出的众多参数中，根据本身固有的一些大小关系进行判断。

利用频谱技术来检验数据，如通过滤波来滤除数据中的高频噪声和低频振动。

③ 数据预处理步骤

a. 剔除异常数据。异常数据的侦破剔除和校正是必需的。因为异常数据会严重恶化测量数据的品质，破坏数据的统计特性，甚至导致整个系统建模的失败。对于异常数据的处理采用的是统计假设检验法中的拉依达准则（3σ 准则），设样本数据为 x_1，x_2，…，x_n，平均值为 $\bar{x}$，偏差为 $v_i=x_i-\bar{x}$（$i=1, 2, \cdots, n$），按照 Bessel 公式计算出标准偏差

$$s=\sigma=\left[\sum v_i^2/(n-1)\right]^{\frac{1}{2}} \tag{8.208}$$

如果某一样本数据 X_i 的偏差 V_i（$1\leqslant i\leqslant n$）满足

$$|v_i|>3\sigma \tag{8.209}$$

则认为 X_i 是异常数据，应予剔除。

b. 数据归一化处理。由于污水处理过程中所测量的数据有不同的工程单位，各变量的大小在数值上差异很大，直接使用原始测量数据进行计算可能丢失信息和引起数值计算的不稳定，因此对各参数作标准化处理。对样本数据零均值标准化方法进行归一化处理，是对数据同时进行中心化-压缩处理，其数学表达式为

$$x_{ij}^*=\frac{x_{ij}-\bar{x}_j}{s_j} \tag{8.210}$$

式中，$i=1, 2, \cdots, n$，$j=1, 2, \cdots, p$。

经过数据的归一化处理后，可使得各变量的均值为 0，标准差为 1，进而消除由于不同特征因子量纲不同和数量级不同所带来的影响。

(4) 选择模型结构并确定算法

选择模型结构主要是确定输入层、隐含层及输出层的网络结构，从而建立神经网络模型。隐含层节点数经过训练、搜索寻优确定。

隐含层及输出层的激活函数分为非线性与线性两大类，非线性的激活函数最典型如：

$lgsig(x)=\frac{1}{1+e^{-x}}$，$tansig(x)=\frac{1-e^{-2x}}{1+e^{-2x}}$，这两个函数最大特点就是其导数可由自身表达。线性函数最常用的是：$purelin(x)=wx+b$。

选择模型结构之后就要确定算法。算法可采用经典算法，也可采用改进算法。对 BP 网络权值修正量的计算采用数值优化算法，即 Levenberg-Marquart 规则，对 RBF 网络隐含层到输出层间权值计算采用最小二乘法。

(5) 模型训练及检验

人工神经网络的学习过程是一个非线性优化过程，不可避免地会遇到局部极小问题，使网络收敛慢或不收敛。人工神经网络的训练考虑到如下因素：

① 由于样本集噪声的存在，学习过程中精度与准确度存在矛盾；

② 网络学习收敛速度及局部极小点性能对初始化权值、偏差矩阵十分敏感。

对此采取如下策略：

① 建模以预报准确度作为首要目标，精度作为次要目标。这里引入：a. 检验误差 *err*，检验样本网络输出值允许误差的上限；b. 准确度，不大于 *err* 的检验合格率。用训练总平方误差衡量模型精度，精度不可过高，否则会诱导网络记住噪声。如何协调精度与准确度之间的矛盾，找出二者最佳组合，尽可能达到模型性能最优化是数值试验的重中之重。

② 通过加大随机初始化次数来搜索模型满意解，对给定的网络结构及参数组合实行 1000 次随机初始化权值、偏差矩阵搜索。

模型检验包括以下三个方面。

① 模型性能检验　对网络实际输出与期望输出作指标检验，可反映出模型的逼近性能。采用四项指标：相关系数 *coe*（coefficient），均方根误差 *rmse*（root-mean squared error），标准均方根误差 *nmse*（normalized root-mean squared error），平均百分误差 *ape*（average percentage error），计算式如下

$$coef(x,y)=\frac{\sum_{i=1}^{n}(y_i-\bar{y})(x_i-\bar{x})}{\left[\sum_{i=1}^{n}(y_i-\bar{y})^2\sum_{i=1}^{n}(x_i-\bar{x})^2\right]^{\frac{1}{2}}} \tag{8.211}$$

式中，$\bar{y}=\frac{1}{n}\sum_{i=1}^{n}y_i$，$\bar{x}=\frac{1}{n}\sum_{i=1}^{n}x_i$。

$$rmse=\left[\sum_{i=1}^{n}(x_{1i}-x_{2i})^2/n\right]^{\frac{1}{2}} \tag{8.212}$$

$$nmse=\frac{\left[\sum_{i=1}^{n}(x_{1i}-x_{2i})^2/n\right]^{\frac{1}{2}}}{\left[\left(\sum_{i=1}^{n}x_{1f}/n\right)\left(\sum_{i=1}^{n}x_{2f}/n\right)\right]^{\frac{1}{2}}} \tag{8.213}$$

$$aqe=\frac{1}{n}\sum_{i=1}^{n}\frac{|x_{1f}-x_{2f}|}{|x_{1f}|}\times 100\% \tag{8.214}$$

② 模型的灵敏度检验　目标值在多维空间中每一点有随各个自变量改变而改变的趋势。灵敏度曲线平缓表明该项输入对网络输出的影响迟钝，该项输入多余；灵敏度曲线出现突变或中断表示该项输入对网络输出的影响过强，此时模型模拟性能不稳定，误差较大。这两种情况都应避免，应继续搜索或调整输入变量个数。

③ 活性污泥系统动力学过程机理辅助判据　在模型验证阶段，要求模型输入与输出之

间的定量映射关系应符合活性污泥动力学过程一般机理。建模中允许模型输入输出定量映射关系少量反常行为的出现，但在模型结构参数（模型网络拓扑结构，激活函数形式，权值，偏差矩阵等）寻优过程中应尽量避免这种情况。

污水处理厂原始数据经过预处理后，共确定为 n 组。其中 m 组作为神经网络训练样本，对参数设定向量进行赋值后，即可进行模型训练。为了验证神经网络模型的性能，另取 $n-m$ 组数据作为校验样本，分析神经网络模型计算值与实测值的误差。

参 考 文 献

[1] 国际水协废水生物处理设计与运行数学模型课题组．张亚雷，李咏梅译．活性污泥数学模型．上海：同济大学出版社，2002.

[2] 张自杰，周帆，活性污泥生物学与反应动力学，北京：中国环境科学出版社，1989.

[3] 黄中子．吸附法除磷的理论模型研究．长沙：中南林业科技大学硕士论文，2006.

[4] 高廷耀，顾国维．水污染控制工程．北京：高等教育出版社，1999.

[5] 顾夏生．废水生物处理数学模式．北京：清华大学出版社，1998.

[6] 杨晓明．活性污泥系统模型应用研究．西安：西安理工大学硕士论文，2005.

[7] 胡晓东．利用活性污泥数学模型对废水生物处理工艺的模拟研究．上海：东华大学硕士论文，2008.

[8] Van Veldhuizen H M. van Loosdrecht M C M. and Heijnen J J. Modeling biological Phosphorus and nitrogen removal in a full scale activated sludge process. Water Res. 1999，33 (16)：3459～3468.

[9] Meijer S C F，van Loosdrecht M C M. and Heijnen J J. Metabolic modeling of full-scale biological nitrogen and phosphorus removing，wwtp. Water Res. 2001a，35：2711～2713.

[10] 杨常亮，阳宗海．总磷输入与水质响应模型的建立与应用研究．昆明：昆明理工大学硕士论文，2007.

[11] Manga J，Ferrer J，Garcia-Usach F，et al. A modification to the Activated Sludge Model No. 2 based on the competition between Phosphorus-accumulating organisms. Wat. Sei. Tech，2001，41 (11)：161～172.

[12] Henze M.，et al. Activated sludge model No. 1. IAWPRC Scientific and Technical Report No. 1. London：IAWPRC，1986.

[13] 石婷．活性污泥数学模型（ASM1）水质特性参数研究．西安：西安建筑科技大学硕士论文，2007.

[14] 赵麟菱．活性污泥模型 ASM2 的简化及优化控制策略研究．杭州：浙江大学硕士论文，2007.

[15] Gujer W.，et al. The activated sludge model No. 2：biological phosphorus removal [J]. Wat Sei. Tech.，1995，31 (2)：159～168.

[16] Larrea L，Irizar I and Hidalge M E. Improving the predictions of ASM2d through modeling in practice. Water Sci. Tech. 2002，45 (6)：199～208.

[17] Marsill S. Libelli，Ratini P，spagni A，et al. Implementation，study and calibration of a modified ASM2d for the simulation of SBR process. Wat. Sei. Tech.，2001，43 (3)：69～75.

[18] Wichern M，Obenaus F. and Wulf P. Modelling of full-scale wastewater treatment plants with different treatment processes using the activated sludge model No. 3. Water Sci. Tech. 2001，44 (1)，49～56.

[19] 李玉新．基于 ASM3 的活性污泥模型改进及其应用研究．北京：北京工业大学硕士论文，2005.

[20] 曹海彬．活性污泥模型 COD 组分测试与表征．重庆：重庆大学硕士论文，2006.

[21] Brdjanovic M，van Loosdreeht M C M，Versteeg P，Hooijmans C M，Alaerts G J and Heijnen J J. Modeling COD，N and removal in a full-scale WWTP Harlem Waarderpolder Water Res. 2000，34 (3)，846～858.

[22] 沈耀良，王宝贞．废水处理新计算-理论与应用．北京：中国环境科学出版社，1999.

[23] IWA Task Group for Mathematical Modeling of Anaerobic Digestion Processes. Anaerobic digestion model No1 (ADM1). IWA scientific and technical report NO13. London，IWA，2002.

[24] Zaher U，Rodriguez J，et a1. Application of the IWA ADMl model to simulate anaerobic digester dynamics using a concise set of practical measurements. IWA Conference on environmental biotechnology Advancement on Water and Wastewater Application in the Tropics，December 9th-10th，2003.

[25] 吴正高．厌氧消化数学模型研究与应用．北京：北京交通大学硕士论文，2007.

[26] R. Blumensaat. et al. Modelling of two-stage anaerobic digestion using the IWA Anaerobic Digestion Model No. 1 (ADM1). Water Res，2005，39：171～183.

[27] 张亚雷，周雪飞，赵建夫．厌氧消化数学模型．上海：同济大学出版社，2004.

[28] Wayne J. Parker. Application of the ADM1 model to advanced anaerobic digestion. Bio Tech，2005，96：1832～1842.

[29] Zaher U，et al. Transformers for interfacing anaerobic digestion models to pre- and post-treatment processes in a plant-wide modeling context. Environment Modelling & Software，2007，22：40～58.

[30] 姚重华. 环境工程仿真与控制. 北京：高等教育出版社，2001.

[31] Maged M Hamed，Moga G. Khalafallah，Ezzat A. Hassanien. Prediction of Wastewater Treatment Plant Performance Using Artificial Neural Networks. Environmental Modelling & software，2004，(19)：919～928.

[32] Catherine Choquet，Andro Mikelic. Laplace transform approach to the rigorous upscaling of the infinite adsorption rate reactive flow under dominant Peclet number through a pore. Applicable Analysis，2008，(87)：1373～1395.

[33] Tay Joo-Hwa，Show Kuan-Yeow，S. Jeyaseelan. Media Factors Affecting the Performance of Upflow Anaerobic Packed-Bed Reactors. Environmental Monitoring and Assessment，1997，(44)：249～261.

[34] Moo Hwan Cho，Jintae Lee，Joon Ha Kim，Henry C. Lim. Optimal strategies of fill and aeration in a sequencing batch reactor for biological nitrogen and carbon removal. Korean Journal of Chemical Engineering，2010，(27)：925～929.

[35] 郭劲松，龙腾锐，高旭，黄天寅. 间歇曝气活性污泥系统神经网络水质模型. 中国给水排水，2000，11：15～18.

[36] 聂亚峰，席淑琪，张晋华. 建立土壤硫释放过程的人工神经网络模型. 上海环境科学，2001，20：349～358.

[37] 姚重华. 废水生物处理数学模型进展. 上海环境科学，2003，22：358～369.

[38] 白桦，李圭白. 基于神经网络的混凝投药系统预测模型. 中国给水排水. 2002，06：46～47.

[39] 田禹，王宝贞，周定. 基于BP人工神经元网络的臭氧生物活性炭系统建模研究. 中国给水排水，1998，14：24～27.

[40] 李杰星，章云，符曦. 基于模糊神经网络的城市供水系统负荷预测. 中国给水排水，1999，25：15～18.

[41] 韩力群，王占果. 一种远程水污染神经网络监测系统. 北京轻工业学院学报，1999，17：8～11.

第 9 章

工业废水处理反应器流场数值模拟与优化

随着我国工业废水排放量的急剧增加，需要大力开发和推广应用高效低耗的废水处理工艺，反应器作为理论研究和技术应用的承载体，一方面，需要在研究反应理论特征的基础上提出反应器的生物学要求；另一方面，生物反应器中的动量、质量、热量传递又影响着生物反应过程。反应器内营养的循环和能量的流动很大程度上依赖于水动力学，已有的研究表明反应器内部的流态直接影响了反应器处理效能和运行状态。因此，近年来流体力学对废水生物处理工艺的影响已经得到认可，需要有效的技术对反应器内部流动、混合状况与微生物特性、处理效能之间的关系进行研究，提高反应器运行的稳定性及高效性。

计算流体动力学（CFD），即以计算机为基础的解决流体动力学基本方程式（如连续性、动量和能量）的计算方法，如今用来改善和优化废水处理设施的水力性能。其应用包括新系统的设计或系统优化，来减少或消除死角和短路。计算流体动力学的一个主要优点是可以在设计和操作变化最终确定以前，模拟一系列操作条件来评价水力性能；另一个优点是动力模型可以与过程控制系统结合以优化进行中的操作。

9.1 工业废水处理反应器流场研究现状

鉴于目前工业废水处理技术大多仍是以生物处理为主的工艺，而废水生物处理是一个复杂的生物化学反应过程，除了备受关注的生态学和生物化学等因素外，反应器内部的流场效应对生物化学反应的推进也有很大影响，气泡大小尺寸和分布、水力停留时间和循环流量比都直接制约着底物转化率和产物收率等工艺结果，雷诺数影响着反应器运行效率和功耗，而局部流场的剪切作用则会对微生物细胞的生理状态和生活环境都会发生影响。废水生物处理反应器被定义为涉及物理学、生物学和化学的复杂系统，生物反应器利用自凝聚形成的活性污泥或黏附在载体上形成的生物膜这两种微生物聚集体，在水流对物质和能量的传递作用下，从水中吸附溶解性的多种污染物，合成微生物细胞，通过自身增殖等生命活动进行的同时降解水中的污染物质。然而，目前关于废水生物处理反应器的研究主要集中在生物和化学特征方面，较少涉及流场物理特征。

相对于废水厌氧生物处理反应器而言，关于流场因素对废水好氧处理系统影响的研究甚多。Jin 等[1]学者利用流量计、压力表等传统流体力学实验工具和理论对鼓泡反应器（bubble column reactor，BCR），气搅反应器（aerated stirred reactor，ASR）和气提反应器（air-lift reactor，ALR）三种反应器在不同的反应器配置、污泥浓度和通气量条件下的流态和流场分布进行了对比研究：在好氧生物处理系统中，气泡大小尺寸会影响气液两相质量传递的有效面积，是影响反应效率的关键因素；反应器在设计和优化的过程中，必须保证低剪切率和可控的流态。关于废水好氧生物处理气液两相反应器的扩散相（气）和连续相（水）之间的界面区域和质量传递，Cockx 等[2]开展了相应的模拟研究，他们分析并论证了全局和局部质量传递对反应器运行效率的关系，以实现反应器优化设计。Dhanasekharan 等[3]学者构建了气泡尺寸分布模型，并借助模型开展了紊流旋涡对气泡的破裂、合并相互作用等方面的研究。Cao 和 Alaerts[4]研究了微生物形态、数量和微生物动力学对好氧生物膜反应器流场以及剪切应力的响应分析。Vrabel 等[5]结合流体力学和微生物动力学手段，对生物反应器进行了相关研究，研究结果阐述了生物数量减少、代谢副产物增加等反应器放大效应的影响因素。而工业废水厌氧生物处理反应器内部流场研究，目前国内外报道还相对较少，本书总结了已有的部分相关研究结果。

9.2 反应器流场模拟技术

9.2.1 计算流体力学的新进展

计算流体力学（computational fluid dynamics，缩写为 CFD）应用于生物处理反应器中，主要借助流体力学参数和流体机理模型，分析反应器中的流场和影响微生物生长的环境因素变化，达到优化反应器设计和运行的目的。CFD 技术是流体力学理论研究的一个分支，它主要通过有限差分、有限单元或有限体积等方法将控制方程离散后，利用计算机进行数值求解，最终通过数值模拟获得流体在特定条件下的有关信息[6]。随着计算机科学快速发展和计算机硬件性能的飞速提高，计算流体力学迅猛发展。它能计算理论流体力学所不能计算求解的、复杂几何形状下的流态；它省钱节时，已替代了很大一部分的风洞试验；采用计算手段已发现了一些理论上还求解不出、实验上还测量不到的新流动现象。

当前，计算流体力学分支的发展主要体现在两个方面：一是计算更加复杂的有涡流和分离流的流场；二是为理解物理机制而模拟湍流等流动现象。

计算流体力学以计算机模拟手段为基础，对涉及流体流动、传热、反应及相关现象，如化学反应等的系统进行分析。以计算流体力学为学科基础的所谓 CFD 技术有强大的计算模拟能力，已覆盖了工程或非工程的广大领域：如飞机等交通工具的空气动力学研究；船舶流体动力学研究；化学过程工程，如混合和分离、聚合物熔融等；建筑物内外环境研究；水文学和海洋动力学中所涉及的河流、港湾、海洋的流动情况；环境工程中污染物质迁移规律、排放气体与液体的流布；生物医学工程中生物芯片内部的流动微环境等。CFD 的应用已经逐渐成为国内外工业生产中工艺设计与优化的关键手段，其发展的最终目标是提供与其他计算机辅助工具，如应力分析软件相当的能力。另一方面，在计算科学与技术的快速发展的同时，数值计算已作为一种研究手段，越来越多地融入到其他各种学科当中。反过来，各种学科问题的迫切解答，又促进了计算方法的研究和发展。由于流体力学模型求解的需要，有限差分法、有限元法等计算方法已经在实际中得到了广泛应用和迅猛发展。这无疑也促进了计算流体力学技术的进一步发展和完善。

9.2.2 计算流体力学模拟软件[7]

目前，国内外运用于计算流体力学模拟的 CFD 商业软件主要有 STAR-CD、FLUENT 和 CFX 等。

STAR-CD（simulation of turbulent flow in arbitrary region），是基于有限容积法的通用流体计算软件，在网格生成方面，采用非结构化网格，单元体可为六面体、四面体、三角形界面的棱柱，金字塔形的锥体以及六种形状的多面体，还可与 CAD、CAE 软件接口，如 ANSYS、IDEAS、NASTRAN、PATRAN、ICEMCFD、GRIDGEN 等，这使 STAR-CD 在适应复杂区域方面拥有特别的优势。从它的网格单元，就可看出它与其他求解器的一些差别，STAR-CD 在早期的版本已经支持现在大多数商用求解器所引入的非结构化网格。STAR-CD 能处理移动网格，用于多级透平的计算，在差分格式方面，纳入了一阶迎风、二阶迎风、CDS、QUICK 等格式，以及一阶迎风与 CDS 或 QUICK 的混合格式，在压力耦合方面采用 SIMPLE、PISO 以及称为 SIMPLO 的算法。在湍流模型方面，可计算稳态、非稳态、牛顿、非牛顿流体、多孔介质、亚音速、超音速、多项流等问题。STAR-CD 的强项在于汽车工业，汽车发动机内的流动和传热。

FLUENT 是目前国际上比较流行的商用 CFD 软件包。凡与流体、热传递及化学反应等有关的工业均可使用。它具有丰富的物理模型、先进的数值方法以及强大的前后处理功能，在航空航天、汽车设计、石油天然气、涡轮机设计等方面都有着广泛的应用。其在石油天然气工业上的应用包括燃烧、井下分析、喷射控制、环境分析、油气消散与聚积、多相流、管道流动等。FLUENT 的软件设计基于 CFD 软件群的思想，从用户需求角度出发，针对各种复杂流动的物理现象，FLUENT 软件采用不同的离散格式和数值方法，以期在特定的领域内使计算速度、稳定性和精度等方面达到最佳组合，从而高效率地解决各个领域的复杂流动计算问题。基于上述思想，FLUENT 开发了适用于各个领域的流动模拟软件，这些软件能够模拟流体流动、传热传质、化学反应和其它复杂的物理现象，软件之间采用了统一的网格生成技术及共同的图形界面，而各软件之间的区别仅在于应用的工业背景不同，因此大大方便了用户。

CFX 是由英国 AEA 公司开发，是一种实用流体工程分析工具，用于模拟流体流动、传热、多相流、化学反应、燃烧问题。其优势在于处理流动物理现象简单而几何形状复杂的问题。适用于直角、柱面和旋转坐标系，稳态和非稳态流动，瞬态和滑移网格，不可压缩、弱可压缩和可压缩流体，浮力流，多相流，非牛顿流体，化学反应，燃烧，辐射，多孔介质及混合传热过程。CFX 采用有限元法，自动时间步长控制，SIMPLE 算法，代数多网格、ICCG、Line、Stone 和 Block Stone 解法。能有效、精确地表达复杂几何形状，任意连接模块即可构造所需的几何图形。在每一个模块内，网格的生成可以确保迅速、可靠地进行，这种多块式网格允许扩展和变形，例如计算汽缸中活塞的运动和自由表面的运动。CFX 引进了各种公认的湍流模型，例如 k-e 模型、低雷诺数 k-e 模型、RNG k-e 模型、代数雷诺应力模型、微分雷诺应力模型、微分雷诺通量模型等。CFX 的多相流模型可用于分析工业生产中出现的各种流动，包括单体颗粒运动模型、连续相及分散相的多相流模型和自由表面的流动模型。

PHOENICS 是英国 CHAM 公司开发的模拟传热、流动、反应、燃烧过程的通用 CFD 软件，有 30 多年的历史。网格系统包括直角、圆柱、曲面（包括非正交和运动网格）、多重网格、精密网格，可以对三维稳态或非稳态的可压缩流或不可压缩流进行模拟，包括非牛顿流、多孔介质中的流动，并且可以考虑黏度、密度、温度变化的影响。在流体模型上面，Phoenics 内置了 22 种适合于各种雷诺数场合的湍流模型，包括雷诺应力模型、多流体湍流模型和通量模型及 k-e 模型的各种变异，共计 21 个湍流模型，8 个多相流模型，10 多个差分格式。PHOENICS 的 VR（虚拟现实）彩色图形界面菜单系统可以直接读入 Pro/E 建立的模型（需转换成 STL 格式），使复杂几何体的生成更为方便，在边界条件的定义方面也极为简单，并且网格自动生成，但其缺点则是网格比较单一粗糙，针对复杂曲面或曲率小的地方的网格不能细分，也即是说不能在 VR 环境里采用贴体网格。另外 VR 的后处理也不是很好。要进行更高级的分析则要采用命令格式进行，易用性上比其他软件稍差。

上述通用 CFD 软件以外，还有一些针对特定问题的专用 CFD 软件。FIDAP 基于有限元方法的通用 CFD 求解器，为一专门解决科学及工程上有关流体力学传质及传热等问题的分析软件，是全球第一套使用有限元法于 CFD 领域的软件，其应用的范围有一般流体的流场、自由表面的问题、紊流、非牛顿流流场、热传、化学反应等。FIDAP 本身含有完整的前后处理系统及流场数值分析系统。对问题整个研究的程序，数据输入与输出的协调及应用均极有效率。POLYFLOW 针对黏弹性流动的专用 CFD 求解器，用有限元法仿真聚合物加工的 CFD 软件，主要应用于塑料射出成形机、挤型机和吹瓶机的模具设计。MIXSIM 针对搅拌混合问题的专用 CFD 软件，是一个专业化的前处理器，可建立搅拌槽及混合槽的几何模型，不需要一般计算流力软件的冗长学习过程。它的图形人机接口和组件数据库，让工程师直接设定或挑选搅拌槽大小、底部形状、折流板之配置、叶轮的型式等。MIXSIM 随即自动产生 3 维网络，并启动 FLUENT 做后续的模拟分析。ICEPAK 专用的热控分析 CFD 软件，专门仿真电子电机系统内部气流，温度分布的 CFD 分析软件，特别是针对系统的散热问题作仿真分析，借由模块化的设计快速建立模型。

除反应器模拟以外，这些商业 CFD 软件广泛应用于航天航空、环境污染、生物医学、电子技术等各个领域。在本章 9.4 节的两个应用研究就是分别基于 CFX 和 FLUENT 开展。

9.2.3 基于计算流体力学的数值模拟过程

计算流体力学的任务是流体力学的数值模拟。数值模拟是“在计算机上实现的一个特定的计算，通过数值计算和图像显示履行一个虚拟的物理实验，即为数值试验。”数值模拟包括以下几个步骤。

首先，要建立反映问题（工程问题、物理问题等）本质的数学模型。建立反映问题各量之间的微分方程及相应的定解条件，这就是数值模拟的出发点。牛顿型流体流动的数学模型就是著名的 N-S 方程及其相应的定解条件。

其次，数学模型建立以后需要解决的问题是寻求高效率、高准确度的计算方法。计算方法不仅包括数学方程的离散化及求解方法，还包括计算网格的建立、边界条件的处理。

再次，在确定计算方法和坐标系统之后，编制程序和进行计算式整个工作的主体。当求解的问题比较复杂，如求解非线性的 N-S 方程，还需要通过实验加以验证。

最后，当计算工作完成后，流场的图像显示是不可缺少的部分。随着人们研究的流动问题日益深入和复杂，计算结果也更加纷繁浩瀚，难以把握。只有把数值计算的结果以各式各样的图像和曲线形式输出才能有效判断结果的正确性，进而得到结论和获取需要的数据。随着计算机图像显示系统和相应软件的发展，流场数值的图像显示在快速及时、三维扫描、形象逼真等方面发展迅速。通过利用录放设备存储、显示动态过程，数值模拟可以充分发挥数值实验的作用。

掌握数值模拟的原理和过程等背景材料之后，能更好地理解 CFD 软件内部的运作和成功地实现计算任务。商业 CFD 软件通常应用计算流体力学比较成熟的数值方法，有比较典型的配置和操作过程。所有商业 CFD 软件都包括预处理、运算和后处理三个主要部分。

（1）预处理

预处理就是通过操作界面将流动问题输入 CFD 程序中，然后将输入数据转换为适合运算部分使用的合适格式。预处理阶段的用户行为是：定义有关的几何区域，即计算域；网格生成，即将计算域划分为较小的、不重叠的子域或单元网格；选择需要模拟的物理、化学现象的模型；在与边界重叠或者接触边界的单元定义适当的边界条件。

流动问题的解（速率、压力、温度等）定义在每一单元的节点上。CFD 的精度由网格单元的数目决定。解的精度、必需的计算机硬件和计算时间取决于网格的细密程度。最佳网格多是非均匀的：点到点之间变化快的区间网格较细，变化相对较慢的区间网格较粗。发展 CFD 的目标之一是自适应网格生成能力。最终这样的程序将自动在迅速变化的区域细化网格。目前在高级软件中这一目标尚未实现，需要 CFD 用户有设计网格的技巧，以达到满足解题精度和降低成本的要求。

网格生成技术是计算机流体力学发展的一个重要分支，是 CFD 作为工程应用的有效工具所面临的关键技术之一。成功生成复杂外形的网格依赖于专业队伍的协作和努力。经验证明，工程上，CFD项目耗费的人工时间中超过50%用于定义计算域几何结构和网格生成。为了获得最大的CFD人工效率，主要的CFD软件都有它们自己的CAD形式的界面，或通过专门的表面建模器和网格生成器输入数据，如著名的PATRAN和I-DEAS。时至今日，预处理能给用户提供一般流体的性能参数库和调用特别的物理、化学过程模型（如湍流模型、辐射热传导模型、燃烧模型）。这些都是主要的流体流动方程要用到的。

(2) 运算

数值方法有有限差分法、有限元法和谱法三个不同的流派。它们大致上都要进行三个步骤形成运算基础：利用简单函数形式近似表达未知的变量；将近似式代进流动控制方程并离散化，随后进行数学处理得到代数方程组；解代数方程组。三种不同流派的主要差别是流动变量的近似处理和离散处理的方式不同。

有限差分法是用坐标线网格节点上的点样本描述未知的流动问题的变量。有限差分法多采用泰勒级数展开的截断式得到流动变量在一点导数的近似表达式，其中用到这一点和邻点的样本。

有限元法在单元内用简单的片函数（如线性的或二次的）描述未知的流动变量的局部变化。精确解准确满足控制方程，但是分片近似函数代入方程后不能准确成立，于是通过定义残差来度量这一误差。随后用一组权函数与残差（或误差）项相乘并积分，为在加权积分的意义上消除残差而令此积分为零，结果给出一组近似的、系数未知的代数方程。

谱法用傅氏级数或切比雪夫多项式级数的截断式来近似表达未知量。谱法与有限差分法和有限元法不同，它不是局部的近似；近似式对整个计算域有效。将截断级数代入控制方程，方程的约束条件产生关于傅氏级数或切比雪夫级数的系数的代数方程。

实际物理现象是复杂和非线性的，因此要用迭代解法求解代数方程组。常用的解法有代数方程的TDMA逐行算子和能保证压力、速度正确联系的SIMPLE算法。商业软件也给用户提供了其他选择，如STONE算法和共轭梯度法等。

(3) 后处理

如同前处理一样，后处理领域已有大量开发工作。由于具有高超绘图能力的计算机日益增多，优秀的CFD软件包都装备有数据可视化工具。这包括：区域几何结构和网格显示、矢量图、等值线图或阴影图、二维（三维）曲面图、粒子踪迹图（又称脉线图或者染色线图）、图像处理（移动、旋转、缩放等）、彩色图像的存储等。

近来，这些配置还包括结果动态显示的动画。除了图形，所有软件都有数据输出功能，用于软件外进一步处理数据。如同其他许多CAE（计算机辅助工程）分支一样，CFD的图形输出功能已经得到改进，能和非专业人员进行概念交流。

做出正确决定要求有良好的建模技巧。所有问题中除了最简单的，都需要做出假定以使复杂性减少至可着手的程度，同时需要保持问题的特征。在这一步引入的简化是否合适，在一定程度上是由CFD产生的信息的质量所决定的，因此CFD用户必须一直明确无误地记住已做过的所有假定。

9.2.4 计算流体力学在反应器设计与优化中的优势[8]

随着计算流体力学技术的出现和发展，已经改变了借助脉冲示踪法或阶跃示踪法来测定反应器停留时间分布，以此分析反应器内部水力特性的现状，解决了流体参数在反应器中均化分布的缺陷，也使基于数学模型精确开展水处理单元在设计条件下的流动特性和行为的模拟成为现实，为反应器工程学研究提供了一种可靠高效的手段。与此同时，采用CFD技术有助于减少反应器工艺分析中物理模型构建与研究的必要性，大大降低了研究成本，节约了大量的时间，更好地实现反应器的优化设计和稳定运行。美国有研究报道称，采用CFD技术对污水处理厂处理单元构筑物进行优化设计之后，解决了运行中存在的很多问题，反应器的处理效率提高了10%～35%[9]。

另外，废水厌氧处理反应器设计往往采用传统的半经验公式，设计结果欠佳，再者，采用流体力学实验测量技术开展流场、质量浓度场等研究的费用高昂。CFD技术的出现和飞速发展，已经为反应器设计与优化开辟出了一条高效、经济、省时的途径。

CFD技术在以上所谈及的研究中，具有两个主要作用，一是能借助其可视化模拟手段，模拟实际流体现象，以探寻现象本质；二是有别于其他传统方法，CFD技术可运用于未知现象的模拟，具有较好的拓展功能。与传统方法相比，CFD技术应用在反应器设计与优化中的主要优势可归纳为以下几点。

① CFD可提供实验方法很难获取的、全息的数据。诸如，将移动网格优化方法运用于搅拌反应器的模拟，可获得每个桨叶周围区域的流态细节信息；利用双欧拉方法可模拟反应器中复杂的气-液-固多相流运动；利用欧拉-拉格朗日方法能够对颗粒之间的相互作用以及颗粒运动轨迹等现象进行描述。

② CFD模型，属于机理模型，是建立于基本物理定律和理论之上，在经验关联式或实验数据匮乏之时，CFD技术可以解决工程设计等实际工程问题。

③ 对于工程放大研究而言，CFD有很大的优势，鉴于CFD技术为机理模型，原则上不限制结构形式、结构尺寸、工艺参数和操作参数，借助模拟手段可直接跳过“实验室-小试-中试-工业”传统放大过程的某些环节，可节省大量资金和时间，在模拟的过程中可获取大量数据，放大的结果较为可靠。

④ CFD技术，不仅可获得反应器所承载的反应过程的深入理解，而且可以为过程故障的根本原因、关键部分以及扩产能力等问题提供评估结果，进一步验证各种优化改造方案的优劣。

⑤ CFD技术辅助开发环境中，许多传统开发环境无法验证的新设想，可以很容易得到验证和反馈；再者，设计师可直接利用CFD评估数据验证新想法，有助于进行技术创新。此外，由于极低的重复成本，CFD技术使包含大量设计循环的优化设计成为可能。

9.3 反应器流场测量技术

9.3.1 实验流体力学测量技术在流场研究中的作用

当前有关于CFD技术应用于反应器流场模拟的研究，虽然取得了较多进展，但是基于CFD技术的模拟结果离不开实验流体力学技术的验证和反馈，否则，模拟过程中一些假定的合理性将无法确定。在确定流场机理模型的初边值条件、模型参量校正，以及模拟验证等环节中，反应器内部流场参数的实验测量至为关键，测量结果的准确性直接影响到模型的有效性和可信度。总体而言，CFD技术能够为实验提供依据，推进反应器工艺设计研究的进程，但是，模拟结果的相应实验反馈与验证能够提高利用模型外推技术进行反应器生产性设计的可行性。

李冰峰等[10]对国内外利用CFD技术模拟生化反应器方面的研究进行了归纳总结，他们认为，以计算流体力学为理论基础，借助当前已有的流体力学机理模型、抑或是相关的流场模拟商业软件开展反应器内部流场模拟，并凭借现代化流体测量手段加以验证和校准，以获得具有普适性的、精确的计算流体力学模型是生化反应器模拟与优化进一步发展的方向。

9.3.2 流场实验测量技术发展

早期作为流速测量的代表仪器，有毕托管、电磁流速计、压电探头等，其中以毕托管最具有代表性。毕托管构造简单、使用方便、价格低廉，至今在工业上还有应用。然而，毕托管存在着测速范围较窄，仅能测量一维流速，不能测量反向流动以及湍流脉动等不足。

在湍流、复杂流动和非定常流动等流体力学现象的研究过程中，开发和建立适用于流体运动研究的方法与技术始终是一个值得深思的课题。早期发明的热线热膜流速计（HWFA)，距今已有 80 多年的历史，但是，该项技术的最大缺陷在于其是接触式测量，对流场干扰较大，难以测量细微湍流场，对污染比较敏感。再如，20 世纪 60 年代发展起来的激光多普勒测速仪（简称 LDV)，其基本原理是，依靠流场中粒子的散射，测量散射光对原入射光的多普勒频移量，据此计算粒子的运动速率，实现了对流场的无接触测量，这种技术的优点在于，具有极好的时间分辨率和空间分辨力，可做三维测速，已经得到了广泛应用。1964 年 Yeh 和 Cummins 最先使用 632. 8nm 的氦氖激光器，测量了直圆管中层流体的流速分布，其结果与理论的抛物线分布符合。这种技术是目前稳态流场流速测量精度最高的，已作为标准化了的技术。最早将 LDV 技术应用于反应器流场测试的是 J. Y. Oldshue。K. Vander 首先用 LDV 进行搅拌式反应器流场的实验研究。20 世纪 80 年代前，国外对于搅拌槽的流场测试，大多采用流场显示、五孔探针和热线热膜等方法。20 世纪 80 年代，主要用激光多普勒测速仪进行流场的实验研究。但是，LDV 和 HWFA 一样，都只是单点测量技术，难以实现流场的全场、瞬态测量。LDV 其测量得到的是流场中点单元在采样时间内的平均速率，对瞬时速率的响应不是很敏感。因此，LDV 不能用于测量非稳态流动，且必须逐点测量流场中各点速率才可以描绘出整个流场图，工作量非常大。反应器中流体多是由主体流动、湍动以及分子扩散相互作用引起，且反应器内多装有各类内件，流动情况比较复杂，所以对于全流场流型的瞬时测定就变得很有必要了。

20 世纪 80 年代末，随着现代光电技术、电子计算机、数字信号和图像处理等科学技术飞速发展以及空气动力学和流体力学等学科流场测试的需要，形成了粒子图像测速技术(particle image velocimetry，PIV)。它不仅能实现流场流态可视化，而且能够提供瞬时的、全息的流体参数信息，使流动可视化定量研究成为可能。PIV 的突出优势在于：首先，突破了空间单点测量（如 LDV）的局限性，实现了全流场瞬态测量；其次，实现了无干扰测量，避免了采用 HWFA 等仪器测量时对流场所产生的干扰；再者，容易获取流场的其他物理参量，方便运用流体力学基本方程求解诸如压力场、温度场等物理信息。所以，PIV 技术在流体测量中占有举足轻重的地位[11]。PIV 技术原理在于，将示踪粒子导入流场，以示踪粒子的速率代表其所在流场内相应位置处流体微元的运动速率。在测量的过程中，利用强光（片形光束）照射流场中的一个指定测试平面，用成像的方法（照相或摄像）记录下 2 次或多次曝光的示踪粒子的位置，用图像成像与分析技术得到各点示踪粒子的位移，然后由此位移和曝光的时间间隔，便自动折算出流场中各点的流速矢量，并计算出其他运动参量，包括流场速率矢量图、速率分量图、流线图、旋度图等。PIV 技术从本质上看，是一种图像成像与分析技术。在粒子浓度很低时，称此 PIV 模式为 PTV（particle tracking velocimetry)，即粒子跟踪测速技术；当粒子浓度高到使粒子图像在被测区重叠时，称此 PIV 模式为 LSV（laser speckle velocimetry)，即激光散斑测速技术。通常情况下所讲的 PIV 技术，是指粒子浓度很高但粒子图像在被测区不重叠的情况。伴随着电子学和计算机技术的快速发展，数字化方法被引入PIV，发展形成DPIV技术，DPIV技术即使用数字化摄像机摄取流体中的示踪粒子图像，无需进行光学预处理，硬件设备简单，可做到实时测量与显示。DPIV采用多幅或者单脉冲成像方式，利用互相关方法进行分析，消除了传统PIV中常见的速度方向二义性问题。随着高分辨率、快速CCD摄像机和高速图像数据传输处理设备的出现，DPIV技术在空间和时间分辨率上都有很大提高。DPIV技术在科学实验和工业生产中得到越来越广泛的应用[12]。另一类就是全息PIV（HPIV）技术，利用全息照相和重显技术，测量的是一个三维区域，不再是一个厚度很小的片光面，其技术含量很高，实现起来难度很大，但由于这是一种“全息”技术，流场中信息将全部获得，所以其准确性、真实性都很高[13]。当前，PIV技术除了向三维和多相流方向发展外，如何提高PIV的测量精度以及缩短计算时间仍然是目前研究的主要目标，杨延相等[14]提出了通过粒子中心点坐标的相关关系来求取粒子运动速率的新方法，比传统方法运算速率更快而且不受访问图块大小限制；孙鹤泉等[15]的研究表明基于Hartley变换的互相关算法取代基于Fourier变换的算法，能够成倍地提高计算速度和减少存储内存，尤其在对批量的PIV流场图像进行分析时是非常有效的。

此外，在流场的二维和三维测量中，还有一些空间分辨率和测量精度都比较高的方法，如激光诱导荧光技术（laser in-induce fluorescent）、核子共振成像技术、分子迹线测速技术和断层干涉技术（computed tomography）等，但这些方法设备复杂、成本较高[16]。从目前的发展看，PIV方法精度高、信息量大，且在目前较成熟的PIV技术基础上还有较大的改善空间，故在许多领域都能得到有效的应用。随着数字采样系统的发展，DPIV方法将有很好的应用前景；HPV方法由于在记录三维信息上有独到之处，在理论和实验上会有进一步的研究突破。随着电子信息计算技术的快速发展，在准确测定流场的基础上，计算流体力学的深入量化研究发展已提到议事日程，工程技术界已开始利用PIV与CFD技术来分析设计反应器，有研究者运用PIV测量热管生物反应器中的流场，取得了较好的效果，为建立机理性数学模型进行反应器可靠的放大设计打下了基础。

9.3.3 流场实验测量的方法

目前，在流场实验测量的众多方法中，粒子成像测速（PIV）技术由于具有精确度高、信息量大和可视化等优点，其已成为流场实验测量的关键手段。所以，在本小节中主要介绍运用PIV技术进行流场实验测量的方法和关键步骤。

9.3.3.1 PIV技术及其原理

粒子成像测速（particle image velocimetry，PIV）本质上是流场显示技术的新发展，传统流动显示是试验流体力学的一个重要组成部分，它的主要功能是把流动的某些性质加以直观表示，以便获得对流动的全面认识，因而成了实验流体力学中的一个重要的课题。PIV技术是在充分吸收现代计算机技术、光学技术及图像分析技术的研究成果而成长起来的最新流动测试手段，其重要特点就是突破了空间单点测量技术的局限性，可在同一时刻记录下整个测量平面的有关信息，从而可以获得流动的瞬时平面速度场、脉动速度场、涡量场和雷诺应力分布等。同时现在的PIV系统还具备了与单点测量（如激光多普勒测速计LDV等）相当的空间分辨率。因此即使仅限于二维测量，PIV也是一种先进的研究复杂流场的定量工具。此外，三维PIV技术在近几年内也获得了较大的发展，期望在不久的将来能应用于实际流动测量。由于PIV技术的发展完善，将PIV直接应用于反应器研究，在国际已经得到了普遍的认可，实际应用的例子也越来越多。PIV的基本原理是选择合适的示踪粒子播撒于流场中，然后用激光片光源把被测流场照明，通过图像采集系统，分别记录下t_1，t_2时刻的流场粒子图像（其时间间隔 Δt 精确可调），经过数字图像处理，求出 Δt 内粒子的位移，即可获得示踪粒子速度场，以此作为气体或液体流动的速度场。利用 PIV 技术测量流速时，需要在测量的二维平面中均匀撒播跟随性、反光性良好且密度与流体相当的示踪粒子，用激光片光源照明被测流场，使用 CCD 等摄像设备获取示踪粒子的运动图像。对示踪粒子的运动图像进行分析，就能够获得二维流场的流速分布。流场中某一示踪粒子在二维平面上运动，其在 x、y 两个方向上的位移随时间的变化为 $x(t)$、$y(t)$，是时间 t 的函数。那么，该示踪粒子所在处的质点的二维流速可以表示为如式(9.1)，式(9.2)。

$$v_x=\frac{\mathrm{d}x(t)}{\mathrm{d}t}\approx\frac{x(t+\Delta t)-x(t)}{\Delta t}=\bar{v}_x \tag{9.1}$$

$$v_y=\frac{\mathrm{d}v(t)}{\mathrm{d}t}\approx\frac{y(t+\Delta t)-y(t)}{\Delta t}=\bar{v}_y \tag{9.2}$$

式中，v_x 与 v_y 是质点沿 x 方向与 y 方向的瞬时速率；$\bar{v}_x$ 与 $\bar{v}_y$ 是质点沿 x 方向与 y 方向的平均速率；Δt 是测量的时间间隔，当 Δt 足够小时，$\bar{v}_x$ 与 $\bar{v}_y$ 的大小可以精确地反映 v_x 与 v_y。PIV 测速原理如图 9.1 所示。

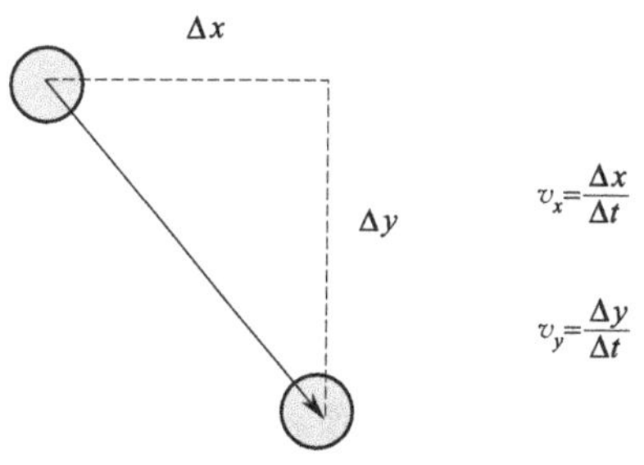

图 9.1 PIV 测速原理示意

PIV 技术就是通过测量示踪粒子的瞬时平均速率实现对二维流场的测量。当测量流体表面的流速时，可以在自然光照的条件下进行试验，而对流体内部的二维流场测量时，必须使用辅助片光源照明。

目前 PIV 已经广泛应用于多个学科、多个领域，如湍流、分离涡等。基本上在所有流体测速领域，从超音速跨音速到低速流，从液体、气体到两相流、多相流的研究都可以看到 PIV 的应用。作为一种优异的测速手段，随着计算方法的成熟、去噪方法的改进以及计算机计算速度的提高，PIV 的应用越来越广泛。PIV 技术的重要特点就是突破了空间单点测量技术的局限性，可在同一时刻记录下整个测量平面的有关信息，从而可以获得流动的瞬时平面速度场、脉动速度场、涡量场和雷诺应力分布等。因此 PIV 非常适于研究涡流、湍流等复杂的流动结构，这是其他单点测量技术难以或无法做到的。

虽然 PIV 技术在比较理想的环境下速率测量精度很高。但在实际实验中，影响因素多而复杂，不同实验中各因素的影响程度也不同，实验测量结果本身也带有统计分析的特征。为了提高测量结果的准确性和可信度，必须对产生误差的各种原因进行分析，对误差进行估算。

9.3.3.2 反应器 PIV 测速实验

废水厌氧处理工艺试验的反应器容积较小，内部流场对扰动敏感且结构复杂，传统的仪器很难实现全场瞬时流速的准确测量。目前非接触式流速测量方法主要有激光多普勒测速仪 LDV 和粒子图像测速 PIV 技术，其中 LDV 属于单点测量技术，而 PIV 即克服了单点测量的局限性又实现了无扰动流场测量，能够准确描述平面二维和三维流场是一种非常适合本研究实验要求的技术。

利用 PIV 技术测量反应器流场时，需在反应器中撒播密度适当且跟随性好的示踪粒子，由示踪粒子的运动来反映流体质点的运动；并用激光对所测平面进行照射，形成光照平面，使用 CCD 摄像设备获得示踪粒子的图像，然后对得到的 PIV 图像序列进行互相关分析，就能获得流场的二维速率矢量分布。但是，PIV 技术不能直接应用于废水厌氧处理反应器的流场测定，首先激光无法在不透明的污泥和底物混合液中形成光照平面，其次激光穿过反应器曲率较大的弧形外筒时会产生折射，影响内桶的流场测量效果。为克服上述问题，需对反应器进行适当的简化和近似。比如对于反应器研究只测定反应区即柱体部分的速度场用于对CFD数值模拟结果的验证，配置与反应器中混合液黏度相同的甘油与水的混合液作为试验流体，用方形外筒解决折射问题。

示踪粒子的选择是PIV测量中另一个重要的问题。粒子需有良好的跟随性、散射性，同时兼顾无毒、无腐蚀、无磨蚀、化学性质稳定、清洁等因素，测量区内需有足够多的粒子数。粒子的跟随性是指粒子跟随流体运动的能力，它取决于粒子的尺寸、密度和形状，这种能力通常用空气动力直径，即具有同样沉降速度的单位密度球的直径来描述，一般较细颗粒跟随性较好。散射性除了受激光功率的影响外，粒子材料（不同折射系数）和粒径也是影响散射信号的主要因素。在一定的散射强度范围内散射信号的强度和粒子直径的平方成正比。通常选用相对折射系数高的材料做成表面光亮的散射粒子。对示踪粒子跟随性和散射性的要求是互相制约的，要根据具体测量对象适合选择粒径的大小。对于测量区内撒播的粒子要有一定的浓度，但不能过高，否则图像会重叠，形成散斑。较常用的示踪粒子为空心玻璃微珠，也可以为不同粒子直径的乳胶、氧化铝、氧化镁、二氧化钛、碳化硅、氟化锆、二氧化锆、云母、高岭土等。

9.3.3.3 PIV图像处理算法

在PIV流场测速中另一个重要问题是图像处理算法，直接决定着处理结果乃至可靠性和精确度。图像处理算法由下面四部分组成：图像粒子的标定；连续两幅图像中粒子的对应；粒子速度的确定；误对应粒子速度的判断及其消除[17]。

灰度分布图像相关法是目前最为流行的一种算法，其基本原理是同一示踪物群所形成的有灰度特征（云雾状）的团块在流动中保持着一定的相似度，可根据团块的灰度分布特征进行图像识别。相关测量是图像处理中的重要手段，有自相关和互相关之分。PIV技术的核心就是对两幅粒子图像的分析，如何快速、准确地从照片中提取速度场，是问题的关键所在。PIV的分析思想源于像平面分析方法，即用数字方法将整幅粒子图像分成若干个查问域，逐个区域进行分析，所获得的速率矢量代表的是各诊断区域内粒子的平均速率。一般查问域的大小为32×32或64×64像素，这要根据所拍摄的流场范围大小和示踪粒子的密度来定。为保证所描述的速度场矢量分布有足够的分辨率，应在查问过程中使相邻的查问域之间互相重叠，其步长一般取查问域的1/2。

查问域的尺寸对PIV技术的精度有很大影响，其具体选择受到两方面矛盾因素制约：窗口尺寸不能过小，过小了包含的粒子信息少，很容易造成误匹配；窗口尺寸也不能过大，过大时平均效应大，降低了流速测量的分辨率，也即降低了速率测量的精度。根据匹配方法的不同，也就形成了不同的PIV算法。20世纪80年代PIV技术采用的是光学分析法，它以低功率激光照射在粒子图像上，粒子像经过Fourier变换透镜，进行二维Fourier变换，在Fourier像平面上形成干涉图样，即杨氏干涉条纹（Young's fringes)。其条纹间距正比于粒子的平均位移，从而可提取出速率场。这种方法的优点是进行光学Fourier变换，可极大节约处理时间，但额外建立的光学系统使PIV更显复杂。90年代，随着计算机技术的迅猛发展，数字分析法逐渐取代了光学分析法。将粒子图像直接数字化后输入计算机，由计算机对数字化阵列进行快速分析处理，使PIV系统更加简单实用。

自相关分析是作二次二维FFT变换，查问域内的图像$G(x, y)$被认为是第一个脉冲光所形成的图像$g_1(x, y)$和第二个脉冲光形成的图像$g_2(x, y)$相叠加的结果。当查问域足够小时，就可以认为其中的粒子速率都是一样的，那么第二个脉冲光形成的图像可以认为是第一个脉冲光形成的图像经过平移后得到的。自相关法的最大特点是能测高速流动，此时须用高速摄像机或照相机，这样两次成像时间间隔就很小，因此时间间隔的选取是很重要的。其缺点是粒子的位移方向不能确定，需要建立方向的判定准则，因此该方法已运用得越来越少。

为了得到流速分布的细节情况，撒播在流场中的示踪粒子的粒径应该非常小、浓度应该足够大，使得采集到的图像对有足够的流场信息，这就很难从两幅图像中分辨同一个粒子，也就无法获得所需的相对位移。而利用互相关分析理论，可以轻松地解决这个问题。图像采集系统获得的每一对图像都是从相同的空间位置上得到的，且曝光的时间间隔可以作为已知参数。流场中的示踪粒子反射来自片光源的光线，每一粒子上反射的光强信号与其空间位置成单一映射，这就形成光强信号与空间位置的函数映射关系，使用互相关分析方法可以测定两幅图像之间的对应关系。在计算机算法的具体实现上，可以利用互相关函数傅里叶变换的特性和傅里叶变换的快速算法，实现互相关函数的快速计算。

在试验过程中，由于 CCD 设备曝光不当、示踪粒子分布不均、噪声干扰等各种原因，将导致试验图像质量的降低，使得分析结果中存在一些空白或错误矢量。矢量的有效性判断、空白数据的修补以及错误矢量的修正成为 PIV 技术中的一项重要研究内容。通过对流速矢量的合理组合，构造出新的二维复函数，利用二维频域低通滤波的方法实现了对错误矢量的修正。

研究中 PIV 系统的参数选择遵循如下原则。

① NI>10～20，即每个查问域内有效的粒子对 NI，应该多于 10 对，这个要求是为了获得较高的有效数据率，而其实际上是对试验时撒播的示踪粒子浓度提出了限制，查问域内粒子对数目不仅取决于粒子撒播时的浓度，还取决于查问域的大小和激光脉冲之间的间隔；

② 最大的粒子位移为查问域大小的 25%，这个要求是为了提高查问域中的有效粒子对的百分比，获得较高的有效数据率，粒子位移与查问域尺寸之比，可以通过改变查问域的尺寸、图像偏置量和激光脉冲之间的间隔来实现；

③ 粒子在垂直激光片光平面方向的最大位移为激光片光厚度的 25%，该参数是为了防止有效粒子对的损耗，为了控制这个参数，可以调节激光片光的厚度和激光脉冲之间的间隔；

④ 查问域内速度的相对变化量不超过 20%，为了控制这个参数，应使查问域足够小，从而使得单个矢量能够充分地描述该测点的流动状态。

虽然 PIV 技术在比较理想的环境下速度测量精度很高。但在实际实验中，影响因素多而复杂，不同实验中各因素的影响程度也不同，实验测量结果本身也带有统计分析的特征。为了提高测量结果的准确性和可信度，必须对产生误差的各种原因进行分析，对误差进行估算。

9.4 反应器流场数值模拟与优化应用

生物反应器利用自凝聚形成的活性污泥或黏附在载体上形成的生物膜这两种微生物聚集体，在流体微元对物质和能量的传递作用下，从水中吸附溶解性的污染物，合成微生物细胞，通过自身增殖的同时降解水中的污染物质。CFD 技术应用于生物处理反应器中，主要通过分析反应器中的流场和影响微生物生长的环境因素变化，优化反应器的设计和运行[18]。

与物理处理和化学处理反应器相比，生物处理反应器由于涉及生化反应、多相流动以及气固液间的物质、能量传递等多领域的问题，模拟分析最为复杂。鉴于反应器中流动本身的复杂性，多数研究者在利用 CFD 进行流场分析时仍以单相流动为主，仅有少数研究者考虑了反应器中生物絮体的影响，采用了两相流理论进行分析。这种流动的单相假设尽管简化了数值模拟的过程，但却造成了研究中模拟过程的偏差。对流动状况的分析缺乏足够有效的实测数据进行验证，也制约了 CFD 应用的深入。此外，在模拟生物反应器设计和运行状况时，研究也多基于流动状态分析和溶解氧分布模拟，从反应器中是否发生短流或溶解氧是否会成为受限因子来考察反应器的处理效果，并未能真正结合生化反应的基本原理，从微生物生长的角度建立基于流动、环境因子浓度分布和生化反应的生物反应器数值模型。本节将要介绍的两个研究实例，突破了常规的反应器单相流研究的限制，分别以两相流和三相流理论为基础，并适当加入了生化反应动力学的耦合影响，开展反应器流态特性的研究。

9.4.1 CSTR 生物制氢反应器流场分析与运行优化

9.4.1.1 CSTR 生物制氢系统的工艺简介

连续流槽式搅拌反应器（cfontinuous stirred-tank reactor，CSTR）是目前生物制氢研究中应用和报道最多的反应器形式。普遍认为，CSTR 反应器的搅拌形式有利于提高传质效率和 H_2 的迅速释放，从而避免 H_2 积累对微生物代谢造成的反馈抑制作用及 H_2/CO_2 的同型产乙酸转化。

张冰[7]所开展的流场模拟的原型采用的是两套 CSTR 生物制氢反应器，其示意如图 9.2 所示，反应器内设有反应区、沉淀区及气液固三相分离装置。安装有可调速搅拌机，有效容积为 6L，外加电热缠丝及温控探头控制反应器内部温度为 35℃±1℃。采用 pH 探头及氧化还原电极探测反应器内部动态，并通过单片机连接电脑进行在线监测，可实时通过计算机监测窗口连续读取反应器内部的 pH 值和氧化还原电位（ORP）值。利用湿式气体流量计计量气体产量，采用磁力泵连续恒定泵入底物，反应器底部和侧面设有取泥口。

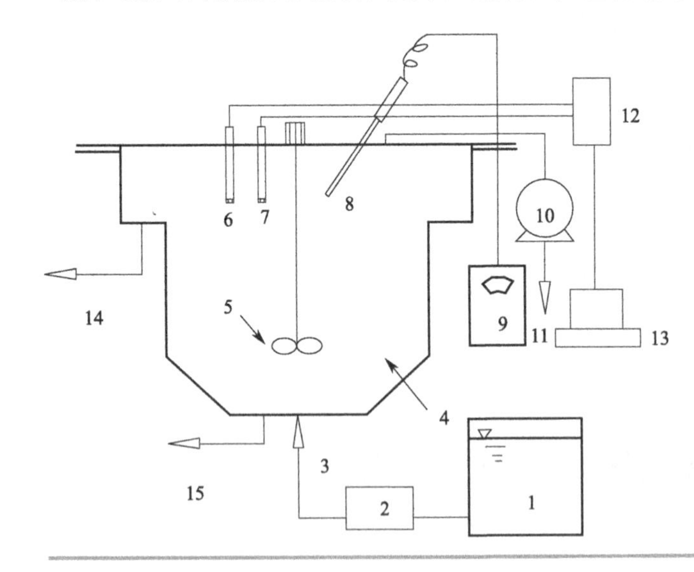

图 9.2　生物制氢反应器流程

1—水箱；2—磁力泵；3—进水；4—CSTR 反应器；5—搅拌器；6—pH 探头；7—ORP 探头；8—温控探头；9—温控仪；10—湿式气体流量计；11—出气；12—单片机；13—计算机；14—出水；15—排泥

两套 CSTR 生物制氢反应器分别装配不同类型搅拌桨用于分析不同流场状态对生物制氢工艺的影响。如图 9.3 所示，直径均为 120mm，一种是 PBT（pitched blade turbine）搅拌桨；另一种是 RT（rushton turbine）搅拌桨，桨叶倾角为 45°，通过可调速电机控制其转速。

9.4.1.2 CSTR 生物制氢反应器数学模型

(1) 几何建模与网格生成

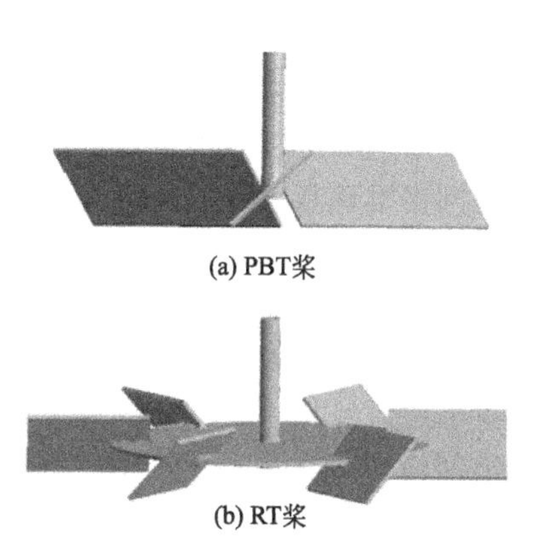

(a) PBT桨

(b) RT桨

图 9.3 搅拌桨示意

对反应器流场特性的模拟可以采用稳态或瞬态方法，稳态方法是基于反应器内的流场特性将在相对较长的时间后达到稳定状态的假设。虽然二维稳态模拟也能够用于描述反应器的流场的平均状态[19]，但对于结构相对比较复杂的 CSTR 生物制氢反应器，三维瞬态模拟能够更好地描述流场特性。

另外，为了节省计算时间和降低计算强度，在以往的文献中经常采用对称方法建模，即假设反应器中的流场是几何对称的，只对 1/2，甚至 1/4 的反应器进行模拟计算[20,21]，用局部模拟计算的结果代表全局的流场情况。为了获得更全面准确的数据，不采用对称方法建模，而是直接对完整反应器进行模拟计算(图 9.4)。分别对配置 PBT 搅拌桨和 RT 搅拌桨的反应器进行几何建模，在 RT 反应器中的内桶壁面增加了 4 块垂直挡板。建模过程中忽略反应器内桶、三项分离挡板和溢流挡板的厚度，将其近似为薄表面结构 (thin surface)。

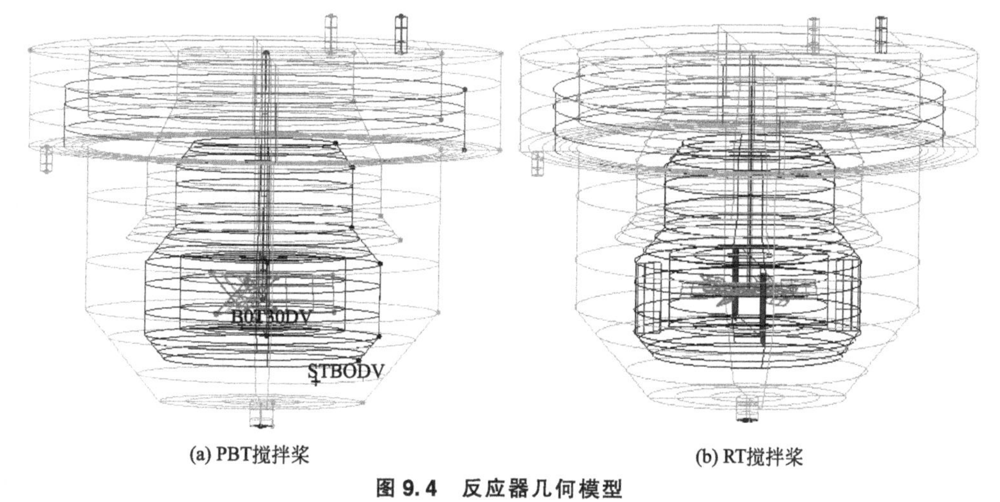

(a) PBT搅拌桨　　(b) RT搅拌桨

图 9.4 反应器几何模型

选用 ANSYS ICEM CFD 11.0 进行反应器建模和生成网格。ICEM CFD 适合于高精度、高效、大规模计算网格划分的需要，能够导入 CAD 软件的模型，并且与 CAD 有双向参数接口。具有优异的 OCTREE、拓扑雕塑网格划分技术，包括所有网格类型，非常适合于大型复杂结构的网格生成。有丰富的网格编辑功能和网格的光滑、劈分、合并、细化、粗化、转换功能。

计算网格生成是计算流体力学数值模拟技术的一个重要组成部分，是促进 CFD 工程实用化的一个重要因素。网格品质的好坏直接影响到数值解的计算精度。计算网格按照网格点之间的邻接关系，可以分作结构化网格、非结构化网格和杂交网格三个大类。结构化网格可以用计算机语言中的多维数组存储，网格点之间的邻接关系可以通过相应的数组指标确定，在计算机上数据组织方便；非结构化网格一般由单纯形组成，需要显式地定义网格点之间的邻接关系；杂交网格是结构化网格和非结构化的组合。常用的传统三维结构网格生成方法大致可分为代数生成方法、椭圆微分方程生成方法和双曲微分方程生成方法 3 类。随外形复杂程度的提高形成单域贴体的计算网格更加困难，目前较成熟的构造复杂外形网格的方法有对接网格和重叠网格等分区结构网格方法，然而若复杂外形需作局部修改或需改变其构型，则将需重新划分区域和构造网格而耗费较多的人力和时间。对于边界简单的二维、三维问题，结构网格准确高效。但是随着所需解决问题的逐步复杂，物体的绕流边界变得不规则，常用的结构网格在划分这些区域时往往很困难，因此非结构网格随之出现。所谓非结构网格，是指这种网格的单元和节点彼此间没有固定的规律可循，其节点分布完全是任意的，较之结构网格更适于处理复杂的边界。非结构化网格的基本思想基于如下假设：四面体是三维空间最简单的形式，任何空间区域都可以被四面体单元填满，即任何空间区域都可以被四面体为单元的网格所划分。由于非结构网格舍去了网格节点的结构性限制，易于控制网格单元的大小、形状及网格点的位置，因此比结构网格具有更大的灵活性，对复杂外形的适应能力非常强。

此外，对于结构网格，在计算域内网格线和平面都应保持连续，并正交于物体边界和相邻的网格线和面；而非结构网格则无此限制，这就消除了网格生成中的主要障碍，且其网格中一个点周围点数和单元数都是不固定的，可以方便地作自适应计算，合理分布网格的疏密，提高计算精度。非结构网格生成方法在生成过程中都采用一定准则进行优化判定，因而能生成高质量的网格，且很容易控制网格的大小和节点的密度。一旦边界上指定网格的分布，在两个边界之间可以自动生成网格，无需分块或用户的干预。非结构网格虽然容易适应复杂外形，并具有其他一些优点，但相比结构网格也存在一些缺点。非结构网格方法需要较大的内存，因为必须记忆单元点之间的关联信息，且在计算过程中必须为梯度项开设存储空间，而且非结构网格不具备方向性，必须记忆各坐标轴方向的梯度分量，使所需内存大为增加。在非结构网格中进行流场计算需要更多的 CPU 时间，这不仅因为数据结构的随机性增加了寻址时间，更重要的是网格的非方向性导致梯度项计算工作量的增大。结构与非结构网格的优缺点互补推动了杂合型网格的发展。

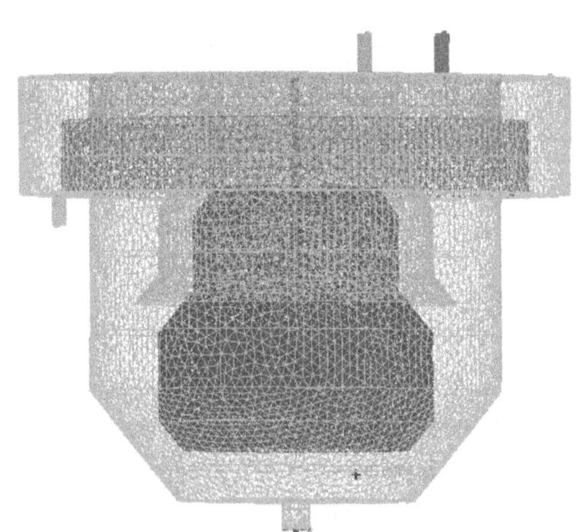

图 9.5　反应器网格分布

采用非结构化四面体网格生成方法，这种网格能够很简便的处理复杂的几何结构，而且收敛性比较好。分为旋转域 IMP 和固定域 TANK 两个部分建模并生成网格，域边界采用液液界面，两个计算域共生成 3741477 个体网格，446770 个面网格，构成反应器结构壁面的面网格分布如图 9.5 所示。网格统计信息如图 9.6 所示。

湍流问题的数值模拟计算对网格的精度极为敏感，在生成体网格和面网格时，还要通过调整参数对网格进行优化，研究采用局部网格加密对计算区域中的壁面附近网格点重新布置，保证了网格的质量，并有效提高数值解的精度，节省计算时间。图 9.7 显示了搅拌轴附近的局部网格加密情况。

(2) 反应器计算域划分

在对搅拌反应器进行模拟时，一个重要的问题就是解决运动的桨叶和静止的挡板之间的相互作用，为了解决这个问题通常有几种不同的模型方法：“黑箱”模型法、动量源法、内外迭代法、多重参考系法、滑移网格法[22]。

①“黑箱”模型法　从 CFD 开始应用于搅拌槽，“黑箱”模型法的应用一直较普遍。

```
+--------------------------------------------------------------------+
|                          Mesh Statistics                           |
+--------------------------------------------------------------------+

Domain Name : IMP

    Total Number of Nodes                                =    112850

    Total Number of Elements                             =    564844
        Total Number of Tetrahedrons                     =    564844

    Total Number of Faces                                =     65220

    Minimum Orthogonality Angle [degrees]                =    35.7 ok
    Maximum Aspect Ratio                                 =     7.2 OK
    Maximum Mesh Expansion Factor                        =    29.1  !

Domain Name : TANK

    Total Number of Nodes                                =    638105

    Total Number of Elements                             =   3176633
        Total Number of Tetrahedrons                     =   3176633

    Total Number of Faces                                =    381550

    Minimum Orthogonality Angle [degrees]                =    32.9 ok
    Maximum Aspect Ratio                                 =     5.4 OK
    Maximum Mesh Expansion Factor                        =    50.7  !

Global Statistics :

    Global Number of Nodes                               =    750955

    Global Number of Elements                            =   3741477
        Total Number of Tetrahedrons                     =   3741477

    Global Number of Faces                               =    446770

    Minimum Orthogonality Angle [degrees]                =    32.9 ok
    Maximum Aspect Ratio                                 =     7.2 OK
    Maximum Mesh Expansion Factor                        =    50.7  !

Domain Interface Name : Default Fluid Fluid Interface
```

图 9.6 反应器网格信息

1982 年 Harvey[23,24]第一次采用这种方法计算了涡轮搅拌桨的二维流动场，并与实验数据作了对比。该方法在计算时将桨叶区从计算域中扣除，桨叶所产生的作用以某种表面的边界条件的形式来代替，边界条件的数据一般由实验得到。在循环区计算结果和实验数据基本吻合，但叶轮附近及槽底部区域预测结果与实验数据差别较大，预报结果的差异主要是由于过于简化的假设而引起的。采用“黑箱”模型时存在的缺点是由实验数据给定的边界条件一定要满足桨叶扫过区域的守恒方程。为了避免这种限制，可以给定桨叶区边界某个面上的值，而不是给定所有面上的值。“黑箱”模型法曾经对搅拌槽内流动场的研究产生过重要作用，但是还存在很大的缺陷：边界条件的确定一般离不开实验数据，而且一套桨叶区边界条件只能用于与实验条件几何相似的体系。受这些条件的限制，CFD 仍然不能成为独立的设计工具，还需要一定的实验工作来配合。

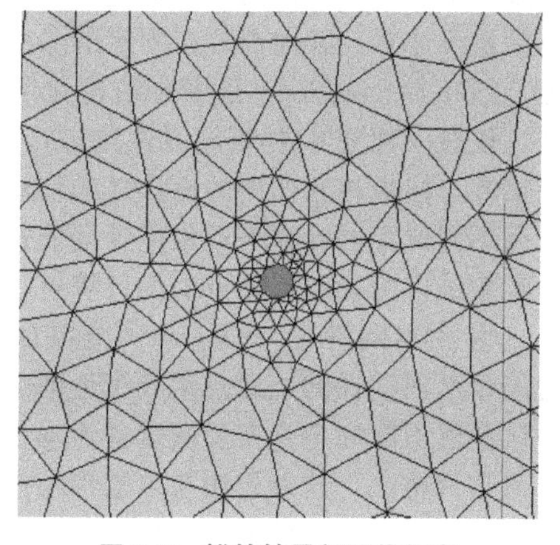

图 9.7 搅拌轴局部网格加密

② 动量源法　为了避免桨叶区边界条件的限制，研究者开发了许多新的方法以实现对搅拌槽内流动场的整体模拟。基于搅拌桨叶区流体流动分析，1987 年 Pericleous[25] 提出了“动量源”模型，把桨叶对流体的作用看作流体动量的产生源，采用切向方向的附加“源”代替六直叶涡轮作用。他们利用 PHOENICS 软件模拟了单层、多层六直叶涡轮二维速度场分布，模拟计算结果与实验结果基本相近。1996 年 Xu[26] 对“动量源”模型进行了修改和完善，提高了模型预测的准确度。

③ 内外迭代法　1994 年 Brucato[27] 借助“黑箱”模型成功的经验，提出了“内外迭代法”。将计算域分成内环和外环两个重叠的部分。内环包括旋转的桨叶，外环包括静止的挡板等。首次计算在内环内进行，采用旋转坐标系，由此得到整个内环内的流动场，因而也得到了内环边界上的速率、湍流动能和耗散率。仿照“黑箱”模型的方法，以该边界上的值作边界条件就可以对外环进行计算，计算在静止坐标系下进行。这样一次计算完成后，得到整个搅拌槽内的流动场，但这并不是最终的收敛结果。由外环计算得到了外环边界上的速率、湍流动能和耗散率，再以此作边界条件对内环作第二次计算。按相同的方法，再对外环作第二次计算。以此类推，直到系统得到一个令人满意的收敛结果。需要注意的是，由于内环与外环采用不同的参考系，两个边界上的速率、湍流动能和耗散率在进行信息交换时需要进行修正。他们利用这种方法计算了涡流搅拌桨的流动场，并与实验结果进行了比较，认为该方法是成功的。Harris 等[28] 利用这种方法计算了斜叶涡轮桨的流动场。A. K. Sahu 等[29] 在对搅拌反应器进行模拟的过程中采用此方法，用 LDV 分别测量搅拌桨周围 30mm 处流速作为搅拌桨的边界条件。内外迭代法比起“黑箱”模型法有了很大的进步，不再需要实验数据，实现了搅拌槽流动场的整体模拟，而且对某些搅拌桨流动场的计算取得了成功，证明这种方法完全可以用于搅拌槽流动场的计算。但这种方法在计算时仍然需要试差迭代，收敛速度较慢，而且这种方法没有被商业软件采用，在一定程度上限制了该方法的普及应用。

④ 多重参考系法　1994 年 Luo 等[30] 提出了一种稳态流动场的计算方法，该方法的思想与内外迭代法相同，即采用两个参考系分别进行计算，桨叶所在区域是以桨叶速度旋转的参考系，其他区域使用静止参考系，用来计算叶轮区以外的流动场。与内外迭代法不同的是，多重参考系法划分的两个区域没有重叠的部分，不再需要内外迭代过程，两个不同区域内速度的匹配直接通过在交界面上的转换来实现，因而使计算变得更加简单。他们将这种方法植入 STAR-CD 软件中，计算了直叶涡轮搅拌桨的三维流动场，计算结果与实验数据吻合较好，说明这种方法是成功的。洪厚胜等[31] 研究机械搅拌生化反应器液固两相混合采用多重参考系法，反应器内的流动区域被划分成两部分，代表搅拌桨部分流体流动在旋转的参考坐标系下计算，其他部分在固定的参考坐标系下计算，两者之间的交界面进行一定的速率修正。1998 年 Naude[32] 采用非结构化网格计算了一种轴向流搅拌桨的流动场。在计算中发现，仅对一种桨叶-挡板相对位置进行计算时，桨叶区流动场的计算是准确的；如果需要有关桨叶与挡板相互作用的更详尽的信息，就需要计算不同桨叶与挡板相对位置的情况，以一系列不同位置的计算来近似搅拌器的过程。通过对排出流量准数、循环流量准数和功率准数与实验结果的比较，该方法的计算基本上是成功的。

⑤ 滑移网格法　Van 等[33] 在实验中发现，由于桨叶和挡板的周期作用，叶轮所产生的流场也是周期性的，而且桨叶附近的流动场主要包含了叶片所产生的尾涡。采用稳态的计算方法显然不能完全真实反映这种流动场，只有采用非稳态的计算方法。1993 年 Luo[34] 提出了滑移网格法。这种方法与多重参考系法网格划分方法相同，将计算域分成分别包含旋转的桨叶和静止的挡板的两个区域。所不同的是，采用滑移网格法时，在两个区域交界面处有网格之间的相对滑动。他们在 STAR-CD 软件中采用这种方法计算了六直叶涡轮的流动场，并

与实验结果和一种稳态计算结果进行了比较，该方法的结果较好。滑移网格法最大的不足在于计算时需要大量的 CPU 时间以及复杂的后处理过程。文献中报道的算例多是在大型机或中型机上进行计算的。Jaworshki[35]用 FLUENT 软件和滑移网格法计算了六直叶涡轮的流动场，并与他们角度分解的 LDA 实验结果进行了对比。计算还比较了标准 k-ε 模型与 RNG k-ε 模型的计算结果。

Revstedt[36]等在对搅拌反应器大漩涡模拟的研究中对几种处理方法优缺点进行了比较。近年来滑移网格思想得到广泛应用，吴立志等[37]在叶轮式搅拌反应器和周国忠等[38]在搅拌槽内的混合过程的研究中应用滑移网格法将流动区域被分成两部分，应用两种不同的块网格作相对滑移运动来模拟搅拌桨与挡板之间的相对运动。

相对于滑移网格法，采用多重参考系（MRF）法模拟搅拌混合流场消耗较少的计算时间并能够获得比较适当的计算结果[39,40]。在同样的计算条件下，MRF 方法的计算量却要小得多，比滑移网格法的计算量小约一个数量级，因而更适合于计算量较大的多相流动的计算。

采用多重参考系法，CSTR 制氢反应器被分为旋转域和固定域两部分，分别对应旋转参考系和固定参考系。旋转域包括搅拌桨和一部分搅拌桨轴，以及域边界以内的流体。反应器其他部分（挡板、桶壁等）以及与边界以外的流体为固定域。域边界为位于 z＝60mm 到 z＝80mm 之间，直径为 150mm 的圆柱体表面（见图 9.8）。Frozen Rotor 模型用于关联旋转域和固定域。

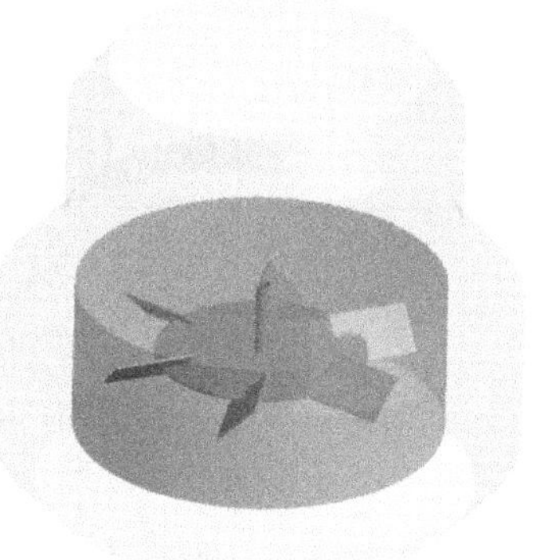

图 9.8　反应器计算域

(3) 数值模拟主控方程

理论方程描述废水厌氧反应器中能量、质量和动量传递的物理机制以及它们的相互作用。将这些方程对计算域中每个网格离散求解，即可得到每个点的流场特征。由于 CSTR 反应器中的流动均为较高雷诺数下的湍流，所以控制方程中引入了几个描述流体湍流特征的变量。这样，方程数目小于变量数目，这样的方程组是不能被求解的。因此，湍流模型成为实现平均流方程封闭的计算程序。黏性流体运动的基本方程是一个复杂的二阶非线性偏微分方程，除少数特殊情况外，一般很难求得这一方程的解析解。为了实用，人们往往根据问题在几何方面、动力学方面以及传热学方面的特征对方程进行简化，目的是略去方程中的次要项，保留主要项，然后对简化了的方程进行求解。为了保证判断方程中哪些项可以略去，哪些项必须保留，有必要把原有的方程无量纲化，这时在方程中出现一系列无量纲参数，对这些无量纲参数的数量级进行比较，就可以决定方程中各项的取舍。

目前广泛应用的湍流模型由大涡模拟模型和雷诺平均 Navier-Stokes 模型（RANS）组成，其中 RANS 模型可细分为涡黏性模型和雷诺应力模型。Launder 和 Spalding 提出的标准 k-ε 模型是生化反应器流场模拟中应用最广泛的涡黏性湍流模型。标准 k-ε 模型由湍流动能 k 和湍流耗散率 ε 的传输方程组成，具有应用广泛、准确度性、简单经济等特点。为了提高标准 k-ε 模型的性能，几种修正模型先后被提出，Chen-Kim k-ε 模型是其中之一，该模型为封闭耗散方程同时采用湍流产生和耗散时间尺度；另一种修正模型 RNG k-ε 模型是“重整化群”版本的 k-ε 模型；前面两种修正模型与壁面函数相结合用于高雷诺数形式。Marc 等对标准 k-ε 模型、Chen-Kim k-ε 模型和 RNG k-ε 模型模拟搅拌反应器的结果进行了分析比较，结果表明，如果没有修正，这三种模型的模拟效果都不特别令人满意；但 Chen-Kim k-ε

模型优化后可以准确地模拟平均流和湍流[41]。表 9.1 列出了假定流体不可压缩条件下前面所述的三种模型。

表 9.1 三种常用的湍流模型

模型	方 程
Standard k-ε 模型	$\frac{\partial(\rho k)}{\partial t}+\frac{\partial(\rho k u_i)}{\partial x_i}=\frac{\partial}{\partial x_j}\left[\left(\mu+\frac{\mu_t}{\sigma_{k,S}}\right)\frac{\partial k}{\partial x_j}\right]+G_k-\rho\varepsilon$ $\frac{\partial(\rho\varepsilon)}{\partial t}+\frac{\partial(\rho u_i\varepsilon)}{\partial x_i}=\frac{\partial}{\partial x_j}\left[\left(\mu+\frac{\mu_t}{\sigma_{\varepsilon,S}}\right)\frac{\partial\varepsilon}{\partial x_j}\right]+\frac{\varepsilon}{k}(C_{1,S}G_k-C_{2,S}\rho\varepsilon)$ $G_k=\mu_t\left(\frac{\partial u_i}{\partial x_j}+\frac{\partial u_j}{\partial x_i}\right)\frac{\partial u_i}{\partial x_j}\quad \mu_t=C_{\mu,S}\frac{\rho k^2}{\varepsilon}$
Chen-Kim k-ε 模型	$\frac{\partial(\rho k)}{\partial t}+\frac{\partial(\rho k u_i)}{\partial x_i}=\frac{\partial}{\partial x_j}\left[\left(\mu+\frac{\mu_t}{\sigma_{k,CK}}\right)\frac{\partial k}{\partial x_j}\right]+G_k-\rho\varepsilon$ $\frac{\partial(\rho\varepsilon)}{\partial t}+\frac{\partial(\rho u_i\varepsilon)}{\partial x_i}=\frac{\partial}{\partial x_j}\left[\left(\mu+\frac{\mu_t}{\sigma_{\varepsilon,CK}}\right)\frac{\partial\varepsilon}{\partial x_j}\right]+\frac{\varepsilon}{k}\left(C_{1,CK}G_k+C_{3,CK}\frac{G_k^2}{\rho\varepsilon}-C_{2\varepsilon}\rho\varepsilon\right)$ $G_k=\mu_t\left(\frac{\partial u_i}{\partial x_j}+\frac{\partial u_j}{\partial x_i}\right)\frac{\partial u_i}{\partial x_j}\quad \mu_t=C_{\mu,CK}\rho\frac{k^2}{\varepsilon}$
RNG k-ε 模型	$\frac{\partial(\rho k)}{\partial t}+\frac{\partial(\rho k u_i)}{\partial x_i}=\frac{\partial}{\partial x_j}\left[\left(\mu+\frac{\mu_t}{\sigma_{k,RNG}}\right)\frac{\partial k}{\partial x_j}\right]+G_k-\rho\varepsilon$ $\frac{\partial(\rho\varepsilon)}{\partial t}+\frac{\partial(\rho u_i\varepsilon)}{\partial x_i}=\frac{\partial}{\partial x_j}\left[\left(\mu+\frac{\mu_t}{\sigma_{k,RNG}}\right)\frac{\partial\varepsilon}{\partial x_j}\right]+\frac{\varepsilon}{k}(C^*_{1\varepsilon,RNG}G_k-C_{2\varepsilon,RNG}\rho\varepsilon)$ $G_k=\mu_t\left(\frac{\partial u_i}{\partial x_j}+\frac{\partial u_j}{\partial x_i}\right)\frac{\partial u_i}{\partial x_j}\quad u_t=C_{\mu,RNG}\rho\frac{k^2}{\varepsilon}\quad C^*_{1\varepsilon,RNG}=C_{1\varepsilon,RNG}-\frac{\eta(1-\eta/\eta_0)}{1+\beta\eta^3}$ $\eta=\left(\frac{G_k}{\rho C_{\mu,RNG}\varepsilon}\right)^{\frac{1}{2}}$

对应的模型参数值见表 9.2。其中，Standard k-ε 模型以其计算时间消耗小、收敛性好等特点而被广泛应用于复杂流场的模拟[42]。研究分别采用三种不同的 k-ε 模型，Standard k-ε 模型、Chen-Kim k-ε 模型、RNG k-ε 模型对反应器进行模拟计算，并对计算结果进行比较。

(4) 气液两相模拟方程

假设活性污泥与底物的混合液为均匀液体，即液体各组分共享相同的速度场、压力场和温度场，同时假定混合液为不可压缩流体。虽然活性污泥与底物并非均匀混合，但由于模拟计算机的性能原因，本研究中忽略活性污泥的沉降特性。在模拟过程中，均匀分布在反应区中的十二个源点按照设定的流量导入直径为 1mm 的球形气泡，用于模拟制氢发酵过程中产生的生物气（biogas)。基于上述假设，反应器中的流体被简化为两相流模拟。

表 9.2 不同模型的参数值

标准 k-ε 模型		Chen-Kim k-ε 模型		RNG k-ε 模型	
参数	值	参数	值	参数	值
C_μ	0.09	$C_{\mu,CK}$	0.09	$C_{\mu,RNG}$	0.0845
$C_{1\varepsilon}$	1.44	$C_{1,CK}$	1.15	$C_{1,RNG}$	1.42
$C_{2\varepsilon}$	1.92	$C_{2,CK}$	1.90	$C_{2,RNG}$	1.68
σ_k	1.00	$C_{3,CK}$	0.25	$\sigma_{k,RNG}$	0.7194
σ_ε	1.314	$\sigma_{k,CK}$	0.75	$\sigma_{\varepsilon,RNG}$	0.7194
		$\sigma_{\varepsilon,CK}$	1.15	η_0	4.377
				β	0.012

ANSYS CFX 软件提供两种多相模拟模型：一种是欧拉-欧拉（Eulerian - Eulerian）模型；另一种是拉格朗日粒子跟踪（Lagrangian particle tracking）模型。第一种模型模拟粒子所在位置发生的动量传输。第二种模型用拉格朗日方法跟踪粒子穿过流体的轨迹。本研究采用欧拉-欧拉模型描述气液两相的流动特征，活性污泥与底物的混合液作为连续相，生物气作为分散相，二者在计算域中各点相互作用。混合液作用于每一个生物气气泡颗粒，影响其运动轨迹，生物气气泡颗粒亦反过来影响混合液的湍流特性。对于气液两相分别求解守恒方程，因此每相有各自的速度场。动量传输方程模拟流体阻力的相互作用，质量传输方程模拟相间变化，能量传输方程模拟相间热交换[43]。欧拉-欧拉多相模拟模型包含两个不同的子模型：均匀模型（homogeneous model）和非均匀模型（inhomogeneous model）。非均匀粒子模型被用于本模拟，设混合液为 phase α，生物气为 phase β。多相模拟动量方程如下

$$\frac{\partial}{\partial t}(r_\alpha \rho_\alpha U_\alpha)+\nabla\left[r_\alpha(\rho_\alpha U_\alpha \otimes U_\alpha)\right]=$$

$$-r_\alpha \nabla p_\alpha+\nabla\left\{r_\alpha \mu_\alpha\left[\nabla U_\alpha+(\nabla U_\alpha)^T\right]\right\}+\sum_{\beta=1}^{N_p}(\Gamma_{\alpha\beta}^{+}U_\beta-\Gamma_{\beta\alpha}^{+}U_\alpha)+M_\alpha \tag{9.3}$$

其中 M_α 代表由于 phases β 存在所造成的作用于 phase α 的表面力。

$$M_\alpha=c_{\alpha\beta}^{(d)}(U_\beta-U_\alpha) \tag{9.4}$$

系数 $c_{\alpha\beta}^{(d)}$ 由无量纲系数 C_D 计算得到

$$C_D=\frac{D}{\frac{1}{2}\rho_\alpha(U_\alpha-U_\beta)^2 A} \tag{9.5}$$

$$c_{\alpha\beta}^{(d)}=\frac{C_D}{8}A_{\alpha\beta}\rho_\alpha\left|U_\beta-U_\alpha\right| \tag{9.6}$$

连续方程和守恒方程描述如下

$$\frac{\partial}{\partial t}(r_\alpha \rho_\alpha)+\nabla(r_\alpha \rho_\alpha U_\alpha)=S_{MS\alpha}+\sum_{\beta=1}^{N_p}\Gamma_{\alpha\beta} \tag{9.7}$$

$$\sum_\alpha \frac{1}{\rho_\alpha}\left(\frac{\partial \rho_\alpha}{\partial t}+\nabla(r_\alpha \rho_\alpha U_\alpha)\right)=\sum_\alpha \frac{1}{\rho_\alpha}\left(S_{MS\alpha}+\sum_{\beta=1}^{N_p}\Gamma_{\alpha\beta}\right) \tag{9.8}$$

(5) 计算初值与边界条件

混合液和生物气作为被模拟流体，密度（$\rho=1.05\times10^3 kg/m^3$）和黏度（$\mu=0.006N\cdot s/m^2$）参数由实验测定得到。多相流浮力计算采用密度差分模型，浮力由不同相的密度差异计算得到，浮力计算以较轻流体（生物气）的密度为计算参考值。重力方向与旋转轴一致。

底物泵入反应器的入口设定为固定流量入口条件，边界紊流条件设定为低紊流强度（1%）。处理后的混合液流出反应器设定为大气压条件下的静压出口边界条件。反应器顶部的生物气出口设定为开放出口条件。所有的其他固体表面，包括搅拌桨叶片、搅拌轴、挡板和反应器壁均被设定为墙体边界条件，对于混合液是无滑墙体，对于生物气是自由滑动墙体。

混合液通过溢流堰离开反应器之前，在反应器顶部形成自由液面，自由液面的高度 h 被用来计算混合液与生物气的体积分率和静压初始值。

$$h=0.26[m] \tag{9.9}$$

$$VF_\beta=step[(z-h)/1] \tag{9.10}$$

$$VF_\alpha=1-VF_\beta \tag{9.11}$$

$$p_{ini}=\rho_\alpha\times g\times(h-z)\times VF_\alpha \tag{9.12}$$

式中，VF_α 为混合液体积分率；VF_β 为生物气体积分率。

(6) 流场瞬态模拟

为节约计算资源，模拟分两个步骤进行。首先对生物制氢反应器进行稳态气液两相模拟。然后以稳态模拟结果为计算初始值进行 RTD 瞬态模拟。CFD 模拟 RTD 实验主要有两种方法：粒子跟踪法和示踪剂传输法。前一种方法，大量粒子从进入到离开反应器的轨迹被使用运动方程求解。只要有足够的粒子轨道被计算，RTD 的统计结果也就得到了。运用这种方法避免了求解传输方程，从而消除了传输方程离散造成的数值分散误差。后一种方法，示踪粒子的传输方程被求解。在入口瞬时注入示踪剂脉冲，然后在出口得到相应的示踪剂浓度，这种方法理论上包含了所有离差[44]。为了便于和 RTD 试验结果对比，模拟采用示踪剂传输法模拟 RTD 试验。

(7) 模拟计算求解控制

CSTR 反应器模拟运行于一台配置 Intel Xeon 2.4 GHz 处理器和 8GB 内存的 PC 服务器（图 9.9）。模拟占用内存较大，需采用 64 位 Windows 操作系统支撑模拟运算。

```
Host computer:   T350
Job started:     Wed Sep 10 09:01:10 2008

+--------------------------------------------------------------------+
|       Memory Allocated for Run  (Actual usage may be less)         |
+--------------------------------------------------------------------+

 Data Type       Kwords  Words/Node   Words/Elem     Kbytes Bytes/Node

 Real          786438.2     1047.25       210.19  3072024.0    4189.00
 Integer       131798.9      175.51        35.23   514839.5     702.03
 Character       3208.6        4.27         0.86     3133.4       4.27
 Logical           65.0        0.09         0.02      253.9       0.35
 Double           624.5        0.83         0.17     4878.9       6.65
```

图 9.9 模拟内存占用情况

如图 9.10 所示，气相和液相速度参数（U，V，W）模拟运算在 220 次迭代后实现收敛，湍动能参数（k，ε）模拟运算收敛较慢，在 600 次迭代实现收敛。

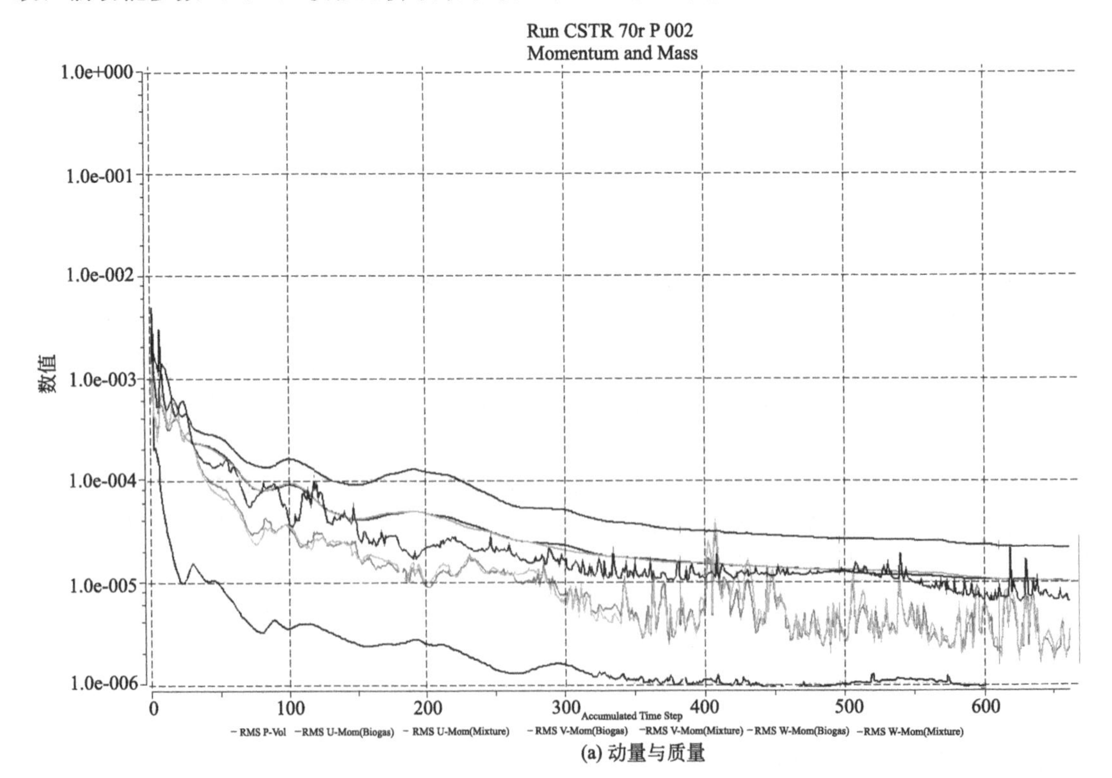

(a) 动量与质量

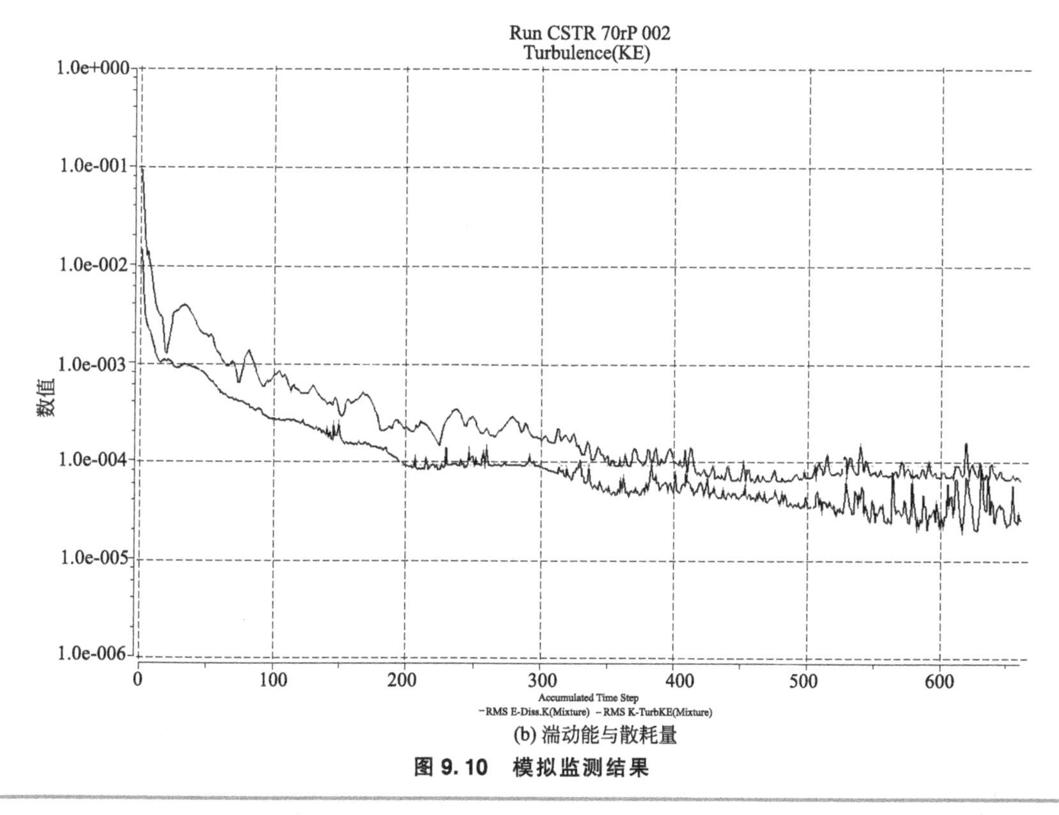

(b) 湍动能与散耗量

图 9.10　模拟监测结果

虽然迎风格式（upwind scheme）就有很好的健壮性，但容易导致离散错误。本模拟采用同时具备精确性和有界性的高解析格式（high resolution scheme）求解。时间步长设定为自动，均方根（root mean square）残差收敛标准为 1.0E－4。如图 9.11 所示，模拟一个工况共计消耗 CPU 计算时间 26h。

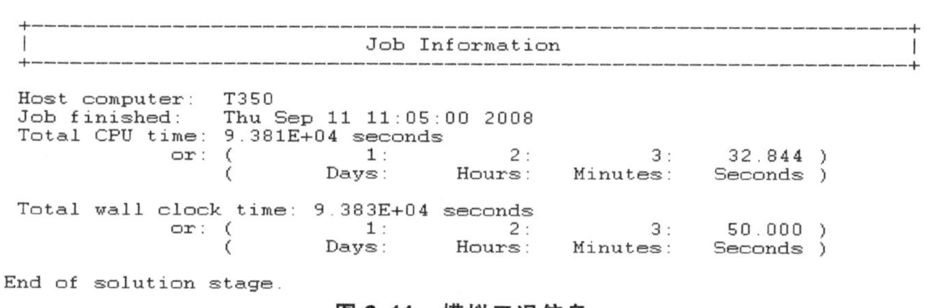

```
+--------------------------------------------------------------------+
|                          Job Information                           |
+--------------------------------------------------------------------+

Host computer:   T350
Job finished:    Thu Sep 11 11:05:00 2008
Total CPU time:  9.381E+04 seconds
            or:  (        1:          2:         3:     32.844 )
                 (     Days:      Hours:    Minutes:    Seconds )

Total wall clock time: 9.383E+04 seconds
            or:  (        1:          2:         3:     50.000 )
                 (     Days:      Hours:    Minutes:    Seconds )

End of solution stage.
```

图 9.11　模拟工况信息

9.4.1.3　CSTR 生物制氢反应器流场可视化模拟

(1) 模拟工况与分析平面

分别对两个配置不同类型搅拌桨的反应器在不同转速条件下（搅拌桨转速 N 从 50r/min 增加到 130r/min，间隔为 20r/min）的五个稳态进行模拟，然后对每个稳态模拟的速度场、气体体积分率、剪应力和湍动能等流场参数进行分析，并对多个稳态模拟的同一参数结果进行对比。用于模拟结果分析的曲线和平面位置见图 9.12。

(2) 速度场分布

图 9.13 是两种搅拌桨在不同转速下产生的液相速度场，图中速度场向量为参考系速度（velocity in Stn Frame）而不是常规速度（velocity），因为参考系速度在固定域与旋转域之

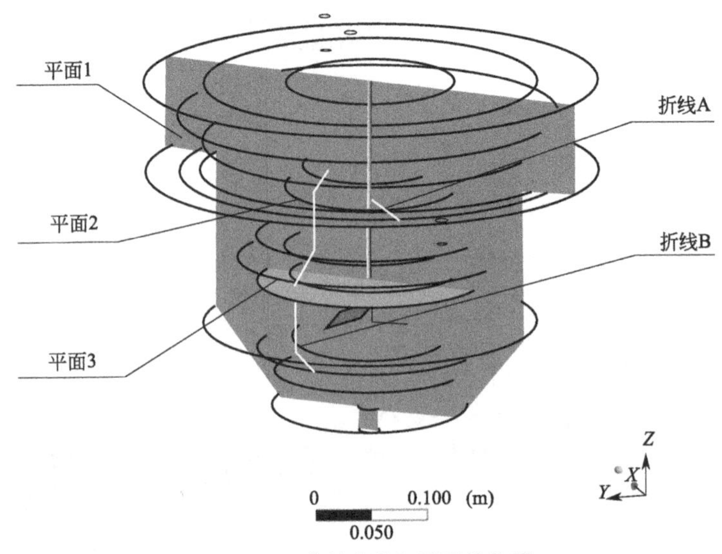

图 9.12 分析曲线和平面的位置

间的界面表现出更好的连续性。常规速度变量只使用本地参考系，不包含特定参考系信息。平面 1 (plane1) 为穿过反应器轴心的纵向切面，其速度场能够代表反应器内流场的典型特征。混合液在搅拌桨的作用下向斜上方运动，在接近反应器内桶壁面时分裂为两个涡旋：一个在搅拌桨之上，继续向液面方向流动；另一个在搅拌桨下方朝向反应器底部流动。部分向上流动的混合液在三相分离器处转为向下形成循环流量。PBT 搅拌桨 [图 9.13(a)、(b)] 在反应器底部区域产生了更强烈的涡旋，有利于沉降活性污泥的悬浮。而 RT 搅拌桨 [图 9.13(c)、(d)] 在反应区上方产生了更强烈的涡旋，有利于该区域底物与活性污泥的传质与混合，减小停滞区，提高反应器的有效容积。同时涡旋区域也意味着较长的水力停留时间。PBT 搅拌桨速度场的高速区主要在反应器的下部，而 RT 搅拌桨速度场的高速区主要在反应器的上部。图 9.14 为折线 A (Line A) 的速度分布图。折线 A 用一组沿反应器内桶桶壁排列的取样点组成，这些取样点与桶壁的无量纲距离为 0.3。这些点用于描述反应区纵向的速度分布情况。

图 9.14(a) 和图 9.14(b) 分别显示 PBT 搅拌桨和 RT 搅拌桨在 5 种不同转速条件下的速度曲线。由于搅拌桨的直径和转速存在差异，为了便于比较，对数据进行规格化处理。纵轴为无当量速度 V/V_{tip}，其中 $V_{\text{tip}}=\pi DIN$。横轴为距反应区底部的无当量距离。可以看出，PBT 搅拌桨在靠近反应区底部产生了最大速度，然后逐步降低，在反应区顶部达到最小值。

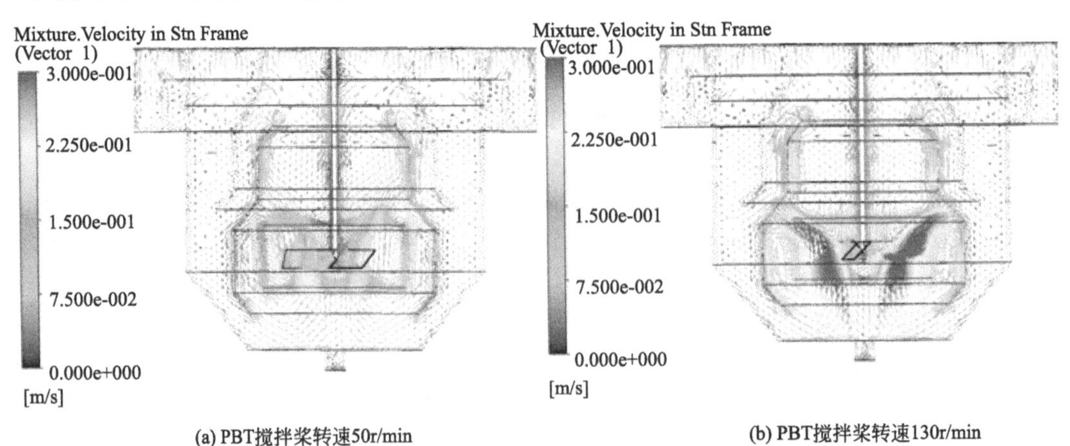

(a) PBT搅拌桨转速50r/min

(b) PBT搅拌桨转速130r/min

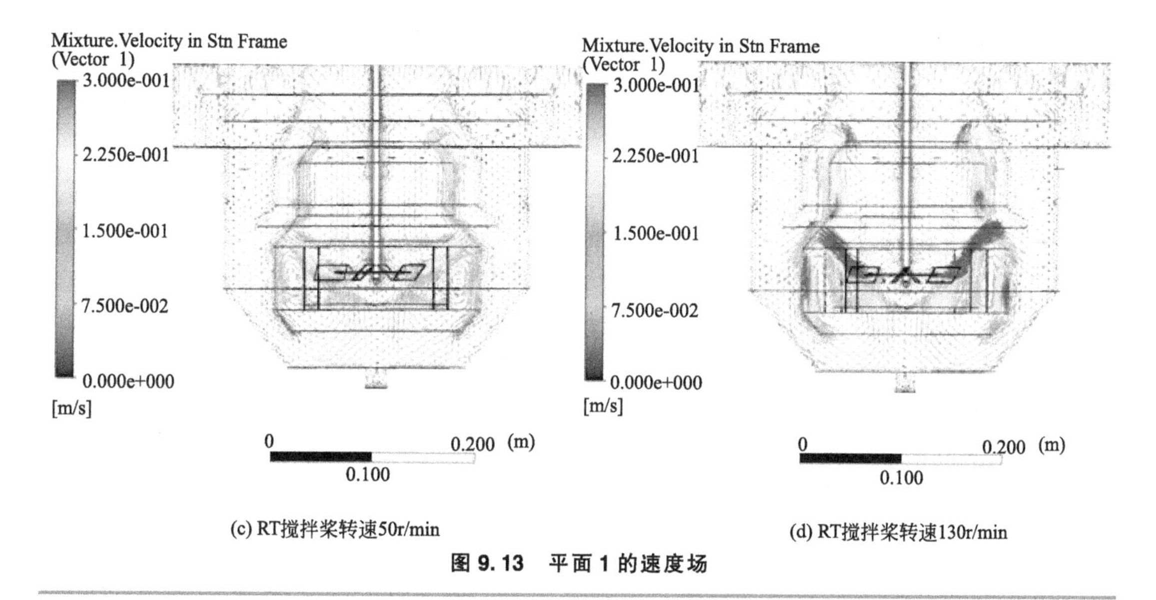

(c) RT搅拌桨转速50r/min

(d) RT搅拌桨转速130r/min

图 9.13 平面 1 的速度场

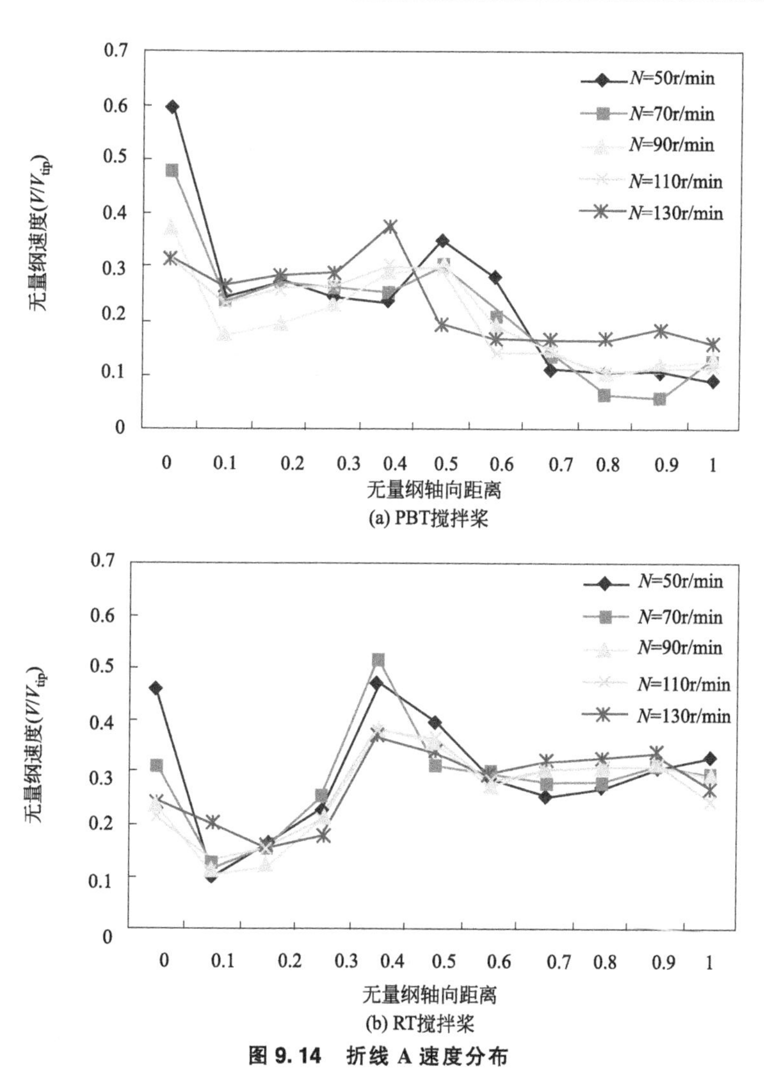

(a) PBT搅拌桨

(b) RT搅拌桨

图 9.14 折线 A 速度分布

而 RT 搅拌桨在搅拌桨上方达到最大速度，反应区上部速度分布比较均匀，无明显下降。PBT 搅拌桨在反应区底部的速度大于 RT 搅拌桨。反应区是决定制氢反应器效率的关键区域，均匀的速度分布意味着更大的有效容积，在这个方面，RT 搅拌桨比 PBT 搅拌桨明显高效。

图 9.15 为折线 B（line B）的速度分布图。折线 B 用一组反应区上部沿反应器径向排列的取样点组成。这些点用于描述反应区径向的速度分布情况。图 9.15(a) 和图 9.15(b) 分别显示 PBT 搅拌桨和 RT 搅拌桨在 5 种不同转速条件下的速度曲线。由于搅拌桨的直径和转速存在差异，为了便于比较，对数据进行规格化处理。纵轴为无当量速度 V/V_{tip}，其中 $V_{tip}=\pi DIN$。横轴为无当量径向距离。可以看出，PBT 搅拌桨从搅拌轴向反应区桶壁沿径向的速度值变化较小，只在靠近反应区壁面处明显升高达到最大值。而 RT 搅拌桨从搅拌轴向反应区桶壁沿径向的速度值快速增大，并保持稳定。RT 搅拌桨沿反应区径向速度平均值大于 PBT 搅拌桨，速度分布更为合理。

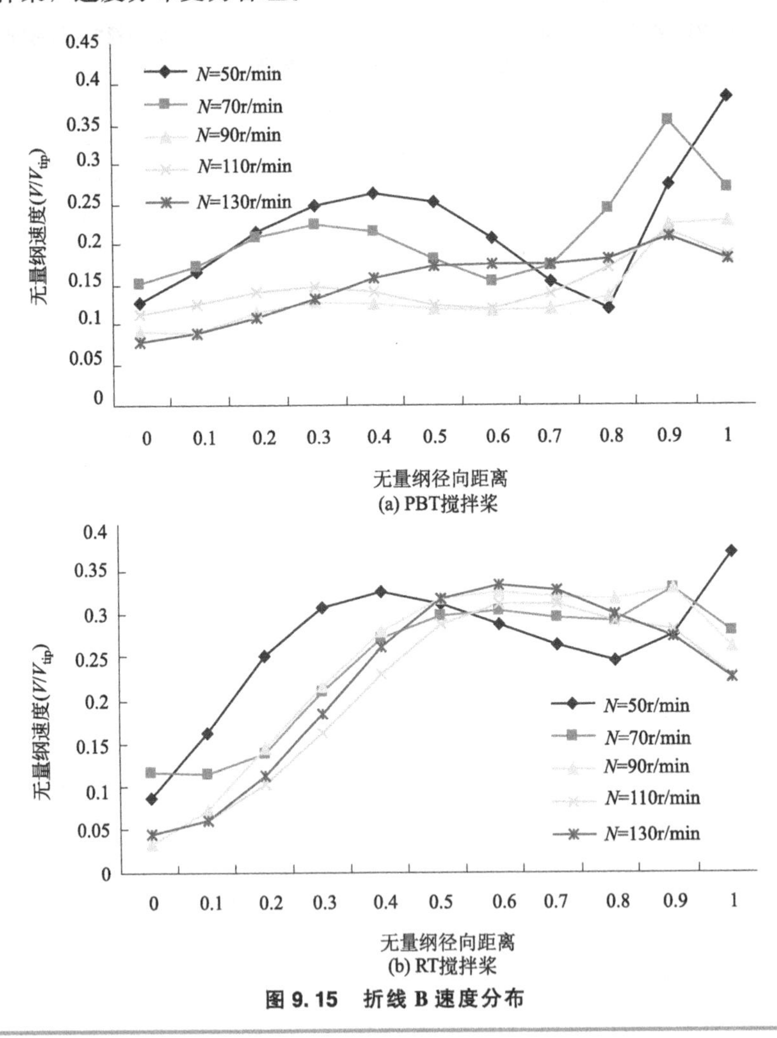

图 9.15　折线 B 速度分布

图 9.16 显示了平面 3（位于反应区上部的横截面）在不同搅拌桨转速下的速度等值面。反应区上部的混合液速度随着搅拌桨转速的增加而增大。在配置 PBT 搅拌桨的反应器中，当搅拌转速小于 70r/min 时，反应区上部存在明显的停滞区；当搅拌转速达到 90r/min 时，停滞区基本消失；随着搅拌转速的增加，反应区上部的速度场均匀增大。比较而言，RT 搅

拌桨能够在较低的转速下，使反应区上部的速度场达到均匀，当搅拌转速为 50r/min 时，反应区上部除了搅拌轴周边的微小区域以外，基本无明显停滞区；随着搅拌转速的增加，反应区上部的速度场增大。

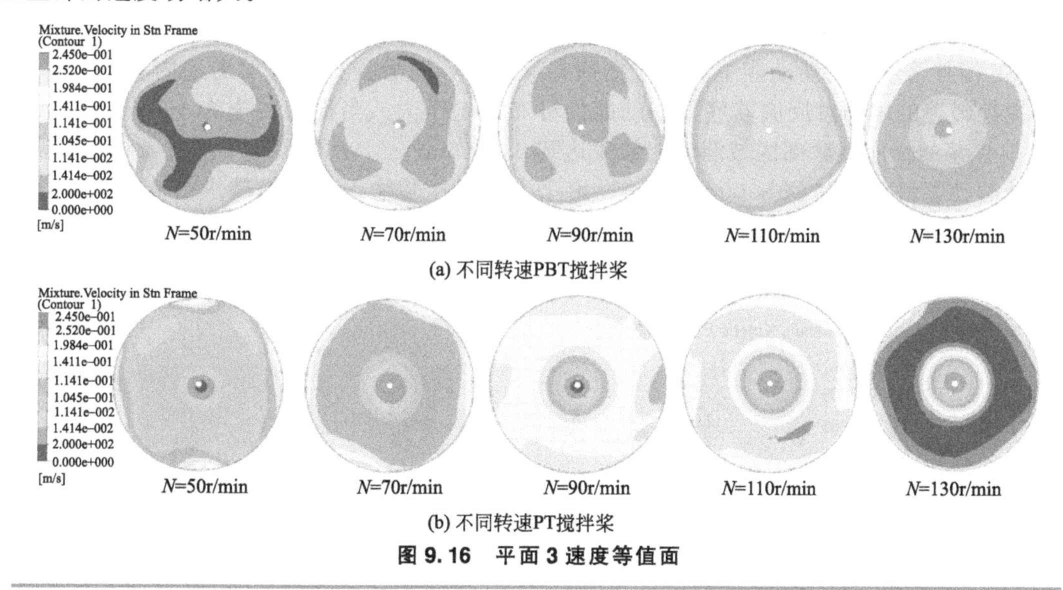

(a) 不同转速PBT搅拌桨

(b) 不同转速PT搅拌桨

图 9.16　平面 3 速度等值面

图 9.17 显示了两种搅拌桨在转速为 90r/min 条件下混合液速度等于 0.2m/s 时的速度三维等值面。RT 搅拌桨在远离搅拌桨区域速度场均匀性优于 PBT 搅拌桨。

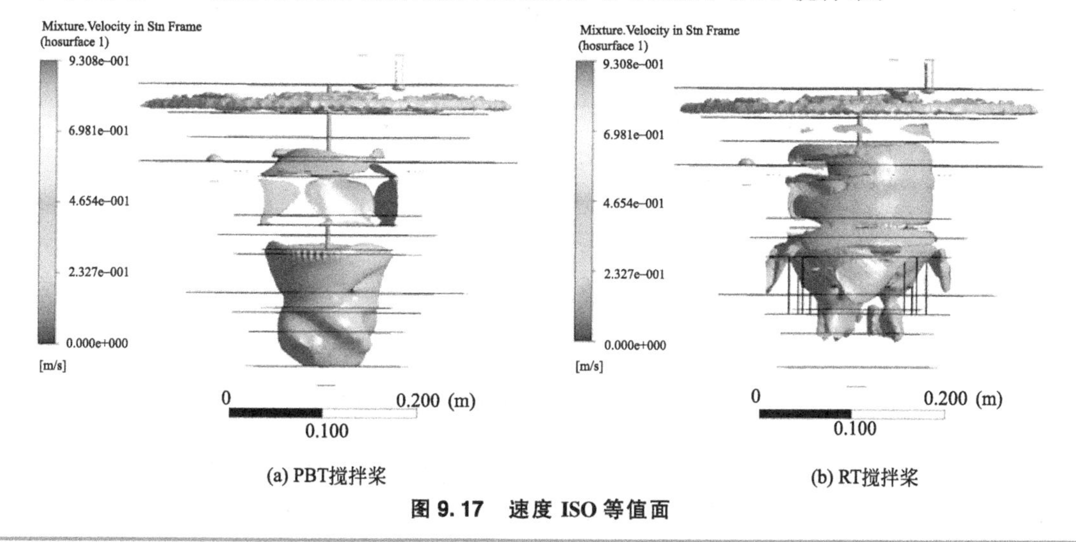

(a) PBT搅拌桨　　(b) RT搅拌桨

图 9.17　速度 ISO 等值面

(3) 湍动能与湍能耗散率

在反应器中的多尺度湍流模式中，湍流由各种尺度的涡动结构组成，大涡携带并传递能量，小涡则将能量耗散为内能。在 k-ε 模型中，k 是湍流脉动动能（J），ε 是湍流脉动动能的耗散率（%）。k 越大表明湍流脉动长度和时间尺度越大，ε 越大意味着湍流脉动长度和时间尺度越小，它们是两个量制约着湍流脉动。但是由于湍流脉动的尺度范围很大，计算的实际问题可能并不会如上所说的那样存在一个确切的正比和反比的关系。湍流耗散主要在小尺度脉动，或者反过来说小尺度脉动占有绝大部分的耗散率；另一方面湍动能的输入主要来自平均场流动，因此属大尺度脉动，或者说大尺度脉动占有湍动能的绝大部分。这样从局部能量平衡状态来说，湍流脉动长度尺度可以由湍动能 k 与湍能散耗率 ε 来估计。图 9.18 显示两种搅拌桨在不同转速下在反应器底部区域产生的湍动能等值面。对于 PBT 搅拌桨和 RT 搅拌桨来说，搅拌桨附近的湍动能都随着转速的增加而增大，但湍动能的分布存在较大差别。PBT 搅拌桨产生的湍动能在反应器底部分布比较均匀，随搅拌转速增大，湍动能向底部扩散。RT 搅拌桨产生的湍动能主要分布在搅拌桨附近，随着搅拌转速的增加向斜上方扩展，而且搅拌转速的增加对反应器底部湍动能的分布影响不大。当搅拌转速为 130r/min，配置 PBT 搅拌桨的反应器底部区域湍动能最大达到 $0.0056m^2/s^2$，而配置 RT 搅拌桨的反应器底部区域湍动能最大仅达到 $0.0022m^2/s^2$。由于 RT 搅拌桨输入的能量较少分布于反应器底部，与 PBT 搅拌桨相比，不利于沉降污泥的悬浮。这与在制氢工艺试验中观察反应器底部污泥沉降情况得到的结论相符，但由于模拟未包含固相部分，所以未能给出定量分析。

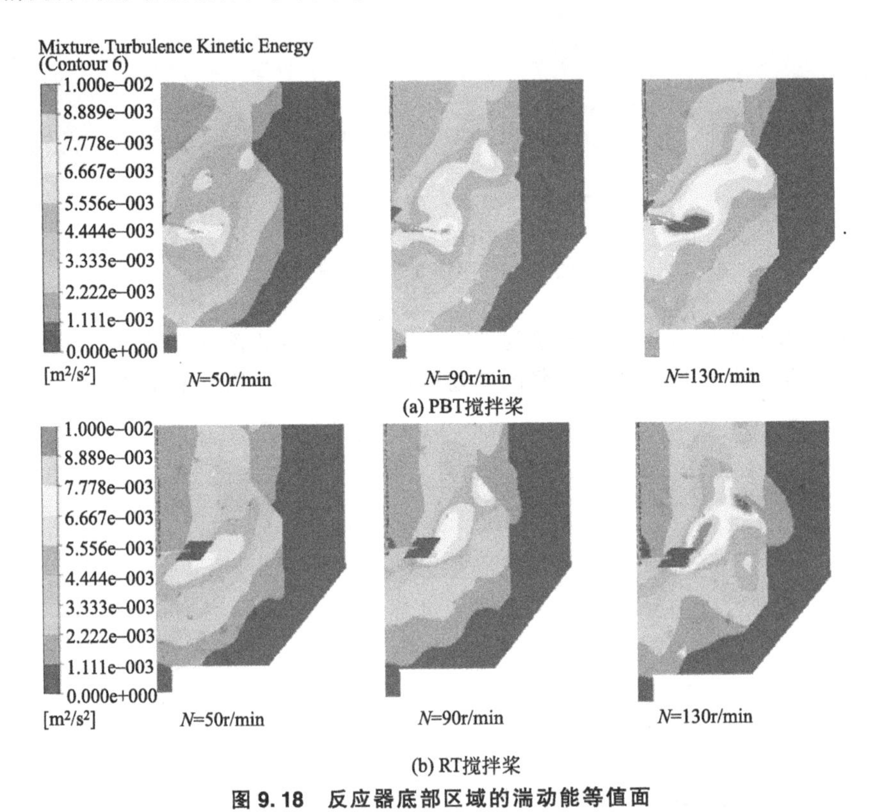

图 9.18 反应器底部区域的湍动能等值面

图 9.19 显示了 PBT 搅拌桨和 RT 搅拌桨在不同搅拌转速条件下，反应器底部区域的湍动能散耗等值面。湍动能散耗量分布与湍动能分布规律存在一定的相似性，能量传递和能量耗散为内能的特性相一致。

(4) 生物气体积分率

气相的体积分率是另一个影响制氢工艺的重要水力学特性。生物制氢厌氧发酵过程中产生的生物气主要由二氧化碳和氢气组成，其中氢气的含量为 35%～45%。作为厌氧发酵的代谢产物，混合液中含有的生物气对发酵反应有一定的抑制作用。以往的研究已经证实了二氧化碳（CO_2）和挥发酸（VFA）对厌氧细菌代谢活性的抑制作用[45]。林明[46]对产氢发酵高效菌种 B49 的产物抑制进行了研究，通过外加代谢产物考察了 B49 累积产气量产氢速率的变化，发现当外加 VFA 浓度在 41.5～100mmol/L 时，VFA 为丙酸、丁酸和乳酸时，B49 几乎停止了产氢能力；而当 VFA 为乙酸时，B49 尚有微弱的产氢能力；但当 VFA 为乙

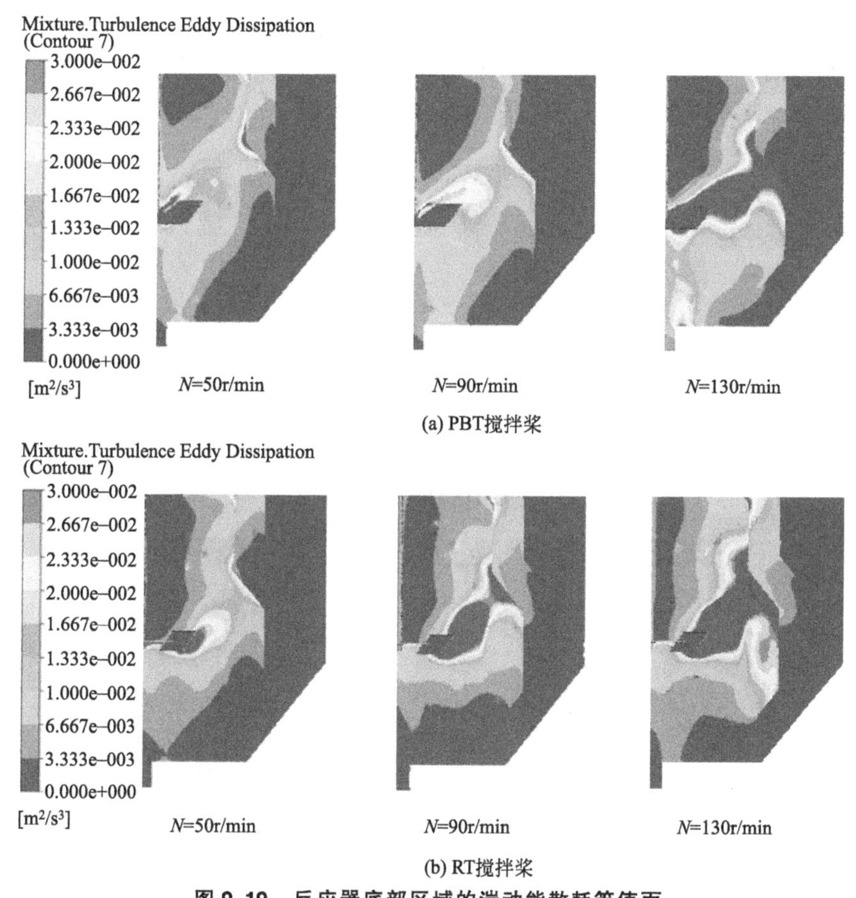

图 9.19 反应器底部区域的湍动能散耗等值面

醇时，B49 的产氢能力仅下降了 50%。乙醇对 B49 的产氢能力抑制相对最弱，乙酸次之，而丙酸、丁酸和乳酸有较强的抑制性。

微生物细胞内各种代谢反应错综复杂，各个反应过程之间是相互制约、彼此协调的，并随环境条件的变化而迅速改变代谢反应的速度。微生物的代谢调节主要是通过控制酶的作用来实现代谢产物的速度和方向，如底物的性质和浓度、环境因子、产物浓度等都有可能激活或抑制酶的活性。其中，代谢产物抑制是微生物培养过程中的普遍现象，有效地消除或减轻这种抑制是提高生产效率的关键因素之一。根据微生物生理学理论，酶活性的激活与抑制普遍存在于微生物的代谢当中，其中，代谢产物的反馈抑制是重要的代谢途径调节方式。在一些重要的生化反应中，反应产物的积累往往会抑制催化这个反应的酶的活性，这是因为反应产物与酶的结合抑制了底物与酶活性中心的结合。生物体内新陈代谢过程之所以能够如此有条不紊地进行，抑制起到了调节和控制代谢速率的作用。抑制作用通常分为产物抑制和底物抑制。菌体的一些代谢产物往往会影响细胞的生长和微生物的活力，这种现象称为产物抑制，产生产物抑制的原因是由于代谢产物的毒性影响了细胞的生长及活力。

氢气和二氧化碳体积分率对产氢发酵的抑制作用情况研究尚未有报道。研究生物制氢反应器内发酵产物气相体积分率，以及对产物的抑制作用，对于加强产氢能力有重要的意义，而有效地消除或减轻这种抑制将是今后提高氢气产量的关键问题之一。

图 9.20 分别显示了两种搅拌桨在 50r/min 转速条件下和 130r/min 转速条件下的气相体积分率。反应器中的气相体积分率随着搅拌转速的提高而增大。配置 RT 搅拌桨的反应器气

相体积分率增加较快，而配置 PBT 搅拌桨的反应器气相体积分率增加相对较缓。模拟结果也体现了三相分离挡板的气液分离作用，混合液受三相分离挡板作用向下流动，而生物气则在挡板附近形成一定的堆积，然后由于浮力作用向上流动。

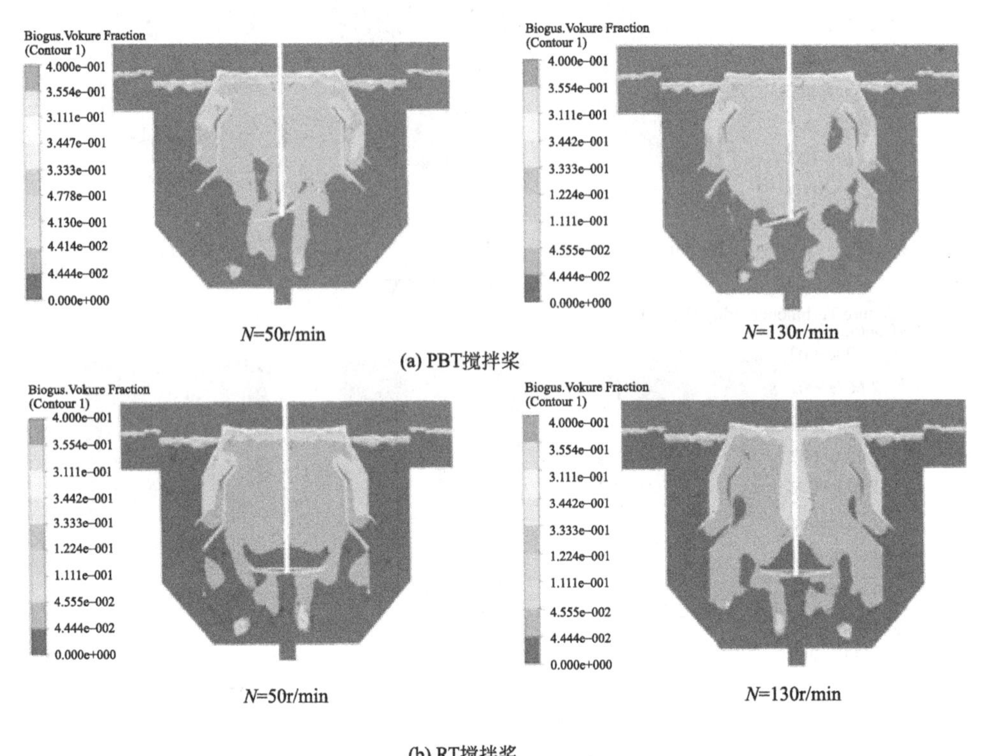

(a) PBT搅拌桨

(b) RT搅拌桨

图 9.20 生物气体积分率等值面

(5) 液相剪切力

反应器液相剪应力或剪切率是生物反应器设计和运行的重要参数。剪切力有利于底物与活性污泥的混合。通常高剪应力区域也是高效混合发生的区域，但是过高的剪应力对微生物细胞和污泥絮体或颗粒有害，在反应器设计中要避免[47,48]。因此，正确认识和理解液相剪应力是成功设计生物反应器的关键。

图 9.21 显示了位于反应器反应区上方平面 2 的剪切率等值面。当搅拌转速为 50r/min 时，PBT 搅拌桨在反应区上部只产生了很小的剪切力，这也说明在此条件下未实现有效混合，而 RT 搅拌桨则在该转速下产生了较强的剪切力，低速时的混合效果好于 PBT 搅拌桨。随着搅拌转速的增加，PBT 搅拌桨在 90r/min 转速条件下形成比较均匀的剪力场，RT 搅拌桨产生的剪应力也逐渐升高。同等转速条件下，RT 搅拌桨产生比 PBT 搅拌桨更大的剪切力，这也意味着更充分的混合。RT 搅拌桨形成的剪切力随转速上升速度也比 PBT 搅拌桨要快。另外，在制氢工艺过程中，发酵产生的生物气气泡附着于污泥絮体之上，适当的剪切力有利于气体的分离和释放，但与其他生物反应器相同，剪切力过大会导致污泥絮体受到破坏，应该避免过高的剪切力。在制氢反应器设计和运行过程中，搅拌桨的类型和搅拌转速直接影响剪切力的分布，适当的剪切力对提高反应器效率有重要的作用。高剪切区域集中在搅拌桨外沿与挡板之间，挡板的作用是将混合液的旋转运动改为垂直翻转运动，消除旋涡，同时改善所施加功率的有效利用率。挡板限制了混合液的切向速度，增加了轴向和径向速度分量，其作用是使搅拌桨排出流具有更宽的流动半径，搅拌器旋转所产生的排出流，因受反应

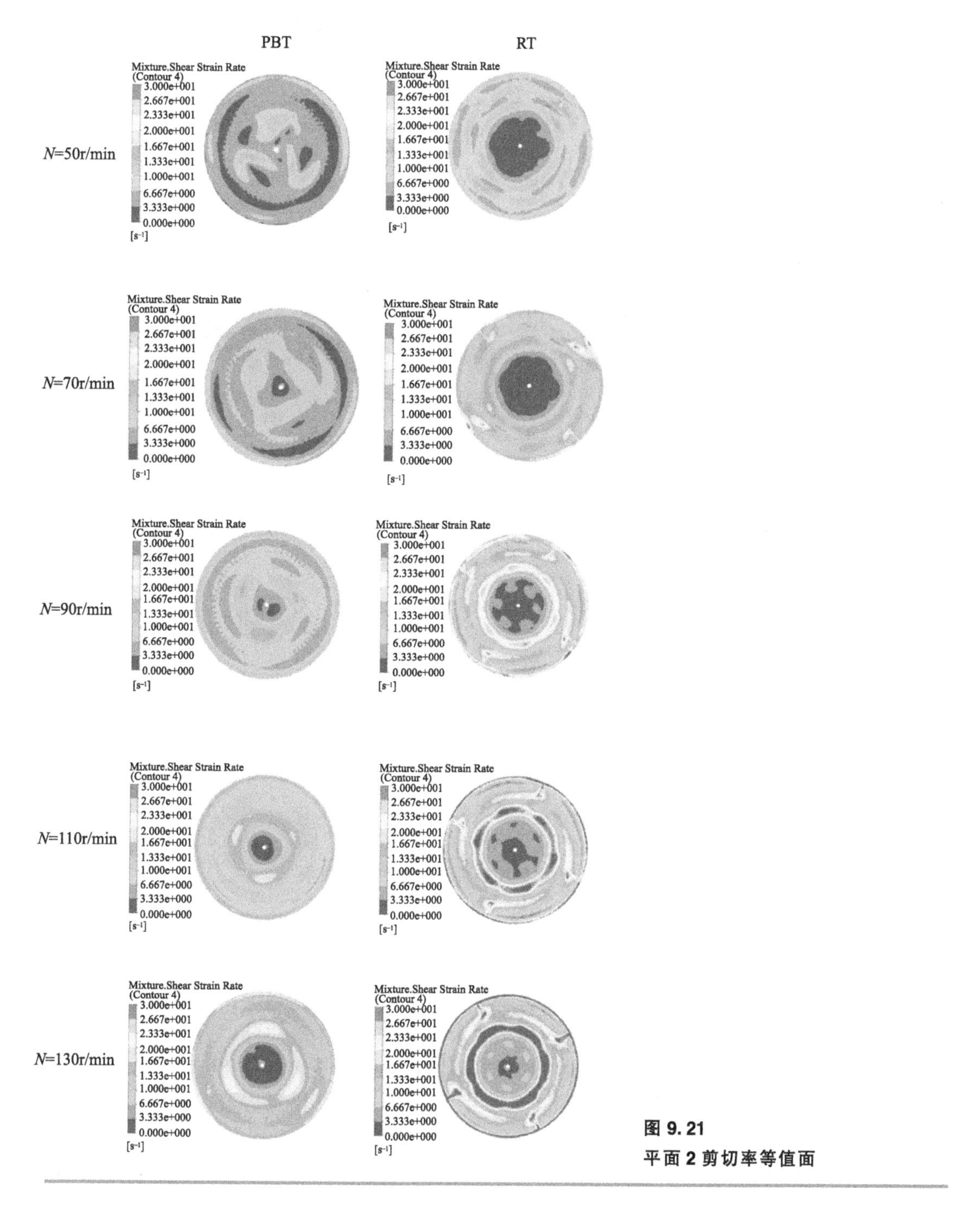

图 9.21
平面 2 剪切率等值面

器内桶壁面和挡板的作用，在反应区内形成复杂的流场，流型、速度大小和方向等均因搅拌桨叶轮与挡板的相互作用而有所变化，混合效果得到显著加强，同时也造成剪切力的变化。

（6）桨槽比对流场的影响

生物制氢反应器中搅拌桨的主要作用污泥悬浮并使之与进水充分混合，减小絮凝体颗粒的界面层厚度及温度梯度，提高传质速率。为有效利用反应器容积，避免造成停滞区或反应死角，分别对相同转速，不同桨槽径比（D_1/D，其中 D_1 为搅拌桨直径，D 为反应器内桶直径）条件下产生的速度场进行模拟分析，图 9.22 为转速 N＝110r/min 情况下，桨槽径比分别为 0.4、0.5、0.6 时的速度场矢量图。

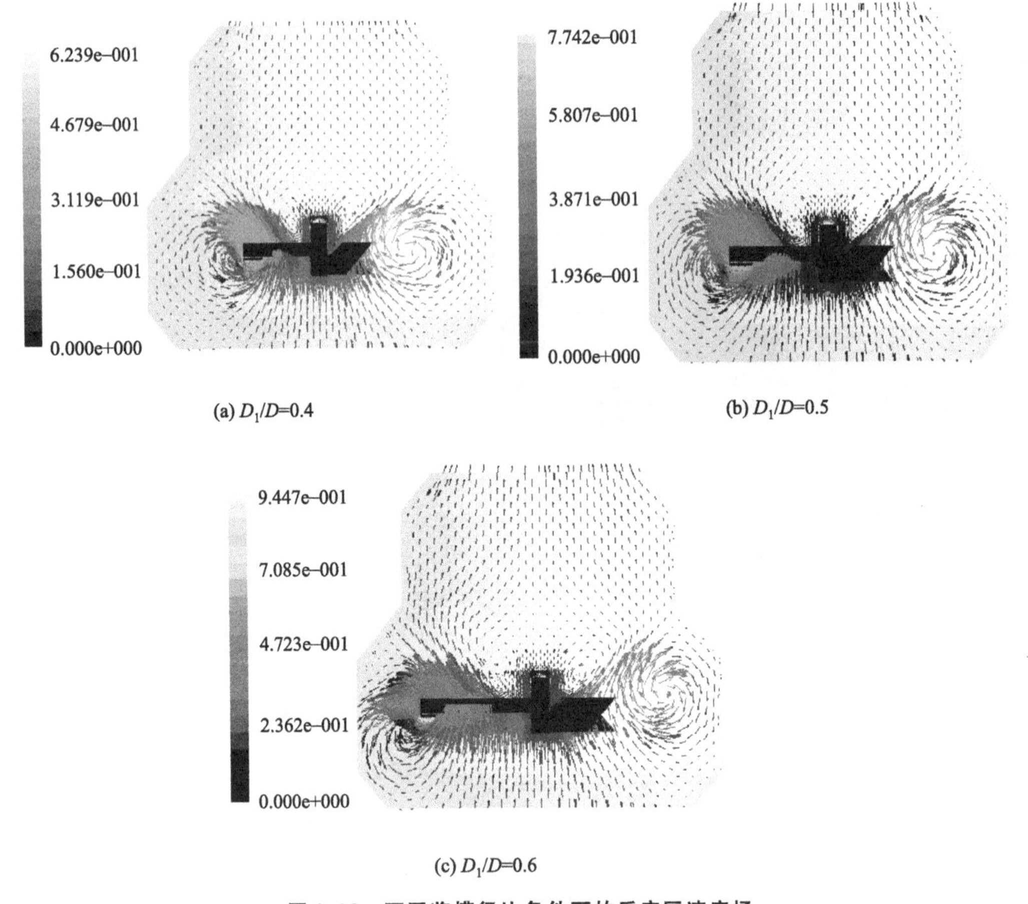

(a) D_1/D=0.4　(b) D_1/D=0.5　(c) D_1/D=0.6

图 9.22　不同桨槽径比条件下的反应区速度场

从整个模拟结果看，PBT 桨搅拌产生明显的径向流动，轴向速度相对较小，在桨叶周围区域形成较强的旋转涡流，其中与桨叶在同一高度的截面上旋涡最强烈，而在高度方向上，轴向速度逐渐减小，横截面的旋涡不再明显；随着桨槽径比的增大，其横截面的旋涡也逐渐增强，当桨槽比为 0.6 时，桨叶搅拌作用基本可覆盖整个主反应区，这保障了污泥和底物的充分混合接触，继续增大桨槽径比将加大功率消耗，不利于运行优化。

图 9.23 为不同桨槽径比条件下，搅拌桨叶片下方 5mm 处，沿反应器径向的速度分布曲线，速度 U 与重力加速度方向相反为正。可以看出当桨槽径比为 0.4 和 0.5 时，从离槽心 0.05m 到 0.06m 之间开始，一直到槽壁都处于低速区（U＜0.1m/s），而桨槽径比为 0.6 时，槽壁处的速度为 0.17m/s，该径向速度有利于在反应器主反应区形成较强的搅动，使污泥与底物充分接触，减小絮凝体颗粒的界面层厚度及温度梯度，加快代谢速率。同时，合理的径向速度分布能够充分利用反应区容积。因此，桨槽径比采用 0.6 有利于提高该研究反应器的运行效率。

图 9.24 是相同转速（N＝110r/min）不同桨槽径比条件下，距桨尖 5mm 处沿反应器轴向的速度分布。由图可知，在相同转速条件下，随着桨槽径比的增大，搅拌所产生的混合液轴向速度也明显增大；不同桨槽径比下所产生的速度最大点均产生在搅拌桨叶所在高度上。

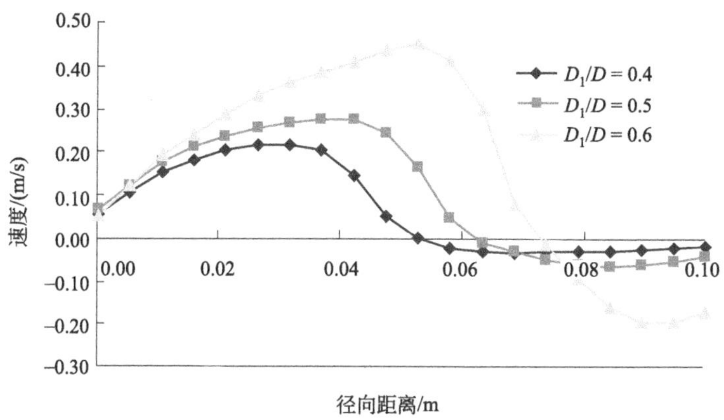

图 9.23　反应器径向的速度分布

反应器内混合液轴向速度较大，有利于加强传质，但轴向速度过高会导致污泥大量流失。以往研究结果表明，一般厌氧反应器的上升流速不应高于 1.5m/h，虽然生物制氢反应器是一种搅拌槽式反应器，但其反应区上部（即轴向最高点）流速不应高于上述水平，否则会影响三相分离。基于以上试验和模拟结果得出，桨槽径比为 0.6、转速为 110r/min 时，PBT 搅拌桨所产生的流场有利于高效稳定制氢。

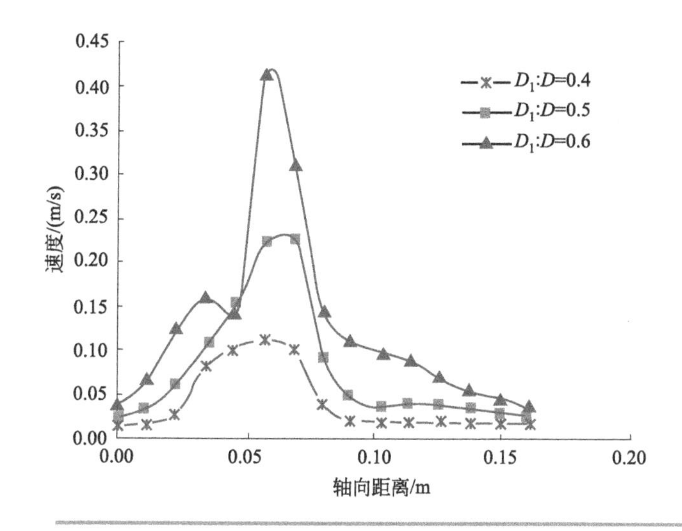

图 9.24
反应器轴向的速度分布

(7) 搅拌功率与扭矩

功率是搅拌桨的特征参数。对于特定的搅拌桨（叶轮形式和转速不变），功率随挡板系数的增大而增大。但当挡板系数达到一定数值时，功率不会进一步增大，而是基本保持恒定。此时的挡板系数称为全挡板条件，即搅拌功率达到饱和。按照挡板宽度、数量的经验性规定，一般采用垂直于槽壁的 4 块宽度为 $(D/12)\sim(D/10)$ 的挡板来满足全挡板条件。全挡板条件符合下列公式

$$N_d\left(\frac{B_d}{D}\right)\times 1.2=0.35 \tag{9.13}$$

式中，N_d 为挡板数量；B_d 为挡板宽度，mm；D 为反应器内桶直径，mm；0.35 为全挡板系数。

研究中使用的 CSTR 制氢反应器，采用垂直于槽壁的 4 块宽度 15mm 挡板来满足全挡

板条件。适当的挡板条件所提供的流型能够带动混合液和底物运动，确保充分混合；而过多的挡板，即搅拌槽的过挡板化，将减少总体流动，并将混合局限在局部区域，导致不良的混合性能。

通过数值模拟可得到 PBT 搅拌桨和 RT 搅拌桨在不同转速下的扭矩。功率则可根据公式(9.14) 计算得出

$$P=\frac{2\pi NT}{60} \tag{9.14}$$

式中，P 为功率，W；T 为扭矩，N·m；N 为转速，r/min。

图 9.25 显示了两种搅拌桨在不同雷诺数下的扭矩和功率特性。雷诺数（Reynolds）是黏性流体力学中重要的特征物理量，它表示惯性力与黏性力之比。雷诺数计算公式如下

$$Re=\frac{nD_1^2\rho}{\mu} \tag{9.15}$$

式中，μ 为运动黏度，Pa·s；ρ 为密度，kg/m³；D_1 为搅拌桨直径，m；n 为转速，r/s。

图 9.25 所示扭矩只包含搅拌桨桨叶部分，搅拌轴所需扭矩被忽略不计。功率由搅拌桨桨叶扭矩理论计算而得，未包含效率损耗。同时扭矩的数值模拟结果受网格精度等影响较大。从图中可以看出，在相同雷诺数条件下，RT 搅拌桨需要比 PBT 搅拌桨消耗更多的功率。用数值模拟计算分析搅拌桨功率对反应器设计和运行有重要意义，可以用于评估反应器效率，估算运行成本。

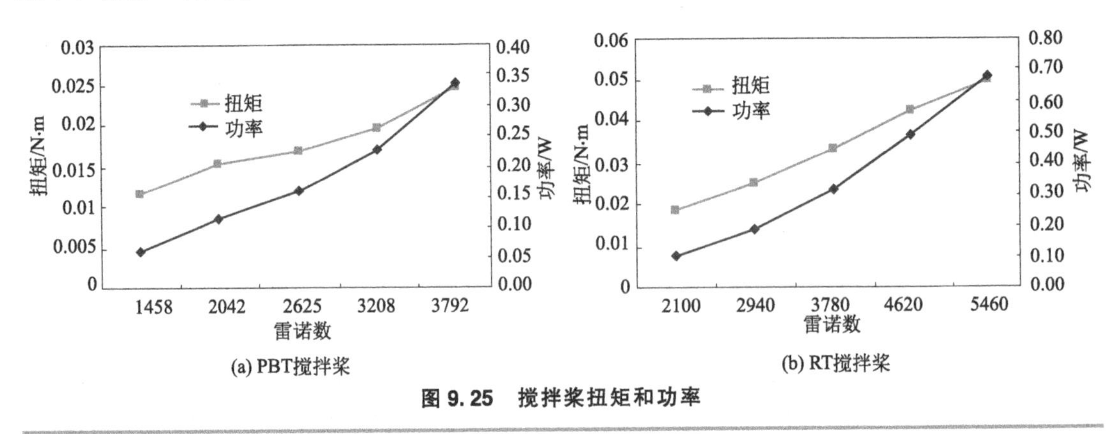

图 9.25　搅拌桨扭矩和功率

(8) 数值模拟结果实验验证

① RTD 实验验证　连续流反应器通常有两种不同的理想类型，分别为理想的推流式反应器和理想的完全混合反应器，理想的推流式反应器中每一流体元素的停留时间都是相等的；而理想的完全混合反应器由于搅拌的作用，在某一时刻进入反应器的物质是立即完全均匀分布到整个反应器内，其中一部分物质应该立即流出来，而余下的部分则在不同的停留时间流出。RTD 试验采用脉冲示踪剂法，在反应器进水管瞬时注入示踪剂，在反应器出水口测量得到不同条件下的示踪剂浓度，经过归一化计算处理后的结果用于分析反应器的水力特性和数值模拟结果比对验证。

通过脉冲示踪剂法，得到了 PBT 搅拌桨和 RT 搅拌桨在转速为 90r/min 条件下的示踪剂浓度曲线，图 9.26 为经过归一化计算处理后的结果。

表 9.3 为搅拌桨水力学特性的试验和模拟结果。二者 RTD 曲线均为单峰不对称，表现出明显反混特征。RT 搅拌桨模拟和试验结果的停滞区分别为 21.67%和 25.67%，而 PBT

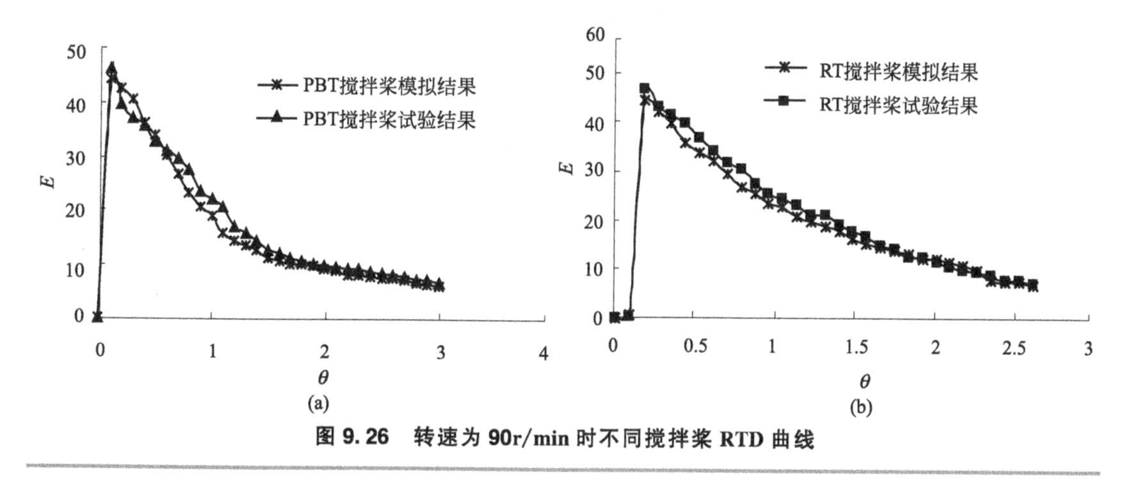

图 9.26 转速为 90r/min 时不同搅拌桨 RTD 曲线

搅拌桨模拟和试验结果的停滞区明显大于 RT 搅拌桨，分别为 32.67%和 33.33%。PBT 搅拌桨［图 9.26(a)］的模拟结果与试验结果最大误差 23.5%，平均误差为 9%。RT 搅拌桨［图 9.26(b)］的模拟结果与试验结果最大误差 11.2%，平均误差为 6.5%。RT 搅拌桨模拟结果与试验结果的一致性好于 PBT 搅拌桨。

表 9.3 不同搅拌桨的水力特性

项目	理论停留时间 t/min	实际平均停留时间 $\bar{t}$/min	无量纲方差 σ_θ^2	D/UL
RT 模拟结果	300	235	0.42	0.22
RT 试验结果		223	0.411	0.215
PBT 模拟结果		202	0.366	0.19
PBT 试验结果		200	0.388	0.2

② PIV 实验验证　转速为 90r/min 条件下，PBT 搅拌桨的 PIV 实验测量结果与数值模拟结果比较如图 9.27 所示，二者误差较大。分析原因发现，由于反应器加工精度不足，搅拌桨与搅拌轴采取螺纹连接，搅拌桨旋转时出现较大的偏心摇摆，导致实验测量速度场偏差较大；而 CFD 数值模拟完全按照理想状态模拟，无法体现偏心旋转问题。另外，由于 PIV 存在无法直接测量非透明流体等问题，实验中采取一些近似方法，所以速度场实验测量结果与制氢工艺试验反应器中的实际速度场也存在误差。

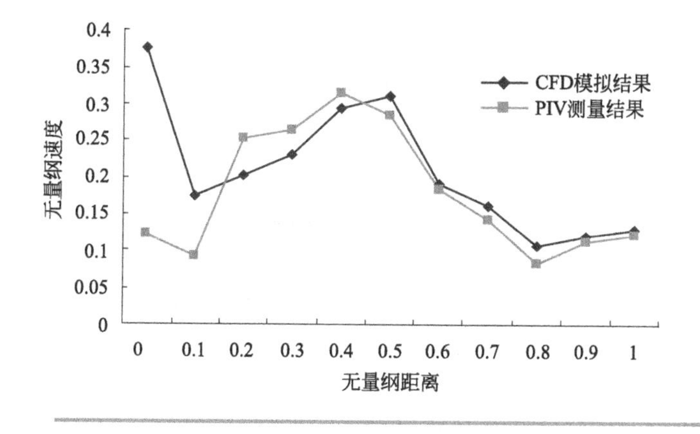

图 9.27
N=90r/min 时 PBT 搅拌桨曲线 A 的速度分布

9.4.1.4 CSTR 生物制氢工艺运行优化分析

为确定 CSTR 制氢反应器的最优化运行参数，在相同工艺条件下，按照模拟工况和反应器水力参数进行工艺实验。图 9.28 显示了配置 PBT 搅拌桨和 RT 搅拌桨的 CSTR 反应器在 50～130r/min 不同转速下的平均产气量和平均产氢量。在配置 PBT 搅拌桨的反应器中，当转速由 50r/min 提高到 70r/min，平均生物气产量由 11.8L/d 快速升高到 26.1L/d，当搅拌转速达到 90r/min，平均生物气产量达到峰值 29.2L/d，而最大平均氢气产量 10.75L/d 出现在转速为 110r/min 时，转速继续增大到 130r/min 时，平均产气量和产氢量都出现下降。而在配置 RT 搅拌桨的反应器中，产气量在 50r/min 的较低转速下就达到最大值 24.3L/d，启动时间也较短，产气量在转速 70r/min 时达到最大值 8.78L/d 后，随转速的继续增加而迅速下降，转速继续增大到 130r/min 时，平均产气量和产氢量分别下降至 13.2L/d 和 2.9L/d。根据上述结果，搅拌桨类型和搅拌转速对生物制氢工艺有显著的影响。

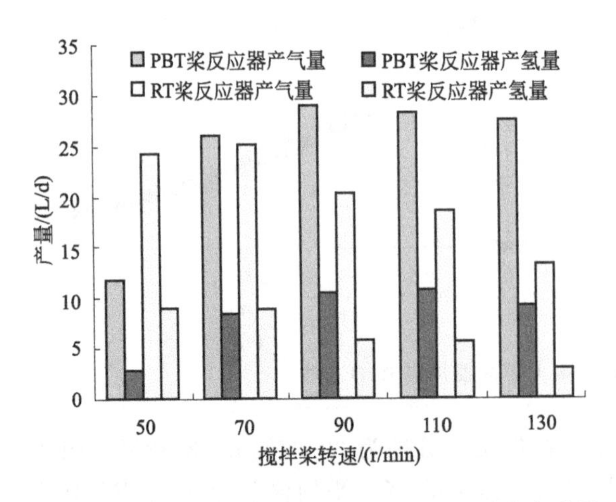

图 9.28　不同搅拌桨在不同转速条件下的平均氢气产量

采用的 CSTR 制氢反应器，配置桨槽径比为 0.6 的 PBT 搅拌桨，转速为 90～110r/min 时，达到最优的运行效果。结合流场模拟结果进行关联分析，可以发现，虽然搅拌桨转速的增加带来反应器内速度场的提高和速度场均匀性的改善，这意味着停滞区的减少和反应器有效容积的增加，但是产气量并未随之持续增加。根据以往的研究，高剪切力会对微生物细胞和污泥絮体造成破坏，而气相体积分率的升高将会对制氢发酵反应产生抑制。正因为剪切力和气相体积分率也是随着搅拌转速的升高而增大，所以平均产气量在较高转速条件下出现下降。在较低转速条件下，RT 搅拌桨能够产生较好的速度场分布，所以在转速为 50r/min 时，产气量显著高于 PBT 搅拌桨，RT 搅拌桨产生的剪切力随转速的提高而迅速上升，从而导致产气量迅速下降。结合对搅拌桨功率和扭矩的分析，RT 搅拌桨在较高转速下的效率明显低于 PBT 搅拌桨。但在工业规模反应器中，较高转速难以实现的条件下，RT 搅拌桨在低转速下的良好水力特性值得关注。

对最优化运行条件下的流场特征分析显示，对于制氢工艺来说，均匀的速度场分布、适当的剪切力和较小的气相体积分率有利于提高反应器效率。

9.4.2 EGSB 生物制氢反应器流场分析与控制参数优选

9.4.2.1 EGSB 生物制氢系统的工艺简介

目前关于膨胀床反应器专门用于制氢领域的研究报道还较少。王相晶[49]采用载体陶粒固定高效产氢菌种 B49，以有机废水为底物进行了膨胀床反应器生物制氢的研究，在容积负荷为 81.3～94.3kgCOD/(m^3·d)、膨胀率 15%的条件下，反应器平均产氢速率为 6.44m^3 H_2/(m^3·d)。Guwy 等[50]以玻璃珠为载体的流化床反应器处理生产面包的发酵废水时，研究了氢气含量与有机负荷的关系，当有机负荷从 40kgCOD/(m^3·d) 升至 63kgCOD/(m^3·d) 时，氢气含量由 29%升至 64%。Lin 等[51]利用硅胶树脂做载体，以蔗糖为底物，在流化床中进行生物制氢研究，发现在一定范围内，蔗糖浓度的升高和 HRT 的降低都有利于产氢的增加。在蔗糖浓度为 40g/L，HRT 为 2.2h 时，获得的最大氢气产率为（4.98±0.18）mol H_2/mol 蔗糖。还有研究表明，膨胀床中不同的上升流速的控制使得载体传质发生变化，从而导致了产氢能力的差别，Wu 等[52]报道了在 HRT＝2h 时，临界流速为 0.85cm/s，获得的最大产氢速率为 0.93m^3 H_2/(m^3 反应器·h)，最大氢气产率可达 2.67mol H_2/mol 蔗糖。Lee 等[53]报道了载体颗粒污泥床反应器（CIGSB），可在较短的 HRT 条件下，完成较好的传质；而且报道了 Ca^{2+} 的添加，对于反应器内颗粒的形成十分有利。

王旭[8]开展流场分析的是 EGSB 生物制氢反应器，如图 9.29 所示，是其所在实验室研发的实用新型专利产品高效发酵法生物制氢膨胀床设备[54]，为反应区和沉淀区一体化结构，反应器设有筛网和外循环装置。废水从反应器底部进入，反应后的出水从上部流出，发酵气通过气体流量计进行测量。反应器有效容积为 3.35L，沉淀区为 4.3L，反应器内温度控制在（35±1）℃。反应器通过回流控制上升流速，使床层膨胀率控制在 10%～20%。

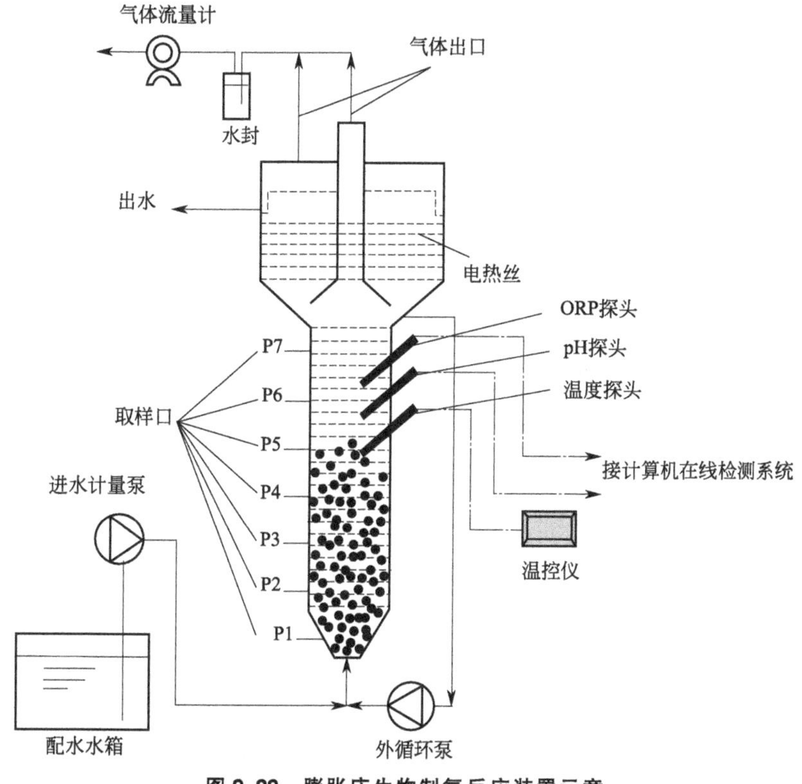

图 9.29 膨胀床生物制氢反应装置示意

9.4.2.2 EGSB 生物制氢反应器流体力学-反应动力学耦合模型

(1) 几何模型与网格划分

以膨胀床全反应器作为计算区域，由于计算区域的不规则性，为了尽量使网格分布与流体流动方向一致，降低网格造成的计算误差，故分区域生成结构化网格。将计算区域分成以下几个部分：进水区、反应区、三相分离器区域、溢流槽与集气区。计算区域全采用四边形网格，其中在进水区和三相分离器区域附近加密网格。为了优化计算网格，划分了三套疏密不同的计算域网格，并进行网格压降差异比较，最终选择了网格数为 14440，节点数 15341，面数 29780 的计算网格。几何模型与网格划分见图 9.30。

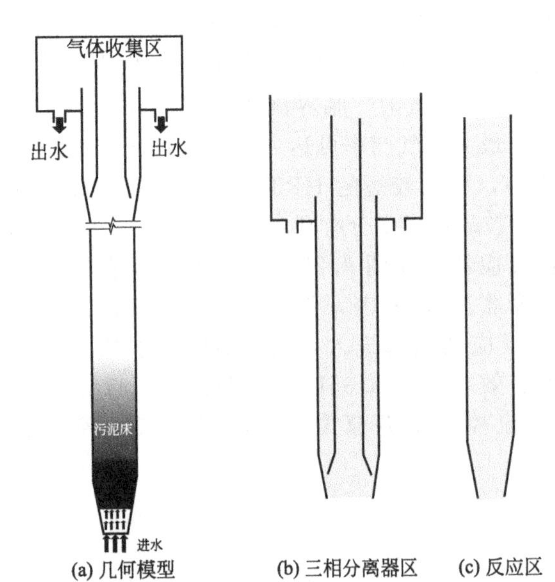

图 9.30　几何模型与计算网格划分

(2) 欧拉-欧拉多相流模型

仍然采用欧拉-欧拉多相流模型作为计算流体力学模型核心，其中，废水、污泥和发酵氢气被视为三种不同的连续流（废水为第一相，污泥和发酵氢气为第二相和第三相）。模拟涉及的主要物质参数为：废水浓度为1050kg/m³；污泥床中的污泥占反应区体积的35%，污泥浓度1460kg/m³，污泥颗粒粒径1mm，初始体积分率为0.55；氢气密度为1.225kg/m³，氢气气泡粒径为0.1mm。

① 控制方程　在欧拉-欧拉模型中，质量守恒方程和动量守恒方程，均在二维计算域中得到求解；气液固三相根据各自的体积分率共享压力场；每一相的运动由各自对应的动量守恒方程和质量守恒方程控制。

各相的质量守恒方程，亦即连续方程，如下

$$\frac{\partial(\rho_k\lambda_k)}{\partial t}+\nabla(\rho_k\lambda_k u_k)=0 \tag{9.16}$$

式中，ρ_k 为相 k 的浓度；λ_k 为相 k 的体积分率；u_k 为相 k 的速度矢量。

由于各相假定为不可压缩，所以式（9.16）可以简化为

$$\nabla(\rho_k\lambda_k u_k)=0 \tag{9.17}$$

各相的动量平衡方程，如下

$$\frac{\partial(\rho_L\lambda_L u_L)}{\partial t}+\nabla(\rho_L\lambda_L u_L u_L)=-\lambda_L\nabla p+\nabla[\lambda_L\mu_{ef,L}(\nabla u_L+(\nabla u_L)^T)]+\rho_L\lambda_L g-M_{I,LG} \tag{9.18}$$

$$\frac{\partial(\rho_S\lambda_S u_S)}{\partial t}+\nabla(\rho_S\lambda_S u_S u_S)=-\lambda_S\nabla p+\nabla[\lambda_S\mu_{ef,S}(\nabla u_S+(\nabla u_S)^T)]+\rho_S\lambda_S g-M_{I,LS} \tag{9.19}$$

$$\frac{\partial(\rho_G\lambda_G u_G)}{\partial t}+\nabla(\rho_G\lambda_G u_G u_G)=-\lambda_G\nabla p+\nabla[\lambda_G\mu_{ef,G}(\nabla u_G+(\nabla u_G)^T)]+\rho_G\lambda_G g-M_{I,LG} \tag{9.20}$$

其中，p 为压力，μ_{ef}为有效黏度，g 为重力加速度，M_I 为相间传送力。

满足兼容性条件的体积分率如下

$$\sum_{k=1}^{n}\lambda_k=\lambda_L+\lambda_S+\lambda_G=1 \tag{9.21}$$

② 相间动量传递　在模拟过程中，固相和气相作于液相的曳力可以通过如下公式计算

$$M_{D,LG}=\frac{3}{4}\frac{C_{D,LG}}{d_G}\rho_L\lambda_G|u_G-u_L|(u_G-u_L) \tag{9.22}$$

$$M_{D,LS}=\frac{3}{4}\frac{C_{D,LS}}{d_S}\rho_L\lambda_S|u_S-u_L|(u_S-u_L) \tag{9.23}$$

式中，C_D 为曳力系数；d_G 为气泡直径；d_S 为污泥颗粒直径。

对于气相与液相之间的曳力系数 $C_{D,LG}$ 可以由 Schiller-Naumann 曳力模型获得，如下：

$$C_{D,LG}=\begin{cases}\frac{24(1+0.15(1-\lambda_G)Re^{0.687}}{(1-\lambda_G)Re}(1-\lambda_G)^{-2.65} & (1-\lambda_G)Re\leqslant 1000\\ 0.44 & (1-\lambda_G)Re>1000\end{cases} \quad (9.24)$$

其中，Re 为相对雷诺数，可通过如下获得

$$Re=\frac{\rho_L d_G|u_G-u_L|}{\mu_L} \quad (9.25)$$

对于固相与液相之间的曳力模型 $C_{D,LS}$ 可以由 Wen-Yu 曳力模型获得，如下

$$C_{D,LS}=\frac{24}{\lambda_S Re}[1+0.15(\lambda_S Re)^{0.687}]\lambda_s^{-0.265} \quad (9.26)$$

相应的雷诺数可以由下式获得

$$Re=\frac{\rho_L d_S|u_S-u_L|}{\mu_L} \quad (9.27)$$

另外，垂直作用于固相与气相相对运动方向上的升力可通过下式获得

$$M_{L,LG}=C_L\rho_L\lambda_G(u_G-u_L)\times(\nabla\times u_L) \quad (9.28)$$

$$M_{L,LS}=C_L\rho_L\lambda_S(u_S-u_L)\times(\nabla\times u_L) \quad (9.29)$$

③ 湍流模型　在初步探究多相流模拟运动规律时，我们假定单相流 k-ε 湍流模型能够考察该研究的湍流效应。相对而言，由于存在次相对主相的诸多影响，多相流湍动模拟是非常复杂而且计算耗量巨大的工程。因此，我们假定湍流效应只局限于第一相中。

第一相（即液相）的湍流黏度可通过 k-ε 湍流模型获得

$$\mu_{t,L}=C_\mu\rho_L\left(\frac{k_L^2}{\varepsilon_L}\right) \quad (9.30)$$

第一相的湍动能（k）和能量耗散率可通过下式获得

$$\frac{D\lambda_L\rho_L k_L}{Dt}=\nabla\left[\lambda_L\left(\mu+\frac{\mu_{t,L}}{\sigma_{kL}}\right)\nabla k_L\right]+\lambda_L\rho_L(p_{kL}-\varepsilon_L)+\lambda_L\rho_L\Pi_{kL} \quad (9.31)$$

$$\frac{D\lambda_L\rho_L\varepsilon_L}{Dt}=\nabla\left[\lambda_L\left(\mu+\frac{\mu_{t,L}}{\sigma_{\varepsilon L}}\right)\nabla \varepsilon_L\right]+\lambda_L\rho_L(C_{\varepsilon 1}\rho_{kL}-C_{\varepsilon 2}\varepsilon_L)+\lambda_L\rho_L\Pi_{\varepsilon L} \quad (9.32)$$

式中，Π_{kL} 代表了第二相对第一相的影响以及分散的湍动程度的预测；$\Pi_{\varepsilon L}$ 代表了对第二相湍动程度的预测，这都可由 Techen 理论获得。湍动模型中的参数都取用标准值：$C_{\varepsilon 1}=1.44$，$C_{\varepsilon 2}=1.92$，$C_\mu=0.09$，$\sigma_k=1.0$，$\sigma_\varepsilon=1.3$。

(3) 葡萄糖发酵降解动力学模型

根据对生物产氢反应过程中气、液相发酵产物分析，葡萄糖的乙醇型发酵可表示为：

$$C_6H_{12}O_6+H_2O\longrightarrow CH_3COOH+CH_3CH_2OH+2H_2+2CO_2 \quad (9.33)$$

生物制氢反应器是一个三相体系，氢是在菌胶团（絮体）内部及外表面通过对底物（葡萄糖）的生物发酵而产生的。所涉及耦合模型中的葡萄糖发酵降解动力学模型，以乙醇发酵为产氢发酵类型，其中葡萄糖发酵降解速率通过以下推导得到。

任南琪等[55]发现，糖蜜废水中的葡萄糖降解速率遵循 Michaelis-Menten 公式，如下

$$r=\frac{r_m C}{K_m+C} \quad (9.34)$$

式中，r 为葡萄糖（底物）降解速率，mol/(L・h)；r_m 为最大降解速率，mol/(L・h)；K_m 为米氏常数，mol/L；C 为葡萄糖（底物）浓度，mol/L。

在正常运行的生物制氢反应器中，一般来说，$C<0.0016$mol/L，因此有 $K_m+C\approx K_m$。此外，由于某些特定因素的影响，试验结果并非葡萄糖降解的本征反应速率，所以，经过简化后的葡萄糖表观降解速率为

$$r_{obs}=k_{obs}C \tag{9.35}$$

式中，r_{obs}为葡萄糖表观降解速率，mol/(L·h)；k_{obs}为表观速率常数，h^{-1}，该试验中$k_{obs}=2.06h^{-1}$。

将 $k_{obs}=2.06h^{-1}$代入式(9.35) 中得

$$r_{obs}=2.06C \tag{9.36}$$

(4) 边界条件

在求解流体力学模型的时候，边界条件的设定是一个非常重要的步骤，因为它直接影响流入或流出的计算域的流体状态。模拟求解是从边界的限制条件开始进行有限差分求解的，限制条件的改变，相当于在计算中已知方程的边界点发生了变化，这无疑会改变计算结果。然而，对于大多数情况来说，边界条件的确定不是一个很容易的问题，它受上游流场、进出口结构形态等诸多因素的影响较大，下面结合 EGSB 反应器反应区的流动情况给出边界条件。模拟工况：HRT 为 1h，入口葡萄糖浓度为 8000mg/L。

在数值计算过程中，由于假定流体为不可压缩性流体，反应区进口为速度进口（入口速度取值根据 EGSB 不同停留时间进行折算），流化床上部出口为压力出口，边壁等其他边界条件取缺省值。

(5) 数值求解方法

求解 Navier-Stocks 方程采用分离式解法中的 SIMPLE 算法。ESGB 反应区模拟运行于一台配置 Intel® Core™ 2 Duo CPU T9300 2.5GHz 处理器和 2GB 内存的计算机。在本章所涉及的所有数值计算，均采用非稳态求解，时间步长为 0.001s，每个时间步最大迭代步数为 50 步。各项收敛残差标准为 1.0E−3，模拟运算在 33500 次迭代后实现收敛。

(6) 模拟验证

考虑到对 CFD 模型的准确性进行验证，图 9.31 为模拟工况下反应区与三相分离区液相 PIV 实测值与模拟值。通过该图，可以发现实测值与模拟值得到了很好的吻合。两者之间的相对误差小于 10%，说明所建立的模型具有较佳的预测性，能够很好地表征反应区的实际流动情况。

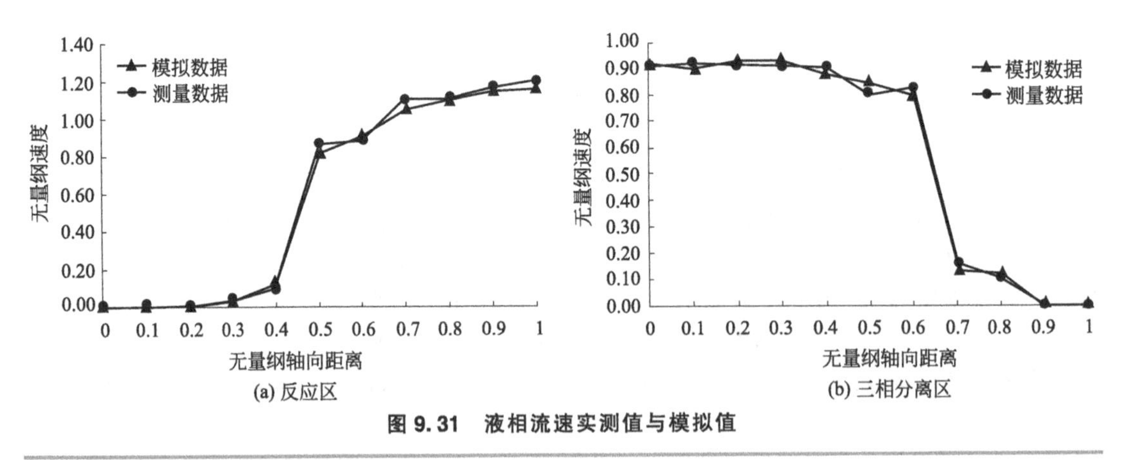

图 9.31 液相流速实测值与模拟值

9.4.2.3 EGSB 生物制氢反应器流场特性模拟

(1) 流速场分布

由图 9.32 可见，在非稳态模拟条件下，模拟开始的 0.2～0.5s 以后，反应器污泥层中液相速度场出现较大的速度梯度分布，有利于污泥的混合和有效传质的进行。然而，由于距离入水口较远，污泥床上部的速度场分布梯度较小，动量传递较弱，不利于相间物质传递与输送。当过程模拟在0.5s以后，开始进入发酵降解过程，生物发酵气体开始从污泥层中释放出来，由于气泡的产生和上鼓，污泥床上部流速场发生剧烈的变化，动量传递强烈。另外，由于反应区中部与周边器壁区域出现不均匀的流场分布，这就造成了污泥的回流与循环现象。

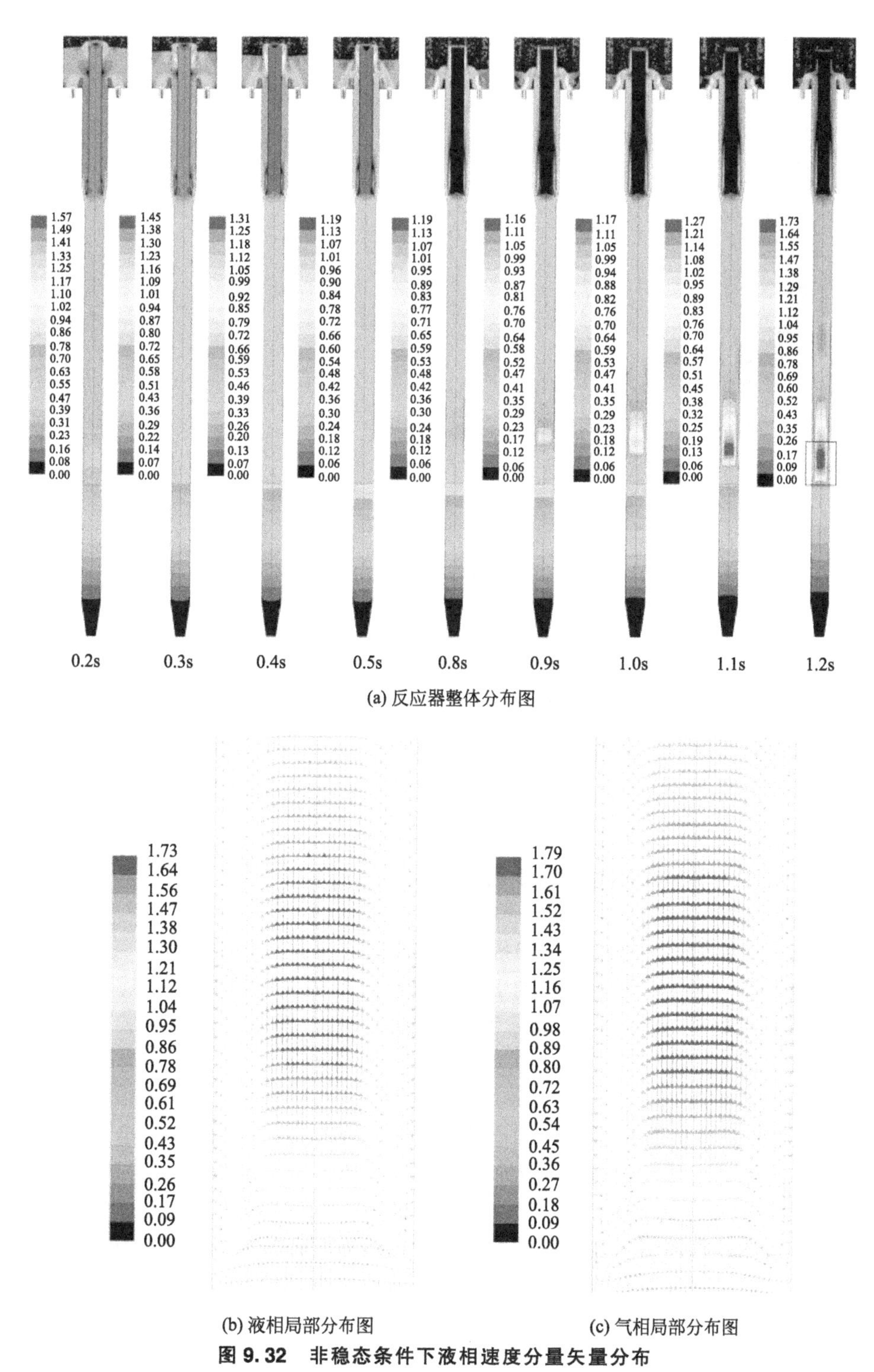

(a) 反应器整体分布图

(b) 液相局部分布图　　(c) 气相局部分布图

图9.32　非稳态条件下液相速度分量矢量分布

由图 9.33 的模拟结果，我们可以发现另外一个问题，由于三相分离器附近的液相速度大于其他区域，使得该区域紊动程度加剧，使得部分发酵气体在液体的曳动下从三相分离器外口逸出，降低了发酵气体的收集效率。出现这种现象，是由于三相分离器挡板在设计的时候，未能考虑其最优化角度，这说明反应器的三相分离器需要进行优化，从而提高收集效率。

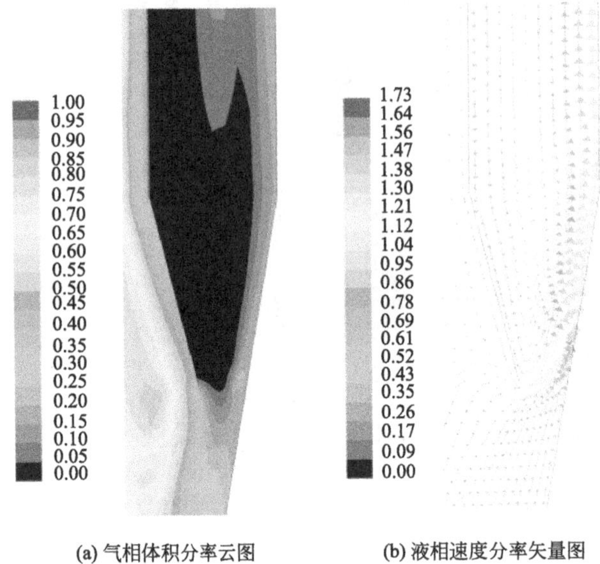

(a) 气相体积分率云图　(b) 液相速度分率矢量图

图 9.33
三相分离器附近区域的模拟结果

(2) 组分质量分数

图 9.34 是基于发酵降解动力学模型下的葡萄糖向乙醇转化的传质过程。在模拟的起始，由于固液两相的混合作用，传质过程主要发生在污泥层中。但是随着发酵气体的产生和气泡的上鼓，流场发生剧烈的湍动，传质效应向上传递，越来越多的葡萄糖得到降解，转化成乙醇。

9.4.2.4 EGSB 生物制氢反应器控制参数优选

(1) 模型的选择

为了使模拟结果能够更好地反映和揭示反应器运行状况和生物发酵产氢过程，本节所涉及的相关模拟工作均围绕前面所建立的 EGSB 全反应器三相流体力学-反应动力学耦合模型开展。CFD 模拟后处理以反应器反应区为主要处理对象，提取该核心区域的流体信息开展后续的分析与讨论。

(2) 模拟控制参数

EGSB 反应器是通过颗粒污泥床的膨胀以改善废水与微生物之间的接触，强化传质效果，以提高反应器的生化反应速度，从而大大提高反应器的处理效能。EGSB 反应器跟传统的 UASB 反应器相比，具有较高的表面液体上升流速。表面液体上升流速是 EGSB 反应器的一个非常重要的运行控制参数，上升流速过大，一方面容易造成液固接触时间过短，传质效果不明显，另一反面容易导致污泥流失；上升流速过小，又容易导致污泥膨胀率过低，无法保证废水与微生物之间的良好接触，传质效果大打折扣。

为了从流态效应出发，更加直观地考察液体上升流速对 EGSB 反应器生物发酵产氢的影响，选取废水入口上升流速为模拟控制参数，考察废水入口上升流速为 0.3mm/s，

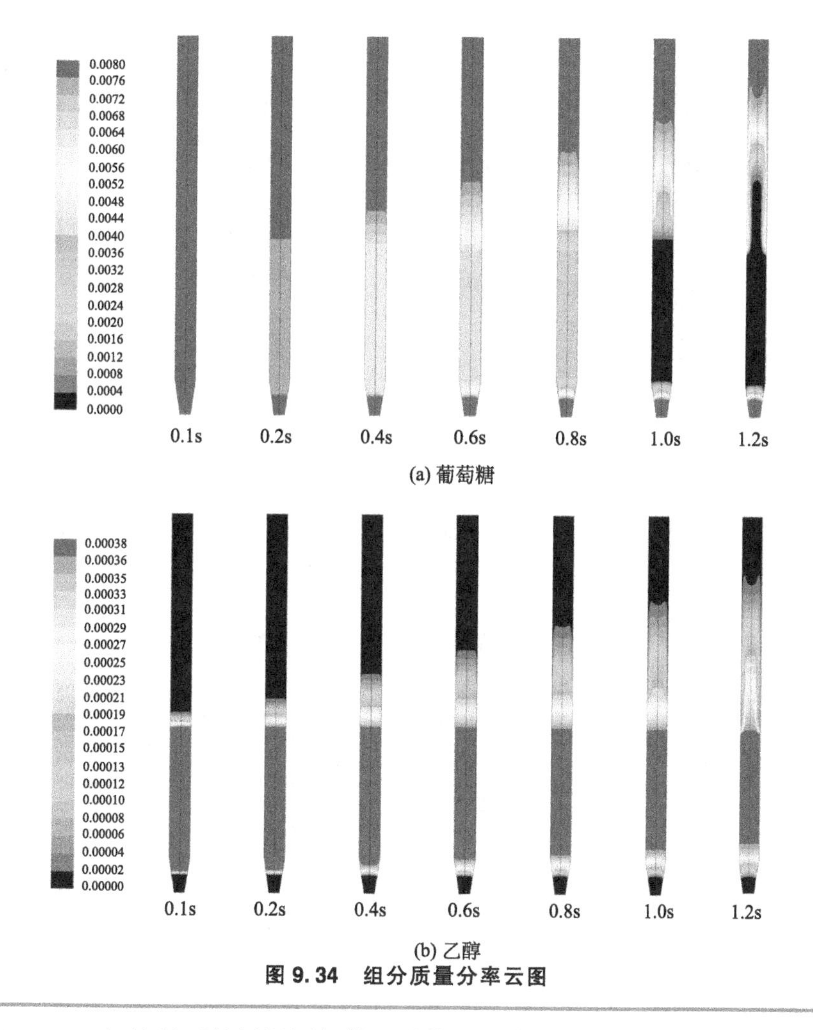

图 9.34　组分质量分率云图

0.5mm/s 和 0.9mm/s 情况下的污泥固相体积分率、发酵氢气组分质量分率和预测发酵产氢速率。

(3) 模拟结果与分析

图 9.35 和图 9.36 是在非稳态模拟达到稳定时，废水不同上升流速下的污泥固相体积分率云图和发酵氢气组分质量分数云图。通过对模拟结果进行分析，可得废水入口上升流速在 0.3mm/s、0.5mm/s 和 0.9mm/s 条件下，相应的污泥床膨胀率为 31.8%、50.1% 和 72.7%。

由图 9.35 和图 9.36 可见，废水上流流速保持在 0.3mm/s 左右，在此条件下，进水速度较低，虽然有利于提高反应器对有机负荷的承受能力，但是由于泥床的污泥颗粒与废水接触程度一般，所以传质效果欠佳，氢气生成和释放缓慢；当废水上升流速提高至 0.5mm/s 左右，能够保证污泥颗粒与流体间充分的接触和混合，加速生化反应进程，生物氢气在合适的剪切扰动下，更容易从污泥中得到释放；当废水上升流速继续提高至 0.9mm/s 时，虽然较高的上升流速能够保证污泥床足够的膨胀，使固液充分接触和反应，有利于发酵降解的进行，但是，高流速所形成的大剪切效应会对泥床中的微生物生长起到一定的抑制左右，而且泥床接近流化，容易造成污泥流失。

图 9.37 为非稳态模拟达到稳定时，废水不同上升流速下的预测最大潜在产氢速率和预测实际产氢速率。预测最大潜在产氢速率（L H_2/L 反应器·h）是指基于耦合模型预测下，

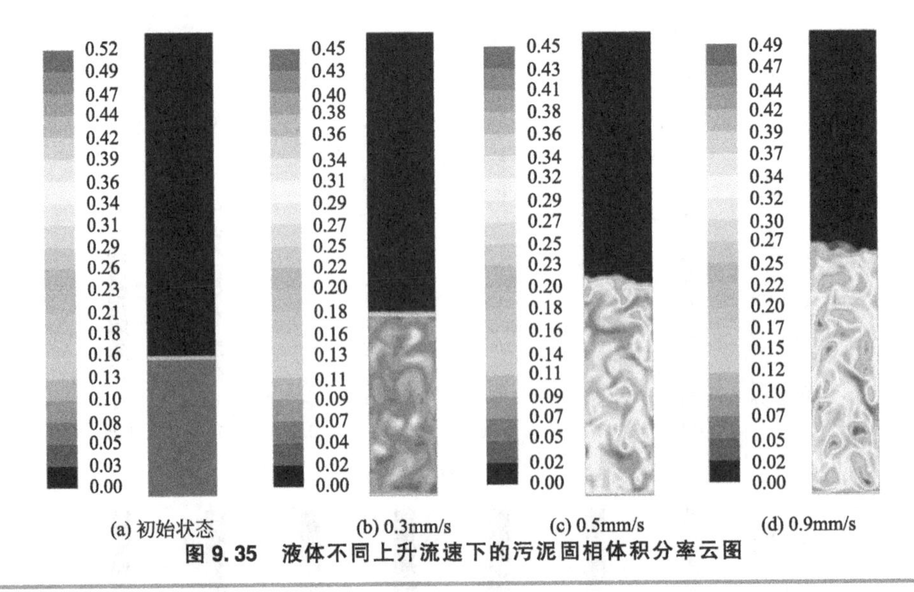

图 9.35　液体不同上升流速下的污泥固相体积分率云图

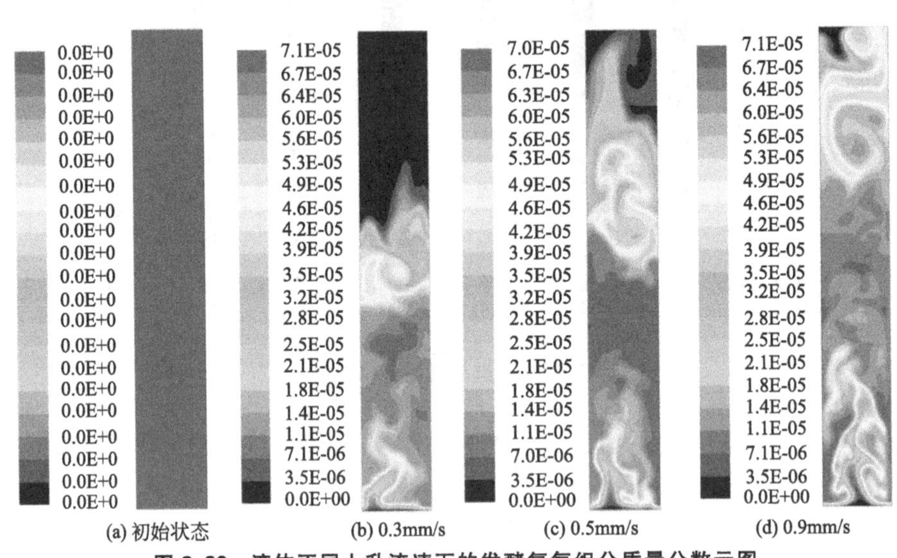

图 9.36　液体不同上升流速下的发酵氢气组分质量分数云图

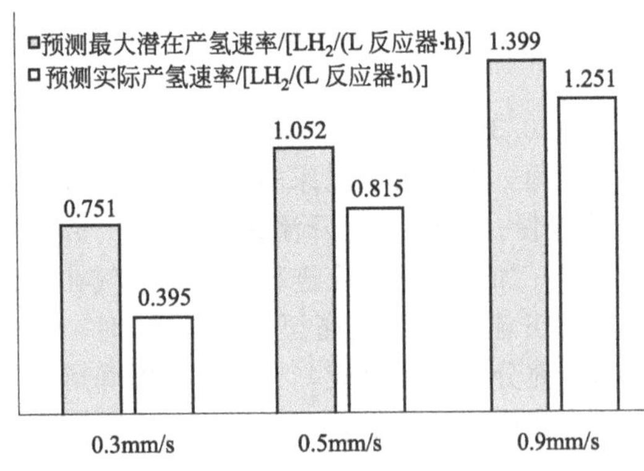

图 9.37　基于 CFD 模拟预测的不同液体上升流速下的产氢速率

单位时间内（h）单位体积（L）的反应器所具有最大的潜在产氢量（L）。预测实际产氢速率［L H_2/(L 反应器·h)］是指基于耦合模型预测下，单位时间内（h）单位体积的反应器所能够实际收集的产氢量（L）。预测实际产氢速率与预测最大潜在产氢速率的比值为实潜比。需要说明的是，预测产氢速率是指已经能够脱离污泥表面，并最终得到收集的那一部分氢气的产生速率。

由图 9.37 可见，当废水上升流速达到 0.9mm/s 时，预测最大潜在产氢速率达到最大值 1.399L H_2/(L 反应器·h)，预测实际产氢速率达到最大值为1.251L H_2/(L反应器·h)，实潜比为0.894；当废水上升流速达到0.5mm/s时，预测最大潜在产氢速率为1.052L H_2/(L反应器·h)，预测实际产氢速率达到0.815L H_2/(L反应器·h)，实潜比为0.775；当液体上升流速达到0.3mm/s时，预测最大潜在产氢速率为0.751L H_2/(L反应器·h)，预测实际产氢速率为0.395L H_2/(L反应器·h)，实潜比为0.526。很明显，当上升流速为0.9mm/s时，具有最佳的产氢潜能。但是，从反应长远运行而言，液体上升流速保持在0.9mm/s时，不利于过程的稳定管理，产氢量亦不稳定。

综述所述，在进行实际工程运行时，可选择0.5mm/s作为进水上升流速最佳控制值。

参考文献

[1] Jin B, Lant P. Flow regime, hydrodynamics, floc size distribution and sludge properties in activated sludge bubble column, air-lift and aerated stirred reactors. Chemical Engineering Science, 2004, 59 (12): 2379～2388.

[2] Cockx A, Do-Quang Z, Audic J M, et al. Global and local mass transfer coefficients in waste water treatment process by computational fluid dynamics. Chem Eng Process, 2001, 40 (2): 187～194.

[3] Dhanasekharan K M, Sanyal J, Jain A, et al. A generalized approach to model oxygen transfer in bioreactors using population balances and computational fluid dynamics. Chemical Engineering Science, 2005, 60 (1): 213～218.

[4] Cao Y S, Alaerts G J. Influence of reactor type and shear-stress on aerobic biofilm morphology, population and kinetics. Water Research, 1995, 29 (1): 107～118.

[5] Peter Vrabel et al.. CMA: integration of fluid dynamics and microbial kinetics in modeling of large-scale fermentations, 2001, 84: 463～474.

[6] 李万平. 计算流体力学. 武汉：华中科技大学出版社，2004.

[7] 张冰. 废水厌氧处理反应器流场分析与运行优化研究. 哈尔滨工业大学博士学位论文，2009.

[8] 王旭. EGSB生物制氢反应器流场数值模拟与优化. 哈尔滨工业大学硕士学位论文. 2010.

[9] Eugen Nisipeanu, Harwood, et al.. CFD analysis streamlines equipment design. Water and Wastewater International, 2002, 17 (1): 29～30.

[10] 李冰峰，王煜，张赣道. 计算流体力学在模拟生化反应器中的应用研究. 江苏化工，2002，30 (1)：24～27.

[11] 许联锋，陈刚，李建中等. 粒子图像测速技术研究进展. 力学进展. 2003，33 (4)：533～540.

[12] 王延颋，张永明，廖光煊 等. 数字粒子图象速度测量原理与实现方法. 中国科学技术大学学报，2000，30 (3)：302～306.

[13] 冯旺聪，郑士琴. 粒子图像测速 (PIV) 技术的发展. 仪器仪表用户，2003，6 (3)：1671～1673.

[14] 杨延相，汪剑鸣. PIV中提取速度信息的一种新方法. 流体力学实验与测量，2000. 14 (3)：73～78.

[15] 孙鹤泉，沈永明，王永学等. PIV技术的几种实现方法. 水科学进展，2004，15 (1)：105～108.

[16] 魏捷，张赣道. 反应器流场测试技术进展. 化工时刊，2004，18 (3)：22～24.

[17] 王灿星，林建忠，山本富士夫. 二维PIV图像处理算法. 水动力学研究与进展. 2001. 16 (4)：399～404.

[18] 薛朝霞，冯骞，汪翙. 计算流体力学在水处理反应器优化设计运行中的应用. 水资源保护，2006，22 (2)：11～15.

[19] Klusener P. A. A., Jonkers G., During F., et al. Horizontal cross-flowbubble column reactors: CFD and validation by plant scale tracer experiments. Chem. Eng. Sci, 2007, 62 (18-20): 5495～5502.

[20] Lee J J, Park G C, Kim K Y, et al. Numerical treatment of pebble contact in the flow and heat transfer analysis of a pebble bed reactor core. Nucl. Eng. Des, 2007, 237: 2183～2196.

[21] Abanades S, Charvin P, Flamant G. Design and simulation of a solar chemical reactor for the thermal reduction of metal oxides: Case study of zinc oxide dissociation. Chem. Eng. Sci, 2007, 62 (22): 6323～6333.

[22] 周国忠，施力田，王英琛. 搅拌反应器内计算流体力学模拟技术进展. 化学工程，2000，32 (3)：28～32.

[23] Harvey P S, Greaves M. Turbulent flow in an agitated vessel. Part Ⅰ: A Predictive Model. Trans. Inst. Chem. Eng, 1982, 60 (a): 195～210.

[24] Harvey P S and Greaves M. Turbulent flow in an agitated vessel. Part Ⅱ: Numerical solution and model predictions. Trans Inst Chem Eng, 1982, 60 (b): 201～210.

[25] Pericleous K A, Patel M K. The source-sink approach in the modeling of stirred reactors. Physi. Chem. Hydrody, 1987, 9 (1/2): 279～297.

[26] Xu Y. and McGrath G. CFD predictions of stirred tank flows. Trans. Inst. Chem. Eng, 1996, 74 (4): 471～475.

[27] Brucato A, Ciofalo M, Grisafi F, et al. Complere nuumerical simulation of flow fields in baffled stirred vessels: The inner-outer approach. 8th Euro. Conf. On Mixing, 1994, 155～162.

[28] Harris C K, Roekaerts D, Rosendal F J J, et al. Computational fluid dynamics for chemical reactor engineering. Chem. Eng. Sci, 1996, 51 (10): 1569～1594.
[29] Sahu A K, Kumar P, Patwardhan A W, et al. CFD modeling and mixing in stirred tanks. Chem. Eng. Sci, 1999, 54 (13): 2285～2293.
[30] Luo J V, Issa R I, Gosman A D. Prediction of impeller induced flows in mixing vessels using multiple frames of reference. IchemE Symp. Ser. 136, 1994, 549～556.
[31] 洪厚胜，张庆文，万红贵 等. CFD用于机械搅拌生化反应器液固两相混合的研究. 化学反应工程与工艺，2004，20 (3): 249～254.
[32] Naude I, Xuereb C, Bertrand J. Direct prediction of the flows induced by a propeller in an agitated vessel using an unstructured mesh. Can. J. Chem. Eng, 1998, 76 (3): 631～640.
[33] Van' t Riet K, Bruijn W, Smith J M. Real and pseudo-tubulence in the discharge stream from a rushton turbin. Chem Sci, 1976, 31 (6): 407～412.
[34] Luo J V, Gosman A D, Issa R I, et al. Full flow field computation of mixing in baffled stirred teactors. Trans. IchemE, 1993, 71A: 342～344.
[35] Jaworshki Z, Dyster K N, Moore I P T, Nienow A W, Wyszynski M L. The use of angle resolved LDA data to compare two differential turbulence models applied to sliding mesh CFD flow simulation in a stirred tank. 9th Euro. Conf. On Mixing, 1997, 187～193.
[36] Revstedt J, Fuchs L, Tragardh C. Large eddy simulation of the turbulent flow in a stirred reactor. Chem. Eng. Sci, 1998, 53 (24): 4041～4053.
[37] 吴立志，吴国雄. 叶轮式搅拌反应器的计算机模拟及与实验对比. 石油化工设备技术，2000，21 (2): 34～36.
[38] 周国忠，王英琛，施力田. 用CFD研究搅拌槽内的混合过程. 化工学报，2003，54 (7): 886～890.
[39] Dakshinamoorthy D, Khopkar A R, Louvar J F, et al. CFD simulation of shortstopping runaway reactions in vessels agitated with impellers and jets. J. Loss Prev. Proc. Ind, 2006, 19 (6): 570～581.
[40] Pramparo L, Pruvost J, Stüuber F, et al. Mixing and hydrodynamics investigation using CFD in a square-sectioned torus reactor in batch and continuous regimes. Chem. Eng. J, 2008, 137 (2): 386～395.
[41] Jenne M, Reuss M. A critical assessment on the use of k-ε turbulence models for simulation of the turbulent liquid flow induced by a Rushton-turbine in baffled stirred-tank reactors. Chem. Eng. Sci, 1999, 54 (17): 3921～3941.
[42] Mandar V Tabib, Swarnendu A Roy, Jyeshtharaj B Joshi. CFD simulation of bubble column—An analysis of interphase forces and turbulence models. Chem. Eng. J, 2008, 139 (3): 589～614.
[43] Murthy B N, Ghadge R S, Joshi J B. CFD simulations of gas-liquid-solid stirred reactor: Prediction of critical impeller speed for solid suspension. Chem. Eng. Sci, 2007, 62 (24): 7184～7195.
[44] Moullec Y L, Potier O, Gentric C, et al. Flowfield and residence time distribution simulation of a cross-flow gas-liquidwastewater treatment reactor using CFD. Chem. Eng. Sci, 2008, 63 (9): 2436～2449.
[45] Ren N Q, Li J Z, Baikun Li, Wang Y, Liu S R. Biohydrogen production from molasses by anaerobic fermentation with a pilot-scale bioreactor system. Int. J. Hydro. Energy, 2006, 31 (15): 2147～2157.
[46] 林明. 高效产氢发酵新菌种的产氢机理及生态学研究. 哈尔滨工业大学工学博士论文，2002.
[47] Cao Y S, Alaerts G J. Influence of reactor type and shear stress on aerobic biofilm morphology, population and kinetics. Wat. Res, 1995, 29 (1): 107～118.
[48] Luo H P, Muthanna H A. Local characteristics of hydrodynamics in draft tube airlift bioreactor. Chem. Eng. Sci, 2008, 63 (11): 3057～3068.
[49] 王相晶. 发酵产氢细菌B49生理特性及其固定化应用研究. 哈尔滨：哈尔滨工业大学博士学位论文，2003.
[50] Guwy A J, Hawkes F R, Hawkes D L, Rozzi A G. Hydrogen production in a high rate fluidised bed anaerobic digester. Wat. Res., 1997, 31 (6): 1291～1298.
[51] Lin C N, Wu S Y, Chang J S. fermentative hydrogen production with a draft tube fluidized bed reactor containing silicone-gel-immobilized anaerobic sludge. Int. J. Hydrogen Energy. 2006, 31 (15): 2200～2210.
[52] Wu S Y, Lin C N, Chang J S. Hydrogen production with immobilized sewage sludge in three-phase fluidized-bed bioreactors. Biotechnol Prog, 2003, 19 (3): 828～832.
[53] Lee K S, Lo Y S, Lo Y C, Lin P J, Chang J S. Operation strategies for biohydrogen production with a high-rate anaerobic granular sludge bed bioreactor. Enzyme and Microbial Technology, 2004, 35: 605～612.
[54] 郭婉茜. 附着型和颗粒污泥型EGSB生物制氢反应器运行调控策略. 哈尔滨工业大学博士学位论文，2008.
[55] 任南琪，王爱杰等. 厌氧生物技术原理与应用. 北京：化学工业出版社，2004.